21世纪全国高职高专机电系列技能型规划教材

数控加工技术项目教程

主　编　李东君
副主编　钱晓琳　赵成喜

北京大学出版社
PEKING UNIVERSITY PRESS

内容简介

本书的编写以高等职业技术人才培养目标为依据，结合教育部模具专业紧缺型人才培养要求，注重教材的基础性、实践性、科学性、先进性和通用性，融理论教学、技能操作、企业项目为一体。

本书以项目引领，以工作过程为导向，以具体工作任务为驱动，按照数控加工职业岗位(数控编程员和数控操作工)的工作内容及工作过程，参照数控操作工国家职业资格标准，对应职业岗位核心能力培养设置了五大项目：数控车削加工技术、数控铣削加工技术、加工中心加工技术、数控电火花加工技术、数控机床考证强化，进行由浅入深的项目任务学习和训练，最后完成综合零件的工艺设计、程序编制和加工操作。

本书按照国家职业标准进行数控车、数控铣/加工中心等工种的中级工强化训练，较好地符合了企业对数控加工一线人员的职业素质需要。

本书适合高职高专数控相关专业学生作为教材使用，也适合数控加工专业人员参考。

图书在版编目(CIP)数据

数控加工技术项目教程/李东君主编. —北京：北京大学出版社，2010.8
(21世纪全国高职高专机电系列技能型规划教材)
ISBN 978-7-301-17398-5

Ⅰ.①数… Ⅱ.①李… Ⅲ.①数控机床—加工—高等学校：技术学校—教材 Ⅳ.①TG659

中国版本图书馆CIP数据核字(2010)第121606号

书　　名：数控加工技术项目教程
著作责任者：李东君　主编
策划编辑：赖　青　张永见
责任编辑：李婷婷
标准书号：ISBN 978-7-301-17398-5/TH·0199
出 版 者：北京大学出版社
地　　址：北京市海淀区成府路205号　100871
网　　址：http://www.pup.cn　http://www.pup6.com
电　　话：邮购部62752015　发行部62750672　编辑部62750667　出版部62754962
电子邮箱：pup_6@163.com
印 刷 者：北京鑫海金澳胶印有限公司
发 行 者：北京大学出版社
经 销 者：新华书店
787mm×1092mm　16开本　26.75印张　627千字
2010年8月第1版　2013年1月第2次印刷
定　　价：48.00元

前　　言

本书的编写以高等职业技术人才培养目标为依据，结合教育部模具专业紧缺型人才培养要求，注重教材的基础性、实践性、科学性、先进性和通用性，融理论教学、技能操作、企业项目为一体。本书的设计以项目引领，以工作过程为导向，以具体工作任务为驱动，按照数控加工职业岗位(数控编程员和数控操作工)的工作内容及工作过程，参照数控操作工国家职业资格标准，对应职业岗位核心能力培养设置了 5 大项目和 24 个工作任务，进行由浅入深的项目任务学习和训练，最后完成综合零件的工艺设计、程序编制和加工操作。同时，按照国家职业标准进行数控车、数控铣/加工中心等工种的中级工强化训练，较好地符合了企业对数控加工一线人员的职业素质需要。

本书具有以下突出特点：

(1) 以项目引领，以工作过程为导向，以具体工作任务为驱动，工作任务选自企业或生产中典型零件统领整个教学内容。

(2) 强化职业技能和综合技能培养，要求教学中教师在“教中做”、学生在“做中学”，并与职业技能鉴定相结合。

本书参考学时为 192 学时，建议采用理论实践一体的教学模式，6 周完成，各项目参考学时如下表。

项目设计	任务设计	建议学时	课内实训学时	总学时(192)
项目 1　数控车削加工技术	任务 1.1　认识数控车削加工	4	2	6
	任务 1.2　车削加工外圆柱/圆锥类零件	3	3	6
	任务 1.3　车削加工外圆弧类零件	3	3	6
	任务 1.4　车削加工螺纹类零件	3	3	6
	任务 1.5　车削加工孔类零件	3	3	6
	任务 1.6　车削加工综合类零件	2	6	8
	任务 1.7　操作数控车床	4	6	10
项目 2　数控铣削加工技术	任务 2.1　认识数控铣削加工	4	2	6
	任务 2.2　铣削加工平面类零件	3	3	6
	任务 2.3　铣削加工轮廓类零件	4	4	8
	任务 2.4　铣削加工型腔类零件	4	4	8
	任务 2.5　铣削加工孔类零件	4	4	8
	任务 2.6　铣削加工综合类零件	2	6	8
	任务 2.7　操作数控铣床	4	6	10

（续）

项目设计	任务设计	建议学时	课内实训学时	总学时（192）
项目3　加工中心加工技术	任务3.1　认识加工中心	2	4	6
	任务3.2　加工十字型腔	2	4	6
	任务3.3　操作加工中心	2	6	8
项目4　数控电火花加工技术	任务4.1　数控电火花线切割加工技术	4	2	6
	任务4.2　数控电火花成形加工技术	2	2	4
项目5　数控机床考证强化（学生选择一种数控机床，60学时）	任务5.1　数控车床操作考证强化——加工轴类零件	4	26	30
	任务5.2　数控车床操作考证强化——加工套类零件	4	26	30
	任务5.3　数控铣床/加工中心操作考证强化——加工十字底板	2	18	20
	任务5.4　数控铣床/加工中心操作考证强化——加工凹盘	2	18	20
	任务5.5　数控铣床/加工中心操作考证强化——加工凸台孔板	2	18	20

本书由南京交通职业技术学院李东君担任主编，南京交通职业技术学院钱晓琳、大连海洋大学职业技术学院赵成喜任副主编。李东君负责编写项目1、项目2与项目4，钱晓琳负责编写项目3，赵成喜负责编写项目5。项目4在编写过程中得到苏州新火花公司朱万成工程师的大力协助；另外在编写过程中参考和借鉴了诸多同行的相关资料、文献，在此一并表示诚挚感谢！

限于编者水平有限，书中难免有疏漏之处，敬请读者不吝赐教，以便修正，日臻完善。

编　者

2010年3月

目　　录

项目1　数控车削加工技术 …… 1
任务1.1　认识数控车削加工 …… 2
1.1.1　任务导入：数控车削仿真加工 …… 2
1.1.2　知识链接 …… 3
1.1.3　任务实施 …… 24
习题 …… 39
任务1.2　车削加工外圆柱/圆锥类零件 …… 40
1.2.1　任务导入：短轴零件加工 …… 41
1.2.2　知识链接 …… 41
1.2.3　任务实施 …… 56
习题 …… 57
任务1.3　车削加工外圆弧类零件 …… 59
1.3.1　任务导入：手柄加工 …… 59
1.3.2　知识链接 …… 59
1.3.3　任务实施 …… 71
习题 …… 73
任务1.4　车削加工螺纹类零件 …… 74
1.4.1　任务导入：螺钉加工 …… 74
1.4.2　知识链接 …… 75
1.4.3　任务实施 …… 86
习题 …… 88
任务1.5　车削加工孔类零件 …… 89
1.5.1　任务导入：套管的加工 …… 89
1.5.2　知识链接 …… 89
1.5.3　任务实施 …… 93
习题 …… 95
任务1.6　车削加工综合类零件 …… 96
1.6.1　任务导入：长轴加工 …… 96
1.6.2　任务实施 …… 97
习题 …… 106
任务1.7　操作数控车床 …… 109
1.7.1　任务导入：加工简单轴类零件 …… 109
1.7.2　知识链接 …… 109
1.7.3　任务实施 …… 119
习题 …… 121

项目小结 …… 122

项目 2 数控铣削加工技术 …… 123

任务 2.1 认识数控铣削加工 …… 124
2.1.1 任务导入：数控铣削仿真加工 …… 124
2.1.2 知识链接 …… 125
2.1.3 任务实施 …… 139
习题 …… 139
任务 2.2 铣削加工平面类零件 …… 140
2.2.1 任务导入：六面体铣削加工 …… 140
2.2.2 知识链接 …… 141
2.2.3 任务实施 …… 161
习题 …… 162
任务 2.3 铣削加工轮廓类零件 …… 164
2.3.1 任务导入：连杆外轮廓铣削加工 …… 164
2.3.2 知识链接 …… 164
2.3.3 任务实施 …… 173
习题 …… 178
任务 2.4 铣削加工型腔类零件 …… 179
2.4.1 任务导入：矩形型腔零件的铣削加工 …… 179
2.4.2 知识链接 …… 179
2.4.3 任务实施 …… 181
习题 …… 184
任务 2.5 铣削加工孔类零件 …… 186
2.5.1 任务导入：端盖零件的加工 …… 186
2.5.2 知识链接 …… 186
2.5.3 任务实施 …… 205
2.5.4 拓展实训：支承座零件的孔加工 …… 208
习题 …… 211
任务 2.6 铣削加工综合类零件 …… 214
2.6.1 任务导入：腰形槽底板的加工 …… 214
2.6.2 任务实施 …… 214
2.6.3 拓展实训：半径补偿和圆弧插补程序 …… 218
2.6.4 拓展实训：子程序和坐标旋转程序 …… 219
2.6.5 拓展实训：带槽凸版 …… 221
2.6.6 拓展实训：凹模 …… 223
习题 …… 228
任务 2.7 操作数控铣床 …… 231
2.7.1 任务导入：十字凸台零件加工(1) …… 231
2.7.2 知识链接 …… 232

2.7.3 任务实施 …… 237
2.7.4 拓展实训：十字凹槽零件的加工(2) …… 241
习题 …… 245
项目小结 …… 246

项目3 加工中心加工技术 …… 247

任务3.1 认识加工中心 …… 248
3.1.1 任务导入：加工中心仿真加工 …… 248
3.1.2 知识链接 …… 248
3.1.3 任务实施 …… 273
习题 …… 275
任务3.2 加工十字型腔 …… 277
3.2.1 任务导入：加工十字型腔 …… 277
3.2.2 任务实施 …… 278
习题 …… 283
任务3.3 操作加工中心 …… 286
3.3.1 任务导入：加工凸台槽孔 …… 286
3.3.2 知识链接 …… 286
3.3.3 任务实施 …… 288
习题 …… 293
项目小结 …… 294

项目4 数控电火花加工技术 …… 295

任务4.1 数控电火花线切割加工技术 …… 296
4.1.1 任务导入：典型凸模零件的线切割自动编程与加工 …… 296
4.1.2 知识链接 …… 296
4.1.3 任务实施 …… 330
习题 …… 337
任务4.2 数控电火花成形加工技术 …… 338
4.2.1 任务导入 …… 338
4.2.2 知识链接 …… 339
4.2.3 任务实施 …… 358
习题 …… 363
项目小结 …… 364

项目5 数控机床考证强化 …… 365

任务5.1 数控车床操作考证强化——加工轴类零件 …… 366
5.1.1 任务导入：加工轴类零件 …… 366
5.1.2 知识链接 …… 366
5.1.3 任务实施 …… 372

任务 5.2 数控车床操作考证强化——加工套类零件 …… 375
5.2.1 任务导入：加工套类零件 …… 375
5.2.2 任务实施 …… 376
习题 …… 378
任务 5.3 数控铣床/加工中心操作考证强化——加工十字底板 …… 388
5.3.1 任务导入：加工十字底板 …… 388
5.3.2 知识链接 …… 388
5.3.3 任务实施 …… 396
任务 5.4 数控铣床/加工中心操作考证强化——加工凹盘 …… 400
5.4.1 任务导入：加工凹盘零件 …… 400
5.4.2 任务实施 …… 401
任务 5.5 数控铣床/加工中心操作考证强化——加工凸台孔板 …… 406
5.5.1 任务导入：加工凸台孔板 …… 406
5.5.2 任务实施 …… 407
习题 …… 411
项目小结 …… 417
参考文献 …… 418

项目1

数控车削加工技术

能力目标

1. 分析数控车削加工工艺能力；
2. 编制数控车削加工程序能力；
3. 操作数控车床能力。

项目导读

本项目从认识数控车削加工开始，分别介绍车削外圆柱/圆锥类、外圆弧类、螺纹类、孔类、综合类零件，最后操作数控车床分析车削工艺、拟定车削路线，同时利用数控仿真软件同步体验，由浅入深分类介绍数控车削编程技术与仿真编程加工，最后是实际机床操作加工，直接体验车削加工的真实过程。

本项目精选加工案例，借助数控仿真软件同步教学，强化实践性，遵循“做中学，学中做”，融理论实践为一体。学习过程按照：分析工艺→拟定车削路线→编写数控车削程序→仿真加工验证→检测工件，即

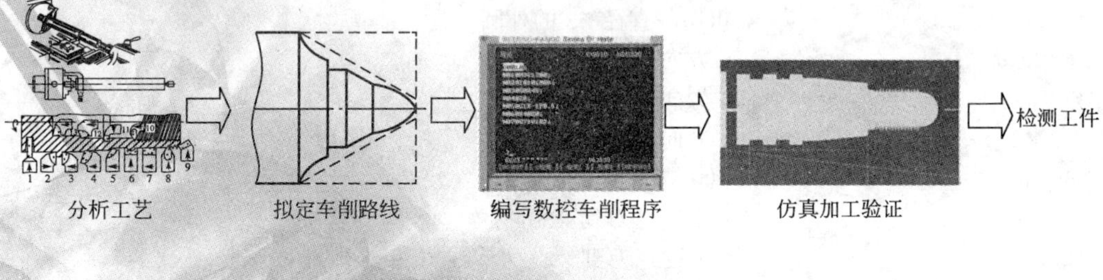

任务 1.1　认识数控车削加工

专项能力目标	涉及知识点	权重/(%)	建议学时
分析数控车床结构	数控车床结构种类；数控车削工艺知识	20	6
会对刀设立刀补并确定相关加工坐标	机床坐标系确定原则；工作坐标系及其设定	40	
分析车削工艺；会使用数控车床加工仿真软件	数控车床仿真软件的使用	40	

1.1.1　任务导入：数控车削仿真加工

任务描述完成如图 1.1 所示零件的数控仿真加工，毛坯为 Φ25mm 圆钢，材料 45 号钢。

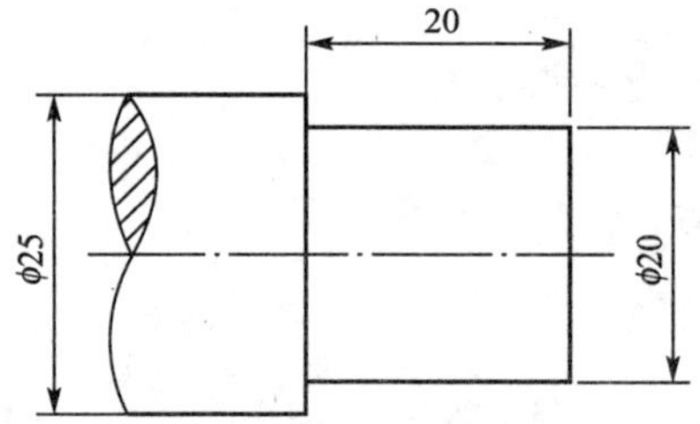

图 1.1　阶梯轴零件图

程序清单：

```
O0001                  程序名
N10 T0101;             调用一号刀补、建立工件坐标系
N20 M03 S300;          主轴正转 S300
N30 G01 X40 Z5 F50;    G01 走到安全点
N40 G01 X23 Z2;        走到 X23 Z2 点
N50 G01 Z-20;          粗切一直径 23 的外圆
N60 X30;               X 方向退刀到 X30
N70 Z2;                Z 方向退刀到 Z2
N80 X21;               X 方向进刀到 21
N90 G01 Z-20;          粗切一直径 21 的外圆
N100 X30;              X 方向退刀到 X30
N110 Z2;               Z 方向退刀到 Z2
N120 X20.4;            X 方向进刀到 20.4 留 0.4mm 的余量
N130 Z-20;             粗切一直径 20.4 的外圆
N140 X30;              X 方向退刀到 X30
N150 Z2;               Z 方向退刀到 Z2
N160 X20;              X 方向进刀到 20
N170 Z-20 F30;         精车切一直径 20 的外圆
```

```
N180 G01 X100;          X 方向退刀到 100
N190 Z100;              Z 方向退刀到 100(即换刀点)
N200 T0100 M05;         取消一号刀补,主轴停
N210 M30;               程序结束
```

1.1.2　知识链接

1. 数控机床的分类

1）按加工方式分类

（1）切削机床类。如数控车床、铣床、镗床、钻床和加工中心等。

（2）成形机床类。如数控冲压机、弯管机、折弯机等。

（3）特种加工机床类。如数控电火花、线切割、激光加工机床等。

（4）其他机床类。如数控等离子切割、火焰切割、点焊机、三坐标测量机等。

2）按控制系统功能分类

（1）点位控制数控机床。点位控制数控机床只要求控制机床的移动部件从某一位置移动到另一位置的准确定位，对于两位置之间的运动轨迹不作严格要求，在移动过程中刀具不进行切削加工，如图 1.2 所示。具有点位控制功能的数控机床有数控钻床、数控冲床、数控镗床及数控点焊机等。

（2）直线控制数控机床。直线控制数控机床的特点是除了控制点与点之间的准确定位外，还要保证两点之间移动的轨迹是一条与机床坐标轴平行的直线，而且对移动的速度也要进行控制，因为这类数控机床在两点之间移动时要进行切削加工，如图 1.3 所示。具有直线控制功能的数控机床有比较简单的数控车床、数控铣床及数控磨床等，很少有单纯用于直线控制的数控机床。

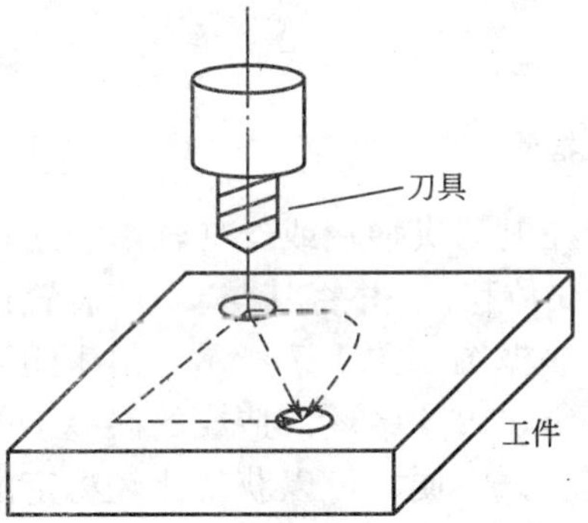

图 1.2　点位控制钻孔加工

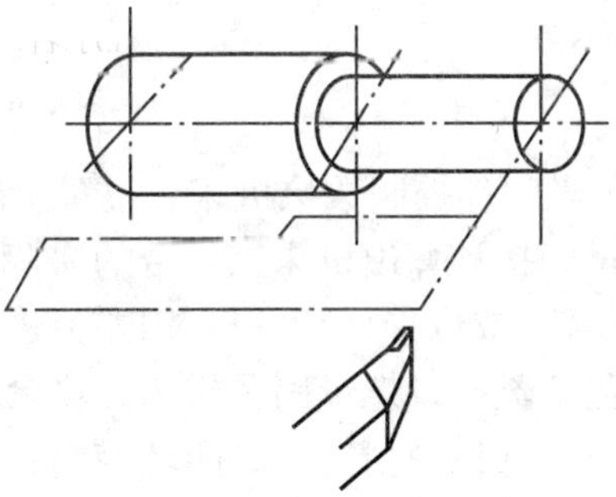

图 1.3　直线控制

（3）轮廓控制数控机床。轮廓控制又称连续轨迹控制，这类数控机床能够对两个或两个以上的运动坐标的位移及速度进行连续相关的控制，因而可以进行曲线或曲面的加工，如图 1.4 所示。具有轮廓控制功能的数控机床有数控车床、数控铣床及加工中心等。

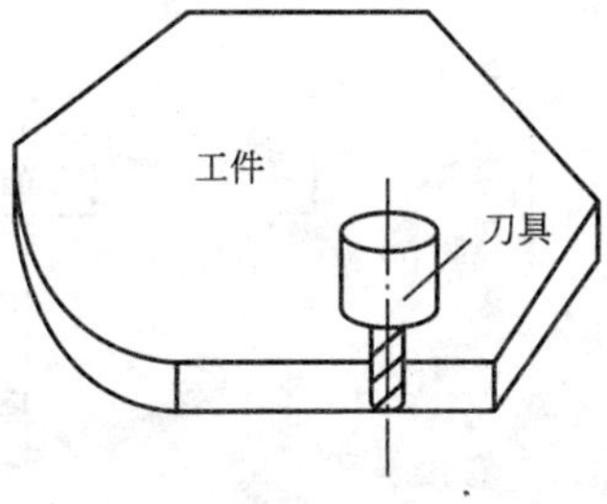

图 1.4　轮廓控制数控机床

3）按伺服控制方式分类

（1）开环控制数控机床。这类数控系统不带检测装置，

也无反馈电路，以步进电动机为驱动元件，如图 1.5 所示。CNC 装置输出的指令进给脉冲经驱动电路进行功率放大，转换为控制步进电动机各定子绕组依此通电/断电的电流脉冲信号，驱动步进电动机转动，再经机床传动机构(齿轮箱，丝杠等)带动工作台移动。这种方式控制简单，价格比较低廉，被广泛应用于经济型数控系统中。

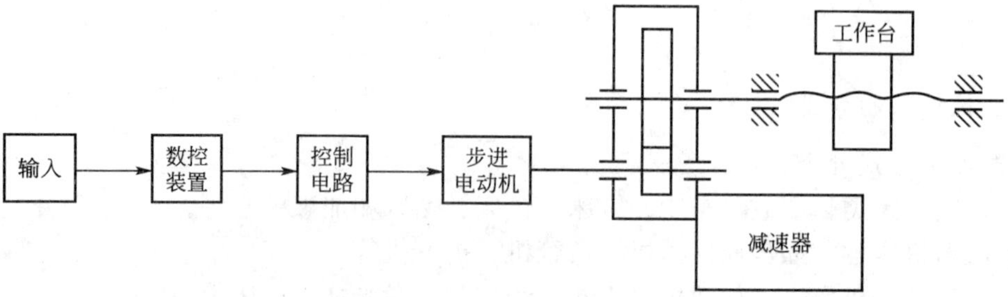

图 1.5　开环控制系统框图

(2) 闭环控制数控机床。位置检测装置安装在机床工作台上，用以检测机床工作台的实际运行位置(直线位移)，并将其与 CNC 装置计算出的指令位置(或位移)相比较，用差值进行控制，其控制框图如图 1.6 所示。这类控制方式的位置控制精度很高，但由于它将丝杠、螺母副及机床工作台这些大惯性环节放在闭环内，所以调试时，其系统稳定状态很难达到。

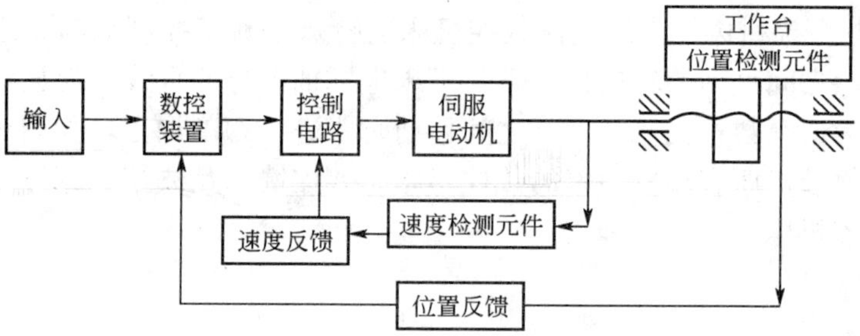

图 1.6　闭环控制系统框图

(3) 半闭环控制数控机床。位置检测元件被安装在电动机轴端或丝杠轴端，通过角位移的测量间接计算出机床工作台的实际运行位置(直线位移)，并将其与 CNC 装置计算出的指令位置(或位移)相比较，用差值进行控制，其控制框图如图 1.7 所示。由于闭环的环路内不包括丝杠、螺母副及机床工作台这些大惯性环节，由这些环节造成的误差不能由环路所矫正，其控制精度不如闭环控制数控系统，但其调试方便，可以获得比较稳定的控制特性，因此在实际应用中，这种方式被广泛采用。

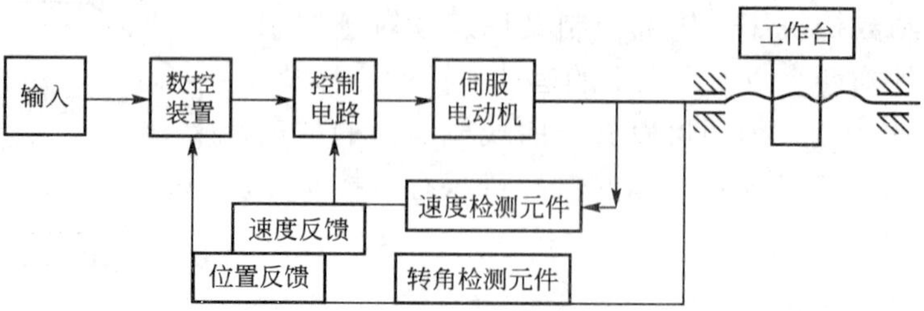

图 1.7　半闭环控制系统框图

2. 数控车床组成

1) 数控车床的结构组成

数控车床主要由车床本体、数控系统、伺服系统、检测装置和辅助装置等组成。图 1.8所示为数控车床组成框图，其结构如图 1.9 所示。

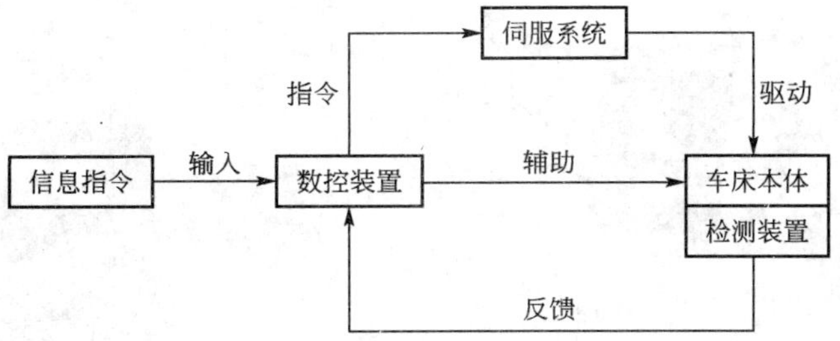

图 1.8 数控车床的组成框图

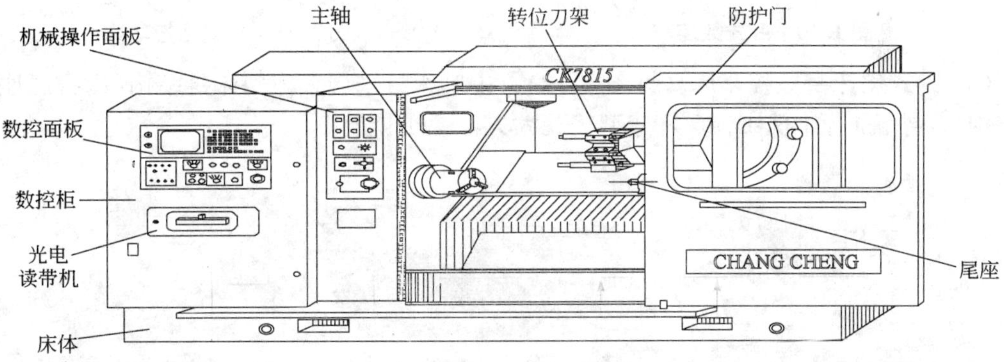

图 1.9 数控车床的结构

(1) 车床本体：数控机床的机械部件，主要包括主传动系统、进给传动系统、辅助装置等。与普通车床相比，数控车床的本体结构具有刚度好、精度高、可靠性好、热变形小等特点。

(2) 数控系统：数控车床的控制核心。现代数控系统通常是带有专门软件的专用计算机，在数控车床中起指挥作用。数控装置接收加工程序等送来的各种信息，经处理和调配后，向驱动机构发出各种指令信息。在执行过程中，其驱动、检测等机构同时将有关信息反馈给数控系统，以便经处理后发出新的执行命令。

(3) 伺服系统：数控车床的执行机构，由驱动和执行两大部分组成。它接受数控系统发出的脉冲指令信息，并按脉冲指令信息的要求控制执行部件的进给速度、方向和位移等，每一脉冲使机床移动部件产生的位移称为脉冲当量。

(4) 检测装置：通过位置传感器将伺服电动机的角位移或数控车床执行机构的直线位移转换成电信号，输送给数控装置，使之与指令信号进行比较，并由数控装置发出指令，纠正所产生的误差，使数控车床按加工程序要求的进给位置和速度完成加工。

(5) 辅助装置：数控车床中一些为加工服务的配套部分，如液压、气动装置、冷却、照明、润滑、防护和排屑装置等。

2）数控车床的类型

（1）卧式数控车床（见图 1.10）：分单轴卧式和双轴卧式数控车床。

（2）立式数控车床（见图 1.11）：分单柱立式和双柱立式数控车床。

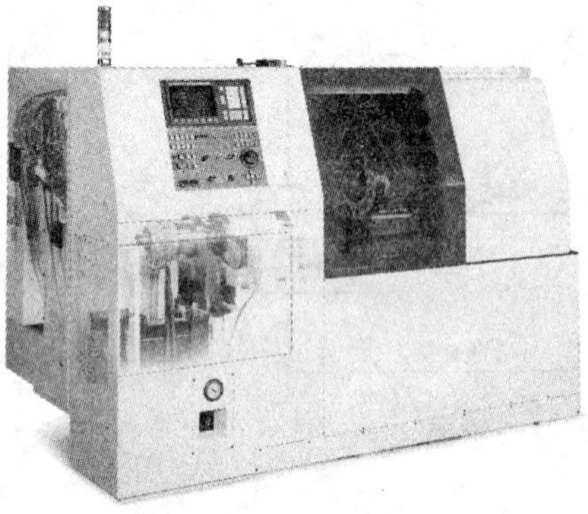

图 1.10　卧式数控车床

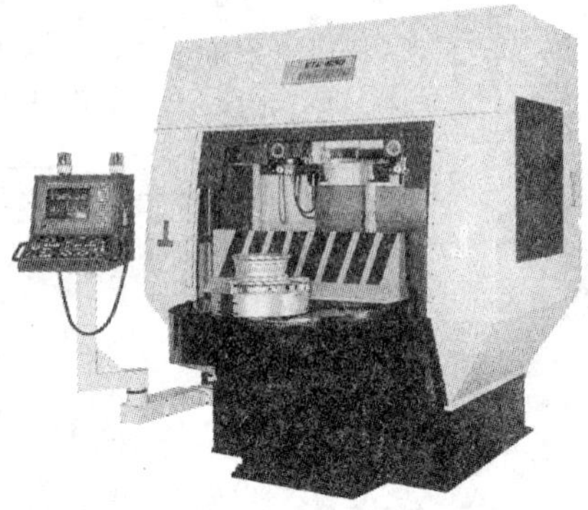

图 1.11　立式数控车床

（3）卧式斜床身数控车床（见图 1.12）：主机床身采用整体斜床身结构(床身底座一体化结构)，导轨向后倾斜成 45°，造型美观大方，便于排屑。

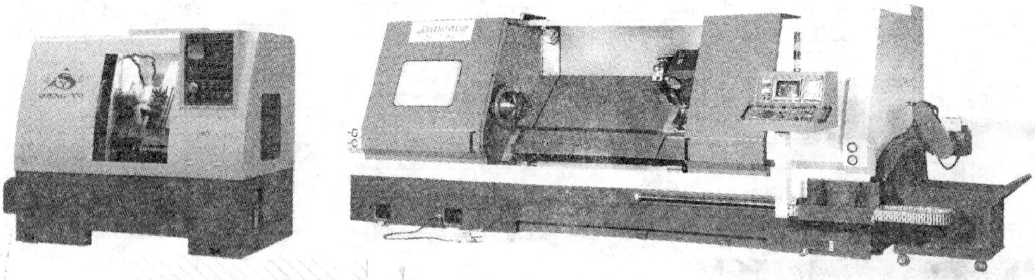

图 1.12　卧式斜床身数控车床

（4）高精度数控车床。

（5）四轴联动数控车床，如图 1.13 所示。

（6）车削加工中心，图 1.14 为沈阳一机 CH6145A 车削中心机床的结构图，车削中心是一种以车削为加工模式、添加铣削动力刀头后又可进行铣削加工模式的车一铣合一的切削加工机床类型。

图 1.13　四轴联动数控车床

（7）各种专用数控车床，如轮胎模专用数控车床，如图 1.15 所示；再如数控卡盘车床、数控管子车床等。

3）数控车床的加工对象

结合数控车削的特点，与普通车床相比，数控车床适合于车削具有以下要求和特点的回转体零件。

(1) 轮廓形状特别复杂或难于控制尺寸的回转体零件。数控车床具有直线插补和圆弧插补功能，部分数控车床甚至还具有某些非圆曲线插补功能，故数控车床能车削由任意平面曲线轮廓所组成的回转体类的零件，包括不能用数学方程描述的列表曲线类的零件。有些内型、内腔零件，用普通车床难以控制尺寸，如图 1.16 所示的特形内表面零件，用数控车床加工很容易就能实现。

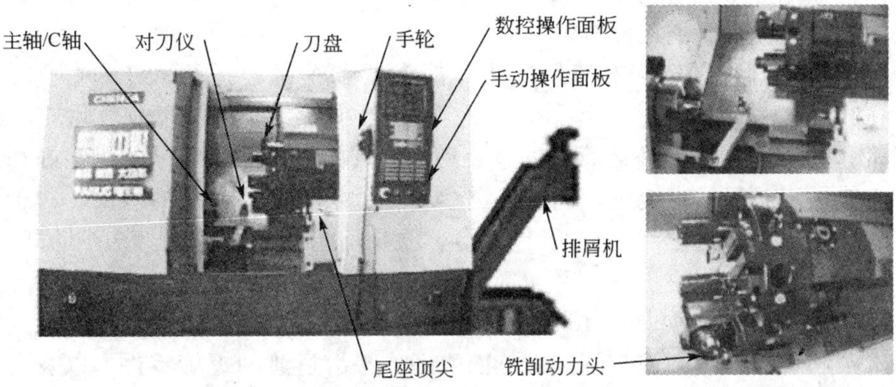

图 1.14　沈阳一机 CH6145A 车削中心

图 1.15　轮胎模专用数控车床

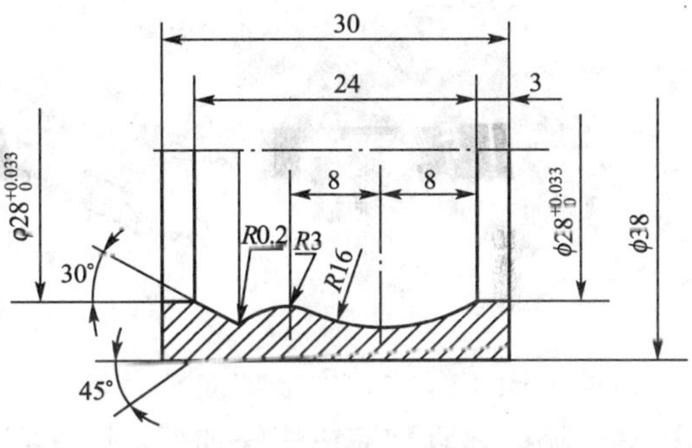

图 1.16　特形内表面零件

(2) 精度要求高的回转体零件。如图 1.17(a)所示高精度机床主轴和图 1.17(b)所示高速电动机主轴所示。

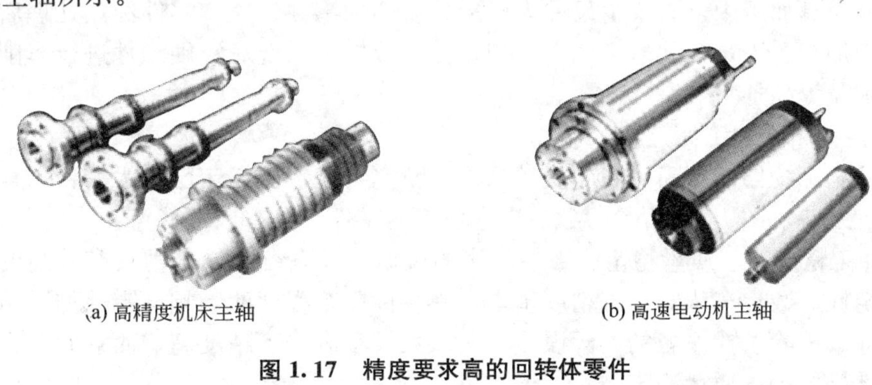

(a) 高精度机床主轴　　(b) 高速电动机主轴

图 1.17　精度要求高的回转体零件

零件的精度要求主要指尺寸、形状、位置和表面等精度要求，其中表面精度主要指表面粗糙度。例如，尺寸精度高(达 0.001mm 或更小)的零件；圆柱度要求高的圆柱体零件；素线直线度、圆度和倾斜度均要求高的圆锥体零件；线轮廓度要求高的零件(其轮廓形状精度可超过用数控线切割加工的样板精度)；在特种精密数控车床上，还可加工出几何轮廓精度极高(达 0.0001mm)、表面粗糙度数值极小(Ra 达 0.02μm)的超精零件(如复印机中的回转鼓及激光打印机上的多面反射体等)，以及通过恒线速度切削功能，加工表面精度要求高的各种变径表面类零件等。

数控车床刚性好，制造和对刀精度高，能方便和精确地进行人工补偿和自动补偿，所以能加工尺寸精度要求较高的零件。在有些场合可以以车削代磨削。此外，数控车削的刀具运动是通过高精度插补运算和伺服驱动来实现的，再加上机床的刚性好和制造精度高，所以它能加工对母线直线度、圆度、圆柱度等形状精度要求高的零件。对于圆弧以及其他曲线轮廓，加工出的形状与图样上所要求的几何形状的接近程度比用仿形车床要高得多。

(3) 特殊的螺旋零件。如图 1.18 所示，这些螺旋零件是指特大螺距(或导程)、变(增/减)螺距、等螺距与变螺距或圆柱与圆锥螺旋面之间作平滑过渡的螺旋零件，以及高精度的模数螺旋零件(如圆柱、圆弧蜗杆)和端面(盘形)螺旋零件等。

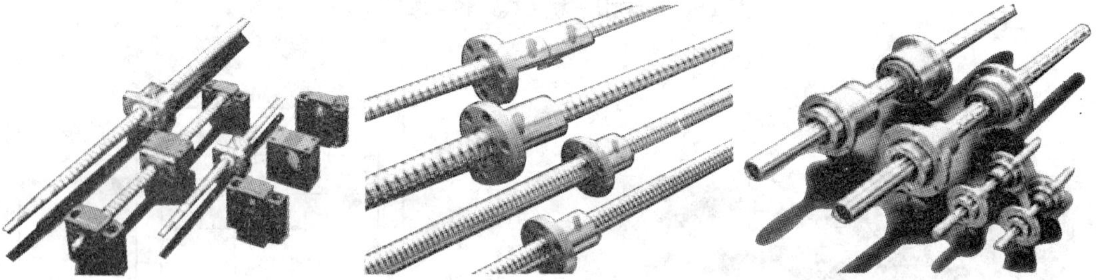

图 1.18　特殊的螺旋零件

数控车床车螺纹时主轴转向不必像普通车床车螺纹时那样交替变换，它可以一刀接一刀不停地循环，直到完成螺纹加工，因此它加工螺纹的效率很高。数控车床可以配备精密螺纹切削功能，再加上一般采用硬质合金成形刀片，可以使用较高的转速，所以车削出来的螺纹精度高、表面粗糙度小。

(4) 淬硬零件的加工。

在大型模具加工中，有不少尺寸大而形状复杂的零件，这些零件经热处理后的变形量较大，磨削加工有困难，此时可以用陶瓷车刀在数控车床上对淬硬零件进行车削加工，以车削代磨削，提高加工效率。

4) 数控车床的加工特点

随着控制系统性能不断提高，机械结构不断完善，数控车床已成为一种高自动化、高柔性的加工设备，图 1.19 所示为数控车床加工的零件，具有以下特点：

(1) 加工精度高、质量稳定。数控车床的机械传动系统和结构都具有较高的精度、刚度和热稳定性。数控车床的加工精度基本不受零件复杂程度的影响，零件加工精度和质量由机床保证，消除了操作者的人为误差。所以数控车床加工精度高，而且同一批零件加工尺寸一致性好，加工质量稳定。

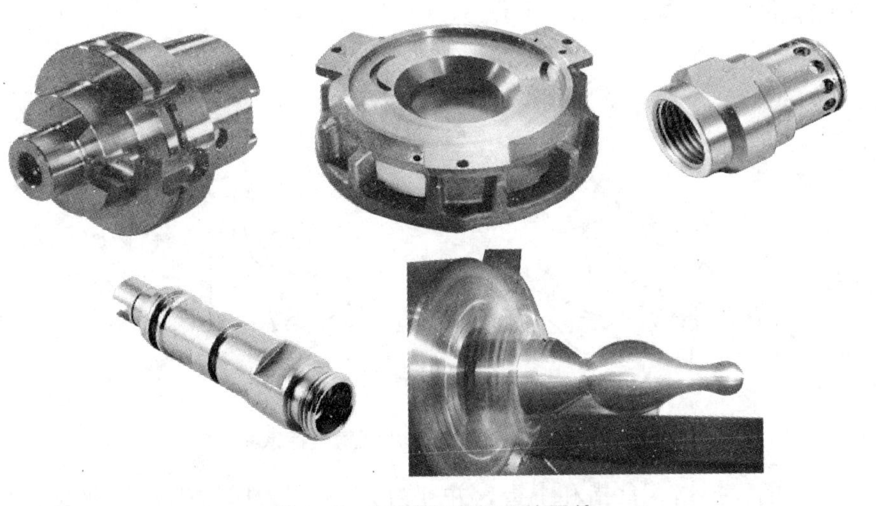

图 1.19　数控车床加工的零件

(2) 加工效率高。数控车床结构刚性好，功率大，能自动进行切削加工，所以能采用较大的、合理的切削量，可以在一次装夹中完成全部或大部分工序，随着新刀具材料的应用和机床机构不断完善，其加工效率也不断提高，是普通车床的 2～5 倍，且加工零件形状越复杂，越能体现数控车床高效率的特点。

(3) 适应范围广，灵活性好。数控车床能自动完成轴类及盘类零件内外圆柱面、圆锥面、圆弧面、螺纹以及各种回转曲面切削加工，并能进行切槽、钻孔、扩孔和铰孔等工作。

如对由非圆曲线或列表曲线(如流线形曲线)构成其旋转面的零件，各种非标螺距的螺纹或变螺距螺纹等多种特殊旋转类零件，以及表面粗糙度要求非常均匀、Ra 又很小的变径表面类零件，都可以通过数控系统所具有的同步运行和恒线速度等功能保证其精度要求。加工程序可以根据加工零件的要求而变化，所以它的适应性和灵活性强，可以加工普通车床无法加工的形状复杂的零件。

3. 确定数控车床坐标系

为了确定工件在数控机床中的位置，准确描述机床运动部件在某一时刻所在的位置以及运动的范围，就必须要给数控机床建立一个几何坐标系。数控机床坐标轴的指定方法已标准化，我国执行的数控标准 JB/T 3051—1999《数控机床坐标和运动方向的命名》与国际标准 ISO 和 EIA 等效，即数控机床的坐标系采用右手笛卡儿直角坐标系。它规定直角坐标系中 X、Y、Z 三个直线坐标轴，围绕 X、Y、Z 各轴的旋转运动轴为 A、B、C 轴，用右手螺旋法则判定 X、Y、Z 三个直线坐标轴与 A、B、C 轴的关系及其正方向。图 1.20所示为数控机床的右手笛卡儿直角坐标系。

1) 数控机床坐标系

(1) 坐标轴和运动方向的命名原则。

① 永远假定刀具相对于静止的工件坐标而运动；

② 数控机床的坐标系按国际标准化组织规定为右手直角笛卡儿坐标系。

③ 增大刀具与工件距离的方向即为各坐标轴的正方向。

(2) 右手笛卡儿直角坐标系。标准机床坐标系中 X、Y、Z 坐标轴的相互关系用右手笛卡儿直角坐标系决定，如图 1.20 所示。

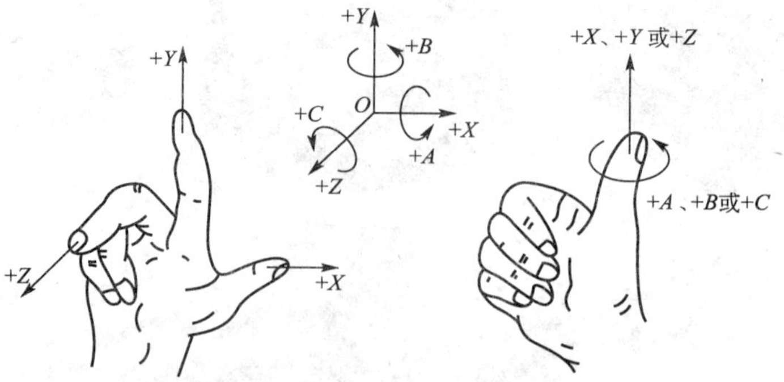

图 1.20　右手笛卡儿直角坐标系

① 伸出右手的大拇指、食指和中指，并互为 90°，则大拇指代表 X 坐标，食指代表 Y 坐标，中指代表 Z 坐标。

② 大拇指的指向为 X 坐标的正方向，食指的指向为 Y 坐标的正方向，中指的指向为 Z 坐标的正方向。

③ 围绕 X、Y、Z 坐标旋转的旋转坐标分别用 A、B、C 表示，根据右手螺旋定则，大拇指的指向为 X、Y、Z 坐标中任意轴的正向，则其余四指的旋转方向即为旋转坐标 A、B、C 的正向。

(3) 坐标轴方向的确定。判断顺序为：Z 轴→X 轴→Y 轴。

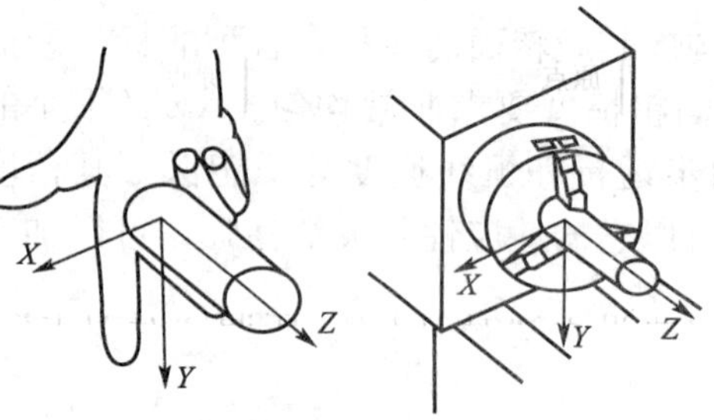

图 1.21　数控车床坐标系

① Z 坐标。Z 坐标的运动方向是由传递切削动力的主轴所决定的，即平行于主轴轴线的坐标轴即为 Z 坐标，Z 坐标的正向为刀具离开工件的方向。如果机床上有几个主轴，则选一个垂直于工件装夹平面的主轴方向为 Z 坐标方向；如果主轴能够摆动，则选垂直于工件装夹平面的方向为 Z 坐标方向；如果机床无主轴，则选垂直于工件装夹平面的方向为 Z 坐标方向。图 1.21所示为数控车床的 Z 坐标。

② X 坐标。X 坐标平行于工件的装夹平面，一般在水平面内。确定 X 轴的方向时，要考虑两种情况：

a. 如果工件做旋转运动，则刀具离开工件的方向为 X 坐标的正方向。

b. 如果刀具做旋转运动，则分为两种情况：Z 坐标水平时，观察者沿刀具主轴向工件看时，+X 运动方向指向右方；Z 坐标垂直时，观察者面对刀具主轴向立柱看时，+X 运动方向指向右方。图 1.21 所示为数控车床的 X 坐标。

③ Y 坐标。在确定 X、Z 坐标的正方向后，可以用根据 X 和 Z 坐标的方向，按照右手直角坐标系来确定 Y 坐标的方向。

数控机床坐标轴的方向取决于机床的类型和各组成部分的布局，数控车床坐标系如图 1.21所示，Z 轴平行于主轴轴心线，以刀架沿着离开工件的方向为 Z 轴正方向；X 轴垂直于主轴轴心线，以刀架沿着离开工件的方向为 X 轴正方向。

2) 数控机床坐标系与工件坐标系

(1) 机床坐标系与机床原点。机床坐标系是机床上固有的坐标系，并设有固定的坐标原点，就是机床原点，又称机械原点，即 $X=0$、$Y=0$、$Z=0$ 的点。从机床设计的角度来看，该点位置可任选，但从使用某一具体机床来说，这点是机床固定的点。与机床原点不同但又很容易混淆的另一概念是机床参考点(零点)，它是机床坐标系中一个固定不变的极限点，如图 1.22 所示。在加工前及加工结束后，可用控制面板上的“回零”按钮使部件(如刀具)退离到该点。对车床而言，机床原点是指车刀退离主轴端面和中心线最远而且是某一固定的点。该点在机床出厂时，就已经调好并记录在机床使用说明书中供用户编程时使用，一般情况下，不允许随意变动，数控车床坐标系与坐标原点的位置如图 1.22 所示。

(2) 工件坐标系和工件原点。编程时，为了编程方便，需要在零件图样上适当选定一个编程原点，即程序原点(或称程序零点)，并以这个原点作为坐标系的原点，再建立一个新的坐标系，称编程坐标系或工件坐标系，故此原点又称工件原点(工件零点)。与机床坐标系不同，工件坐标系是人为设定的。图 1.23 所示为数控车床工件坐标系的设定。

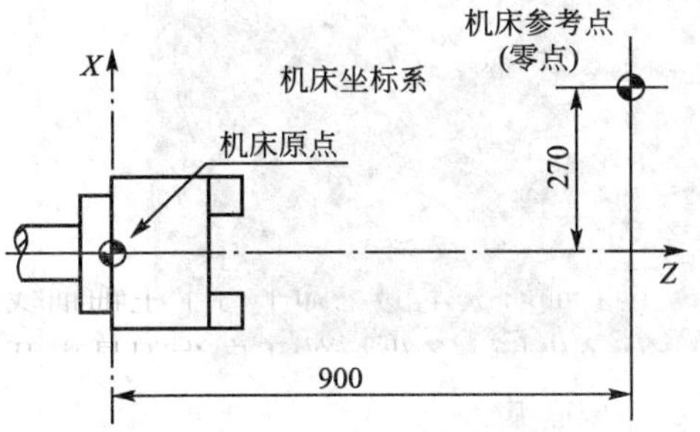

图 1.22　机床原点和机床参考点

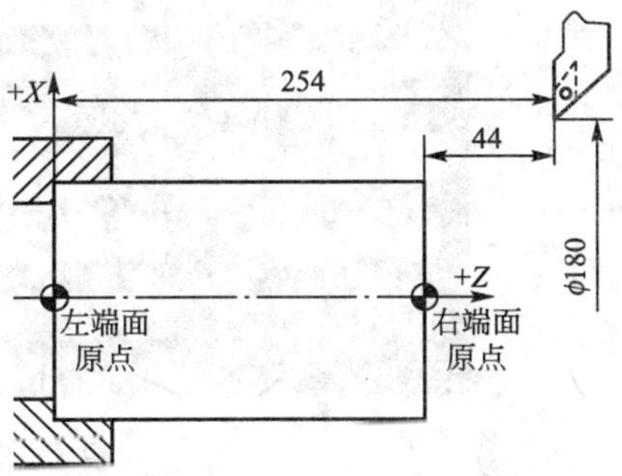

图 1.23　工件坐标系设定

为了建立机床坐标系和工件坐标系的关系，需要设立“对刀点”。所谓“对刀点”就是用刀具加工工件时，刀具相对于工件运动的起点。

对刀点，一般来说就是编程起点，它既可选在工件上，也可选在工件外面，例如可选在夹具上或机床上。但最基本的一条是它必须与工件的定位基准有一定的尺寸关系，这样才能确定机床坐标系与工件坐标系的关系。

4. 数控车床仿真软件操作

图 1.24 所示为 FANUC 0i(车床)仿真软件界面。

数控车床仿真软件操作过程如下：

进入数控加工仿真系统→选择机床类型→开启机床→毛坯的设定→数控车床刀具的选择→介绍数控加工仿真系统的面板→机床对刀操作→数控加工程序的传输→自动加工。

1) 机床操作面板

机床操作面板位于窗口的右下侧，如图 1.25 所示，主要用于控制机床运行状态，由模式选择按钮、运行控制开关等多个部分组成，每一部分的详细说明如下。

(1) 基本按钮。各按钮说明见表 1-1。

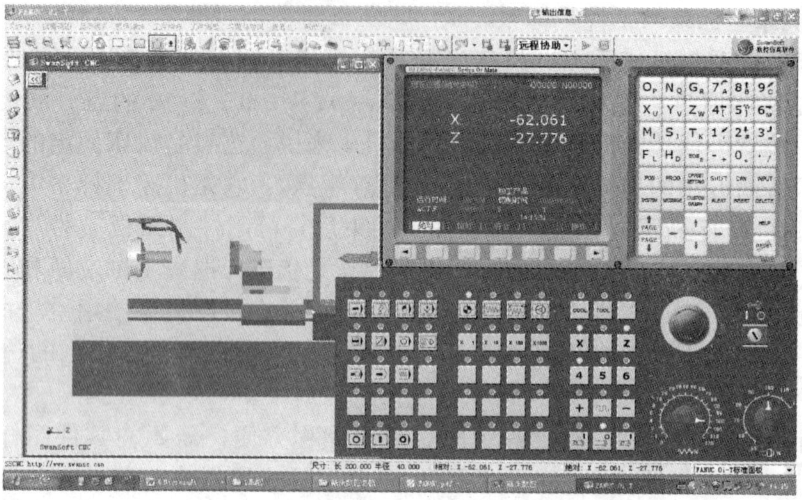

图 1.24　FANUC 0i 车床仿真软件界面

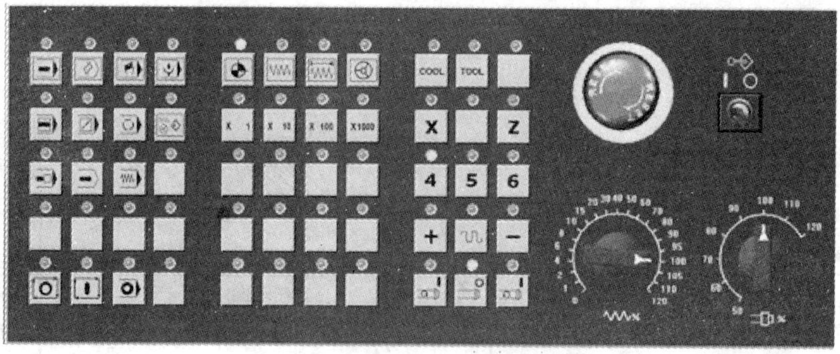

图 1.25　FANUC 0i 车床面板

表 1-1　基本按钮各按钮说明

按　钮	说　明	按　钮	说　明
AUTO	自动加工模式	HND	手轮模式移动机床
EDIT	编辑模式	JOG	手动模式，手动连续移动机床
MDI	手动数据输入	DNC	用 232 电缆线连接 PC 和数控机床，选择程序传输加工
INC	增量进给	REF	回参考点

（2）程序运行控制开关。

程序运行开始；模式选择旋钮在“AUTO”和“MDI”位置时按下有效，其余时间按下无效。

程序运行停止；在程序运行中，按下此按钮停止程序运行。

（3）机床主轴手动控制开关。

手动主轴正转；手动主轴反转；手动停止主轴。

(4) 手动移动车床各轴按钮。

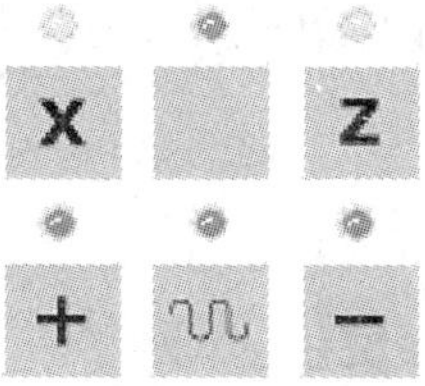

(5) 增量进给倍率选择按钮。

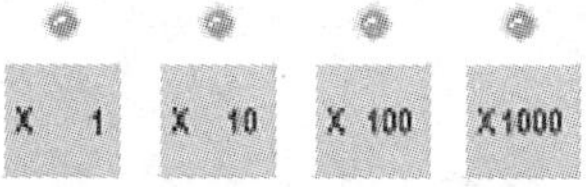

选择移动机床轴时，每一步的距离：×1 为 0.001mm，×10 为 0.01mm，×100 为 0.1mm，×1000 为 1mm。置光标于按钮上，单击选择。

(6) 进给率(*F*)调节旋钮。

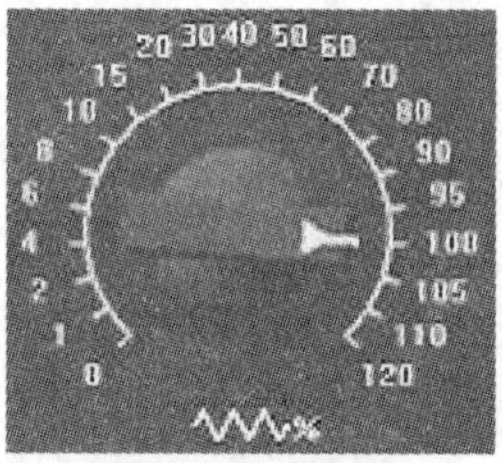

调节程序运行中的进给速度，调节范围从 0～120% 。置光标于旋钮上，单击转动。

(7) 主轴转速倍率调节旋钮。调节主轴转速，调节范围从 0～120%。

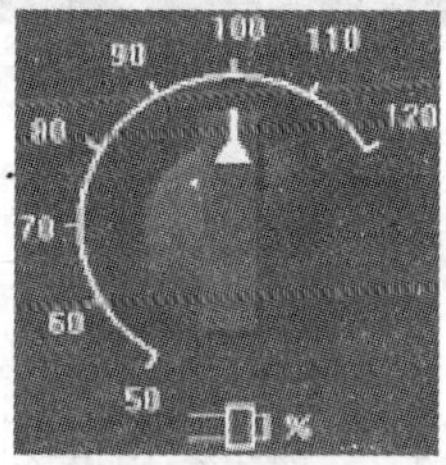

(8) 手轮。

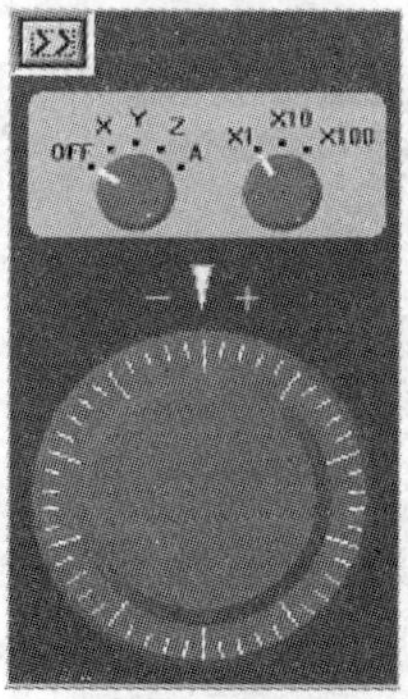

把光标置于手轮上，选择轴向，按住鼠标左键，移动鼠标，手轮顺时针转，相应轴往正方向移动，手轮逆时针转，相应轴往负方向移动。

(9) 单步执行开关。

每按一次程序，启动执行一条程序指令。

(10) 程序段跳读。

自动方式按下此键，跳过程序段开头带有“/”程序。

(11) 程序停。

自动方式下，遇有 M00 程序停止。

(12) 机床空运行。

按下此键，各轴以固定的速度运动。

(13) 手动示教。

(14)冷却液开关。

按下此键，冷却液开；再按一下，冷却液关。

(15) 在刀库中选刀。

按下此键，刀库中选刀。

(16) 程序编辑锁定开关。

置于“◯”位置，可编辑或修改程序。

(17) 程序重启动。

由于刀具破损等原因自动停止后，程序可以从指定的程序段重新启动。

(18) 机床锁定开关。

按下此键，机床各轴被锁住，只能程序运行。

(19) M00 程序停止。

程序运行中，M00 停止。

(20) 紧急停止旋钮。

2) FANUC 0i 数控系统操作

FANUC 0i 车床面板如图 1.26 所示，系统操作键盘在视窗的右上角，其左侧为显示屏，右侧是编程面板。

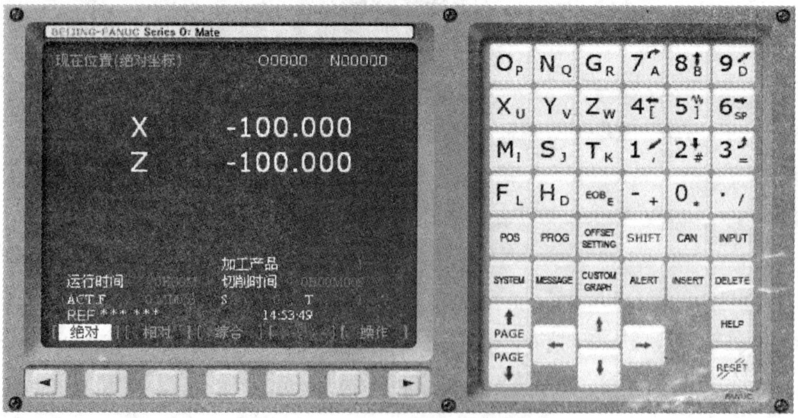

图 1.26 FANUC 0i 车床面板

（1）按键介绍。

① 数字/字母键。

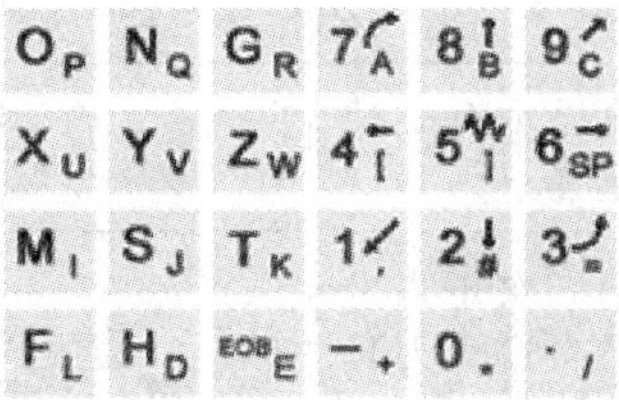

数字/字母键用于输入数据到输入区域，如图 1.27 所示，系统自动判别取字母还是取数字。字母和数字键通过 SHIFT 键切换输入，如：O—P，7—A。

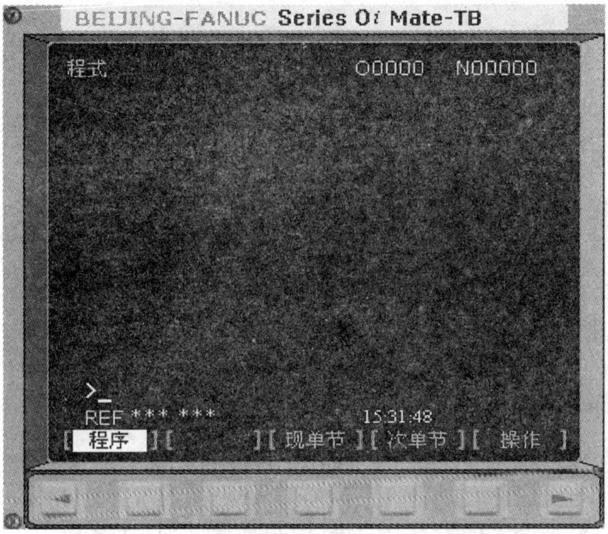

图 1.27 FANUC 0i－T 车床数字及符号输入

② 编辑键。各按键说明见表 1－2。

表 1－2 编辑键各按键说明

按 键	说 明	按 键	说 明
ALERT 替换键	用输入的数据替换光标所在的数据	CAN 取消键	消除输入区内的数据
DELETE 删除键	删除光标所在的数据、删除一个程序或者删除全部程序	EOB E 回车换行键	结束一行程序的输入并且换行
INSERT 插入键	把输入区之中的数据插入到当前光标之后的位置	SHIFT	上挡键

③ 页面切换键。各按键说明见表 1－3。

表 1－3　页面切换键各按键说明

按键	说　　明	按键	说　　明
PROG	程序显示与编辑页面	MESSAGE	信息页面，如“报警”
POS	位置显示页面。位置显示有三种方式，用 PAGE 按钮选择	CUSTOM GRAPH	图形参数设置页面
OFFSET SETTING	参数输入页面。按第一次进入坐标系设置页面，按第二次进入刀具补偿参数页面。进入不同的页面以后，用 PAGE 按钮切换	HELP	系统帮助页面
SYSTEM	系统参数页面	RESET	复位键

④ 翻页按钮(PAGE)。

↑PAGE 向上翻页。PAGE↓ 向下翻页。

光标移动(CURSOR)

↑ 向上移动光标。← 向左移动光标。

↓ 向下移动光标。→ 向右移动光标。

⑤ 输入键。

INPUT 输入键：把输入区内的数据输入参数页面。

(2) 手动操作机床。

① 回参考点。

➢ 置模式旋钮在位置。

➢ 选择各轴 X Y Z ，按住按钮，即回参考点。

② 移动。手动移动机床轴的方法有三种：

方法一：快速移动，这种方法用于较长距离的工作台移动。

➢ 置“JOG”模式位置。

➢ 选择各轴，单击方向键 + -，机床各轴移动，松开后停止移动。

➢ 按键，各轴快速移动。

方法二：增量移动，这种方法用于微量调整，如用在对基准操作中。

➢ 置模式在位置：选择 X 1 X 10 X 100 X1000 步进量。

➢ 选择各轴，每按一次，机床各轴移动一步。

方法三：操纵“手脉”，这种方法用于微量调整。在实际生产中，使用手脉可以让操作者容易控制和观查机床移动。“手脉”在软件界面右上角，单击即出现。

③ 开、关主轴。

➢ 置模式旋钮在“JOG”位置。

➢ 按机床主轴正反转，按主轴停转。

④ 启动程序加工工件。

➢ 置模式旋钮在“AUTO”位置。

➢ 选择一个程序(参照下面介绍选择程序方法)。

➢ 按程序启动按钮。

⑤ 试运行程序。

试运行程序时，机床和刀具不切削工件，仅运行程序。

➢ 置在模式。

➢ 选择一个程序如 O0001 后按 ↓ 调出程序。

➢ 按程序启动按钮。

⑥ 单步运行。

➢ 置单步开关于“ON”位置。

➢ 程序运行过程中，每按一次执行一条指令。

⑦ 选择一个程序。有两种方法进行选择：按程序号搜索和选择模式 AUTO 位置。

按程序号搜索：

➢ 选择模式放在“EDIT”。

➢ 按 PROG 键输入字母“O”。

➢ 按 7 键输入数字“7”，输入搜索的号码：“O7”

➢ 按 CURSOR：↓ 开始搜索；找到后，“O7”显示在屏幕右上角程序号位置，“O7” NC 程序显示在屏幕上。

选择模式 AUTO 位置：

➢ 按 PROG 输入字母“O”。

➢ 按 7 输入数字“7”，输入搜索的号码：“O7”。

➢ 按 [操作] →  [O检索] “O7”显示在屏幕上。

➢ 可输入程序段号“N30”，按 [N检索] 搜索程序段。

⑧ 删除一个程序。

➢ 选择模式在“EDIT”。

➢ 按 PROG 输入字母“O”。

➢ 按 7 输入数字“7”，输入要删除的程序的号码：“O7”。

➢ 按 DELETE 键“O7” NC 程序被删除。

⑨ 删除全部程序。

➢ 选择模式在“EDIT”。

➢ 按 PROG 键输入字母“O”。

➢ 输入“-9999”。

➢ 按 DELETE 键全部程序被删除。

⑩ 搜索一个指定的代码。

一个指定的代码可以是：一个字母或一个完整的代码。例如：“N0010”，“M”，“F”，“G03”，等等。搜索应在当前程序内进行。操作步骤如下：

➢ 在“AUTO”或“EDIT”模式。

➢ 按 PROG 键。

➢ 选择一个 NC 程序。

➢ 输入需要搜索的字母或代码，如：“M”，“F”，“G03”。

➢ 按 [BG-EDT] [O检索] [检索↓] [检索↑] [REWIND] 检索 [检索↓]，开始在当前程序

中搜索。

⑪ 编辑 NC 程序(删除、插入、替换操作)。

➢ 模式置于“EDIT”。

➢ 选择键。

➢ 输入被编辑的 NC 程序名，如“O7”，按键即可编辑。

➢ 移动光标。

方法一：按按钮或按钮翻页；按或键移动光标。

方法二：用搜索一个指定的代码的方法移动光标。

➢ 输入数据：单击数字/字母键，数据被输入到输入域。键用于删除输入域内的数据。

➢ 自动生成程序段号输入：按→SETING，如图 1.28 所示，程序段号自动生成，在参数页面顺序号中输入“1”，所编程序自动生成程序段号(如：N10…N20…)。

删除、插入、替代：

➢ 按键，删除光标所在的代码。

➢ 按键，把输入区的内容插入到光标所在代码后面。

➢ 按键，把输入区的内容替代光标所在的代码。

⑫ 通过操作面板手工输入 NC 程序。

➢ 置模式开关在“EDIT”。

➢ 按键，再按 DIR 进入程序页面。

➢ 按键输入“O7”程序名(输入的程序名不可以与已有程序名重复)。

➢ 按→键，开始程序输入。

➢ 按→键换行后再继续输入。

⑬ 从计算机输入一个程序。

NC 程序可在计算机上建文本文件编写，文本文件(＊.txt)后缀名必须改为＊.nc 或＊.cnc。

➢ 选择 EDIT 模式，按键切换到程序页面。

➢ 新建程序名“Oxxxx”按键进入编程页面。

➢ 按键打开计算机目录下的文本文件，程序显示在当前屏幕上。

⑭ 输入零件原点参数。

➢ 按键进入参数设定页面，按“坐标系”，FANUC 0i－T 车床工件坐标系页面如图 1.29 所示。

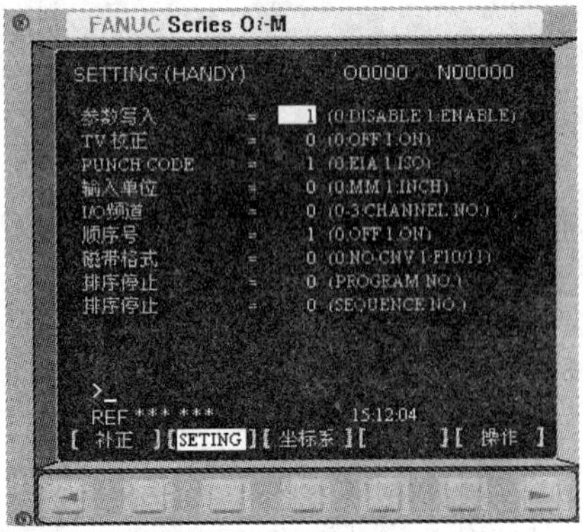

图 1.28　程序段号自动生成

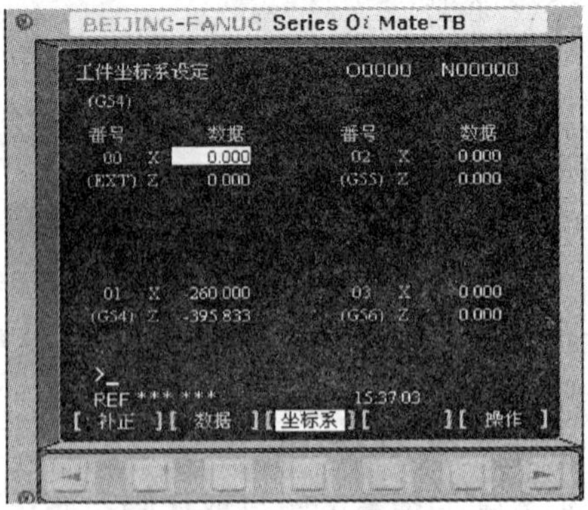

图 1.29　FANUC 0i－T 车床工件坐标系页面

➢ 用 PAGE↑ PAGE↓ 按钮或 ↓ ↑ 键选择坐标系。

输入地址字(X/Y/Z)和数值到输入域。方法参考“输入数据”操作。

➢ 按 INPUT 键，把输入域中间的内容输入到所指定的位置。

⑮ 输入刀具补偿参数。

➢ 按 OFFSET SETTING 键进入参数设定页面，按“[补正]”，FANUC 0i－T 车床刀具补正页面如图 1.30 所示。

➢ 用 PAGE↑ 和 PAGE↓ 键选择长度补偿，半径补偿。

➢ 用 CURSOR：↓ 和 ↑ 键选择补偿参数编号。

➢ 输入补偿值到长度补偿 H 或半径补偿 D。

➢ 按 INPUT 键，把输入的补偿值输入到所指定的位置。

⑯ 位置显示。

按 POS 键切换到位置显示页面。用 PAGE↑ 和 PAGE↓ 键或者软键切换。

⑰ MDI 手动数据输入。

➢ 按 MDI 键，切换到“MDI”模式。

➢ 按 PROG 键，再按 [MDI] → EOB 分程序段号“N10”，输入程序如：G0X50。

➢ 按 INSERT 键“N10G0X50”程序被输入。

➢ 按 程序启动按钮。

⑱ 零件坐标系(绝对坐标系)位置。

如图 1.31 所示 FANUC 0i－T 车床。

绝对坐标系：显示机床在当前坐标系中的位置。

相对坐标系：显示机床坐标相对于前一位置的坐标。

综合显示：同时显示机床在以下坐标系中的位置。

绝对坐标系中的位置(ABSOLUTE)。

相对坐标系中的位置(RELATIVE)。

机床坐标系中的位置(MACHINE)。

当前运动指令的剩余移动量(DISTANCE TO GO)。

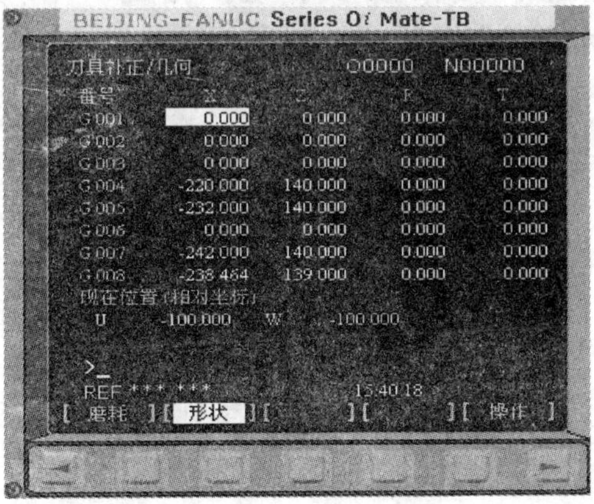

图 1.30　FANUC 0i－T 车床刀具补正页面

图 1.31　FANUC 0i－T 车床

3）车床对刀

FANUC 0i－T 系统数控车床设置工件零点的几种方法。

（1）直接用刀具试切对刀。

➢ 用外圆车刀先试切一外圆，测量外圆直径后，按 OFFSET SETTING → 补正 → 形状 输入“外圆直径值”，按 测量 键，刀具“X”补偿值即自动输入到几何形状里。

➢ 用外圆车刀再试切外圆端面，按 OFFSET SETTING → 补正 → 形状 输入“Z0”，按 测量 键，刀具“Z”补偿值即自动输入到几何形状里。

（2）用 G50 设置工件零点。

➢ 用外圆车刀先试切一段外圆，选择 相对 按 SHIFT → X_U 键，这时“U”坐标在闪烁。按 ORIGIN 键置“零”，测量工件外圆后，选择 “MDI”模式，输入 G01 U－××（××为测量直径）F0.3，切端面到中心。

➢ 选择 MDI 模式，输入 G50 X0 Z0，启动 键，把当前点设为零点。

➢ 选择 MDI 模式，输入 G0 X150 Z150，使刀具离开工件。

➢ 这时程序开头：G50 X150 Z150 ……

➢ 注意：用 G50 X150 Z150，程序起点和终点必须一致，即 X150 Z150，这样才能保证重复加工不乱刀。

➢ 如用第二参考点 G30，即能保证重复加工不乱刀，这时程序开头

G30 U0 W0

G50 X150 Z150

➢ 在 FANUC 系统里，第二参考点的位置在参数里设置，在 Yhcnc 软件里，机床对完刀后（X150 Z150），右击出现对话框 X:-160.000 Z:-395.833 ▸ 存入第二参考点，单击确认即可。

（3）工件移设置工件零点。

➢ 在 FANUC 0i 系统的 OFFSET SETTING 里，有一工件移界面，可输入零点偏移值。

➢ 用外圆车刀先试切工件端面，这时 *X*、*Z* 坐标的位置如：*X*－260 *Z*－395，直接输入到偏移值里。

➢ 选择 回参考点方式，按 *X*、*Z* 轴回参考点，这时工件零点坐标系即建立。

➢ 注意：这个零点一直保持，只有重新设置偏移值 Z0，才清除。

（4）G54～G59 设置工件零点。用外圆车刀先试切一外圆，按 OFFSET SETTING → → 坐标系，如选择 G55，输入 X0、Z0 按 测量 工件零点坐标即存入 G55 里，程序直接调用如：G55 X60 Z50……

特别提示

可用 G53 指令清除 G54～G59 工件坐标系。

应用实例 1－1

FANUC 0i 系统数控车床操作。

任务描述：加工如图 1.32 所示零件，T1：外圆车刀；T2：切断刀；T3：螺纹刀；毛坯尺寸：ϕ42×150。

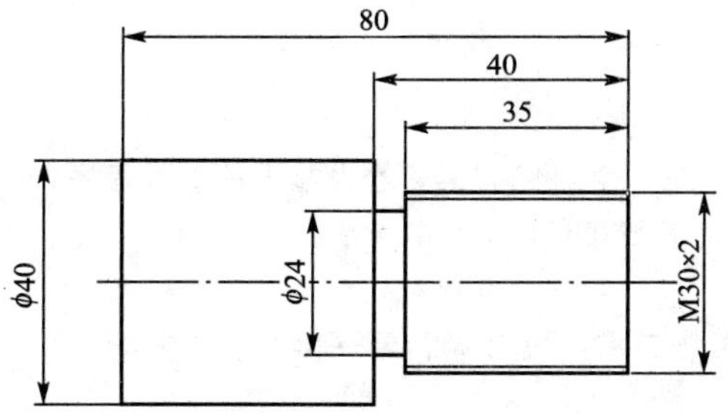

图 1.32　零件实例

解:

使用 FANUC 0i 车床系统编写加工程序:

```
O0001
N010 M3S1200;                 主轴旋转
N020 T0101 M08;               选择1号刀及刀补
N030 G0X45;
N040 Z0;
N050 G1X-1F0.5;
N060 X40Z0;
N070 G71U1R2;                 粗切循环
N080 G71P90Q130U0.1W0;
N090 X30;
N100 Z-40;
N110 X40;
N120 Z-90;
N130 X45;
N140 G0X100Z50;
N150 S1500;
N160 X40Z0;
N170 G70P90Q130;              精切循环
N180 G0X50Z100;
N190 T0202S800;               选择2号刀及刀补
N200 G0X45;
N210 Z-35;
N220 G1X24F0.2;
N230 X45;
N240 G0X50Z100;
N250 T0303;                   选择3号刀及刀补
N260 G0X30;
N270 Z2;
N280 G76P030060Q100R0.1;      螺纹切削循环
N290 G76X30Z-36P1200Q400F2;
N300 G0X50Z100;
N310 T0300;                   取消3号刀补
```

N320 M05;　　　　　　主轴停转
N330 M30;　　　　　　程序结束返回

操作步骤：

第一步，分析工件，编制工艺，并选择刀具，在草稿上编辑好程序。

第二步，打开仿真软件中的FANUC 0i-T车床系统。

1. 回零(回参考点)

REF：回参考点→ X轴回零→ Z轴回零→回参考点完毕。

2. 选择刀具

刀具库管理(左侧工具条)出现如下界面，图1.33刀具库管理。

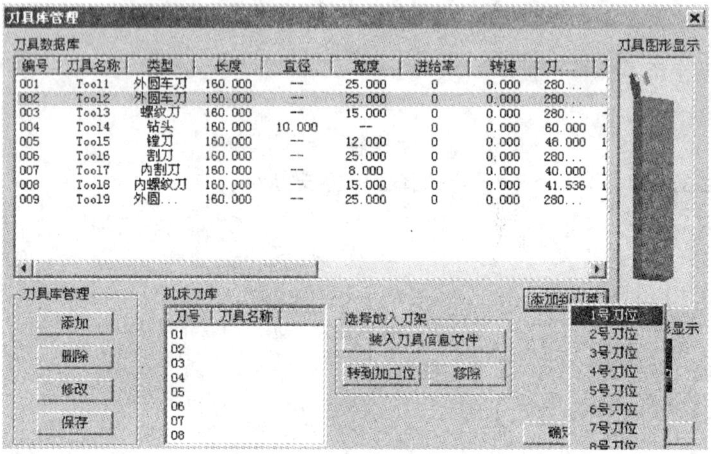

图1.33　刀具库管理

选择需要的刀具(外圆刀、切断刀、螺纹刀)添加到刀盘中；单击“确定”按钮即完成选刀。

3. 对刀

(1) T01刀(外圆刀)对刀。

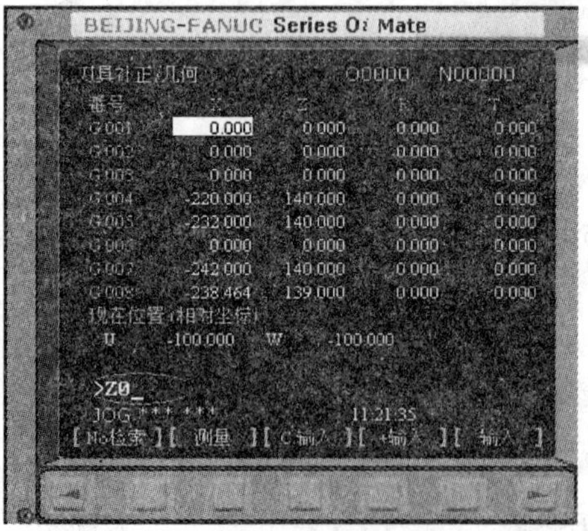

图1.34　*Z*轴对刀

① 手动模式→试切工件端面→*Z*方向不动，沿*X*方向退出→ 进入参数输入界面。

② 按【补正】→【形状】→输入Z0→【测量】→T01刀*Z*轴对刀完毕，如图1.34所示。

③ 试切外圆→*X*方向不动，沿*Z*方向退出→工具条中 测量直径(假设测量得直径ϕ96.17)→ 进入参数输入界面，按【补正】→【形状】→输入测量的直径X96.17→【测量】→T01刀(外圆刀)*X*方向对刀完毕。

(2) T02刀(切断刀)对刀。

① 在手动模式下 换T02刀(割刀)→碰工件端面→*Z*方向不动，沿*X*方向退出→ 进入参数输入界面，按【补正】→【形状】→光标移到2号刀补→输入Z0→【测量】→T02刀*Z*轴对刀完毕。

② 试切外圆→*X*方向不动，沿*Z*方向退出→工具条中 测量直径(假设测量得直径ϕ95.67)→ 进入参数输入界面，按【补正】→【形状】→光标移到2号刀补→输入测量的直径X95.67→【测量】→T02刀(割刀)*X*方向对刀完毕。

(3) T03刀(螺纹刀)对刀。

① 在手动模式下换 T03 刀(螺纹刀)→碰工件端面→Z 方向不动，沿 X 方向退出→进入参数输入界面，按[补正]→[形状]→光标移到 3 号刀补→输入 Z0→[测量]→T03 刀 Z 轴对刀完毕。

② 试切外圆→X 方向不动，沿 Z 方向退出→工具条中测量直径(假设测量得直径 ϕ94.67)→、进入参数输入界面，按[补正]→[形状]→光标移到 3 号刀补→输入测量的直径 X94.67→[测量]→T03 刀(螺纹刀)X 方向对刀完毕→对刀全部完成。

4．程序输入

① 程序编辑模式→程序；

② 按[DIR]→输入新建程序名 010→插入，新程序名创建好，如图 1.35 所示创建新程序名。

③ 将在草稿编好的程序输入→程序输入完成，如图 1.36 所示程序输入。

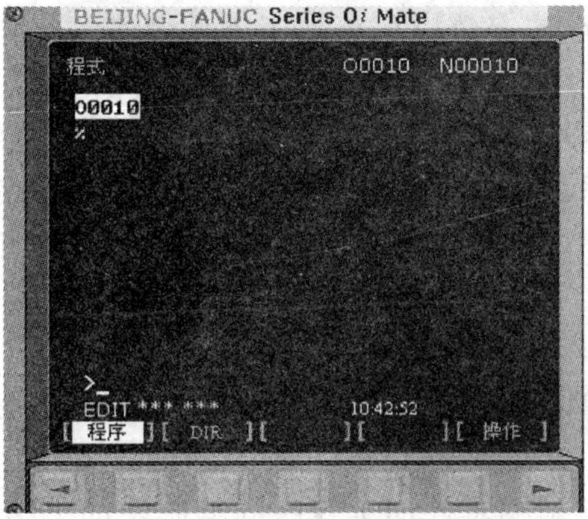

图 1.35　创建新程序名

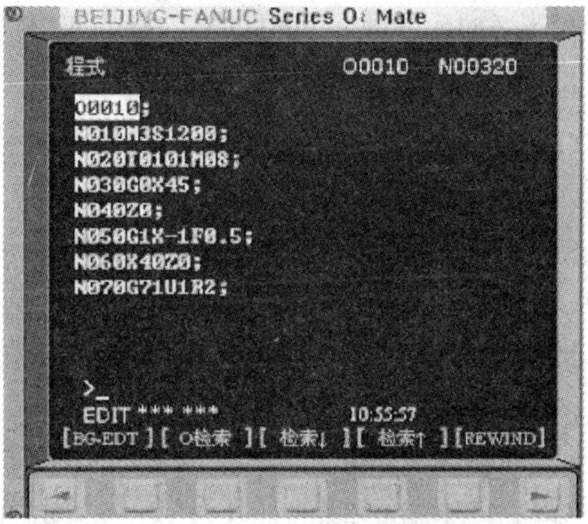

图 1.36　程序输入

5．选择工件毛坯

左侧工具条中工件大小设置→设定工件大小如图 1.37 设置工件→确定完成毛坯大小选择。

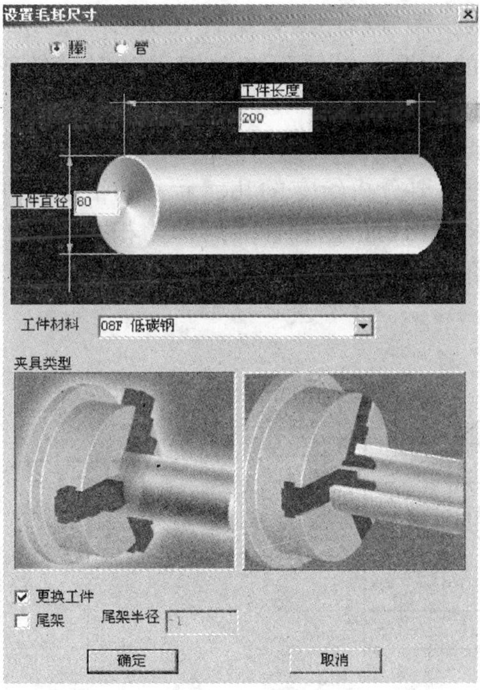

图 1.37　设置工件

6. 加工工件

自动模式→循环启动→程序将自动运行直至完毕。

7. 测量工件

工具条中测量→特征线→完成测量。

8. 工件模拟加工完成。

1.1.3 任务实施

1. 分析数控车削加工工艺

工艺分析是数控车削加工的前期准备工作，在选定数控车床加工零件及其加工内容后，应对零件的加工工艺进行全面、仔细、认真的分析，为程序编制做好充分的准备。数控车削加工与普通车床加工工艺基本相同，在设计数控加工工艺时，首先要遵循普通车床加工工艺的基本原则与方法，同时还需考虑数控加工本身的特点和零件编程的要求。数控车削加工工艺要求工艺内容具体明确，工艺设计准确严密，加工工序相对集中。

数控车削加工工艺的主要内容有：分析零件图样，确定零件在车床上的装夹方式、各表面的加工顺序和刀具进给路线以及刀具、夹具和切削用量的选择等。

1）分析零件图

分析零件图是制定加工工艺的首要工作，直接影响零件加工程序的编制及加工结果，主要工作内容如下：

(1) 分析零件图尺寸标注。最好以同一基准引注或直接给出坐标尺寸，既便于编程也便于尺寸间的相互协调及设计基准、工艺基准、测量基准与编程原点的统一。

(2) 分析轮廓几何要素。编制程序时，编程人员必须充分掌握构成零件轮廓的几何要素参数及各几何要素间的关系，以便于自动编程时对零件轮廓的所有几何要素进行定义。

手工编程时计算所有基点和节点的坐标，自动编程时对构成零件轮廓的几何元素进行定义，因此在分析零件图时，要分析给定的几何元素的给定条件是否充分。如图 1.38 所示的圆弧与斜线的关系要求为相切，但经计算后却为相交。又如，图 1.39 中给出的各段长度之和不等于其总长，给定的几何元素条件自相矛盾。

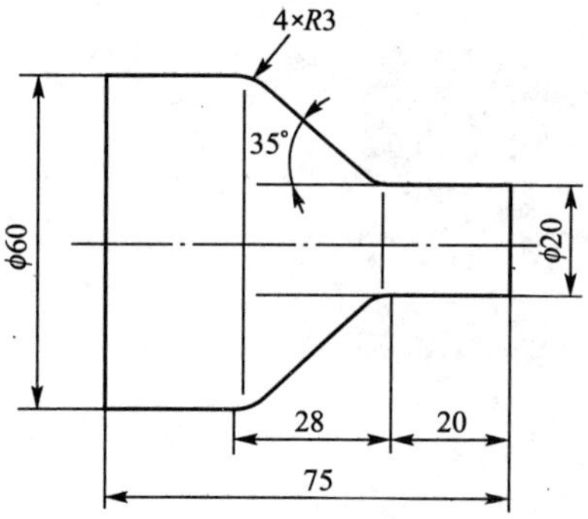

图 1.38　轮廓缺陷之 1

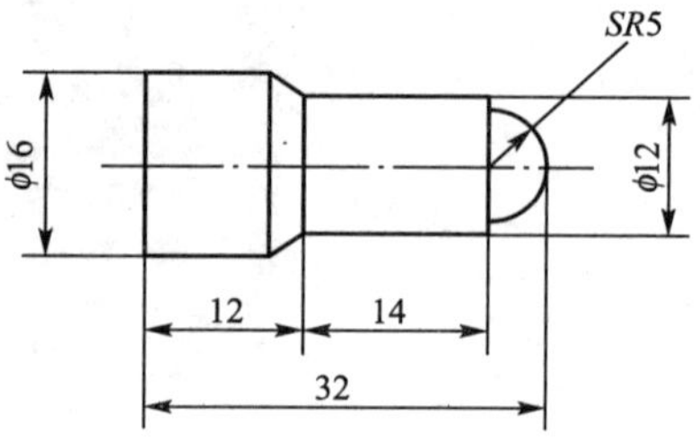

图 1.39　轮廓缺陷之 2

(3) 分析尺寸公差和表面粗糙度。这是确定机床、刀具、切削用量以及确定零件尺寸精度的控制方法和加工工艺的重要依据。分析过程中还同时进行一些编程尺寸的简单换算。数控车削加工中常对零件要求的尺寸取其最大和最小极限尺寸的平均值作为编程的尺寸依据。对表面粗糙度要求较高的表面，应确定恒线速度切削。本工序的数控车削加工精度若达不到图样要求需继续加工，应给后道工序留有足够的加工余量。

(4) 分析形状和位置公差。零件图上给定的形状和位置公差是保证零件精度的重要要求。

在工艺分析过程中，应按图样的形状和位置公差要求确定零件的定位基准、加工工艺，以满足公差要求。

数控车削加工零件的形状和位置误差主要受车床机械运动副精度和加工工艺的影响，车床机械运动副的误差不得大于图样规定的形位公差要求。在机床精度达不到要求时，需在工艺准备中考虑进行技术性处理的相关方案，以便有效地控制其形状和位置误差。图样上有位置精度要求的表面，应尽量能一次装夹加工完毕。

2) 分析结构工艺性

零件的结构工艺性是指零件对加工方法的适应性，即在满足使用要求的前提下零件加工的可行性和经济性。数控车床加工时，应根据数控车削的特点，认真分析零件结构的合理性。如图 1.40(a)所示零件，需要三把不同宽度的切槽刀切槽，如无特殊需要，显然不合理，若改成图 1.40(b)所示结构，只需一把切槽刀即可加工出三个槽，既减少了刀具数量，少占刀架位置，又节省换刀时间。

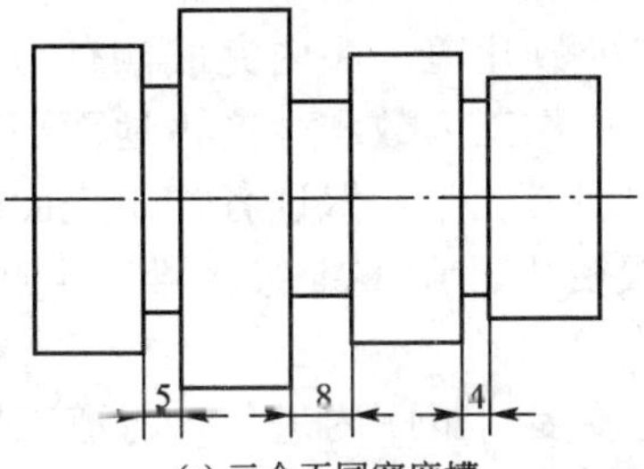

(a) 三个不同宽度槽

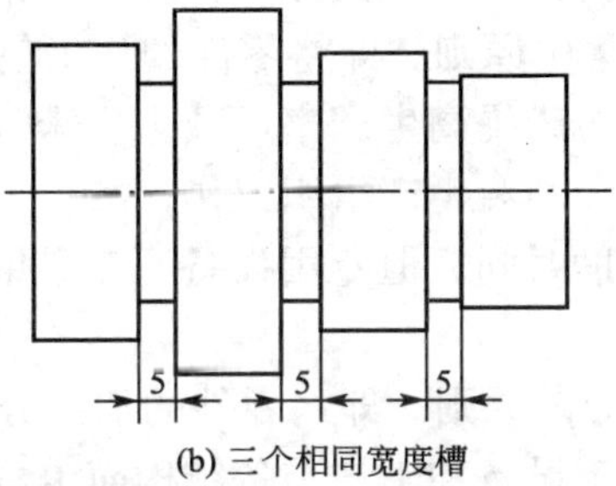

(b) 三个相同宽度槽

图 1.40　零件的结构工艺性

2. 制定数控车削加工工艺

制定加工工艺是加工程序编制工作中较为复杂又非常重要的环节，无论是手工编程还是自动编程，在编程前都要对零件进行工艺分析、拟定工艺路线、设计加工工序等工作。制定加工工艺时应遵循一般的工艺原则，并结合数控车床的特点，详细制定零件的数控车削加工工艺。

1) 选择加工内容

数控车床有其优点，但价格较贵、消耗较大、维护费用较高，导致加工成本的增加。因此从技术和经济等角度出发，对于某个零件来说，并非全部加工工艺过程都适合在数控车床上进行，而往往只选择其中一部分内容采用数控加工。因此，在对零件图进行详细工艺分析的基础上，选择那些适合而需要进行数控加工的内容和工序进行数控加工，以充分发挥数控加工的优势。一般按下列原则顺序选择：普通车床无法加工的内容优先；普通车床加工困难、质量难以保证的内容作为重点；普通车床加工效率低、劳动强度大的内容作为平衡。

此外，在选择确定加工内容时，还要考虑生产批量、生产周期、工序间周转情况等，尽量做到合理，以充分发挥数控车床的优势，达到多、快、好、省的目的。

2）划分加工阶段

为保证加工质量和合理地使用设备、人力，数控车削加工通常把零件的加工过程分为粗加工、半精加工、精加工三个阶段。

(1) 粗加工阶段。主要任务是切除毛坯上大部分余量，使毛坯在形状和尺寸上接近零件成品，主要目标是提高生产率。

(2) 半精加工阶段。主要任务是完成次要表面的加工，使主要表面达到一定精度并留一定精加工余量，为主要表面的精加工作好准备。

(3) 精加工阶段。主要任务是保证各主要表面达到规定的尺寸精度和表面粗糙度要求，主要目标是保证加工质量。

此外随着精密车削技术的发展，对零件上精度和表面粗糙度要求高(IT6 级以上，表面粗糙度值为 $Ra0.2\mu m$ 以下)的表面，可进行光整加工，主要目标是提高尺寸精度和减小表面粗糙度，一般不用来提高位置精度。

划分加工阶段，可以使粗加工造成的加工误差通过半精加工和精加工予以纠正，保证加工质量，还可合理使用设备，及时发现毛坯缺陷，便于安排热处理工序。

3）划分工序

划分工序有两种不同的原则，即工序集中原则和工序分散原则。

(1) 工序集中原则。即将零件的加工集中在少数几道工序内完成，有利于采用高效专用设备和数控机床提高生产率，减少机床数量、操作工人数和生产占地面积；缩短工序路线，简化生产计划和生产组织工作；减少零件的装夹次数，保证各加工表面间的相互位置精度，节省辅助时间。但专用设备和工艺装备投资大，调整维修困难，生产准备周期长，不利于转产。

(2) 工序分散原则。即将零件的加工分散在较多的工序内进行，每道工序的加工内容很少。它使加工设备和工艺装备结构简单，调整和维修方便，操作简单，转产容易，有利于选择合理的切削用量，减少机动时间。但工艺路线较长，所需设备和工人数较多，生产占地面积大。

(3) 划分工序的方法。数控车床加工一般按工序集中原则进行工序的划分，在一次装夹中尽可能完成大部分甚至全部表面的加工。在批量生产中，划分工序的方法如下。

① 按零件装夹定位方式划分工序。由于每个零件结构形状不同，各表面的技术要求也有所不同，故加工时其定位方式则各有差异。一般加工外形时以内形定位，加工内形时又以外形定位，因而可根据定位方式的不同来划分工序。

② 按粗、精加工划分工序。根据零件的加工精度、刚度和变形等因素来划分工序时，可按粗、精加工分开的原则来划分工序，即先粗加工再精加工。此时可用不同的机床或不同的刀具进行加工。通常在一次装夹中，不允许将零件某一部分表面加工完毕后再加工零件的其他表面。如图 1.41 所示，先切除整个零件各加工面的大部分余量，再将其表面精加工一遍，以保证加工精度和表面粗糙度要求。

③ 按所用刀具划分工序。为了减少换刀次数、压缩空行程时间、减少不必要的定位

误差，可按刀具集中工序的方法加工零件，即在一次装夹中，尽可能用同一把刀具加工出可能加工的所有部位，然后再换另一把刀加工其他部位。专用数控机床和加工中心常采用这种方法。

4）安排加工顺序

（1）车削加工顺序的安排。

① 上道工序的加工不能影响下道工序的定位与夹紧。

② 先粗后精。在车削加工中，按照粗车→半精车→精车的顺序安排加工，逐步提高加工表面的精度和减小表面粗糙度。粗车在短时间内切除毛坯的大部分加工余量，如图1.42所示，以提高生产率，同时尽量满足精加工的余量均匀性要求，为精车作好准备。粗加工完毕后，再进行半精加工、精加工。

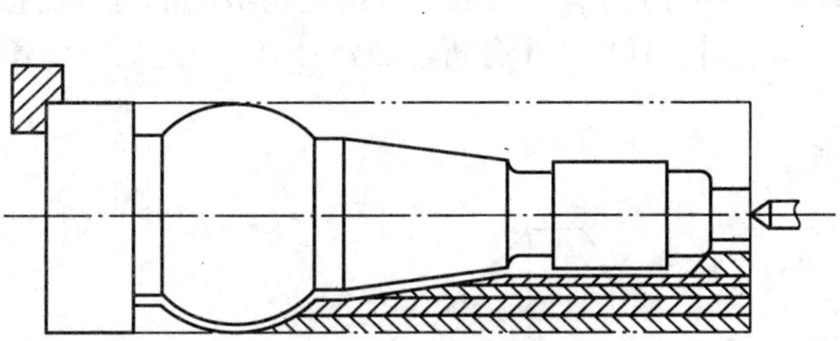

图1.41　粗精分开车削

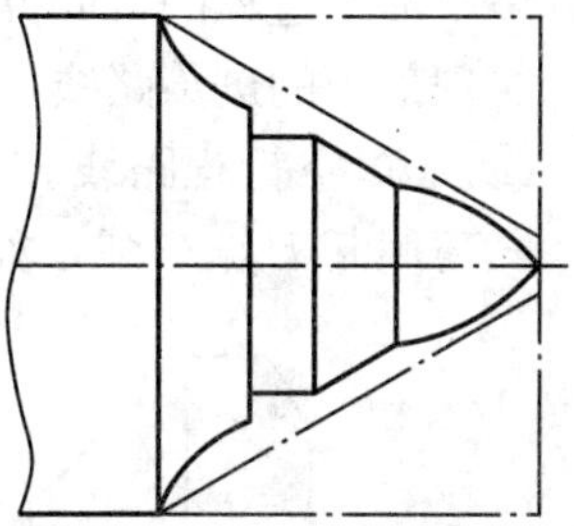

图1.42　先粗后精车削

③ 先近后远。离对刀点近的部位先加工，离对刀点远的部位后加工，这样可缩短刀具移动距离、减少空行程时间、提高生产效率，此外有利于保证坯件或半成品的刚性，改善切削条件。当加工图1.43所示零件时，由于余量较大，粗车时，可按先车端面，再按$\phi50$mm→$\phi45$mm→$\phi40$mm→$\phi35$mm的顺序加工；精车时，如果按$\phi50$mm→$\phi45$mm→$\phi40$mm→$\phi35$mm的顺序安排车削，不仅会增加刀具返回换刀点所需的空行程时间，而且还可能使台阶的外直角处产生毛刺，应该按$\phi35$mm→$\phi40$mm→$\phi45$mm→$\phi50$mm的顺序加工。如果余量不大，可以直接按直径由小到大的顺序一次加工完成，符合先近后远的原则，即离刀具近的部位先加工，离刀具远的部位后加工。

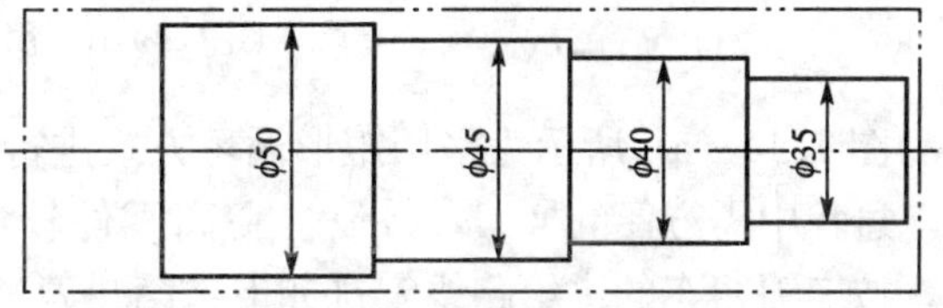

图1.43　先近后远车削

④ 内外交叉。既有内表面又有外表面的零件应对内外表面先进行粗加工，再进行精加工。

⑤ 基面先行。用作精基准的表面优先加工，定位基准的表面越精确装夹误差就越小。如轴类零件的加工，总是先加工中心孔，再以中心孔为基准加工外圆表面和端面。

（2）数控加工工序与普通工序的衔接。数控加工的工艺路线设计常常仅是几道数控加工工艺过程，而非指毛坯到成品的整个工艺过程。它常穿插于零件加工的整个工艺过程中。为使之与整个工艺过程协调，必须建立相互状态要求，如留多少加工余量、定位面与定位孔的精度要求及形位公差、对校形工序的技术要求、对毛坯热处理状态要求等，目的是达到相互能满足加工需要。

5）确定进给路线

进给路线又称走刀路线，指加工过程中刀具相对于被加工零件的运动轨迹，包括切削加工的路径及刀具的引入、返回等非切削空行程。它包括了工步的内容，也反映了工步顺序。确定进给路线的重点在于确定粗加工及空行程的路线，因精加工切削过程的进给路线基本上都是沿零件轮廓顺序进行的。

（1）确定进给路线的原则。

① 应能保证零件轮廓表面加工后的精度和粗糙度要求。

② 使数值计算容易，以减少编程工作量。

③ 应使进给路线最短，以提高加工效率。

（2）确定最短进给路线。在保证加工质量的前提下使加工程序具有最短的进给路线，可节省整个加工过程的时间并减少一些不必要的刀具消耗及机床进给机构滑动部位的磨损量等。实现最短的进给路线，除依据实践经验外，还应善于分析，必要时辅以一些简单计算。

① 最短空行程路线。

➢ 巧用起刀点车削，如图 1.44 所示。

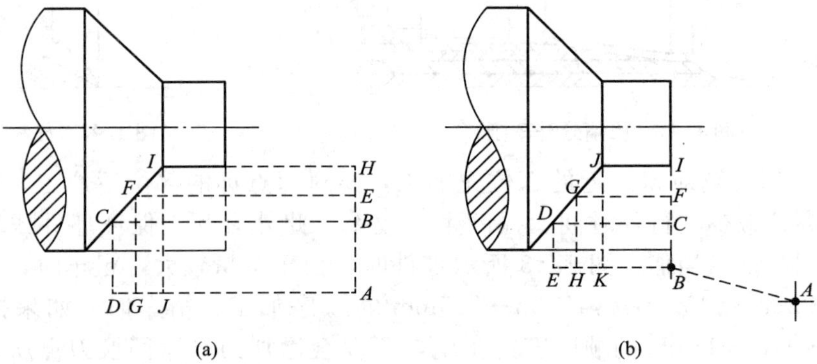

图 1.44　巧用起刀点车削

图 1.44（a）所示为采用矩形循环方式进行粗车的一般情况，其对刀点 A 的设定考虑到加工过程中需方便的换刀，故设置在离零件较远的位置，同时将起刀点与对刀点重合在一起，按三刀粗车的进给路线安排如下：第一刀 $A \to B \to C \to D \to A$；第二刀 $A \to E \to F \to G \to A$；第三刀 $A \to H \to I \to J \to A$。

图 1.44（b）所示为巧妙地将循环加工的起刀点与对刀点分离，并设于图示 B 点位置，仍按相同的切削用量进行三刀粗车，其进给路线安排如下：

循环加工的起刀点与对刀点分离的空行程 $A \to B$；

第一刀 $B \to C \to D \to E \to B$；第二刀 $B \to F \to G \to H \to B$；第三刀 $B \to I \to J \to K \to B$。

很明显图(b)所走的路线短，该方法也可用在其他循环加工中。

➢ 巧设换刀点。出于安全和方便的考虑，有时将换刀点设置在离零件较远的位置，如图 1.44(a)中的 A 点，则当换第二把刀后，进行精车时的空行程较长。如果第二把刀的换刀点设置在图 1.44(b)中的 B 点位置上，因零件已切掉一定的余量，则可缩短空行程距离，但换刀过程中一定不能发生碰撞。

➢ 合理安排“回零”路线。手工编制复杂轮廓的加工程序时，为简化计算过程、便于校核，将每把刀加工完成后的刀具终点通过执行“回零”操作指令，使其全部返回到对刀点位置，然后再执行后续程序。这样会增加进给路线的距离，降低生产效率。因此要合理安排“回零”路线，使前一刀终点与后一刀起点间的距离尽量短或者为零，以满足进给路线最短的要求。另外选择返回对刀点指令时，在不发生干涉的前提下尽可能采用 X、Z 轴双向时“回零”指令，该功能“回零”路线最短。

② 最短切削进给路线。切削进给路线最短，可有效提高生产效率，降低刀具的损耗等。

在安排粗加工或半精加工的切削进给路线时，应同时兼顾被加工零件的刚性及加工的工艺性等要求。如图 1.45 所示，为粗加工的三种不同循环进给路线的示例。

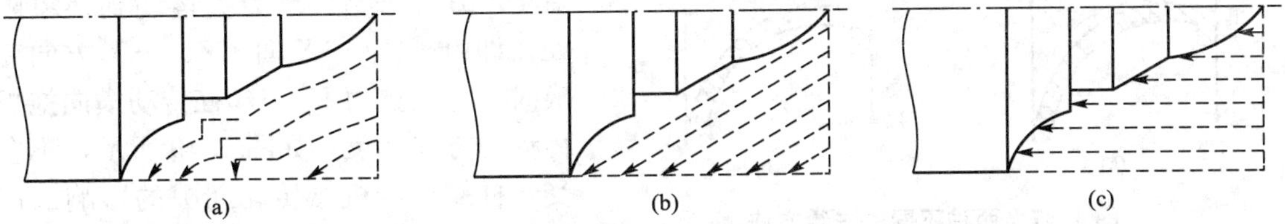

图 1.45　粗车三种进给路线

➢ 为利用数控系统具有的封闭式复合循环功能，控制车刀沿零件轮廓等距线循环的进给路线。

➢ 为利用数控系统具有的三角形循环功能而安排的“三角形”进给路线。

➢ 为利用数控系统具有的矩形循环功能而安排的“矩形”循环进给路线。

三种切削进给路线，矩形循环进给路线的进给长度总和最短，因此在同等条件下，其切削所需时间(不含空行程)最短，刀具的损耗量最少。

③ 大余量毛坯的阶梯切削进给路线。如图 1.46 所示，车削大余量零件的两种进给路线：图 1.46(a)是错误的阶梯切削路线；图 1.46(b)按 1～5 的顺序切削，每次切削所留余量相等，是正确的阶梯切削路线。因在同等条件下，按图 1.46(a)的方式加工所剩的余量过多。

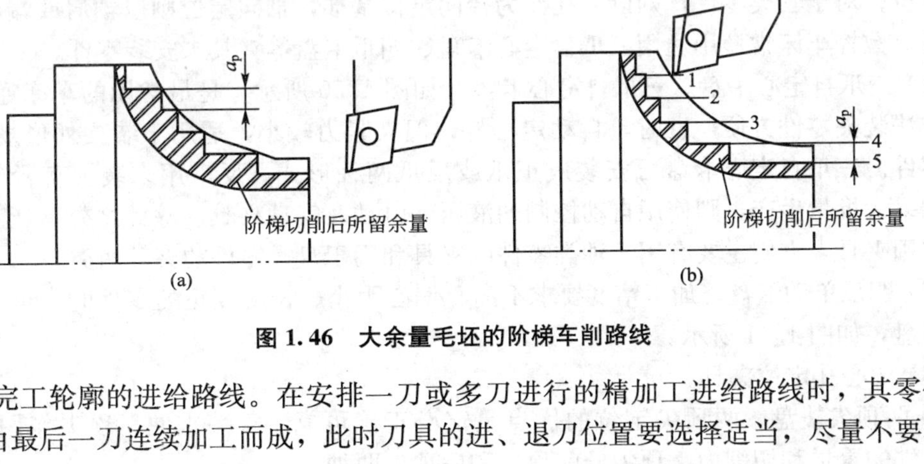

图 1.46　大余量毛坯的阶梯车削路线

④ 完工轮廓的进给路线。在安排一刀或多刀进行的精加工进给路线时，其零件的完工轮廓由最后一刀连续加工而成，此时刀具的进、退刀位置要选择适当，尽量不要在连续

轮廓中安排切入、切出或停顿，以免因切削力的突然变化而破坏工艺系统的平衡状态，致使零件轮廓上产生表面划痕、形状突变可滞留刀痕等缺陷。

⑤ 特殊的进给路线。在数控车削加工中，一般情况下 Z 轴方向的进给运动都是沿着负方向进给的，但有时按这种方式安排进给路线并不合理，甚至可能车坏零件。

采用尖形车刀加工大圆弧内表面时，如图 1.47(a)所示刀具沿 $-Z$ 方向进给，此时切削力沿 X 方向的吃刀抗力 F_p 为 $+X$ 方向；刀尖运动到换象限处，即由 $-Z$、$-X$ 向 $-Z$、$+X$ 方向变换时，F_p 方向与横拖板传动力方向一致，如图 1.48 所示，若丝杠螺母副有机械传动间隙，就可能使刀尖嵌入零件表面(即扎刀)。如图 1.47(b)所示，刀具沿 $+Z$ 方向进给，当刀尖运动到换象限处，即由 $+Z$、$-X$ 向 $+Z$、$+X$ 方向变换时，吃刀抗力 F_p 与丝杠传动横向拖板传动力方向相反，如图 1.49 所示，不会受丝杠螺母副机械传动间隙的影响而产生扎刀，是比较合理的进给路线。

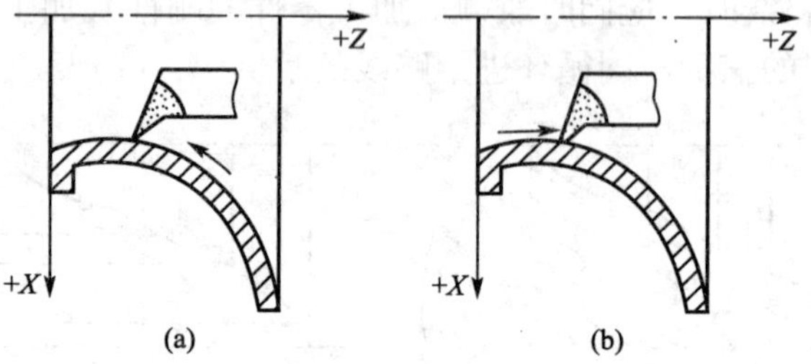

图 1.47　两种不同的进给方法

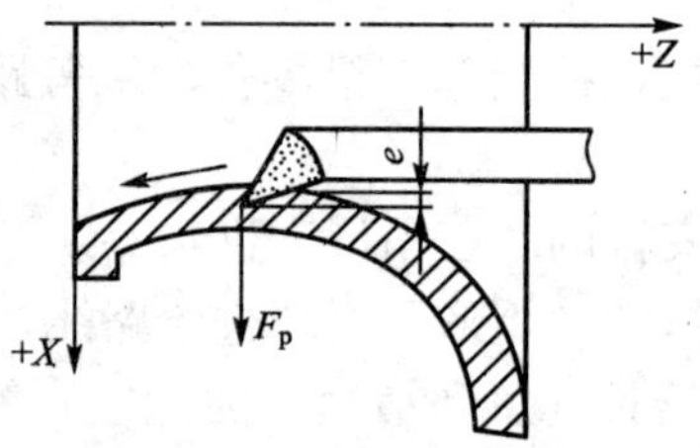

图 1.48　嵌刀现象

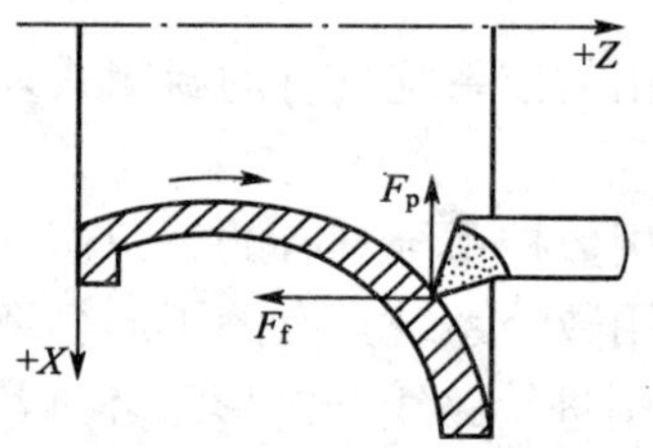

图 1.49　合理的进给方案

此外，在车削螺纹时有一些多次重复进给的动作，且每次进给的轨迹相差不大，这时进给路线的确定可采用系统固定的循环功能。

6) 安装零件

数控车床上零件的安装方法与普通车床一样，要合理选择定位基准和夹紧方案，在选择数控车削加工定位方法时，对于轴类零件，通常以零件自身的外圆柱面作为径向定位基准来定位；对于套类零件，则以内孔作为径向定位基准，轴向定位则以轴肩或端面作为定位基准。数控车床常使用通用三爪自定心卡盘、四爪卡盘等夹具来安装零件。

(1) 三爪自定心卡盘。三爪自定心卡盘，如图 1.50 所示，是最常用的车床通用卡具，这种方法装夹零件方便，省时，自动定心好，但夹紧力较小，适用于装夹外形规则的中，小型零件。三爪自定心卡盘可安装成正爪或反爪两种形式，反爪用来装夹直径较大的零件。如果大批量生产，则使用自动控制的液压、电动及气动夹具。除此之外，还有许多相应的实用夹具，它们主要有用于轴类零件的夹具和用于盘类零件的夹具两类。

(2) 四爪单动卡盘。加工精度要求不高、偏心距小、长度较短的零件时，可采用四爪单动卡盘，如图 1.51 所示。

(3) 中心孔定位夹具。

① 两顶尖拨盘。两顶尖定位的优点是定心正确可靠，安装方便。顶尖作用是定心、承受零件的重量和切削力。顶尖分前顶尖和后顶尖两种。

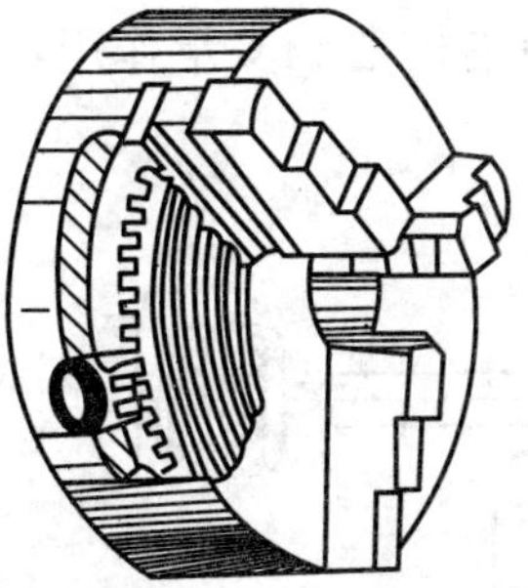

图 1.50　三爪自定心卡盘

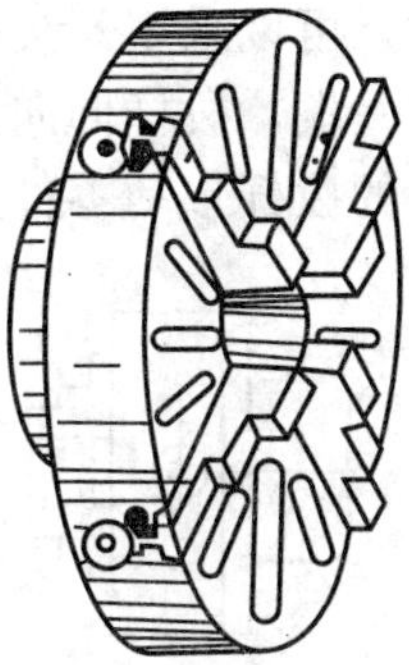

图 1.51　四爪单动卡盘

前顶尖分两种：一种是插入主轴锥孔内的，如图 1.52(a)所示；另一种是夹在卡盘上的，如图 1.52(b)所示。前顶尖与主轴一起旋转，与主轴中心孔不产生摩擦。

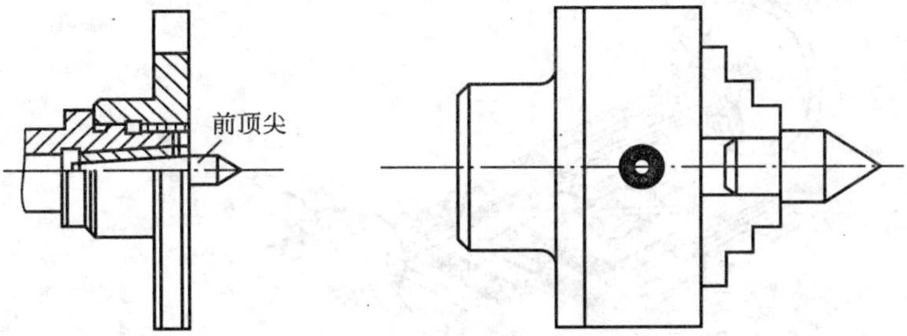

(a)　(b)

图 1.52　前顶尖

后顶尖插入尾座套筒。后顶尖分两种：一种是固定的，如图 1.53(a)所示；另一种是回转的，如图 1.53(b)所示。使用时还需根据具体情况来选择。

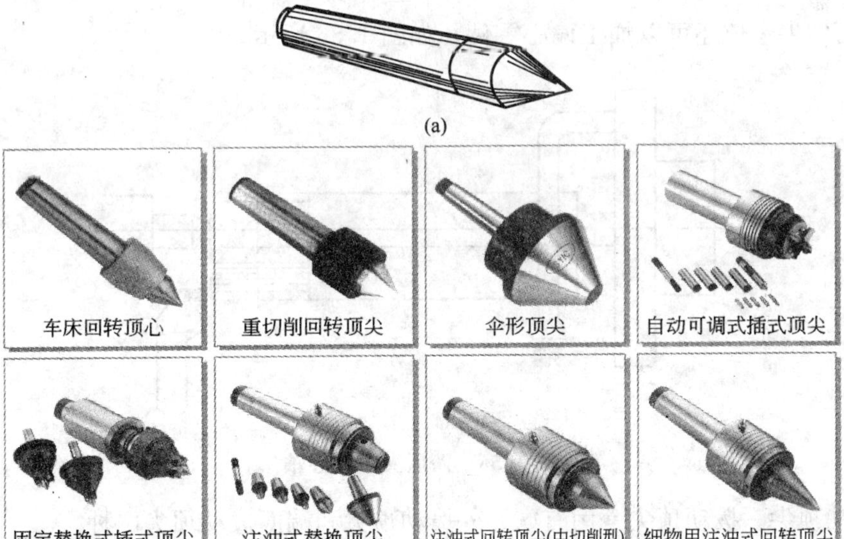

(b)

图 1.53　后顶尖

零件安装时，可以采用一夹一顶安装形式，如图 1.54 所示。还可以用对分夹头或鸡心夹头夹紧零件一端，拨杆伸向端面。两顶尖只对零件有定心和支承作用，必须通过对分夹头或鸡心夹头的拨杆带动零件旋转，如图 1.55 所示。

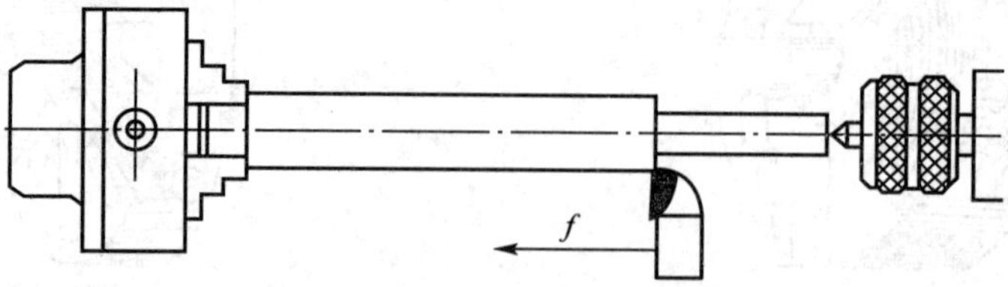

图 1.54　一夹一顶安装零件

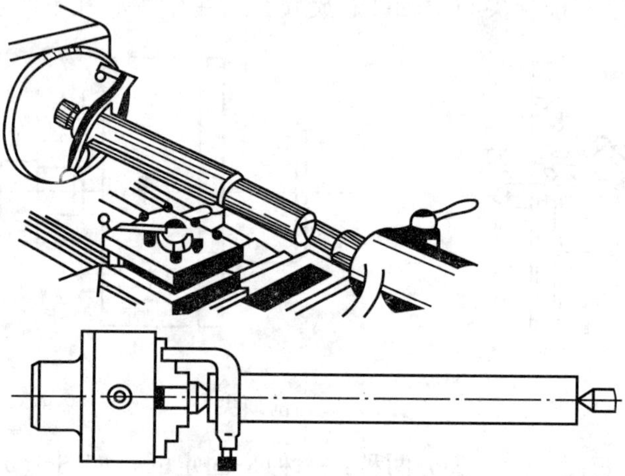

图 1.55　两顶尖装夹零件

利用两顶尖定位还可以加工偏心零件，如图 1.56 所示。

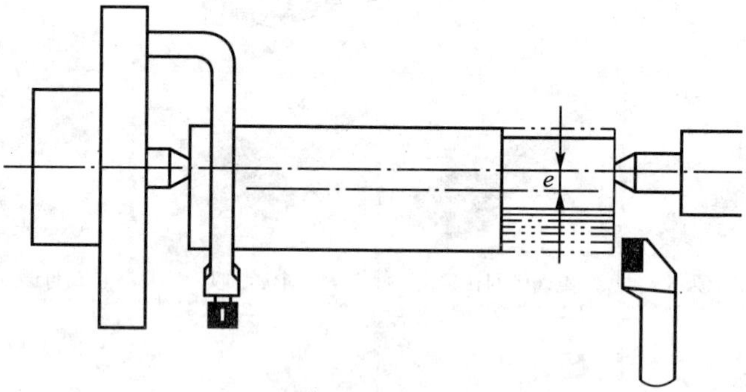

图 1.56　两顶尖车偏心轴

② 拨动顶尖。拨动顶尖常用有内、外拨动顶尖和端面拨动顶尖两种。

➢ 内、外拨动顶尖。内拨动顶尖如图 1.57 所示，这种顶尖的锥面带齿，能嵌入零件，拨动零件旋转。

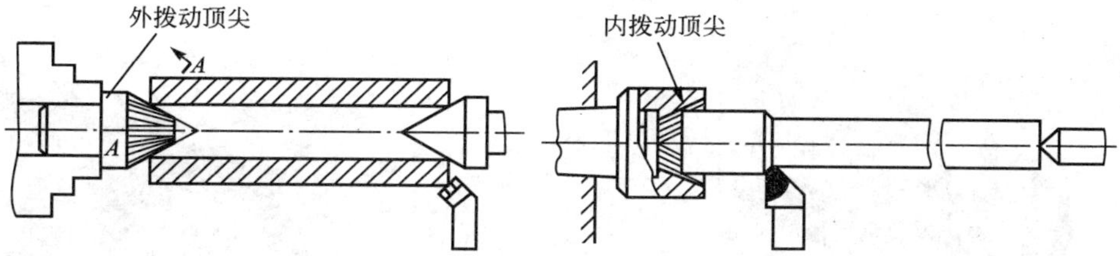

图 1.57 内、外拨动顶尖

➢ 端面拨动顶尖。端面拨动顶尖如图 1.58 所示。这种顶尖利用端面拨爪带动零件旋转，适合装夹直径在 50～150mm 之间的零件。

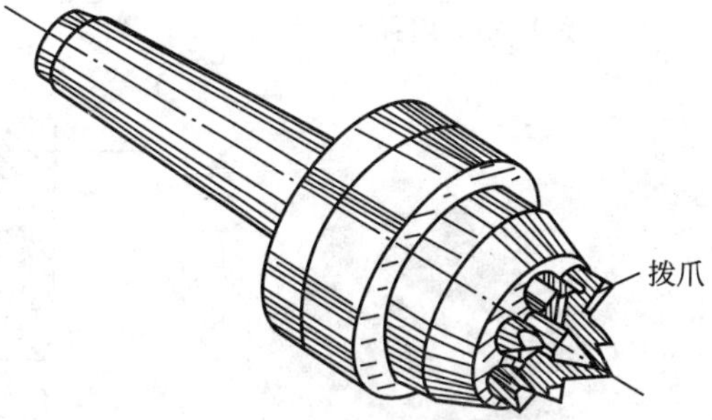

图 1.58 端面拨动顶尖

(4) 其他车削工装夹具。数控车削加零中有时会遇到一些形状复杂和不规则的零件，不能用三爪自定心卡盘或四爪单动卡盘装夹，需要借助其他工装夹具，如花盘、角铁等。图 1.59 所示为用花盘装夹双孔连杆的方法；图 1.60 所示为角铁的安装方法。

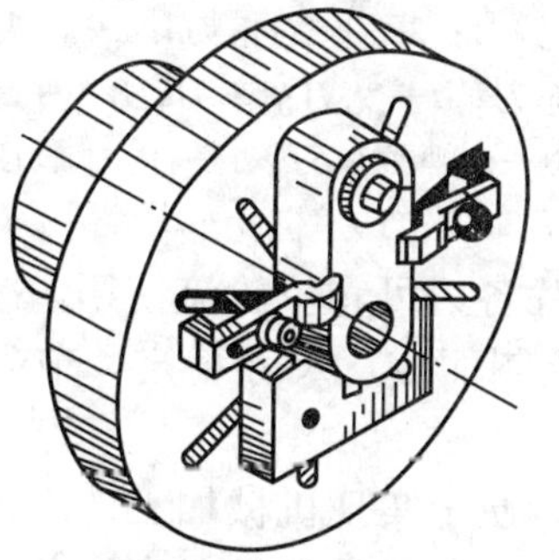

图 1.59 用花盘装夹双孔连杆

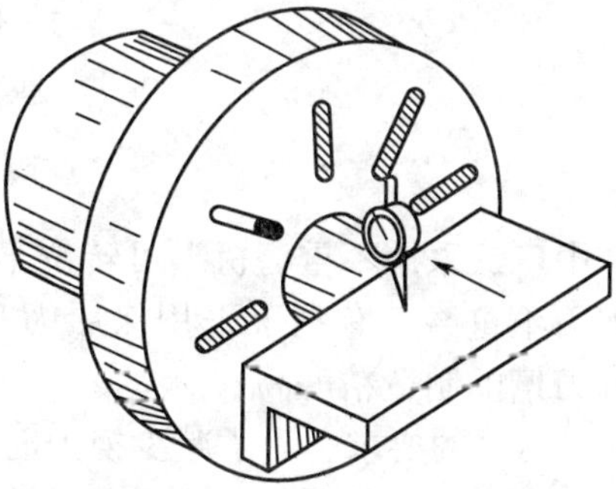

图 1.60 角铁的安装方法

7) 选择安装刀具

(1) 车刀种类。在数控车床上使用的刀具按用途可分为外圆车刀、内孔车刀、螺纹刀、切断刀、钻头等。车刀按结构可分为整体车刀、焊接车刀、机夹车刀、可转位车刀和成型车刀。图 1.61～图 1.66 所示为常用各种车刀及用途。

图 1.61 常用车刀

图 1.62 外圆车刀

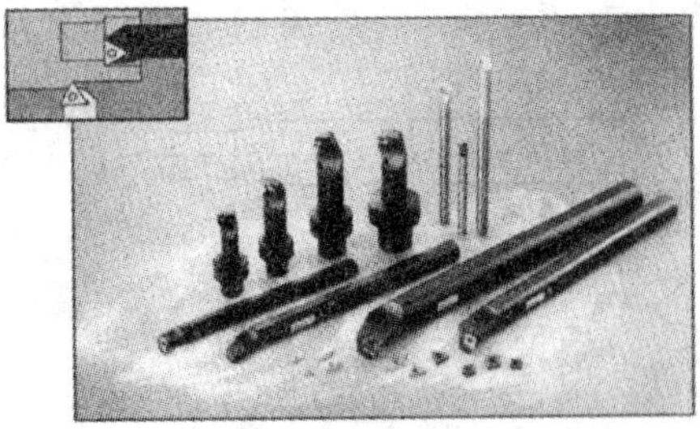

图 1.63　内孔车刀

图 1.64　螺纹车刀

图 1.65　切断(槽)车刀

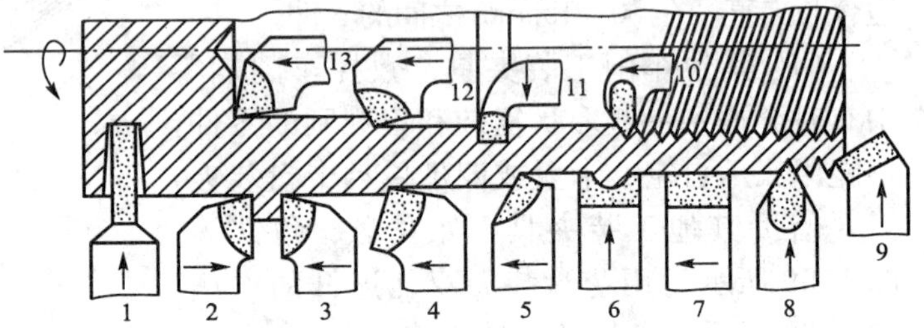

图 1.66　常用车刀的应用

1—切断刀；2—90°左偏刀；3—90°右偏刀；4—弯头车刀；5—直头车刀；6—成型车刀；7—宽刃精车刀；8—外螺纹车刀；9—端面车刀；10—内螺纹车刀；11—内槽车刀；12—通孔车刀；13—盲孔车刀

生产中广泛采用不重磨机夹可转位车刀。特点：刀片各刃可转位轮流使用，减少换刀时间；刀刃不重磨，有利于采用涂层刀片；断削槽型压制而成，尺寸稳定，节省硬质合金；刀杆刀槽的制造精度高。

(2) 对刀具的要求。为了减少换刀时间和方便对刀，便于实现机械加工的标准化，数控车削加工时，应尽量采用机夹刀和机夹刀片。数控车床一般选用可转位车刀，使用时需考虑以下几个方面：

① 刀片材质的选择。常见刀片材料有高速钢、硬质合金、涂层硬质合金、陶瓷、立方氮化硼和金刚石等，其中应用最多的是硬质合金和涂层硬质合金刀片。

② 刀片尺寸的选择。刀片尺寸的大小取决于必要的有效切削刃长度 L。

③ 刀片形状的选择。

④ 刀尖圆弧半径的选择。刀尖圆弧半径的大小直接影响刀尖的强度及被加工零件的表面粗糙度。刀尖圆弧半径大，表面粗糙度值增大，切削力增大且易产生振动，但刀刃强度增加。通常在切深较小的精加工、细长轴加工、机床刚度较差情况下，选用刀尖圆弧较小些；而在需要刀刃强度高、零件直径大的粗加工中，选用刀尖圆弧大些。

⑤ 刀杆头部形式的选择。

⑥ 左右手刀柄的选择。有三种选择：R(右手)、L(左手)和 N(左右手)。

⑦ 断屑槽形的选择。断屑槽形的参数直接影响着切屑的卷曲和折断，槽形根据加工类型和加工对象的材料特性来确定：基本槽形按加工类型有精加工(代码 F)、普通加工(代码 M)和粗加工(代码 R)；加工材料按国际标准有加工钢的 P 类、不锈钢、合金钢的 M 类和铸铁的 K 类。这两种情况一组合就有了相应的槽形，选择时可查阅具体的产品样本。

比如 FP 就指用于钢的精加工槽形，MK 是用于铸铁普通加工的槽形等。

（3）安装刀具。将刀杆安装到刀架上，保证刀杆方向正确，图 1.67 所示为刀具在刀架上的安装，图 1.68～图 1.69 所示为自动回转刀架的刀具安装。

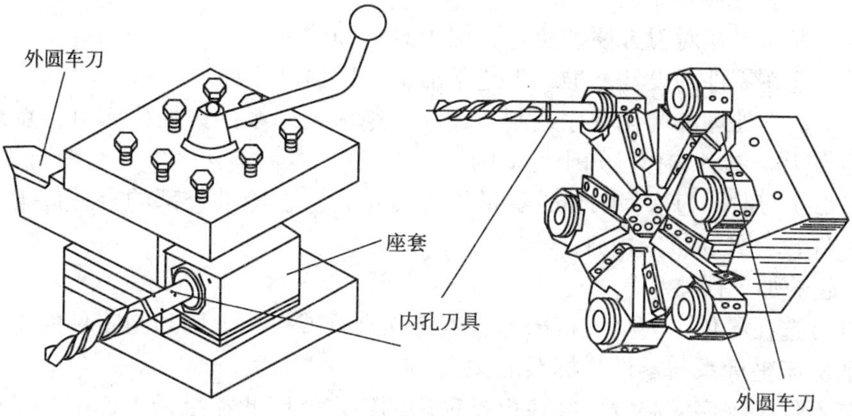

(a) 普通转塔刀架　　(b) 自动回转刀架

图 1.67　刀具在刀架上的安装

(a) 自动回转刀架左手刀(L)安装　　(b) 自动回转刀架右手刀(R)安装

图 1.68　自动回转刀架左右手刀安装

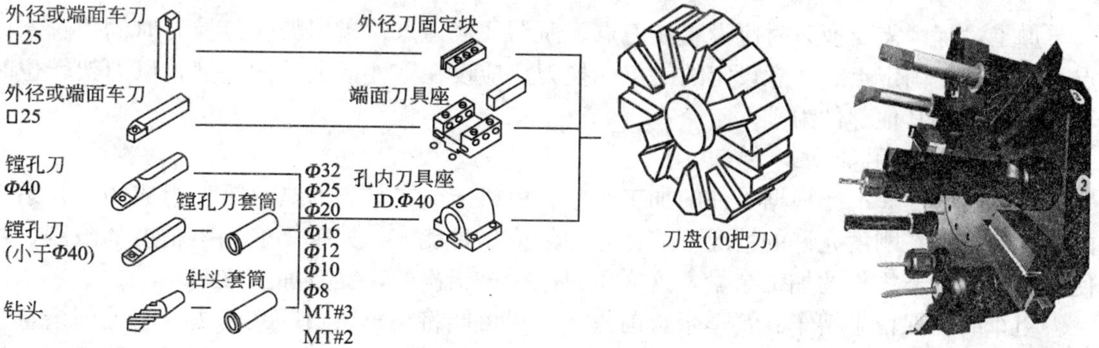

图 1.69　安装自动回转刀架车刀

8）确定对刀点与换刀点

对刀点是数控加工时刀具相对零件运动的起点。由于程序也是从这一点开始执行，所以对刀点又称程序起点。

对刀点的选择原则如下：

(1) 对刀点应选在对刀方便的位置，便于观察和检测。

(2) 尽量选在零件的设计基准或工艺基准上，以提高零件加工精度。

(3) 便于数学处理和简化程序编制，建立了绝对坐标系的数控机床对刀点最好选在该坐标系的原点上，或者选择已知坐标值的点上。

(4) 需要换刀时，每次换刀所选择的换刀点位置应在零件外部的合适位置，避免换刀时刀具与零件、夹具和机床相碰。

(5) 引起的加工误差小。

对刀点可选在零件、夹具或机床上。若选在夹具或机床上则须与零件的定位基准相联系，以保证机床坐标系与零件坐标系的关系。

对刀点不仅是程序的起点，往往也是程序的终点。因此在批量生产中要考虑对刀点的重复定位精度，刀具加工一段时间后或每次机床启动时，都要进行刀具回机床原点或参考点的操作，以减小对刀点的累积误差。

刀具在机床上的位置是由“刀位点”的位置来表示的。

“刀位点”指程序编制中用于表示刀具特征的点，也是对刀和加工的基准点。各类车刀的刀位点如图 1.70 所示。切削加工时经常要对刀，也就是使刀位点和对刀点重合。实际操作时，可以通过手工对刀，但对刀精度较低；也可采用光学对刀镜、对刀仪等自动对刀装置，以减少对刀时间，提高对刀精度。

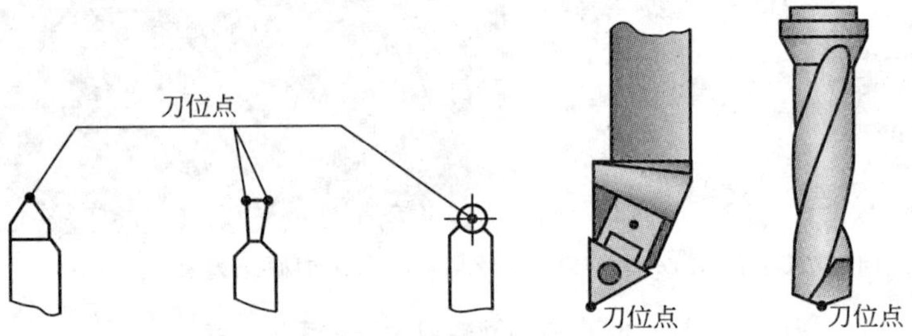

图 1.70　各类车刀的刀位点

加工过程中需要换刀时应设置换刀点。所谓“换刀点”指刀架转位换刀时的位置。该点可以是某一固定点或任意设定的一点。换刀点应设在零件或夹具的外部，以刀架转位时不碰到零件和其他部件为准。

9）选择切削用量

(1) 背吃刀量 a_p。根据零件的加工余量，由机床、夹具、刀具、零件组成的工艺系统的刚性确定。在刚度允许的情况下，背吃刀量应尽可能大；如果不受加工精度的限制，可使背吃刀量等于零件的加工余量，这样可以减少进给次数，提高加工效率。

粗车时在保留半精车、精车余量前提下，尽可能将粗车余量一次切去。当毛坯余量较大不能一次切除粗车余量时，尽可能选取较大的背吃刀量，减少进给次数。数控机床的精加工余量可略小于普通机床。

半精车和精车时，背吃刀量是根据加工精度和表面粗糙度要求，由粗加工后留下的余量大小确定的。如果余量不大，且一次进给不会影响加工质量要求时，可以一次进给车到尺寸。

如一次进给产生振动或切屑拉伤已加工表面(例如车孔)，应分成两次或多次进给车削，每次进给的背吃刀量按余量分配，依次减小。

当使用硬质合金刀具时，因其切削刃在砂轮上不能磨得很锋利(刃口圆弧半径较大)，最后一次的背吃刀量不宜太小，否则很难达到零件表面质量的要求。

(2) 进给量 f(mm/min 或 mm/r)。背吃刀量 a_p 值选定以后，根据零件的加工精度和表面粗糙度要求及刀具和零件的材料进行选择，确定进给量的适当值。最大进给量受到机床刚度和进给性能的制约。

① 粗车时由于作用在工艺系统上的切削力较大，进给量主要受机床功率和系统刚性等因素的限制。在条件允许的前提下，可选用较大的进给量。增大进给量 f 有利于断屑。

② 半精车和精车时因背吃刀量较小，切削阻力不会很大。限制进给量的主要因素是图样规定的表面粗糙度。为保证加工精度和表面粗糙度要求，一般选用较小的进给量。

③ 刀具空行程特别是远距离“回零”时，可设定尽量高的进给速度。

④ 进给速度应与主轴转速和背吃刀量相适应。

⑤ 车孔时刀具刚性较差，应采用小一些的背吃刀量和进给量。在切断或用高速钢刀具加工时，宜选择较低的进给速度，一般在 20～50mm/min 范围内选取。

一般数控机床都有倍率开关，能控制数控机床的实际进给速度。因此在数控编程时，可给定一个比较大的进给速度，而在实际加工时由倍率进给确定实际的进给速度。

此外在安排粗、精车的切削用量时，应注意机床说明书给定的切削用量范围，对于主轴采用交流变频调速的数控车床，由于主轴在低速时输出转矩降低，应尤其注意此时切削用量的选择。推荐的切削用量数据见表 1-4，供应用时参考，详细内容可查阅切削用量手册。

表 1-4 数控车削用量推荐表

工件材料	加工内容	背吃刀量/mm	切削速度/$r \cdot min^{-1}$	进给量/$mm \cdot r^{-1}$	刀具材料
碳素钢(σ_s>600MPa)	粗加工	5～7	60～80	0.2～0.4	YT类
	粗加工	2～3	80～120	0.2～0.4	
	精加工	0.2～0.6	120～150	0.1～0.2	
	钻中心孔		500～800		W18Cr4V
	钻孔		30	0.1～0.2	
	切断(宽度<5mm)		70～110	0.1～0.2	YT类
铸铁(硬度在200HBS以下)	粗加工		50～70	0.2～0.4	YG类
	精加工		70～100	0.1～0.2	
	切断(宽度<5mm)		50～70	0.1～0.2	

(3) 切削速度 v_c。其对切削功率、刀具寿命、表面加工质量和尺寸精度有较大影响。提高切削速度可提高生产率和降低成本。但过分提高切削速度会使刀具寿命下降，迫使背吃刀量和进给量减小，结果反而使生产率降低，加工成本提高。

① 粗车时，背吃刀量和进给量均较大，切削速度受刀具寿命限制和机床功率的限制，

可根据生产实践经验和有关资料确定，一般选择较低的切削速度。但必须考虑机床的许用功率，如超出机床的许用功率，必须适当降低切削速度。

② 半精车和精车时，一般可根据刀具切削性能的限制来确定切削速度，可选择较高的切削速度，但须避开产生积屑瘤的区域。

③ 零件材料的加工性较差时，应选较低的切削速度。加工灰铸铁的切削速度应较加工中碳钢低，加工铝合金和铜合金的切削速度较加工钢高得多。

④ 刀具材料的切削性能越好，切削速度可选得越高。因此硬质合金刀具的切削速度可选得比高速钢高几倍，而涂层硬质合金、陶瓷、金刚石和立方氮化硼刀具的切削速度又可选得比硬质合金刀具高许多。

此外断续切削时为减少冲击，应采用较低的切削速度和较小的进给量，并应避开自激振动的临界速度。车端面时可适当提高切削速度使平均速度接近刀具车外圆时的数值。车削细长轴时零件易弯曲，应采用较低的切削速度。

加工带硬皮的铸锻件时，亦应选择较低的切削速度。加工大型零件时，若机床和零件的刚性较好，可采用较大的背吃刀量和进给量，但切削速度应降低，以保证必要的刀具寿命，并也可使零件旋转时的离心力不致太大。

切削速度确定以后，要计算主轴转速：

a. 车削光轴时的主轴转速：根据零件上被加工部位的直径，按零件和刀具的材料及加工性质等条件所允许的切削速度来确定，计算公式为

$$n=\frac{1000v_c}{\pi D}$$

式中：v_c——切削速度，m/min；

D——零件切削部位回转直径；

n——主轴转速，r/min。

根据计算所得的值，查找机床说明书确定标准值。数控机床的控制面板上一般备有主轴转速修调(倍率)开关，可在加工过程中对主轴转速进行整倍数调整。

b. 车削螺纹时的主轴转速：在车螺纹时车床主轴转速过高，会使螺纹破牙，所以对普通数控车床，车螺纹时的主轴转速为

$$n\leqslant\frac{1200}{P}-80$$

式中：P——螺纹导程，mm。

3. 对刀

采取直接试切对刀，过程如下：

X 轴对刀：试切外圆→测量外圆直径→参数输入→补正→形状→输入测量结果→按“测量”键→“X”轴对刀完毕。

Y 轴对刀：试切端面→参数输入→补正→形状→输入“Z0”→按“测量”键→“Z”轴对刀完毕。

4. 程序的编辑、传输

根据零件编号加程序。

5. 程序的校验、自动加工

选自动加工，校验程序，无误后，按“循环启动”键，执行自动加工。

6. 尺寸测量

按“测量”按钮，仿真检验工件尺寸。

习　　题

一、判断题

1. 点位控制数控机床只要求控制机床的移动部件从某一位置移动到另一位置的准确定位，对于两位置之间的运动轨迹不作严格要求，在移动过程中刀具不进行切削加工。(　　)

2. 具有轮廓控制功能的数控机床有数控钻床、数控铣床及加工中心等。(　　)

3. 开环控制数控机床数控系统不带检测装置，也无反馈电路，以步进电动机为驱动元件，这类控制方式的位置控制精度很高。(　　)

4. 对刀点，一般来说就是编程起点，它既可选在零件上，也可选在零件外面。(　　)

5. 增大刀具与零件距离的方向即为各坐标轴的负方向。(　　)

6. 在保证加工质量的前提下使加工程序具有最短的进给路线。(　　)

7. 对刀点可选在零件、夹具或机床上。(　　)

8. 换刀点应设在零件或夹具的外部，以刀架转位时不碰到零件和其他部件为准。(　　)

9. 过分提高切削速度会使刀具寿命下降，迫使背吃刀量和进给量增大，使生产率提高，加工成本降低。(　　)

10. 机床坐标系是机床上固有的坐标系，并设有固定的坐标原点，就是机械原点，又称机床参考点。(　　)

二、填空题

1. 数控机床按控制系统功能分__________、__________和__________三种类型。

2. 数控车床主要由__________、________、________、________和辅助装置等组成。

3. 数控机床的坐标系采用________________。

4. 编程时，为了编程方便，需要在零件图样上适当选定一个__________。

5. 数控车削加工工艺的主要内容有：__________、__________、__________和__________以及________________等。

6. 数控车削加工通常把零件的加工过程分为__________、__________、__________三个阶段。

7. 在数控车床上使用的刀具按用途可分为______、______、______、______、______等。生产中广泛采用__________车刀。

8. 数控车床坐标______轴平行于主轴轴心线，以刀架沿着离开零件的方向为______轴______方向；__________轴垂直于主轴轴心线，以刀架沿着__________的方向为 X 轴正方向。

三、选择题

1. 数控车床的执行机构，由(　　)组成。

(A) 检测和辅助装置　　　　(B)驱动和执行部分

(C) 驱动和检测部分

2. 坐标的运动方向是由传递切削动力的主轴所决定的，即平行于主轴轴线的坐标轴即为(　　)。

(A) X 坐标　　(B) Y 坐标　　(C) Z 坐标

3. (　　)手动模式，手动连续移动机床。

(A) AUTO　　(B) JOG　　(C) HND　　(D) EDIT

4. 表示(　　)

(A) 替换键　　(B) 删除键

(C) 插入键　　(D) 取消键

5. 生产中广泛采用(　　)。

(A) 整体车刀　　(B) 焊接车刀

(C) 机夹可转位车刀

6. 数控车床加工一般按(　　)原则进行工序的划分。

(A) 工序集中　　(B) 工序分散

7. 表示(　　)

(A) 手动模式　　(B) 编辑模式

(C) 自动加工模式

四、简答题

1. 说明数控机床的分类。
2. 说明数控车床的结构组成。
3. 说明数控车床的加工对象。
4. 说明数控车床的加工主要特点。
5. 说明数控机床坐标系坐标轴和运动方向的命名原则。
6. 数控机床坐标系与机床原点含义。
7. 零件坐标系和零件原点含义。
8. 对刀点的含义。
9. 介绍数控车床仿真软件操作过程。
10. 说明数控车削加工工艺的主要内容。
11. 介绍数控车刀种类。
12. 确定进给路线的原则。

任务 1.2　车削加工外圆柱/圆锥类零件

专项能力目标	涉及知识点	权重/(%)	建议学时
分析和设计外圆/圆锥面加工工艺；会外圆/圆锥面的测量	数控车削外圆柱/圆锥面工艺知识	30	6
编制外圆/圆锥面加工程序	外圆柱/圆锥面加工常用编程指令(G00、G01、G90、G94、G71、G72)	70	

1.2.1　任务导入：短轴零件加工

任务描述：短轴零件如图 1.71 所示，按单件生产安排其数控加工工艺，编写出加工程序。毛坯为 ϕ38mm 圆钢，材料为 45 钢。

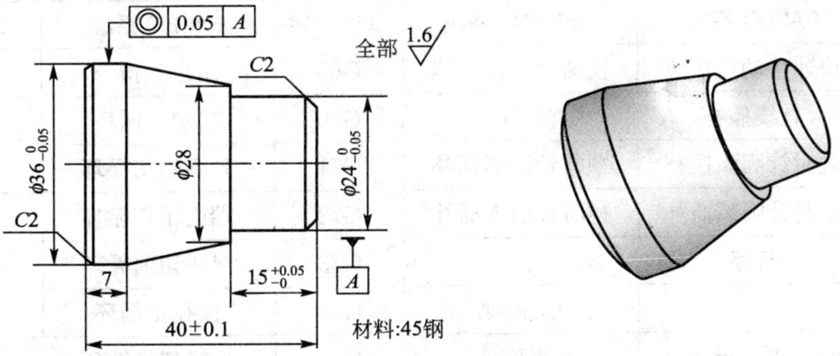

图 1.71　短轴零件

1.2.2　知识链接

1. 编程指令

1) 字与字的功能

(1) 字符与代码。字符是用来组织、控制或表示数据的一些符号，如数字、字母、标点符号、数学运算符等。数控系统只能接受二进制信息，用“0”和“1”组合的代码来表达。国际上广泛采用两种标准代码：ISO 国际标准化组织标准代码；EIA 美国电子工业协会标准代码。这两种标准代码的编码方法不同，在大多数现代数控机床上这两种代码都可以使用，只需用系统控制面板上的开关来选择，或用 G 功能指令来选择。

(2) 字。在数控加工程序中，字是指一系列按规定排列的字符，作为一个信息单元存储、传递和操作。字是由一个英文字母与随后的若干位十进制数字组成，这个英文字母称为地址符。

如：“X2500”是一个字，X 为地址符，数字“2500”为地址中的内容。

(3) 字的功能。组成程序段的每一个字都有其特定的功能含义，本教材主要是以 FANUC 数控系统的规范为主来介绍的，实际工作中，请遵照机床数控系统说明书来使用各个功能字。

① 顺序号字 N。顺序号又称程序段号或程序段序号。顺序号位于程序段之首，由顺序号字 N 和后续数字组成。顺序号字 N 是地址符，后续数字一般为 1～4 位的正整数。数控加工中的顺序号实际上是程序段的名称，与程序执行的先后次序无关。数控系统不是按顺序号的次序来执行程序，而是按照程序段编写时的排列顺序逐段执行。

顺序号的作用：对程序的校对和检索修改；作为条件转向的目标，即作为转向目的程序段的名称。有顺序号的程序段可以进行复归操作，这是指加工可以从程序的中间开始，或回到程序中断处开始。

一般使用方法：编程时将第一程序段冠以 N10，以后以间隔 10 递增的方法设置顺序号，这样，在调试程序时，如果需要在 N10 和 N20 之间插入程序段时，就可以使用 N11、

N12 等。

② 准备功能字 G。准备功能字的地址符是 G，又称 G 功能或 G 指令，是用于建立机床或控制系统工作方式的一种指令。后续数字一般为 1～3 位正整数，见表 1-5。

表 1-5　G 功能字含义表

G 功能字	FANUC 系统	SIEMENS 系统	G 功能字	FANUC 系统	SIEMENS 系统
G00	快速移动点定位	快速移动点定位	G65	用户宏指令	—
G01	直线插补	直线插补	G70	精加工循环	英制
G02	顺时针圆弧插补	顺时针圆弧插补	G71	外圆粗切循环	米制
G03	逆时针圆弧插补	逆时针圆弧插补	G72	端面粗切循环	—
G04	暂停	暂停	G73	封闭切削循环	—
G05	—	通过中间点圆弧插补	G74	深孔钻循环	—
G17	XY 平面选择	XY 平面选择	G75	外径切槽循环	—
G18	ZX 平面选择	ZX 平面选择	G76	复合螺纹切削循环	—
G19	YZ 平面选择	YZ 平面选择	G80	撤销固定循环	撤销固定循环
G32	螺纹切削	—	G81	定点钻孔循环	固定循环
G33	—	恒螺距螺纹切削	G90	数控车外圆单循环； 数控铣绝对坐标编程	绝对坐标编程
G40	刀具补偿注销	刀具补偿注销	G91	数控铣增量坐标编程	增量坐标编程
G41	刀具补偿——左	刀具补偿——左	G92	螺纹切削循环	主轴转速极限
G42	刀具补偿——右	刀具补偿——右	G94	数控车端面单循环； 数控铣每分进给量	每分进给量
G43	刀具长度补偿——正	—	G95	数控铣每转进给量	每转进给量
G44	刀具长度补偿——负	—	G96	恒线速控制	恒线速度
G49	刀具长度补偿注销	—	G97	恒线速取消	注销 G96
G50	主轴最高转速限制	—	G98	数控车每分进给量； 数控铣返回起始平面	—
G54～G59	加工坐标系设定	零点偏置	G99	数控车每转进给量； 数控铣返回 R 平面	—

③ 尺寸字。尺寸字用于确定机床上刀具运动终点的坐标位置。其中，第一组 X，Y，Z，U，V，W，P，Q，R 用于确定终点的直线坐标尺寸；第二组 A，B，C，D，E 用于确定终点的角度坐标尺寸；第三组 I，J，K 用于确定圆弧轮廓的圆心坐标尺寸。在一些数控系统中，还可以用 P 指令暂停时间、用 R 指令圆弧的半径等。多数数控系统可以用准备功能字来选择坐标尺寸的制式，如 FANUC 诸系统可用 G21/G22 来选择米制单位或英制单位，也有些系统用系统参数来设定尺寸制式。采用米制时，一般单位为 mm，如 X100 指令的坐标单位为 100mm。当然，一些数控系统可通过参数来选择不同的尺寸单位。

④ 进给功能字 F。进给功能字的地址符是 F，又称 F 功能或 F 指令，用于指定切削的进给速度。对于车床，F 可分为每分钟进给和主轴每转进给两种，对于其他数控机床，一般只用每分钟进给。F 指令在螺纹切削程序段中常用来指令螺纹的导程。

⑤ 主轴转速功能字 S。主轴转速功能字的地址符是 S，又称 S 功能或 S 指令，用于指定主轴转速，单位为 r/min。对于具有恒线速度功能的数控车床，程序中的 S 指令用来指定车削加工的线速度，单位为 m/min。

⑥ 刀具功能字 T。刀具功能字的地址符是 T，又称 T 功能或 T 指令，用于指定加工时所用刀具的编号。对于数控车床，其后的数字还兼作指定刀具长度补偿和刀尖半径补偿用。

⑦ 辅助功能字 M。辅助功能字的地址符是 M，后续数字一般为 1～3 位正整数，又称 M 功能或 M 指令，用于指定数控机床辅助装置的开关动作，见表 1－6。

表 1－6 M 功能字含义表

M 功能字	含 义	M 功能字	含 义
M00	程序停止	M07	2 号冷却液开
M01	计划停止	M08	1 号冷却液开
M02	程序停止	M09	冷却液关
M03	主轴顺时针旋转	M30	程序停止并返回开始处
M04	主轴逆时针旋转	M98	调用子程序
M05	主轴旋转停止	M99	返回子程序
M06	换刀		

2) 程序格式

(1) 程序段格式。程序段是可作为一个单位来处理的、连续的字组，是数控加工程序中的一条语句。一个数控加工程序是若干个程序段组成的。

程序段格式是指程序段中的字、字符和数据的安排形式。现在一般使用字地址可变程序段格式，每个字长不固定，各个程序段中的长度和功能字的个数都是可变的。

续效字是指地址可变程序段格式中，在上一程序段中写明的、本程序段里又不变化的那些字仍然有效，可以不再重写，这种功能字称之为续效字。

程序段格式举例：

N30 G01 X88.1 Y30.2 F500 S3000 T02 M08；

N40 X90(本程序段省略了续效字“G01，Y30.2，F500，S3000，T02，M08”，但它们的功能仍然有效)在程序段中，必须明确组成程序段的各要素：

移动目标：终点坐标值 X、Y、Z；

沿怎样的轨迹移动：准备功能字 G；

进给速度：进给功能字 F；

切削速度：主轴转速功能字 S；

使用刀具：刀具功能字 T；

机床辅助动作：辅助功能字 M。

(2) 加工程序的一般格式。

① 程序开始符、结束符。程序开始符、结束符是同一个字符，ISO 代码中是%，EIA 代码中是 EP，书写时要单列一段。

② 程序名。程序名有两种形式：一种是英文字母 O 和 1～4 位正整数组成；另一种是由英文字母开头，字母数字混合组成的。一般要求单列一段。

③ 程序主体。程序主体是由若干个程序段组成的，主体最后程序段一般用 M05 停主轴。每个程序段一般占一行。

④ 程序结束指令。程序结束指令可以用 M02 或 M30。一般要求单列一段。

加工程序的一般格式举例：

```
%                                           //开始符
O1000                                       //程序名
N10 G00 G54 X50 Y30 M03 S3000;  ┐
N20 G01 X88.1 Y30.2 F500 T02 M08;│
N30 X90;                         │  //程序主体
……;                              │
N290 M05;                        ┘
N300 M30;                                   //程序结束
%                                           //结束符
```

3) 绝对/相对坐标系编程

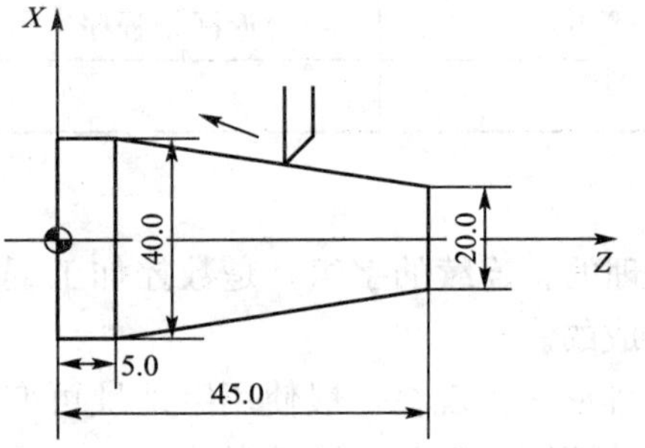

图 1.72　绝对/相对坐标编程

FANUC 系统数控车床有两个控制轴，有两种编程方法：绝对坐标命令方法和相对坐标命令方法。此外，这些方法能够被结合在一个指令里。对于 *X* 轴和 *Z* 轴地址所要求的相对坐标指令是 U 和 W。

如图 1.72 所示锥面的车削可有三种编程形式，具体如下。

(1) 绝对坐标程序——X40 Z5；

(2) 相对坐标程序——U20 W－40；

(3) 混合坐标程序——X40 W－40。

4) 常用编程指令

(1) G54～G59——选择工件坐标系。

指令格式：G54～G59；

通过使用 G54～G59 命令，采取工件坐标系预先寄存在数控机床寄存器的方式，最多可设置六个工件坐标系(1～6)。在接通电源和完成了原点返回后，系统自动选择工件坐标系(G54～G59)。在有“模态”命令对这些坐标做出改变之前，它们将保持其有效性。

(2) G50——设定工件坐标系指令。在编程前，一般首先确定工件原点，在 FANUC 0i 数控车床系统中，设定工件坐标系常用的指令是 G50。从理论上来讲，车削工件的工件原点可以设定在任何位置，但为了编程计算方便，编程原点常设定在工件的右端面或左端面与工件中心线的交点处。

指令格式：G50 X _ Z _ ；

式中：*X*、*Z*——当前刀尖(即刀位点)起始点相对于工件原点的 *X* 轴方向和 *Z* 轴方向的坐标，X 值常用直径值来表示。如图 1.73 所示，用 G50 来设置工件坐标系。

例按图 1.74 设置加工坐标的程序段如下：G50 X128.7 Z375.1。

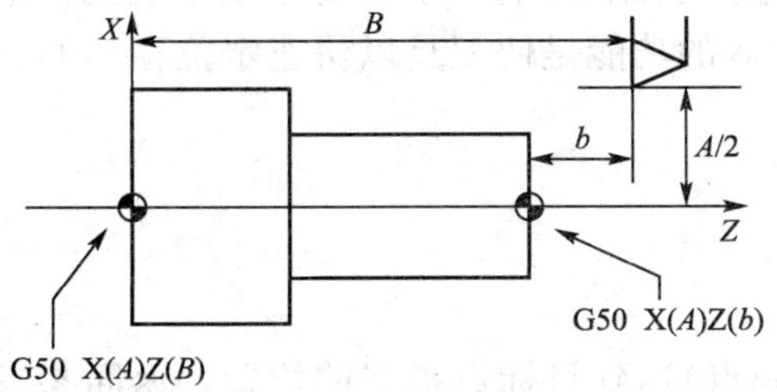

图 1.73　G50 设定工件坐标系

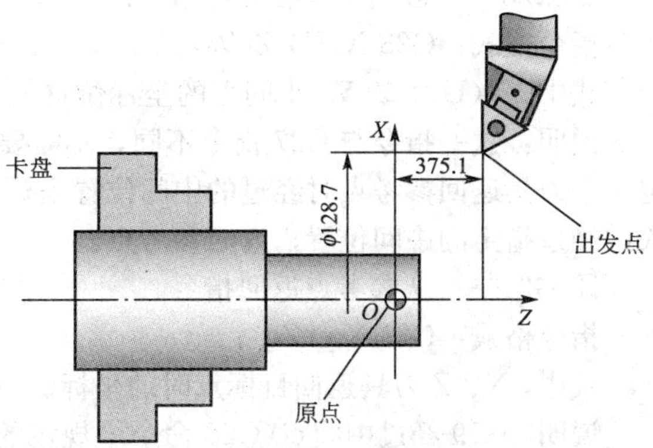

图 1.74　G50 设定工件坐标系举例

显然，如果当前刀具位置不同，所设定的工件坐标系也不同，即工件原点也不同。因此，数控机床操作人员在程序运行前，必须通过调整机床，将当前刀具移到确定的位置，这一过程就是对刀。对刀要求不一定十分精确，如果有误差，可通过调整刀具补偿值来达到精度要求。

(3) T 功能。T 功能指令用于选择加工所用刀具。

编程格式：T—；

T 后面通常有四位数字表示所选择的刀具号码。前两位是刀具号，后两位是刀具长度补偿号，又是刀尖圆弧半径补偿号。但也有 T 后面用两位数。在 FANUC 0i 系统中，这两种形式均可通用。

例如：T0101 表示采用 1 号刀具和 1 号刀补。T0100 表示取消刀具补偿。

(4) G94、G95——设定进给速度单位。

格式：G94 F _；每分钟进给量，mm/min。

　　　G95 F _；每转进给量，主轴转一周时刀具的进给量，mm/r。

(5) G27、G28、G29——与参考点有关的指令。

所谓“参考点”是沿着坐标轴的一个固定点，其固定位置由 X 轴方向与 Z 轴方向的机械挡块及电动机零点(即机床原点)位置来确定，机械挡块一般设定在 X、Z 轴正向最大位置。定位到参考点的过程称为返回参考点。由手动操作返回参考点的过程称为“手动返回参考点”。而根据规定的 G 代码自动返回零点的过程称为“自动返回参考点”。当进行返回参考点的操作时，装在纵向和横向拖板上的行程开关，碰到挡块后，向数控系统发出信号，由系统控制拖板停止运动，完成返回参考点的操作。

① G27——返回参考点检查指令。

指令格式：G27 X(U) Z(W)；

式中，X(U)、Z(W)为参考点在编程坐标系中的坐标，X、Z 为绝对坐标，U、W 为增量坐标。

数控机床通常是长时间连续工作的，为了提高加工的可靠性，保证零件的加工精度，可用 G27 指令来检查工件原点的正确性。

使用这一指令时，若先前使用 G41 或 G42 指令建立了刀尖半径补偿，则必须用 G40 取消后才能使用，否则会出现不正确的报警。

② G28——自动返回参考点指令。

指令格式：G28 X(U) Z(W)；

式中，X(U)、Z(W)中间点的坐标位置。

说明：这一指令与G27指令不同，不需要指定参考点的坐标，有时为了安全起见，指定一个刀具返回参考点时经过的中间位置坐标。G28的功能是使刀具以快速定位移动的方式，经过指定的中间位置，返回参考点。

③ G29——从参考点返回指令。

指令格式：G29 X_ Z_；

式中，X、Z刀具返回目标点时的坐标。

说明：G29经过中间点(G28命令中规定的中间点)达到目标点指定的位置，返回参考点。因此，这一指令在使用之前，必须保证前面已经用过G28指令，否则G29指令不知道中间点的位置，会发生错误。

(6) G96、G97——线速度控制指令。数控车床主轴分成低速和高速区；在每一个区内的速率可以自由改变。指令格式：

① G96 S—：

G96的功能是执行恒线速度控制，并且只通过改变转速来控制相应的工件直径变化时维持稳定的恒定的切削速率，和G50指令配合使用。在车削端面、圆锥面或圆弧面时，常用G96指令恒线速度，使工件上任意一点的切削速度都一样。如：

G50 S1800(指令主轴最高转速为1800r/min)；

G96 S100(指令恒线速度为100m/min)。

② G97 S—：

G97的功能是取消恒线速度控制，并且仅仅控制转速的稳定，如S未指定，将保留G96的最终值。如：

G97 S1000(恒线速取消后，主轴速度为1000r/min)。

(7) G00——快速点定位指令。

指令格式：G00 X(U)_Z(W)_；

式中：X(U)、Z(W)——移动终点，即目标点的坐标，X、Z为绝对坐标，U、W为增量坐标。

功能：G00快速点定位指令控制机床各轴以最大速率从现在位置移动到指令位置。G00是模态代码。

特别提示

(1) 刀具以点位控制方式从当前点快速移动到目标点。

(2) 快速定位，无运动轨迹要求，移动速度是机床设定的空行程速度，与程序段中指定的进给速度无关。

(3) G00指令是模态代码，其中X(U)，Z(W)是目标点的坐标。

(4) 车削时快速定位目标点不能直接选在工件上，一般要离开工件表面1～2mm。

如图1.75所示，从起点A快速运动到目标点B，其绝对坐标方式程序如下：

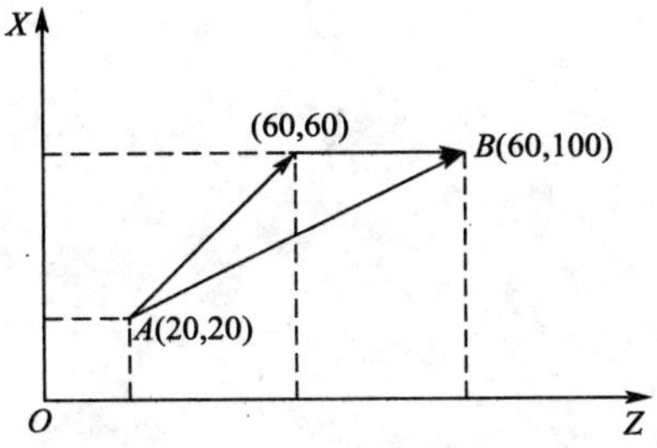

图 1.75　G00 刀具轨迹示意图

```
G00 X60 Z100;
```

其增量坐标方式程序如下：

```
G00 U80 W80;
```

如果程序为：

```
G00X60Z60;刀具快速运动到点(60,60)。
X60Z100;再运动到点(60,100)。
```

执行上述程序段时，所以使用G00 指令时要注意刀具是否和工件及夹具发生干涉，忽略这一点，就容易发生碰撞。

(8) G01——直线插补指令。

指令格式：G01 X(U) _ Z(W) _ F _；

式中：X(U)、Z(W)——加工目标点的坐标，X、Z 为绝对坐标，U、W 为增量坐标；

F——加工时的进给速度或进给量。

功能：指令刀具以程序给定的速度从当前位置沿直线加工到目标位置。

特别提示

(1) 刀具从当前点出发，以插补联动方式按指定的进给速度直线移动到目标点。G01 指令是模态指令。

(2) 进给速度由F 指定。它可以用 G00 指令取消。在 G01 程序段中或之前必须含有 F 指令。

如图 1.76 所示，选右端面 O 为编程原点，绝对坐标程序如下：

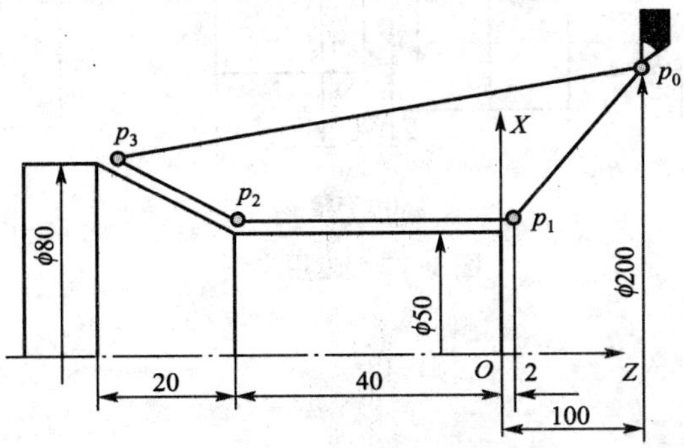

图 1.76　G01 指令举例

```
G00 X50 Z2 M03 S800;
G01 Z-40 F80;
X80 Z-60.;
G00 X200 Z100;
```

增量坐标程序如下：

```
G00 U-150 W-98. M03S800;
G01 W-42 F80;
U30 W-20;
G00 U120 W160;
……
```

(9) G04——暂停指令。

指令格式：G04 X_ (P_)；

式中：X(P)——暂停时间。

特别提示

(1) 执行该程序段暂停给定时间，暂停时间过后，继续执行下一段程序。

(2) X(P)为暂停时间。其中X后面可用小数表示，单位为s，如G04X5。表示前面的程序执行完后，要经过5s的暂停，下面的程序段才能执行。地址P后面用整数表示，单位为ms。如G04 P1000。表示暂停1000ms。

(3) 暂停时，数控车床的主轴不会停止运动，但刀具会停止运动。

应用实例 1-2

加工零件如图1.77(a)、(b)、(c)所示，刀尖从A点移动到B点，完成车外圆、车槽、车倒角的编程。

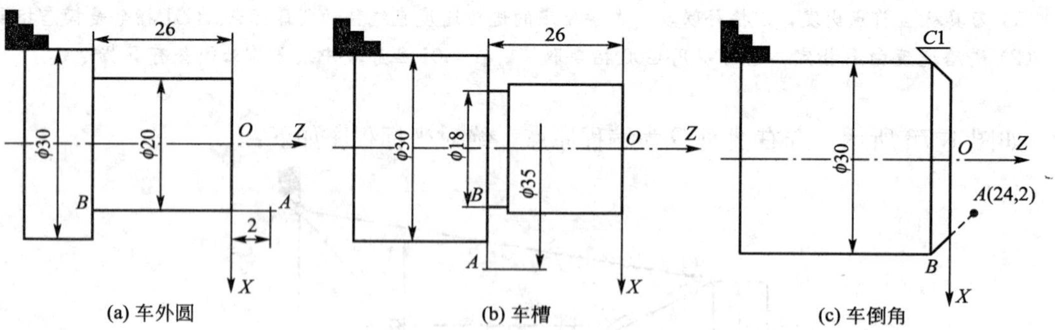

图 1.77 应用举例

解：

(1) 车外圆程序如下：

```
G00 X20 Z2
G01 Z-26 F80;              绝对坐标方式
```

或 G01 U0 W-28 F80;　　增量坐标方式
或 G01 W-28 F80;　　混合坐标方式

(2) 车槽，程序如下：

G00 X35 Z-26;
G01 X18 F50;　　绝对坐标方式
或 G01 U-17 F50;　　增量坐标方式

(3) 车倒角，程序如下：

G00 X24 Z2;
G01 X30 Z-1 F80;　　绝对坐标方式
或 G01 U6 W-3 F80;　　增量坐标方式

应用实例 1-3

内孔车削，如图 1.78 所示零件，给定材料内径 ϕ20，试用一刀完成车削，编写车削内孔 ϕ26 的程序。

解：

选用镗孔刀进行车内孔，零件编程坐标系如图 1.78 所示，程序如下：

```
N10 G00 X26 Z3;
N20 G01 Z-19 F100;
N30 G00 X20;
N40 Z3;
N50 X50 Z50;
```

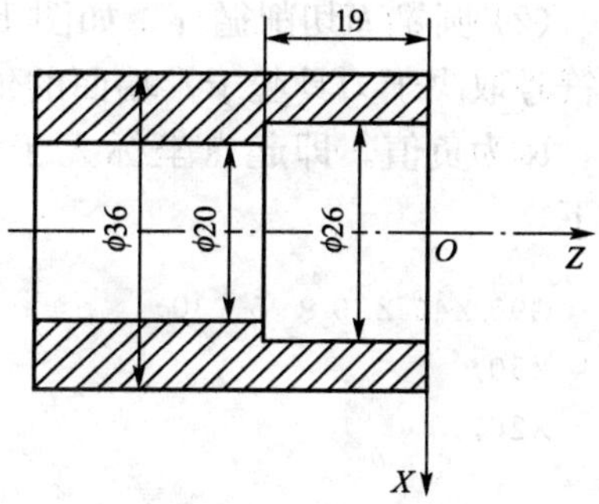

图 1.78　内孔车削

与车削外圆柱面不同的是，车削完内孔退刀时，由于刀具还处于孔的内部，不能直接退刀到加工的起始位置，必须先将刀具从孔的内部退出来后，再退回到起始位置。

2. 单循环指令及编程

单一固定循环可以将一系列连续加工四步动作，即“进刀→切削→退刀→返回”，用一个循环指令完成，刀具的循环起始位置也是循环的终点，从而简化程序。

1) G90——内外直径自动车削循环指令

指令格式：G90 X(U) _ Z(W) _ R _ F _ ;

式中：X(U)、Z(W)——切削循环终点的坐标；

R——圆锥面切削起始点与终点的半径之差；

F——切削速度。

(1) 圆柱面切削循环。编程格式：G90 X(U) _ Z(W) _ F _ ;

特别提示

X、*Z* 为圆柱面切削终点的绝对坐标；*U*、*W* 为终点相对于起点的增量坐标，*U*、*W* 数值符号由刀具

路径方向来决定，如图 1.79(a)所示。图 1.79(b)程序如下。

```
G90 X40 Z30 F30;        刀具运动轨迹为:A→B→C→D→A
X30;                    刀具运动轨迹为:A→E→F→D→A
X20;                    刀具运动轨迹为:A→G→H→D→A
```

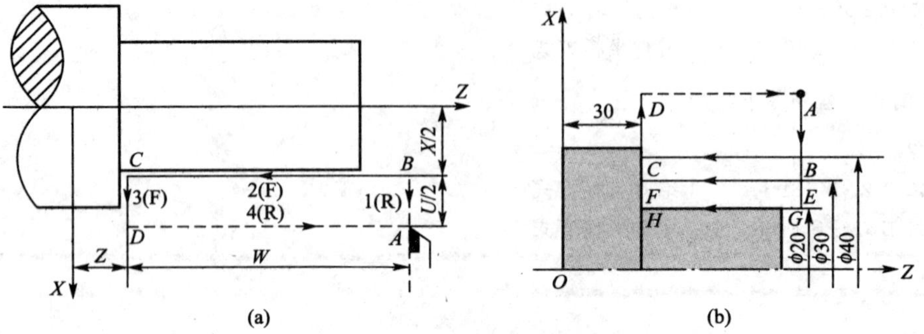

图 1.79　圆柱面自动车削循环指令

(2) 圆锥面切削循环。如图 1.80(a)所示，R 为锥体大小端的半径差。用增量值表示，其符号取决于刀具起于锥端面的位置，当刀具起于锥端大头时，R 为正值；起于锥端小头时，R 为负值。即起点坐标大于终点坐标时，R 为正值，反之为负值，图 1.80(b)编程如下。

```
G90 X40 Z20 R-5 F30;
X30;
X20;
```

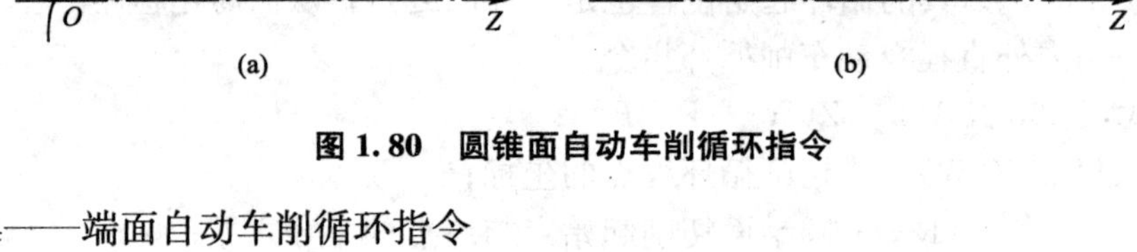

图 1.80　圆锥面自动车削循环指令

2) G94——端面自动车削循环指令

指令格式：

G94 X(U) _ Z(W) _ R _ F _ ；

式中：X(U)、Z(W)——切削循环终点的坐标；

R——端面切削起始点与终点的在 Z 轴方向的坐标增量；

F——切削速度。

特别提示

如图 1.81 所示，式中 X(U)、Z(W)、F 的含义与圆柱面切削循环 G90 基本相同，当起点 Z 向坐标小于终点 Z 向坐标时 R 为负，反之为正，如果没有锥度，则 R 省略。

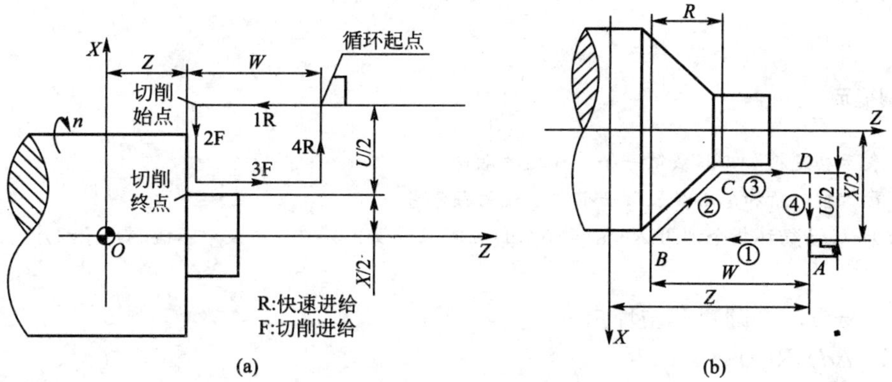

图 1.81　端面自动车削循环指令

车削如图 1.82 锥端面，程序如下：

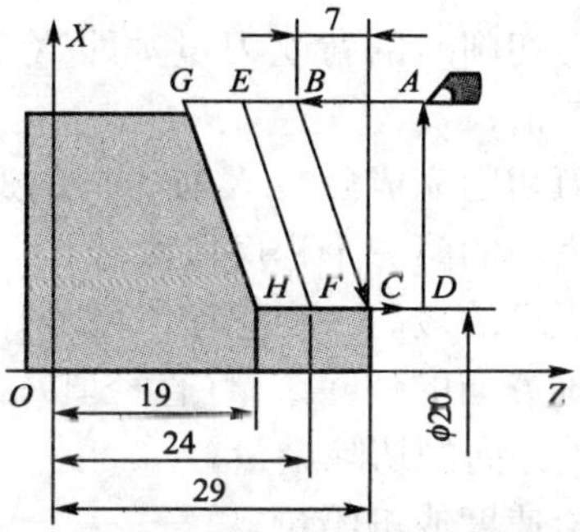

图 1.82　G94 锥端面自动车削循环

```
G94 X20 Z29 R-7 F30;        刀具运动轨迹为:A→B→C→D→A
Z24;                        刀具运动轨迹为:A→E→F→D→A
Z19;                        刀具运动轨迹为:A→G→H→D→A
```

3. 复合循环指令及编程

单一循环每一个指令命令刀具完成四个动作，虽然能够提高编程的效率，但对于切削量比较大或轮廓形状比较复杂的零件，这样一些指令还是不能显著地减轻编程人员的负担。为此，许多数控系统都提供了更为复杂的复合循环。不同数控系统，其复合循环的格式也不一样，但基本的加工思想是一样的，即根据一段程序来确定零件形状(称为精加工形状程序)，然后由数控系统进行计算，从而进行粗加工。这里介绍 FANUC 数控系统用于车床的复合循环。

FANUC 数控系统的复合循环有两种编程格式，一种是用两个程序段完成粗加工，另一种是用一个程序段完成粗加工，具体用哪一种格式，取决于所采用的数控系统。

1）G70——精车复合循环

指令格式：

G70 Pns Qnf

指令功能：用G71、G72、G73指令粗加工完毕后，可用精加工循环指令，使刀具进行精加工。

特别提示

(1) ns表示指定精加工路线第一个程序段的顺序号；

(2) nf表示指定精加工路线最后一个程序段的顺序号；

(3) G70～G73循环指令调用N(ns)至N(nf)之间程序段，其中程序段中不能调用子程序。

2）G71——内外圆粗车循环指令

G71 U(Δd) R(e)；

G71 P(ns) Q(nf) U(Δu) W(Δw) F(f) S(s) T(t)；

N(ns) ……

……

N(nf) ……

式中：Δd——粗车时每一刀切削时的背吃刀量，即X轴方向的进刀量，以半径值表示，一定为正值；

e——粗车时每一刀切削完成后在X轴方向的退刀量；

ns——精加工形状程序的第一个程序段段号；

nf——精加工形状程序的最后一个程序段段号；

Δu——粗车时，X轴方向的切除余量(直径值)；

Δw——粗车时，Z轴方向的切除余量；

f——粗车时的进给速度或进给量；

s——粗车时的主轴转速；

t——粗车时的刀具。

特别提示

(1) G71循环过程如图1.83所示，刀具起始点位于A，循环开始时由$A \rightarrow B$为留精车余量，然后，从B点开始，进刀Δd的深度至C，然后切削，碰到给定零件轮廓后，沿45°方向退出，当X轴方向的退刀量等于给定量e时，沿水平方向退出至Z轴方向坐标与B相等的位置，然后再进刀切削第二刀……如此循环，加工到最后一刀时，刀具沿着留精车余量后的轮廓切削至终点，最后返回到起始点A。

(2) G71循环中，F指定的速度是指切削的速度，其他过程如进刀、退刀、返回等的速度均为快速进给的速度。

(3) 有的FANUC数控系统中，由ns指定的程序段只能编写成“G00 X(U)”或“G01 X(U)”，不能有Z轴方向的移动，这样的循环称为Ⅰ类循环。而有的数控系统中没有这个限制，称为Ⅱ类循环。同样，

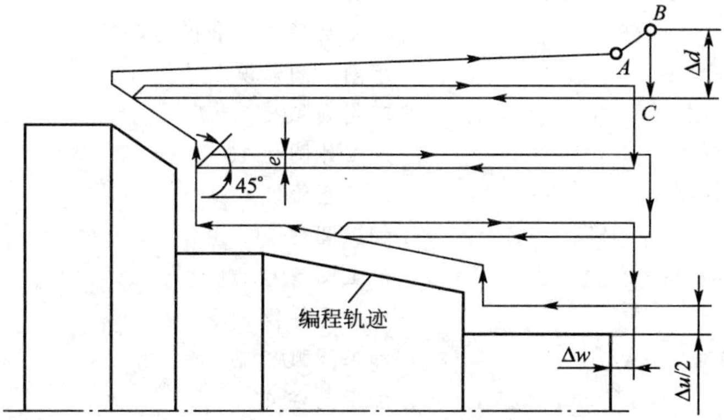

图 1.83　G71 内外圆粗车循环

对于零件轮廓，Ⅰ类循环要求零件轮廓形状只能逐渐递增(或递减)，也就是说形状轮廓不能有凹坑，而Ⅱ类循环允许有一个坐标轴方向出现增减方向的改变。

(4) 格式中的 S、T 功能如在 G71 指令所在的程序段中已经设定，则可省略。

(5) ns 与 nf 之间的程序段中设定的 F、S 功能在粗车时无效。

应用实例 1-4

加工的零件如图 1.84 所示，材料为 $\phi42\times70$mm 的圆钢料，要求用两把刀具分别进行粗、精车加工，试编程。

设定如图 1.84 所示的坐标系，粗车刀作为基准刀，位置为(50，100)，粗车时背吃刀量为 2mm，留精加工余量 *X* 轴方向为 0.5mm，*Z* 轴方向为 0.02mm。

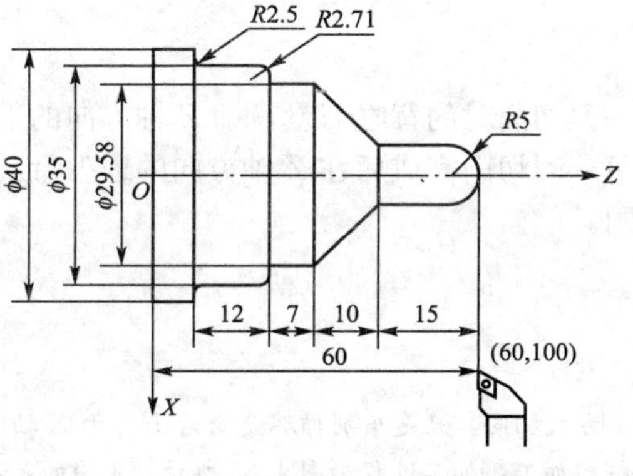

图 1.84　G71 内径/外径粗车复合循环举例

程序如下：

```
O0101
N10 G50 X60 Z100 T0100;        设定坐标,选用 1 号刀
N20 M03 S1000;                 启动主轴,转速 1000r/min
N30 T0101;                     建立刀具补偿
N40 G00 X44 Z52;               进刀至粗车起始点
N50 G71 U2 R1;                 粗车,每刀 2mm,退距离 1mm
```

N60 G71 P70 Q160 U0.5 W0.02 F200;	余量X =0.5mm,Z =0.02mm
N70 G00 X0;	进刀至精加工形状起始点
N80 G01 Z50 F50;	车削至圆弧顶点
N90 G03 X10 Z45 R5;	车削圆弧R5
N100 G01 Z35;	加工外圆柱 10
N110 X29.58 Z25;	加工圆锥
N120 W-7;	加工圆柱 29.58
N130 G03 X35 W-2.71 R2.71;	加工圆角R2.71
N140 G01 Z8.5;	加工圆柱段 35
N150 G02 X40 Z6 R2.5;	加工圆弧R2.5
N160 G01 Z0;	加工圆柱 40
N170 G00 X50 Z100 M00;	退刀返回,主轴暂停
N180 T0202 M08;	换 2 号刀,开冷却液
N190 M03 S2500;	启动主轴
N200 G00 X44 Z62;	进刀,准备精车
N210 G70 P70 Q160;	精车外形,该指令见后面介绍
N220 G00 X100 Z100;	返回
N230 T0100;	换回 1 号刀,取消刀具补偿
N240 M05;	主轴停
N250 M30;	程序结束并返回程序头

3) G72——端面粗车复合循环指令

G72 W(Δd) R(e);

G72 P(ns) Q(nf) U(Δu) W(Δw) F(f) S(s) T(t);

N(ns)

……

N(nf)

式中：Δd——粗车时每一刀切削时的背吃刀量，即 Z 轴方向的进刀量；

e——粗车时，每一刀切削完成后在 Z 轴方向的退刀量。

其他参数与 G71 相同。

特别提示

(1) G72 与 G71 指令加工方式相同，只是车削循环是沿着平行于 X 轴进行的，端面粗切循环适于 Z 向余量小，X 向余量大的棒料粗加工，加工过程如图 1.85 所示。不同的是，G72 指令的进刀是沿着 Z 轴方向进行的，刀具起始点位于 A，循环开始时，由 $A \rightarrow B$ 为留精车余量，然后，从 B 点开始，进刀 Δd 的深度至 C，然后切削，碰到给定零件轮廓后，沿 45°方向退出，当 Z 轴方向的退刀量等于给定量 e 时，沿竖直方向退出至 X 轴方向坐标与 B 相等的位置，然后再进刀切削第二刀……如此循环，加工到最后一刀时，刀具沿着留精车余量后的轮廓切削至终点，最后返回起始点 A。

(2) 与 G71 相同，G72 循环中，F 指定的速度是指切削的速度，其他过程如进刀、退刀、返回等的速度均为快速进给的速度。

(3) 格式中的 S、T 功能如在 G71 指令所在的程序段中已经设定，则可省略。

(4) 在顺序号 ns 到 nf 的程序段中，可有 G02/G03 指令，但不能有子程序。

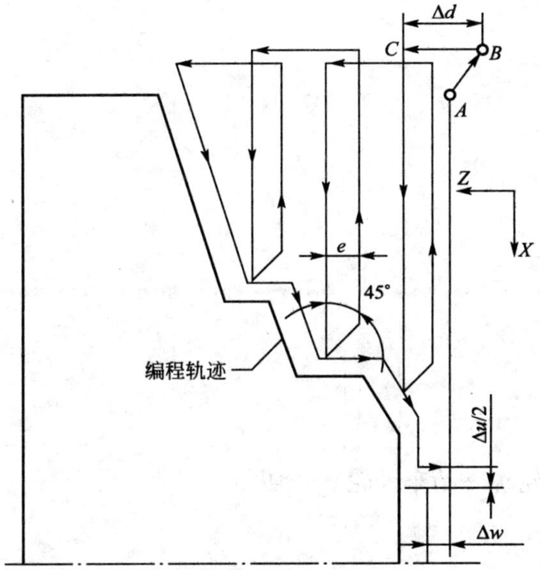

图 1.85　G72 端面粗车复合循环

(5) ns 与 nf 之间的程序段中设定的 F、S 功能在粗车时无效。

应用实例 1-5

如图 1.86 所示，试用 G72 复合循环车削该零件。

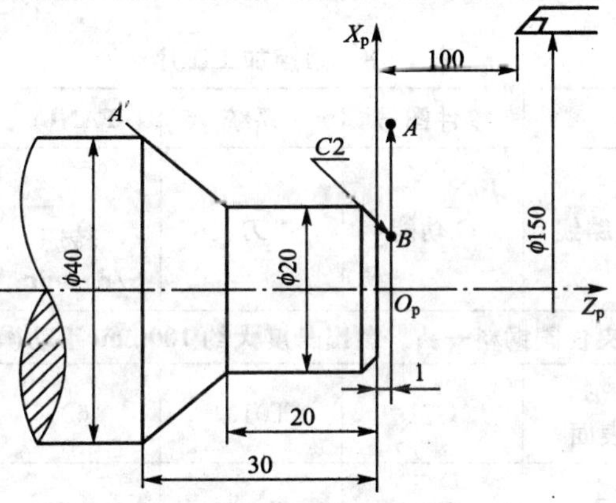

图 1.86　端面粗车循环

解：

程序如下：

```
O0012
N010 G50 X150 Z100 M03 S1000 T0101;
N020 G00 X41 Z1;
N030 G72 W1 R1;
N040 G72 P50 Q80 U0.1 W0.2 F100;
N050 G00 X41 Z-31;
```

```
N060 G01 X20 Z-20 F80;
N070 Z-2;
N080 X14 Z1;
N090 G70 P50 Q80;
N100 G00 X150 Z100;
N110 T0000;
N120 M05;
N130 M30;
```

1.2.3 任务实施

1. 工艺过程

工艺过程为粗车外轮廓→精车外轮廓→切断

2. 刀具与工艺参数

刀具与工艺参数见表1-7、表1-8。

表1-7 数控加工刀具卡

实训课题			零件名称		零件图号	
序号	刀具号	刀具名称及规格	刀尖半径	数量	加工表面	备注
1	T0101	93°粗精右偏外圆刀	0.4mm	1	外表面、端面	
2	T0402	切断刀(刀位点为左刀尖)	B=4mm	1	切槽、切断	

表1-8 数控加工工序卡

材料	45	零件图号	系统	FANUC	工序号	
操作序号	工步内容(进给路线)	G功能	T刀具	切削用量		
				转速 $S/r\cdot min^{-1}$	进给速度 $F/mm\cdot r^{-1}$	背吃刀量 a_p/mm
程序	夹住圆钢料一头，留出长度大约100mm(手动操作)，调用程序					
(1)	自右向左粗车端面、外圆表面	G71	T0101	600	0.3	2
(2)	自右向左精车端面、外圆表面	G70	T0101	800	0.1	0.2
(3)	切断，保证总长	G01	T0202	300	0.1	
(4)	检测、校核					

3. 装夹方案

用三爪自定心卡盘夹紧定位。

4. 程序编制

程序如下：

```
O0001
N10 T0101 G95 G40;                      调用 1 号刀,建立刀补
N20 M03 S600;                           主轴正转 600r/min
N30 G00 X45 Z10;
N40 G01 X39 Z0 F2
N50 G71 U1 R1 P70 Q140 X0.4 Z0 F0.2     复合循环指令粗加工
N60 M03 S800
N70 G01 X20 Z0 F0.5;                    精加工轮廓
N80 X24 Z-2 F0.1;
N90 Z-15;
N100 X28;
N110 X36 Z-33;
N120 Z-38;
N130 X34 Z-40;
N140 X39;
N150 G00 X100;
N160 Z100;
N170 T0100;                             取消刀补
N180 T0202 S300;                        调用 2 号刀,建立刀补
N190 G00 X45 Z10;
N200 G01 Z-44 F2;
N210 X0 F0.1;                           切断保证长度 40mm
N220 X100 F2;
N230 Z100;
N240 T0200;                             取消刀补
N250 M05;                               主轴停
N260 M30;                               程序结束
```

习　　题

1. 任务描述：用基本编程指令编写如图 1.87 简单轴零件的加工程序，材料为 45 钢。

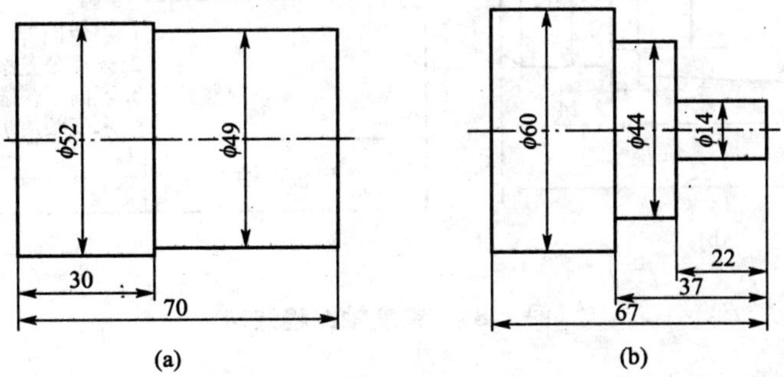

图 1.87　简单零件编程练习

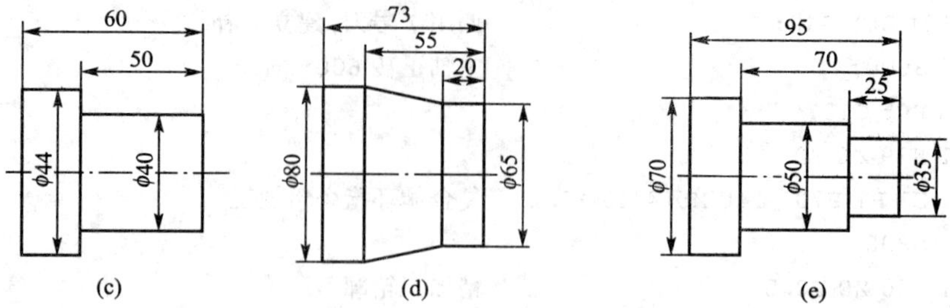

图 1.87(续)

2. 任务描述：用复合循环指令编写如图 1.88 所示零件粗精加工程序。

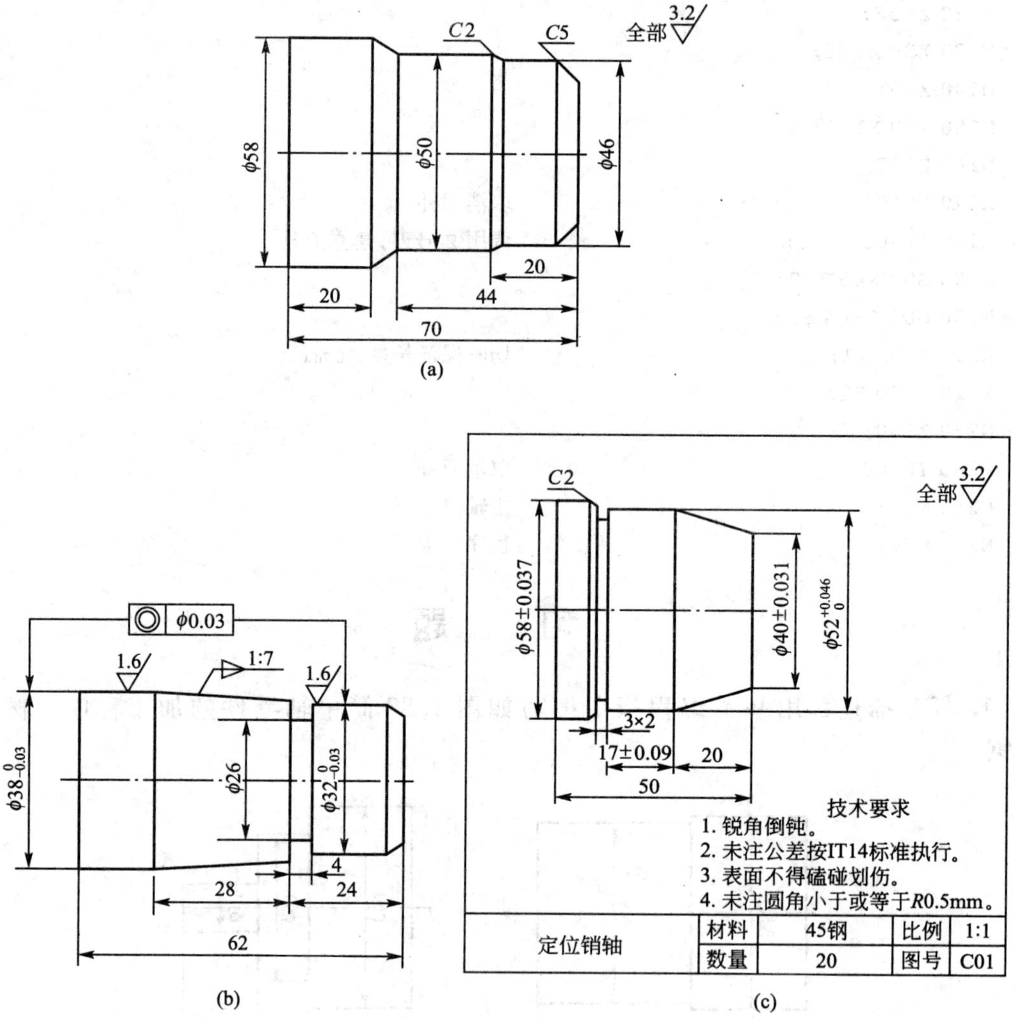

图 1.88　锥度轴编程练习

任务 1.3 车削加工外圆弧类零件

专项能力目标	涉及知识点	权重/(%)	建议学时
能编制外成形面加工程序	成形面加工工艺知识	20	6
	成形面加工常用编程指令(G02、G03、G73、子程序、G41、G42)	50	
能在仿真软件模拟加工出外圆弧类零件	数控仿真软件	30	

1.3.1 任务导入：手柄加工

任务描述：完成如图 1.89 所示球头手柄的车削加工，毛坯尺寸为 $\phi25$ 圆钢料，材料为 45 钢。

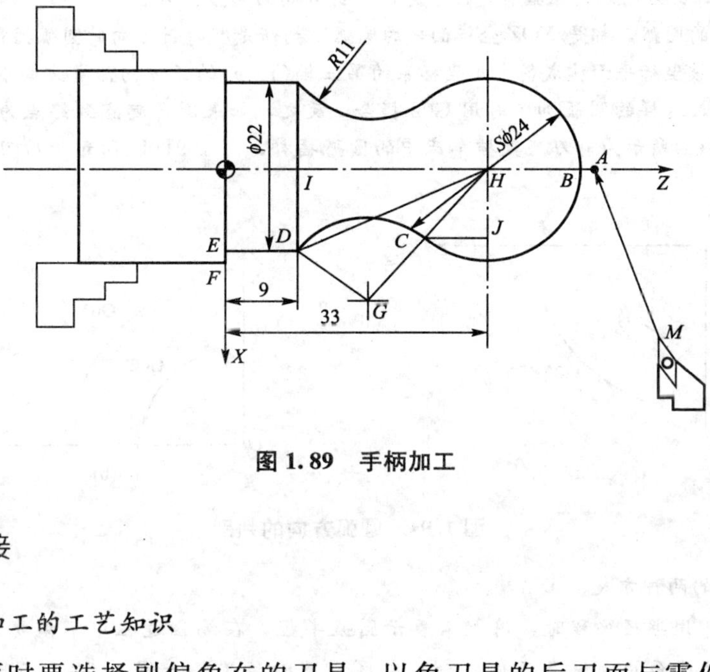

图 1.89 手柄加工

1.3.2 知识链接

1. 外圆弧加工的工艺知识

在加工球面时要选择副偏角在的刀具，以免刀具的后刀面与零件产生干涉，如图 1.90所示。

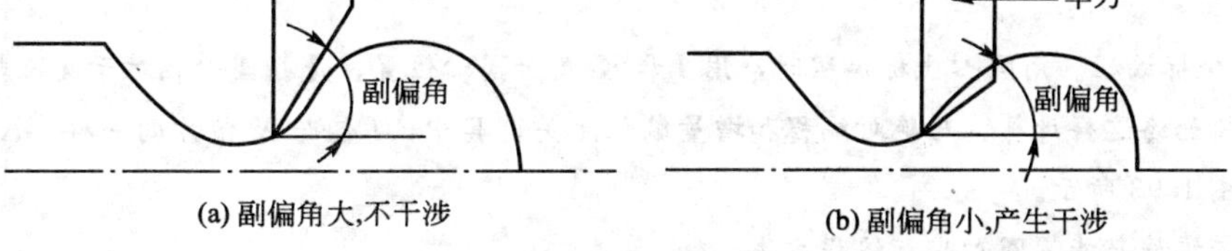

图 1.90 车刀副偏角的干涉影响

2. 编程指令

1) G02/G03——圆弧插补指令

指令格式：

G02/G03 X(U) _ Z(W) _ I _ K _ F _；

或 G02/G03 X(U) _ Z(W) _ R _ F _；

式中：X(U)、Z(W)——圆弧终点的坐标值，增量值编程时，坐标为圆弧终点相对圆弧起点的坐标增量；

I、K——圆心相对于圆弧起点的坐标增量，I 为 X 轴方向的增量，K 为 Z 轴方向的增量；

R——圆弧半径；

F——进给速度或进给量。

特别提示

(1) G02 为顺时针方向的圆弧插补，G03 为逆时针方向的圆弧插补。

一般数控车床的圆弧，都是 XOZ 坐标面内的圆弧。判断是顺时针方向的圆弧插补还是逆时针方向的圆弧插补，应从与该坐标平面构成笛卡儿坐标系的第三轴(Y 轴)的正方向沿负方向看，如果圆弧起点到终点为顺时针方向，这样的圆弧加工时用 G02 指令，反之，如果圆弧起点到终点为逆时针方向，则用 G03 指令。图 1.91(a)所示为前刀座数控车床中的圆弧插补，图 1.91(b)所示为后刀座数控车床的圆弧插补。

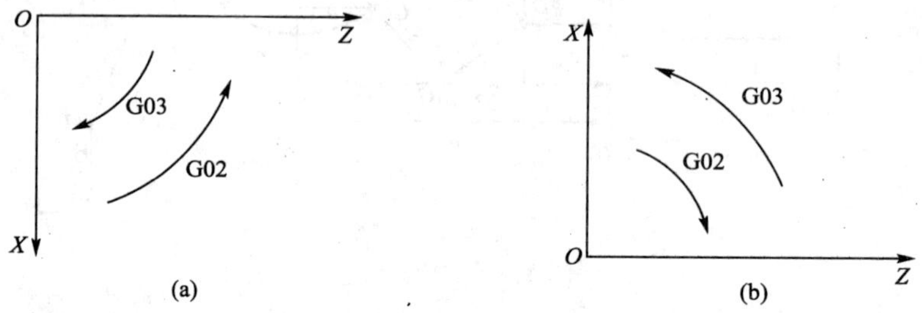

图 1.91　圆弧方向的判别

(2) 圆弧编程的两种方式。

① 半径编程。用半径编程时，用 R 来表示圆弧半径，在编程过程中不需要计算太多，所以经常用这种方法。R 后面的数值有正负之分，以区别圆心位置。如图 1.92 所示，当圆弧所对的圆心角 $\alpha \leqslant 180°$ 时，圆弧半径取正值，反之 R 取负值。图中从 A 点到 B 点的圆弧有两段，半径相同，若需要表示的圆心位置在 O_1 时，半径值取正值，若需要表示的圆心位置在 O_2 时，半径值取负值。

② 圆心坐标编程。用圆心坐标编程时，用 I 和 K 表示圆心位置，是指圆心相对于圆弧起点的坐标增量，这两个值始终这样计算，与绝对编程和增量编程无关，其中，I 值与 X 值方向一样，K 值与 Z 值方向一样，如图 1.93 所示。

整圆加工编程只能用圆心坐标编程方法。

(3) F 指的是沿圆弧加工的切线方向的速度或进给量。

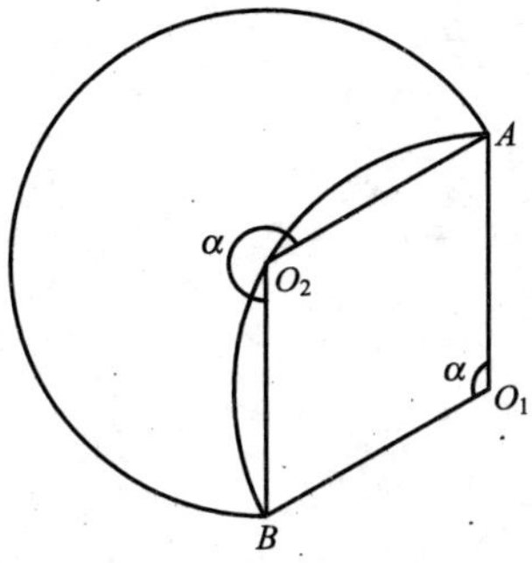

图 1.92　半径编程

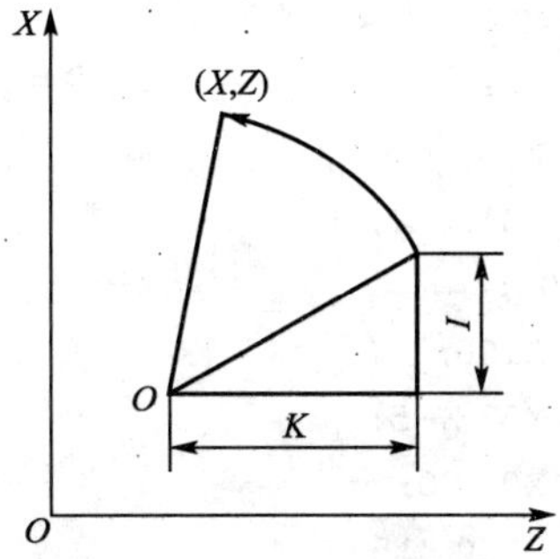

图 1.93　圆心坐标编程

应用实例 1－6

如图 1.94 所示，编制一个精车外圆、圆弧面、切断的程序，精加工余量 0.5mm，假设零件足够夹紧，刀具起始位置在 a(100，150)处。

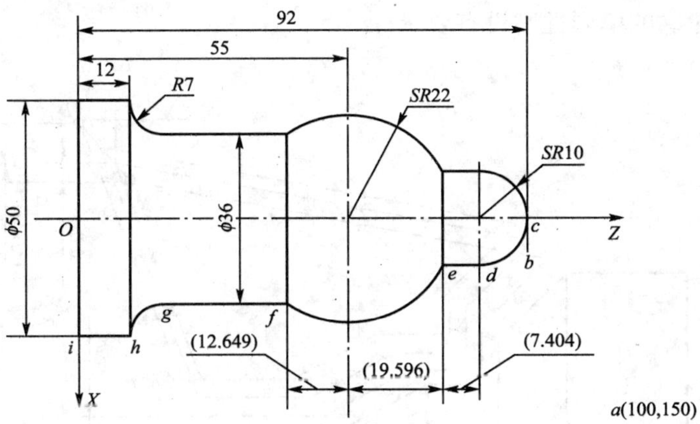

图 1.94　圆弧加工

解：

该零件只需要进行精加工和切断，因此两把刀即可完成加工，1 号刀为精车刀，2 号刀为切断刀。车削之前必须计算相关点的尺寸，如图 1.94 所示括号中的尺寸为计算所得，计算过程从略。精车时，进给路线为 $a \to b \to c \to d \to e \to f \to g \to h \to i \to a$。

程序如下：

```
O1002
N10 G50 X100 Z150;                设定坐标系
N20 M03 S1500;                    启动主轴
N30 T0101 M08;                    建立刀具补偿,开冷却液
N40 G00 X20 Z92;                  进刀至b
N50 G01 X0 F50;                   慢速进刀至圆弧起点,b—c
N60 G03 X20 Z82 R10 F30;          加工圆弧R10,c—d
N70 G01 W-7.404;                  加工 20 圆柱段,d—e
N80 G03 X36 Z42.351 R22;          加工R22 圆弧,e—f
(或 I—20 K—19.596);
N90 G01 Z17;                      加工 36 圆柱段,f—g
```

```
N100 G02 X50 Z10 R7;        加工R7 圆弧,g—h
N110 G01 Z0;                加工 50 圆柱段,h —i
N120 G00 X55;               横向退刀至X55
N130 X100 Z150 M05;         返回换刀位置,停主轴
N140 T0202;                 换 2 号刀
N150 M03 S100;              启动主轴
N160 G00 X52 Z-5;           进刀至切断位置
N170 G01 X0 F20;            切断
N180 G00 X100 Z150;         返回
N190 T0100;                 换 1 号刀,取消刀具补偿
N200 M05;                   主轴停
N210 M30;                   程序结束
```

2）G73——封闭粗车复合循环指令

封闭切削循环是一种复合固定循环，如图 1.95 所示。封闭切削循环适于对铸、锻毛坯切削，对零件轮廓的单调性则没有要求。

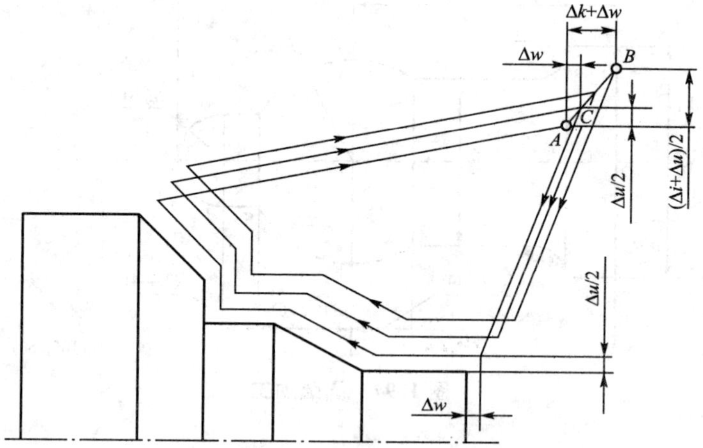

图 1.95　G73 封闭粗车复合循环

程序格式：

G73 U(Δi) W(Δk) R(d)；

G73 P(ns) Q(nf) U(Δu) W(Δw) F(f) S(s) T(t)；

式中：Δi——X 轴方向总切除量(半径值)；

Δk——Z 轴方向总切除量；

d——粗车循环次数；

ns——精加工轮廓程序段中开始程序段的段号；

nf——精加工轮廓程序段中结束程序段的段号；

Δu——X 轴向精加工余量(直径值)；

Δw——Z 轴向精加工余量。

特别提示

(1) 与 G71 和 G72 不同，G73 的循环过程如图 1.95 所示，它每次加工都是按照相同的形状轨迹进行

进给，只不过在 X、Z 轴方向进了一个量，这个量等于总切削量除以粗加工循环次数。循环起点在 A 点，循环开始时，从 A 点向 B 点退一定距离，X 轴方向为 $\Delta i+\Delta u/2$，Z 轴方向为 $\Delta k+\Delta w$，然后从 B 点进刀切削，按图中箭头所示的过程进行循环加工，直到达到留余量后的轮廓轨迹为止。

(2) 从 G73 的加工过程来看，它特别适合毛坯已经具备所要加工零件形状的加工，如铸造件、锻造件等。

(3) 两个程序段都有地址 U、W，在使用时要注意区别它们各自代表的含义。

应用实例 1 - 7

任务描述：车削图 1.96 所示铸造件，已知 X 轴方向的余量为 6mm(半径值)，Z 轴方向的余量为 4mm，刀尖半径为 R0.4mm，试编程加工。

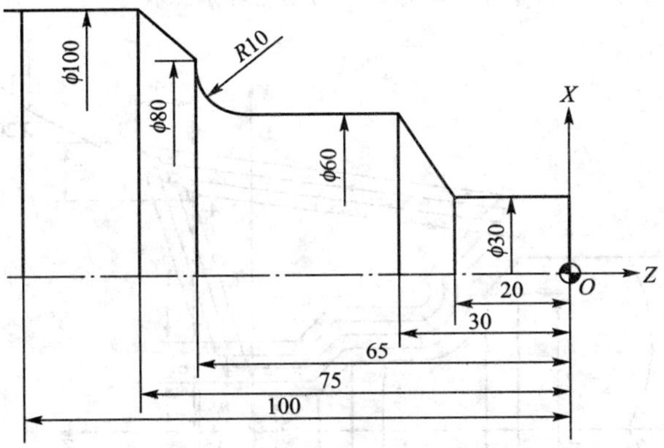

图 1.96　G73 封闭粗车复合循环应用 1

解：

铸造件适合用 G73 指令加工，余量为 6mm，分三次加工，在车削时要使用半径补偿，留精车余量 X=0.2mm，Z=0.05mm。用两把刀，1 号刀粗车，2 号刀精车。

程序如下：

```
O0102
N10 G50 X150 Z250 T0100;          设定坐标系,选用 1 号刀
N20 M03 S300;                     启动主轴
N30 G00 X112 Z6;                  进刀至循环起始点
N40 G73 U6 W6 R3;                 粗车
N50 G73 P60 Q120 U0.2 W0.05 F100; 余量X=0.2mm,Z=0.05mm
N60 G00 X30 Z2;                   进刀至精车形状程序起点
N70 G01 G42 Z-20 F30;             车削 30,建立刀尖半径补偿
N80 X60 Z-30;                     车削锥度
N90 Z-55;                         车削 60
N100 G02 X80 Z-65 R10;            车圆弧R10
N110 G01 X100 Z-75;               车锥度
N120 G40 X105;                    退出,取消刀尖半径补偿
N130 G00 X150 Z250 M05;           返回,停主轴
N140 T0202;                       换 2 号刀
N150 G50 S2000;                   主轴最高转速限制
```

```
N160 G96 M03 S800;                      恒线速度切削,主轴启动
N170 G00 X112 Z6;                       定位到精车起点
N180 G70 P60 Q120;                      精车
N190 G00 G97 X150 Z250;                 退刀,取消恒线速度切削方式
N200 T0100;                             换回1号刀,取消刀尖半径补偿
N210 M05                                主轴停
N220 M30;                               程序结束并返回程序头
```

应用实例 1-8

任务描述：车削如图 1.97 所示零件，编写封闭切削循环加工程序。

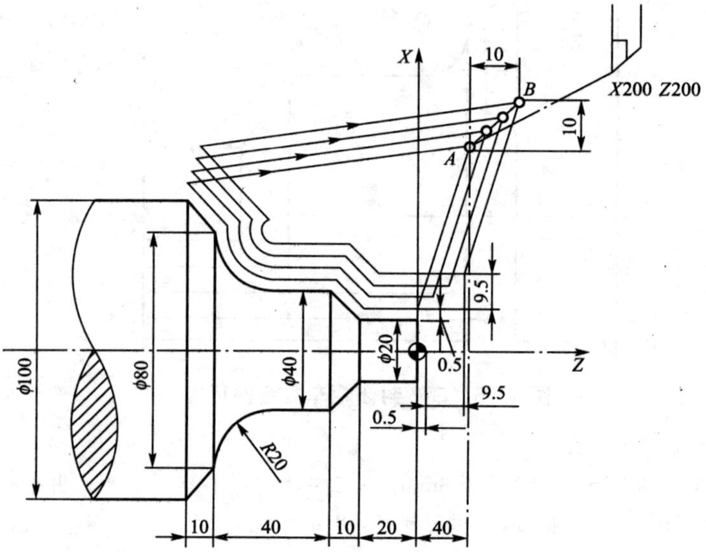

图 1.97　G73 封闭粗车复合循环应用 2

解：

程序如下：

```
O0022
N01 G50 X200 Z200 T0101;
N20 M03 S2000;
N30 G00 G42 X140 Z40 M08;
N40 G96 S150;
N50 G73 U9.5 W9.5 R3;
N60 G73 P70 Q130 U1 W0.5 F0.3;
N70 G00 X20 Z0;                        //ns
N80 G01 Z-20 F0.15;
N90 X40 Z-30;
N100 Z-50;
N110 G02 X80 Z-70 R20;
N120 G01 X100 Z-80;
```

```
N130 X105;                              //nf
N140 G00 X200 Z200 G40;
N150 M05;
N160 M30;
```

3) G75——沟槽切削循环指令

程序格式：

G75 R(e)；

G75 X(U) Z(W) P(Δu) Q(Δw) R(Δd) F(f) S(s)；

式中：e——X轴方向切削每次的退刀间隙；

X(U)——需要切削的最终凹槽直径；

Z(W)——最后一个凹槽的Z轴方向位置；

Δu——X轴方向每次切削的深度(无符号)；

Δw——各槽之间的距离(无符号，单个槽则省略)；

Δd——每个槽切削完成后Z轴方向的退刀量(若槽宽同刀宽一样时，此值省略)。

特别提示

(1) G75沿着X轴方向切削，G75循环过程如图1.98所示，刀具定位在A点，沿Z轴方向进行加工，每次加工Δu后，退e的距离，然后再加工Δu，依次循环至Z轴方向坐标给定的值，返回A点，再向X轴方向进Δu，重复以上动作至Z轴方向坐标给定的值……最后加工至给定坐标位置(图1.98中C点)，再分别沿Z轴方向和X轴方向返回A点。

(2) 使用G75指令既可加工单个槽，也可加工多个槽，只需要在编程时注意其格式即可。

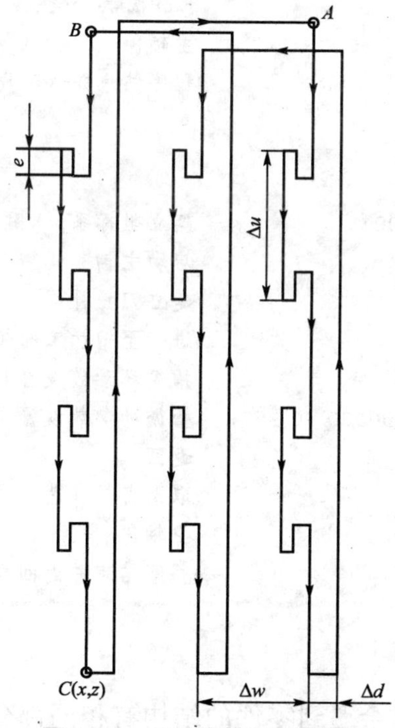

图1.98　G75沟槽切削循环

应用实例 1-9

任务描述：如图 1.99 所示，分别编程加工图 1.99(a)、(b)的槽。

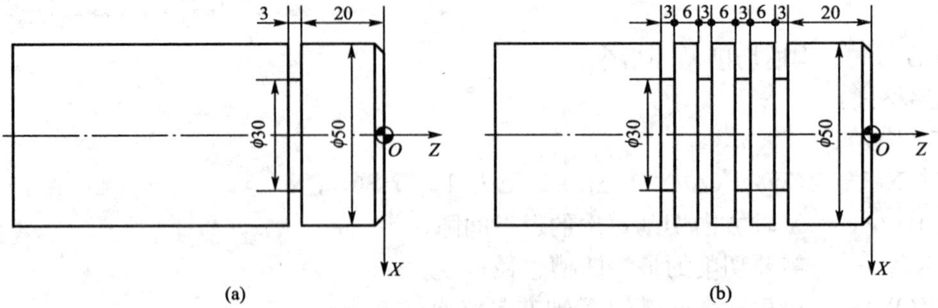

图 1.99　G75 沟槽切削循环应用

解：

设切槽刀宽 3mm 图 1.99(a)割槽程序如下：

```
O0000
N10 G54 G00 X100 Z50;                  建立工件坐标系
N20 M03 S1000;                         启动主轴
N30 T0101;                             选用 1 号刀,建立刀具补偿
N40 G00 X55 Z-23;                      进刀至槽加工的起始点
N50 G75 R2;                            槽循环参数设置
N60 G75 X30 Z-23 P20000 R0 F50;        槽循环参数设置(P20000 为X 向每次切深,单位为 μm)
N70 G00 X100 Z50;                      返回
N80 T0000;                             取消刀具补偿
N90 M05;                               主轴停
N100 M30;                              程序结束并返回程序头
```

图 1.99(b)割槽程如下：

```
O0001
N10 G54 G00 X100 Z50 T0100;            建立坐标系,选用 1 号刀
N20 M03 S500;                          启动主轴
N30 T0101;                             建立刀具补偿
N40 G00 X52 Z-23;                      进刀至槽加工的起始点
N50 G75 R2;                            槽循环参数设置
N60 G75 X30 Z-50 P20000 Q90000 R0 F50; 槽循环参数设置
N70 G00 X100 Z50;                      返回
N80 T0000;                             取消刀具补偿
N90 M05;                               主轴停
N100 M30;                              程序结束并返回程序头
```

3. 子程序

在数控编程过程中，通常会遇到零件的结构有相同部分，这样程序中也有重复程序

段。如果能把相同部分单独编写一个程序，在需要用的时候进行调用，就会使整个程序变得简洁。这种单独编写的程序称为子程序，调用子程序的程序称为主程序。

1）子程序的结构

结构如下：

```
O0010          子程序名
……             子程序内容
M99;           子程序结束
```

子程序与主程序相似，由子程序名、程序内容和程序结束指令组成。一个子程序也可以调用下一级的子程序。子程序必须在主程序结束指令后建立，其作用相当于一个固定循环。

2）子程序常用调用格式

(1) M98 P×××× L×；

P后边的数字为子程序编号，L为调用次数(L1可省略，最多为9999次)。如M98 P1002 L7表示调用O1002子程序7次。

(2) M98 P××××××××；

其中：P后边的数字有八位，前四位为调用次数，后四位为子程序号。如调用01002子程序7次可用M98 P71002表示。

特别提示

(1) M98子程序调用字；P后面的前四位数字为子程序重复调用次数；后四位数字为子程序号。当不指定重复次数时，子程序只调用一次。

(2) 当子程序最后的程序段只用M99时，子程序结束，返回到调用程序段后面的一个程序段；若一个程序段号在M99后由P指定时，系统执行完子程序后，将返回到由P指定的那个程序段号上；如果在主程序中执行到M99指令，则系统返回到主程序起点重新运行程序。

(3) 子程序调用指令(M98 P)可以与运动指令在同一个程序段中使用。如：G00 X100 M98 P1200。

3）子程序嵌套

当主程序调用子程序时，它被认为是一级子程序。子程序调用下一级子程序称为嵌套，上一级子程序与下一级子程序的关系，与主程序与第一层子程序的关系相同。子程序调用可以镶嵌四级，调用指令可以重复地调用子程序，最多999次。

在图1.99(b)中，零件共有四个相同的槽，可以用子程序来加工。当然用G75指令完成四个槽的加工也很容易，但G75加工槽每个沟槽的间距要相等，如果不相等用G75就困难了，如图1.100所示。

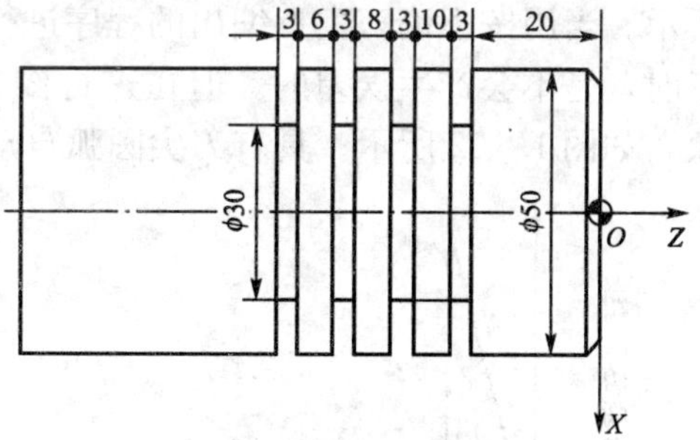

图1.100 子程序的应用

应用实例1-10

任务描述：加工图1.100所示的沟槽，用子程序完成编写。

解：

沟槽相间的情况：10－8－6，每个沟槽深度是一样的，因此把沟槽加工用子程序 G75 完成即可，设刀宽为 3mm。

主程序如下：

```
O0018
N10 G54 G00 X100 Z50 T0100;      设定坐标系,选用 1 号刀
N20 M03 S500;                    启动主轴
N30 T0101;                       刀具补偿
N40 G00 X55 Z-23;                定位到第一槽加工的起始点
N50 M98 P0008;                   调用子程序加工
N60 G00 X55 Z-36;                定位到第二槽加工的起始点
N70 M98 P0008;                   调用子程序加工
N80 G00 X55 Z-47;                定位到第三槽加工的起始点
N90 M98 P0008;                   调用子程序加工
N100 G00 X55 Z-56;               定位到第四槽加工的起始点
N110 M98 P0008;                  调用子程序加工一次
N120 G00 X100 Z50 T0000;         返回,取消刀具补偿
N130 M05;                        主轴停
N140 M30;                        程序结束并返回程序头
```

子程序如下：

```
O0008
N10 G75 R2;                      槽循环参数设置
N20 G75 X30 P20000 R0 F50;       槽循环参数设置
N30 G00 X55;                     退出
N40 M99;                         子程序结束
```

4. 刀尖半径补偿

1) 刀尖半径补偿原因

编程时，通常都将车刀刀尖作为一点来考虑，但实际上刀尖处存在圆角，如图 1.101 所示。当用按理论刀尖点编出的程序进行端面、外径、内径等与轴线平行或垂直的表面加工时，是不会产生误差的。但在进行倒角、锥面及圆弧切削时，则会产生少切或过切现象，如图 1.102 所示。具有刀尖圆弧自动补偿功能的数控系统能根据刀尖圆弧半径计算出

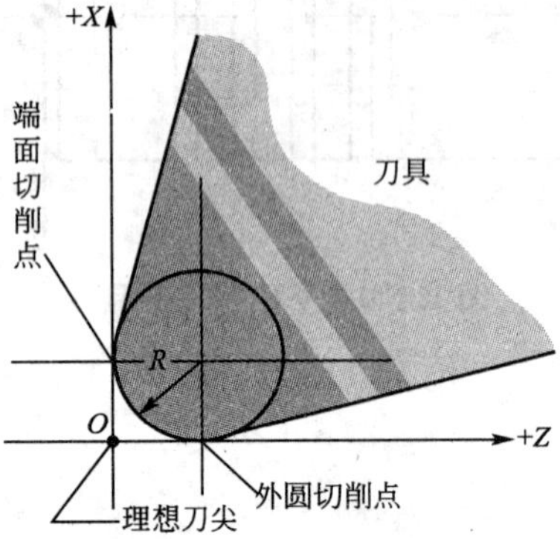

图 1.101　假想的刀尖

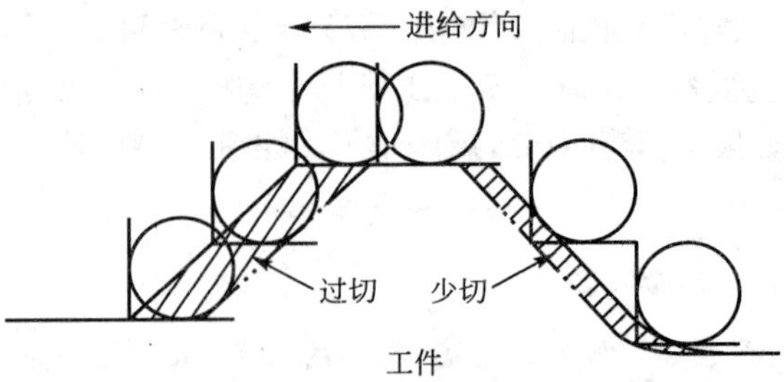

图 1.102　刀尖圆弧造成少切或过切

补偿量，避免少切或过切现象的产生。

为了避免少切或过切，在数控车床的数控系统中引入半径补偿。所谓半径补偿是指事先将刀尖半径值输入到数控系统，在编程时指明所需要的半径补偿方式。数控系统在刀具运动过程中，根据操作人员输入的半径值及加工过程中所需要的补偿，进行刀具运动轨迹的修正，使之加工出所需要的轮廓。

这样，数控编程人员在编程时，按轮廓形状进行编程，不需要计算刀尖圆弧对加工的影响，提高了编程效率，减少了编程出错的概率。

2）G41、G42、G40——刀尖半径补偿指令

G41、G42、G40 为刀尖半径补偿指令，G41 为刀尖半径左补偿，G42 为刀尖半径右补偿，G40 为取消刀尖半径补偿。判断是用刀尖半径左补偿还是用刀尖半径右补偿的方法如下：将工件与刀尖置于数控机床坐标系平面内，观察者站在与坐标平面垂直的第三个坐标的正方向位置，顺着刀尖运动方向看，如果刀具处于工件左侧，则用刀尖半径左补偿，即 G41，如果刀具位于工件的右侧，则用刀尖半径右补偿，即 G42，如图 1.103 所示。

3）刀尖半径补偿的建立与取消

刀尖半径补偿的过程分为三步：第一步，建立刀尖半径补偿，在加工开始的第一个程序段之前，一般用 G00、G01 指令进行补偿，如图 1.104 所示；第二步，刀尖补偿的进行，执行 G41 或 G42 指令后的程序，按照刀具中心轨迹与编程轨迹相距一个偏置量进行运动；第三步，本刀具加工结束后，用 G40 指令取消刀尖半径补偿。

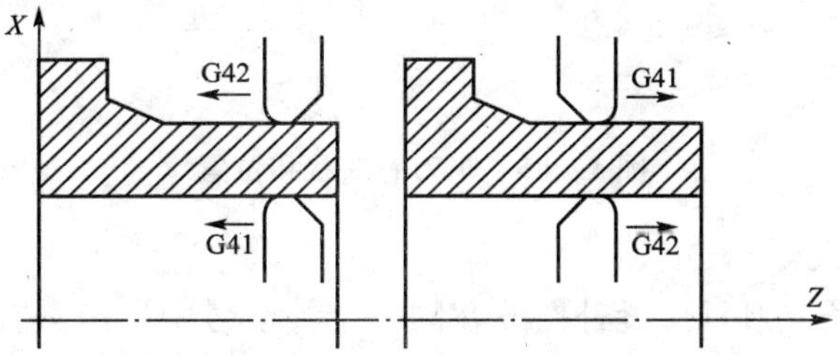

图 1.103　刀尖半径补偿

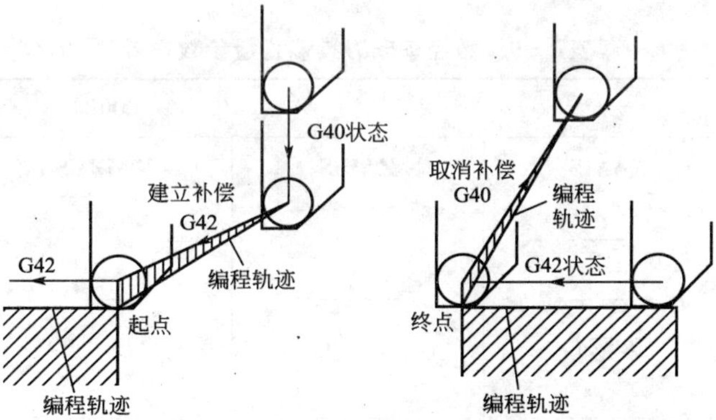

图 1.104　补偿的建立与取消

特别提示

(1) G41、G42 为模态指令。

(2) G41/G42 必须与 G40 成对使用。

(3) 建立或取消补偿的程序段，用 G01/G00 功能及对应坐标参数进行编程。

(4) G41/G42 与 G40 之间的程序段不得出现任何转移加工，如镜像、子程序加工等。

4）车刀的形状和位置的确定

数控车床的车刀形状和位置多种多样，刀尖圆弧半径补偿时，还需要考虑刀尖位置。不同形状的刀具，刀尖位置也不同。因此，在数控车削加工时，如果进行刀尖半径补偿，必须将刀尖位置信息输入到计算机中。

假想刀尖位置有 0～9 共 10 种可以选择，如图 1.105 所示，如果按刀尖圆弧中心编程，则选用 0 或 9。

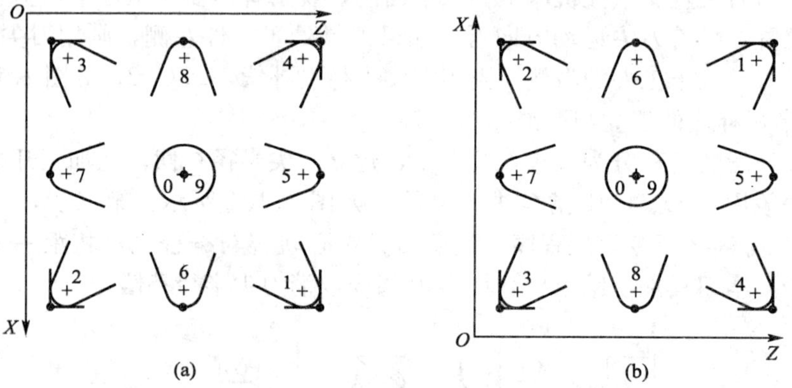

图 1.105　车刀的形状和位置

5）刀尖半径的输入

数控车床刀尖半径与刀具位置补偿放在同一个补偿号中，由数控车床的操作人员输入到数控系统中，这些补偿统称为刀具参数偏置量。同一把刀具的位置补偿和半径补偿应该存放在同一补偿号中，见表 1－9。

表 1－9　数控车床刀具偏置量参数设置

OFFSET			00004	N0050
NO.	XAXIS	ZAXIS	RADIUS	TIP
1	＿＿	＿＿	＿＿	＿＿
2	＿＿	＿＿	＿＿	＿＿
3	0.524	4.387	0.4	3
4	＿＿	＿＿	＿＿	＿＿
5	＿＿	＿＿	＿＿	＿＿
6	＿＿	＿＿	＿＿	＿＿
7	＿＿	＿＿	＿＿	＿＿

表1－9中，NO. 对应的即为刀具补偿号，XAXIS、ZAXIS即为刀具位置补偿值，RADIUS为刀尖半径值，TIP为刀具位置号。

应用实例1－11

任务描述：刀具按如图1.106所示的$a \to b \to c \to d \to e \to f \to g$进给路线进行精加工，要求切削速度为180m/min，进给量为0.1mm/r，试建立刀尖半径补偿编程。

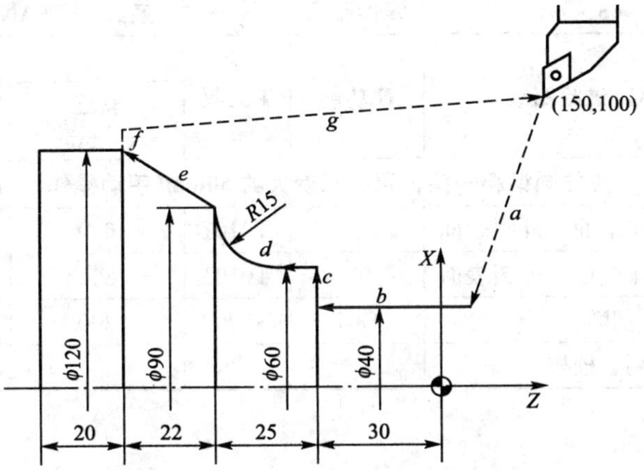

图1.106　刀尖半径补偿编程实例

程序如下：

```
O0016
N10 G50 X150 Z100 T0300;        坐标系设定，选3号刀
N20 G96 S180;                   采用恒线速度切削
N30 G00 G42 X40 Z2 M08;         a 建立刀尖半径补偿
N40 G01 Z-30 F0.1;              b
N50 X60;                        c
N60 Z-40;                       d
N70 G02 X90 Z-55 R15;           e
N80 G01 X120 W-22;              f
N90 X122;                       g取消刀尖半径补偿
N100 M05;                       主轴停
N110 M30;                       程序结束并返回程序头
```

1.3.3　任务实施

1. 工艺过程

工艺过程为车端面→自右向左粗车外表面→自右向左粗车外表面→切断

2. 刀具与工艺参数

刀具与工艺参数见表1－10、表1－11。

表 1-10 数控加工刀具卡

实训课题		外圆柱/圆锥面车削技能训练	零件名称		零件图号	
序号	刀具号	刀具名称及规格	刀尖半径	数量	加工表面	备注
1	T0101	93°粗精右偏外圆刀	0.4mm	1	外表面、端面	刀尖角 35°
2	T0202	切断刀(刀位点为左刀尖)	B=4mm	1	切槽、切断	

表 1-11 数控加工工序卡

材料	45	零件图号		系统	FANUC	工序号
操作序号	工步内容(进给路线)	G 功能	T 刀具	切削用量		
				转速 $S/r\cdot min^{-1}$	进给速度 $F/mm\cdot r^{-1}$	背吃刀量 a_p/mm
程序	夹住圆钢料一头，留出长度大约 60mm(手动操作)，调用程序					
1	自右向左粗车端面、外圆表面		T0101	600	0.3	2
2	自右向左精车端面、外圆表面		T0101	800	0.1	0.2
3	切断	G01	T0202	300	0.1	
4	检测、校核					

3. 装夹方案

用三爪自定心卡盘夹紧定位。

4. 程序编制

程序如下：

```
O0001
N10 T0101 G40 G95;                          调用 1 号刀,建立刀补
N20 M03 S300;                               主轴正转 300r/min
N30 G00 X30 Z10;
N40 X26 Z0;                                 快速定位至 X26 Z0 点
N50 G73 U12.5 W0 R6 P60 Q100 X0.4 Z0 F0.2;  G73 复合循环指令粗加工
N60 G00 X0 Z0 S800;                         精加工轮廓
N70 G03 X19.17 Z-19.22 R12 F0.1;
N80 G02 X22 Z-34 R11;
N90 G01 Z-38;
N100 X26;
N110 G00 X100 Z100;
N120 T0100;                                 取消刀补
N130 T0202 S300;                            调用 2 号刀,建立刀补
N140 G00 X30 Z10;
N150 Z-37;
N160 G01 X0 F0.1;                           切断保证长度 33mm
N170 G00 X100;
N180 Z100;
N190 T0200;                                 取消刀补
```

```
N200 M05;                                       主轴停
N210 M30;                                       程序结束
```

习　题

1. 任务描述：毛坯尺寸为ϕ162圆钢，材料为45钢，试车削成图1.107所示外圆弧零件。

2. 任务描述：如图1.108所示为圆弧手柄零件，建立坐标系，计算各基点的坐标，并编写该零件圆弧部分的精加工程序。

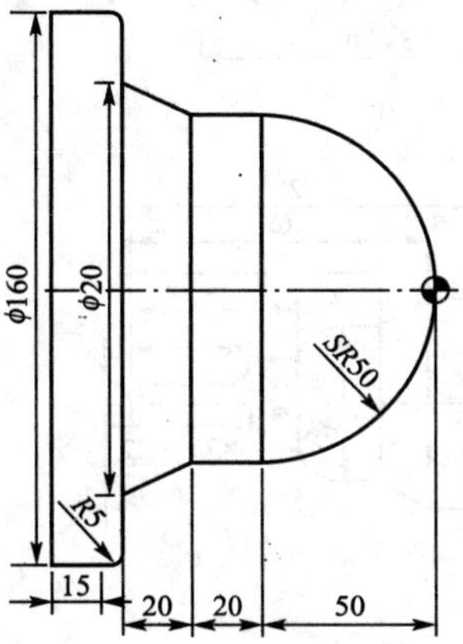

图1.107　外圆弧加工

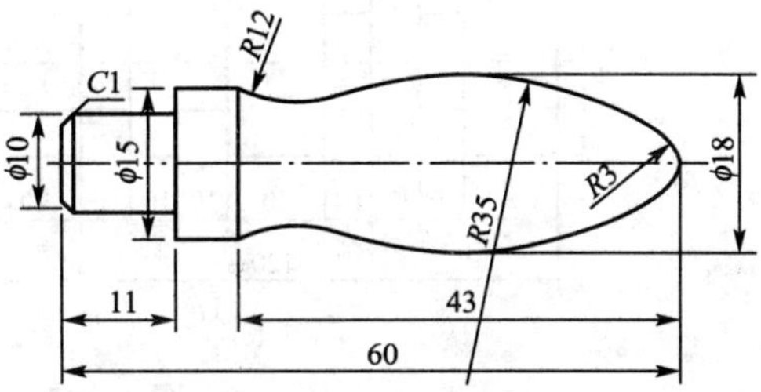

图1.108　圆弧手柄

3. 任务描述：需加工的零件如图1.109所示锥面圆弧小轴1，材料为$\phi 22\times 100$mm的圆钢，要求采用两把右偏刀分别进行粗车加工，用循环指令编写加工程序。

4. 任务描述：需加工的零件如图1.110所示锥面圆弧小轴2，材料为$\phi 12\times 100$mm的圆钢，要求采用两把刀分别进行粗、精车加工，用循环指令编写加工程序。

	1	2	3	4
RA	2.5	2.35	2.47	2.25
RB	2.71	2.80	2.32	2.65
RC	5	5.3	5.1	4.9

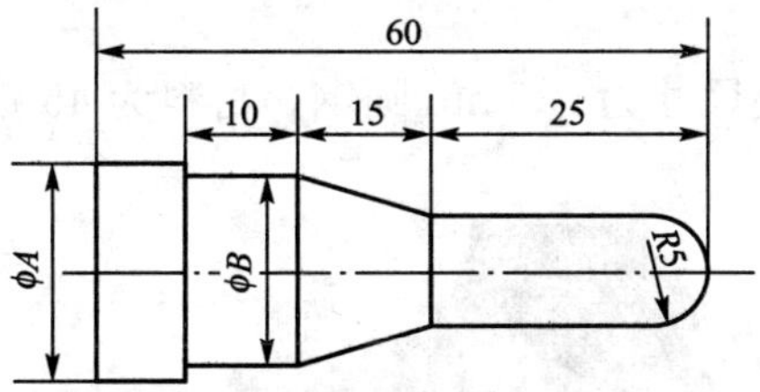

图1.109　锥面圆弧小轴1

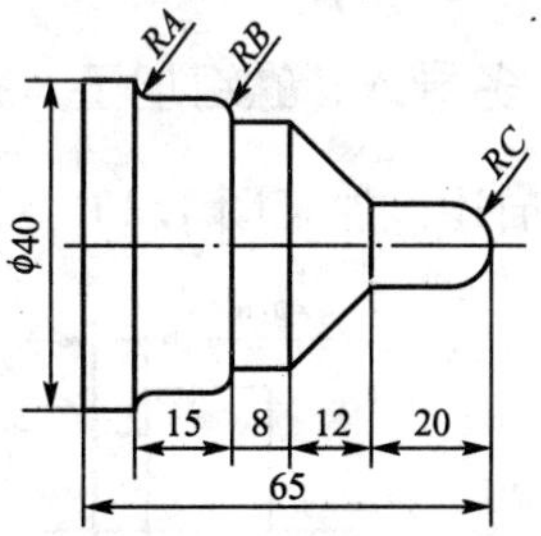

图1.110　锥面圆弧小轴2

	1	2	3	4
ϕA	20	20.5	20.05	19.97
ϕB	18	16.75	16	15.6

5. 任务描述：编写如图 1.111 所示零件的加工程序。

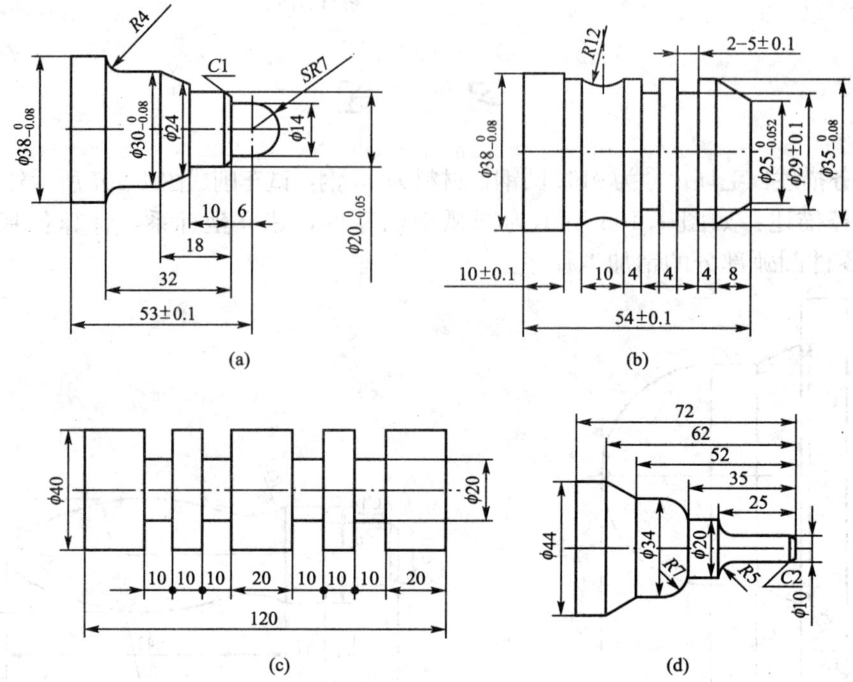

图 1.111 编程练习

任务 1.4 车削加工螺纹类零件

专项能力目标	涉及知识点	权重/(%)	建议学时
会计算和测量螺纹各部尺寸；控制外圆尺寸及表面粗糙度；控制螺纹的尺寸精度和表面粗糙度	螺纹加工工艺知识	40	6
编程加工螺纹	螺纹加工常用编程指令；数控仿真软件	60	

1.4.1 任务导入：螺钉加工

任务描述：加工图 1.112 所示零件。毛坯尺寸为 ϕ26mm 圆钢，材料为 45 钢。

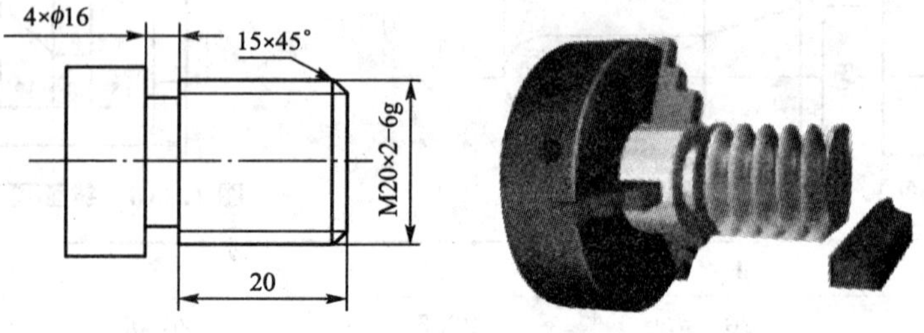

图 1.112 加工螺钉

1.4.2　知识链接

1. 螺纹加工的工艺知识

1）加工螺纹方法

加工螺纹是数控车床的基本功能之一，加工类型包括：内(外)圆柱螺纹和圆锥螺纹、单线螺纹和多线螺纹、恒螺距螺纹和变螺距螺纹。数控车床加工螺纹的指令主要有三种：一螺纹加工指令、单循环螺纹加工指令、复合循环螺纹加工指令。因为螺纹加工时，刀具的进给速度与主轴的转速要保持严格的关系，所以数控车床要实现螺纹加工，必须在主轴上安装测量系统。不同的数控系统，螺纹加工指令也不尽相同，在实际使用时应按机床的要求进行编程。

在数控车床上加工螺纹，有两种进给方法：直进法和斜进法。以普通螺纹为例，如图1.113所示，直进法是从螺纹牙沟槽的中间部位进给，每次切削时，螺纹车刀两侧的切削刃都受切削力，一般螺距小于3mm时，可用直进法加工。斜进法加工时，从螺纹牙沟槽的一侧进刀，除第一刀外，每次切削只有一侧的切削刃受切削力，有助于减轻负载，当螺距大于3mm时，可用斜进法进行加工。

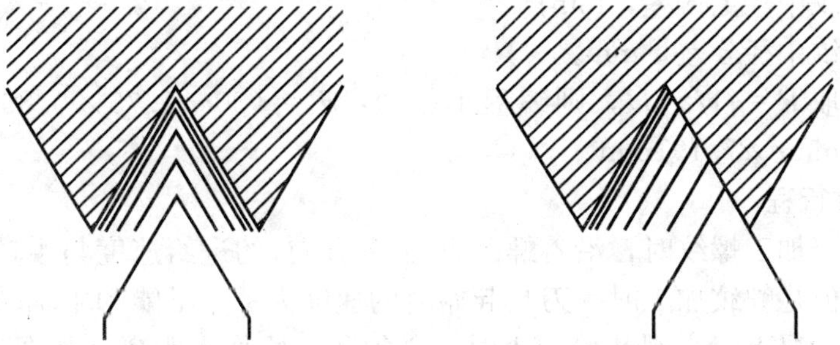

(a) 直进法　　　　(b) 斜进法

图1.113　螺纹加工方法

螺纹加工时，应遵循“后一刀的背吃刀量不应超过前一刀的背吃刀量”的原则。那就是说，背吃刀量逐次减小，目的是使每次切削面积接近相等。多线螺纹加工时，先加工好一条螺纹，然后在轴向进给移动一个螺距，加工第二条螺纹，直到全部加工完为止。

2）确定车螺纹前直径尺寸

普通螺纹各基本尺寸：

螺纹大径 $d=D$(螺纹大径的基本尺寸与公称直径相同)

中径 $d_2=D_2=d-0.6495P$(P 为螺纹的螺距)

螺纹小径 $d_1=D_1=d-1.0825P$

螺纹加工之前，需要对一些相关尺寸进行计算，以确保车削螺纹的程序段中的有关参考量。

车削螺纹时，车刀总的背吃刀量是螺纹的牙型高度，即螺纹牙顶到螺纹牙底间沿径向的距离。对普通螺纹，设螺距为 P，螺纹牙型理论高度 $H=3/2P=0.866P$，实际加工时，由于螺纹车刀刀尖半径的影响，实际背吃刀量有变化。则实际牙型高度可按下式计算：

$$h=H-2\times(H/8)=0.6495P$$

式中：H——螺纹三角形高度；

P——螺距，mm。

外螺纹加工中，径向起点(编程大径)的确定决定于螺纹的大径。例如要加工 M30×2－6g 的外螺纹，螺纹大径的上偏差 $es=-0.038$mm，下偏差 $ei=-0.318$mm，公差 $Td_2=0.28$mm，则螺纹大径尺寸介于 29.962~~29.682 之间，所以螺纹大径应在此范围内选取，并在加工螺纹前，由外圆车削保证。螺纹小径在编程确定时，应考虑螺纹中径公差的要求，可以由有关公式计算得出。设牙底由单一弧形构成，圆弧半径为 R，则编程小径可用下式计算：

$$d_1=d-1.75H+2R+es-Td_2/2$$

式中：d_1——螺纹小径，mm；

d——螺纹公称直径，mm；

H——螺纹原始三角形高度，mm；

R——牙底圆弧半径，一般取 $R=(1/8\sim1/6)H$，mm；

es——螺纹中径上偏差，mm；

Td_2——螺纹中径公差，mm。

如上例中，取 $R=(1/8)H$，则编程小径为：$d_1=(30-1.75\times0.866\times2+2\times0.2-0.038-0.28/2)\text{mm}=27.191\text{mm}$

3) 确定螺纹行程

在数控车床上加工螺纹时，沿着螺距方向(Z 方向)的进给速度与主轴转速必须保证严格的比例关系，但是螺纹加工时，刀具起始时的速度为零，不能和主轴转速保证一定的比例关系。在这种情况下，当刚开始切入时，必须留一段切入距离，如图 1.114 所示的 δ_1，称为引入距离。同样的道理，当螺纹加工结束时，必须留一段切出距离，如图 1.114 所示的 δ_2，称为超越距离。

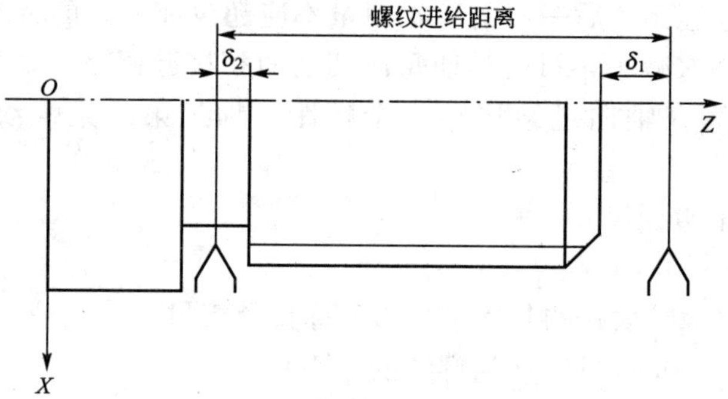

图 1.114　螺纹切削时的引入距离和超越距离

引入距离 δ_1 与超越距离 δ_2 的数值与所加工螺纹的导程、数控机床主轴转速和伺服系统的特性有关。具体取值由实际的数控系统及数控机床来决定。

在数控车床上加工螺纹时，由于机床伺服系统本身具有滞后特性，会在螺纹起始段和

停止段发生螺距不规则现象，所以实际加工螺纹的长度 W 应包括切入和切出的空行程量。即

$$W=L+\delta_1+\delta_2$$

式中：δ_1——切入空刀行程量，一般取 2～3mm；

δ_2——切出空刀行程量，一般取 2～3mm。

4）吃刀量的确定

吃刀量的确定见表 1－12。

表 1－12　常用螺纹的切削次数与吃刀量

公制螺纹								
螺距/mm		1.0	1.5	2	2.5	3	3.5	4
牙深(半径值)		0.649	0.974	1.299	1.624	1.949	2.273	2.598
切削次数及背吃刀量(直径值)	1次	0.7	0.8	0.9	1.0	1.2	1.5	1.5
	2次	0.4	0.6	0.6	0.7	0.7	0.7	0.8
	3次	0.2	0.4	0.6	0.6	0.6	0.6	0.6
	4次		0.16	0.4	0.4	0.4	0.6	0.6
	5次			0.1	0.4	0.4	0.4	0.4
	6次				0.15	0.4	0.4	0.4
	7次					0.2	0.2	0.4
	8次						0.15	0.3
	9次							0.2

2. 加工螺纹指令

1）G32——切削基本螺纹指令

指令格式：G32 X(U) _ Z(W) _ F _ ；

式中：X(U)、Z(W)——螺纹切削终点的坐标值；

F——螺纹导程，mm/r。

特别提示

(1) G32 指令为单行程螺纹切削指令，即每使用一次，切削一刀。

(2) 在加工过程中，要将引入距离 δ_1 和超越距离 δ_2 编入到螺纹切削中，如图 1.115 所示。

(3) X 坐标省略或与前一程序段相同时为圆柱螺纹，否则为锥螺纹。

(4) 图 1.115 中，锥螺纹斜角 $\alpha<45°$ 时，螺纹导程以 Z 轴方向指定，$45°<\alpha\leqslant90°$ 时，以 X 轴方向指定。一般很少使用这种方式。

(5) 螺纹切削时，为保证螺纹加工质量，一般

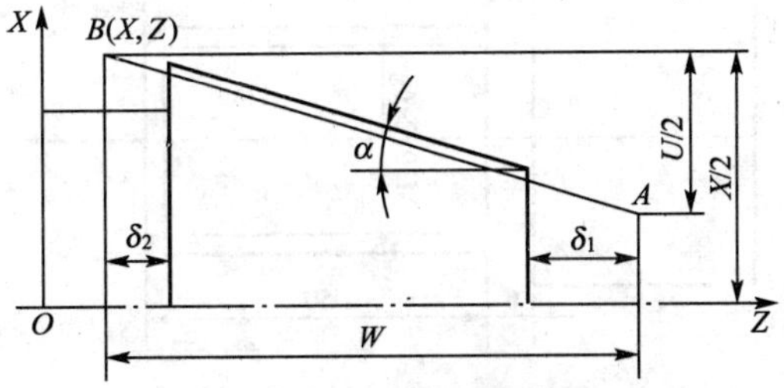

图 1.115　螺纹切削 G32

采用多次切削方式，其切削次数及背吃刀量可参考表1-13。

表1-13　普通螺纹背吃刀量及切削次数参考表

公制螺纹								
螺距/mm		1	1.5	2	2.5	3	3.5	4
牙深(半径量)/mm		0.649	0.974	1.299	1.624	1.949	2.273	2.598
切削次数及背吃刀量(直径量)	1次	0.7	0.8	0.9	1.0	1.2	1.5	1.5
	2次	0.4	0.6	0.6	0.7	0.7	0.7	0.8
	3次	0.2	0.4	0.6	0.6	0.6	0.6	0.6
	4次		0.16	0.4	0.4	0.4	0.6	0.6
	5次			0.1	0.4	0.4	0.4	0.4
	6次				0.15	0.4	0.4	0.4
	7次					0.2	0.2	0.4
	8次						0.15	0.3
	9次							0.2
英制螺纹								
牙/in		24	18	16	14	12	10	8
牙深(半径值)/mm		0.678	0.904	1.016	1.162	1.355	1.626	2.033
切削次数及背吃刀量(直径值)	1次	0.8	0.8	0.8	0.8	10.9	1.0	1.2
	2次	0.4	0.6	0.6	0.6	0.6	0.7	0.7
	3次	0.16	0.3	0.5	0.5	0.6	0.6	0.6
	4次		0.11	0.14	0.3	0.4	0.4	0.5
	5次				0.13	0.21	0.4	0.5
	6次						0.16	0.4
	7次							0.17

应用实例1-12

加工如图1.116所示的M30×2－6g普通圆柱螺纹，外径已经车削完成，设螺纹牙底半径$R=0.2$mm，车螺纹时的主轴转速$n=1500$r/min，用G32指令编程。

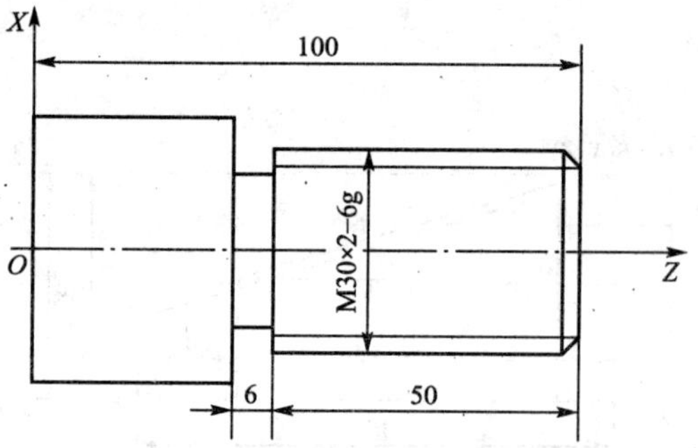

图1.116　G32螺纹加工举例

解：螺纹计算：

查螺纹公差表知$Td_2=0.28$mm，$es=-0.038$mm，螺纹的大径尺寸为29.682～29.962mm，取29.8mm。

螺纹的小径：

$$d_1=d-1.75H+2R+es-Td_2/2$$
$$=(30-1.75\times0.866\times2+2\times0.2-0.038-0.28/2)\text{mm}$$
$$=27.191\text{mm}$$

取编程小径为27.2mm。

取引入距离 $\delta_1=4$mm，超越距离 $\delta_2=3$mm。

设起刀点位置(100，50)，螺纹刀为1号刀。

程序如下：

```
O0080
N10 G50 X100 Z50 T0100;        坐标系设定,选用 1 号刀
N20 M03 S1500;                 启动主轴,转速 1500r/min
N30 T0101;                     建立刀具补偿
N40 G00 X28.9 Z104;            进刀
N50 G32 Z47 F2;                切削螺纹第一刀
N60 G00 X32;                   退刀
N70 Z104;                      返回
N80 X28.3;                     进刀
N90 G32 Z47;                   切削螺纹第二刀
N100 G00 X32;                  退刀
N110 Z104;                     返回
N120 X27.7;                    进刀
N130 G32 Z47;                  切削螺纹第三刀
N140 G00 X32;                  退刀
N150 Z104;                     返回
N160 X27.3;                    进刀
N170 G32 Z47;                  切削螺纹第四刀
N180 G00 X32;                  退刀
N190 Z104;                     返回
N200 X27.2;                    进刀
N210 G32 Z47;                  切削螺纹第五刀
N220 G00 X32;                  退刀
N230 X100 Z50 T0000;           返回起始位置,取消刀具补偿
N240 M05;                      主轴停
N250 M30;                      程序结束并返回程序头
```

2) G92——车削螺纹循环指令

指令格式：

G92 X(U) _ Z(W) _ I _ F _ ;

式中：X(U)、Z(W)——螺纹切削终点的坐标值；

I——螺纹起始点与终点的半径差，如果为圆柱螺纹则省略此值，有的系统也用 R；

F——螺纹的导程，即加工时的每转进给量。

特别提示

(1) 用G92指令加工螺纹时，循环过程如图1.117所示，一个指令完成四步动作“1进刀—2加工—3退刀—4返回”，除加工外，其他三步的速度为快速进给的速度。

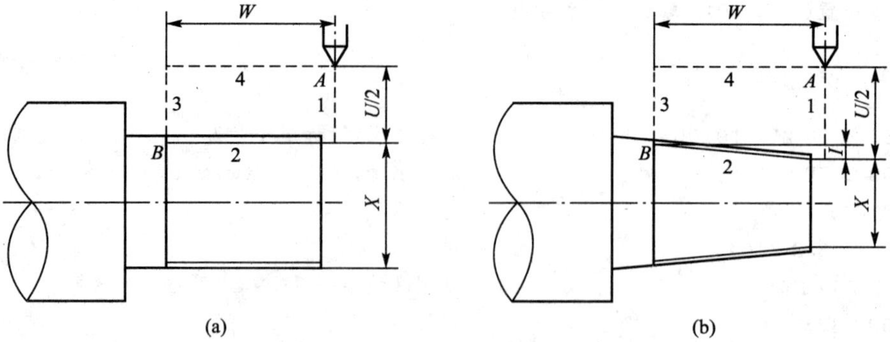

图 1.117 加工螺纹循环指令 G92

(2) 用 G92 指令加工螺纹时的计算方法同 G32 指令。

(3) 格式中的 X(U)、Z(W)为图中 B 点坐标。

应用实例 1-13

如图 1.118 所示，给定材料外径为 $\phi36\times150$mm，编写螺纹部分的加工程序。

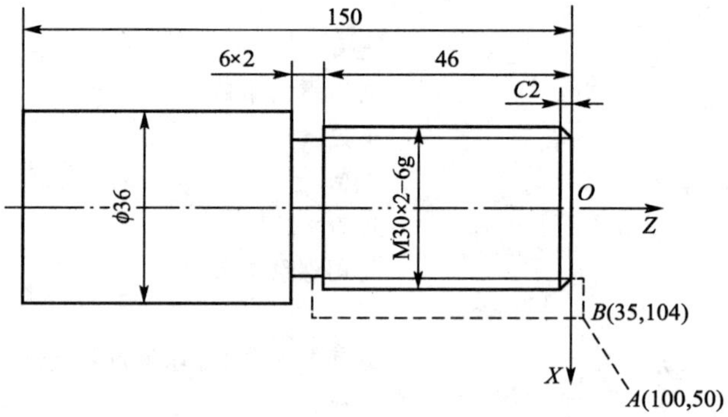

图 1.118 螺纹自动车削循环

解：螺纹计算与前面 G32 指令实例一样，螺纹大径为 29.8mm，螺纹小径 $d_1=27.2$mm，取引入距离 $\delta_1=3$mm。取超越距离 $\delta_2=2$mm。

在螺纹加工之前进行粗、精车并倒角、切槽。1 号刀为粗车刀，2 号刀为精车刀，3 号刀为切槽刀，刀宽为 4mm，4 号刀为螺纹刀。

程序如下：

```
O0003
N10 G50 X100 Z50 T0100;          设定坐标系,选用 1 号粗车刀
N20 M03 S1000;                   启动主轴,转速为 1000r/min
N30 T0101;                       建立刀具补偿
N40 G00 X40 Z0;                  进刀
N50 G01 X0 F30;                  加工端面
N60 G00 X29.8;                   退刀
N70 G01 Z-50 F150;               粗车外圆柱面
```

```
N80 G00 X32 Z2;                          退刀
N90 X21.8;                               进刀
N100 G01 X29.8 Z-2;                      倒角
N110 G00 X100 Z50 M00;                   退刀,主轴暂停
N120 T0202;                              换2号精车刀
N130 M03 S2000;                          启动主轴,转速为2000r/min
N140 G00 X21.8 Z2;                       进刀
N150 G01 X29.8 Z-2 F30;                  倒角
N160 Z-50;                               精车外圆柱面
N170 G00 X100 Z50 M00;                   退刀,主轴暂停
N180 T0303;                              换3号切槽刀
N190 M03 S600;                           启动主轴,转速为600r/min
N200 G00 X38 Z-49;                       进刀
N210 G75 R2;                             切槽循环
N220 G75 X28 Z-52 P10000 Q30000 R0 F20;  切槽循环
N230 X100 Z50 M00;                       返回,主轴暂停
N240 T0404;                              换4号螺纹刀
N250 M03 S400;                           启动主轴,转速为400r/min
N260 G00 X32 Z3;                         进刀
N270 G92 X28.9 Z-48 F2;                  加工螺纹第一刀
N280 X28.3;                              加工螺纹第二刀
N290 X27.7;                              加工螺纹第三刀
N300 X27.3;                              加工螺纹第四刀
N310 X27.2;                              加工螺纹第五刀
N320 X27.2;                              去毛刺
N330 G00 X100 Z50;                       退刀,返回
N340 T0100;                              换1号刀,取消刀具补偿
N350 M05;                                主轴停
N360 M30;                                程序结束并返回程序头
```

3）G76——车削螺纹复合循环指令

程序格式：

G76 P(m)(r)(α) Q(Δd_{min}) R(d)；

G76 X(U) _ Z(W) _ R(i) P(k) Q(Δd) F(l)；

式中：m——精加工次数(01～99)；

r——螺纹加工退尾时的导程数(00～99)，不使用小数点，实际退尾量＝r×0.1×F，其中F为导程；

α——螺纹角度(0°，29°，30°，55°，60°，80°六种)；

Δd_{min}——螺纹加工时的最小背吃刀量，为半径值，始终取正值；

d——螺纹加工时精加工余量；

X(U)、Z(W)——螺纹终点坐标值；

i——螺纹加工时螺纹加工起始点与终点的半径差，直螺纹可省略；

k——螺纹牙型高，始终取正值；
Δ*d*——螺纹加工第一刀的背吃刀量，为半径值，始终取正值；
l——螺纹导程。

应用实例 1-14

任务描述：如图 1.119 所示，零件粗车已经完成，试编写其精车及螺纹加工程序，螺纹加工部分用螺纹切削复合循环 G76 指令编写。

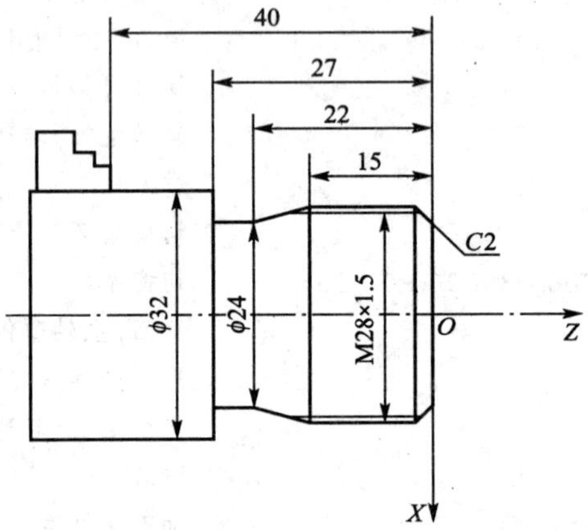

图 1.119 螺纹切削复合循环举例

解：

本例用两把刀进行加工，M28×1.5mm 螺纹小径为 26.376mm，牙深为 0.974mm，程序如下：

```
O0009
N10 G50 X100 Z50 T0100;                     设定坐标系，选用 1 号刀
N20 M03 S1500;                              启动主轴
N30 T0101;                                  建立刀具补偿
N40 G00 X21 Z2;                             进刀
N50 G01 X28 Z-2;                            倒角
N60 Z-15;                                   车削螺纹大径
N70 X24 Z-22;                               车削锥度部分
N80 Z-27;                                   车削槽
N90 G00 X30;                                退刀
N100 X50 Z100 M05;                          返回
N110 T0202 M08;                             换 2 号刀，开冷却液
N120 M03 S400;                              启动主轴
N130 G00 X32 Z3;                            进刀至螺纹切削起始点
N140 G76 P031060 Q0.02 R0.01;               螺纹加工
N150 G76 X26.376 Z-22 P0.974 Q400 F1.5;     k=0.974,Δd=400μm,l=1.5mm
N160 G00 X50 Z100 M09;                      返回，关冷却液
N170 T0100;                                 换回 1 号刀，取消刀具补偿
N180 M30;                                   程序结束并返回程序头
```

应用实例 1－15

任务描述：如图 1.120 所示，试编写螺纹加工程序。

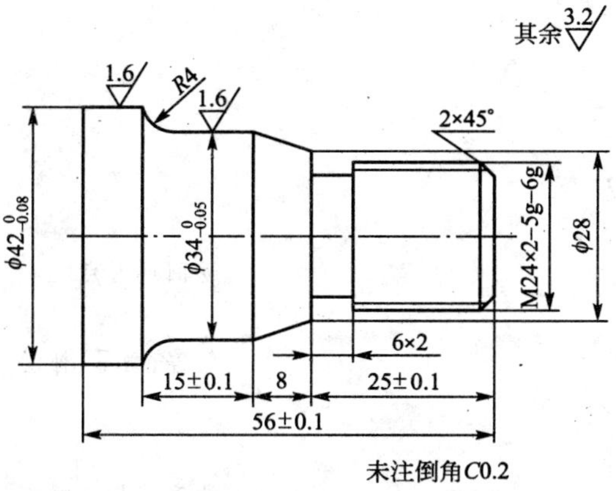

图 1.120　螺纹轴

解：

(1) 加工操作步骤。参见图 1.120，加工该零件时先加工零件外形轮廓，切槽后加工零件螺纹。再切断，调头加工左端面保证总长。编程零点设置在零件轴线与右端面相交处。

零件加工步骤如下：

① 夹持零件毛坯，伸出卡盘长度 70mm。

② 车右端面。

③ 粗、精加工零件外轮廓至尺寸要求。

④ 切槽 6×2 至尺寸要求。

⑤ 粗、精加工螺纹至尺寸要求。

⑥ 切断零件，总长留 0.5mm 余量。

⑦ 零件调头，夹 φ34 外圆(校正)。

⑧ 加工零件总长至尺寸要求(程序略)。

⑨ 回换刀点，程序结束。

(2) 注意事项：

① 编程时注意轮廓循环的程序段号。

② 刀具安装必须与程序中相一致。

③ 螺纹中径测量手段、手势要合理。

④ 合理选择切削用量。

(3) 工量具准备清单。

(4) 加工参考程序。

```
O0004
N05 T0101 M03 S600 G00 X100 Z100;        主轴正转、换 1 号刀
N10 G00 X47 Z0;
N15 G01 X-1 F0.2;                        车端面
N20 G00 X47 Z2;                          循环起点
N25 G71 U1 R1;
```

```
N30 G71 P35 Q80 U0.5 W0.1 F0.3 T0202;        轮廓粗加工循环
N35 G00 X20;
N40 G01 Z0 F0.1;
N50 X23.85 Z-2;
N55 Z-25;
N60 X28;
N65 X34 Z-33;
N70 Z-44;
N75 G02 X42 Z-48 R4;
N80 G01 Z-60;
N85 G00 X100 Z100;                            返回换刀点
N90 M05;
N95 M00;                                      暂停、测量、补偿
N100 M03 S1000 T0202;
N105 G00 X47 Z2;
N110 G70 P35 Q80;                             轮廓精加工循环
N115 G00 X100 Z100;                           返回换刀点
N120 T0303 S400;                              换 3 号刀切槽
N125 G00 X32 Z-25;
N130 G01 X20 F0.1;
N135 G00 X26;
N140 Z-23;
N145 G01 X20 F0.1;
N150 G00 X26;
N155 X100 Z100;                               返回换刀点
N160 M03 S500 T0404;                          换 4 号刀加工螺纹
N165 G00 X26 Z3;
N170 G92 X23 Z-22 F2;                         螺纹切削固定循环
N175 X22.5;
N180 X22;
N185 X21.6;
N190 X21.5;
N195 G00 X100 Z100;                           返回换刀点
N200 T0303 S400;                              换 3 号刀切断
N205 G00 X48 Z-60;
N210 G01 X0 F0.1;                             切断
N215 G00 X100 Z100;                           返回换刀点
N220 M05;                                     主轴停
N225 M30;                                     程序结束、机床复位
```

应用实例 1-16

如图 1.121 所示，试编写锥面螺纹轴加工程序。

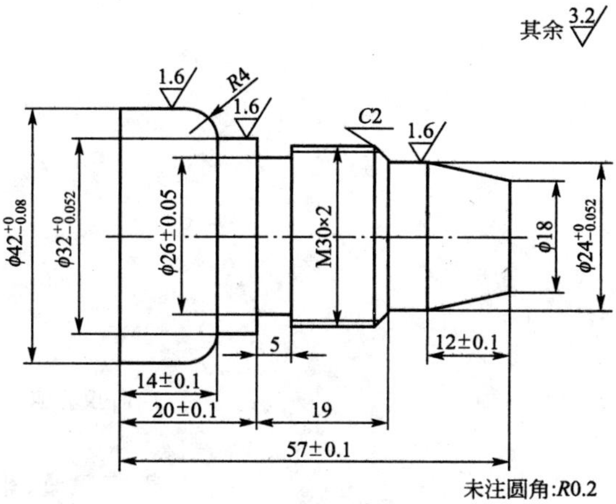

图 1.121 锥面螺纹轴

解:

(1) 加工操作步骤。如图 1.121 所示，加工该零件时先加工零件外形轮廓，切槽后加工零件螺纹。再切断，调头加工左端面保证总长。编程零点设置在零件轴线与右端面相交处。

零件加工步骤如下:

① 夹持零件毛坯，伸出卡盘长度 70mm。

② 车右端面。

③ 用循环指令粗、精加工零件外轮廓至尺寸要求。

④ 切槽 5×2 至尺寸要求。

⑤ 粗、精加工螺纹至尺寸要求。

⑥ 切断零件，总长留 0.5mm 余量。

⑦ 零件调头，夹 φ42 外圆(校正)。

⑧ 加工零件总长至尺寸要求(程序略)。

⑨ 回换刀点，程序结束。

(2) 注意事项:

① 编程时注意轮廓循环中切削用量的选择。

② 加工前，先检查刀具是否与程序中一致。

③ 熟练应用操作面板上的倍率开关。

④ 合理选择切削用量。

(3) 工量具准备清单。

(4) 加工参考程序:

```
O0004
N05 T0101 M03 S600 G00 X100 Z100;          主轴正转、换 1 号刀
N10 G00 X47 Z0;
N15 G01 X-1 F0.2;                          车端面
N20 G00 X47 Z2;                            循环起点
N25 G71 U1 R1;
N30 G71 P35 Q95 U0.5 W0.1 F0.3 T0202;      轮廓粗加工循环
N35 G00 X18;
N40 G01 Z0 F0.1;
N50 X24 Z-12;
```

```
N55 Z-18;
N60 X26;
N65 X29.8 Z-20;
N70 Z-37;
N75 X32;
N80 Z-43;
N85 X34;
N90 G03 X42 Z-47 R4;
N95 G01 Z-62;
N100 G00 X100 Z100;                  返回换刀点
N105 M05;
N110 M00;                            暂停、测量、补偿
N115 M03 S1000 T0202;
N120 G00 X47 Z2;
N125 G70 P35 Q95;                    轮廓精加工循环
N130 G00 X100 Z100;                  返回换刀点
N135 T0303 S400;                     换3号刀切槽
N140 G00 X35 Z-37;
N145 G01 X26 F0.1;
N150 G00 X32;
N155 Z-36;
N160 G01 X26 F0.1;
N165 G00 X35;
N170 X100 Z100;                      返回换刀点
N175 M03 S500 T0404;                 换4号刀加工螺纹
N180 G00 X32 Z-12;
N185 G92 X29 Z-35 F2;                螺纹切削固定循环
N190 X28.5;
N195 X27;
N200 X27.6;
N205 X27.5;
N210 G00 X100 Z100;                  返回换刀点
N215 T0303 S400;                     换3号刀切断
N220 G00 X48 Z-61;
N225 G01 X0 F0.1;                    切断
N230 G00 X100 Z100;                  返回换刀点
N235 M05;                            主轴停
N240 M30;                            程序结束、机床复位
```

1.4.3 任务实施

1. 工艺过程

工艺过程为车端面→自右向左粗车外表面→自右向左精车外表面→切外沟槽→车螺纹→

切断。

2. 刀具与工艺参数

刀具与工艺参数见表 1-14、表 1-15。

表 1-14　数控加工刀具卡

实训课题		外圆柱/圆锥面车削技能训练	零件名称		零件图号	
序号	刀具号	刀具名称及规格	刀尖半径	数量	加工表面	备注
1	T0101	刀尖角 35°粗、精车外圆刀	0.4mm	1	外表面、端面	
2	T0202	60°外螺纹车刀		1	外螺纹	
3	T0303	切断刀	B=4mm	1	切槽、切断	

表 1-15　数控加工工序卡

材料	45	零件图号		系统	FANUC	工序号	
操作序号	工步内容(进给路线)	G 功能	T 刀具	切削用量			
				转速 S/r·min^{-1}		进给速度 F/mm·r^{-1}	切削深度 a_p/mm
	夹住圆钢料一头，留出长度大约 65mm(手动操作)						
1	切端面	G01	T0101	600		0.3	
2	自右向左粗车外表面	G71	T0101	600		0.3	1
3	自右向左精车外表面	G71	T0101	900		0.1	0.3
4	切外沟槽	G01	T0202	300		0.08	
5	车螺纹	G82	T0303	500			
6	切断	G01	T0202	300		0.1	
7	检测、校核						

3. 装夹方案

用三爪自定心卡盘夹紧定位。

4. 程序编制

程序如下：

```
O0001
N10 T0101 G40 G99;              调用 1 号刀,建立刀补
N20 M03 S600;                   主轴正转 600r/min
N30 G00 X30 Z10;
N40 X27 Z0;                     快速定位至 X27 Z0 点
N45 G71 U1 R1
N50 G71 P60 Q100 X0.4 W0.2 F0.2
```

```
N60 G00 X17 Z0 S900;            精加工轮廓
N70 G01 X19.8 Z-24 F0.1;
N80 X24;
N90 Z-44;
N100 X27;
N110 G00 X100 Z100;
N120 T0100;                     取消刀补
N130 T0303 S300;                调用 3 号刀,建立刀补
N140 G00 X30 Z10;
N150 Z-24;
N160 X16 F0.1;                  切螺纹退刀槽
N170 G00 X100;
N180 Z100;
N190 T0300;                     取消刀补
N200 T0202 S500;                调用 2 号刀,建立刀补
N210 G00 X30 Z10;
N220 X24 Z2;                    快速定位至 X24 Z2 点
N230 G82 X19.3 Z-21 F2;         螺纹加工
N240 X18.6 Z-21;                螺纹加工
N250 X18 Z-21;                  螺纹加工
N260 X17.6 Z-21;                螺纹加工
N270 X17.4 Z-21;                螺纹加工
N280 G00 X100 Z100;
N290 T0200;                     取消刀补
N300 T0303 S300;                调用 3 号刀,建立刀补
N310 G00 X30 Z10;
N320 Z-44;
N330 G01 X0 F0.1;               切断保证长度 40mm
N340 G00 X100;
N350 Z100;
N360 T0300;                     取消刀补
N370 M05;                       主轴停
N380 M30;                       程序结束
```

习　　题

1. 任务描述：如图 1.122 所示，毛坯直径为 30 圆钢料，材料为 45 钢，试用不同螺纹指令编写图 1.23 所示零件。

2. 任务描述：如图 1.123 所示，毛坯直径为 50 圆钢料，材料为 45 钢，试用不同螺纹指令编写如图所示零件。导程 $L=2$mm，牙深为 1.299mm，选取主轴转速 $N=$ 500r/mim。

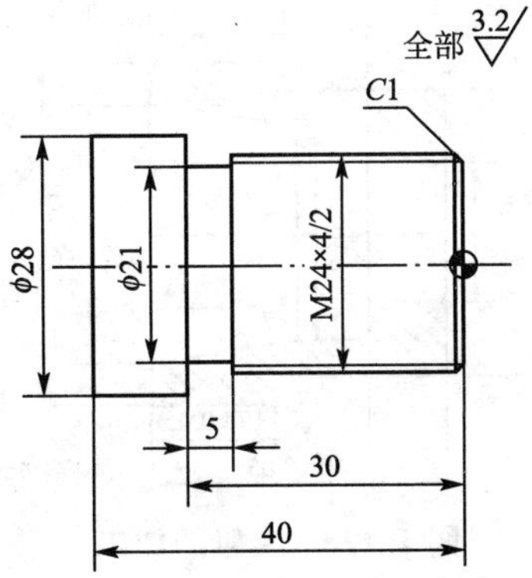

图 1.122　圆柱螺纹加工练习

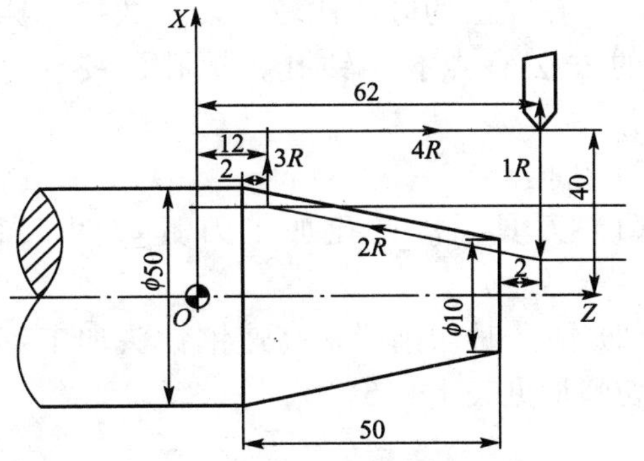

图 1.123　圆锥螺纹加工练习

3. 任务描述：试编写如图 1.124 所示零件加工程序。

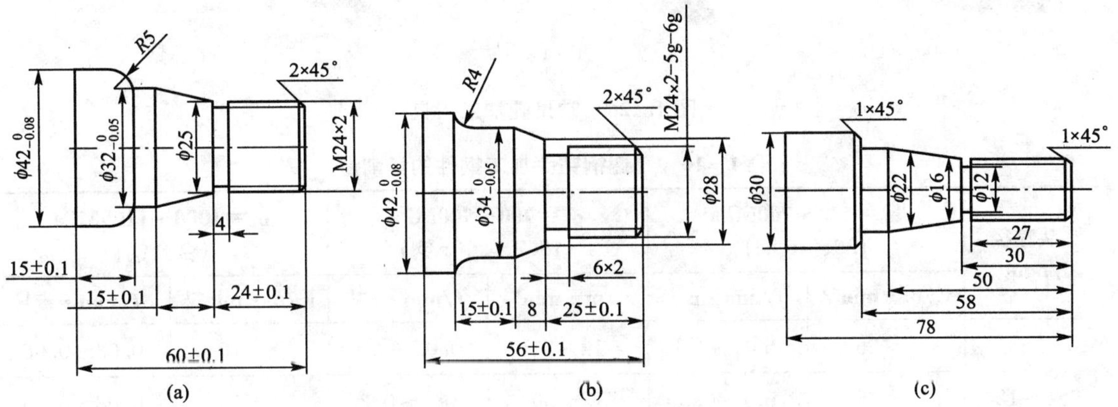

图 1.124　综合加工练习

任务 1.5　车削加工孔类零件

专项能力目标	涉及知识点	权重/(%)	建议学时
能编制内孔加工程序；仿真加工	孔加工指令；数控仿真软件	60	6
能运用内孔刀具加工内孔	孔加工工艺知识	40	

1.5.1　任务导入：套管的加工

任务描述：加工图 1.125 所示零件。毛坯尺寸为 ϕ50mm 圆钢料，材料为 45 钢。

1.5.2　知识链接

1. 孔加工的工艺知识

1）加工孔的方法

孔加工在金属切削中占有很大的比重，应用广泛。孔加工的方法比较多，在数控车床上常用的方法有点孔、钻孔、扩孔、铰孔、镗孔等。

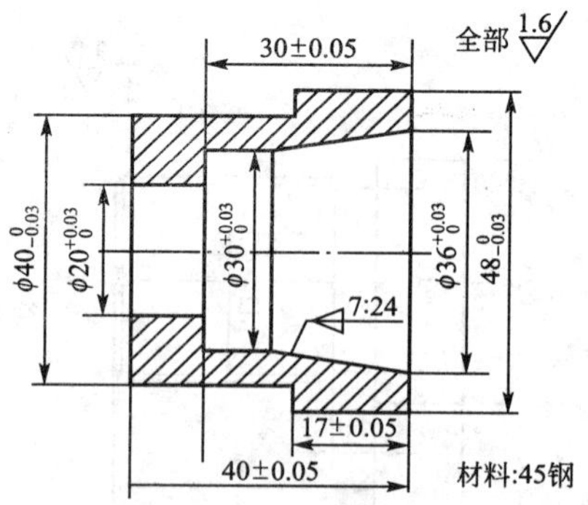

图 1.125 套管的加工

2）钻孔

（1）刀具。常见孔加工刀具如图 1.126 所示。

（2）钻孔时切削量。高速钢钻头加工钢件时的切削量见表 1-16。

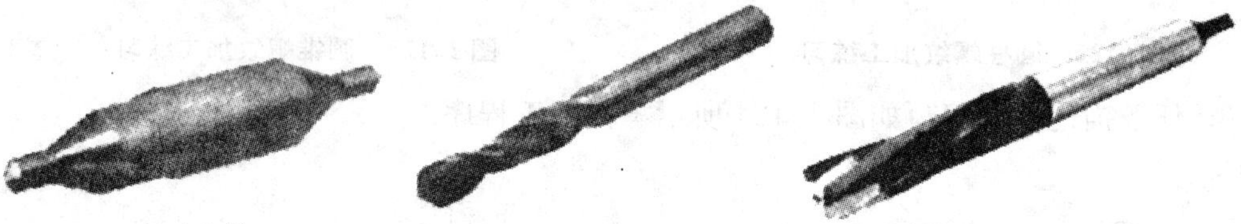

(a) 中心钻　(b) 麻花钻　(c) 扩张钻

图 1.126 常见孔加工刀具

表 1-16 高速钢钻头加工钢件的切削量

钻头直径/mm	σ_b＝520～700MPa（35、45 钢）		σ_b＝700～900MPa（15Cr、20Cr 钢）		σ_b＝1000～1100MPa（合金钢）	
	v_c/m·min^{-1}	f/mm·r^{-1}	v_c/m·min^{-1}	f/mm·r^{-1}	v_c/m·min^{-1}	f/mm·r^{-1}
≤6	8～25	0.05～0.1	12～30	0.05～0.1	8～15	0.03～0.08
＞6～12	8～25	0.1～0.2	12～30	0.1～0.2	8～15	0.08～0.15
＞12～22	8～25	0.2～0.3	12～30	0.2～0.3	8～15	0.15～0.25
＞22～30	8～25	0.3～0.45	12～30	0.3～0.4	8～15	0.25～0.35

3）镗孔

（1）刀具。常见镗孔刀具如图 1.127 所示。

图 1.127 常见镗孔刀具

（2）镗孔时切削用量。查阅相关切削手册。

2. 孔加工指令

1) G71、G72、G73——加工内孔复合循环指令

指令格式同外圆车削，但应注意精加工余量 U 地址后的数值为负值。

2) G74——钻削深孔复合循环指令

指令格式：G74 R(*e*)；

G74 X(U) _ Z(W) _ P(Δu) Q(Δw) R(Δd) F(*f*) S(*s*)；

式中：*e*——*Z* 轴方向切削每次的退刀间隙；

X(U)、Z(W)——切削终点坐标值；

Δu——*X* 轴方向每次切削的深度(无符号)；

Δw——*Z* 轴方向每次切削的深度(无符号)；

Δd——每次切削完成后的 *X* 轴方向退刀量。

特别提示

(1) G74 的名称虽然是深孔钻削复合循环，但是从真正意义上来讲，它既能进行 *Z* 轴方向的孔加工，又能进行端面切槽。在上述格式中省略 X(U)、*I*(或 *P*)及 *D*(或格式一中第二个程序段的 *R*)值，则程序变成只沿 *Z* 轴方向进行加工，即钻孔加工，G74 最常见的也是这种加工方式。

(2) G74 循环过程如图 1.128 所示，刀具定位在 *A* 点，沿 *Z* 轴方向进行加工，每次加工 Δw 后，退 *e* 的距离，然后再加工 Δw，依次循环至 *Z* 轴方向坐标给定的值，返回 *A* 点，再向 *X* 轴方向进 Δu，重复以上动作至 *Z* 轴方向坐标给定的值……最后加工至给定坐标位(图中 *C* 点)，再分别沿 *Z* 轴方向和 *X* 轴方向返回 *A* 点。

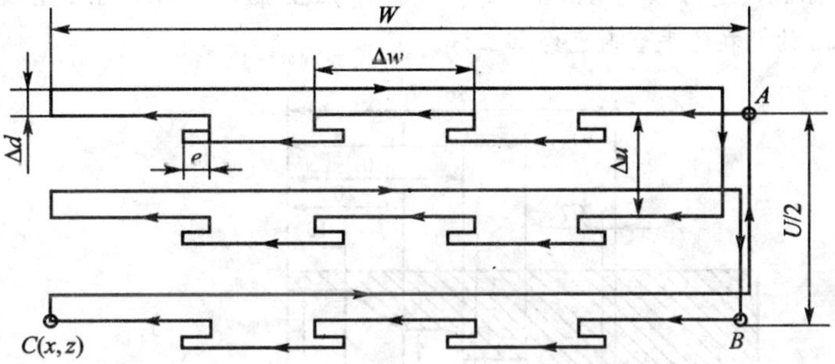

图 1.128　G74 深孔钻削复合循环

应用实例 1-17

用 G74 指令编程加工图 1.129 所示的孔。

解：

程序如下：

```
O0007
N10 G50 X100 Z100 T0100;              设定坐标系,选用 1 号刀
N20 G97 S1200 M03;                    恒转速切削,启动主轴,转速 1200r/min
```

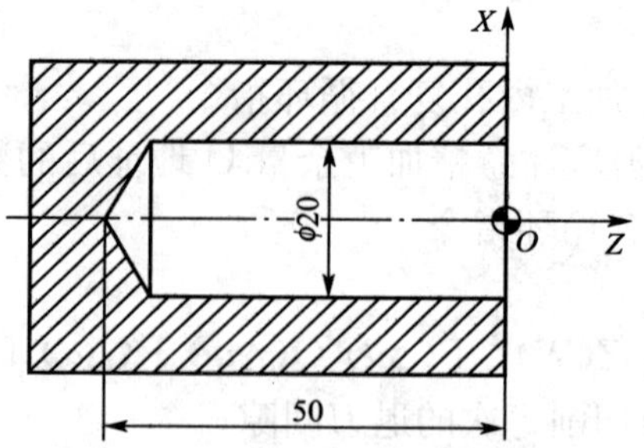

图 1.129　G74 深孔钻削复合循环

```
N30 T0101;                          建立刀具补偿
N40 G00 X0 Z2;                      进刀至孔加工起始点位置
N50 G74 R2;                         设置孔循环参数
N60 G74 Z-50 Q20000 R0 F20;         设置孔循环参数
N70 G00 X100 Z100;                  返回
N80 T0000;                          取消刀具补偿
N90 M05;                            主轴停
N100 M30;                           程序结束并返回程序头
```

应用实例 1-18

任务描述：用 G72 循环程序编制图 1.130 所示的阶梯孔零件的加工程序：要求循环起始点在 $A(6,3)$，背吃刀量为 1.2mm，退刀量为 1mm，X 轴方向精加工余量为 0.2mm，Z 轴方向精加工余量为 0.5mm，其中 ϕ20mm 的孔在给毛坯时已经加工好。

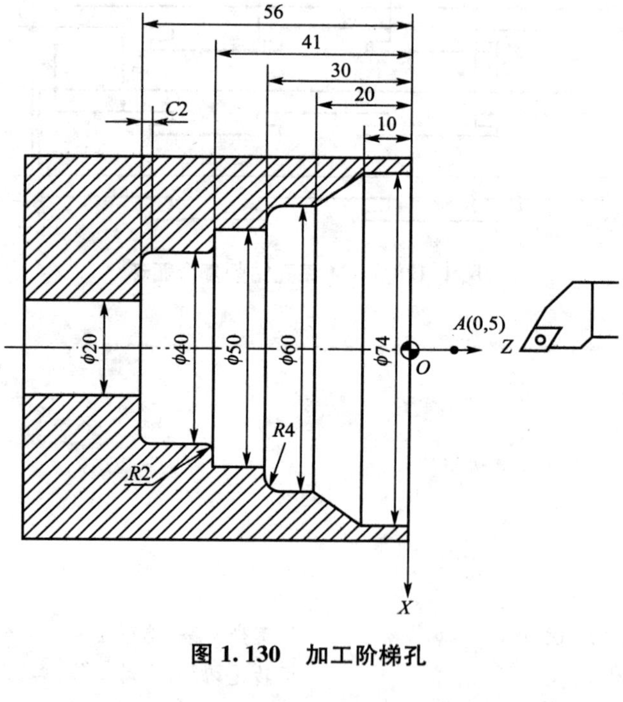

图 1.130　加工阶梯孔

解：

用 T1 号内孔车刀进行粗、精加工，程序如下：

```
O0101
N10 G50 X100 Z100;                  设定坐标系
N20 M03 S1500;                      启动主轴
N30 T0101;                          建立刀具补偿
N40 G00 X0 Z5;                      进刀至粗车起点
N50 G72 W1.2 R1;                    粗车
N60 G72 P70 Q180 U-0.2 W0.5 F100;   余量X=0.2mm,Z=0.5mm
N70 G00 Z-56;                       进刀至精加工形状起点
N80 G01 X36 F30;                    车削 40 内孔端面
N90 X40 W2;                         倒角
N100 Z-43;                          车削 40 内孔
N110 G03 X44 Z-41 R2;               倒圆角R2
N120 G01 X50;                       车削 50 内孔端面
N130 Z-30;                          车削 50 内孔
N140 X52;                           车削 60 内孔端面
N150 G02 X60 Z-26 R4;               车削圆角R4
N160 G01 Z-20;                      车削 60 内孔
N170 X74 Z-10;                      车削锥孔
N180 Z2;                            车削 74 内孔
N190 G70 P70 Q180;                  精车
N200 G00 X100 Z200;                 退刀,返回
N210 T0000;                         取消刀具补偿
N220 M05;                           主轴停
N230 M30;                           程序结束并返回程序头
```

1.5.3　任务实施

1. 工艺过程

工艺过程为车端面→钻中心孔→用 $\phi 18$ 钻头钻出长度为 41mm 的内孔→粗车外轮廓，留精加工余量 0.6mm→精车外轮廓，达到图样要求→粗镗内表面，留精加工余量 0.4mm→精镗内表面，达到图样要求→切断，保证总长 40.2mm。

2. 刀具与工艺参数

刀具与工艺参数见表 1-17、表 1-18。

表 1-17　数控加工刀具卡

实训课题		孔加工技能训练	零件名称		零件图号	
序号	刀具号	刀具名称及规格	刀尖半径/mm	数量	加工表面	备注
1	T0101	95°粗、精车右偏外圆刀	0.8	1	外表面、端面	80°菱形刀片
2	T0202	粗镗孔车刀	0.4	1	内孔	

（续）

实训课题		孔加工技能训练	零件名称		零件图号	
序号	刀具号	刀具名称及规格	刀尖半径/mm	数量	加工表面	备　注
		精镗孔车刀	0.4	1	内孔	
3	T0303	切断刀(刀位点为左刀尖)	0.4	1	切槽、切断	B=4mm
4	T0505	中心钻		1	中心孔	
5	T0606	ϕ23 钻头		1	内孔	

表 1-18　数控加工工序卡

材料	45	零件图号		系统	FANUC	工序号
操作序号	工步内容(进给路线)	G 功能	T 刀具	切削用量		
				转速 S/r · min^{-1}	进给速度 F/mm · r^{-1}	背吃刀量 a_p/mm
程序	夹住圆钢料一头，留出长度大约 65mm(手动操作)，车端面，对刀，调用程序					
(1)	手工操作钻中心孔		T0505	1000		
(2)	手工操作钻 ϕ18 孔		T0606	300		
(3)	粗车外轮廓	G80	T0101	300	0.2	0.7
(4)	精车外轮廓	G01	T0101	650	0.1	0.3
(5)	粗镗内表面	G71	T0202	350	0.2	1
(6)	精镗内表面	G01	T0202	1000	0.08	0.2
(7)	切断	G01	T0303	200	0.1	4
(8)	掉头，平端面、倒角，达到图样要求。					

3. 装夹方案

用三爪自定心卡盘夹紧定位。

4. 程序编制

内孔加工程序如下：

```
O0001
N10 T0202 G40 G95;                          调用 1 号刀，建立刀补
N20 MO3 S350;                               主轴正转 350r/min
N30 G00 X18 Z10;
N40 Z0;                                     快速定位至 X18 Z0 点
N50 G71 U1 R1 P60 Q110 X-0.6 Z0 F0.2 S350;  复合循环指令粗加工内孔留余量 0.6mm
```

```
N60 G01 X36 Z0 F0.5;                    精加工轮廓
N70 X30 Z-20.57 F0.1;
N80 Z-30;
N90 X20;
N100 Z-42;
N110 X18;
N120 G00 Z100;
N130 X100;
N140 T0200;                             取消刀补
N150 M05;                               主轴停
N160 M30;                               程序结束
```

习　题

任务描述：材料为45钢，试编程车削图1.131所示内孔零件。

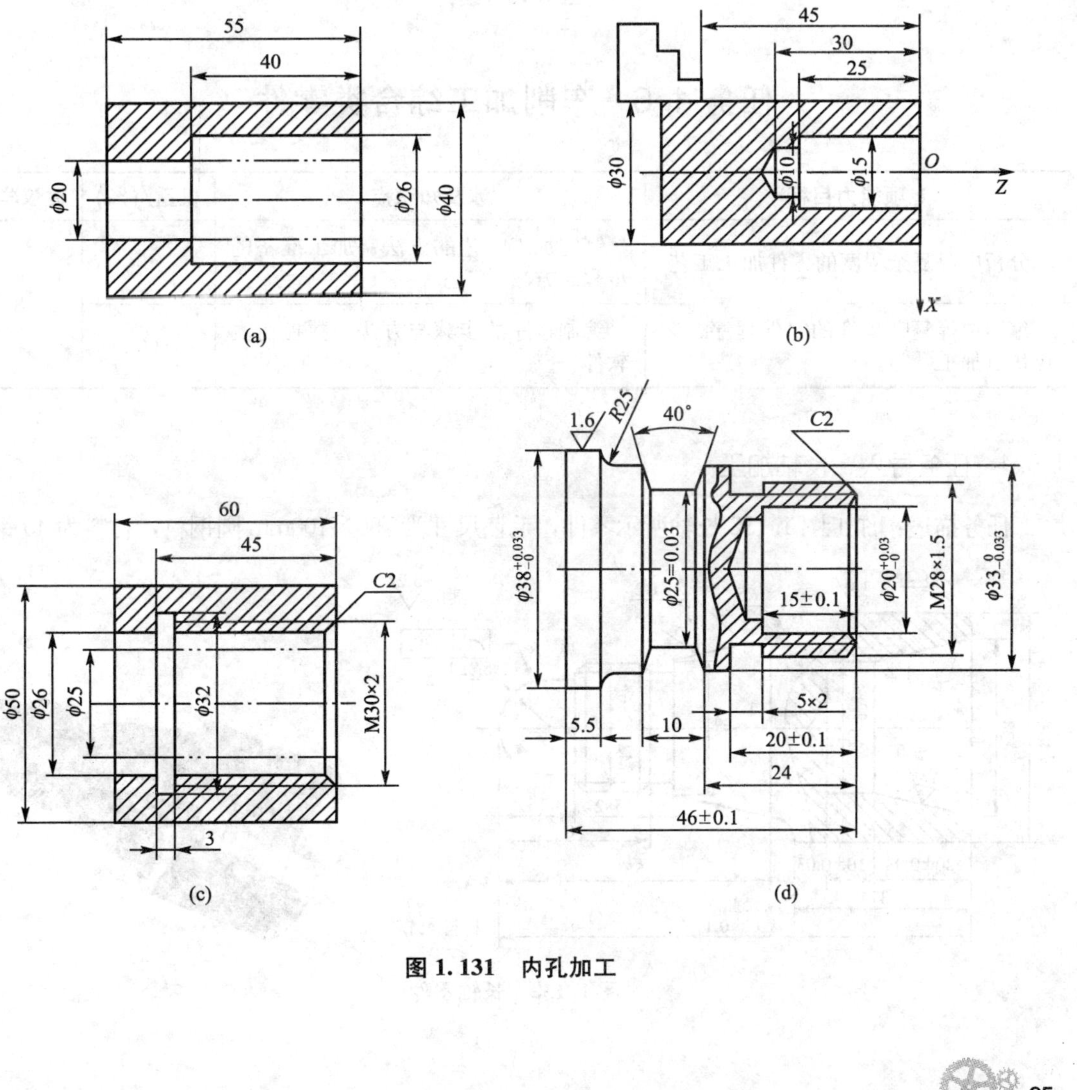

图1.131　内孔加工

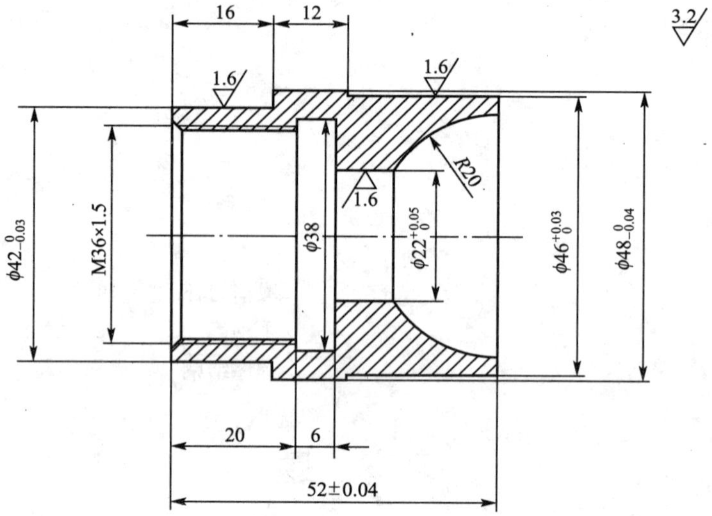

(e)

图 1.131(续)

任务 1.6　车削加工综合类零件

专项能力目标	涉及知识点	权重/(%)	建议学时
分析中等复杂程度的零件加工工艺	制定加工工艺的方法、加工准备的步骤与方法	40	8
编写中等复杂程度的零件程序，数控仿真加工	编制程序的步骤与方法、数控仿真软件	60	

1.6.1　任务导入：长轴加工

任务描述：加工图 1.132 长轴所示零件，毛坯尺寸为 ϕ50×100mm 圆钢料，材料为 45 钢。

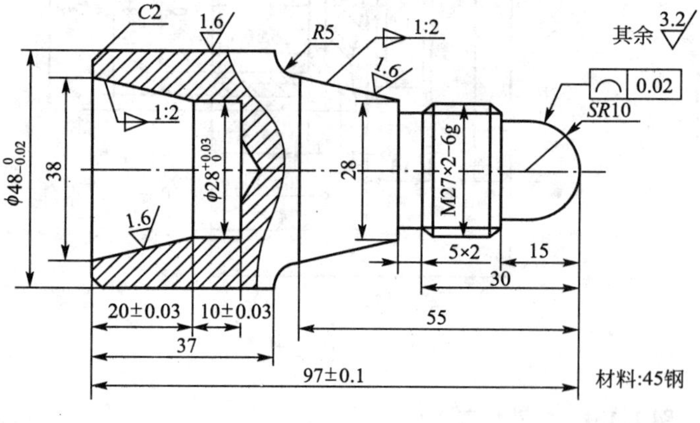

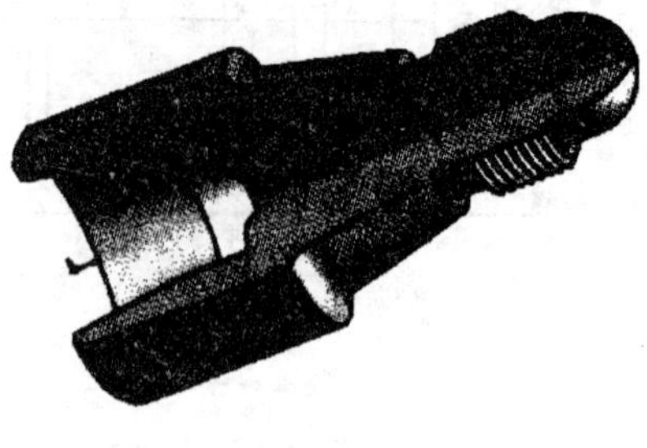

图 1.132　长轴零件

1.6.2　任务实施

1. 分析工艺

零件右端有圆弧、锥度和螺纹。难以装夹，所以先加工好左端内孔和外圆再加工右端。加工左端时，先完成内孔各项尺寸的加工，再精加工外圆尺寸。调头装夹时要找正左右端同轴度。右端加工时，先完成圆弧和锥度的加工，在进行螺纹加工。弧度和锥度都有相应的要求，在加工锥度和圆弧时，一定要进行刀尖半径补偿才能保证其要求。

工艺过程：

(1) 粗车左端端面和外圆，留精加工余量0.3mm；

(2) 手工钻孔 ϕ24mm底孔，预切除内孔余量；

(3) 粗镗内孔，留精加工余量0.2～0.5mm；

(4) 精镗内孔，到达图样各项要求；

(5) 精车左端各表面，达到图样要求，重点保证 ϕ48mm外圆尺寸；

(6) 调头装夹，找正夹紧；粗车右端面锥度和圆弧表面，留精加工余量0.3mm；

(7) 精车右端面锥度和圆弧表面，螺纹大径车小0.2mm，其余加工达到样纸尺寸和形位公差要求；

(8) 车螺纹退刀槽并完成槽口倒角；

(9) 螺纹粗、精加工达到图样要求；

(10) 去毛刺，检测零件各项尺寸要求。

2. 刀具与工艺参数

1) 加工左端

加工左端的刀具与工艺参数见表1-19、表1-20。

表1-19　左端加工刀具卡

单位			零件名称		零件图号	
序号	刀具号	刀具名称及规格	刀尖半径/mm	数量	加工表面	备注
1	T0101	93°粗、精车右偏外圆刀	0.8	1	外轮廓、端面	55°菱形刀片
2	T0202	镗孔车刀	0.4	1	内孔	
3	T0303	ϕ24钻头		1	内孔	

表1-20　左端加工工序卡

材料	45	零件图号		系统	FANUC	工序号
操作序号	工步内容(进给路线)	G功能	T刀具	切削用量		
				转速 S/r·min^{-1}	进给速度 F/mm·r^{-1}	背吃刀量 a_p/mm
程序	夹住圆钢料一头，留出长度大约45mm(手动操作)，车端面(保证总长101mm)，对刀，调用程序					
1	粗车外轮廓	G71	T0101	300	0.2	0.7
2	钻孔 ϕ24mm底孔		T0303			

（续）

材料	45	零件图号		系统	FANUC	工序号	
操作序号	工步内容(走刀路线)	G功能	T刀具	切削用量			
				转速 $S/r\cdot min^{-1}$		进给速度 $F/mm\cdot r^{-1}$	背吃刀量 a_p/mm
程序	夹住圆钢料一头，留出长度大约45mm(手动操作)，车端面(保证总长101mm)，对刀，调用程序						
3	粗镗内表面	G71	T0202	350		0.2	1
4	精镗内表面	G01	T0202	1000		0.08	0.3
5	精车外轮廓	G71	T0101	650		0.1	0.3
6	检测、校核						

2）加工右端

加工右端的刀具与工艺参数见表1－21、表1－22。

表1－21　右端加工刀具卡

单位			零件名称		零件图号	
序号	刀具号	刀具名称及规格	刀尖半径/mm	数量	加工表面	备　注
1	T0101	95°粗、精车右偏外圆刀	0.8	1	外表面、端面	80°菱形刀片
2	T0202	切断刀(刀位点为左刀尖)	0.4	1	切槽、切断	$B=5mm$
3	T0303	60°外螺纹车刀		1	外螺纹	

表1－22　右端加工工序卡

材料	45	零件图号		系统	FANUC	工序号	
操作序号	工步内容(进给路线)	G功能	T刀具	切削用量			
				转速 $S/r\cdot min^{-1}$		进给速度 $F/mm\cdot r^{-1}$	背吃刀量 a_p/mm
程序	夹住圆钢料一头，留出长度大约70mm(手动操作)，车端面保证总长，对刀，调用程序						
(1)	粗车外轮廓	G71	T0101	300		0.2	1.5
(2)	精车外轮廓	G01	T0101	800		0.1	0.3
(3)	切退刀槽	G01	T0202	300		0.08	5
(4)	车螺纹	G82	T0303	800		螺距：2	
(5)	检测、校核						

3. 装夹方案

用三爪自定心卡盘夹紧定位。

4. 编制程序

右端程序：

```
O0001
N10 T0101 G40 G95;                             调用1号刀,建立刀补
N20 M03 S300;                                  主轴正转300r/min
N30 G00 X60 Z10;
N40 X51 Z0;                                    快速定位至X51 Z0点
N50 G71 U1 R1 P60 Q150 X0.6 Z0 F0.2 S300;      复合循环加工留精加工余量0.6
N60 G01 X0 Z0 F0.5 S800;                       精加工轮廓
N70 G03 X20 Z-10 R10 F0.1;
N80 G01 Z-15;
N90 X23;
N100 X26.8 Z-17;
N110 Z-35;
N120 X28;
N130 X38 Z-55;
N140 G02 X48 Z-60 R5;
N150 G01 X51;
N160 G00 X100 Z100;
N170 T0100;                                    取消刀补
N180 T0202 S300;                               调用2号刀,建立刀补
N190 G00 X50 Z10;
N200 X30 Z-35;                                 切螺纹退刀槽
N210 G01 X23 F0.1;
N220 X27;
N230 Z-33;
N240 X23 Z35;
N250 G00 X100;
N260 Z100;
N270 T0200;                                    取消刀补
N280 T0303 S800;                               调用3号刀、建立刀补
N290 G00 X50 Z10;
N300 X30 Z-13;                                 快速定位至X30 Z-13点
N310 G82 X26.3 Z-33 F2;                        螺纹加工
N320 X25.6 Z-33;                               螺纹加工
N330 X25 Z-33;                                 螺纹加工
N340 X24.6 Z-33;                               螺纹加工
N350 X24.4 Z-33;                               螺纹加工
N360 G00 X100 Z100;
N370 T0300;                                    取消刀补
N380 M05;                                      主轴停
N390 M30;                                      程序结束
```

应用实例 1-19

任务描述：图1.133所示的零件给定材料45，$\phi 30 \times 100$mm，单件小批量生产，未注倒角C1，未注

公差按 GB/T 1804 - m，试编制零件的加工程序，零件各处的计算数据如图 1.133 所示。

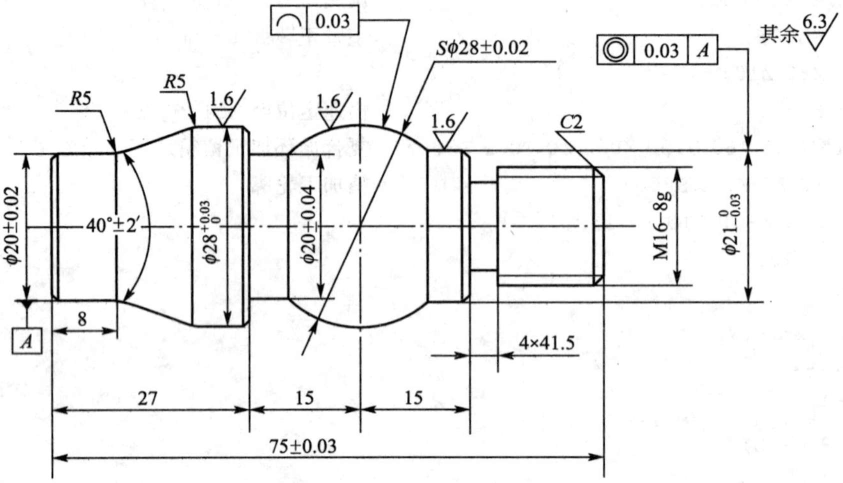

图 1.133 轴类零件编程实例

解：

1. 分析工艺

图 1.133 所示为轴类零件，毛坯可采用 ϕ30×100mm 圆钢料。设计工艺结构：由圆柱面、圆锥面、球面和螺纹组成，并有两处 *R*5 的过渡圆弧、退刀槽及倒角等；加工精度：尺寸精度最高的两处 ϕ28mm 圆柱面，公差为 0.03mm，其次是球面和 ϕ20mm 的圆柱面，公差都为 0.04mm。大部分表面的表面粗糙度 *Ra* 值为 1.6，其余为 6.3。有线轮廓度和同轴度公差的要求。

2. 安装方案

左端外圆一次定位夹紧，右端打中心孔、顶尖支承。

3. 工序工艺过程

安装后，车左端面→钻中心孔后顶尖支承→粗车轮廓→精车轮廓→车螺纹→切断零件。其中，粗车：

(1) 用右偏刀车削整个外圆柱及 *S*ϕ28mm 球面的右半部分和 ϕ15.737mm 螺纹外径；

(2) 用切槽刀（刀宽 4mm，左刀尖为刀位点）车削 *S*ϕ28mm 球面左半部分及 ϕ20mm 槽，切削 ϕ20.689mm 圆柱及锥体部分，倒所有角。

精车进给路线为 *a*→*b*→*c*→*d*→*f*→*e*→*g*→*h*→*j*→*k*→*m*→*n*→*p*→*q*，各节点位置及尺寸如图 134 所示。

4. 编写程序

编程原点在工件左端面，程序如下：

```
O0102
N10 G50 X200 Z150 T0100;            建立坐标系,选用 1 号刀
N20 M03 S1500 T0101;                启动主轴,建立刀具补偿
N30 G00 X32 Z75;                    进刀至端面
N40 G01 X0 F50;                     切削端面
N50 G00 X32 Z2 M00;                 退刀,暂停,钻中心孔,加顶尖
N60 G71 U2 R1;                      粗车第一部分
N70 G71 P80 Q150 U0.5 W0.02 F200;
N80 G00 X7.737;                     进刀至端面全角处
N90 G01 X15.737 Z73 F50;            倒角
```

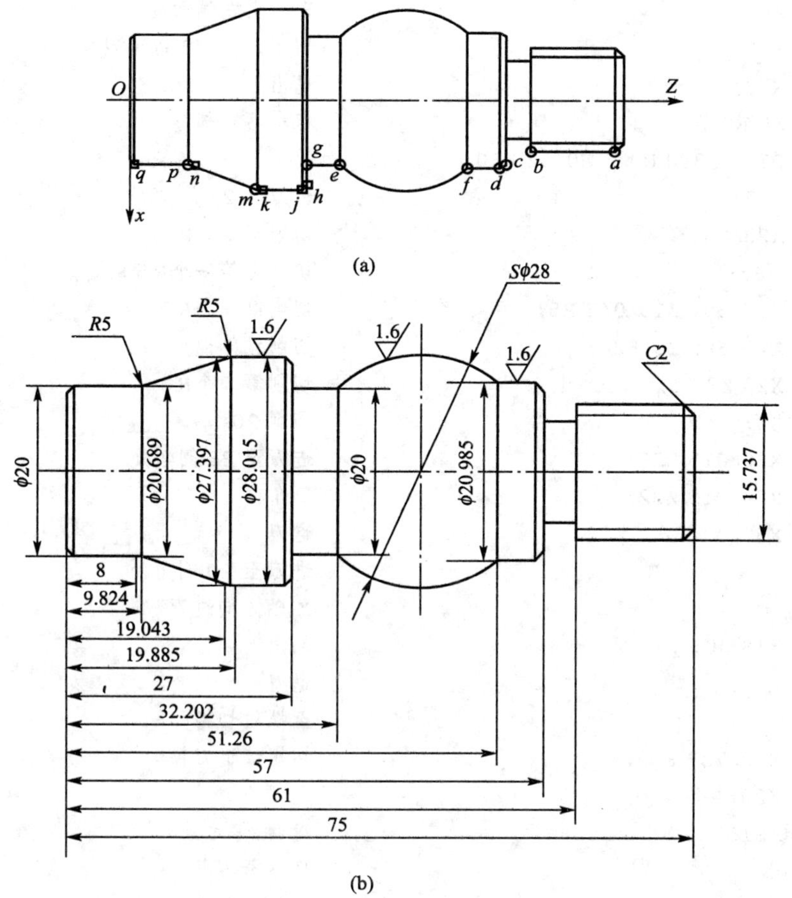

图 1.134　各节点尺寸

```
N100 Z57;                              加工螺纹部分的外径
N110 X18.985;                          退刀
N120 X20.985 Z56;                      倒第二个角
N130 Z51.26;                           加工 20.985
N140 G03 X28 Z42 R14;                  加工 28 的右半部分
N150 G00 X32;                          退刀
N160 X200 Z150 M05;                    返回,停主轴
N170 T0202;                            换 2 号刀
N180 M03 S500;                         启动主轴
N190 G00 X32 Z31;                      进刀
N200 G01 X21 F30;                      切槽,为 G72 留退刀量
N210 G00 X32;                          退出
N220 G72 W2 R0.5;                      粗车第二部分
N230 G72 P240 Q270 U0.5 W0.02 F30;
N240 G00 Z42;                          进刀至圆弧的 Z 轴方向起始点
N250 G01 X28;                          进刀至 28 起点
N260 G03 X20 Z32.202 R14;              车削圆球左半部分
N270 G01 Z31;                          车削 20
```

N280 G00 Z0;	进刀至左端面处
N290 G01 X17;	切槽,为 G72 留退刀量
N300 G00 X32;	退出
N310 G72 W2 R0.5;	粗车第三部分
N320 G72 P330 Q390 U0.5 W0.02 F30;	
N330 G00 Z27;	进刀至 28 处
N340 G01 X28.015;	切削至 28.015
N350 Z19.885;	切削至第一个*R*5 的起点
N360 G03 X27.397 Z19.043 R5;	切削第一个*R*5
N370 G01 X20.689 Z9.824;	切削锥体部分
N380 G02 X20 Z8 R5;	切削第二个*R*5
N390 G01 Z0;	切削 20
N400 G00 X30.015 Z29;	进刀至 28 倒角处
N410 G01 X24.015 Z32;	倒角
N420 G00 X32;	退刀
N430 Z2;	进刀至 20 倒角处
N440 X22;	*X* 轴方向进刀
N450 G01 X18 Z0;	倒角
N460 G00 X32;	退刀
N470 Z41;	至螺纹切槽处
N480 G01 X12.737 F30;	切螺纹退刀槽
N490 G00 X20;	退刀
N500 X200 Z150 M05;	返回,停主轴
N510 T0303;	换 3 号刀
N520 G00 Z77;	*Z* 轴方向进刀
N530 X7.737;	*X* 轴方向进刀
N540 G01 X15.737 Z73 F30;	倒角
N550 Z57;	精车螺纹大径
N560 X18.985 F100;	退刀
N570 G01 X20.985 Z56 F30;	倒角
N580 G03 X20 Z32.202 R14;	精车 28 球体
N590 G01 Z27;	精车 20 圆柱
N600 X26.015 F100;	退刀
N610 X28.015 Z26 F30;	倒角
N620 Z19.885;	精车 28.015
N630 G03 X19.043 Z27.397 R5;	精车第一个*R*5
N640 G01 X20.689 Z9.824;	精车锥体
N650 G02 X20 Z8 R5;	精车第二个*R*5
N660 G01 Z0;	精车 20
N670 G00 X32;	退刀
N680 X200 Z150 M05;	返回
N690 T0404 M08;	换 4 号刀
N700 M03 S300;	启动主轴
N710 G00 Z77;	*Z* 轴方向进刀

```
N720 X20;                                X 轴方向进刀
N730 G76 P031060 Q0.02 R0.005;           加工螺纹
N740 G76 X13.835 Z60 P1.299 Q450 F2;
N750 G00 X200 Z150 M05;                  返回
N760 T0202;                              换 2 号刀
N770 G00 X32 Z0;                         快速接近零件
N780 G01 X0;                             切断零件
N790 G00 X200 Z150;                      刀具返回
N800 M05;                                主轴停
N810 M30;                                程序结束并返回程序头
```

应用实例 1-20

套类零件编程与加工

任务描述：加工图 1.135 所示的套筒，毛坯外径为 ϕ120mm，内径为 ϕ78mm，长度为 110mm。材料 45。未标注处倒角为 C1。

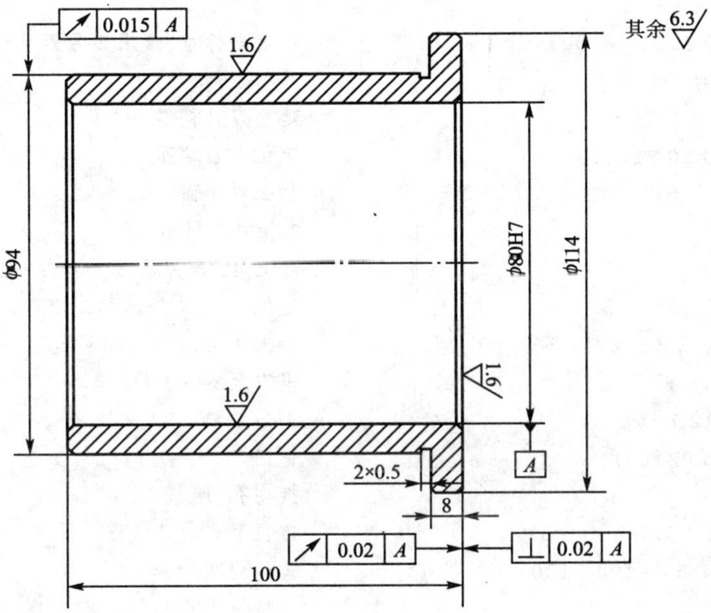

图 1.135　套筒

解：

(1) 分析工艺

设计结构由内外圆柱面组成，工艺结构：有退刀槽、倒角等；加工精度：尺寸精度最高的 ϕ80H7 内孔，大部分表面的表面粗糙度 Ra 值为 1.6，其余为 6.3。有垂直度和圆跳动位置公差要求。

(2) 工序安装及加工工艺过程

毛坯左端面及外圆定位夹紧，粗车右端面、ϕ114 mm 外圆、ϕ80mm 内孔→以粗车后 ϕ114mm 外圆定位夹紧，粗、精车 ϕ94mm 外圆→专用夹具以 ϕ94mm 外圆定位，精车 ϕ80mm 内孔及右侧内倒角→芯轴定位精车左右端面及退刀槽。

(3) 程序设计

编程坐标系原点处于零件右端面中心位置。

① 夹紧 ϕ94mm 外圆，粗加工 ϕ114mm 外圆及 ϕ80mm 内孔，1 号刀为 45°车刀，2 号刀为内孔车刀。编程坐标系如图 1.136(a)所示。

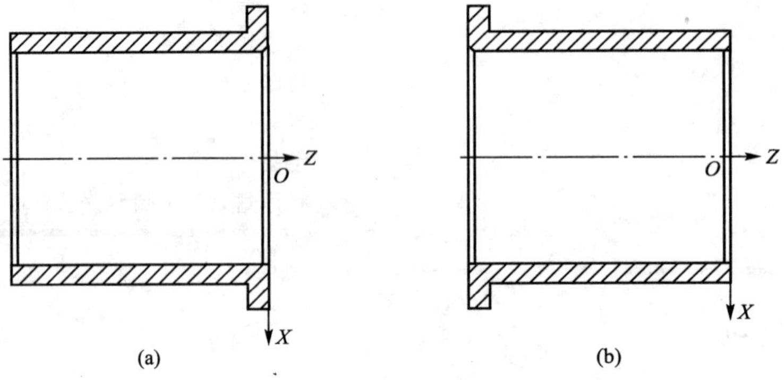

图 1.136 编程坐标系

程序如下：

O0011	
N10 G50 X150 Z100 T0100;	设定坐标系,选用 1 号刀
N20 M03 S600;	启动主轴
N30 T0101;	建立刀具补偿
N40 G00 X120 Z0 F100;	定位至右端面
N50 G01 X75 F75;	加工右端面
N60 G00 Z20;	Z 轴方向退出
N70 T0105;	建立 45°车刀的另一刀尖补偿
N80 G00 X120 Z2;	定位至 114 外圆加工处
N90 G90 X114.8 Z-12 F60;	加工 114,留 0.8mm 余量
N100 G00 Z-1;	退刀至Z=-1 处
N110 G01 X112 Z0;	倒角
N120 G00 X150 Z100;	返回
N130 T0202;	换内孔刀
N140 G00 X75 Z5;	定位至车内孔位置
N150 G90 X79.5 Z-100 F100;	车削内孔
N160 G01 X84 Z1;	定位至内孔倒角位置
N170 X78 Z-2;	倒角
N180 G00 Z100;	沿Z 轴方向返回
N190 X150;	沿X 轴方向返回
N200 T0100;	取消刀具补偿
N210 M05;	停主轴
N220 M30;	程序结束并返回程序头

② 用软爪装夹外圆 ϕ114 处，粗加工 ϕ94 外圆，1 号刀为 90°正偏刀。编程坐标系如图 1.136(b)所示。程序如下：

O0012

```
N10 G50 X120 Z100 T0100;                    设定坐标系,选用 1 号刀
N20 M03 S600;                               启动主轴
N30 T0101;                                  建立刀具补偿
N40 G00 X122 Z24;                           定位至端面
N50 G01 X75 Z0.2 F50;                       车削端面
N60 G00 X122 Z2;                            退回
N70 G71 P80 Q100 U0.4 W0.5 D3 F60;          加工 94
N80 G00 X94;
N90 G01 Z-92;
N100 X116;
N110 G00 X90 Z1;                            进刀至端面倒角处
N120 G01 X96 Z-2;                           倒角
N130 G00 X120 Z100;                         返回
N140 T0100;                                 取消刀具补偿
N150 M30;                                   程序结束并返回程序头
```

③ 用夹具装夹，精加工 $\phi80$ 内孔。编程坐标系如图 1.137(a)所示。

```
O0013
N10 G50 X120 Z100 T0100;                    设定坐标系,选用 1 号刀
N20 M03 S1000;                              启动主轴
N30 T0101;                                  建立刀具补偿
N40 G00 X84.015 Z1;                         定位至端面倒角处
N50 G01 X80.015 Z-1 F50;                    倒角
N60 Z-98 F30;                               精车 80mm 内孔
N70 G00 X72;                                沿X 轴方向退刀
N80 Z120;                                   沿Z 轴方向返回
N90 X100;                                   沿X 轴方向返回
N100 T0100;                                 取消刀具补偿
N110 M30;                                   程序结束并返回程序头
```

④ 零件套在芯轴上，精车左右端面，并切槽，刀具是刀宽为 2mm 的切槽刀。编程坐标系如图 1.137(a)所示。

```
O0014
N10 G50 X120 Z120 T0100;                    设定坐标系,选用 1 号刀
N20 M30 S800;                               启动主轴
N30 T0101;                                  建立刀具补偿
N40 G00 X98 Z0;                             定位至端面
N50 G01 X81 F60;                            车右端面
N60 W1;                                     沿Z 轴方向退 1mm
N70 G00 X120;                               沿X 轴方向退 1mm
N80 Z-98;                                   进刀至左端面
N90 G01 X81;                                车左端面
N100 G00 W-1;                               沿Z 轴方向退-1mm
N110 X120;                                  沿X 轴方向退刀
```

```
N120 Z-89;
N130 G01 X114;
N140 X112 Z-92;                         轴肩倒角
N150 X93;                               切槽
N160 X95;                               沿X 轴方向退刀
N170 W2;                                沿Z 轴方向退刀
N180 G00 X120 Z100;                     返回
N190 T0100;                             取消刀具补偿
N200 M30;                               程序结束并返回程序头
```

习　　题

任务描述：编写图 1.137 所示零件的粗、精加工程序，毛坯尺寸为圆钢料，材料为 45 钢，试车削图 1.137 所示零件。

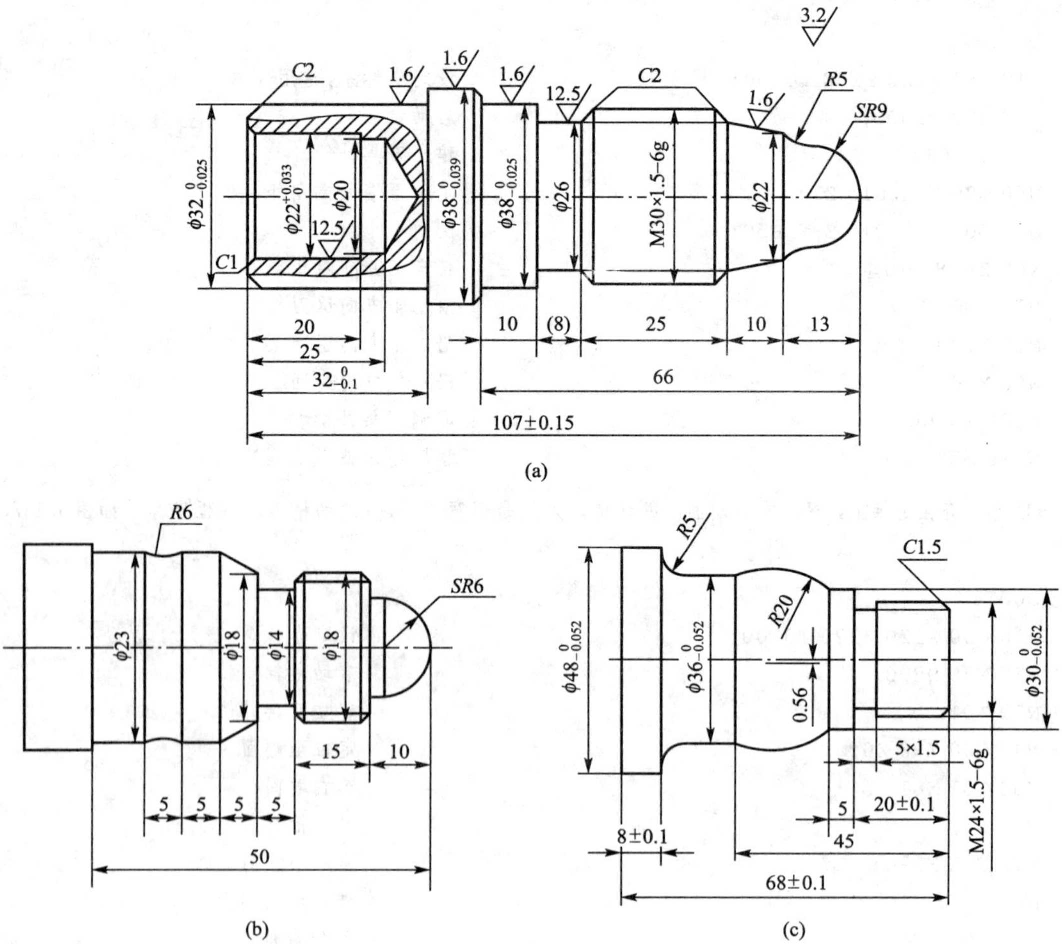

图 1.137　综合件加工练习

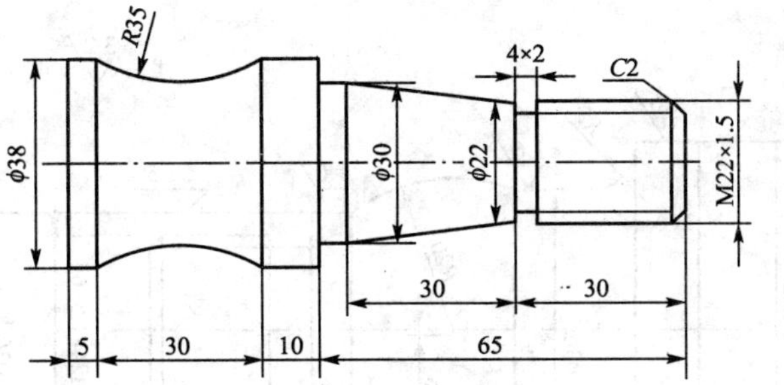

(d)

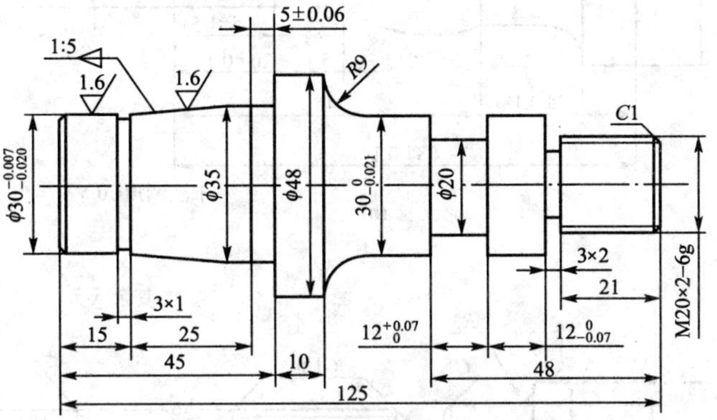

(e)

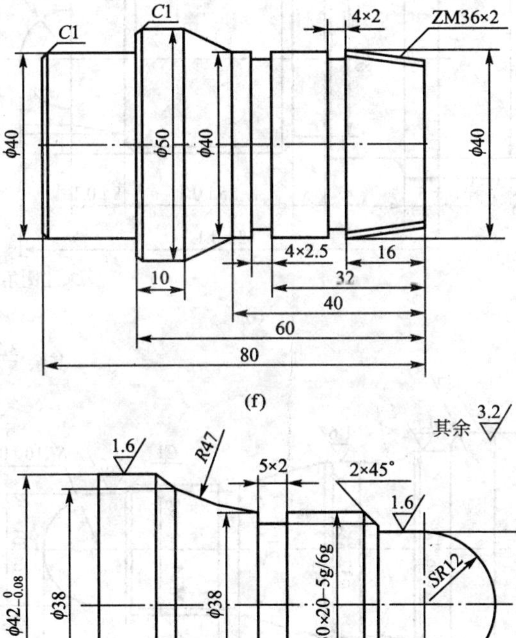

(f)

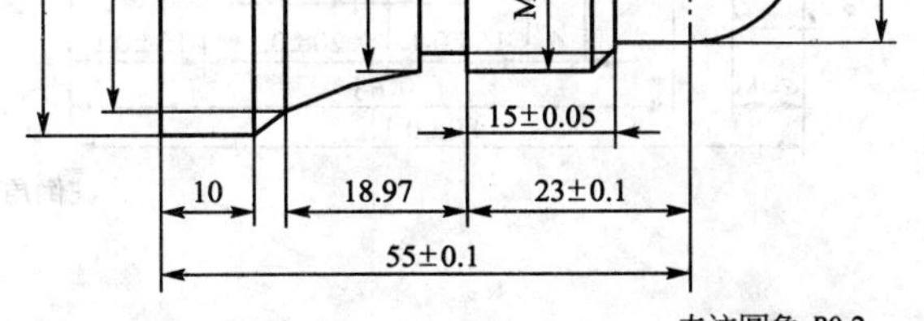

(g)　　　　未注圆角:R0.2

图 1.137(续)

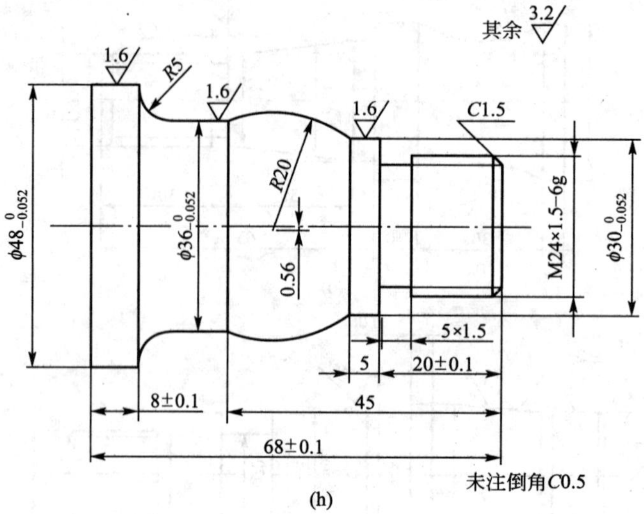
其余 3.2
1.6
R5
1.6
1.6
C1.5
R20
φ48 0 -0.052
φ36 0 -0.052
0.56
M24×1.5-6g
φ30 0 -0.052
5×1.5
5
20±0.1
8±0.1
45
68±0.1
未注倒角C0.5

(h)

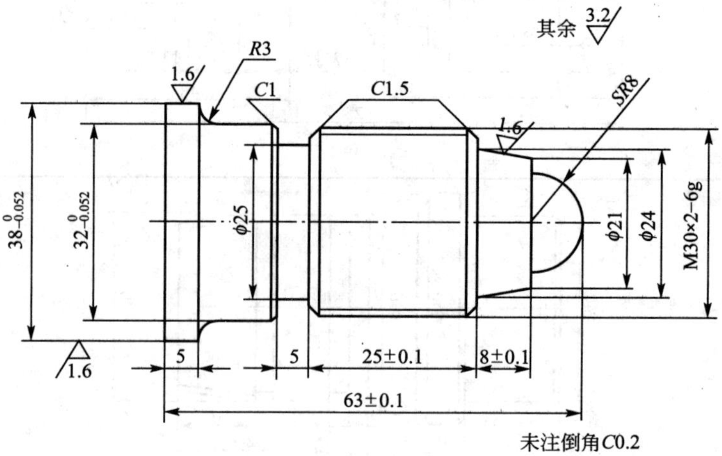
其余 3.2
R3
1.6
C1
C1.5
SR8
1.6
38 0 -0.052
32 0 -0.052
φ25
φ21
φ24
M30×2-6g
1.6
5
5
25±0.1
8±0.1
63±0.1
未注倒角C0.2

(i)

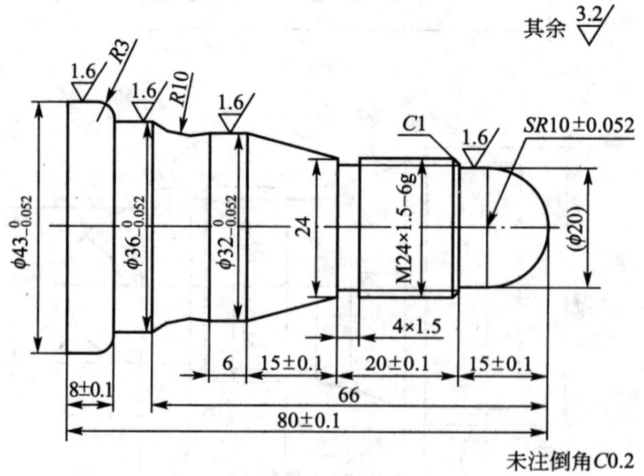
其余 3.2
1.6
R3
1.6
R10
1.6
C1
1.6
SR10±0.052
φ43 0 -0.052
φ36 0 -0.052
φ32 0 -0.052
24
M24×1.5-6g
(φ20)
4×1.5
6
15±0.1
20±0.1
15±0.1
8±0.1
66
80±0.1
未注倒角C0.2

(j)

图 1.137(续)

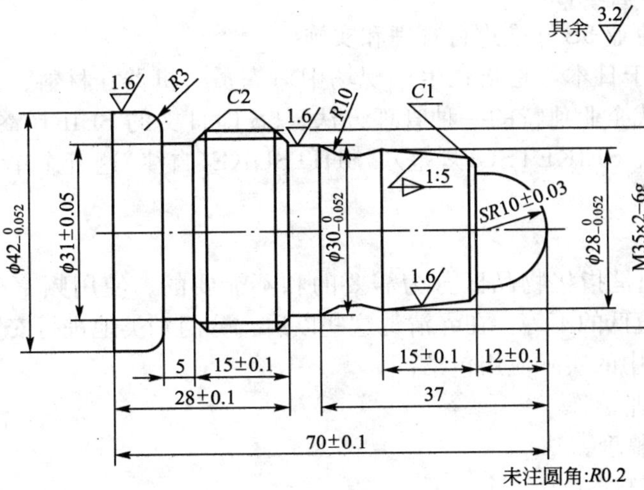

(k)

图 1.137(续)

任务 1.7　操作数控车床

专项能力目标	涉及知识点	权重/(%)	建议学时
操作数控车床技能；测量工件技能；分析零件质量	操作数控车床步骤；磨耗补正	70	10
遵守数控操作规程，养成安全文明生产的好习惯	安全文明操作；机床保养	30	

1.7.1　任务导入：加工简单轴类零件

任务描述：加工图 1.138 所示零件，用外圆车刀加工 $\phi30\times20$mm 的外圆。试编写其加工程序并进行加工。毛坯为 $\phi35\times60$mm，材料为 45 钢。

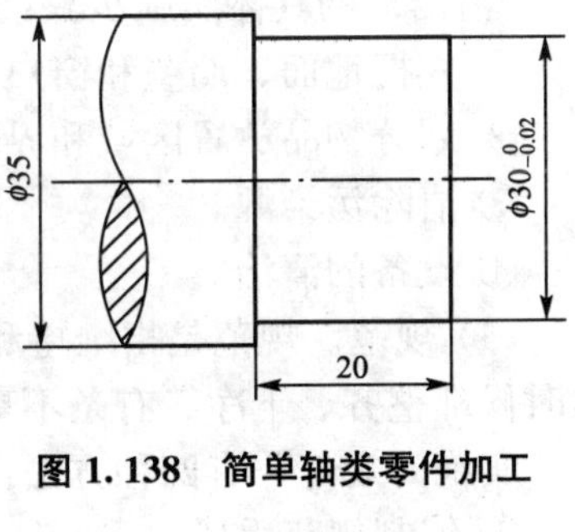

图 1.138　简单轴类零件加工

1.7.2　知识链接

1. 安全文明操作

1) 实训要求及安全教育

(1) 数控系统的编程、操作和维修人员必须经过专门的技术培训，熟悉所用数控车床的使用环境、条件和工作参数，严格按机床和系统的使用说明书要求正确、合理地操作机床。

(2) 上机单独操作，发现问题应立即停止生产，严格按照操作规程安全操作。

(3) 强调学生爱惜公共财产，节约资源，避免浪费，培养良好的作风习惯。

2）实训过程5S管理标准

实训过程参照企业5S标准进行管理和实施。

5S管理法起源于日本，是指在生产现场中对人员、机器、材料、方法等生产要素进行有效管理，是日式企业独特的一种管理方法。5S即日文的SEIRI(整理)、SEITON(整顿)、SEISO(清洁)、SEIKETSU(规范)、SHITSUKE(自律)这五个单词，又被称为“五常法则”。

具体内容如下：

(1) 整理。整理是指将物品区分为需要的和不需要的、使用频率高的和使用频率低的、价值高的和价值低的不等，在弄清楚这些以后，分门别类地进行安置。

“整理”在工作中的实际应用包括：

① 办公桌的整理。

② 文件资料的整理。

③ 各种信件的整理。

④ 会议记录的整理。

⑤ 传真信息的整理。

⑥ 软盘的整理。

(2) 整顿。整顿是指对现场所需用的物品进行有条理地定量放置，使这些物品始终处于任何人随时都能方便取放的位置，从而提高工作效率。

“整顿”在工作中的实际应用包括：

① 工具等频繁使用物品的整顿。

② 切削工具的整顿。

③ 测量用具的整顿。

④ 在制品的整顿。

(3) 清洁。清洁是指使生产现场始终处于无垃圾、无灰尘的整洁状态，生产现场存在的影响人们工作情绪和工作效率的东西都可以当做清洁的对象。

“清洁”的具体实施步骤：

① 先把地面、墙壁和窗户打扫干净。

② 划分物品放置区域和界限。

③ 清除污染源。

④ 设备的清洁。

(4) 规范。规范是指维持和巩固整理、整顿、清洁活动获得的结果，保持工作现场任何时候都整齐、干净、有条不紊，使人产生愉快的心情，有利于提高工作效率。

实施“规范”有四种方法：

① 编制规范手册。

② 明确规范的状态。

③ 定期检查。

④ 环境色彩化。

(5) 自律。自律是指培养并养成整洁有序、自觉执行单位规定和规则的良好习惯，自觉地进行“整理”、“整顿”、“清洁”、“自律”，是搞好5S活动的重要保证。

“自律”在工作中的实际应用包括：

① 加强服务意识。

② 管理越简单越好。

③ 注重礼节和仪表。

④ 满足顾客最大需求。

3）数控车床安全操作规程

（1）安全操作注意事项。

① 工作时请穿好工作服、安全鞋，戴好工作帽及防护镜，严禁戴手套操作机床。

② 不要移动或损坏安装在机床上的警告标牌。

③ 不要在机床周围放置障碍物，工作空间应足够大。

④ 某一项工作如需要两人或多人共同完成时，应注意相互间的协调一致。

⑤ 不允许采用压缩空气清洗机床、电气柜及 NC 单元。

⑥ 任何人员违反上述规定或学院的规章制度，实习指导人员或设备管理员有权停止其使用、操作，并根据情节轻重，报学院相关部门处理。

（2）工作前的准备工作。

① 机床工作开始工作前要有预热，认真检查润滑系统工作是否正常，如机床长时间未开动，可先采用手动方式向各部分供油润滑。

② 使用的刀具应与机床允许的规格相符，有严重破损的刀具要及时更换。

③ 调整刀具所用工具不要遗忘在机床内。

④ 检查大尺寸轴类零件的中心孔是否合适，以免发生危险。

⑤ 刀具安装好后应进行一、二次试切削。

⑥ 认真检查卡盘夹紧的工作状态。

⑦ 机床开动前，必须关好机床防护门。

（3）工作过程中的安全事项。

① 禁止用手接触刀尖和铁屑，铁屑必须要用铁钩子或毛刷来清理。

② 禁止用手或其他任何方式接触正在旋转的主轴、零件或其他运动部位。

③ 禁止加工过程中量活、变速，更不能用棉丝擦拭零件、也不能清扫机床。

④ 车床运转中，操作者不得离开岗位，机床发现异常现象立即停车。

⑤ 经常检查轴承温度，过高时应找有关人员进行检查。

⑥ 在加工过程中，不允许打开机床防护门。

⑦ 严格遵守岗位责任制，机床由专人使用，未经同意不得擅自使用。

⑧ 零件伸出车床 100mm 以外时，须在伸出位置设防护物。

⑨ 禁止进行尝试性操作。

⑩ 手动原点回归时，注意机床各轴位置要距离原点－100mm 以上，机床原点回归顺序为：首先＋X 轴，其次＋Z 轴。

⑪ 使用手轮或快速移动方式移动各轴位置时，一定要看清机床 X、Z 轴各方向“＋、－”号标牌后再移动。移动时先慢转手轮观察机床移动方向无误后方可加快移动速度。

⑫ 编完程序或将程序输入机床后，须先进行图形模拟，准确无误后再要进行机床试运行，并且刀具应离开零件端面 200mm 以上。

⑬ 程序运行注意事项：

a. 对刀应准确无误，刀具补偿号应与程序调用刀具号符合。

b. 检查机床各功能按键的位置是否正确。

c. 光标要放在主程序头。

d. 夹注适量冷却液。

e. 站立位置应合适，启动程序时，右手作按停止按钮准备，程序在运行当中手不能离开停止按钮，如有紧急情况立即按下停止按钮。

⑭ 加工过程中认真观察切削及冷却状况，确保机床、刀具的正常运行及零件的质量。并关闭防护门以免铁屑、润滑油飞出。

⑮ 在程序运行中须暂停测量零件尺寸时，要待机床完全停止运行、主轴停转后方可进行测量，以免发生人身事故。

⑯ 关机时，要等主轴停转 3min 后方可关机。

⑰ 未经许可禁止打开电器箱。

⑱ 各手动润滑点必须按说明书要求润滑。

⑲ 修改程序的钥匙在程序调整完后要立即拿掉，不得插在机床上，以免无意改动程序。

⑳ 使用机床时，每日必须使用切削油循环 0.5h，冬天时间可稍短一些，切削液要定期更换，一般在 1～2 月之间，机床若数天不使用，则每隔一天应对 NC 及 CRT 部分通电 2～3h。

(4) 工作完成后的注意事项。

① 清除切屑、擦拭机床，使机床与环境保持清洁状态。

② 注意检查或更换磨损坏了的机床导轨上的油擦板。

③ 检查润滑油、冷却液的状态，及时添加或更换。

④ 依次关掉机床操作面板上的电源和总电源。

4) 维护与保养数控车床

数控车床具有机、电、液集于一身的，技术密集和知识密集的特点，是一种自动化程度高、结构复杂且又昂贵的先进加工设备。为了充分发挥其效益，减少故障的发生，必须做好日常维护工作，所以要求数控车床维护人员不仅要有机械、加工工艺以及液压气动方面的知识，也要具备电子计算机、自动控制、驱动及测量技术等知识，这样才能全面了解、掌握数控车床，及时搞好维护工作。

(1) 数控机床主要的日常维护与保养工作的内容。

① 选择合适的使用环境：数控车床的使用环境(如温度、湿度、振动、电源电压、频率及干扰等)会影响机床的正常运转，所以在安装机床时应严格要求做到符合机床说明书规定的安装条件和要求。在经济条件许可的条件下，应将数控车床与普通机械加工设备隔离安装，以便于维修与保养。

② 应为数控车床配备数控系统编程、操作和维修的专门人员：这些人员应熟悉所用机床的机械部分、数控系统、强电设备、液压、气压等部分及使用环境、加工条件等，并能按机床和系统使用说明书的要求正确使用数控车床。

③ 长期不用数控车床的维护与保养：在数控车床闲置不用时，应经常经数控系统通电，在机床锁住情况下，使其空运行。在空气湿度较大的梅雨季节应该天天通电，利用电器元件本身发热驱走数控柜内的潮气，以保证电子部件的性能稳定可靠。

④ 数控系统中硬件控制部分的维护与保养：每年让有经验的维修电工检查一次。检

测有关的参考电压是否在规定范围内，如电源模块的各路输出电压、数控单元参考电压等，若不正常并清除灰尘；检查系统内各电器元件联接是否松动；检查各功能模块使用风扇运转是否正常并清除灰尘；检查伺服放大器和主轴放大器使用的外接式再生放电单元的连接是否可靠，清除灰尘；检测各功能模块使用的存储器后备电池的电压是否正常，一般应根据厂家的要求定期更换。对于长期停用的机床，应每月开机运行 4h，这样可以延长数控机床的使用寿命。

⑤ 机床机械部分的维护与保养：操作者在每班加工结束后，应清扫干净散落于拖板、导轨等处的切屑；在工作时注意检查排屑器是否正常以免造成切屑堆积，损坏导轨精度，危及滚珠丝杠与导轨的寿命；在工作结束前，应将各伺服轴回归原点后停机。

⑥ 机床主轴电动机的维护与保养：维修电工应每年检查一次伺服电动机和主轴电动机。着重检查其运行噪声、温升，若噪声过大，应查明原因，是轴承等机械问题还是与其相配的放大器的参数设置问题，采取相应措施加以解决。对于直流电动机，应对其电刷、换向器等进行检查、调整、维修或更换，使其工作状态良好。检查电动机端部的冷却风扇运转是否正常并清扫灰尘；检查电动机各连接插头是否松动。

⑦ 机床进给伺服电动机的维护与保养：对于数控车床的伺服电动机，要在 10～12 月进行一次维护保养，加速或者减速变化频繁的机床要在 2 月进行一次维护保养。维护保养的主要内容有：用干燥的压缩空气吹除电刷的粉尘，检查电刷的磨损情况，如需更换，需选用规格相同的电刷，更换后要空载运行一定时间使其与换向器表面吻合；检查清扫电枢整流子以防止短路；如装有测速电动机和脉冲编码器时，也要进行检查和清扫。数控车床中的直流伺服电动机应每年至少检查一次，一般应在数控系统断电的情况下，并且电动机已完全冷却的情况下进行检查；取下橡胶刷帽，用螺钉旋具拧下刷盖取出电刷；测量电刷长度，如 FANUC 直流伺服电动机的电刷由 10mm 磨损到小于 5mm 时，必须更换同一型号的电刷；仔细检查电刷的弧形接触面是否有深沟和裂痕，以及电刷弹簧上是否有无打火痕迹。如有上述现象，则要考虑电动机的工作条件是否过分恶劣或电动机本身是否有问题。用不含金属粉末及水分的压缩空气导入装电刷的刷孔，吹净粘在刷孔壁上的电刷粉末。如果难以吹净，可用螺钉旋具尖轻轻清理，直至孔壁全部干净为止，但要注意不要碰到换向器表面。如果更换了新电刷，应使电动机空运行跑合一段时间，以使电刷表面和换向器表面相吻合。

⑧ 机床测量反馈元件的维护与保养：检测元件采用编码器、光栅尺的较多，也有使用感应同下尺、磁尺、旋转变压器等。维修电工每周应检查一次检测元件连接是否松动，是否被油液或灰尘污染。

⑨ 机床电气部分的维护与保养：具体检查可按如下步骤进行：检查三相电源的电压值是否正常，有无偏相，如果输入的电压超出允许范围则进行相应调整；检查所有电气连接是否良好；检查各类开关是否有效，可借助于数控系统 CRT 显示的自诊断画面及可编程机床控制器(PMC)、输入输出模块上的 LED 指示灯检查确认，若不良应更换；检查各继电器、接触器是否工作正常，触点是否完好，可利用数控编程语言编辑一个功能试验程序，通过运行该程序确认各元器件是否完好有效；检验热继电器、电弧抑制器等保护器件是否有效，等等。电气保养应由车间电工实施，每年检查调整一次。电气控制柜及操作面板显示器的箱门应密封，不能用打开柜门使用外部风扇冷却的方式降温。操作者应每月清扫一次电气柜防尘滤网，每天检查一次电气柜冷却风扇或空调运行是否正常。

⑩ 机床液压系统的维护与保养：各液压阀、液压缸及管子接头是否有外漏；液压泵或液压马达运转时是否有异常噪声等现象；液压缸移动时工作是否正常平稳；液压系统的各测压点压力是否在规定的范围内，压力是否稳定；油液的温度是否在允许的范围内；液压系统工作时有无高频振动；电气控制或撞块(凸轮)控制的换向阀工作是否灵敏可靠，油箱内油量是否在油标刻线范围内；行位开关或限位挡块的位置是否有变动；液压系统手动或自动工作循环时是否有异常现象；定期对油箱内的油液进行取样化验，检查油液质量，定期过滤或更换油液；定期检查蓄能器的工作性能；定期检查冷却器和加热器的工作性能；定期检查和旋紧重要部位的螺钉、螺母、接头和法兰螺钉；定期检查更换密封元件；定期检查清洗或更换液压元件；定期检查清洗或更换滤芯；定期检查或清洗液压油箱和管道。操作者每周应检查液压系统压力有无变化，如有变化，应查明原因，并调整至机床制造厂要求的范围内。操作者在使用过程中，应注意观察刀具自动换刀系统、自动拖板移动系统工作是否正常；液压油箱内油位是否在允许的范围内，油温是否正常，冷却风扇是否正常运转；每月应定期清扫液压油冷却器及冷却风扇上的灰尘；每年应清洗液压油过滤装置；检查液压油的油质，如果失效变质应及时更换，所用油品应是机床制造厂要求品牌或已经难确认可代用的品牌；每年检查调整一次主轴箱平衡缸的压力，使其符合出厂要求。

⑪ 机床气动系统的维护与保养：保证供给洁净的压缩空气，压缩空气中通常都含有水分、油分和粉尘等杂质。水分会使管道、阀和气缸腐蚀；油液会使橡胶、塑料和密封材料变质；粉尘造成阀体动作失灵。选用合适的过滤器可以清除压缩空气中的杂质，使用过滤器时应及时排除和清理积存的液体，否则，当积存液体接近挡水板时，气流仍可将积存物卷起。保证空气中含有适量的润滑油，大多数气动执行元件和控制元件都有要求适度的润滑。润滑的方法一般采用油雾器进行喷雾润滑，油雾器一般安装在过滤器和减压阀之后。油雾器的供油量一般不宜过多，通常每10m的自由空气供1mL的油量(即40～50滴油)检查润滑是否良好的一个方法是；找一张清洁的白纸放在换向阀的排气口附近，如果阀在工作3～4个循环后，白纸上只有很轻的斑点时，表明润滑是良好的。保持气动系统的密封性，漏气不仅增加了能量的消耗，也会导致供气压力的下降，甚至造成气动元件工作失常。严重的漏气在气动系统停止运行时，由漏气引起的噪声很容易发现；轻微的漏气则利用仪表，或用涂抹肥皂水的办法进行检查。保证气动元件中运动零件的灵敏性，从空气压缩机排出的压缩空气，包含有粒度为0.01～0.08μm的压缩机油微粒，在排气温度为120～220℃的高温下，这些油粒会迅速氧化，氧化后油粒颜色变深，黏性增大，并逐步由液态固化成油泥。这种μm级以下的颗粒，一般过滤器无法滤除。当它们进入到换向阀后便附着在阀芯上，使阀的灵敏度逐步降低，甚至出现动作失灵。为了清除油泥，保证灵敏度，可气动系统的过滤器之后，安装油雾分离器，将油泥分离出。此外，定期清洗液压阀也可以保证阀的灵敏度。保证气动装置具有合适的工作压力和运动速度，调节工作压力时，压力表应当工作可靠，读数准确。减压阀与节流阀调节好后，必须紧固调压阀盖或锁紧螺母，防止松动。操作者应每天检查压缩空气的压力是否正常；过滤器需要手动排水的，夏季应两天排一次，冬季一周排一次；每月检查润滑器内的润滑油是否用完，及时添加规定品牌的润滑油。

⑫ 机床润滑部分的维护与保养：各润滑部位必须按润滑图定期加油，注入的润滑油必须清洁。润滑处应每周定期加油一次，找出耗油量的规律，发现供油减少时应及时通知维修工检修。操作者应随时注意CRT显示器上的运动轴监控画面，发现电流增大等异常现象时，及时通知维修工维修。维修工每年应进行一次润滑油分配装置的检查，发现油路

堵塞或漏油应及时疏通或修复。底座里的润滑油必须加到油标的最高线，以保证润滑工作的正常进行。因此，必须经常检查油位是否正确，润滑油应5～6月更换一次。由于新机床各部件的初磨损较大，所以，第一次和第二次换油的时间应提前到每月换一次，以便及时清除污物。废油排出后，箱内应用煤油冲洗干净，(包括床头箱及底座内油箱)。同时清洗或更换滤油器。

⑬ 可编程机床控制器(PMC)的维护与保养：对PMC与NC完全集成在一起的系统，不必单独对PMC进行检查调整；对其他两种组态方式，应对PMC进行检查。主要检查PMC的电源模块的电压输出是否正常；输入输出模块的接线是否松动；输出模块内各路熔断器是否完好；后备电池的电压是否正常，必要时进行更换。对PMC输入输出点的检查可利用CRT上的诊断画面用置位复位的方式检查，也可用运行功能试验程序的方法检查。

⑭ 有些数控系统的参数存储器是采用CMOS元件，其存储内容在断电时靠电池代电保持。一般应在一年内更换一次电池，并且一定要在数控系统通电的状态下进行，否则会使存储参数丢失，导致数控系统不能工作。

⑮ 及时清扫。如空气过滤器的清扫，电气柜的清扫，印制电路板的清扫。

⑯ X，Z轴进给部分的轴承润滑脂，应每年更换一次，更换时，一定要把轴承清洗干净。

⑰ 自动润滑泵里的过滤器，每月清洗一次，各个刮屑板，应每月用煤油清洗一次，发现损坏时应及时更换。

(2) 数控车床维护与保养一览表，见表1-23。

表1-23　数控车床维护与保养一览表

序号	检查周期	检查部位	检查内容
1	每天	导轨润滑机构	油标、润滑泵，每天使用前手动打油润滑导轨
2	每天	导轨	清理切屑及脏物，滑动导轨检查有无划痕，滚动导轨润滑情况
3	每天	液压系统	油箱泵有无异常噪声，工作油面高度是否合适，压力表指示是否正常，有无泄漏
4	每天	主轴润滑油箱	油量、油质、温度、有无泄漏
5	每天	液压平衡系统	工作是否正常
6	每天	气源自动分水过滤器自动干燥器	及时清理分水器中过滤出的水分，检查压力
7	每天	电器箱散热、通风装置	冷却风扇工作是否正常，过滤器有无堵塞，及时清洗过滤器
8	每天	各种防护罩	有无松动、漏水，特别是导轨防护装置
9	每天	机床液压系统	液压泵有无噪声，压力表示数个接头有无松动，油面是否正常
10	每周	空气过滤器	坚持每周清洗一次，保持无尘，通畅，发现损坏及时更换
11	每周	各电气柜过滤网	清洗黏附的尘土

（续）

序号	检查周期	检查部位	检查内容
12	半年	滚珠丝杠	洗丝杠上的旧润滑脂，换新润滑脂
13	半年	液压油路	清洗各类阀、过滤器，清洗油箱底，换油
14	半年	主轴润滑箱	清洗过滤器，油箱，更换润滑油
15	半年	各轴导轨上镶条，压紧滚轮	按说明书要求调整松紧状态
16	一年	检查和更换电动机碳刷	检查换向器表面，去除毛刺，吹净碳粉，磨损过多的碳刷及时更换
17	一年	冷却油泵过滤器	清洗冷却油池，更换过滤器
18	不定期	主轴电动机冷却风扇	除尘，清理异物
19	不定期	运屑器	清理切屑，检查是否卡住
20	不定期	电源	供电网络大修，停电后检查电源的相序，电压
21	不定期	电动机传动带	调整传动带松紧
22	不定期	刀库	刀库定位情况，机械手相对主轴的位置
23	不定期	冷却液箱	随时检查液面高度，及时添加冷却液，太脏应及时更换

2. 数控车床的基本操作

1）数控车床开机、关机

CK6136 型数控系统操作面板如图 1.139 所示。

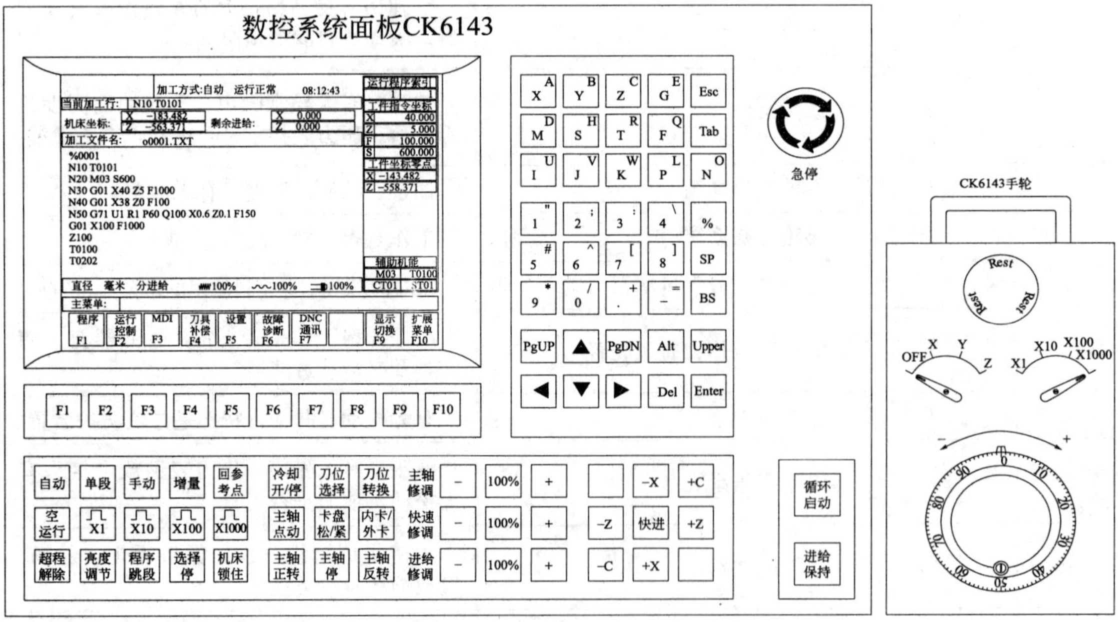

图 1.139　CK6136 型数控系统操作面板

机床开机步骤：打开强电开关—检查机床风扇、机床导轨油及气压是否正常—开启机床系统电源—(待机床登陆系统后)旋开机床面板急停按钮—机床回参考点操作。

机床关机步骤：关闭机床连接外围设备(计算机)—按下机床面板急停按钮—关闭机床系统电源—关闭机床强电开关。

特别提示

在机床开机系统登陆过程中，不允许操作机床界面任何按键，防止意外清除机床系统参数；在机床关机时，应注意将机床各坐标轴停止在量程中间位置，减少因受力不平衡引起的机床硬件变形。

2) 数控车床操作界面功能键介绍

(1) 显示屏。

(2) 主要功能键。主要功能键介绍见表1-24。

表1-24 主要功能键介绍

主菜单	二级菜单	功　能
F1 程序	F1 程序选择	用于自动加工时当前加工程序的选用
	F2 程序编辑	编辑程序
	F3 新建文件	用于新建一个程序文件
	F4 保存文件	用于保存已经编辑好的程序
	F5 程序校验	用于校验程序
	F6 停止运行	停止运行程序
	F7 重新运行	重新运行当前程序
F2 运行控制		
F3 MDI		
F4 刀具补偿	F2 刀偏表	对刀时刀具偏置量及磨损量的输入
	F3 刀补表	用于刀尖圆弧补偿值的输入
F6 故障诊断		
F7 DNC通信		程序传输
F9 显示切换		切换显示画面
F10 返回		返回上一级菜单

(3) MDI键盘介绍。在华中世纪星数控仿真系统里，它控制面板上的MDI键盘的数据输入和菜单栏的功能选择可以通过单击面板上的按键，也可以通过电脑键盘上的按键替代控制面板上的按键输入字符。

① 常用的编辑键。

Esc退出键：用于取消当前操作。

Tab换挡键：用于对话框的按钮换挡。

SP 空格键：用于空格的输入。

BS 删除键：用于删除光标所在位置前面的内容。

Del 删除键：用于删除光标所在位置后面的内容。

PgUP、PgDN 翻页键：翻页和图形显示的缩放功能。

Alt 功能键：它是一个组合键，用它与其他的键组合成一些快捷功能。

Upper 上挡键：用于每个键上方的字符输入。

Enter 回车键：用于确认当前的操作。

地址/数字键：用于字母、数字等的输入。

◄ ► ▲ ▼：用于光标的移动。

② 机床操作面板键。机床工作方式选择键：

自动——用于程序的自动加工。

单段——用于程序的单段执行。

手动——用于工作台的手动进给。由“+X”“-X”“+Z”“-Z”来控制进给轴和进给方向。

增量——当手轮的档位打到 OFF 挡时用于工作台的增量进，当手轮的挡位打到移动轴时是手轮进给。

回零——用于机床返回参考点。

其他的操作键：

急停键——紧急停止，按下此键其他的操作无效。

循环启动——自动方式或 MDI 下，自动运行程序。

进给保持——在自动方式下，暂停执行程序。

主轴正转/反转/停——用于主轴的控制，只有在手动方式下有效。

刀位转换——手动换刀，只有在手动方式下有效。

主轴修调——用于对主轴转速的修调，修调范围 0～150%。

快速修调——修调 G00 快速进给速度，修调范围 0～150%。

进给修调——修调 F 指令和手动方式下快进的进给速度，修调范围 0～150%。

手轮倍率——X1—0.001mm/每格

X10—0.01mm/每格

X100—0.1mm/每格

特别提示

手轮的 X 方向的每格移动乘以 2，其移动轴的选择，倍率的选择及手摇方向用鼠标的左右键控制。

3）传输程序

在实际加工过程中，机床与计算机加工程序之间的传输可通过特定的加工或传输软件来实现。

(1) 打开系统传输软件，设置好传输参数，传送。（注意：传输软件传输参数必须与机床上对应的传输参数一一对应）

（2）机床准备接收：数据方式下→程序→开始接收，输入程序名称，确定即可。

4）对刀

（1）零件对刀目的。通过对刀建立零件坐标系，找出零件原点的机械坐标值，建立起机械坐标系和零件坐标系之间的联系。

（2）对刀的常用方法。

① 试切法对刀。

② 对刀仪对刀，如图 1.140 所示。

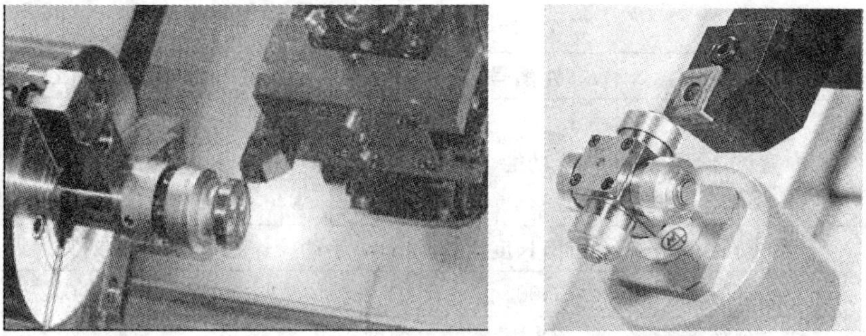

(a) 机械对刀仪

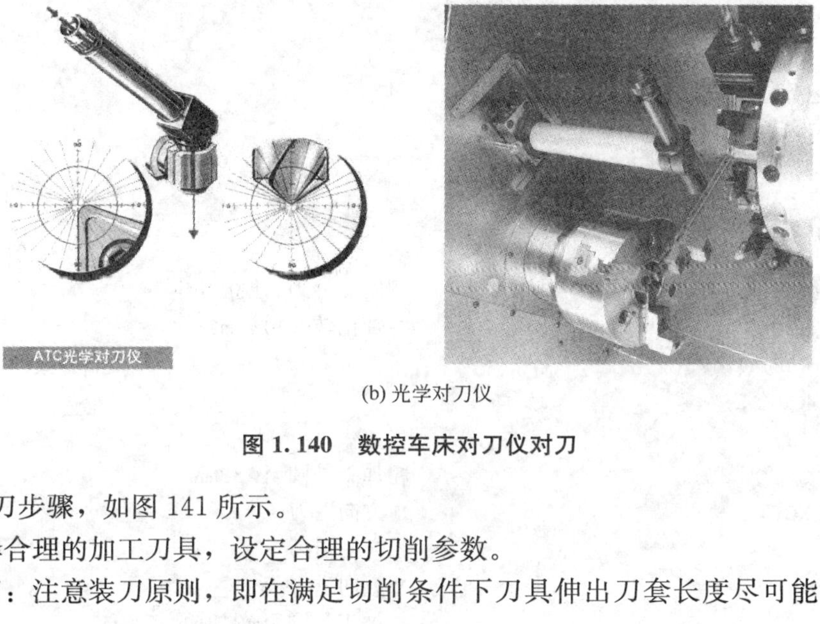

(b) 光学对刀仪

图 1.140　数控车床对刀仪对刀

（3）对刀步骤，如图 141 所示。

① 选择合理的加工刀具，设定合理的切削参数。

② 装刀：注意装刀原则，即在满足切削条件下刀具伸出刀套长度尽可能小，刀具必须夹紧。

③ 安装零件：安装零件时必须夹紧，零件定位基准必须贴紧夹具。

④ 对刀操作(实际演示试切法对刀操作完整过程)。

1.7.3　任务实施

1. 工艺过程

（1）粗加工外圆，留精加工余量 1mm。

（2）精加工外圆，达到零件图纸要求。

2. 刀具与工艺参数

刀具与工艺参数见表1-25、表1-26。

表1-25 数控加工刀具卡

实训课题		孔加工技能训练	零件名称		零件图号	
序号	刀具号	刀具名称及规格	刀尖半径/mm	数量	加工表面	备注
1	T0101	95°粗、精车右偏外圆刀	0.8	1	外表面、端面	80°菱形刀片

表1-26 数控加工工序卡

材料	45	零件图号		系统	FANUC	工序号
操作序号	工步内容(进给路线)	G功能	T刀具	切削用量		
				转速 $S/r\cdot min^{-1}$	进给速度 $F/mm\cdot r^{-1}$	背吃刀量 a_p/mm
程序	夹住圆钢料一头，留出长度大约65mm(手动操作)，车端面，对刀，调用程序					
(1)	粗车外轮廓	G90	T0101	300	0.2	2
(2)	精车外轮廓	G01	T0101	300	0.1	0.5

3. 装夹方案

用三爪自定心卡盘夹紧定位。

4. 编制程序

程序如下：

```
O0001
N10 T0101 G95 G40;              调用1号刀,建立刀补
N20 M03 S300;                   主轴正转300r/min
N30 G01 X40 Z10 F50;
N40 G01 X36 Z2;
N50 X33 Z2;
N60 G01 Z-20 F30;               粗加工外圆至φ33mm
N70 G01 X36;                    X方向退刀
N80 Z2;                         Z方向退刀
N90 X31;                        X方向进刀
N100 Z-20;                      粗加工外圆至φ31mm
N110 X36;
N120 Z2;
N130 X30;                       精加工外圆至φ30mm
N140 Z-20;
N150 G00 X100;
N160 Z100;
N170 T0100;                     取消刀补
N180 M05;                       主轴停
N190 M30;                       程序结束
```

5. 对刀

略。

6. 加工

略。

习　题

1. 简单零件的对刀操作练习。
2. 简单零件的不同数控系统的操作编程加工与测量。
3. 数控车床编程加工操作练习。

任务描述：如图 1.141 所示，试在数控机床上编写程序与加工操作，零件材料为 $\phi25$ 铝圆料或塑料圆料，并完成刀具卡表 1 - 27、工序卡片表 1 - 28 的填写。

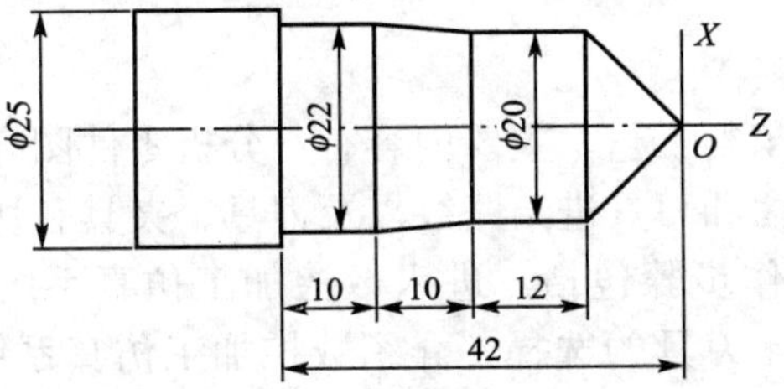

图 1.141　简单小轴加工

表 1 - 27　数控加工刀具卡

实训课题		孔加工技能训练	零件名称		零件图号	
序号	刀具号	刀具名称及规格	刀尖半径	数量	加工表面	备注

表 1 - 28　数控加工工序卡

材料	45	零件图号		系统	FANUC	工序号	
操作序号	工步内容(进给路线)	G 功能	T 刀具	切削用量			
				转速 $S/r \cdot min^{-1}$	进给速度 $F/mm \cdot r^{-1}$	背吃刀量 a_p/mm	
程序	夹住圆钢料一头，留出长度大约 65mm(手动操作)，车端面，对刀，调用程序						

项目小结

1. 数控车床结构组成

数控车床种类较多，结构主要由车床本体、数控系统、伺服系统、检测装置和辅助装置等组成。数控车床适合加工轮廓形状特别复杂或难于控制尺寸的回转体零件；精度要求高的回转体零件；特殊的螺旋零件；淬硬零件的加工。突出特点是加工精度高、质量稳定；加工效率高；适应范围广，灵活性好。

2. 数控车床编程

编程时数控车床的坐标系采用右手笛卡儿直角坐标系。数控车床程序由若干程序段组成，每个程序段又由若干功能字组成，字是由一系列按规定排列字符即地址符组成，如数字、字母、标点符号、数学运算符等，组成程序段的每一个字都有其特定的功能含义，在数控编程中可以使用子程序功能以简化程序功能。

3. 数控车床操作

车削零件时应先分析车削工艺，主要内容有：分析零件图样、确定零件在车床上的装夹方式、各表面的加工顺序和刀具进给路线以及刀具、夹具和切削用量的选择等。

数控车床仿真软件操作步骤包括：进入数控加工仿真系统、选择机床类型、开启机床、毛坯的设定、数控车床刀具的选择、介绍数控加工仿真系统的面板、机床对刀操作、数控加工程序的传输、自动加工。

数控车床实际操作须经过专门的技术培训，严格按照操作规程，实训过程参照企业5S标准进行管理和实施。

项目 2

数控铣削加工技术

能力目标

1. 分析数控铣削加工工艺；
2. 编写数控铣削加工程序；
3. 操作数控铣床；
4. 检测和评估零件加工质量。

项目导读

本项目从认识数控铣削加工开始，分别介绍铣削加工平面类、轮廓类、型腔类、孔类、综合类零件，最后操作数控铣床分析铣削工艺、拟定铣削路线，同时利用数控仿真软件同步体验，由浅入深分类介绍数控铣削编程技术与仿真编程加工，最后是实际数控铣床操作加工，直接体验铣削加工的真实过程。

本项目精选加工案例，借助数控仿真软件同步教学，强化实践性，遵循“做中学，学中做”，融理论实践为一体。学习过程按照：分析工艺→拟定铣削路线→编写数控铣削程序→仿真加工验证→检测工件，即

任务 2.1　认识数控铣削加工

专项能力目标	涉及知识点	权重/(%)	建议学时
会对刀设立刀补并确定相关加工坐标系	机床坐标系确定原则；机床原点与参考点；工作坐标系及其设定	50	6
操作数控铣床仿真软件	数控铣床仿真软件；数控铣床加工仿真操作步骤	50	

2.1.1　任务导入：数控铣削仿真加工

任务描述：完成图 2.1 所示凸台零件的数控仿真加工，毛坯尺寸为 90mm×90mm×30mm。

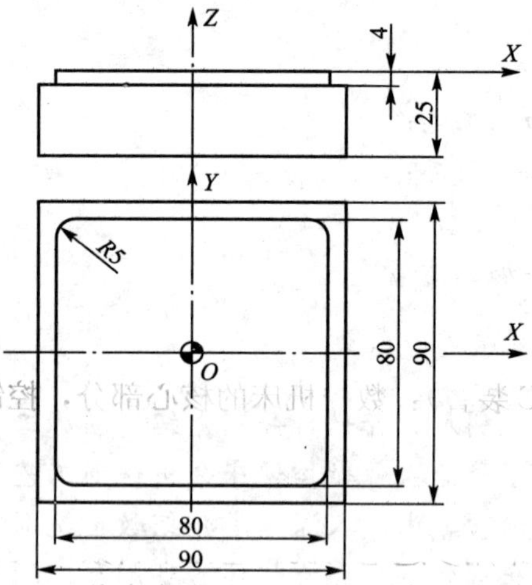

图 2.1　凸台零件图

程序如下：

```
O0001
N010 G54 G0 G90 X-65 Y40 S500 M3;      建立工件坐标系,启动主轴
N020 Z50;                              Z向快速下刀
N030 Z10;                              Z向快速下刀
N040 G1 Z-4 F80;                       Z向快速下刀
N050 G41 D1 X-50 F120;                 建立刀具半径补偿
N060 X35;                              加工直线
N070 G2 X40 Y35 R5;                    加工圆弧
N080 G1 Y-35;                          加工直线
N090 G2 X35 Y-40. R5;                  加工圆弧
N100 G1 X-35;                          加工直线
N110 G2 X-40 Y-35 R5;                  加工圆弧
N120 G1 Y35;                           加工直线
```

```
N130 G2 X-35 Y40 R5;          加工圆弧
N140 G3 X-20 Y55 R15;         圆弧退刀
N150 G1 G40 Y70;              取消刀具半径补偿
N160 G0 Z50;                  Z 向快速提刀
N170 M05;                     主轴停止
N180 M30;                     程序结束
```

2.1.2　知识链接

1. 数控铣床简介

数控铣床是世界上最早研制出来的数控机床，是一种功能很强的机床。它加工范围广，工艺复杂，涉及的技术问题多，是数控加工领域中具有代表性的一种机床。目前迅速发展起来的加工中心和柔性制造单元等都是在数控铣床的基础上发展起来的。人们在研究和开发新的数控系统和自动编程软件时，也把数控铣削加工作为重点。

与普通铣床相比，数控铣床的加工精度高，精度稳定性好，适应性强，操作劳动强度低，特别适用于板类、盘类、壳具类、模具类等复杂形状的零件或对精度保持性要求较高的中、小批量零件的加工。

1）数控铣床的组成

数控铣床一般由铣床本体、数控装置部分、伺服驱动装置、辅助装置等部分组成。

(1) 铣床本体：数控铣床的机械部件，包括床身、立柱、主轴箱、工作台和进给机构等。

(2) 数控装置部分(CNC 装置)：数控机床的核心部分，控制数控机床几乎所有的控制功能。

(3) 伺服驱动装置：数控铣床执行机构的驱动部件，主要包括主轴电动机和进给伺服电动机，经济型数控机床常采用步进电动机。它把来自数控装置的运动指令进行放大，驱动铣床的运动部件，使工作台按规定轨迹移动或准确定位。

(4) 辅助装置：主要指数控铣床的一些辅助配套部件，如手动换刀时用的气动装置、加工冷却时用的冷却装置、冲屑时用的排屑装置等。

2）数控铣床工作原理

数控铣床工作原理框图如图 2.2 所示。

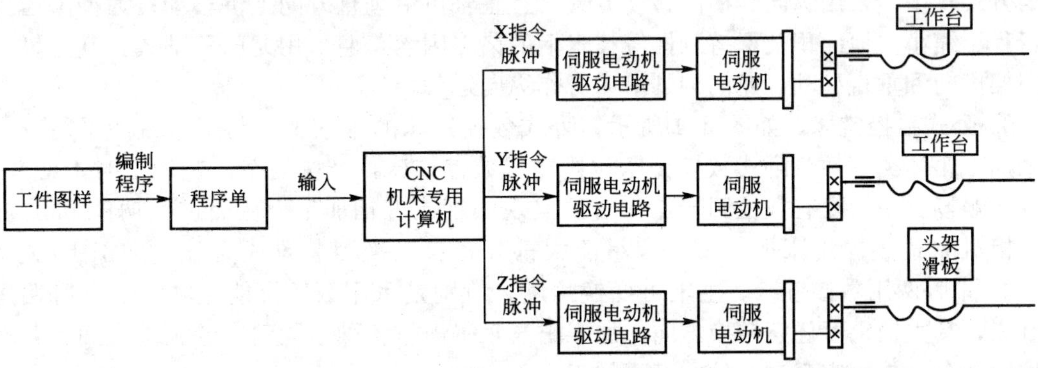

图 2.2　数控铣床工作原理框图

根据被加工零件的图样、尺寸、材料及技术要求等内容进行工艺分析如加工顺序、进给路线、切削用量等，通过面板键盘输入或磁盘读入等方法把加工程序输入到数控铣床的专用计算机(数控装置)中，数控装置经过驱动电路控制和放大，使伺服电动机转动，通过齿轮副(或直接)经滚珠丝杠，驱动铣床工作台(X、Y 轴)和 Z 方向(头架滑板)。再与选定的主轴转速相配合。半闭环和闭环的数控机床检测反馈装置可把测得的信息反馈给数控装置进行比较后再处理，最终完成整个加工。加工结束机床自动停止。

3) 数控铣床的分类

数控铣床按不同的分类方式有不同的种类。

(1) 按数控铣床主轴的布置形式分类。

① 立式数控铣床。如图 2.3 所示，立式数控铣床的主轴轴线与工作台面垂直，是数控铣床中最常见的一种布局形式，工件安装方便，结构简单，加工时便于观察，但不便于排屑。立式数控铣床一般为三坐标 (X、Y、Z)联动，其各坐标的控制方式主要有以下两种：一种是工作台纵、横向移动并升降，主轴只完成主运动，目前小型数控铣床一般采用这种方式；另一种是工作台纵、横向移动，主轴升降，这种方式一般运用在中型数控铣床中。

图 2.3　立式数控铣床

立式数控铣床又可分为小、中、大三种类型。小型采用工作台移动和升降而主轴不移动的方式；中型采用纵向和横向移动方式，且主轴可沿垂直方向上下移动；大型考虑到扩大行程、缩小占地面积及保持刚性等技术上的诸多因素普遍采用龙门移动式，其主轴可在龙门架横向和垂直移动，龙门架则沿床身作纵向运动。

② 卧式数控铣床。如图 2.4 所示，卧式数控铣床的主轴轴线与工作台面平行，主要用来加工箱体类零件。卧式数控铣床相比立式数控铣床，结构复杂，在加工时不便观察，但排屑顺畅。一般配有数控回转工作台以实现四轴或五轴加工，从而扩大功能和加工范围。相对立式数控铣床尺寸要大，目前大都配备自动换刀装置成为卧式加工中心。

③ 立卧两用数控铣床。主轴可变换角度。特别是采用数控万能主轴头的立卧两用数控铣床，其主轴头可任意转换方向，加工出与水平面呈各种不同角度的工件表面。若增加数控回转台，就可实现对工件的五面加工。

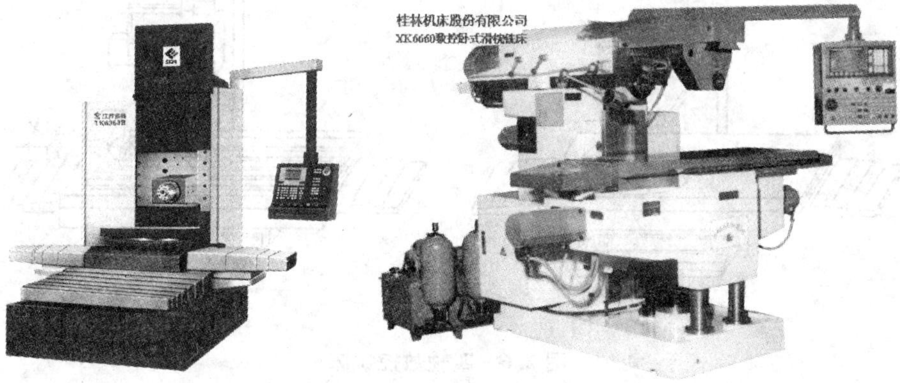

图 2.4　卧式数控铣床

这类机床适应性更强，应用范围更广，尤其适合于多品种、小批量又需立卧两种方式加工的情况，但其主轴部分结构较为复杂。

④ 龙门式数控铣床。大型数控立式铣床多采用龙门式布局，如图 2.5 所示，在结构上采用对称的双立柱结构，以保证机床整体刚性、强度。主轴可在龙门架的横梁与溜板上运动，而纵向运动则由龙门架沿床身移动或由工作台移动实现，其中工作台床身特大时多采用前者。

图 2.5　龙门数控铣床

龙门式数控铣床适合加工大型零件，主要在汽车、航空航天、机床等行业使用。

(2) 数控铣床按主轴运动方式分类。

① 三轴数控铣床。如图 2.3 所示的立式数控铣床，图 2.4 所示的卧式数控铣床，刀具相对工件能在 X、Y、Z 三个坐标轴方向上做进给运动，这样的数控铣床又称三轴数控铣床。

② 四轴数控铣床。如图 2.6(a)所示的数控铣床工作台除了 X、Z 轴方向产生移动外，还能绕 Y 轴回转，加上刀具在立柱上沿 Y 轴的上下移动即为四轴联动数控铣床；如图 2.6(b)所示的数控铣床工作台除了 X、Y 轴方向产生移动外还能绕 X 轴回转，加上刀具在立柱上沿 Z 轴的上下移动即为四轴联动数控铣床。

③ 五轴数控铣床。如果在四轴基础上使图 2.7 所示的主轴也做回转运动，就称为五轴数控铣床。轴数越多，铣床加工能力越强，加工范围越广。

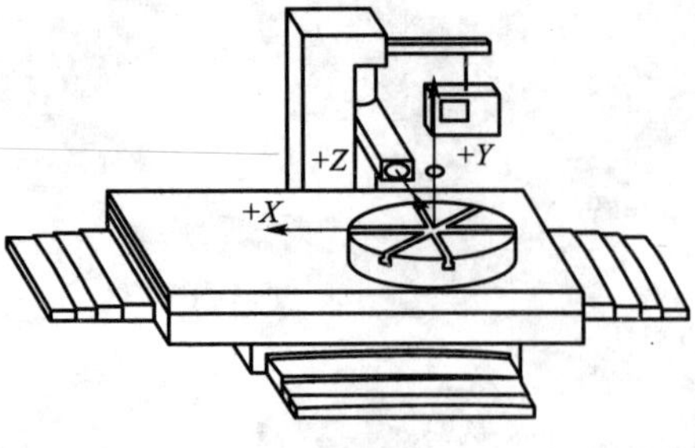

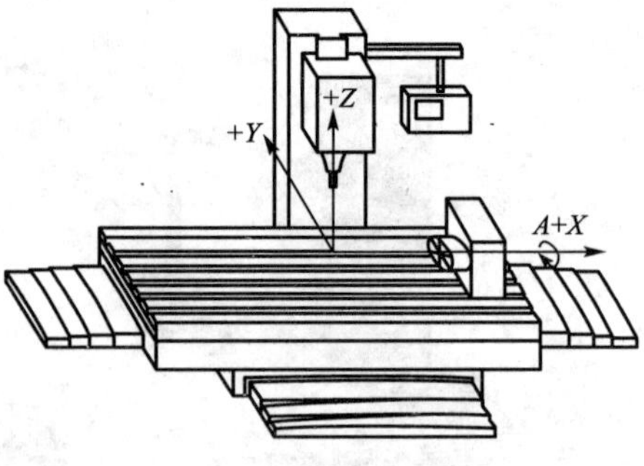

图 2.6　四轴数控铣床

数控铣床能实现多坐标轴联动，从而容易实现许多普通机床难以完成或无法加工的空间曲线或曲面，大大增加了机床的工艺范围。

(3) 按数控系统的功能分类。

① 经济型数控铣床。经济型数控铣床一般是在普通立式铣床或卧式铣床的基础上改造而来的，采用经济型数控系统，成本低，机床功能较少，主轴转速和进给速度不高，主要用于精度要求不高的简单平面或曲面零件加工。

② 全功能数控铣床。全功能数控铣床一般采用半闭环或闭环控制，控制系统功能较强，数控系统功能丰富，一般可实现四坐标或以上的联动，加工适应性强，应用最为广泛。

③ 高速数控铣床。一般把主轴转速在 8000～10000r/min 以上，进给速度可达 10～30m/min 的数控铣床称为高速铣削数控铣床，如图 2.8 所示。这种数控铣床采用全新的机床结构(主体结构及材料变化)、功能部件(电主轴、直线电动机驱动进给)和功能强大的数控系统，并配以加工性能优越的刀具系统，可对大面积的曲面进行高效率、高质量的加工。

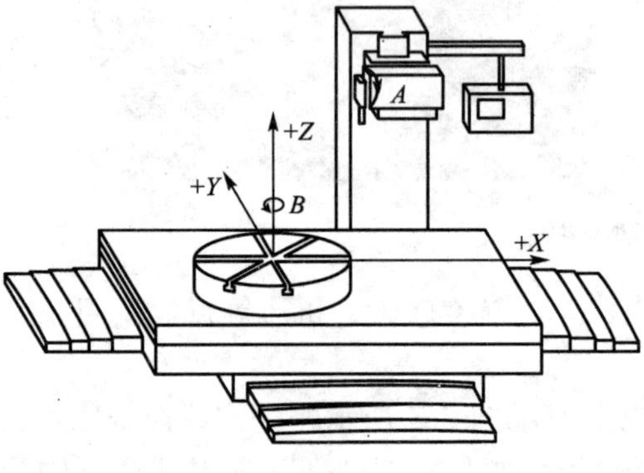

图 2.7　五轴数控铣床图

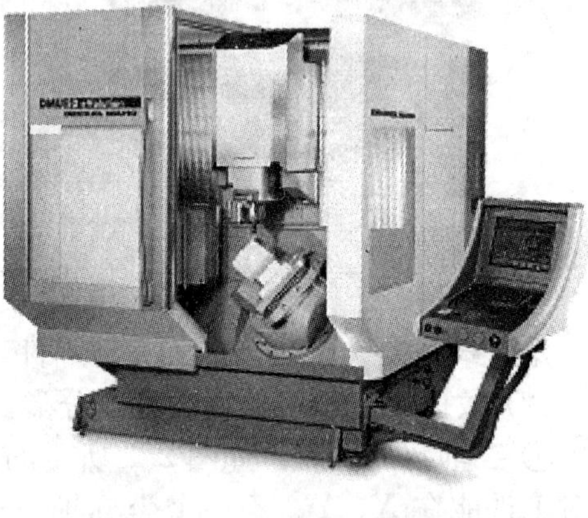

图 2.8　高速数控铣床

高速铣削是数控加工的一个发展方向，目前，其技术正日趋成熟，并逐渐得到广泛应用，但机床价格昂贵，使用成本较高。

④ 数控铣削中心。计算机数控系统、主传动系统、进给传动系统、实现某些动作和辅助功能的系统和装置，如液压、气动、润滑、冷却等系统，排屑、防护等装置，刀架和自动换刀装置，自动托盘交换装置；特殊功能装置，如刀具破损监控、精度检测和监控装置。

机床基础件通常是指床身、底座、立柱、横梁、滑座、工作台等。它们是整台机床的基础和框架。机床的其他零、部件固定在基础件上，或工作时在其导轨上运动。对于加工中心，除上述组成部分外，有的还有双工位工件自动交换装置。柔性制造单元还带有工位数较多的工件自动交换装置，有的甚至还配有用于上下料的工业机器人。

(4) 其他分类。按数控铣床结构不同，可以分为立柱移动式数控铣床、主轴头可倾式和可交换工作台式数控铣床；按加工对象的不同可以分为仿形数控铣床、数控摇臂铣床和数控万能工具铣等。

4) 数控铣床的主要功能

数控铣床主要可完成零件的铣削加工以及孔加工，配合不同档次的数控系统，其功能会有较大的差别，但一般都应具有以下主要功能。

(1) 铣削加工功能。数控铣床一般应具有三坐标以上联动功能，能够进行直线插补、圆弧插补和螺旋插补，自动控制主轴旋转带动刀具对工件进行铣削加工。图 2.9 所示为三坐标联动曲面铣削加工。联动轴数越多，对工件的装夹要求就越低，加工工艺范围越大。如图 2.10 所示的叶片模型，利用五轴联动数控铣床可很方便地加工。

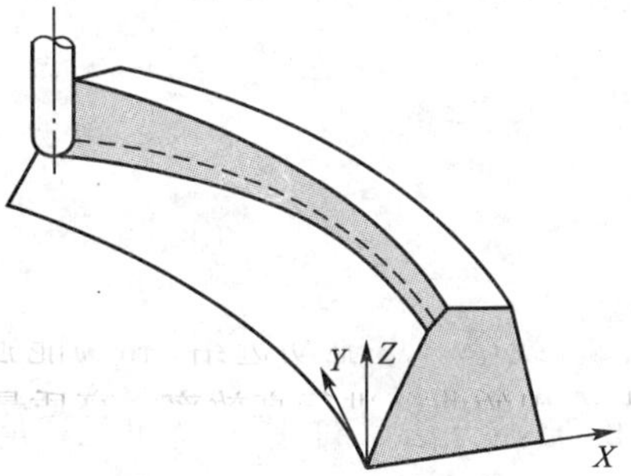

图 2.9　三坐标曲面加工

图 2.10　叶片模型

(2) 孔及螺纹加工。加工孔可采用定尺寸的孔加工刀具如麻花钻、铰刀等进行钻、扩、铰、镗等加工，也可采用铣刀铣削加工孔。

螺纹孔可用丝锥进行攻螺纹，也可采用螺纹铣刀(见图 2.11)，铣削内螺纹和外螺纹，螺纹铣削主要利用数控铣床的螺旋插补功能，比传统丝锥加工效率高得多。

(3) 刀具补偿功能。包括半径补偿功能和刀具长度补偿功能。半径补偿功能可在平面轮廓加工时解决刀具中心轨迹和零件轮廓之间的位置尺寸关系，同时可改变刀具半径补偿值实现工件的粗精加工。刀具长度补偿解决不同长度的刀具利用长度补偿程序实现设定位置与实际长度的协调问题。

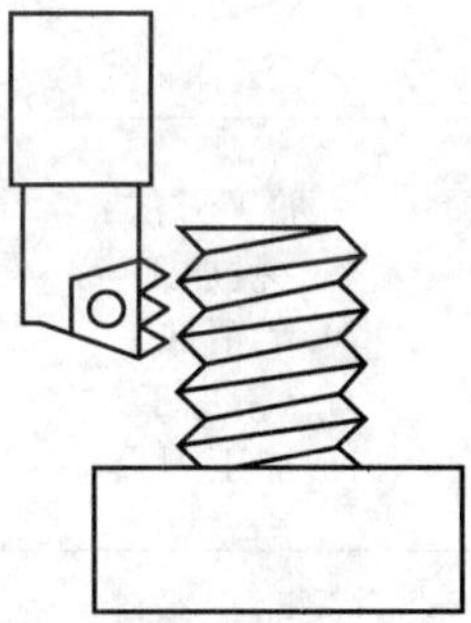

图 2.11　螺纹铣削

(4) 公制、英制转换功能。此项功能可根据图样的标注选择公制单位编程和英制单位编程，不必单位换算，使程序编程更加方便。

(5) 绝对坐标和增量坐标编程功能。在程序编制中，坐标数据可以用绝对坐标或者增量坐标，使数据的计算或程序的编写变得灵活。

(6) 进给速度、主轴转速调节功能。用来在程序执行中根据加工状态和编程设定值来随时调整实际的进给速度和主轴转速，以达到最佳的切削效果。

(7) 固定循环功能。可实现一些具有典型性的需多次重复加工的内容，如孔的相关加工、挖槽加工等。只要改变参数就可以适应不同尺寸的需要。

(8) 工件坐标系设定功能。用来确定工件在工作台上的装夹位置，对于单工作台上一次加工多个工件非常方便。且可对工件坐标系进行平移和旋转以适应不同特征的工件。

(9) 子程序功能。对于需要多次重复加工的内容可将其编成子程序在主程序中调用。子程序可以嵌套，嵌套层数视不同的数控系统而定。

(10) 通信及在线加工(DNC)功能。数控铣床一般通过 RS232 接口与外部 PC 实现数据的输入输出，如把加工程序传入数控铣床，或者把机床数据输出到 PC 备份。有些复杂零件的加工程序很长，超过了数控铣床的内存容量，可以利用传输软件进行边传输边加工的方式。

2. 数控铣床操作流程

1) 数控铣床操作步骤

(1) 首先，根据工件图编写 CNC 机床用的程序。

(2) 程序被读进 CNC 系统中后，在机床上安装工件和刀具，并且按照程序试运行刀具。

(3) 程序试运行完毕，进行实际加工。

2) 制定加工计划

(1) 确定工件加工的范围。

(2) 在机床上安装工件的方法。

(3) 每个加工过程的加工顺序。

(4) 刀具和切削参数。

可按表 2-1 编制加工计划，确定每道工序的加工方法，对于每次加工，应根据工件图来准备刀具路径程序和加工参数。

表 2-1 加工计划表

工序 / 方法	1	2	3
	进给切削	侧面加工	孔加工
加工方法： 粗加工 半精加工 精加工 加工刀具			
加工参数 进给速度 背吃刀量 刀具路径			

3. 数控铣削加工特点

图 2.12 所示为数控铣床加工的产品零件，主要具有如下特点：

图 2.12　数控铣床加工的零件

(1) 加工精度高，加工质量稳定可靠。目前一般数控铣床轴向定位精度可达到±0.0050mm，轴向重复定位精度可达到±0.0025mm，加工精度完全由机床保证，在加工过程中产生的尺寸误差能及时得到补偿，能获得较高的尺寸精度；数控铣床采用插补原理确定加工轨迹，加工的零件形状精度高；在数控铣削加工中，工序高度集中，一次装夹即可加工出零件上大部分表面，人为影响因素非常小。

数控铣床的加工速度大大高于普通机床，电动机功率也高于同规格的普通机床，其结构设计的刚度也远高于普通机床。一般数控铣床主轴最高转速可达到 6000～20000r/min，目前，欧美模具企业在生产中广泛应用数控高速铣，三轴联动的比较多，也有一些是五轴联动的，转数一般在 15000～30000r/min。采用高速铣削技术，速度可达几万转以上，可大大缩短制模时间。经高速铣削精加工后的零件型面，仅需略加抛光便可使用。同时，数控铣床能够多刀具连续切削，表面不会产生明显的接刀痕迹，因此表面加工质量远高于普通铣床。

(2) 加工形状复杂。通过计算机编程，数控铣床能够自动立体切削，加工各种复杂的曲面和型腔，尤其是多轴加工，加工对象的形状受限制更小。

(3) 自动化程度高，生产效率高。数控铣床刚度大、功率大，主轴转速和进给速度范围大且为无级变速，所以每道工序都可选择较大而合理的切削用量，减少了机动时间，数控铣床自动化程度高，可以一次定位装夹，把粗加工、半精加工、精加工一次完成，还可以进行钻、镗加工，减少辅助时间，所以生产效率高。对复杂型面零件的加工，其生产效率可提高十几倍甚至几十倍。此外，数控铣床加工出的零件也为后续工序(如装配等)带来了许多方便，其综合效率更高。

(4) 有利于现代化管理。数控铣床使用数字信息与标准代码输入，适于数字计算机联网，成为计算机辅助设计与制造及管理一体化的基础。

(5) 便于实现计算机辅助设计与制造。计算机辅助设计与制造(CAD/CAM)已成为航空航天、汽车、船舶及各种机械工业实现现代化的必由之路。将计算机辅助设计出来的产品图样及数据变为实际产品的最有效途径，就是采取计算机辅助制造技术直接制造出零、部件。加工中心等数控设备及其加工技术正是计算机辅助设计与制造系统的基础。图 2.13 所示为 UG/CAM 软件应用实例，加工过程从零件建模、加工轨迹生成、模拟加工、生成数控程序、传输到实际数控机床进行生产加工。

(a) 零件建模

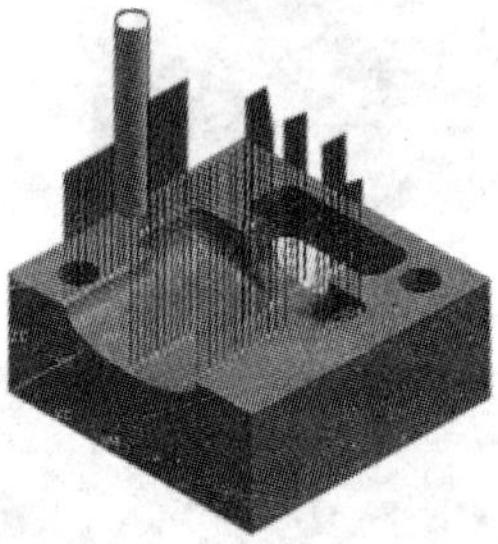

(b) 生成刀轨与模拟加工

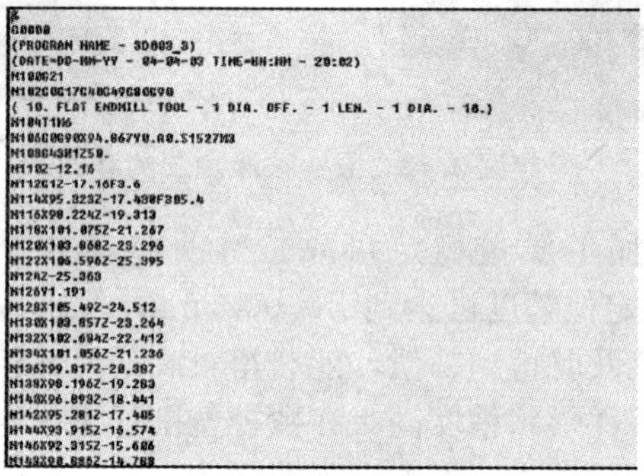

```
%
O0000
(PROGRAM NAME - 3D003_3)
(DATE=DD-MM-YY - 04-04-03 TIME=HH:MM - 20:02)
N100G21
N102G0G17G40G49G80G90
( 10. FLAT ENDMILL TOOL - 1 DIA. OFF. - 1 LEN. - 1 DIA. - 10.)
N104T1M6
N106G0G90X94.067Y0.A0.S1527M3
N108G43H1Z50.
N110Z-12.16
N112G1Z-17.16F3.6
N114X95.323Z-17.430F305.4
N116X98.224Z-19.313
N118X101.075Z-21.267
N120X103.080Z-23.296
N122X106.596Z-25.395
N124Z-25.363
N126Y1.191
N128X105.49Z-24.512
N130X103.857Z-23.264
N132X102.694Z-22.412
N134X101.056Z-21.236
N136X99.817Z-20.387
N138X98.196Z-19.283
N140X96.093Z-18.441
N142X95.281Z-17.405
N144X93.915Z-16.574
N146X92.315Z-15.606
N148X90.885Z-14.789
```

(c) 生成加工程序

图 2.13　UG/CAM 软件应用

4. 数控铣床坐标系

1) 确定数控铣床坐标系

根据项目 1 任务 1.1 中所介绍的数控机床坐标系判断数控铣床的坐标系，图 2.14(a)所示为立式数控铣床坐标系，图 2.14(b)所示为卧式数控铣床坐标系。

2) 机床原点与机床参考点

如图 2.15 所示，O_1 为机床原点又称机械原点，它是机床坐标的原点。该点是机床上的一个固定的点，其位置是由机床设计和制造单位确定的，通常不允许用户改变。机床原点是工件坐标系、编程坐标系、机床参考的基准点。这个点不是一个硬件点，而是一个定义点。

机床参考点是采用增量式测量的数控机床所特有的，机床原点是由机床参考点体现出来的，机床参考点是一个硬件点。

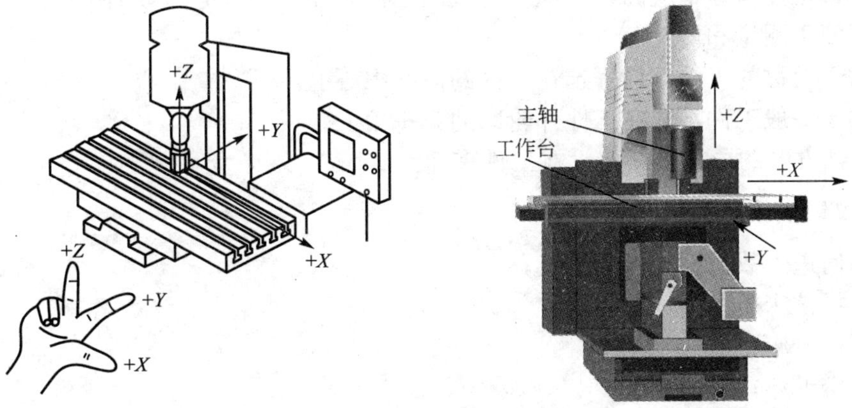

(a) 立式数控铣床坐标系

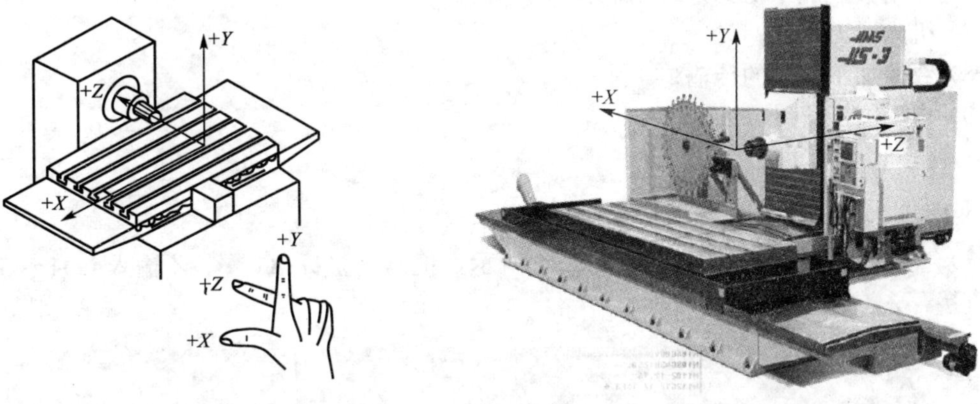

(b) 卧式数控铣床坐标系

图 2.14　数控铣床坐标系

3）工件坐标系

工件坐标系的原点就是工件原点，又称工件零点，如图 2.16 中 O_2 所示。与机床坐标系不同，工件坐标系是人为设定的，选择工件坐标系的原点的一般原则是：

(1) 尽量选在工件图样的基准上，便于计算，减少错误，以利于编程。

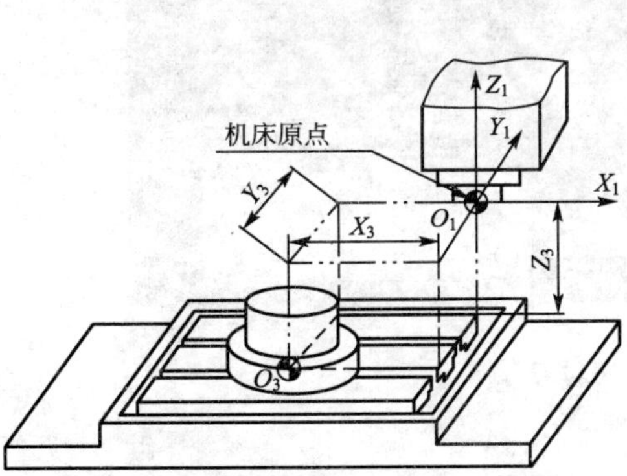

图 2.15　机床原点与机床参考点

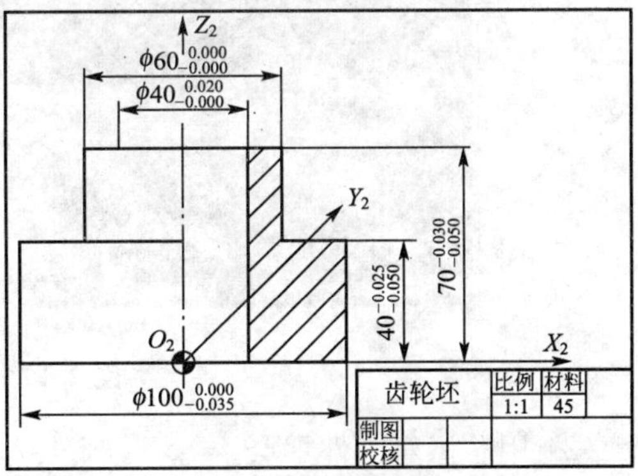

图 2.16　工件坐标系

(2) 尽量选在尺寸精度高，粗糙度值低的工件表面上，以提高被加工件的加工精度。

(3) 要便于测量和检验。

(4) 对于对称的工件，最好选在工件的对称中心上。

(5) 对于一般工件，选在工件外轮廓的某一角上。

(6) Z 轴方向的原点，一般设在工件表面。

5. 数控铣床仿真软件操作步骤

(1) 如何进入数控铣床仿真系统；

(2) 选择铣床类型；

(3) 开启机床；

(4) 设定毛坯；

(5) 选择数控铣床刀具；

(6) 介绍数控加工仿真系统的面板；

(7) 机床对刀操作；

(8) 数控加工程序的传输；

(9) 自动加工。

6. 铣床对刀

1) FANUC 0－MD 系统数控铣床设置工件零点方法

(1) 直接用刀具试切对刀。如图 2.17 所示，把当前坐标 X、Y、Z 输入 G54～G59 或右击直接存入 G54～G59。

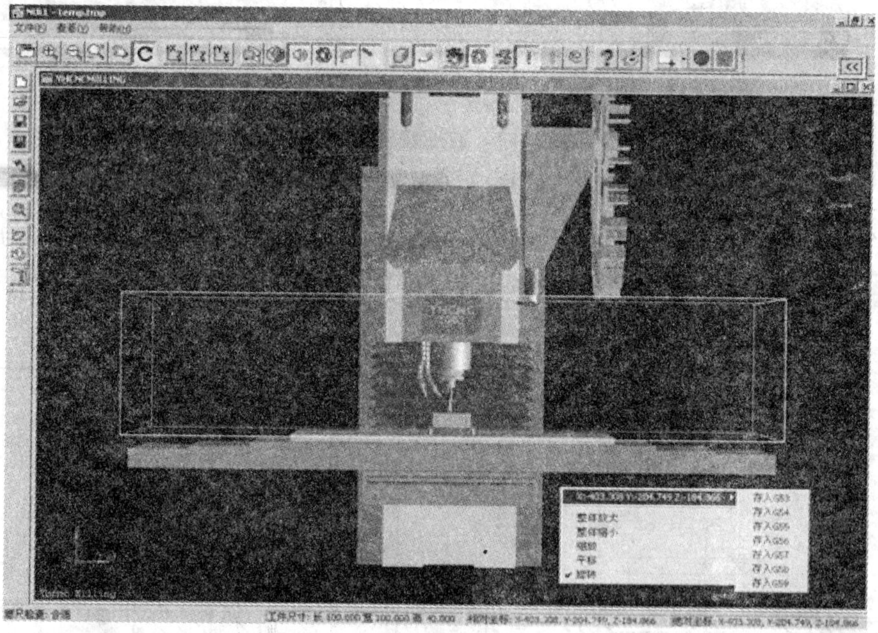

图 2.17 直接试切对刀

(2) 用芯棒对工件零点。

① 在左边工具框，选择毛坯功能键：

② 选择基准芯棒，如图 2.18 所示。

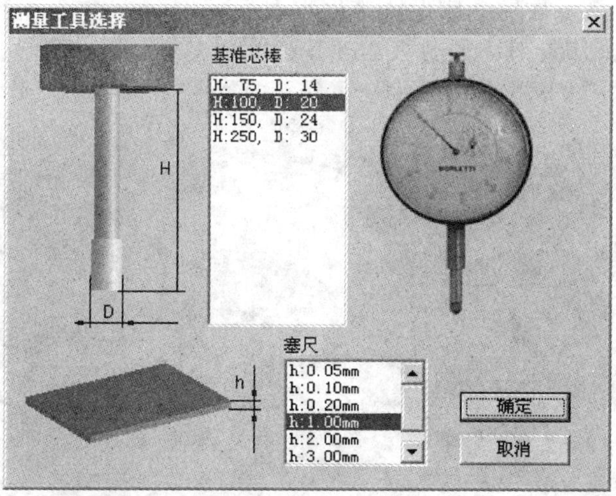

图 2.18　选择芯棒

③ 选择基准芯棒规格和塞尺厚度如：

a. 基准芯棒(100×20)。

b. 塞尺厚度 1mm。

④ 如图 2.19 所示直接对工件，根据左下角提示确定是否对好。

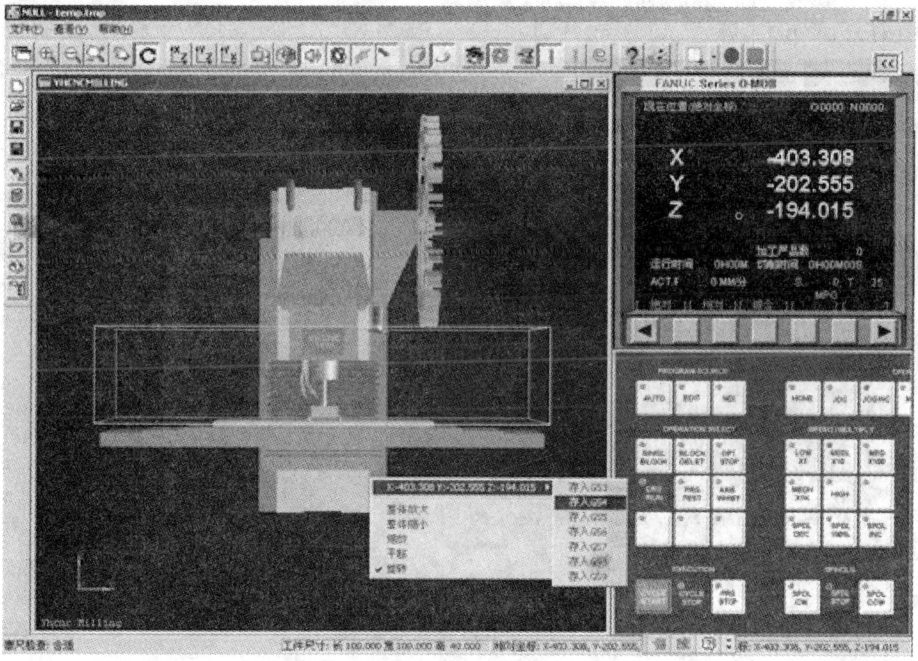

图 2.19　芯棒对刀

⑤ Z 坐标工件零点＝当前 Z 坐标－基准芯棒长度－塞尺厚度

Y 坐标工件零点＝当前 Y 坐标±基准芯棒半径±塞尺厚度

X 坐标工件零点＝当前 X 坐标±基准芯棒半径±塞尺厚度

⑥ 把计算结果 Z、Y、X、坐标工件零点输入 G54～G59。

2）FANUC 0iM 系统数控铣床设置工件零点方法

（1）直接用刀具试切对刀，如图 2.20 所示。

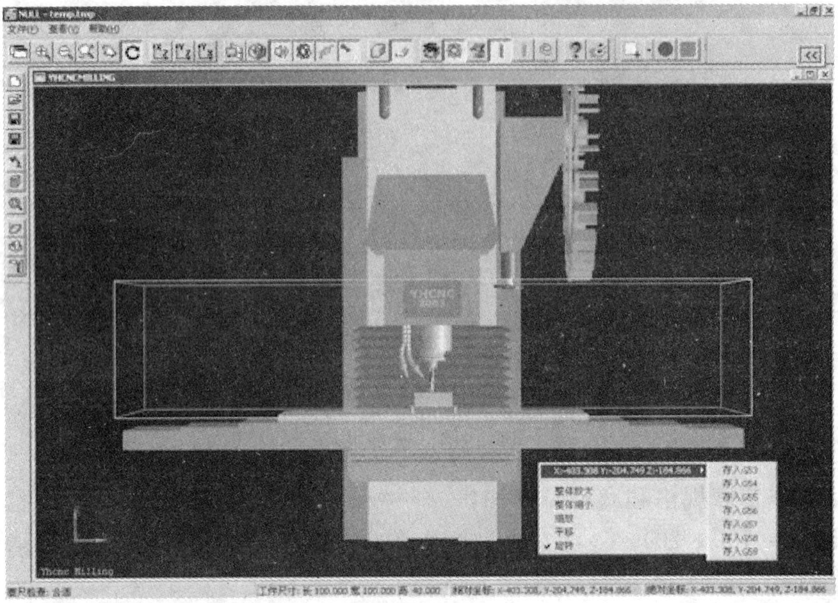

图 2.20　直接试切对刀

① 用刀具试切工件。

② 按 OFFSET SETTING →【坐标系】→【测量】键，把当前坐标位置作为工件零点 G54，输入 X0、Y0、Z0，按测量即当前坐标被存入，如图 2.21 所示。

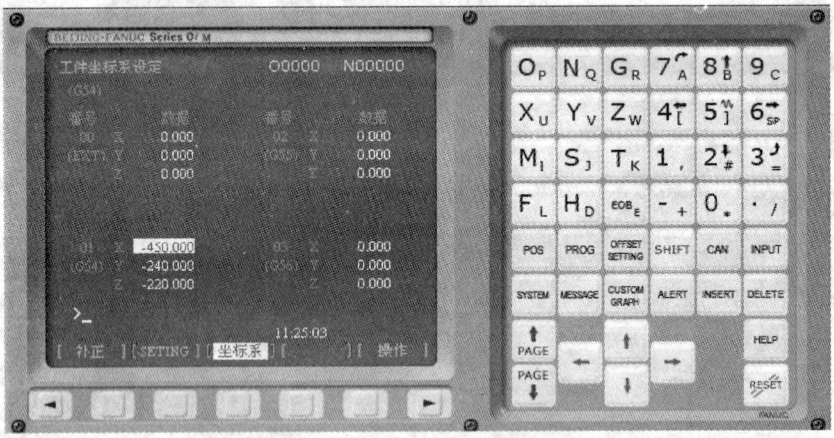

图 2.21　工件零点参数输入

2）用芯棒对工件零点，同 FANUC 0－MD。

应用实例 2－1

如图 2.22 所示，在一块正方形 45 钢板上钻削 15 个直径为 12mm 的孔，试编写 FANUC 0i 系统数控铣床程序，并在仿真软件上加工，T01：ϕ12 钻头。

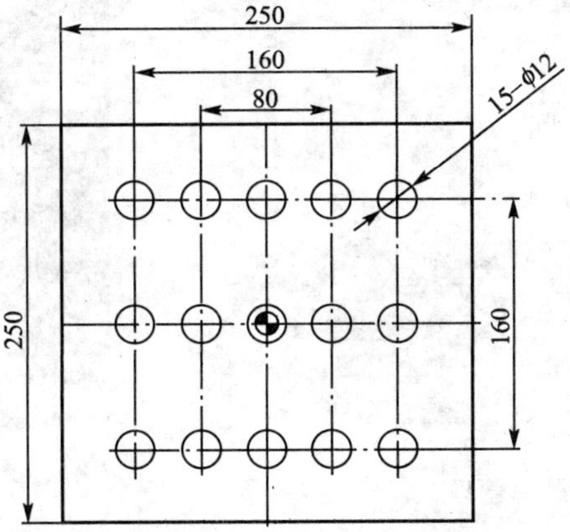

图 2.22 铣床加工举例

(1) 编写程序

程序如下：

```
O0023
N10 G40 G49 G80 G17 M06 T01;       换φ12 钻头,固定循环取消
N20 G54 G90 G0 X-80 Y-80;          调用 G54 工件坐标系,移动到孔位
N30 G43 H1 Z50;                    刀具长度补长
N40 M03 S800;
N50 M08;
N60 G99 G83 Z-30 R1 Q2 F200;       深孔钻削循环
N70 G91 X40 K4;                    重复钻削
N80 Y80;
N90 G91 X-40 K4;
N100 Y80;
N110 X40 K4;
N120 G80 G90 G0 Z50;               固定循环取消
N130 M05 M09;
N140 G91 G28 Z0 Y0;                回换刀点
N150 M05;
N160 M30;
```

(2) 操作步骤

① 分析工件，编制工艺，并选择刀具，在草稿上编辑好程序。

② 打开数控铣床仿真软件 FANUC0i－M 铣床系统。

a. 回零(回参考点)。选择参考点模式：回参考点→ Z Z 轴回零→ X X 轴回零→ Y Y 轴回零→回参考点完毕。

b. 选择刀具。刀具库管理(左侧工具条)出现如图 2.23 所示界面。

选择需要的刀具(球头刀)添加到刀盘的刀位号 01 处，单击“确定”按钮即完成选刀。

c. 设定毛坯大小。左侧工具条中的“工件大小、原点”→设定工件大小、原点，如图 2.24 所示。根据零件图把工件的大小设定为 250×250×40，同时选中“更换工件”复选框→单击“确定”按钮即完成工件的大小设置。

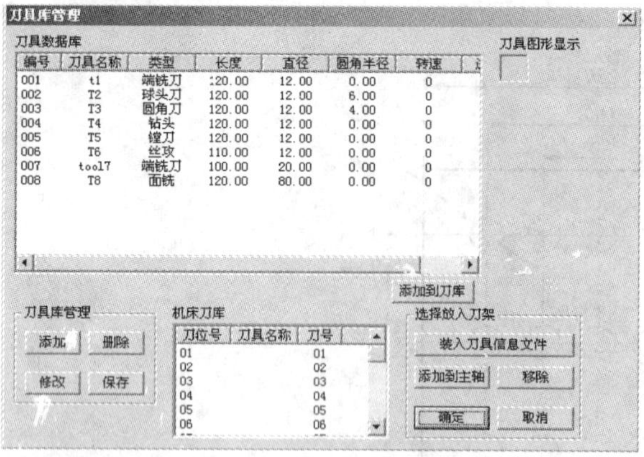

图 2.23　刀具库管理

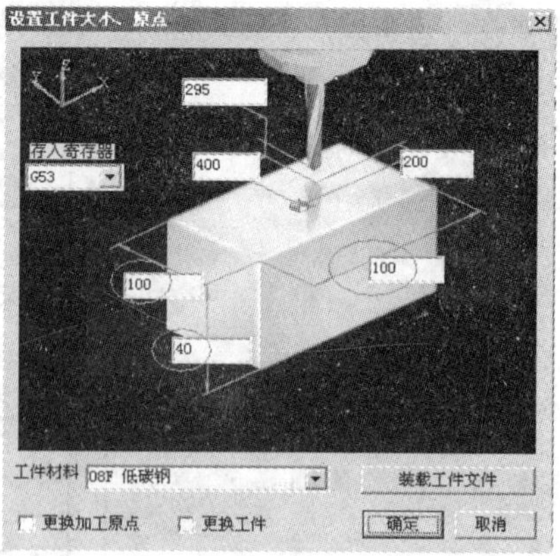

图 2.24　设置工件

d. 对刀。手动模式→使刀具沿 Z 方向与工件上表面接触→按键进入参数输入界面，如图 2.25 所示。按[坐标系]键出现如图 2.26 所示的界面，移动光标至 G54 坐标系处→输入 Z0→[测量]→此时，Z 轴即对刀完毕。

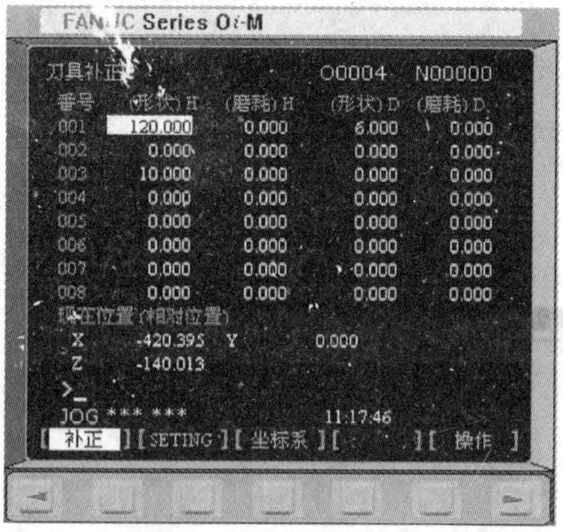

图 2.25　参数输入界面

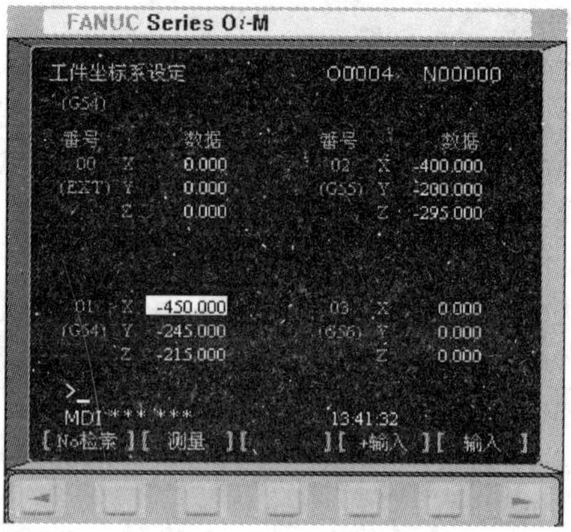

图 2.26　坐标系界面

移动刀具，使刀具在 X 轴的正方向与工件相切→按键进入参数输入界面(见图 2.25)→按[坐标系]键→移动光标至 G54 坐标系处→输入主轴中心到所要设定的工件坐标系原点之间的距离值(本例题的值为 X131)→[测量]→此时，X 轴即对刀完毕。

用同样的方法给 Y 轴对刀：移动刀具，使刀具在 Y 的正方向与工件相切→按键进入参数输入界面(见图 2.25)→按[坐标系]键→移动光标至 G54 坐标系处→输入主轴中心到所要设定的工件坐标系原点之间的距离值(本例题的值为 Y131)→[测量]→此时，Y 轴即对刀完毕，如图 2.27 所示。

e. 程序输入。程序编辑模式→PROG→[DIR]，如图 2.28 所示，输入新建程序名 O0004→INSERT 插入(新程序名就创建好了)，如图 2.29 所示。

将在草稿编好的程序输入→程序输入完成，如图 2.30 所示。

f. 加工工件。自动模式→循环启动→程序将自动运行直至完毕。

g. 测量工件。工具条中测量→特征线→完成测量。

h. 工件模拟加工完成。

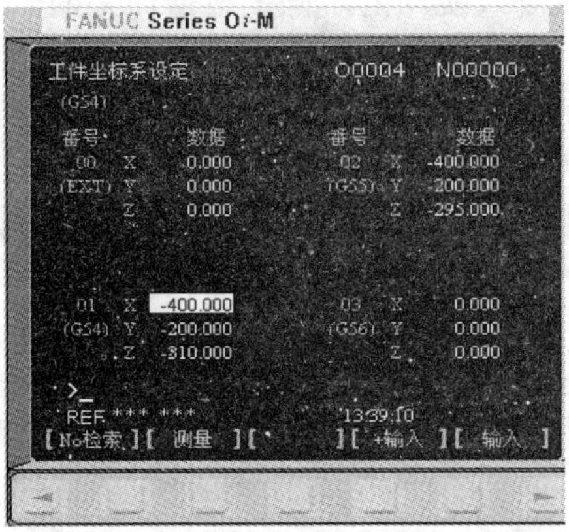

图 2.27 X、Y 轴对刀

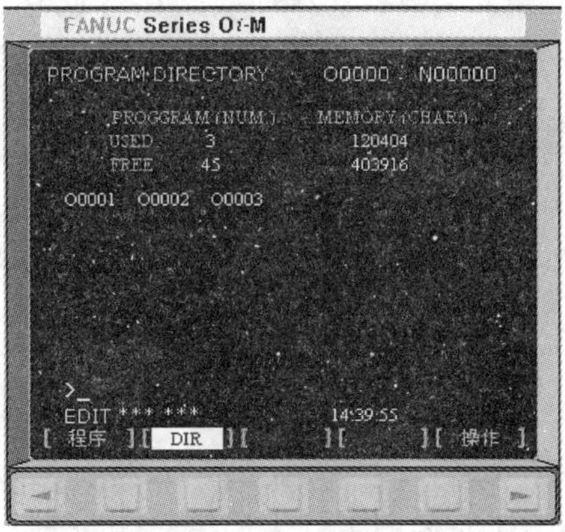

图 2.28 程序编辑模式

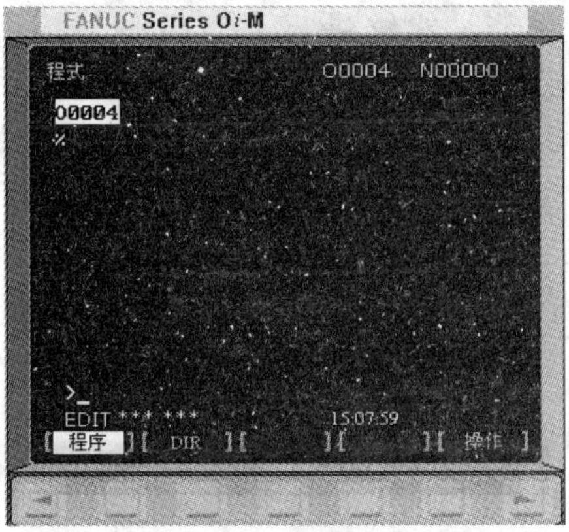

图 2.29 输入程序名

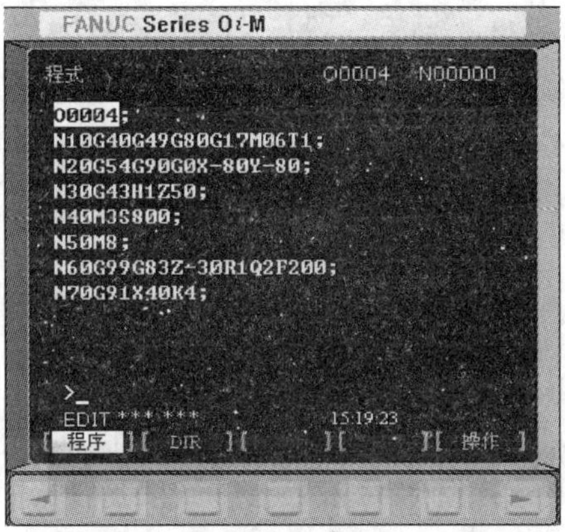

图 2.30 输入程序

2.1.3 任务实施

实施步骤：

零件和刀具的选择、安装→对刀→程序的编辑、传输→程序的校验、自动加工→尺寸测量。

习　　题

一、判断题

1. 通过计算机编程，数控铣床能够自动立体切削，加工各种复杂的曲面和型腔，尤其是多轴加工，加工对象的形状受限制更小。(　　)

2. 直接用刀具试切对刀比用芯棒对刀误差太大影响加工精度。(　　)

3. 选择工件坐标系的原点应尽量选在尺寸精度高，粗糙度值低的工件表面上，以提高被加工件的加工精度。(　　)

4. 经济型数控铣床一般是在普通立式铣床或卧式铣床的基础上改造而来的，主要用于精度要求不高的简单平面或曲面零件加工。(　　)

5. 全功能数控铣床必须采用闭环控制，控制系统功能较强，数控系统功能丰富，一般可实现四坐标或以上的联动，加工适应性强，应用最为广泛。(　　)

6. 立式数控铣床的主轴轴线与工作台面平行，是数控铣床中最常见的一种布局形式，工件安装方便，结构简单，加工时便于观察，但不便于排屑。(　　)

二、填空题

1. 与普通铣床相比，数控铣床的加工________，________，________，________，特别适应于________类、________类、________类、________类等________的零件或对精度保持性要求较高的中、小批量零件的加工。

2. 按数控铣床主轴的布置形式分________，________，________，________。

3. 按数控铣床系统的功能分________，________，________，________。

4. 数控铣床一般应具有三坐标以上联动功能，能够进行________、________和________，自动控制主轴旋转带动刀具对工件进行铣削加工。

5. 一般把主轴转速在________ r/min 以上，进给速度可达________ m/min 的数控铣床称为高速铣削数控铣床。

6. 卧式数控铣床的主轴轴线________________，主要用来加工________类零件。

三、简答题

1. 数控铣床是如何分类的？

2. 数控铣床由哪些基本系统组成，各系统的功能是什么？

3. 数控铣床的加工工作流程是什么？

4. 数控铣削加工的特点是什么？

5. 数控铣床仿真软件的操作顺序如何？

任务 2.2　铣削加工平面类零件

专项能力目标	涉及知识点	权重/(%)	建议学时
分析和设计平面铣削工艺；数控加工程序对平面、垂直面、台阶面、斜面进行加工；平面铣削质量评价和分析	平面铣削工艺知识；平面铣削质量要求	30	6
编写平面类零件加工程序	平面铣削常用编程指令	40	
能在仿真软件中加工零件	数控铣床仿真软件；数控铣床加工仿真操作步骤	30	

2.2.1　任务导入：六面体铣削加工

任务描述：六面体零件图如图 2.31 所示，按单件生产安排其数控加工工艺，编写出加工程序。毛坯为 $\phi65\times100$mm 的圆钢料，材料为 45 钢。

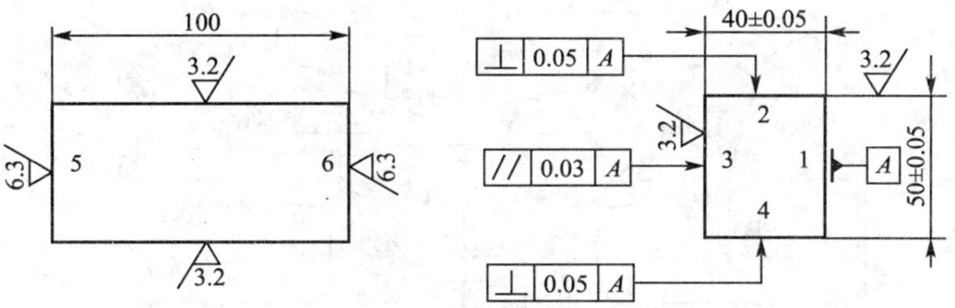

图 2.31　六面体零件图

2.2.2　知识链接

1. 平面铣削工艺

1）数控铣床工作台

立式数控铣床和卧式数控铣床工作台的结构形式不完全相同。立式数控铣床工作台不做分度运动，采用长方形工作台。卧式数控铣床的台面形状通常为正方形，由于这种工作台经常需要做分度运动或回转运动，而且它的分度、回转运动的驱动装置一般都装在工作台里，因此又称分度工作台或回转工作台。根据工件加工工艺的需要，分度工作台有多齿盘分度和数控回转工作台(蜗轮副分度方式)，以实现任意角度的分度和切削过程中的连续回转运动。

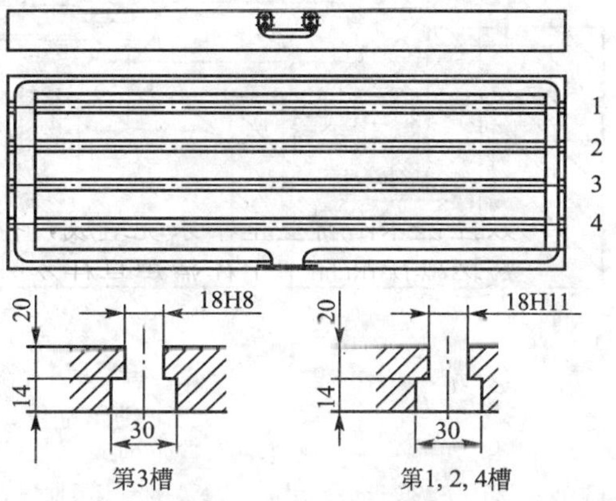

图 2.32　长方形工作台

(1) 长方形工作台。如图 2.32 所示，其形状一般为长方形，装夹为 T 形槽。槽 1、2、4 为装夹用 T 形槽，槽 3 为基准 T 形槽。

(2) 多齿盘分度工作台。如图 2.33 所示为卧式加工中心多齿盘分度工作台结构。

分度工作台多采用多齿盘分度工作台，通常用 PLC 简易定位，驱动机构采用蜗轮副及齿轮副。多齿盘分度工作台具有分度精度高，精度保持性好；重复性好；刚性好，承载能力强；能自动定心；分度机构和驱动机构可以分离等优点。

多齿盘可实现的最小分度角度 α 为

$$\alpha=360°/z$$

式中：z——多齿盘齿数。

多齿盘分度工作台的缺点：只能按 1°的整数倍数分度；只能在不切削时分度。

(3) 数控回转工作台。由于多齿盘分度工作台具有一定的局限性，为了实现任意角度分度，并在切削过程中实现回转，采用了数控回转工作台(简称数控转台)，其结构如图 2.34 所示。

数控回转工作台的蜗杆传动常采用单头双导程蜗杆传动，或者采用平面齿轮圆柱齿轮包络蜗杆传动，也可采用双蜗杆传动，双导程蜗杆左、右齿面的导程不等，因而蜗杆的轴

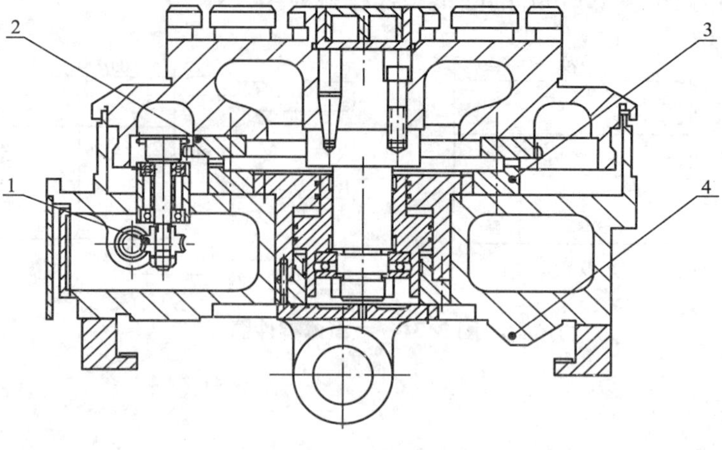

图 2.33　多齿盘分度工作台结构

1—蜗轮副；2—上多齿盘；3—下多齿盘；4—导轨

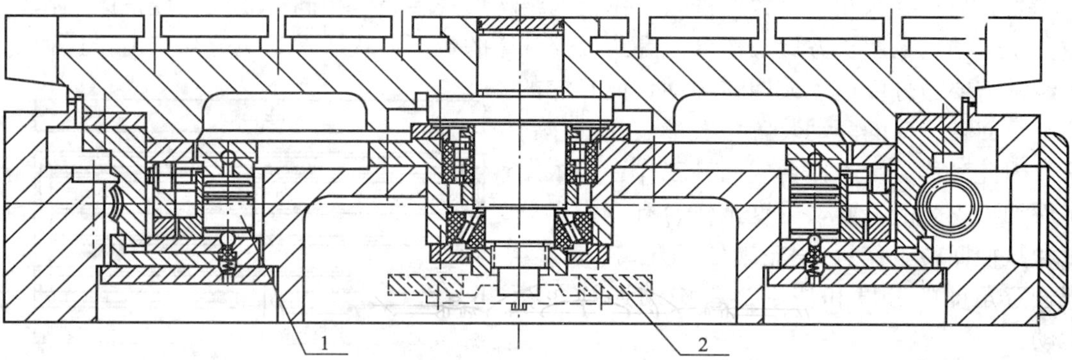

图 2.34　数控回转工作台结构

1—锁紧油缸；2—角度位置反馈元件

向移动即可改变啮合间隙，实现无间隙传动。数控回转工作台具有刚性好，承载能力强；传动效率高；传动平稳，磨损小；任意角度分度；切削过程中连续回转等优点。其缺点是制作成本高。

2）工件的定位

(1) 六点定位原理。工件在空间有六个自由度，对于数控铣床，要完全确定工件的位置，必须遵循六点定位原则，需要布置六个支撑点来限制工件的六个自由度，即沿 X、Y、Z 三个坐标轴方向的移动自由度和绕三个坐标轴的旋转自由度。应尽量避免不完全定位、欠定位和过定位。

合理选择定位基准，应考虑以下几点：

① 加工基准和设计基准统一。

② 尽量一次装夹后加工出全部待加工表面，对于体积较大的工件，上下机床需要行车、吊机等工具，如果一次加工完成，可以大大缩短辅助时间，充分发挥机床的效率。

③ 当工件需要第二次装夹时，也要尽可能使工件在空间有六个自由度，对于数控铣床，要完全确定工件的位置，必须遵循六点定位原则，需要布置六个支撑点来限制工件的

六个自由度，即沿 X、Y、Z 三个坐标轴方向的移动自由度和绕三个坐标轴的旋转自由度。应尽量避免不完全定位、欠定位和过定位。用同一基准，减少安装误差。

(2) 定位方式。定位方式有平面定位、外圆定位和内孔定位。平面定位用支撑钉或支撑板；外圆定位用 V 形块；内孔定位用定位销和圆柱心棒，或用圆锥销和圆锥心棒。

3) 平面铣削常用的装夹方法

根据数控铣床的结构，工件在装夹过程中，应注意以下几点：

(1) 工作台结构。工作台面有 T 形槽和螺纹孔两种结构形式。

(2) 过行程保护。体积较大的工件，装夹在工作台面上时，尽管加工区在加工行程范围内，但工件可能已超出工作台面，容易撞击床身造成事故。

(3) 坐标参考点。要注意协调工件安装位置与机床坐标系的关系，便于计算。

(4) 对刀点。选择工件的对刀点要方便操作，便于计算。

(5) 夹紧机构。不能影响走刀，注意夹紧力的作用点和作用方向。

数控铣床尽量使用通用夹具，必要时设计专用夹具，选用和设计夹具应注意以下几点：

(1) 夹具结构力求简单，以缩短生产准备周期。

(2) 装卸迅速方便，以缩短辅助时间。

(3) 夹具应具备刚度和强度，尤其在切削用量较大时。

(4) 有条件时可采用气、液压夹具，它们动作快、平稳，且工件变形均匀。

图 2.35、图 2.36 所示为常用装夹方法。

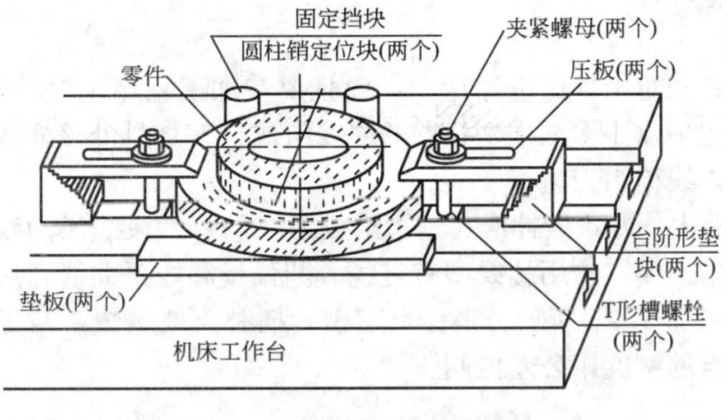

图 2.35　压板螺栓安装零件

(a) 台虎钳　　(b) 铣床卡盘

图 2.36　通用夹具

4）编程工艺

（1）工艺、工序和工步的含义。编程前要划分安排加工步骤，所以要了解工艺、工序和工步的概念。将原材料加工成产品的过程称为工艺。整个工艺由若干工序组成，工序是指一个或一组工人在一个工作地点所连续完成的工件加工工艺过程。工序又可以分若干工步，对数控铣床加工来说，一个工步是指一次连续切削。

（2）划分工艺、工序和工步。毛坯加工至工件成品，需经过多道工序，在一道工序内有时还需要分几个工步。例如，一块模板需要经过粗铣、半精铣、精铣、钻孔、扩孔和绞孔加工，可以安排在一个工序内，分几个工步由数控铣床完成。数控铣床的程序编制是以工步为单位，一个工步需要一个加工程序。

一般在数控铣床上加工工件，应尽量在一次装夹中完成全部工序，工序划分的根据如下：

① 按先面后孔的原则划分工序。在加工有面有孔的工件时，为了提高孔的加工精度，应先加工面，后加工孔，这一点与普通机床相同。

② 按粗、精加工划分工序。对于加工精度要求较高的工件，应将粗、精加工分开进行，这样可以使由粗加工引起的各种变形得到恢复，考虑到粗加工工件变形的恢复需要一段时间，粗加工后不要立即安排精加工。

③ 按所用刀具划分工序。数控铣床，尤其是不带刀库的数控铣床，加工模具时，为了减少换刀次数，可以按集中工序的方法，用一把刀加工完工件上要求相同的部位后，再用另一把刀加工其他部位。

5）刀轨的形成

数控加工是刀具相对工件做进给运动，而且要在加工程序规定的轨迹上做进给运动。加工程序规定的轨迹是由许多三维坐标点的连线组成，刀具是沿该连线做进给运动的，所以也把此坐标点的连线称为刀轨。

（1）刀轨插补形式。刀轨插补形式是指组成刀轨的每一段线段的线型，也就是说两个坐标点用怎样的线型连接。常用的线型有直线、圆弧线和样条曲线，用直线连接坐标点就称为直线插补，如图 2.37(a)所示。坐标点越密，插补直线越短，与工件形状越逼近，加工精度越高。坐标点的密度用公差控制。

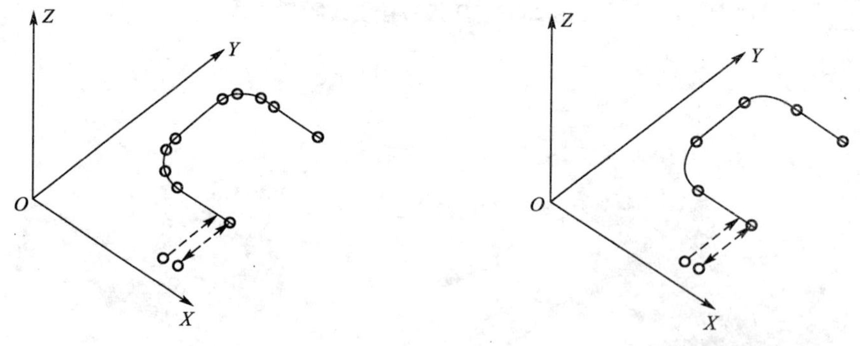

(a) 直线插补　　(b) 圆弧插补

图 2.37　刀轨插补形式

用圆弧线连接坐标点就称为圆弧插补。图 2.37(b)所示的直线段刀轨用直线插补，圆弧段刀轨用大小一样的圆弧插补。

(2) 刀具长度补偿。数控铣床在加工过程中需要经常换刀，每种刀具长短不一，造成刀具跟踪点位置相对主轴不固定。固定刀具的主轴端面中心相对主轴位置不变，为了编程方便，都统一以图 2.38(a)所示的主轴端面中心为基准，编程时输入所有刀具的长度，数控系统就会自动在主轴端面中心基准上做 Z 轴方向的补偿，确定刀位点的位置，这称为刀具长度补偿。

有的刀具长度补偿是以一把标准刀具的刀位点作为基准点，比较使用刀具与标准刀具的长短作出长短补偿。

(3) 刀具半径补偿。图 2.38(b)所示是用两种半径不一样的刀具对工件侧面进行铣削，刀具刀位点不是沿着工件侧面轮廓进行铣削的，而是沿着侧面轮廓偏置一个刀具半径的轨迹来进行铣削。不管刀具半径大小如何，工件侧面轮廓是不变的，为了编程方便，铣削侧面轮廓的刀轨就由侧面轮廓和刀具偏置量决定，编程时只要输入要作刀具半径补偿的指令，数控系统就会自动以工件侧面轮廓为基准作刀具半径补偿。

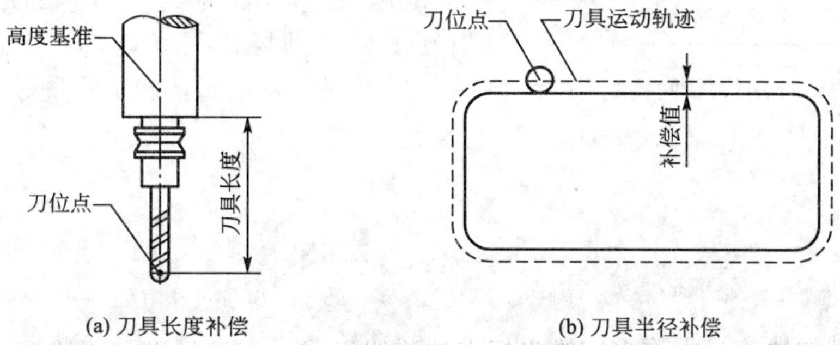

图 2.38　刀具的补偿

(4) 刀轨的构成。

① 进刀刀轨。刀具沿非切削刀轨运动的速度要比切削进给速度快很多。为了防止刀具以非切削运动速度切入工件时发生撞击，在刀具切入工件前特意使刀具运动速度减慢，以慢速切入工件，然后再提高到切削进给速度，所以切入速度比进给速度还要慢。切入速度称为进刀速度，刀具以进刀速度跟踪的刀轨称为进刀刀轨。

② 逼近刀轨。非切削运动速度变成进刀速度的刀轨称为逼近刀轨。

③ 第一切削刀轨。进刀速度变成切削进给速度的刀轨称为第一切削刀轨。

④ 退刀刀轨。切削结束，要求刀具快速脱离工件，加速脱离工件的刀轨称为退刀刀轨。脱离最大速度称为退刀速度。

⑤ 返回刀轨。从退刀速度变成非切削速度所经过的刀轨称为返回刀轨。

⑥ 快速移动刀轨。逼近刀轨以前和返回刀轨以后的非切削刀轨称为快速移动刀轨。

⑦ 横越刀轨。水平快速移动刀轨称为横越刀轨。

⑧ 安全平面。安全平面是人为设置的平面，设置在刀具随意运动都不会与工件或夹具相撞的高度。

一条刀轨的各组成段和连接点用相应的名称命名后如图 2.39 所示。

⑨ 安全距离。刀具进刀点离每层切削面边缘的垂直最小距离称为竖直安全距离，离

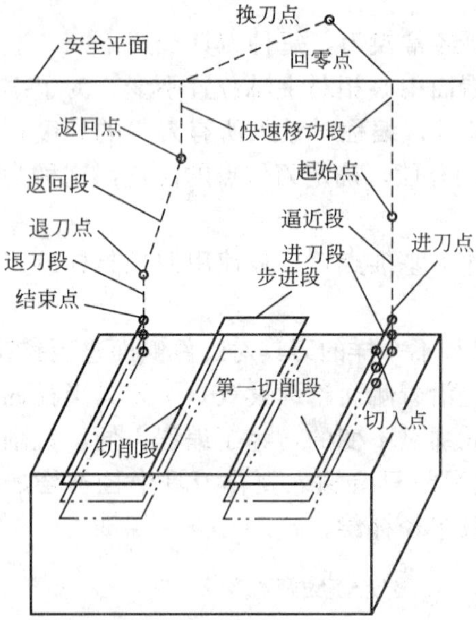

图 2.39 切削刀轨的构成

工件最近边缘的水平距离称为水平安全距离。

6）常用铣刀

数控铣床刀具系统如图 2.40 所示。

（1）铣刀类型。数控铣床上所采用的刀具要根据被加工零件的材料、几何形状、表面质量要求、热处理状态、切削性能及加工余量等，选择刚性好、耐用度高的刀具。常用的铣刀类型有以下几种。

① 面铣刀。面铣刀的端面和圆周面都有切削刃，可以同时切削，也可以单独切削，圆周面切削刃为主切削刃。面铣刀直径大，切削齿一般以镶嵌形式固定在刀体上。切削齿材质为高速钢或硬质合金，刀体材料为 40Cr。面铣刀直径为 80～250mm，镶嵌齿数为 10～26。硬质合金切削齿能对硬皮和淬硬层进行切削，切削速度比高速钢快，加工效率高，而且加工质量好。

图 2.40 数控铣床刀具系统

可转位面铣刀的直径已经标准化，采用公比 1.25 的标准直径（mm）系列：16、20、25、32、40、50、63、80、100、125、160、200、250、315、400、500、630。

② 立铣刀。立铣刀是零件加工中使用最多的一种刀具，立铣刀的端面和圆周面都有切削刃，可以同时切削，也可以单独切削，圆周面切削刃为主切削刃。切削刃与刀体一体，主切削刃呈螺旋状，切削平稳，立铣刀直径为 2～80mm，一般粗加工的立铣刀刃数为 $z=3\sim4$，细齿立铣刀齿数为 $z=5\sim8$，直径大于 $\phi(40\sim60)$mm 的立铣刀可做成套式结构，套式结构 $z=10\sim20$。由于立铣刀中间部位没有切削刃，不能做轴向进给。

立铣刀包括普通铣刀、键槽铣刀和模具铣刀。

普通铣刀专用于成形零件表面的半精加工和精加工。普通铣刀可分为圆锥形立铣刀、圆柱形球头铣刀和圆锥形球头铣刀，铣刀直径为4～63mm。

键槽铣刀是只有两个切削刃的立铣刀，端面副切削刃延伸至刀轴中心，既像铣刀又像钻头。铣刀直径就是键槽宽度，能轴向进给插入工件，再沿水平方向进给，一次加工出键槽。直柄键槽铣刀直径 $d=2\sim22$mm，锥柄键槽铣刀直径 $d=14\sim50$mm。键槽铣刀直径的偏差有e8和d8两种。

模具铣刀有圆锥形立铣刀、圆柱形球头立铣刀和圆锥形球头立铣刀三种。

③ 鼓形铣刀。鼓形铣刀只有主切削刃，端面无切削刃，切削刃呈圆弧鼓形，适合无底面的斜面加工。鼓形铣刀刃磨困难。

加工时控制刀具上下位置，相应改变刀刃的切削部位，可以在工件上切出从负到正的不同斜角。值越小，鼓形刀所能加工的斜角范围越广，但所获得的表面质量也越差。

④ 成形铣刀。成形铣刀是为特定形状加工而设计制造的铣刀，不是通用型铣刀。

(2) 选择铣刀。数控铣削加工中，根据工件材料的性质、工件轮廓曲线的要求，工件表面质量，机床的加工能力和切削用量等因素，对刀具进行选择，被加工工件的几何形状是选择刀具类型的主要依据。

① 铣小平面或台阶面时一般采用通用铣刀，如图2.41所示。

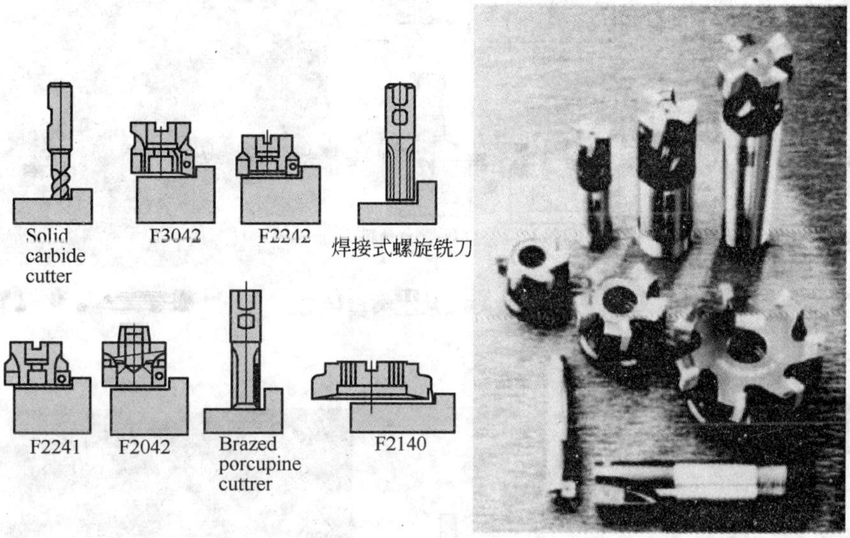

图2.41　加工台阶面铣刀

② 铣较大平面时，为了提高生产效率和降低加工表面粗糙度值，一般采用刀片镶嵌式盘形铣刀，如图2.42所示。

③ 铣键槽时，为了保证槽的尺寸精度、一般用两刃键槽铣刀，如图2.43所示。

④ 加工曲面类工件时，为了保证刀具切削刃与加工轮廓在切削点相切，而避免刀刃与工件轮廓发生干涉，一般采用球头刀，粗加工用两刃铣刀，半精加工和精加工用四刃铣刀，如图2.44所示。

⑤ 孔加工时，可采用钻头、镗刀等孔加工类刀具，如图2.45所示。

7）铣削要素

周铣和端铣的铣削用量如图 2.46 所示。

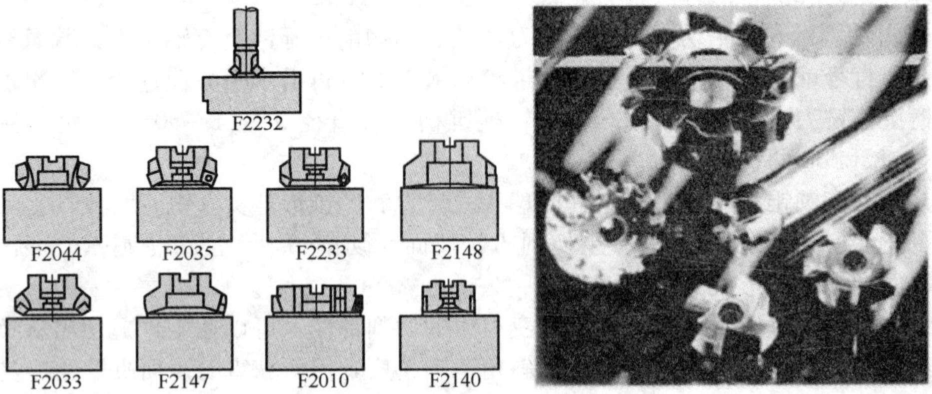

图 2.42　加工大平面铣刀

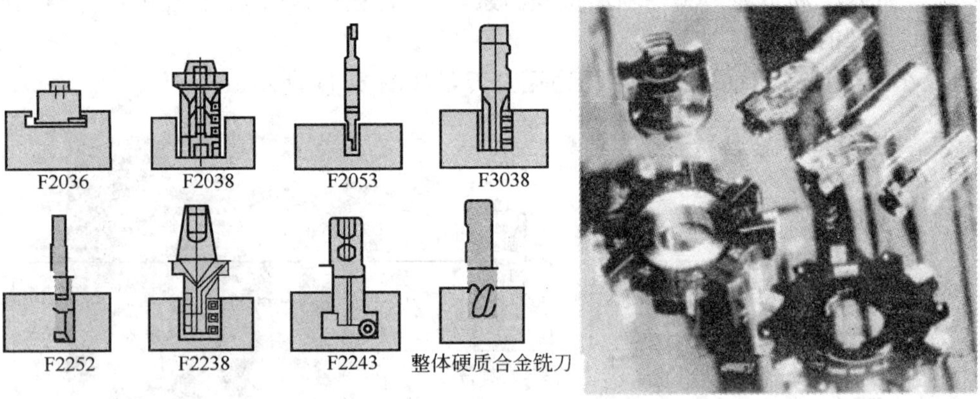

图 2.43　加工槽类铣刀

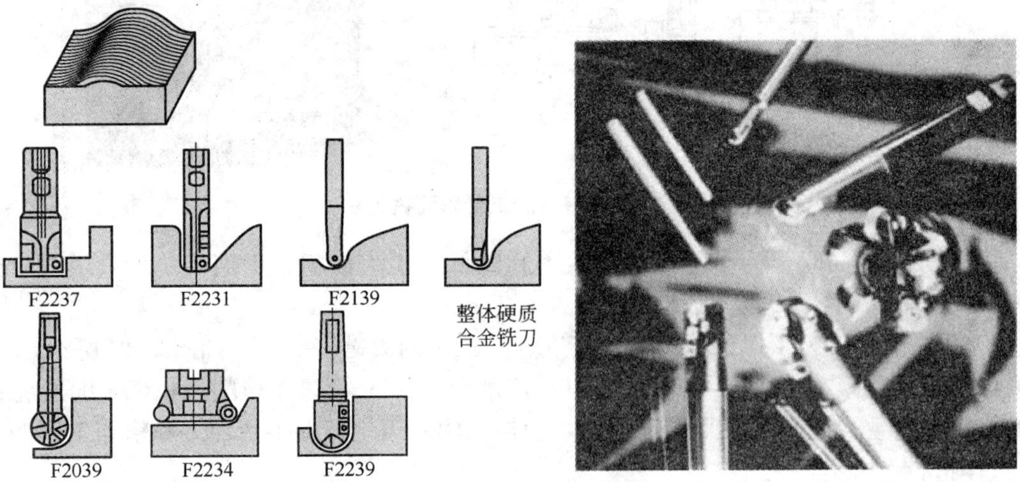

图 2.44　加工曲面类铣刀

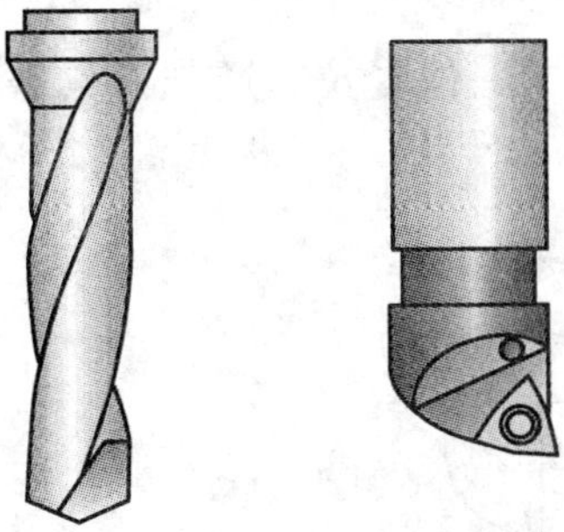

(a) 钻头　　(b) 镗刀

图 2.45　孔加工刀具

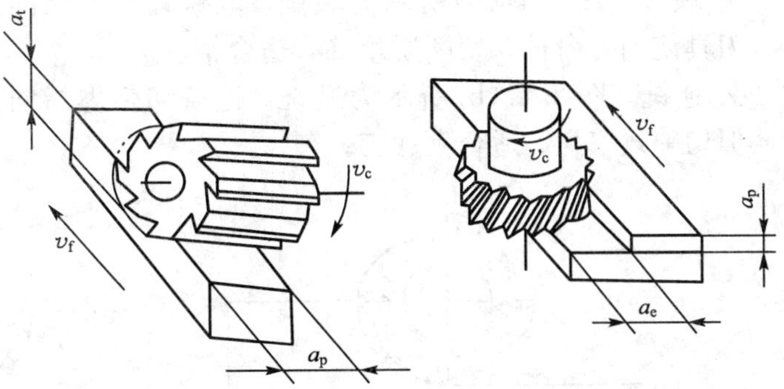

(a) 周铣　　(b) 端铣

图 2.46　铣削用量

(1) 铣削速度 v_c。铣刀的圆周切线速度称为铣削速度，精确的铣削速度要从铣削工艺手册上获取，大致可按表 2-2 选取。

表 2-2　数控铣削速度选择参考表

钢的硬度 HBS(HRS)	铣削速度 v_c/m·min^{-1}	
	高速钢	硬质合金
<225(20)	18～42	66～150
225(20)～325(35)	12～36	54～120
325(35)～425(45)	6～21	36～75

(2) 进给速度 v_f。进给速度是单位时间内刀具沿进给方向移动的距离。进给速度与铣刀转速、铣刀齿数和每齿进给量的关系式为

$$v_f = n \times z \times f_z$$

式中：n——铣刀转速，r/min；

z——铣刀齿数；

f_z——每齿进给量，mm。

每齿进给量由工件材质、刀具材质和表面粗糙度等因素决定。精确的每齿进给量要从铣削工艺手册中获取，大致可以按表 2-3 所列经验值选取。工件材料硬度高和表面粗糙度值小，f_z 数值小。硬质合金刀具的 f_z 取值比高速钢的大。

表 2-3　数控铣削进给量选择参考表

加工性质	粗加工		精加工	
刀具材料	高速钢	硬质合金	高速钢	硬质合金
每齿进给量 f_z/mm	0.10～0.15	0.10～0.25	0.02～0.05	0.10～0.15

注：工件材料为钢。

(3) 铣削方式。铣刀的端面和侧面都有切削刃，刀具的旋转方向与刀具相对工件的进给方向不同，切削效果不同。铣削分顺铣和逆铣两种方式。

① 顺铣。图 2.47(a)所示为顺铣，顺铣切削力指向工件，工件受压。顺铣刀具磨损小，刀具使用寿命长，切削质量好，适合精加工。

② 逆铣。图 2.47(b)所示为逆铣，逆铣切削力指向刀具，工件受拉。逆铣刀具磨损大，但切削效率高，适合粗加工。

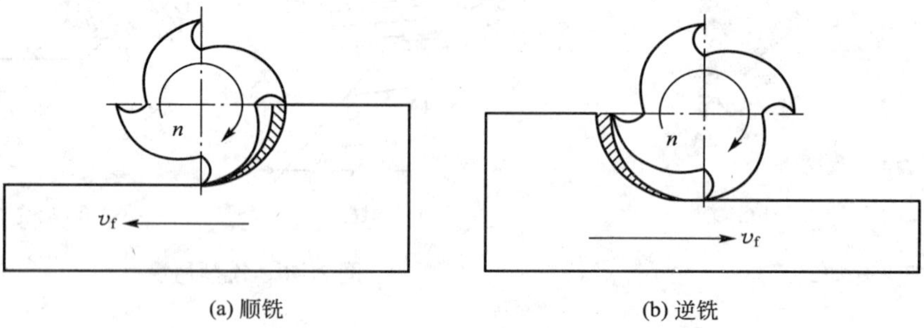

图 2.47 铣削方式

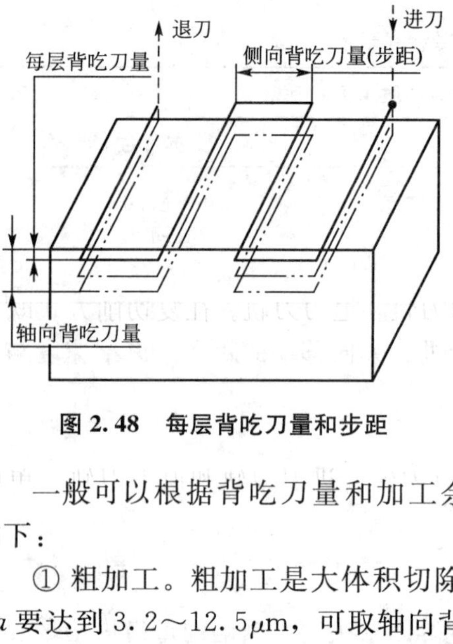

图 2.48 每层背吃刀量和步距

(4) 背吃刀量。背吃刀量分为轴向背吃刀量和侧向背吃刀量。

① 轴向背吃刀量。刀具插入工件沿轴向切削掉的金属层深度称为轴向背吃刀量。一般工件都是多层切削，每切完一层刀具沿轴向进给一层，进给深度称为每层背吃刀量，如图 2.48 所示。半精加工和精加工是单层切削。

② 侧向背吃刀量。在同一层，刀具走完一条或一圈刀轨，再向未切削区域侧移一恒定距离，这一恒定侧移距离就是侧向背吃刀量，又称步距，如图 2.48 所示。

一般可以根据背吃刀量和加工余量设置粗加工、半精加工和精加工的背吃刀量如下：

① 粗加工。粗加工是大体积切除材料，工件表面质量要求低。工件的表面粗糙度 Ra 要达到 3.2～12.5μm，可取轴向背吃刀量为 3～6mm，侧向背吃刀量为 2.5～5mm，半精加工留 1～2mm 的加工余量。如果粗加工后直接精加工，则留 0.5～1mm 的加工余量。

② 半精加工。半精加工是把粗加工后，尤其是工件经过热处理后，给精加工留均匀的加工余量。工件的表面粗糙度 Ra 要达到 3.2～12.5μm，轴向背吃刀量和侧向背吃刀量可取 1.5～2mm，留 0.3～1mm 的加工余量。

③ 精加工。精加工是最后达到尺寸精度和表面粗糙度的加工。工件的表面粗糙度 Ra 要达到 0.8～3.2μm，可取轴向背吃刀量为 0.5～1mm，侧向背吃刀量为 0.3～0.5mm。

8) 切削方式

立铣刀的切削形式如图 2.49 所示。

铣刀在切削工件的平面和侧面时，可以采用不同的切削刀轨样式，称为切削方式。切削方式有九种，介绍如下。

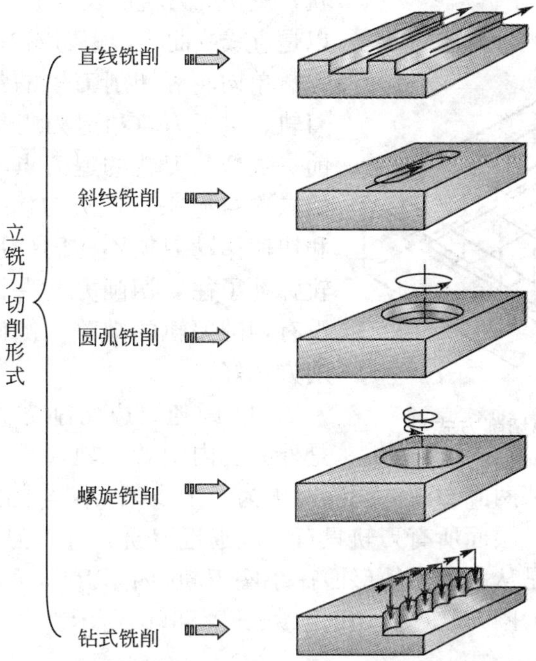

图 2.49 立铣刀的切削形式

(1) 往复切削方式。往复切削方式如图 2.50 所示，两条平行的切削刀轨间隔距离为一个步距。一条切削刀轨的首和另一条切削刀轨的尾用步进刀轨连接，步进刀轨和切削刀轨在同一层面内，整个刀轨只有一段逼近刀轨、进刀刀轨和退刀刀轨。往复切削方式既有顺铣也有逆铣。

(2) 单向切削方式。单向切削方式如图 2.51 所示，单向切削方式是刀具以直线从一头切削到另一头，然后提刀返回，间隔一个步距，再从一头切削到另一头，每条切削刀轨的切削方向相同。每一条切削刀轨都有一段逼近刀轨、进刀刀轨和退刀刀轨。单向切削方式只有一种。

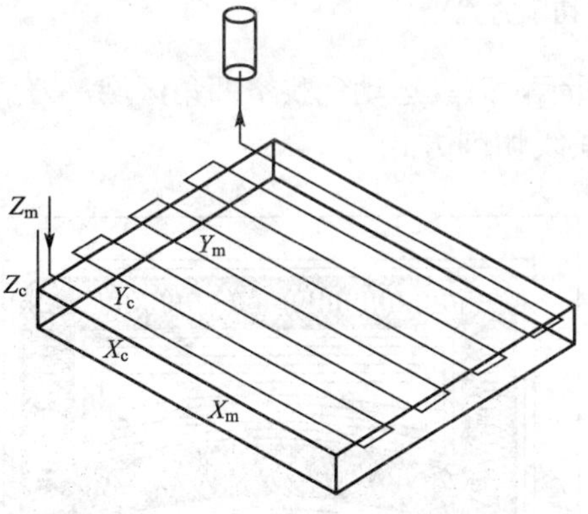

图 2.50 往复切削方式

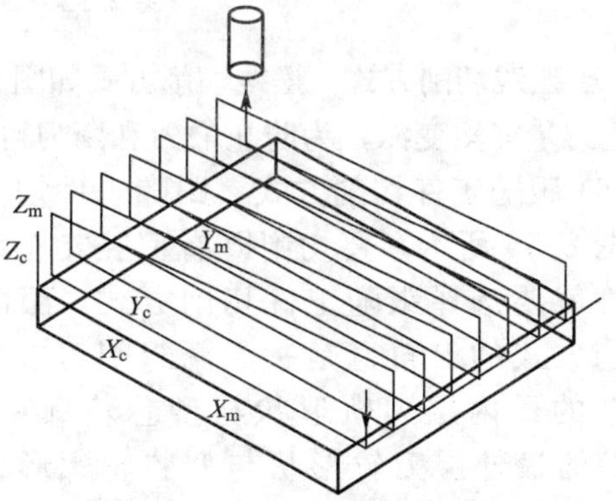

图 2.51 单向切削方式

(3) 单向轮廓切削方式。单向轮廓切削方式如图 2.52 所示。单向轮廓切削刀轨有三段，长直线段相互平行，切削方向相同，间隔一个步距。长切削段两头各有一小段短切削刀

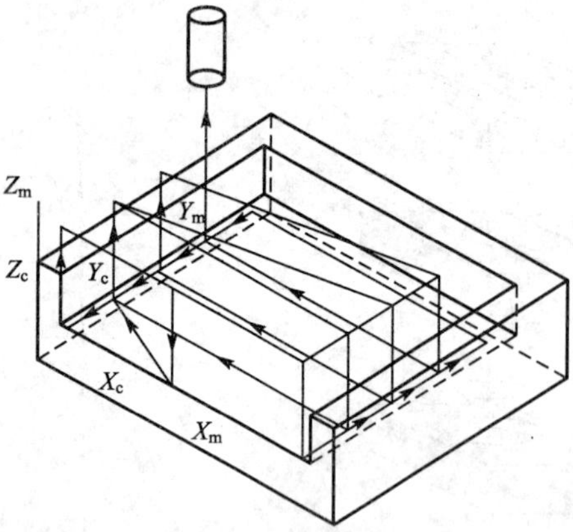

图 2.52 单向轮廓切削方式

轨，短切削刀轨形状与工件侧面轮廓形状相同，可以是直线或曲线，短切削刀轨的跨距为一个步距。

单向轮廓切削刀轨的每条刀轨都有一段逼近刀轨、进刀刀轨和退刀刀轨，用快速移动刀轨把前一条切削刀轨的退刀点与后一条切削刀轨的起始点连接起来，逼近刀轨、进刀刀轨、退刀刀轨和快速移动刀轨不在同一层面上。两头短切削刀轨弥补了往复切削方式一端、单向切削方式两端没有切削刀轨的缺陷，侧面切削比往复和单向切削方式好。

(4) 跟随周边切削方式。跟随周边切削方式是外圈套内圈的刀轨，最外圈的刀轨形状与工件边界轮廓形状一致。相邻两圈刀轨的间隔距离为一个步距，圈与圈之间的步进刀轨和切削刀轨在同一层面内，同一层面所有刀轨只有一段逼近刀轨、进刀刀轨和退刀刀轨。切除材料的方向有两种：一种是从大圈刀轨(外)往小圈刀轨(内)切削，如图 2.53(a)所示；另一种是从小圈刀轨(内)往大圈刀轨(外)切削，如图 2.53(b)所示。

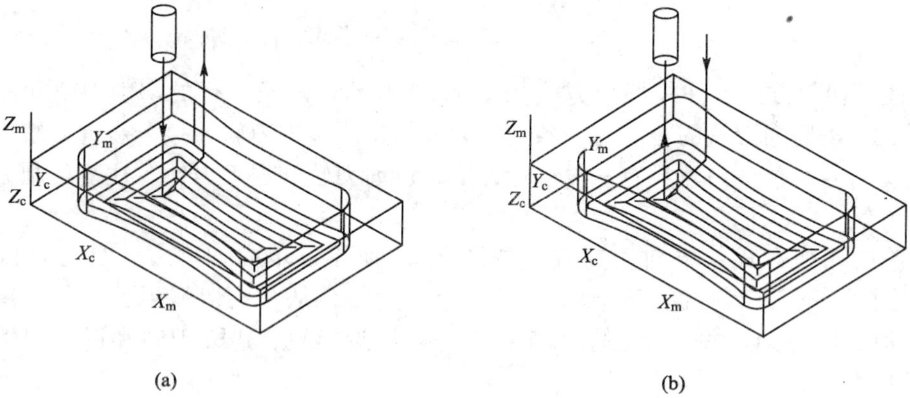

图 2.53 跟随周边切削方式

(5) 摆线切削方式。摆线切削方式如图 2.54 所示，刀具运动到狭窄凹角区域，刀具的侧向背吃刀量突然变深，为防止嵌刀和断刀可采用摆线切削方式。

(6) 跟随工件切削方式。跟随工件切削方式如图 2.55 所示，要切削既有型腔又有型芯的工件就要选择跟随工件切削方式。跟随工件切削方式的刀轨也是一圈圈封闭刀轨，但切型芯的最内层刀轨形状与型芯轮廓一致，切型腔的最外层刀轨形状与型腔轮廓形状一致，交汇处刀轨由数控系统自定。相邻两圈刀轨的间隔距离为一个步距，圈与圈之间的步进刀轨和切削刀轨在同一层面内，同一层面所有刀轨只有一段逼近刀轨、进刀刀轨和

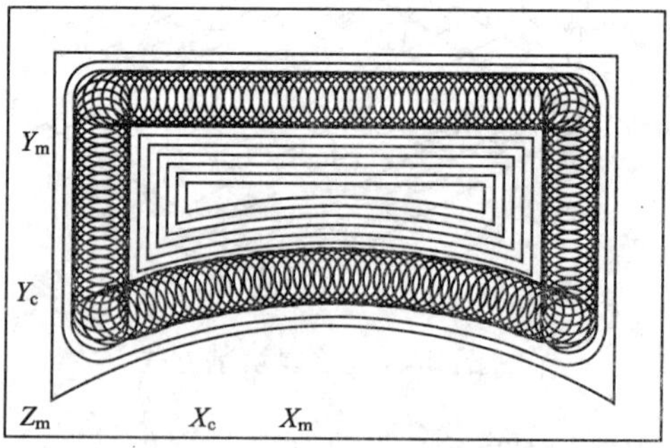

图 2.54 摆线切削方式

退刀刀轨。跟随工件切削方式既有顺铣也有逆铣，切削型腔用顺铣，切削型芯用逆铣。

（7）轮廓切削方式。轮廓切削方式用于侧壁半精加工和精加工，如图 2.56 所示。毛坯经过粗加工后，留少量余量用轮廓切削方式对侧壁进行侧向单层、轴向多层的半精加工和精加工。

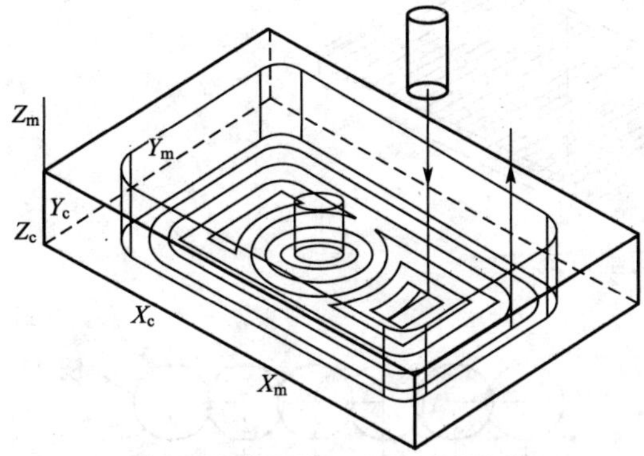

图 2.55　跟随工件切削方式

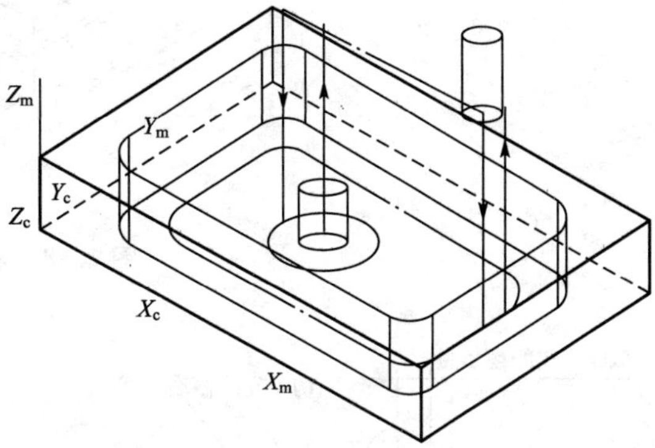

图 2.56　轮廓切削方式

（8）标准驱动切削方式。标准驱动切削方式和轮廓切削方式功能一样，区别在于轮廓切削方式的刀轨不能交叉，如图 2.57(a)所示；标准驱动切削方式的刀轨可以交叉，如图 2.57(b)所示。

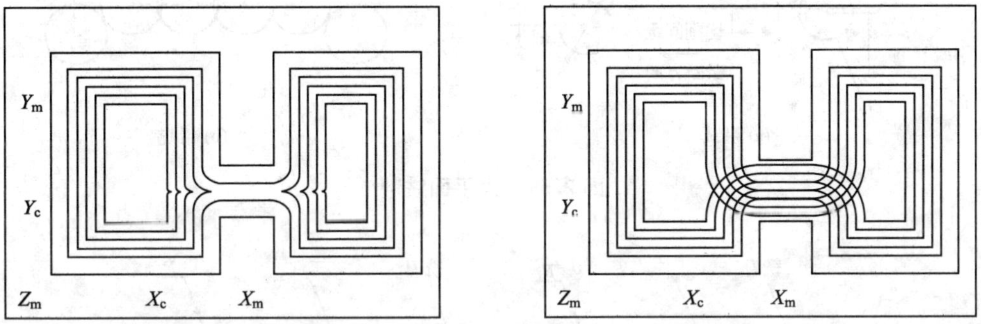

(a) 轮廓切削方式　　　　(b) 标准驱动切削方式

图 2.57　轮廓切削方式与标准驱动切削方式对比

（9）混合切削方式。一个工件经粗加工后产生几个切削区域，这几个区域用几种切削方式切削，称为混合切削方式。图 2.58 所示是往复、跟随周边和跟随工件三种切削方式用在一个工件的不同切削区域。

数控铣削如遇到大平面时，如图 2.59 所示，切入时应有一定的提前量，一般铣刀在工件之外即可，一行切削终了换行时，可以直线或圆弧方式移动换行往返切削，但需超出工件，一般粗铣时铣刀边缘只要超出铣削平面边缘即可，如图 2.59(a)所示，精铣时铣刀应完全离开工件表面，如图 2.59(b)所示，同时保证切削间距(步距)小于工件的直径，在完成切削时，整个铣刀应离开工件方可退刀。如铣刀直径大于工件表面宽度时，则采用图 2.60 所示的一刀式粗精铣削，完成加工。

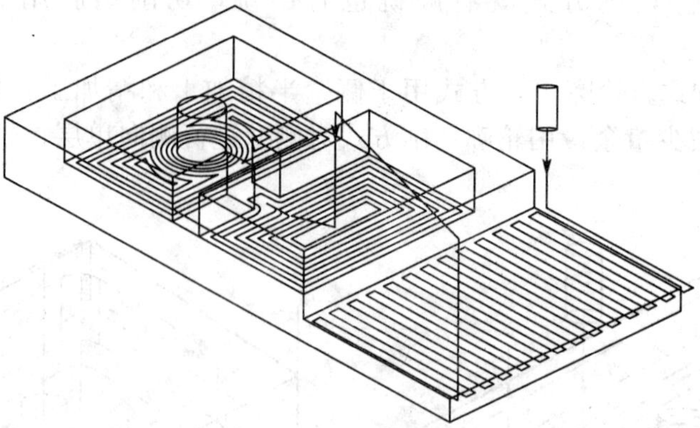

图 2.58　混合切削方式

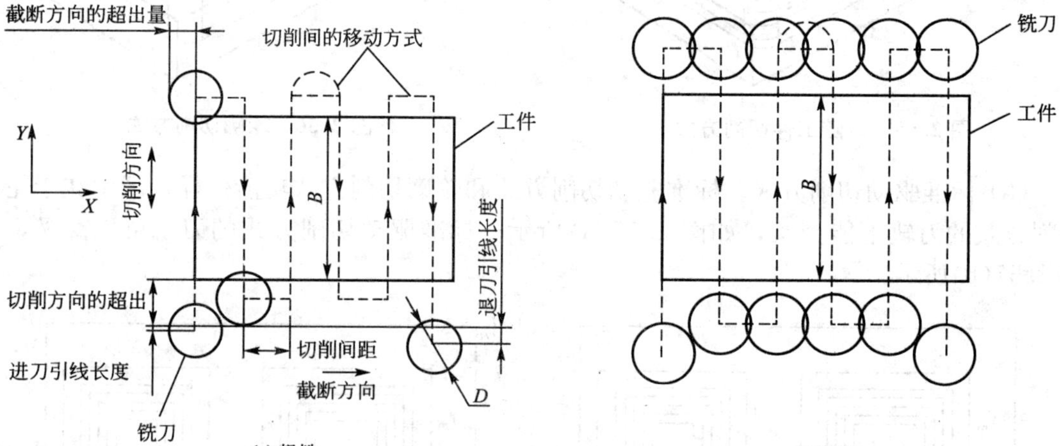

(a) 粗铣　　(b) 精铣

图 2.59　大平面铣削

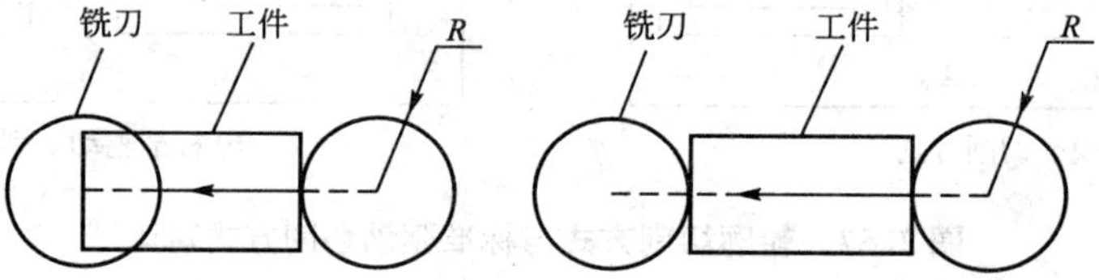

(a) 粗铣　　(b) 精铣

图 2.60　一刀式铣削

2. 数控铣削加工编程步骤

1）数控铣削加工步骤

数控铣削加工步骤为：分析工件图样→确定加工工艺过程→数值计算→编写工件的加工程序单→程序输入数控系统→校对加工程序→首件试加工

2）数控铣削编程

(1) 程序的结构。加工程序的一般格式举例：

```
O1000                                   //程序名
N10 G00 G54 X50 Y30 M03 S3000;
N20 G01 X88.1 Y30.2 F500 T02 M08;       //程序主体
N30 X90;
……;
N290 M05
N300 M30;                               //结束符
```

① 程序名。FANUC 系列数控系统中，一般用字母 O 开头，后跟 0001～9999 数字，一般要求单列一段。

② 程序主体。程序主体是由若干个程序段组成的，每个程序段一般占一行。

一个程序段由若干个代码字组成，每个代码字则由地址符和数值构成，如表 2-4 所示字符含义。

表 2-4 字符含义

字符	含 义	字符	含 义	字符	含 义
A	关于 X 轴的角度尺寸	J	Y 轴分量	S	主轴速度功能
B	关于 Y 轴的角度尺寸	K	Z 轴分量	T	刀具功能
C	关于 Z 轴的角度尺寸	L	不指定	U	平行 X 轴的第二尺寸
D	第二刀具功能	M	辅助功能	V	平行 Y 轴的第二尺寸
E	第二进给功能	J	Y 轴分量	W	平行 Z 轴的第二尺寸
F	第一进给功能	O	程序号	X	基本 X 尺寸
G	准备功能	P	固定循环参数	Y	基本 Y 尺寸
H	刀具偏置号	Q	固定循环参数	Z	基本 Z 尺寸
I	X 轴分量	R	固定循环参数		

③ 程序结束指令。程序结束指令可以用 M02 或 M30。一般要求单列一段。

(2) 程序段格式。程序段由若干个程序字组成的，程序字通常由英文字母表示的地址符和后面的数字和符号组成。

常见的程序段格式有固定顺序式、带分隔符 TAB 的固定顺序式和字地址格式三种。

3. 平面铣削常用编程指令

主要介绍 FANUC 系统的数控铣床的编程方法。

1) F、S、T 功能

(1) F 功能——进给功能。指定刀具的进给速度，该速度的上限值由系统参数设定。若程序中编写的进给速度超出限制范围，实际进给速度即为上限值。进给功能用于指定进给速度，由 F 代码指定，其单位为 mm/min 或 mm/r。范围是 1～15000mm/min(公制)。

使用机床操作面板上的开关，可以对快速移动速度或切削进给速度使用倍率。为防止机械振动，在刀具移动开始和结束时，自动实施加/减速。

(2) S 功能——主轴功能。编程格式：

S _ ;

S功能用于设定主轴转速，其单位为 r/min，范围是 0～20000r/min。S后面可以直接指定四位数的主轴转速，也可以指定两位数表示主轴转速的千位和百位。

(3) T功能——刀具功能。编程格式：

T _ ;

当机床进行加工时，必须选择适当的刀具。给每个刀具赋予一个编号，在程序中指定不同的编号时，就选择相应的刀具。T功能用于选择刀具号，范围是 T00～T99。

2) M功能和B功能——辅助功能

辅助功能由地址字M和其后的一或两位数字组成，用于主轴的启动、停止，冷却液的开、关等。具体功能见表 2-5。

表 2-5　M代码及功能

M代码	功　能	说明	M代码	功　能	说明
M00	程序停	后指令码	M07	冷却液开	前指令码
M01	计划停		M08	冷却液关	后指令码
M02	程序结束	后指令码	M13	主轴正转、冷却液开	前指令码
M30	程序结束并返回		M14	主轴反转、冷却液关	
M03	主轴正转	前指令码	M17	主轴停、冷却液关	后指令码
M04	主轴反转				
M05	主轴停	后指令码	M98	调用子程序	后指令码
M06	换刀	后指令码	M99	子程序结束	

特别提示

(1) 当机床移动指令和M指令编在同一程序段时，按下面两种情况执行：①同时执行移动指令和M指令，该类M指令称为前指令码，如M03、M04等；②直到移动指令执行完成后再执行M指令，该类M指令称为后指令码，如M09等。

(2) 一般情况一个程序段仅能指定一个M代码，有两个以上M代码时，最后一个M代码有效。

(3) 第二种是第二辅助功能(B代码)，用于指定分度工作台分度。当B代码地址后面指定一数值时，输出代码信号和选通信号，此代码一直保持到下一个B代码被指定为止。每一个程序段只能包括一个B代码。

3) G功能——准备功能

准备功能用于指令机床各坐标轴运动。

特别提示

(1) 有两种代码：一种是模态码，它一旦被指定将一直有效，直到被另一个模态码取代；另一种为非模态码，只在本程序段中有效。G代码及功能见表 2-6。

表 2-6 G代码及功能

G代码	功 能	组别	G代码	功 能	组别
* G00	快速定位	01	* G40	撤销刀具半径补偿	07
* G01	直线插补(F)		G41	刀具半径左补偿	
G02	顺时针方向圆插补(CW)		G42	刀具半径右补偿	
G03	逆时针方向圆插补(CCW)		G43	刀具长度正补偿	
G04	延时	00	G44	刀具长度负补偿	08
G10	偏移值设定		* G49	撤销刀具长度补偿	
* G17	*XY* 平面选择	02	G54～G59	选择工件坐标系 1～6	
G18	*ZX* 平面选择		G73～G89	孔加工循环	14
G19	*YZ* 平面选择		* G90	绝对坐标编程	09
G20	英制尺寸	06	G91	增量坐标编程	03
G21	公制尺寸		G92	定义编程原点	
G27	返回参考点检查	00	* G94	每分钟进给速率	00
G28	返回参考点		* G98	在固定循环中 *Z* 轴返回起始点	05
G29	从参考点返回		G99	在固定循环中使 *Z* 轴返回 *R* 点	
G31	跳步功能				
G39	转角过渡				

(2) * G代码为电源接通时的初始状态。

(3) 如果同组的G代码被编入同一程序段中，则最后一个G代码有效。

(4) 在固定循环中，如果遇到01组代码时，固定循环被撤销。

(1) G94、G95——设定进给速度单位的指令。

编程格式：

G94 F_；每分钟进给，其单位为 mm/min，范围是 1～15000mm/min(公制)，0.01～600.00in/min(英制)。

G95 F_；每转进给，其单位为 mm/r。

G94、G95 为模态功能，可相互注销，G94 为默认值。

(2) G20、G21、G22——尺寸单位选择指令。

编程格式：G20 英制

G21 公制

G22 脉冲当量

这三个G代码必须在程序的开头坐标系设定之前用单独的程序段指令或通过系统参数设定。程序运行中途不能切换。

(3) G90、G91——绝对值编程与相对值编程指令。

编程格式：G90/G91

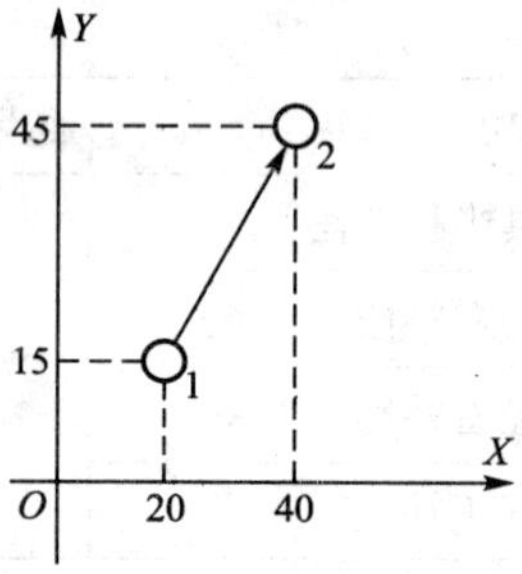

图 2.61　G90、G91 指令应用

G90 为绝对值编程，每个轴上的编程值是相对于程序原点的。

G91 为相对值编程，每个轴上的编程值是相对于前一位置而言的，该值等于沿轴移动的距离。

G90、G91 为模态功能，G90 为默认值。

例如：如图 2.61 所示，使用 G90、G91 编程：控制刀具由 1 点移动到 2 点。

绝对值编程：G90 X40 Y50；

增量值编程：G91 X20 Y30；

(4) 坐标系相关指令。

① G92——设置工件坐标系指令。

编程格式：G92 X_ Y_ Z_；

X、Y、Z 为当前刀位点在工件坐标系中的坐标，该点通常被称为对刀点。

特别提示

(1) 一旦执行 G92 指令建立坐标系，后序的绝对值指令坐标位置都是此工件坐标系中的坐标值。

(2) G92 指令必须跟坐标地址字，因此须单独一个程序段指定。

(3) 执行此指令并不会产生机械位移，只是让系统内部用新的坐标值取代旧的坐标值，从而建立新的坐标系。

(4) 执行此指令之前必须保证刀位点与程序起点(对刀点)符合。

(5) 该指令为非模态指令。

该指令用于建立工件坐标系，坐标系的原点由指定当前刀具位置的坐标值确定。该指令用于建立工件坐标系，坐标系的原点由指定当前刀具位置的坐标值确定。图 2.62(a)中，刀具起始点为(50、50、10)，则用 G92 指令设定加工坐标系程序为 G92 X50 Y50 Z10。

上述指令确定工件坐标系的原点为 O，而(50，50，10)为程序的起点。通过上述编程可以保证刀尖或刀柄上某一标准点与程序起点相符。图 2.62(b)所示刀柄上的基准点是程

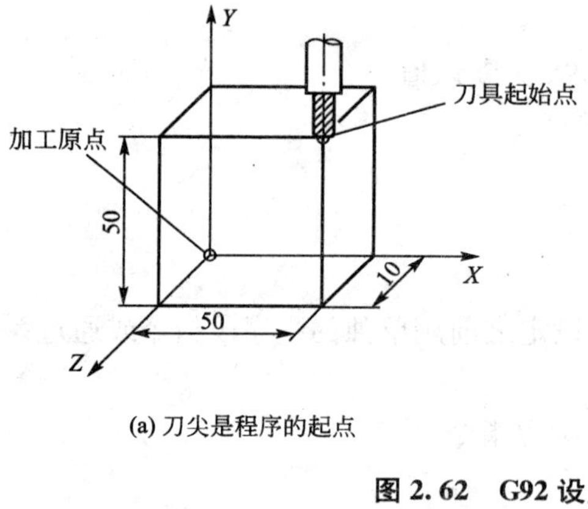

(a) 刀尖是程序的起点

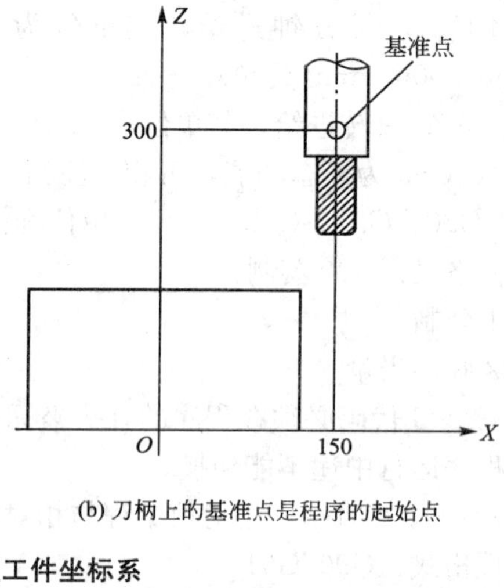

(b) 刀柄上的基准点是程序的起始点

图 2.62　G92 设置工件坐标系

序的起始点，由“G92X150Z300;”设置坐标系。如果发出绝对值指令，基准点移动到指定位置，为了把刀尖移动到指定位置，则刀尖到基准点的差，用刀具长度补偿来校正。

如果在刀具长度补偿期间用G92指令设定坐标系，则G92指令用无偏置的坐标值设定坐标系，刀具半径补偿被G92指令临时删除。

② G54～G59——选择工件坐标系指令。如图2.63所示，使用CRT/MDI面板可以预先寄存设置六个工件坐标系，用G54～G59指令分别调用。

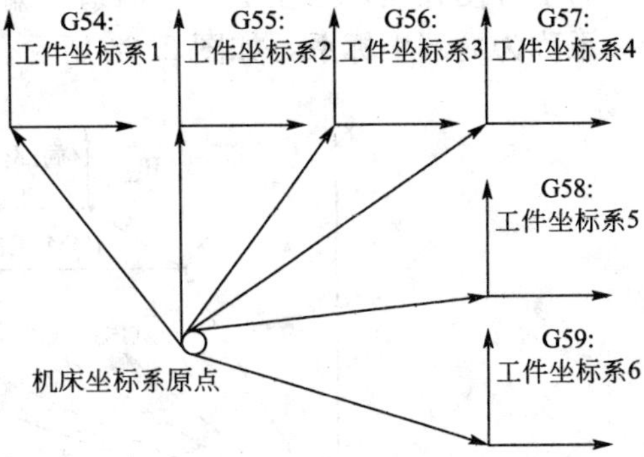

图2.63　工件坐标系

$$\text{编程格式：}\left\{\begin{array}{l}\text{G54}\\ \text{G55}\\ \text{G56}\\ \text{G57}\\ \text{G58}\\ \text{G59}\end{array}\right\}$$

特别提示

(1) G54～G59是系统预置的六个坐标系，可根据需要选用。

(2) G54～G59建立的工件坐标原点是相对于机床原点而言的，在程序运行前已设定好，在程序运行中是无法重置的。

(3) G54～G59预置建立的工件坐标原点在机床坐标系中的坐标值可用MDI方式输入，系统自动记忆。

(4) 使用该组指令前，必须先回参考点。

(5) G54～G59为模态指令，可相互注销。

③ G53——机床坐标系选择指令。

编程格式：G53 X_Y_Z_;

当指定机床坐标系上的位置时，刀具快速移动到该位置。用于选择机床坐标系的指令G53是非模态G代码，即仅在指定机床坐标系的程序段有效。对G53指令应指定绝对值(G90)。当指定增量值(G91)时，G53指令被忽略。

特别提示

(1) 当指令G53指令时，就清除了刀具半径补偿、刀具长度补偿和刀具偏置。

(2) 在指令G53指令之前，必须设置机床坐标系，因此通电后必须进行手动返回参考点或G28指令自动返回参考点。

④ G52——设置局部坐标系指令。

为了方便编程，当在工件坐标系中编制程序时，可以设定工件坐标系的子坐标系。子坐标系称为局部坐标系，如图 2.64 所示。

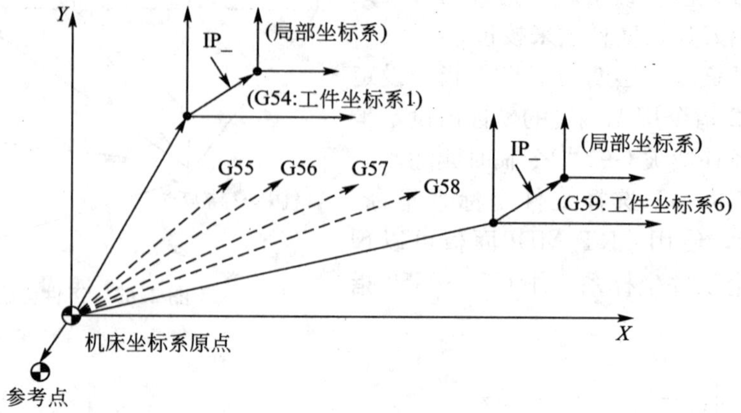

图 2.64　局部坐标系

编程格式：G52 X_Y_Z_；

G520——取消局部坐标系。

编程“G52 X_Y_Z_；”可以在工件坐标系 G54～G59 中设定局部坐标系。局部坐标系的原点设定在工件坐标系中以“X_Y_Z_；”指定的位置。

特别提示

当局部坐标系设定时，后面的以绝对值方式(G90)指令移动的是局部坐标系中的坐标值。

⑤ G17、G18、G19——选择坐标平面指令。

编程格式：G17/G18/G19

G17～G19 分别表示刀具的圆弧插补平面和刀具半径补偿平面为空间坐标系中的 *XY*、*ZX*、*YZ* 平面，如图 2.65 所示。对于立式数控铣床，G17 为默认值，可以省略。

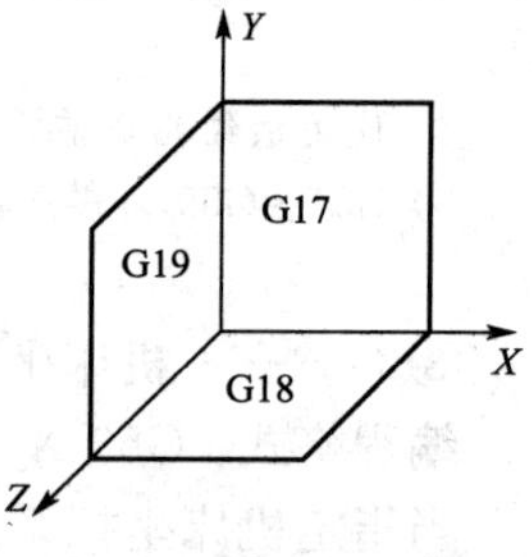

图 2.65　坐标平面选择指令

特别提示

(1) 当在 G17、G18 或 G19 程序段中省略轴地址时，认为是基本三轴地址被省略。

(2) 在不指定 G17、G18、G19 的程序段中，平面维持不变。

(3) 移动指令与平面选择无关。

(5) 快速定位指令——G00。

编程格式：G00 X_Y_Z_；

其中，X、Y、Z——快速定位终点，在 G90 时为终点在工件坐标系中的坐标；在 G91 时为终点相对于起点的位移量。

特别提示

(1) G00 指令刀具相对于工件从当前位置以各轴预先设定的快移进给速度移动到程序段所指定的下一个定位点。

(2) G00 指令中的快进速度由机床参数对各轴分别设定，不能用程序规定，由机床制造厂单独设定。由于各轴以各自速度移动，不能保证各轴同时到达终点，因而联动直线轴的合成轨迹并不总是直线。如在 FANUC 系统中，运动总是先沿 45°角的直线移动，最后再在某一轴单向移动至目标点位置，编程人员应了解所使用的数控系统的刀具移动轨迹情况，以避免加工中可能出现的碰撞。

如图 2.66 所示，编程：G90 G00 X300 Y150；

设刀具起点在工件零点。执行该程序段后，刀具轨迹如图 2.66 所示。

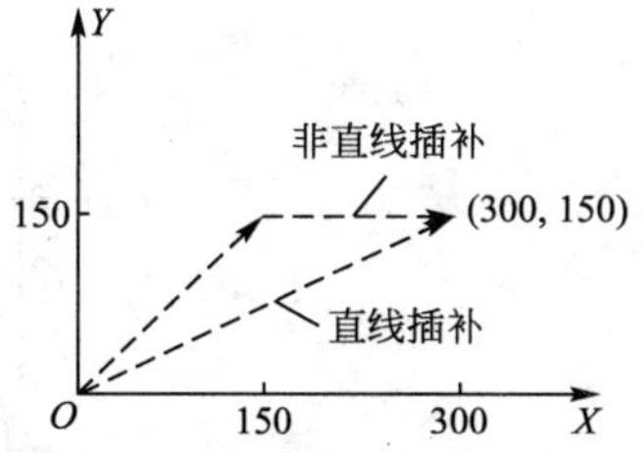

图 2.66　快速定位指令 G00

(3) 快移速度可由面板上的快速修调旋钮修正。

(4) G00 一般用于加工前快速定位或加工后快速退刀。

(5) G00 为模态功能，可由 G01、G02、G03 或 G33 功能注销。

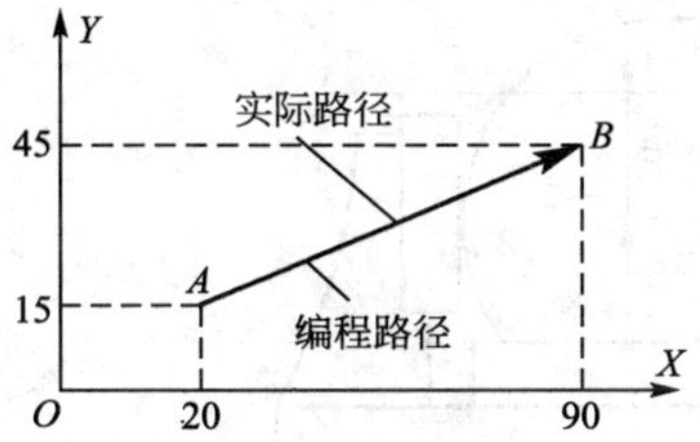

图 2.67　直线进给指令 G01

(6) 直线进给指令——G01。

编程格式：G01 X_Y_Z_F_；

其中，*X*、*Y*、*Z* 为终点，在 G90 时为终点在工件坐标系中的坐标；在 G91 时为终点相对于起点的位移量。

例如：如图 2.67 所示，由 *A* 到 *B* 点，编程如下：

绝对值编程：G90G01X90Y45F100；

增量编程：G91G01X70Y30F100

执行该程序段后，刀具轨迹如图 2.67 所示，编程路径和实际路径一致。

2.2.3　任务实施

1. 工艺过程

工艺过程为：粗、精铣平面 1→粗、精铣平面 2→粗、精铣平面 4→粗、精铣平面 3→粗、精铣平面 5→粗、精铣平面 6。

2. 切削用量

选择切削用量见表 2－7。

表 2－7　选择切削用量

刀具类型	铣削类型	刀齿数	主轴转速/r·min^{-1}	背吃刀量/mm	进给速度/mm·min^{-1}
面铣刀	粗铣	4	＜500	6.5	＜160
面铣刀	半精铣	4	＜500	5.5	＜160
面铣刀	精铣	4	＜500	0.5	＜160

3. 安装工件

1）1 面加工

如图 2.68 所示，首先选用通用台虎钳安装棒料，并放置垫块以调整高度，加工 1 面。

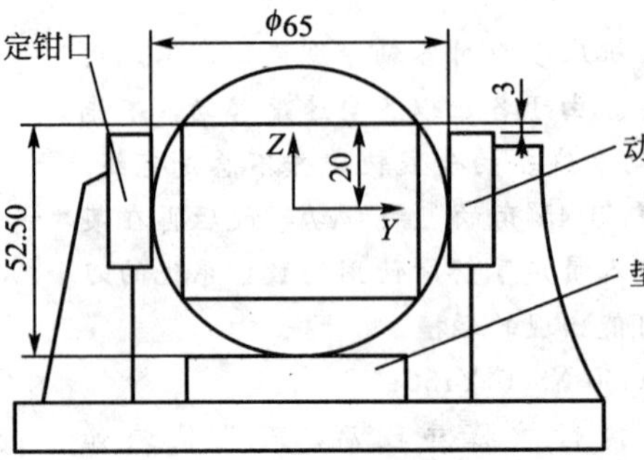

图 2.68　六面体零件安装加工 1 面

2）2、3、4 面加工

如图 2.69 所示，以同样的安装方法，加工 2、3、4 面。

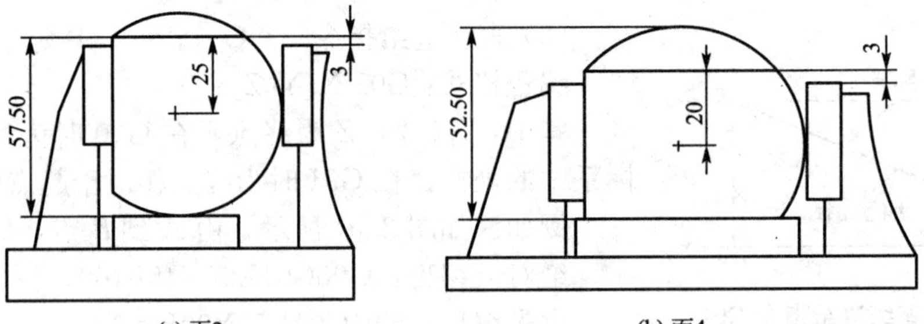

图 2.69　六面体零件安装加工 2、3、4 面

4. 程序清单

因该零件的加工都是单一的平面加工，主要编程指令用 G01 即可完成，故程序省略，留给学生课后完成。

习　　题

一、判断题

1. 数控铣床尽量使用通用夹具，必要时设计专用夹具。（　　）

2. 一般在数控铣床上加工工件，必须在一次装夹中完成全部工序。（　　）

3. 直线插补坐标点越密，插补直线越短，与工件形状越逼近，加工精度越高。（　　）

4. 数控铣床在加工过程中需要经常换刀，每种刀具长短不一，为了编程方便，通常采用刀具长度补偿。（　　）

5. 加工曲面类工件时，为了保证刀具切削刃与加工轮廓在切削点相切，而避免刀刃

与工件轮廓发生干涉，一般采用球头刀。（　　）

6. G54～G59 建立的工件坐标原点是相对于机床原点而言的，在程序运行前已设定好，在程序运行中可以重置。（　　）

7. G95 表示设定进给速度单位为每分钟进给的指令。（　　）

8. 一旦执行 G92 指令建立坐标系，后序的绝对值指令坐标位置都是此工件坐标系中的坐标值。（　　）

9. 对于立式数控铣床，G17 为默认值，可以省略。（　　）

10. 移动指令与平面选择无关。（　　）

11. G00 指令中的快进速度由机床参数对各轴分别设定，不能用程序规定，由机床制造厂单独设定。（　　）

二、填空题

1. 数控回转工作台的蜗杆传动常采用________，或者采用________传动等，数控回转工作台具有________，承载能力强；________；传动平稳，磨损小；任意角度分度；________等优点。其缺点是________。

2. 工件在空间有六个自由度，对于数控铣床，必须遵循六点定位原则，应尽量避免________、________和________。

3. 常用的铣刀类型有________，________，________，________。

4. 对数控铣削刀具进行选择，被加工工件的________是选择刀具类型的主要依据。

5. 铣刀的端面和侧面都有________，刀具的旋转方向与刀具相对工件的进给方向不同，切削效果不同。铣削分________和________两种方式。

6. 数控铣削背吃刀量分为________背吃刀量和________背吃刀量。

7. 铣刀在切削工件的平面和侧面时，可以采用不同的切削方式，通常有________切削方式，________切削方式，________切削方式，________切削方式，________切削方式，________切削方式，________切削方式，________切削方式，________切削方式。

三、简答题

1. 数控铣削加工工序划分的原则是什么？
2. 什么称刀具的长度补偿和刀具的半径补偿？
3. 解释安全平面和安全距离的含义。
4. 铣刀分为哪几种类型，每种铣刀的加工特点是什么？
5. 什么叫顺铣，什么叫逆铣，各适用什么场合？
6. 数控铣削适合哪些表面的加工？
7. 数控铣削加工编程的基本四要素是什么？

四、编程加工

任务描述：凸台零件如图 2.70 所示，按单件生产安排其数控加工工艺，编写出加工程序。毛坯为 33mm×20mm×20mm 的长方体，材料为 45 钢。

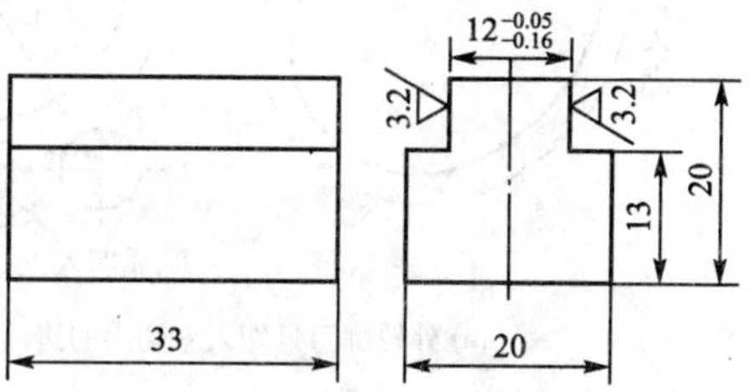

图 2.70 凸台零件

任务 2.3　铣削加工轮廓类零件

专项能力目标	涉及知识点	权重/(%)	建议学时
设计零件轮廓加工工艺；评价和分析零件	轮廓铣削加工工艺知识；轮廓铣削加工质量要求	40	8
编制和调试数控铣削程序	轮廓铣削常用编程指令	60	

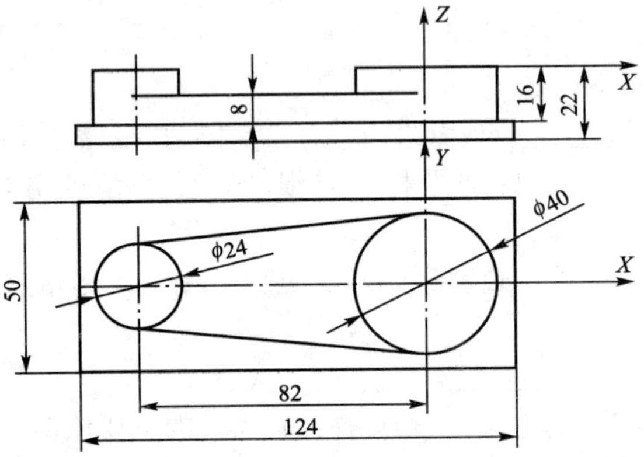

图 2.71　连杆零件图

2.3.1　任务导入：连杆外轮廓铣削加工

任务描述：连杆零件图如图 2.71 所示，按单件生产安排其数控加工工艺，编写出凸台外轮廓加工程序。毛坯为 124mm×50mm×22mm 的长方料，材料为 45 钢。

2.3.2　知识链接

1. 分析轮廓铣削工艺

1）确定轮廓铣削的进给路线

当铣削平面工件轮廓时，一般采用立铣刀侧刃切削。

(1) 确定平面工件外轮廓的进给路线。用立铣刀的侧刃铣削平面工件的外轮廓时，为减少接刀痕迹，保证工件表面质量，刀具切入工件时，应避免沿工件轮廓的法向切入，而应沿外轮廓曲线延长线的切向切入，以避免在切入处产生刀具的切痕而影响表面质量，保证工件外轮廓曲线平滑过渡。同理，在切出工件时，也应避免在工件的轮廓处直接退刀，而应沿工件轮廓延长线的切向逐渐切离工件，如图 2.72(a)所示。

(2) 确定铣削内轮廓的进给路线。如图 2.72(b)所示，内轮廓的进给路线，铣削封闭的内轮廓表面时，同铣削外轮廓一样，刀具同样不能沿轮廓曲线的法向切入和切出。此时

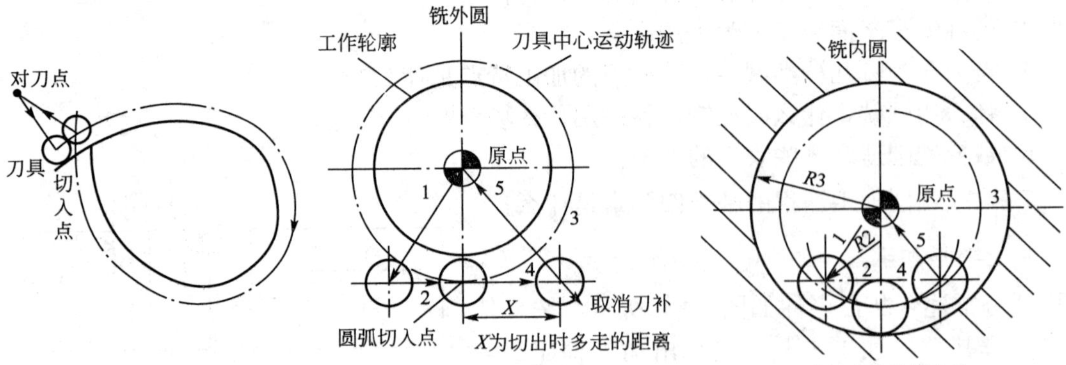

(a) 外轮廓刀具切入、切出的进给路线　　(b) 内轮廓的进给路线

图 2.72　轮廓进给路线

刀具可沿一过渡圆弧切入和切出工件轮廓，图中 $R3$ 为工件圆弧轮廓半径，$R2$ 为过渡圆弧半径。

（3）确定铣削封闭内腔的进给路线。如图 2.73 所示，用立铣刀铣削内腔时，切入和切出无法外延，这时铣刀只有沿工件轮廓的法线方向切入和切出，并将其切入点和切出点选在工件轮廓两几何元素的交接点。但进给路线不一致，加工结果也将各异。

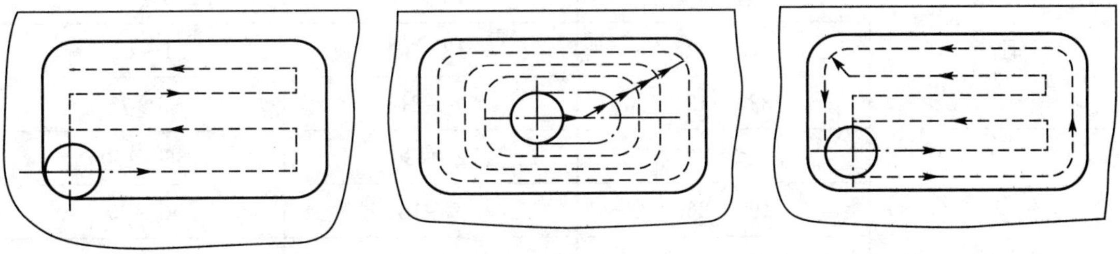

图 2.73　凹槽铣削加工进给路线

（4）确定曲面铣削的进给路线。铣削曲面时，常用球头刀进行加工。图 2.74 表示加工边界敞开的直纹曲面常用的两种进给路线。

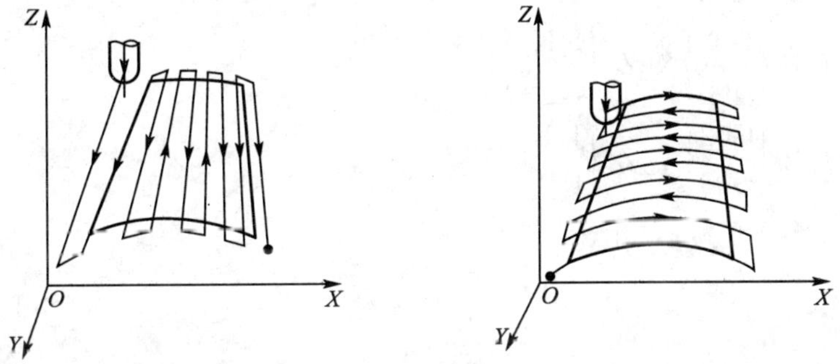

图 2.74　曲面铣削加工进给路线

2）轮廓铣削的切削参数

（1）铣刀每齿进给量。每齿进给量参考值见表 2－8。

表 2－8　铣刀每齿进给量参考值

工件材料	f_z/mm			
	粗　铣		精　铣	
	高速钢铣刀	高速钢铣刀	高速钢铣刀	硬质合金铣刀
钢	0.10～0.15	0.02～0.05	0.02～0.05	0.10～0.15
铸铁	0.12～0.20	0.15～0.30		

(2) 切削速度 V_c。铣削加工的切削速度 V_c 可参考表 2－9 选取，也可参考有关切削用量手册中的经验公式通过计算选取。

表 2－9　铣削加工的切削速度参考值

工件材料	硬度(HBS)	$V_c/m \cdot min^{-1}$	
		高速钢铣刀	硬质合金铣刀
钢	<225	18～42	66～150
	225～325	12～36	54～120
	325～425	6～21	36～75
铸铁	<190	21～36	66～150
	190～260	9～18	45～90
	260～320	4.5～10	21～30

2. 轮廓铣削常用编程指令

1) G02、G03——圆弧插补指令

编程格式：$$\text{G17}\begin{Bmatrix}\text{G02}\\ \text{G03}\end{Bmatrix}\text{X\_Y\_}\begin{Bmatrix}\text{I\_J\_}\\ \text{R\_}\end{Bmatrix}\text{F\_}$$

$$\text{G18}\begin{Bmatrix}\text{G02}\\ \text{G03}\end{Bmatrix}\text{X\_Z\_}\begin{Bmatrix}\text{I\_K\_}\\ \text{R\_}\end{Bmatrix}\text{F\_}$$

$$\text{G19}\begin{Bmatrix}\text{G02}\\ \text{G03}\end{Bmatrix}\text{Y\_Z\_}\begin{Bmatrix}\text{J\_K\_}\\ \text{R\_}\end{Bmatrix}\text{F\_}$$

特别提示

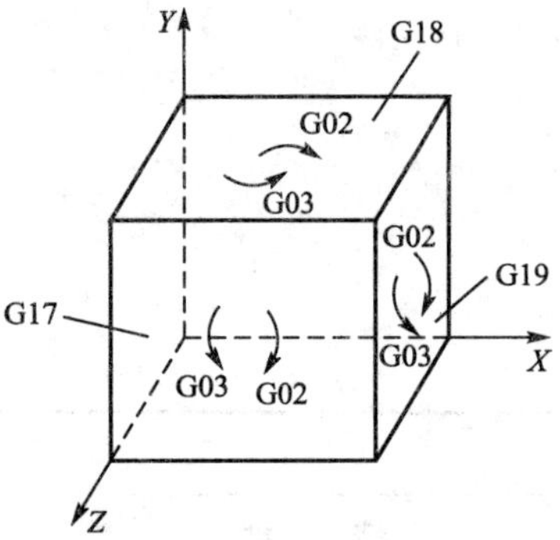

图 2.75　圆弧插补方向

(1) 圆弧插补方向。在直角坐标系中，当从 Z 轴(X 轴或 Y 轴)由正向负的方向看时，G02 顺时针方向和 G03 逆时针方向为圆弧插补方向，如图 2.75 所示。

(2) 半径编程方式。X，Y，Z：圆弧终点坐标，在 G90 时为圆弧终点在工件坐标系中的坐标；在 G91 时为圆弧终点相对于圆弧起点的位移量；R 为圆弧半径。

(3) 圆心坐标编程方式。I，J，K：圆心相对于圆弧起点的偏移值(等于圆心的坐标减去圆弧起点的坐标)；在 G90/G91 时都是以增量方式指定，I、J、K 的选择如图 2.76 所示。

整圆加工，必须用圆心坐标编程，如图 2.77 所示。

从 A 点顺时针一周时，编程如下：

G90G02X30Y0I－30J0F100；

G91G02X0Y0I－30J0F100；

从 B 点逆时针一周时，编程如下：

G90G03X0Y－30I0J30F100；

G91G03X0Y0I0J30F100；

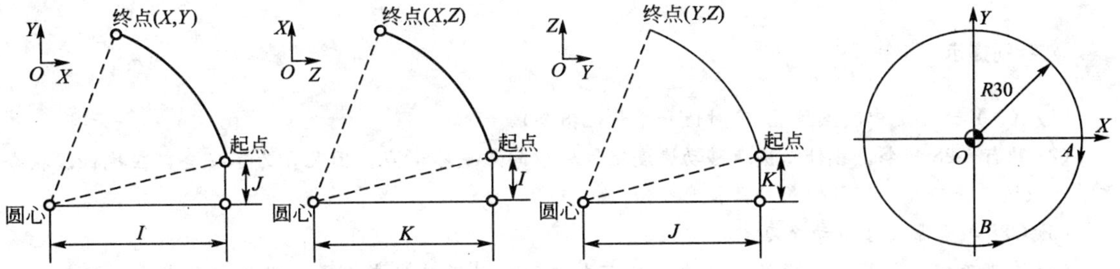

图 2.76 I、J、K 的选择　　图 2.77 整圆编程

(4) 圆弧半径(R)。R 为采用半径方式编程时的圆弧半径，可以替代 I、J 和 K。当圆弧圆心角大于 180°时，R 为负值，否则 R 为正值。如果 X、Y 和 Z 省略，即终点和起点位于相同位置，并且指定 R 时，程序编制出的圆弧为 0°。

(5) 如果同时指定地址 I、J、K 和 R 时，用地址 R 指定的圆弧优先，其他都被忽略。

(6) 数控铣床加工通常不需坐标平面选择指令，如立式铣床通常默认为 G17，加工中心编程时需编入。

2) G27、G28、G29、G30——参考点相关指令

如图 2.78 所示，刀具经过中间点沿着指定轴自动地移动到参考点。或者刀具从参考点经过中间点沿着指定轴自动地移动到指定点。当返回参考点完成时，表示返回完成的指示灯亮。

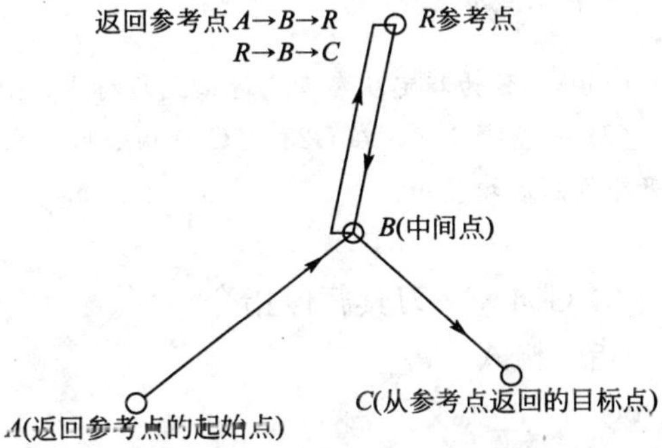

图 2.78 返回参考点和从参考点返回

(1) G27——返回参考点检查指令。

指令格式：G27 X_Y_;

特别提示

(1) X、Y 为指定的参考点(绝对值和增量值指令)。

(2) 执行 G27 指令，刀具以快速移动速度定位，返回参考点检查刀具是否已经正确返回到程序指定的参考点，如果刀具已经正确返回，该轴指示灯亮。

(3) 使用 G27 返回参考点检查指令之后，将立即执行下一个程序段。如果不希望立即执行下一个程序段(如换刀时)，可插入 M00 或 M01。

(4) 由于返回参考点检查不是每个循环都需要的，故可以作为任选程序段。

(5) 在返回参考点检查之前，需取消刀具补偿。

(2) G28、G30——返回参考点指令。

指令格式：

G28 X_Y_; 返回参考点

G30 P2 X_Y_; 返回第 2 参考点

G30 P3 X_Y_; 返回第 3 参考点

G30 P4 X_Y_; 返回第 4 参考点

特别提示

(1) X、Y 为指定中间点位置(绝对值和增量值指令)。

(2) 执行 G28 指令，各轴以快速移动速度定位到中间点或参考点。因此，为了安全，在执行该指令之前，应该清除刀具半径补偿和刀具长度补偿。

(3) G28 指令常用于自动换刀。

(4) 在没有绝对位置检测器的系统中，只有在执行自动返回参考点或手动返回参考点之后，方可使用返回第 2、3、4 参考点功能。通常，当刀具自动交换(ATC)位置与第 1 参考点不同时，使用 G30 指令。

(3) G29——从参考点返回指令。

指令格式：

G29 X_Y_;

特别提示

(1) X、Y 为指定从参考点返回到目标点(绝对值和增量值指令)。

(2) 一般情况下，在 G28 或 G30 指令后，应立即指定从参考点返回指令。对增量值编程，指令值指离开中间点的增量值。

3) G04——刀具暂停指令

指令格式：

G04 X _ (或 P _);

特别提示

(1) X 为指定时间(可以用十进制小数点)。

(2) P 为指定时间(不能用十进制小数点)。

(3) 执行 G04 指令停刀，延迟指定的时间后执行下一个程序段。

(4) 当 P、X 都不指定时，执行准确停止。

(5) X 的暂停时间的指令值范围为 0.001～99999.999s，P 的暂停时间的指令值范围为 1～99999999 (0.0001s)。

例如，暂停 2.5s 的程序为“G04 X2.5;”或“G04 P2500;”。

4) G40、G41、G42——刀具半径补偿指令

(1) 刀具半径补偿概念。对没有刀具半径补偿功能的数控系统，在进行轮廓铣削编程时，由于铣刀的刀位点在刀具中心，和切削刃不一致，为了确保铣削加工出的轮廓符合要求，编程时就必须在图样要求轮廓的基础上，整个周边向外或向内预先偏离一个刀具半径值，作出一个刀具刀位点的行走轨迹，求出新的节点坐标，然后按这个新的轨迹进行编程，这就是人工预刀补编程。

对有刀具半径补偿功能的数控系统，可不必求刀具中心的运动轨迹，直接按工件轮廓轨迹编程，同时在程序中给出刀具半径的补偿指令，这就是机床自动刀补编程。

(2) 编程格式。指令格式：

$$\begin{Bmatrix} G40 \\ G41 \\ G42 \end{Bmatrix} \begin{Bmatrix} G00 \\ G01 \end{Bmatrix} X\_Y\_Z\_D\_$$

G40：取消刀具半径补偿；

G41：左刀补(在刀具前进方向左侧补偿)；

G42：右刀补(在刀具前进方向右侧补偿)；

G17、G18、G19：刀具半径补偿平面；

D：G41/G42 的参数，即刀补号码(D00～D99)。

(3) 刀补过程。刀补过程如图 2.79 所示，刀具半径补偿的过程分为三步：

① 建立刀补：在刀具从起点接近工件时，刀心轨迹从与编程轨迹重合过渡到与编程轨迹偏离一个偏置量的过程(*O*→*A*)。

② 进行刀补：刀具中心始终与变成轨迹相距一个偏置量直到刀补取消(*A*→*B*→*C*→*D*→*E*)。

③ 取消刀补：刀具离开工件，刀心轨迹要过渡到与编程轨迹重合的过程(*E*→*O*)。

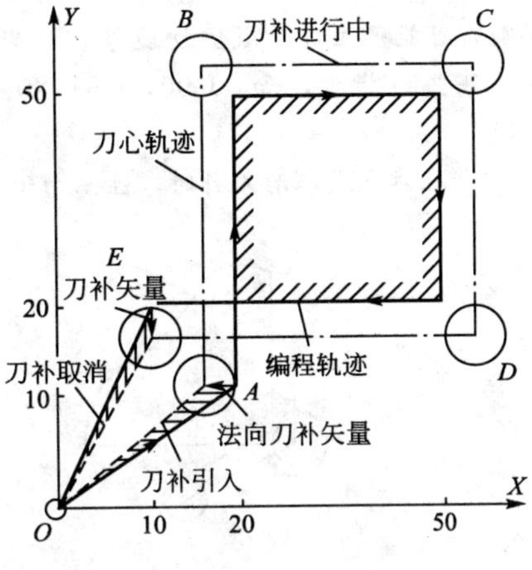

图 2.79　刀补过程

特别提示

① 刀具补偿方向的判断：沿垂直于补偿所在平面(如 XY 平面)的坐标轴的负方向(−Z)看去，刀具中心位于编程前进方向的左侧，即为左补偿，如图 2.80(a)所示；刀具中心位于编程前进方向的右侧，即为右补偿，如图 2.80(b)所示。在进行刀具半径补偿前，必须用 G17 或 G18、G19 指定刀具补偿是在哪个平面上进行的。

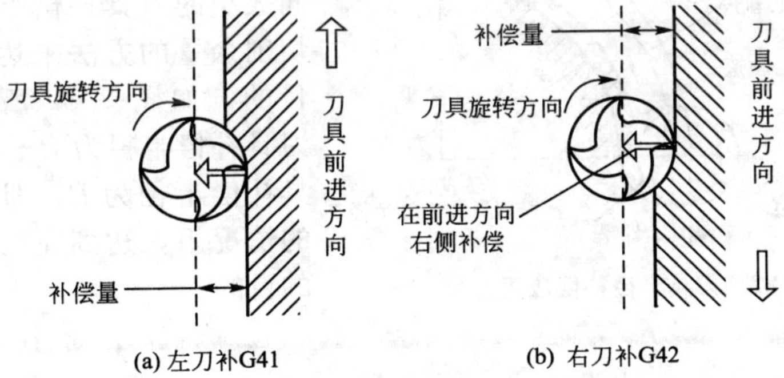

图 2.80　刀具补偿方向

② 刀具半径补偿值设定。在 MDI 面板上，把刀具半径补偿值赋给 D 代码。表 2-10 表示刀具半径补偿值的指定范围。

表 2-10　刀具半径补偿值的指定范围

	公制输入/mm	英制输入/in
刀具半径补偿值	0～999.999	0～99.9999

③ 引入和取消刀补。引入和取消刀补要求必须在 G00 或 G01 程序段，不应在 G02/G03 程序段上进行。如 G41 G02 X20 Y0 R10 D01 通常会导致机床报警。

刀补的取消有两种方式：G40 或 D00。

④ 在指定刀补平面执行刀补时，不能出现连续两个非坐标轴移动类指令或非刀补平面坐标移动，否则将可能产生过切或少切现象。非坐标轴移动类指令大致有以下几种：M 指令；S 指令；暂停指令；某些 G 指令，如：G90，G91 X0 等。非刀补平面坐标移动，如 G00Z-10（刀补平面为 XY 平面时）。

⑤ 在建立或取消刀补时，注意由于程序轨迹方向不当而发生过切，如图 2.81 所示。

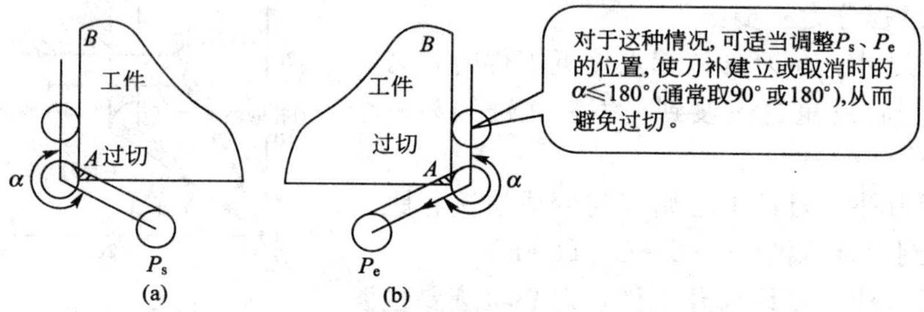

图 2.81　过切

⑥ 当刀补数据为负值时，则 G41、G42 功效互换。

⑦ G41、G42 指令不要重复规定，否则会产生一种特殊的补偿。

⑧ G40、G41、G42 都是模态代码，可相互注销。

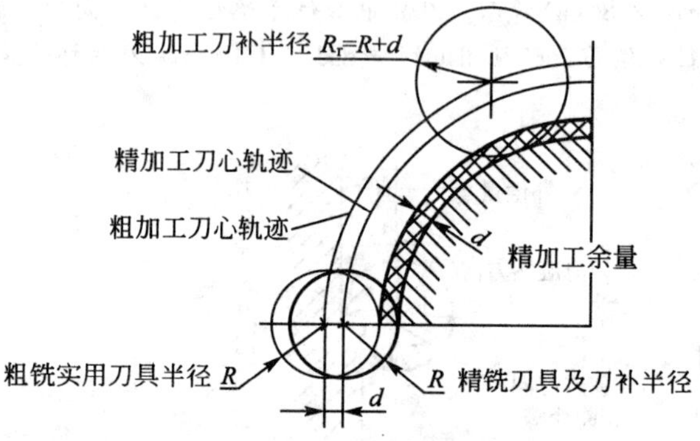

图 2.82　刀具半径补偿应用

(4) 刀具半径补偿应用。利用同一个程序、同一把刀具，通过设置不同大小的刀具补偿半径值而逐步减少切削余量的方法来达到粗、精加工的目的。如图 2.82 所示，粗加工时，刀具补偿半径为 $R+d$，精加工时，刀具补偿半径为 R，即在刀具程序不变的情况下，达到完成粗、精分开加工的目的。

应用实例 2-2

任务描述：编程加工图 2.83 所示轮廓工件，编程坐标系如图 2.83 所示。

已知各基点坐标：$A(-42,\ -20)$，$B(-42,\ 20)$，$C(0,\ 40)$，$D(40,\ 0)$，$E(20,\ -20)$，$M(-60,\ -30)$。刀具偏置号为 D01。偏置方向为工件左侧。设工件的表面 $Z=0$，厚度为 25mm。

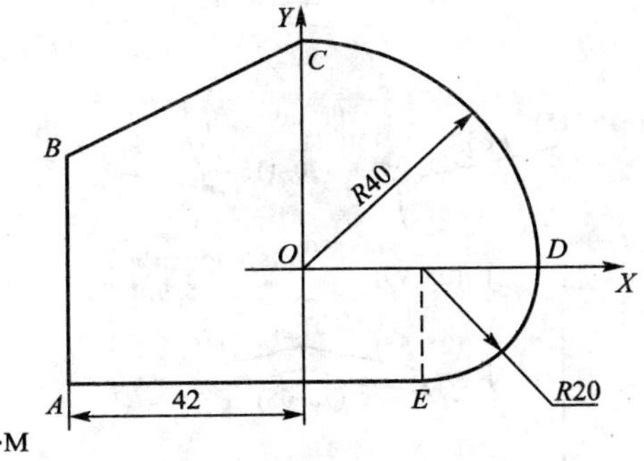

图 2.83 应用实例 2-2

程序如下：

```
O0011
N010 G54 G90 G00 Z50 TO1;         刀具抬起
N020 X-60 Y-40;                   到M点,做好切削准备
N030 M03 S1000;                   启动主轴
N040 Z5;                          下刀
N050 G01 Z-25 F100;               Z 轴进给
N060 G41 X-42 Y0 D01;             移动到A点下方,建立刀补
N070 Y20;                         A 点下方→B
N080 X0 Y40;                      B→C
N090 G02 X40 Y0 R40;              C→D
N100 X20 Y-20 R20;                D→E
N110 G01 X-60;                    E→A 点左边
N120 G40 Y-40;                    返回下刀点,取消刀补
N130 G00 Z50;                     Z 轴退刀
N140 M05;                         主轴停
N150 M30;                         程序结束
```

应用实例 2-3

任务描述：编程加工图 2.84 所示的轮廓工件，编程坐标系如图 2.84 所示。刀具偏置号为 D01，方向为工件的左侧，起始点坐标为(0，0，0)。

程序如下：

```
O0010
G40 G49 G80 T1;
G54 G90 G00 X0 Y0;          设置工件坐标系
G43 H1 Z50;                 设置刀具长度补偿
Z2 M03 S800;                下刀启动主轴
G01 Z-5 F200;               Z 轴进给
G41 X25 Y55 D1;             切入工件,建立刀补
Y90;
```

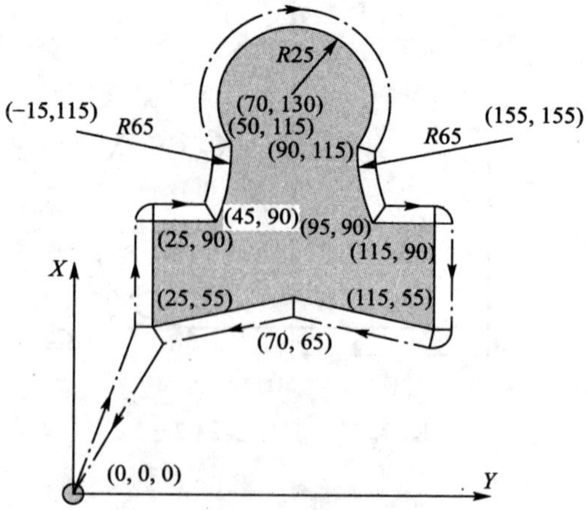

图 2.84　应用实例 2-3

```
X45;
G03 X50 Y115 R65;
G02 X90 R-25;
G03 X95 Y90 R65;
G01 X115;
Y55;
X70 Y65;
X25 Y55;
G40 X0 Y0;                 取消刀补,返回
G00 Z100;                  抬刀
M05;                       主轴停
M30;                       程序结束
```

应用实例 2-4

任务描述：已知某轮廓工件如图 2.85 所示，工件材料为 5mm 厚的铝板，编写工件精加工程序。加工刀具：直径 ϕ10mm 的立铣刀；安全高度为 10mm；切削用量：主轴转速为 600r/min，进给速度为 300mm/min；采用顺铣，上平面为 Z0。

程序如下：

```
O0001                          程序名
N010 G54 G90 G00 X20 Y-40;     建立工件坐标系,快速移动到A点
N020 Z10;                      快进安全高度
N030 G01 Z-5 F300 S500 M03;    下刀,启动主轴
N040 M08;                      冷却液开
N050 G41 X0 Y-35 D01;          刀具左补偿,到达 1 点
N060 G02 X-5 Y-30 R5;          2 点
N070 G03 X-30 Y-5 R30;         3 点
N080 G02 Y5 R5;                4 点
090 G03 X-5 Y30 R30;           5 点
```

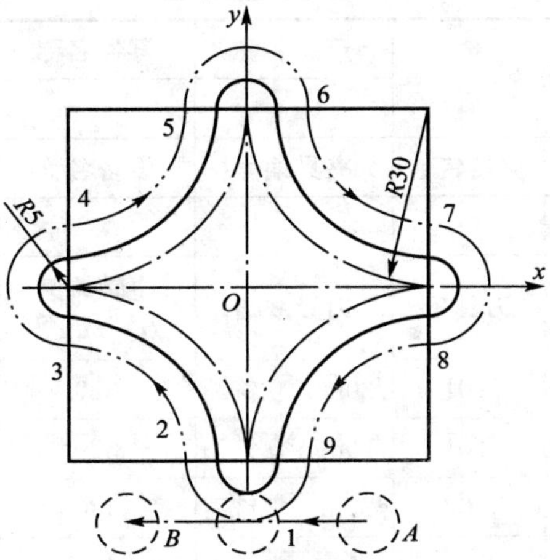

图 2.85　应用实例 2－4

N100 G02 X5 R5;	6 点
N110 G03 X30 Y5 R30;	7 点
N120 G02 Y-5 R5;	8 点
N130 G03 X5 Y-30 R30;	9 点
N140 G02 X0 Y-35 R5;	1 点
N150 G40 G01 X-20;	退出轮廓至B点，取消刀补
N160 G00 Z100 M09;	抬刀
N170 M05;	主轴停
N190 M30;	程序结束

2.3.3　任务实施

1. 工艺过程

工艺过程为：粗铣高度为 16mm 凸台→粗铣高度为 8mm 凸台→精铣高度为 8mm 凸台→精铣高度为 16mm 凸台。

2. 刀具与工艺参数

刀具与工艺参数见表 2－11、表 2－12。

表 2－11　数控加工刀具卡

单位		数控加工刀具卡片	产品名称				零件图号	
			零件名称				程序编号	
序号	刀具号	刀具名称	刀具		补偿值		序号	
			直径/mm	长度				直径/mm
1	T01	立铣刀	$\phi20$		1	、T01	立铣刀	$\phi20$
2	T02	立铣刀	$\phi20$		2	T02	立铣刀	$\phi20$

表 2-12　数控加工工序卡

单位	数控加工工序卡片		产品名称	零件名称	材料	零件图号
工序号	程序编号	夹具名称	夹具编号	设备名称	编制	审核
工步号	工步内容	刀具号	刀具规格	主轴转速 $/r\cdot min^{-1}$	进给速度 $/mm\cdot min^{-1}$	背吃刀量 a_p/mm
1	粗铣高度为 16mm 凸台	T01	ϕ20mm 立铣刀	320	80	4
2	粗铣高度为 8mm 凸台	T01	ϕ20mm 立铣刀	320	80	4
3	精铣高度为 8mm 凸台	T02	ϕ20mm 立铣刀	480	70	8
4	精铣高度为 16mm 凸台	T02	ϕ20mm 立铣刀	480	70	8

3. 装夹方案

连杆零件毛坯用台虎钳装夹，底部用垫铁支承。

4. 编制程序

在 ϕ40mm 圆台中心建立零件坐标系，Z 轴原点设在顶面上。

1) 轮廓粗加工

(1) 粗加工 16mm 凸台。凸台轮廓的粗加工采用分层铣削的方式。零件的粗、精加工，采用同一把刀具，同一加工程序，通过改变刀具半径补偿值的方法来实现。粗加工单边留余量 0.2mm。具体加工路线如图 2.86 所示。

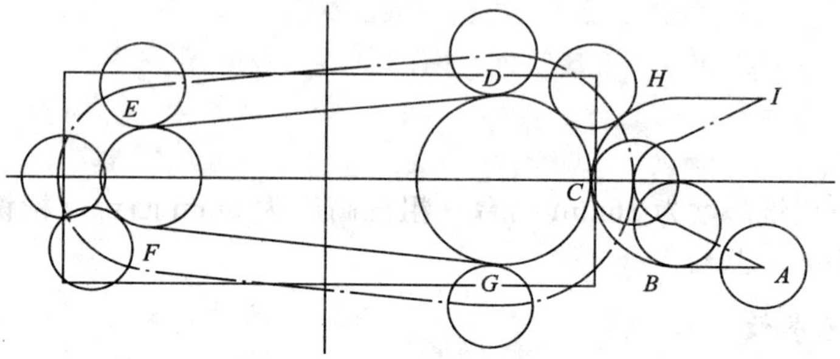

图 2.86　16mm 凸台粗加工路线

加工路线：A—B—C—D—E—F—G—H—I，逆铣加工。

各点坐标为：

A(101，−20)B(81，−20)C(61，0)D(39.49，19.905)E(−42.171，11.943)

程序如下：

```
O0001
N102G0G17G40G49G80G90;
N106G0G90G54X101Y-20S320M3;          刀具快速定位，主轴启动
N108Z50;                             抬刀至安全高度
```

```
N110Z10;                                  下刀至参考高度
N112G1Z-4F100;                            Z平面第一层切削
N114G42D1X81F80;                          建立刀具半径右补偿D1=10.2
N116G2X61Y0R20;                           切向切入
N118G3X39.49Y19.905R20;
N120G1X-42.171Y11.943;
N122G3Y-11.943R12;
N124G1X39.49Y-19.905;
N126G3X61Y0R20;
N128G2X81Y20R20N130G1G40X101;
N132Y-20;
N134Z-8F100;                              Z平面第二层切削
N136G42D1X81F80;
N138G2X61Y0R20;
N140G3X39.49Y19.905R20;
N142G1X-42.171Y11.943;
N144G3Y-11.943R12;
N146G1X39.49Y-19.905;
N148G3X61.Y0R20;
N150G2X81Y20R20;
N152G1G40X101;
N154Y-20;
N156Z-12F100;                             Z平面第三层切削
N158G42D1X81F80;
N160G2X61Y0R20;
N162G3X39.49Y19.905R20;
N164G1X-42.171Y11.943;
N166G3Y-11.943R12;
N168G1X39.49Y-19.905;
N170G3X61Y0R20;
N172G2X81Y20R20;
N174G1G40X101;
N176Y-20;
N178Z-16F100;                             Z平面第四层切削
N180G42D1X81F80;
N182G2X61Y0R20;
N184G3X39.49Y19.905R20;
N186G1X-42.171Y11.943;
N188G3Y-11.943R12;
N190G1X39.49Y-19.905;
N192G3X61Y0R20;
N194G2X81Y20R20;                          切向切出
N196G1G40X101;                            取消刀具半径补偿
N200G0Z50;                                抬刀至安全高度
```

```
N202M5;                                   主轴停止
N208M30;                                  程序结束
```

(2) 粗加工 8mm 凸台。加工路线如图 2.87 所示。分别按照刀具路径 1、2、3 完成零件的粗加工。

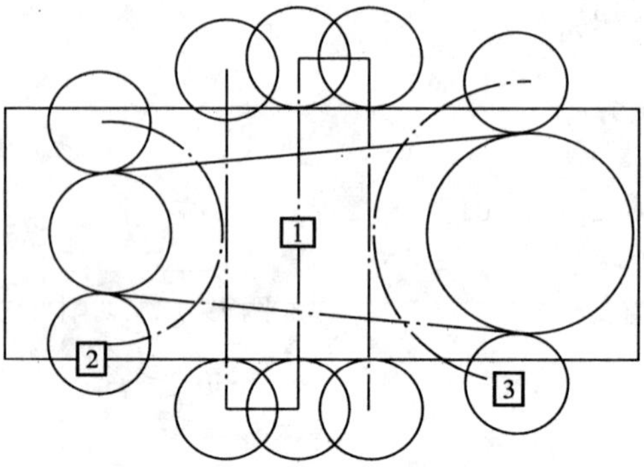

图 2.87　8mm 凸台粗加工加工路线

程序如下：

```
O0002
N102G0G17G40G49G80G90;
N106G54X10Y-35S320M3;                    刀具快速定位,主轴启动
N108Z50;                                 抬刀至安全高度
110Z10;                                  下刀至参考高度
N112G1Z-4F100;                           刀路 1,Z 平面第一层切削
N114Y35F80;
N116X-4;
N118Y-35;
N120X-18;
N122Y32.212;
N124Z6F1000;
N128X10Y-35;
N132G1Z-8F100;                           刀路 1,Z 平面第二层切削
N134Y35F80;
N136X-4;
N138Y-35;
N140X-18;
N142Y32.212;
N146G0Z50;                               抬刀至安全高度
N148X-43.166Y-22.094;
N150Z10;                                 下刀至参考高度
N152G1Z-4F100;                           刀路 2,Z 平面第一层切削
N154G3X-18.8Y0R22.2F80;
N156X-43.166Y22.094R22.2;
N158G1Z6F100;
```

```
N162Y-22.094;
N166G1Z-8F100;                      刀路 2,Z 平面第二层切削
N168G3X-18.8Y0R22.2F80;
N170X-43.166Y22.094R22.2;
N174G0Z50;                          抬刀至安全高度
N176X38.054Y-30.056;
N178Z10;                            下刀至参考高度
N180G1Z-4F100;                      刀路 3,Z 平面第一层切削
N182G2Y30.056R30.2F80;
N184G1Z6F100;
N188Y-30.056;
N192G1Z-8F100;                      刀路 3,Z平面第二层切削
N194G2Y30.056R30.2F80;
N198G0Z50;
N200M5;                             主轴停止
N206M30;                            程序结束
```

2）轮廓精加工

轮廓的精加工同样采用切向切入和切向切出，利用刀具半径补偿进行零件的精加工。程序如下：

```
O0003
N102G0G17G40G49G80G90;
N10G54X101Y20S480M3;                刀具快速定位,主轴启动
N108Z50;                            抬刀至安全高度
N110Z10;                            下刀至参考高度
N112G1Z-8F100;                      16mm 凸台Z 平面第一层精修
N114G41D1X81F70;                    建立刀具半径左补偿 D1=10
N116G3X61Y0R20;                     切向切入
N118G2X39.049Y-19.905R20;
N120G1X-42.171Y-11.943;
N122G2Y11.943R12;
N124G1X39.049Y19.905;
N126G2X61Y0R20;
N128G3X81Y-20R20;
N130G1G40X101;
N132Y20;
N134Z-16F100;                       16mm 凸台Z 平面第二层精修
N136G41D1X81F70;
N138G3X61Y0R20;
N140G2X39.049Y-19.905R20;
N142G1X-42.171Y-11.943;
N144G2Y11.943R12;
N146G1X39.049Y19.905;
N148G2X61Y0R20;
```

```
N150G3X81Y-20R20;
N152G1G40X101;                         取消刀具半径补偿
N156G0Z50;                             抬刀至安全高度
N158X55.051Y-61.665;                   快速定位,精修 8mm 凸台
N160Z10;                               下刀至参考高度
N162G1Z-8F100;                         下刀至切削深度
N164G41D1X57.002Y-41.76F70;            建立刀具半径左补偿 D1=10
N166G3X39.049Y-19.905R20;              切向切入
N168G2Y19.905R20;
N170G3X57.002Y41.76R20;
N172G1G40X55.051Y61.665;
176G0Z50;
N178X-65.978Y49.801;
N180Z10;
N182G1Z-8F100;
N184G41D1X-64.027Y29.896F70;
N186G3X-42.171Y11.943R20;
N188G2X-29Y0R12;
N190X-42.171Y-11.943R12;
N192G3X-64.027Y-29.896R20;             切向切出
N194G1G40X-65.978Y-49.801;             取消刀具半径补偿
N196G00Z50;                            抬刀至安全高度
N198M5;                                主轴停止
N200M30;                               程序结束
```

习　　题

1. 任务描述：加工图 2.88 所示零件，按单件生产安排其数控加工工艺，编写出加工程序。毛坯为 120mm×100mm×10mm 的长方体，材料为 45 钢。

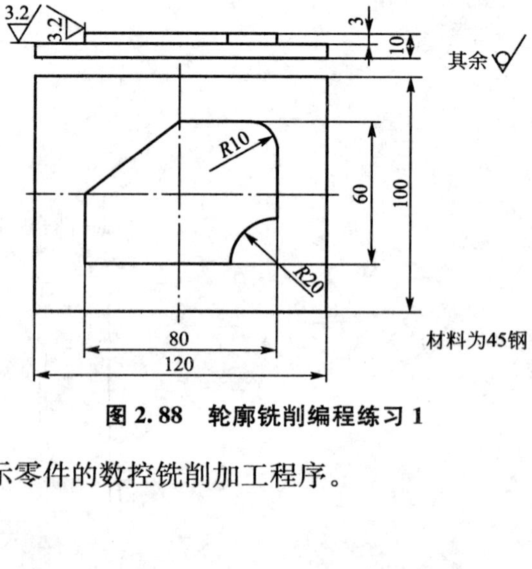

图 2.88　轮廓铣削编程练习 1

2. 编写图 2.89 所示零件的数控铣削加工程序。

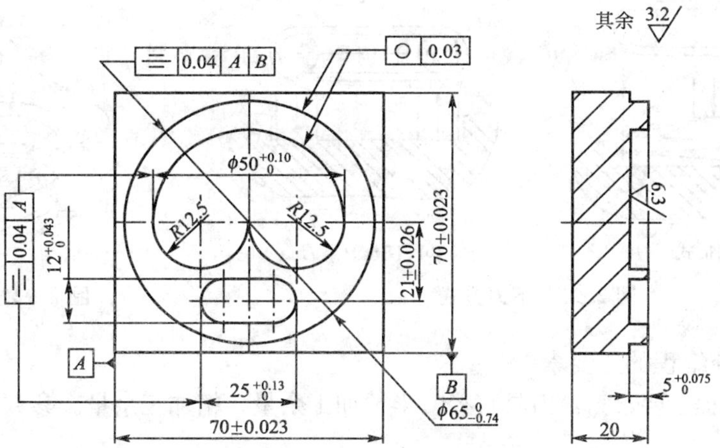

图 2.89　轮廓铣削编程练习 2

任务 2.4　铣削加工型腔类零件

专项能力目标	涉及知识点	权重/(%)	建议学时
设计零件型腔加工工艺	型腔零件的铣削加工工艺	40	8
编制和调试数控程序	型腔铣削常用编程指令；型腔铣削加工程序编制	60	

2.4.1　任务导入：矩形型腔零件的铣削加工

任务描述：完成图 2.90 所示零件的型腔加工，并完成工序卡片的填写。零件上下表面、外轮廓已在前面工序(步)完成，零件材料为 45 钢。毛坯为 200mm×200mm×50mm 型材。

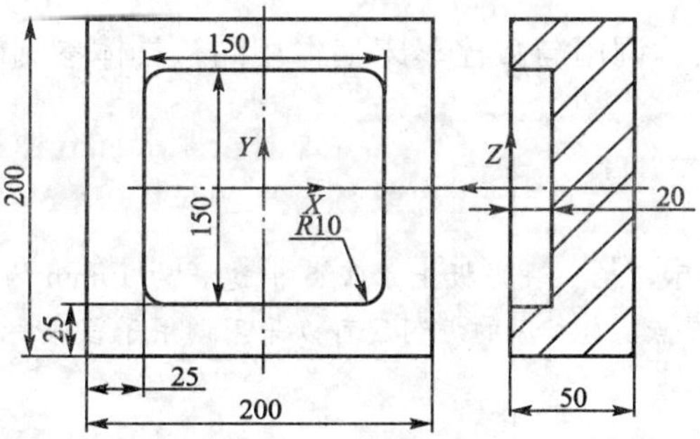

图 2.90　矩形型腔加工

2.4.2　知识链接

1. 型腔铣削的工艺知识

1) 型腔铣削的下刀方式

型腔铣削的下刀方式，如图 2.91、图 2.92 所示。

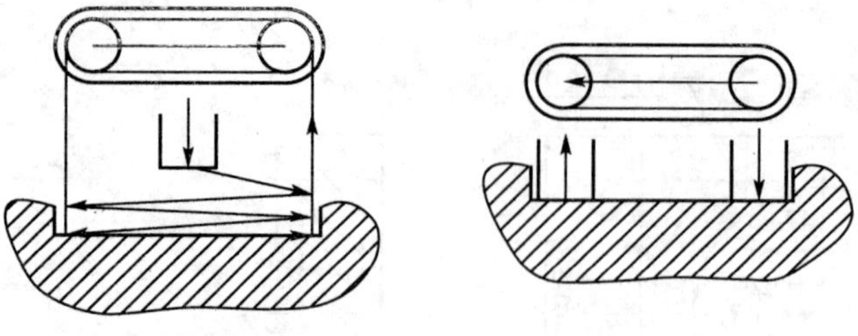

(a) 斜插式下刀　　(b) Z向垂直下刀

图 2.91　下刀方式

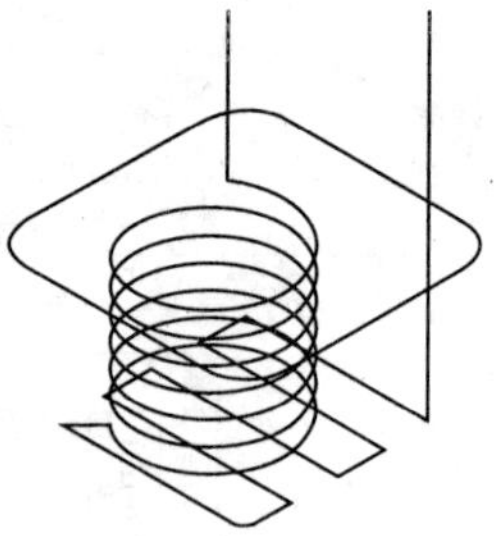

图 2.92　螺旋下刀

2）矩形型腔编程的三要素

矩形型腔编程三要素为：刀具直径、半精加工余量、精加工余量。参数如图 2.93 所示。

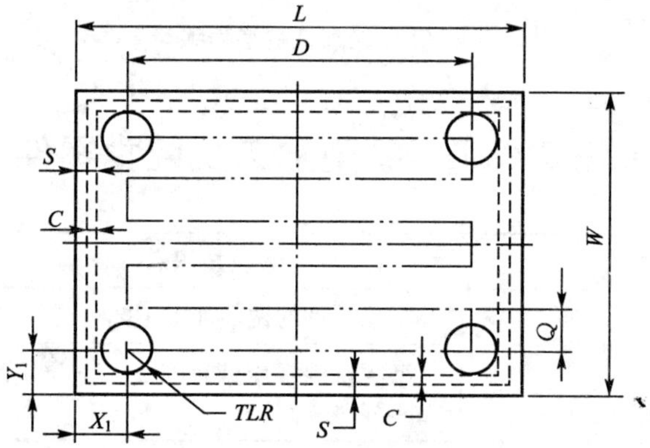

图 2.93　矩形型腔编程的三要素

X_1—刀具起点的 X 坐标；Y_1—刀具起点的 Y 坐标；L—型腔长度；D—实际切削长度；W—型腔宽度；S—精加工余量；TLR—刀具半径；Q—切削间距；C—半加工余量

2. 子程序

子程序的构成、格式、调用与数控车床基本相同，具体参阅前面知识介绍。

应用实例 2－5

任务描述：如图 2.94 所示，在一块平板上加工 6 个边长为 10mm 的等边三角形，每边的槽深为 －2mm，工件上表面为 Z 向零点。其程序的编制就可以采用调用子程序的方式来实现(编程时不考虑刀具补偿)。

主程序如下：

```
O1000
N10 G54 G90 G01 Z40 F200;          进入工件加工坐标系
N20 M03 S800;                      主轴启动
N30 G00 Z3;                        快进到工件表面上方
N40 G01 X 0 Y8.66;                 到 1 号三角形上顶点
N50 M98 P020;                      调 020 号切削子程序切削三角形
N60 G90 G01 X30 Y8.66;             到 2 号三角形上顶点
```

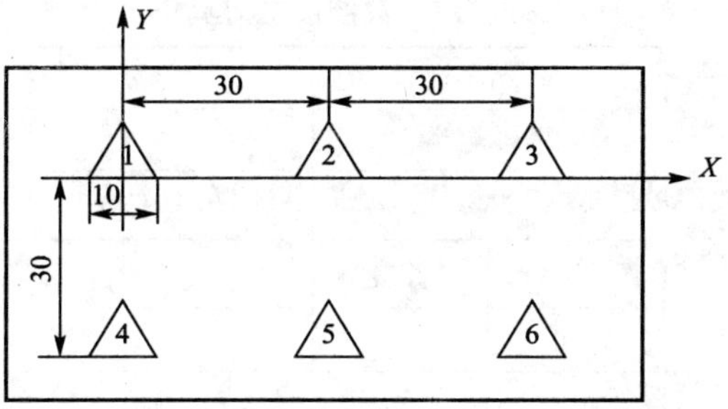

图 2.94　子程序应用

```
N70 M98 P020;                      调 020 号切削子程序切削三角形
N80 G90 G01 X60 Y8.66;             到 3 号三角形上顶点
N90 M98 P020;                      调 020 号切削子程序切削三角形
N100 G90 G01 X 0 Y - 21.34;        到 4 号三角形上顶点
N110 M98 P020;                     调 020 号切削子程序切削三角形
N120 G90 G01 X30 Y - 21.34;        到 5 号三角形上顶点
N130 M98 P020;                     调 020 号切削子程序切削三角形
N140 G90 G01 X60 Y - 21.34;        到 6 号三角形上顶点
N150 M98 P020;                     调 020 号切削子程序切削三角形
N160 G90 G01 Z40 F2000;            抬刀
N170 M05;                          主轴停
N180 M30;                          主程序结束
```

子程序如下：

```
O1001
N10 G91 G01 Z -2 F100;             在三角形上顶点切入(深)2mm
N20 G01 X -5 Y-8.66;               切削三角形
N30 G01 X 10 Y 0;                  切削三角形
N40 G01 X -5 Y 8.66;               切削三角形
N50 G01 Z 5 F200;                  抬刀
N60 M99;                           子程序结束
```

2.4.3　任务实施

1. 工艺过程

(1) 粗加工选择 $\phi16$ 立铣刀，采用斜插式下刀方式，Z 字形运动形式。

(2) 半精加工、精加工 $\phi16$ 立铣刀，采用垂直下刀方式，轮廓铣削方式，通过修改刀补值实现半精加工和精加工。

2. 半精加工、精加工加工路线

加工路线如图 2.95 所示。

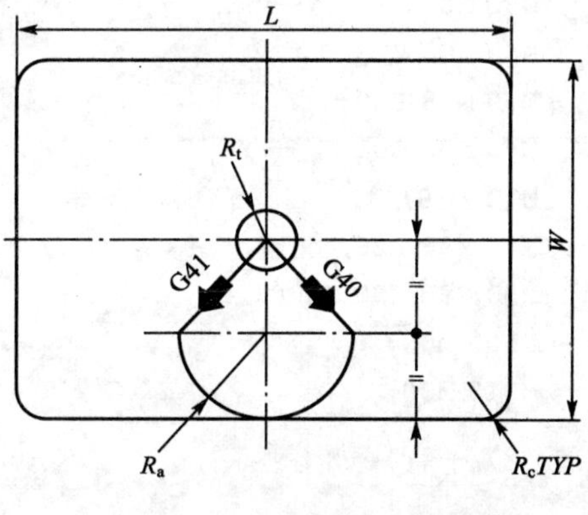

图 2.95　型腔的精加工刀具路径

3. 刀具与工艺参数

刀具与工艺参数见表 2－13、表 2－14。

表 2-13 数控加工刀具卡

单位		数控加工刀具卡片	产品名称				零件图号	
			零件名称				程序编号	
序号	刀具号	刀具名称	刀具		补偿值		序号	
			直径/mm	长度				直径/mm
1	T01	立铣刀	ϕ20		1	T01	立铣刀	ϕ20
2	T02	立铣刀	ϕ18		2	T02	立铣刀	ϕ18

表 2-14 数控加工工序卡

单位	数控加工工序卡片		产品名称	零件名称	材料	零件图号
工序号	程序编号	夹具名称	夹具编号	设备名称	编制	审核
工步号	工步内容	刀具号	刀具规格	主轴转速 /r · min^{-1}	进给速度 /mm · min^{-1}	背吃刀量 a_p/mm
1	粗铣型腔	T01	ϕ18 立铣刀	320	80	5
2	半精铣型腔	T02	ϕ18 立铣刀	500	80	20
3	精铣型腔	T02	ϕ18 立铣刀	500	80	20

4. 装夹方案

连杆零件毛坯用台虎钳装夹，底部用垫铁支承。

5. 程序编制

在毛坯中心建立零件坐标系，Z 轴原点设在顶面上。

1）粗加工程序

（1）主程序如下：

```
O0020
N10 G54 G90 G00 Z40;          进入零件加工坐标系
N20 M03 S320;                 主轴启动
N30 G00 X-65 Y-65;            到下刀点
N40 G00 Z1;                   快进到零件表面上方
N50 M98 P20;                  调 20 号切削子程序（深 10mm）
N60 G90 G01 X-65 Y-65;
N70 Z-9;
N80 M98 P20;                  调 20 号切削子程序（深 20mm）
N90 G90 G00 Z400;             抬刀
N100 M05;                     主轴停
N110 M30;                     主程序结束
```

（2）子程序如下：

```
O0021
```

```
N10 G91 G01 X130 Y0 Z-4 F80;
N20 G01 X-130 Y0 Z-4;
N30 G01 X130 Y0 Z-3;
N40 G01 X-130 Y0;
N50 Y16;
N60 X130;
N70 Y16;
N80 X-130;
N90 Y16;
N100 X130;
N110 Y16;
N120 X-130;
N130 Y16;
N140 X130;
N150 Y16;
N160 X-130;
N170 Y17;
N180 X130;
N190 Y17;
N200 G00 Z5;                        抬刀
N60 M99;                            子程序结束
```

2）精加工程序

程序如下：

```
O0030
N10 G54 G90 G00 X0 Y0 Z40;          进入零件加工坐标系
N20 M03 S500;                       主轴启动
N25 G00 Z10;                        快进到零件表面上方
N30 G41 G00 X-10 Y-65 D01;          建立刀具半径补偿,到下刀点
N40 G01 Z-20 F100;                  下刀
N50 G03 X0 Y-75 R10 F80;            圆弧切线方向切出
N60 G01 X65 Y-175;
N70 G03 X75 Y-65 R10;
N80 G01 X75 Y65;
N90 G03 X65 Y75 R10;
N100 G01 X-65 Y75;
N110 G03 X-75 Y65 R10;
N110 G03 X-75 Y65 R10;
N120 G01 X-75 Y-65;
N130 G03 X-65 Y-75 R10;
N140 G01 X0 Y-75;
N150 G03 X10 Y-65 R10;              圆弧切线方向切出
N160 G40 G00 X0 Y0;                 取消刀具半径补偿
N170 G00 Z50;
```

```
N180 M05;                    主轴停
N190 M30;                    程序结束
```

习 题

1. 任务描述：利用数控加工仿真软件，完成图 2.96 所示零件的型腔加工，并完成表 2-15、表 2-16 的填写和程序清单编写。零件上下表面、外轮廓已在前面工序(步)完成，零件材料为 45 钢。

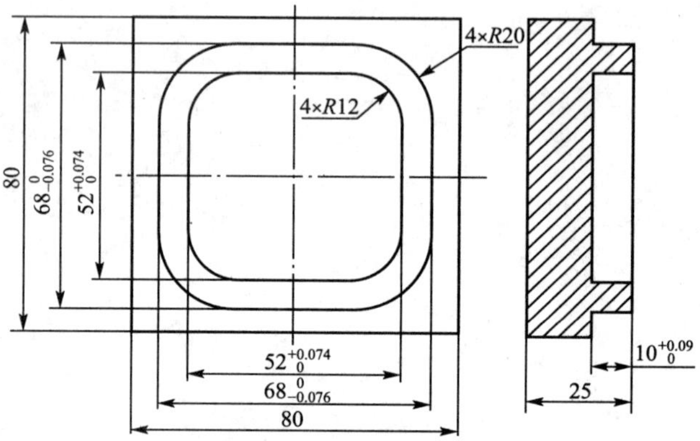

图 2.96 型腔加工练习

表 2-15 数控加工刀具卡

单 位		数控加工刀具卡片	产品名称				零件图号	
			零件名称				程序编号	
序号	刀具号	刀具名称	刀具		补偿值		序号	
			直径	长度	半径	长度	半径	长度
1	T01							
2	T02							
3	T03							

表 2-16 数控加工工序卡

单位	数控加工工序卡片		产品名称	零件名称	材料	零件图号
工序号	程序编号	夹具名称	夹具编号	设备名称	编制	审核
工步号	工步内容	刀具号	刀具规格	主轴转速 $S/\mathrm{r\cdot min^{-1}}$	进给速度 $F/\mathrm{mm\cdot min^{-1}}$	背吃刀量 a_p/mm
1		T01				
2		T02				
3		T03				
4		T04				

2. 任务描述：编写图 2.97 所示零件的内外表面数控铣削加工程序，并完成表 2-17、表 2-18 的填写及编写程序清单。

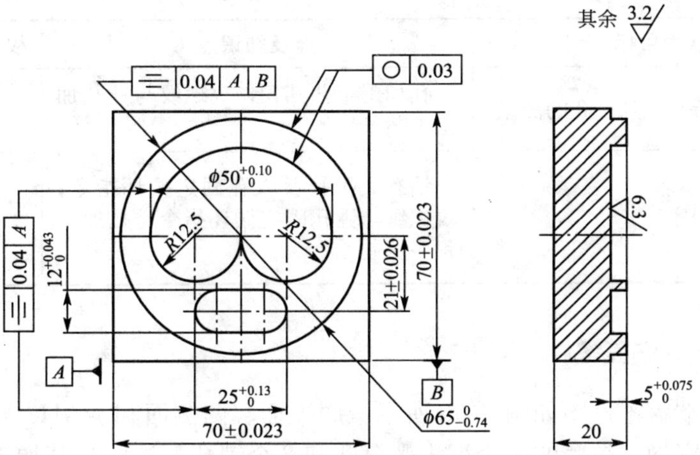

图 2.97　内外表面数控铣削加工

表 2-17　数控加工刀具卡

单　　位		数控加工刀具卡片	产品名称				零件图号	
			零件名称				程序编号	
序号	刀具号	刀具名称	刀具		补偿值		序号	
			直径	长度	半径	长度	半径	长度
1	T01							
2	T02							
3	T03							
4	T04							

表 2-18　数控加工工序卡

单位	数控加工工序卡片		产品名称	零件名称	材料	零件图号
工序号	程序编号	夹具名称	夹具编号	设备名称	编制	审核
工步号	工步内容	刀具号	刀具规格	主轴转速 $S/r\cdot min^{-1}$	进给速度 $F/mm\cdot min^{-1}$	背吃刀量 a_p/mm
1		T01				
2		T02				
3		T03				
4		T04				

任务 2.5 铣削加工孔类零件

专项能力目标	涉及知识点	权重/(%)	建议学时
孔加工工艺分析和设计；孔的测量	孔加工工艺知识；攻螺纹与镗孔加工工艺	40	8
能编制孔加工程序	钻孔、扩孔及铰孔固定循环指令；攻螺纹与镗孔固定循环指令；孔加工程序编制	60	

2.5.1 任务导入：端盖零件的加工

任务描述：端盖零件图如图 2.98 所示，底平面、两侧面和 ϕ40H8 型腔已在前面工序加工完成。本工序加工端盖的 4 个沉头螺钉孔和 2 个销孔，试编写其加工程序。零件材料为 HT150，加工数量为 5000 件/年。

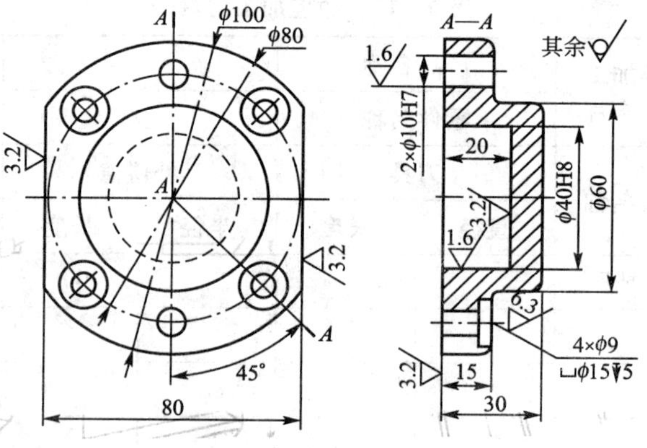

图 2.98 端盖零件图

2.5.2 知识链接

1. 孔加工工艺知识

1) 孔的加工方法

在数控铣床上加工孔的方法很多，根据孔的尺寸精度、位置精度及表面粗糙度等要求，一般有点孔，钻孔、扩孔，锪孔、铰孔、镗孔及铣孔等。常用孔的加工方法见表 2－19。

表 2－19 孔的加工方法与步骤的选择

序号	加工方案	精度等级	表面粗糙度 *Ra*	适用范围
1	钻	11～13	50～12.5	加工未淬火钢及铸铁的实心毛坯，也可用于加工有色金属(但粗糙度较差)，孔径＜15～20mm
2	钻—铰	9	3.2～1.6	
3	钻—粗铰(扩)—精铰	7～8	1.6～0.8	

（续）

序号	加工方案	精度等级	表面粗糙度 *Ra*	适用范围
4	钻—扩	11	6.3～3.2	同上，但孔径>15～20mm
5	钻—扩—铰	8～9	1.6～0.8	
6	钻—扩—粗铰—精铰	7	0.8～0.4	
7	粗镗(扩孔)	11～13	6.3～3.2	除淬火钢外各种材料，毛坯有铸出孔或锻出孔
8	粗镗(扩孔)—半精镗(精扩)	8～9	3.2～1.6	
9	粗镗(扩)—半精镗(精扩)—精镗	6～7	1.6～0.8	

2）孔加工刀具

（1）常用各种钻头：中心钻、麻花钻、锪孔钻等。

（2）扩孔钻：如图 2.99 所示。

（3）机用铰刀：如图 2.100 所示。

（4）机用丝锥。

（5）各种镗孔刀，如图 2.101～图 2.103 所示。

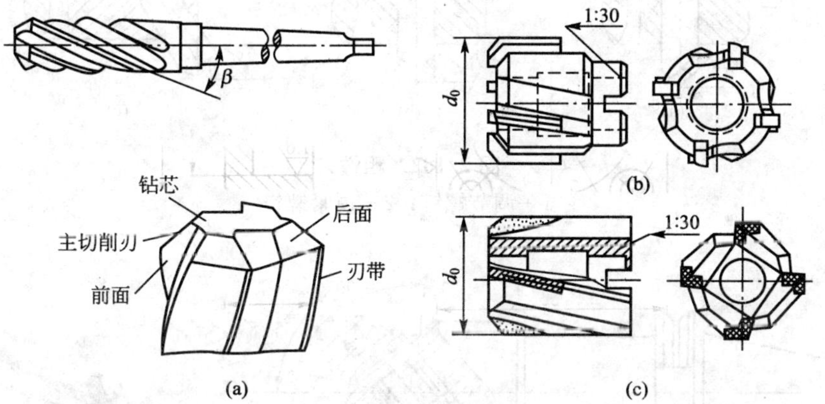

图 2.99　扩孔钻

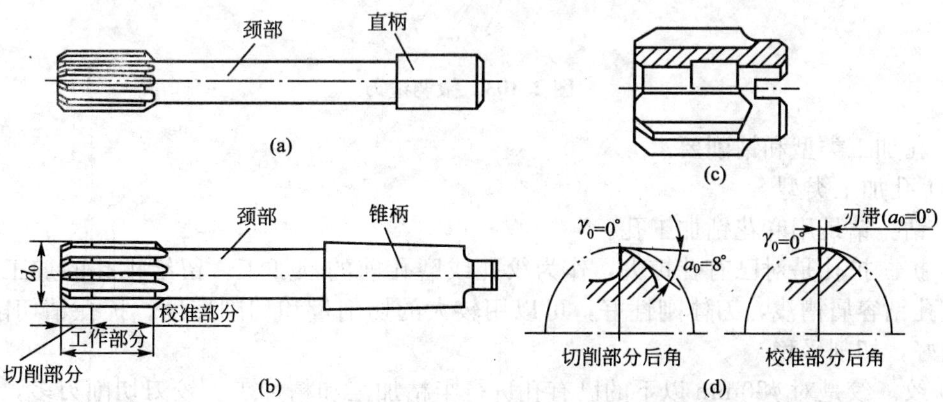

图 2.100　机用铰刀

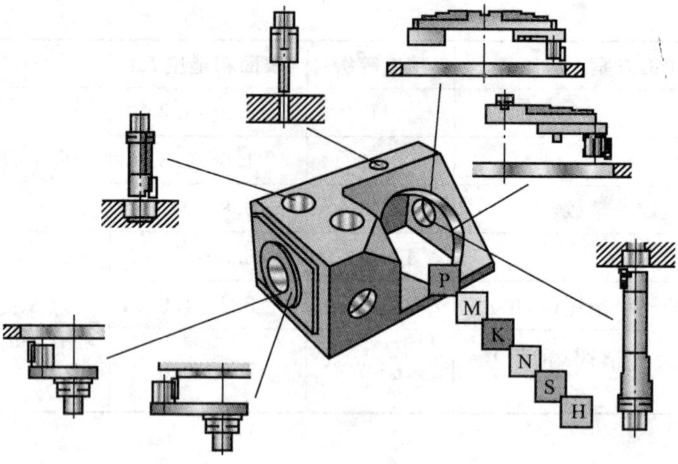

图 2.101　镗刀

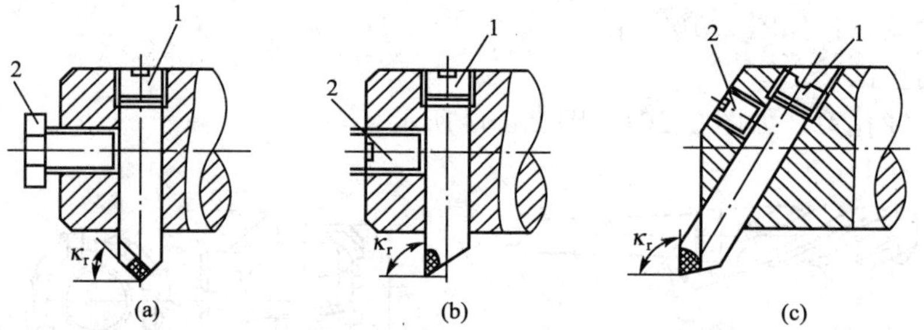

图 2.102　粗镗刀

1—调节螺钉；2—顶紧螺钉

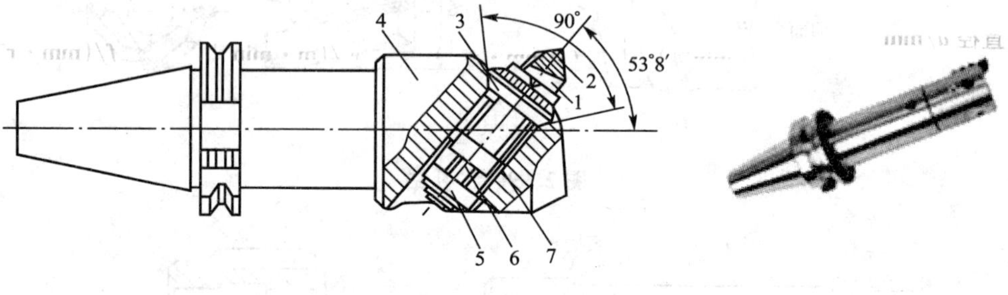

图 2.103　微调镗刀

3）孔加工类型和钻削要素

（1）孔加工类型。

① 钻。钻是用麻花钻加工孔。

② 扩。扩孔是对已有孔扩大，作为绞孔或磨孔前的预加工。留给扩孔的加工余量较小，扩孔钻容屑槽浅，刀体刚性好，可以用较大的切削量和切削速度。扩孔钻切削刃多，导向性好，切削平稳。

③ 绞。绞是对 ϕ80mm 以下的已有孔进行半精加工和精加工。绞刀切削刃多，刚性和导向性好，绞孔精度可达 IT6～IT7 级，孔壁粗糙度 *Ra* 可达 0.4～1.6μm。绞孔可以改变

孔的形状公差，但不能改变位置公差。

④ 镗。镗孔是对已有孔进行半精加工和精加工。镗孔可以改变孔的位置公差，孔壁粗糙度 Ra 可达 0.8～6.3μm。

⑤ 孔的螺纹加工。小型螺纹孔用丝锥加工，大型螺纹孔用螺纹铣刀加工。

(2) 钻削要素。

① 钻削速度 v_c。钻削速度是指钻头主切削刃外缘处的切线速度。钻削速度公式为

$$v_c=\frac{\pi dn}{1000}$$

式中：d——钻头直径，mm；

n——钻头转速，r/min。

② 进给量。钻头旋转一周轴向往工件内进给的距离称为每转进给量；钻头旋转一个切削刃，轴向往工件内进给的距离称为每齿进给量；钻头每秒往工件内进给的距离称为每秒进给量，每秒进给量与钻头转速、每转进给量、每齿进给量的关系为

$$v_f=\frac{nf}{60}=\frac{2nf_z}{60}$$

式中：n——钻头转速，r/min；

f——每转进给量，mm/r；

f_z——每齿进给量，mm。

③ 钻削、绞孔和镗孔的切削速度和进给速度。

(3) 孔加工切削用量取值。

表 2-20～表 2-22 给出了钻头切削用量、绞刀切削用量、镗刀切削用量的经验值。表 2-23 给出了孔加工余量。小型螺纹孔用丝锥加工，切削速度为 1.5～5m/min。

表 2-20　高速钢钻头切削用量经验值

钻头直径 d/mm	45 钢		合金钢	
	$v_c/(m\cdot min^{-1})$	$f/(mm\cdot r^{-1})$	$v_c/(m\cdot min^{-1})$	$f/(mm\cdot r^{-1})$
1～5	8～25	0.05～0.1	8～15	0.03～0.08
5～12	8～25	0.1～0.2	8～15	0.08～0.15
12～22	8～25	0.2～0.3	8～15	0.15～0.25
22～50	8～25	0.3～0.45	8～15	0.25～0.35

表 2-21　高速钢绞刀切削用量经验值

钻头直径 d/mm	45 钢和合金钢	
	$v_c/(m\cdot min^{-1})$	$f/(mm\cdot r^{-1})$
6～10	1.2～5	0.3～0.4
10～15	1.2～5	0.4～0.5
15～25	1.2～5	0.5～0.6
25～40	1.2～5	0.5～0.6
40～60	1.2～5	0.5～0.6

表 2-22　镗刀切削用量经验值

工　序	镗刀材料	45 钢	
		v_c/(mm·min^{-1})	f/(mm·r^{-1})
粗镗	高速钢	15～30	0.35～0.7
	硬质合金	50～70	
半精镗	高速钢	15～50	0.15～0.45
	硬质合金	95～135	
精镗	高速钢	100～135	0.12～0.15
	硬质合金		

表 2-23　孔加工余量

mm

加工孔的直径	直　径							
	钻		粗加工		半精加工		精加工(H7、H8)	
	第一次	第二次	粗镗	或扩孔	粗铰	或半精镗	精铰	或精镗
3	2.9	—	—	—	—	—	3	—
4	3.9	—	—	—	—	—	4	—
5	4.8	—	—	—	—	—	5	—
6	5.0	—	—	5.85	—	—	6	—
8	7.0	—	—	7.85	—	—	8	—
10	9.0	—	—	9.85	—	—	10	—
12	11.0	—	—	11.85	11.95	—	12	—
13	12.0	—	—	12.85	12.95	—	13	—
14	13.0	—	—	13.85	13.95	—	14	—
15	14.0	—	—	14.85	14.95	—	15	—
16	15.0	—	—	15.85	15.95	—	16	—
18	17.0	—	—	17.85	17.95	—	18	—
20	18.0	—	19.8	19.8	19.95	19.90	20	20
22	20.0	—	21.8	21.8	21.95	21.90	22	22
24	22.0	—	23.8	23.8	23.95	23.90	24	24
25	23.0	—	24.8	24.8	24.95	24.90	25	25
26	24.0	—	25.8	25.8	25.95	25.90	26	26
28	26.0	—	27.8	27.8	27.95	27.90	28	28
30	15.0	28.0	29.8	29.8	29.95	29.90	30	30
32	15.0	30.0	31.7	31.75	31.93	31.90	32	32
35	20.0	33.0	34.7	34.75	34.93	34.90	35	35
38	20.0	36.0	37.7	37.75	37.93	37.90	38	38
40	25.0	38.0	39.7	39.75	39.93	39.90	40	40
42	25.0	40.0	41.7	41.75	41.93	41.90	42	42
45	30.0	43.0	44.7	44.75	44.93	44.90	45	45
48	36.0	46.0	47.7	47.75	47.93	47.90	48	48
50	36.0	48.0	49.7	49.75	49.93	49.90	50	50

2. 攻螺纹和镗孔的加工工艺

1）攻螺纹的加工工艺

（1）普通螺纹简介。普通螺纹分粗牙普通螺纹和细牙普通螺纹，牙型角为60°。粗牙普通螺纹螺距是标准螺距，其代号用字母“M”及公称直径表示，如M16、M12等。细牙普通螺纹代号用字母“M”及公称直径、螺距表示，如M24×1.5、M27×2等。

（2）攻螺纹底孔直径的确定。底孔直径大小，可根据螺纹的螺距查阅手册或按下面经验公式确定。

加工钢件等塑性材料时，$D_{底} \approx d-P$；铸铁等脆性材料时，$D_{底} \approx d-1.05P$

式中：D底——底孔直径，mm；

d——螺纹公称直径，mm；

P——螺距，mm。

（3）盲孔螺纹底孔深度的确定。攻盲孔螺纹时，由于丝锥切削部分有锥角，端部不能切出完整的牙型，所以钻孔深度要大于螺纹的有效深度，如图2.104所示。一般取

$$H_{钻}=H_{有效}+0.7d$$

式中：$H_{钻}$——底孔深度，mm；

$h_{有效}$——螺纹有效深度，mm；

d——螺纹公称直径，mm。

（4）螺纹轴向起点和终点尺寸。在数控机床上攻螺纹时，在安排其工艺时要尽可能考虑图2.105所示合理的导入距离δ_1和导出距离δ_2。

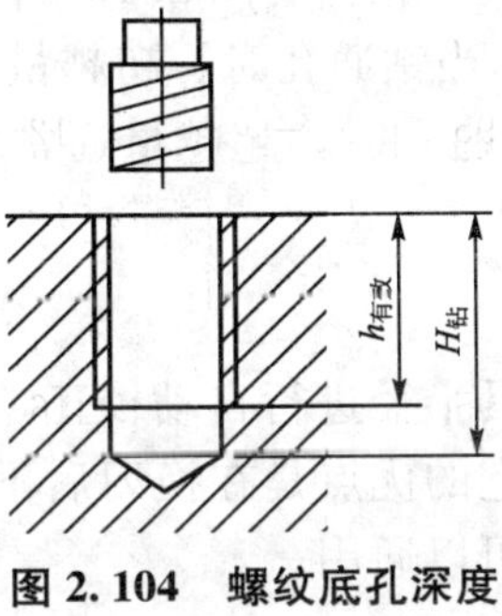

图2.104　螺纹底孔深度

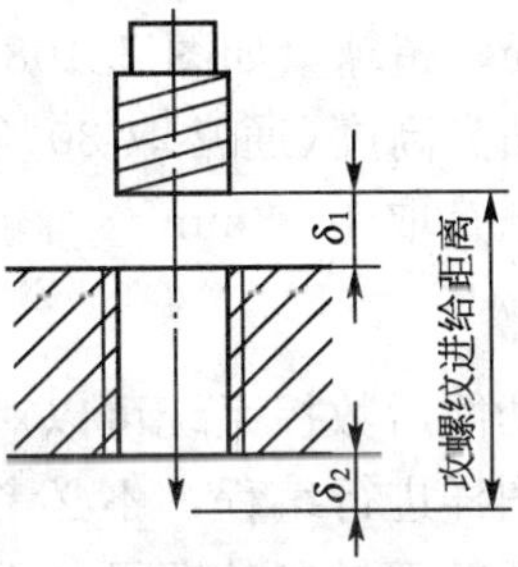

图2.105　攻螺纹轴向起点与终点

一般δ_1取2～3P，对大螺距和高精度的螺纹则取较大值；δ_2一般取1～2P。此外，在加工通孔螺纹时，导出量还要考虑丝锥前端切削锥角部位的长度。

2）设计孔加工进给路线

确定孔加工走刀路线要求定位要迅速、准确。孔加工时，一般是首先将刀具在XY平面内快速定位运动到孔中心线的位置上，然后沿Z向运动进行加工。所以，孔加工进给路线的确定包括XY平面内和Z向进给路线。

（1）确定XY平面内的进给路线，如图2.106所示，应选择最短加工路线。

（2）确定Z向（轴向）的进给路线。刀具在Z向的进给路线分为快速移动进给路线和工作进给路线。刀具先从初始平面快速运动到距工件加工表面一定距离的R平面，然后按工作进给速度进行加工。图2.107(a)所示为加工单个孔时刀具的进给路线。对多个孔加工而言，为减少刀具的空行程进给时间，加工中间孔时，刀具不必退回到初始平面，只要退回到R平面上即可，其进给路线如图2.107(b)所示。

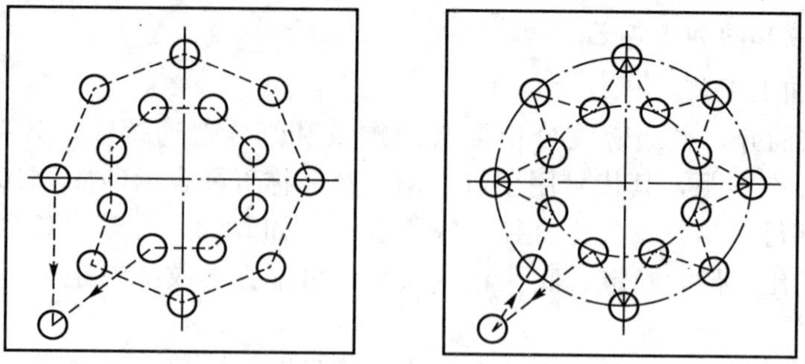

(a) 同圆周式　　(a) 交替式

图 2.106　选择最短加工路线

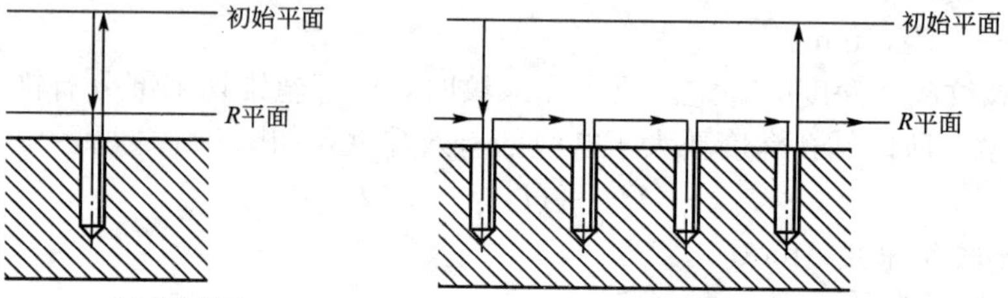

(a) 单孔加工　　(b) 连续孔加工

图 2.107　刀具 *Z* 向进给路线

(3) 孔加工导入量与超越量。孔加工导入量(图 2.108 中 ΔZ)是指在孔加工过程中，刀具自快进转为工进时，刀尖点位置与孔上表面间的距离，相当于图 2.107 中的 R 值，导入量通常取 2～5mm。超越量如图 2.108 中的 $\Delta Z'$所示，当钻通孔时，超越量通常取 $Z_P+(1\sim3)$mm，Z_P 为钻尖高度(通常取 30%钻头直径)；铰通孔时，超越量通常取 3～5mm；镗通孔时，超越量通常取 1～3mm。

3. 刀具长度补偿

应用刀具补偿功能后数控系统可以对刀具长度和刀具半径进行自动校正，使编程人员可以直接根据零件图样进行编程，不必考虑刀具因素。它的优点是在换刀后不需要另外编写程序，只需输入新的刀具参数即可，而且粗、精加工可以通用。

1) G43、G44——刀具长度补偿指令

如图 2.109 所示，将编程时的刀具长度和实际使用的刀具长度之差设定于刀具偏置存储器中。用该功能补偿这个差值而不用修改程序。

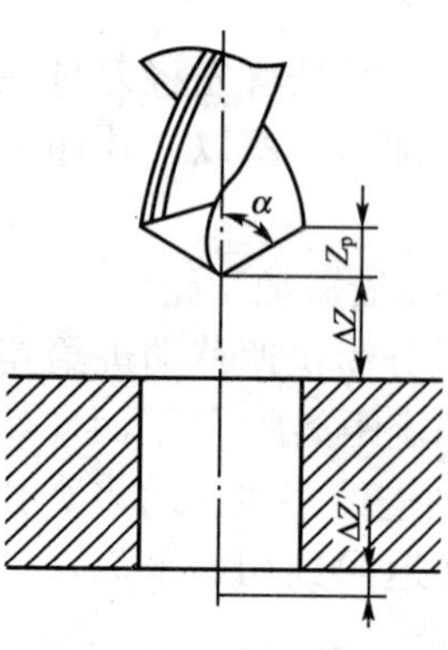

图 2.108　孔加工导入量与超越量

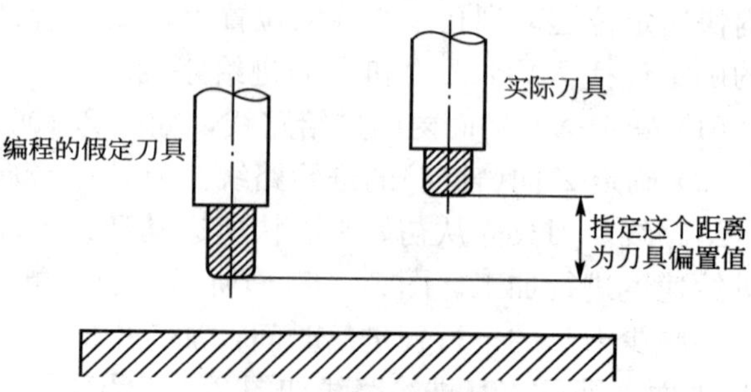

图 2.109　刀具长度偏置

用G43或G44指定刀具长度补偿方向。由输入的地址号(H代码)，从偏置存储器中选择刀具偏置值。

指令格式：

G17/G18/G19　G43/G44　α_H_；

式中：G43——刀具长度正补偿；

G44——刀具长度负补偿；

G17——XY平面选择；

G18——ZX平面选择；

G19——YZ平面选择；

α——被选择轴的地址；

H——指定刀具长度偏置值的地址号。

特别提示

(1) 无论是绝对坐标编程还是增量坐标编程，当指定G43时，用H代码指定的刀具长度偏置值加到程序中由指令指定的终点位置坐标上。当指定G44时，从终点位置减去长度补偿值。补偿后的坐标值表示补偿后的终点位置，而不管选择的是绝对值还是增量值。

(2) 如果不指定轴的移动，系统假定指定了不引起移动的移动指令。当用G43对刀具长度偏置指定一个正值时，刀具按正向移动。当用G44对刀具长度补偿指定一个正值时，刀具按负向移动。当对刀具长度补偿指定负值时，刀具则向相反方向移动。

(3) G43和G44是模态G代码，它们一直有效，直到指定同组的G代码为止。

(4) H为刀具长度偏置值地址，其范围为H00～H99，可由用户设定刀具长度偏置值，其中H00的长度偏置值恒为零。刀具长度偏置值的范围为0～±999.999mm(公制)，0～±99.9999in(英制)。

2) G49——取消刀具长度补偿指令

(1) 一般加工完一个工件后，应该撤销刀具长度补偿，用G49或H0指令可以取消刀具长度补偿。

(2) 在刀具长度偏置沿两个或更多轴执行后，用G49取消沿所有轴的长度补偿。如果用H0指令，仅取消沿垂直于指定平面的轴的长度补偿。

应用实例2-6

任务描述：如图2.110所示，该工件上有3个孔，孔径为ϕ20mm，孔深如图所示，试编写加工程序。编程坐标系如图所示，取距离工件表面3mm处为$Z=0$平面，刀具长度偏置值H1=−4.0。

程序如下：

```
O0005
N001 G91 G00 X120 Y80;          定位
N002 S20 M03;                   启动主轴
N003 G43 Z32 H1;                刀具长度补偿
N004 G01 Z-21 F1000;            钻孔 1
N005 G04 P2000;                 孔底暂停 2s
```

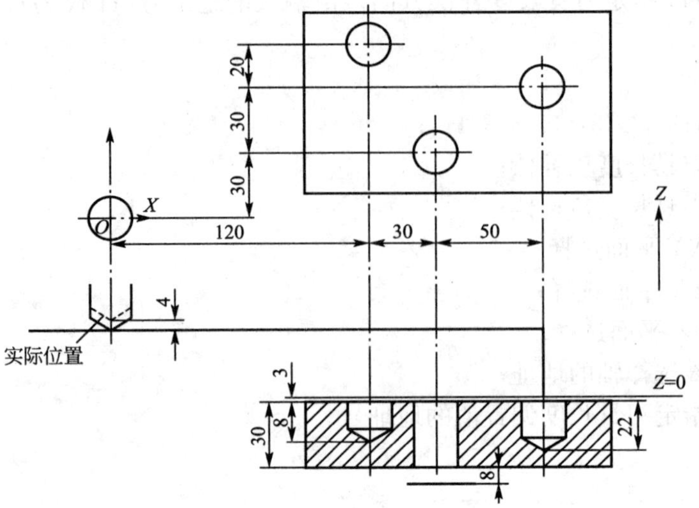

图 2.110　刀具长度补偿应用

N006 G00 Z21;	退刀
N007 X30 Y-50;	定位
N008 G01 Z-41;	钻孔 2
N009 G00 Z41;	退刀
N010 X50 Y30;	定位
N011 G01 Z-25;	钻孔 3
N012 G04 P2000;	孔底暂停 2s
N013 G00 Z57 H0;	退刀，撤销长度补偿
N014 X-120 Y-60;	退回编程起始点
N015 M02;	程序结束

4. 加工孔固定循环

含义：数控加工中，某些加工动作循环已经典型化。例如，钻孔、镗孔的动作是孔位平面定位、快速引进、工作进给、快速退回等，这样一系列典型的加工动作已经预先编好程序，存储在内存中，可用包含 G 代码的一个程序段调用，从而简化编程工作。这种包含了典型动作循环的 G 代码称为循环指令。

固定循环代码及功能见表 2－24。

表 2－24　固定循环代码及功能

G 代码	钻孔方式	孔底操作	返回方式	应　　用
G73	间歇进给		快速移动	高速深孔钻循环
G74	切削进给	停刀→主轴正转	切削进给	左旋攻螺纹循环
G76	切削进给	主轴定向停止	快速移动	精镗循环
G80				取消固定循环
G81	切削进给		快速移动	钻孔循环、点钻循环

（续）

G代码	钻孔方式	孔底操作	返回方式	应 用
G82	切削进给	停刀	快速移动	钻孔循环、锪镗循环
G83	间歇进给		快速移动	深孔钻循环
G84	切削进给	停刀→主轴反转	切削进给	攻螺纹循环
G85	切削进给		切削进给	镗孔循环
G86	切削进给	主轴停止	快速移动	镗孔循环
G87	切削进给	主轴正转	快速移动	背镗循环
G88	切削进给	停刀→主轴停止	手动移动	镗孔循环
G89	切削进给	停刀	切削进给	镗孔循环

1）固定循环组成

(1) 动作组成，如图 2.111 所示。

① 动作 1——X、Y 轴快速定位到孔中心位置；

② 动作 2——Z 轴快速运行到靠近孔上方的安全高度平面 R 点(参考点)；

③ 动作 3——孔加工(工作进给)；

④ 动作 4——在孔底做需要的动作；

⑤ 动作 5——退回到安全平面高度或初始平面高度；

⑥ 动作 6——快速返回到初始点位置。

(2) 固定循环的平面。

① 初始平面。初始平面是为安全下刀而规定的一个平面，如图 2.112 所示。

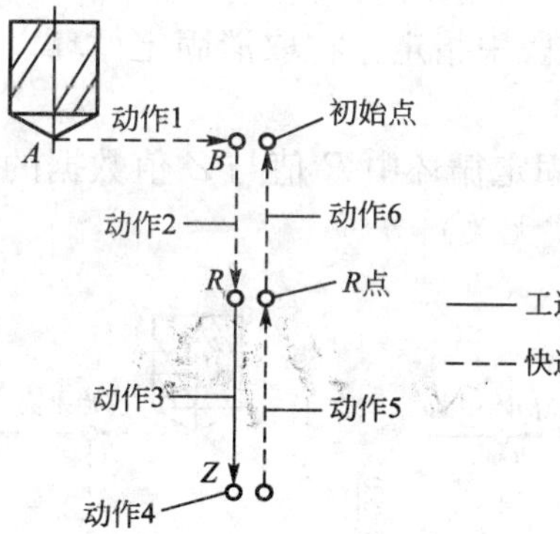

图 2.111 固定循环动作

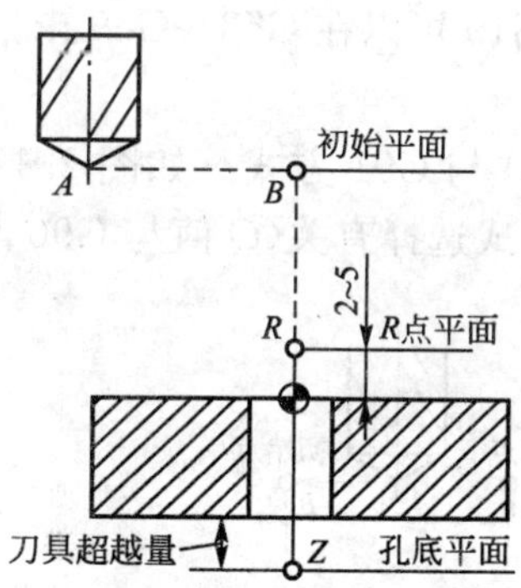

图 2.112 固定循环平面

② R 点平面。R 点平面又称 R 参考平面。这个平面是刀具下刀时，自快进转为工进的高度平面。

③ 孔底平面。加工不通孔时，孔底平面就是孔底的 Z 轴高度。而加工通孔时，除要考虑孔底平面的位置外，还要考虑刀具的超越量，如图 2.112 所示，以保证所有孔深都加工到尺寸。

2）固定循环的通用编程格式

指令格式：

G73～G89 X_Y_Z_R_Q_P_F_K_；

式中：X、Y——孔在XY平面内的位置；

Z——孔底平面的位置；

R——R点平面所在位置；

Q——G73和G83深孔加工指令中刀具每次加工深度，或G76和G87精镗孔指令中主轴准停后，刀具沿准停反方向的让刀量；

P——指定刀具在孔底的暂停时间，数字不加小数点，ms。

F——孔加工切削进给时的进给速度；

K——指定孔加工循环的次数，该参数仅在增量编程中使用，范围是1～6，当$K=1$时，可以省略，当$K=0$时，不执行孔加工。

在实际编程时，并不是每一种孔加工循环的编程都要用到以上格式的所有代码。如下例的钻孔固定循环指令格式。

（1）G98与G99方式，如图2.113所示。

① G98方式：为系统默认返回方式，表示返回初始平面。

② G99方式：表示返回R点平面。

（2）进行固定循环编程时的定位平面。由平面选择代码G17、G18或G19决定定位平面，定位轴是除钻孔轴以外的轴，钻孔轴根据G代码(G73～G89)程序段中指定的轴地址确定。如果没有对钻孔轴指定轴地址，则认为基本轴是钻孔轴。

例如，假定U、V和W轴分别平行于X、Y和Z轴，则

G17 G81 Z；Z轴用做钻孔。G17 G81 W；W轴用做钻孔。

G18 G81 Y；Y轴用做钻孔。G18 G81 V；V轴用做钻孔。

G19 G81 X；X轴用做钻孔。G19 G81 U；U轴用做钻孔。

G17～G19可以在G73～G89未指定的程序段中指定。在取消固定循环以后，才能切换钻孔轴。

（3）G90与G91方式。如图2.114所示，固定循环中R值与Z值数据的指定与G90与G91的方式选择有关(Q值与G90与G91方式无关)。

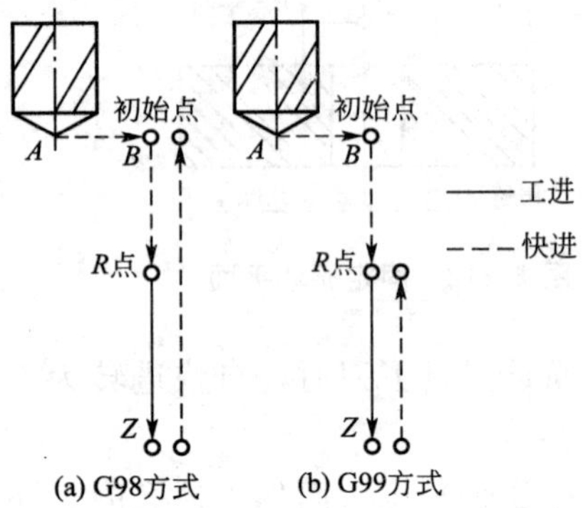

图2.113 G98与G99方式

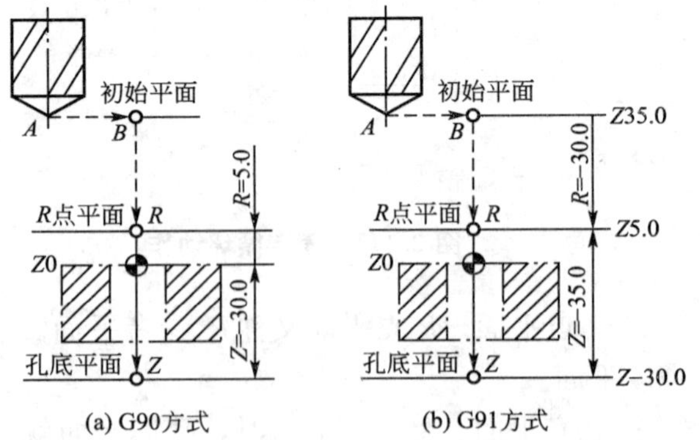

图2.114 G90与G91方式

① G90 方式，X、Y、Z 和 R 的取值均指工件坐标系中绝对坐标值。

② G91 方式，R 值是指 R 点平面相对初始平面的 Z 坐标值，而 Z 值是指孔底平面相对 R 点平面的 Z 坐标值。X、Y 数据值也是相对前一个孔的 X、Y 方向的增量距离。

3）固定循环指令

（1）G73——高速深孔钻循环，

G83——深孔加工循环指令，如图 2.115 所示。

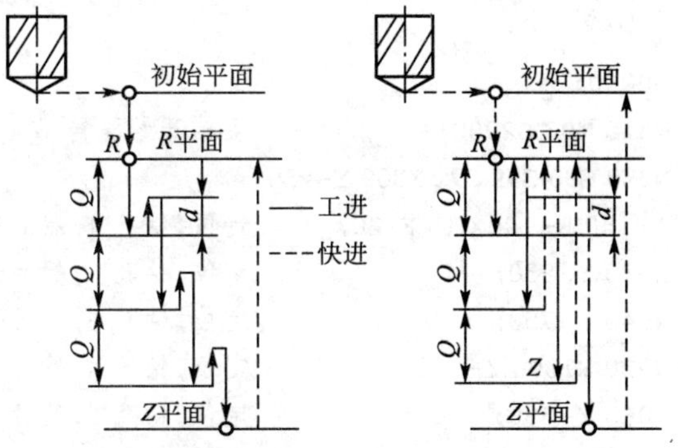

(a) G99G73动作图　(b) G98G83动作图

图 2.115　G73 与 G83 指令动作

指令格式：

G73(G83) X_Y_Z_R_Q_F_K_;

式中：X、Y——孔位数据；

Z——从 R 点到孔底的距离；

R——从初始平面到 R 点的距离；

Q——每次切削进给的切削深度，为增量值；

F——切削进给速度；

K——重复次数。

特别提示

（1）执行高速排屑钻孔循环 G73 指令，如图 2.115 所示，机床首先快速定位于 X、Y 坐标，并快速下刀到 R 点，然后以 F 速度沿着 Z 轴执行间歇进给，进给一个深度 Q 后回退一个退刀量 d，将切屑带出，再次进给。使用这个循环，切屑可以很容易从孔中排出，并且能够设定较小的回退值。在参数中设定退刀量 d，刀具快速移动退回。

例：G98 G73 X10 Y20 Z-60 R5 Q10 F50。

（2）G83 与 G73 不同之处在于每次进刀后都返回安全平面高度处，这样更有利于钻深孔时的排屑。

执行排屑钻孔循环 G83，如图 2.115 所示，机床首先快速定位于 X、Y 坐标，并快速下刀到 R 点，然后以 F 速度沿着 Z 轴执行间歇进给，进给一个深度 Q 后快速返回 R 点（退出孔外），在第二次和以后的切削进给中，执行快速移动到上次钻孔结束之前的 d 点，再执行切削进给。d 位置为每次退刀后，再次进给时由快进给转换成切削进给的位置，它距离前一次进给结束位置的距离为 d，其值在参数中设定。在 G73 中，d 为退刀距离。G73 和 G83 都用于深孔钻，G83 每次都退回 R 点，它的排屑、冷却效果比 G73 好。

如 G90 G99 G83 X300 Y-250 Z-150 R-100 Q15 F120；定位，钻孔，然后返回到 R 点。

（3）Q 表示每次切削进给的切削深度，它必须用增量值指定。在 Q 中必须指定正值，负值被忽略。

（4）当在固定循环中指定刀具长度偏置（G43、G44）时，在定位到 R 点的同时加偏置。

（5）在改变钻孔轴之前必须取消固定循环。

（6）在程序段中没有 X、Y、Z、R 或任何其他轴的指令时，钻孔不执行。

（7）不能在同一程序段中指定 01 组 G 代码和 G73 或 G83，否则 G73 或 G83 将被取消。

应用实例 2-7

任务描述：高速排屑孔循环指令 G73 编程。

程序如下：

```
O0000;
N010 M03 S2000;                   主轴开始旋转
N020 G90 G99 G73 X300 Y-250
Z-150 R-100 Q15 F120;             定位,钻孔 1,然后返回到R点
N030 Y-550;                       定位,钻孔 2,然后返回到R点
N040 Y-750;                       定位,钻孔 3,然后返回到R点
N050 X1000 Y-250;                 定位,钻孔 4,然后返回到R点
N060 Y-550;                       定位,钻孔 5,然后返回到R点
N070 G98 Y-750;                   定位,钻孔 6,然后返回到初始平面
N080 G80 G28 G91 X0 Y0 Z0;        取消循环,返回到参考点
N090 M05;                         主轴停止旋转
N100 M30;                         程序结束并返回
```

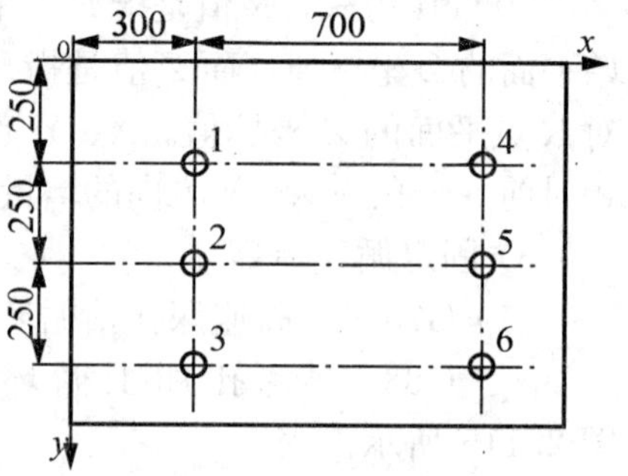

（2）G74——左旋刚性攻丝循环指令，G84——右旋刚性攻丝循环指令，如图 2.116 所示。

指令格式：

G74(G84) X_Y_Z_R_P_F_K_;

特别提示

（1）F 切削进给速度，在每分钟进给方式中，螺纹导程＝进给速度×主轴转速；在每转进给方式中，螺纹导程＝进给速度，单线螺纹则为螺纹的螺距。

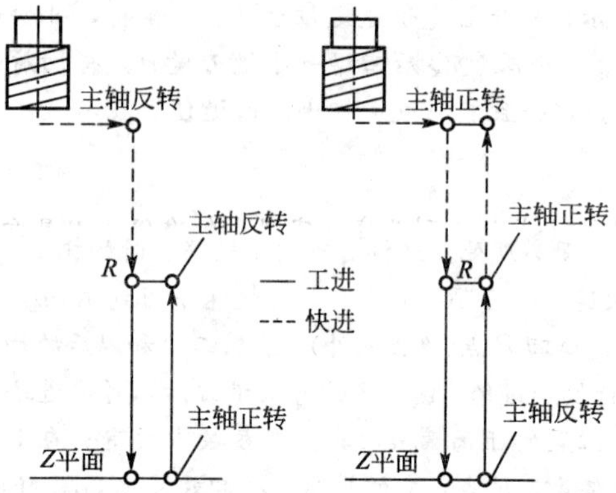

(a) G99G74动作图　(b) G98G84动作图

图 2.116　G74、G84 指令动作

每分钟进给的编程，如 G74 Z－100 R20 F1000；每转进给的编程，如 G74 Z－100 R20 F1。

（2）G84 指令动作如图 2.116 所示，G84 循环为右旋螺纹攻螺纹循环，用于加工右旋螺纹。执行该循环时，主轴正转，在 G17 平面快速定位后快速移动到 R 点，执行攻螺纹到达孔底后，主轴反转退回到 R 点，主轴恢复正转，完成攻螺纹动作。

（3）G74 动作与 G84 基本类似，只是 G74 用于加工左旋螺纹。执行该循环时，主轴反转，在 G17 平面快速定位后快速移动到 R 点，执行攻螺纹到达孔底后，主轴正转退回到 R 点，主轴恢复反转，完成攻螺纹动作。

如：

```
O0001
N010 M04 S1000;                                       主轴开始反转；
N020 G90 G99 G74 X300 Y-250 Z-150 R-100 P15 F120;     定位，攻螺纹 1，然后返回到 R 点；
N030 Y-550;                                           定位，攻螺纹 2，然后返回到 R 点。
……
```

（3）G76——精镗循环指令，G87——反镗孔循环，如图 2.117 所示。

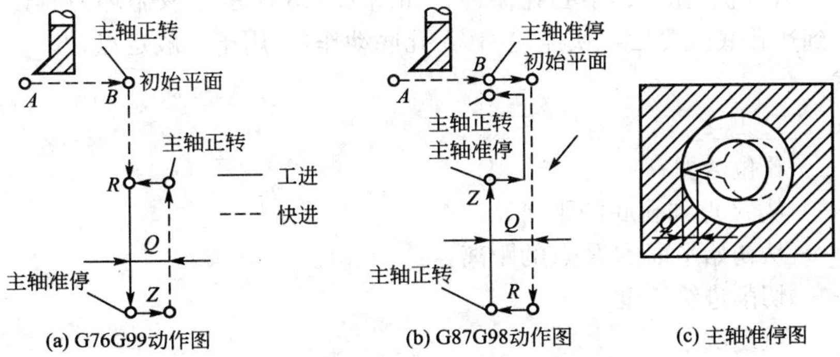

图 2.117　G76、G87 指令动作

镗孔是常用的加工方法，镗孔能获得较高的位置精度。精镗循环用于镗削精密孔。当到达孔底时，主轴停止，切削刀具离开工件的表面并返回。

指令格式：

G76 (G87) X_Y_Z_R_Q_P_F_K_;

式中：X、Y——孔位数据；

Z——从 R 点到孔底的距离；

R——从初始平面到 R 点的距离；

Q——孔底的偏置量，Q 指定为正值，如果 Q 指定为负值，符号被忽略；

P——在孔底的暂停时间；

F——切削进给速度；

K——重复次数。

特别提示

(1) 如图 2.117 所示，执行 G76 循环时，刀具以切削进给方式加工到孔底，实现主轴准停，刀具向刀尖相反方向移动 Q，使刀具脱离工件表面，保证刀具不擦伤工件表面，然后快速退刀至 R 平面或初始平面，刀具正转。G76 指令主要用于精密镗孔加工。

如：

……

N020 G90 G99 G76 X300 Y－250;　　定位，镗孔，然后返回到 R 点；

N030 Z－150 R－100 Q5;　　孔底定向，然后移动 5mm;

N040 P1000 F120;　　在孔底停止 1s。

……

(2) 执行 G87 循环时，镗孔时由孔底向外镗削，此时刀杆受拉力，可防止振动。当刀杆较长时使用该指令可提高孔的加工精度。此时 R 点为孔底位置。刀具在 G17 平面内快速定位后，主轴准停，刀具向刀尖相反方向偏移 Q，然后快速移动到孔底(R 点)，在这个位置刀具按原偏移量反向移动相同的 Q 值，主轴正转并以切削进给方式加工到 Z 平面，主轴再次准停，并沿刀尖相反方向偏移 Q，快速提刀至初始平面并按原偏移量返回到 G17 平面的定位点，主轴开始正转，循环结束。

如 N020 G90 G87 X300 Y－250 Z－150 R－120 Q5 P1000 F120；定位，镗孔，在初始位置定向，然后偏 5mm，在 Z 点暂停 1s。

(4) G81——钻(扩)孔、钻中心孔循环，如图 2.118 所示。该循环刀具以进给速度向下运动钻孔，到达孔底位置后，快速退回(无孔底动作)，用于一般定点钻。

指令格式：

G81 X_Y_Z_R_F_K_；

式中：X、Y——孔位数据；

Z——从 R 点到孔底的距离；

R——从初始平面到 R 点的距离；

F——切削进给速度；

K——重复次数。

如 G90 G99 G81 X300 Y－250 Z－150 R－100 F120；定位，钻孔 1，然后返回到 R 点。

特别提示

执行 G81 循环，如图 2.118 所示，机床在沿着 X 轴和 Y 轴定位后，快速移动到 R 点，从 R 点到 Z 点执行钻孔加工，然后，刀具快速退回，其他参考 G73 规定。

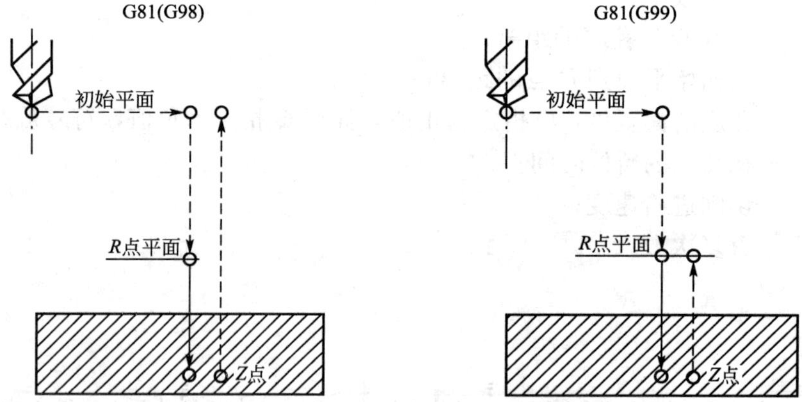

图 2.118 G81 循环过程

(5) G82——带停顿的钻孔循环、逆镗孔循环指令，如图 2.119 所示。

指令格式：

G98(G99)G82 X_Y_Z_R_P_F_K_；

式中：X、Y——孔位数据；

Z——从 R 点到孔底的距离；

R——从初始平面到 R 点的距离；

P——在孔底的暂停时间；

F——切削进给速度；

K——重复次数。

特别提示

与 G81 指令唯一的区别是有孔底暂停动作，暂停时间由 P 指定。执行 G82 循环，如图 2.119 所示，

机床在沿着 X 轴和 Y 轴定位后，快速移动到 R 点。从 R 点到 Z 点执行钻孔加工。当到孔底时，执行暂停。然后刀具快速退回。

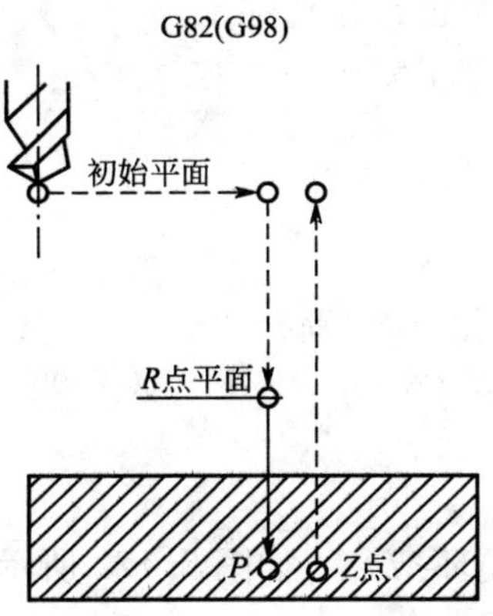

图 2.119　G82 循环过程

G81 与 G82 都是常用的钻孔方式，区别在于 G82 钻到孔底时执行暂停再返回，孔的加工精度比 G81 高，G81 可用于钻通孔或螺纹孔，G82 用于钻孔深要求较高的平底孔。执行该指令使孔的表面更光滑，孔底平整。常用于做沉头台阶孔。使用时可根据实际情况和精度需要选择。其他规定参考 G73。

如 G90 G99 G82 X300Y－250Z－150R－100P1000F120；

(6) G85、G86——镗孔循环指令，如图 2.120 所示。

指令格式：

G99 G85 X_Y_Z_R_F_ K_；

G98 G86 X_Y_Z_R_P F_ K_；

式中：X、Y——孔位数据；

Z——从 R 点到孔底的距离；

R——从初始平面到 R 点的距离；

F——切削进给速度；

K——重复次数；

P——在孔底的暂停时间。

如 G90 G99 G85 X300 Y－250 Z－150 R－120 F120；定位，镗孔，然后返回到 R 点。

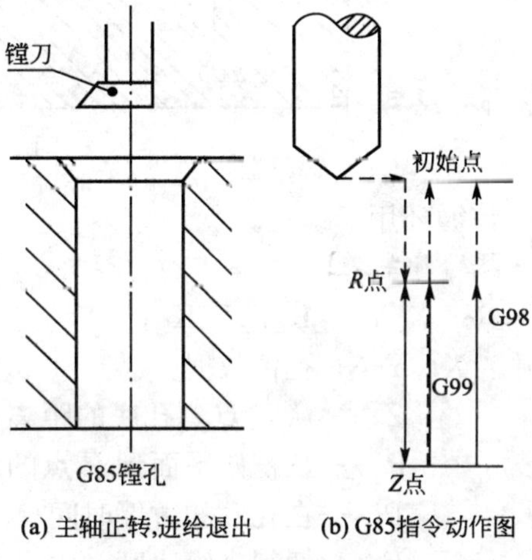

(a) 主轴正转，进给退出　　(b) G85指令动作图

图 2.120　G85 镗孔循环

特别提示

(1) G85 指令动作过程与 G81 指令相同，只是 G85 进刀和退刀都为工进速度，且回退时主轴不停转。

(2) G86 指令与 G81 相同，但在孔底时主轴停止，然后快速退回。

注意：该指令退刀前没有让刀动作，退回时可能划伤已加工表面，因此只用于粗镗孔。

(7) G88——镗孔循环指令(手镗)。

指令格式：

G98(G99)G88 X_Y_Z_R_P_F_K_；

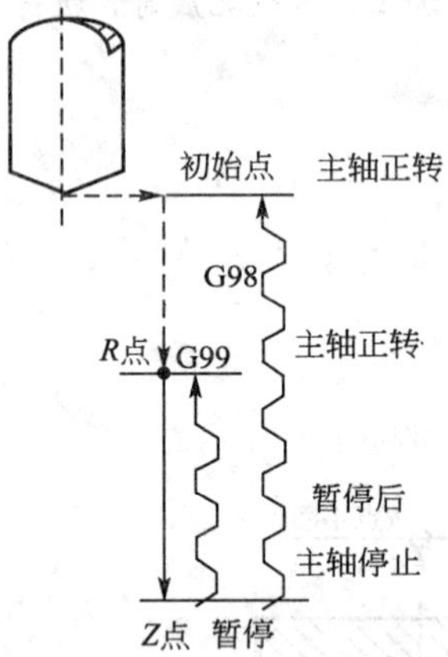

图 2.121 G88 指令动作

如图 2.121 所示，在孔底暂停，主轴停止后，转换为手动状态，可用手动将刀具从孔中退出。到返回点平面后，主轴正转，再转入下一个程序段进行自动加工。

镗孔手动回刀，不需主轴准停。

特别提示

如果 Z 的移动量为零，该指令不执行。

如 G90 G99 G88 X300 Y - 250 Z - 150 R - 100 P1000 F120；定位，镗孔，然后返回到 *R* 点。

(8) G89——镗孔循环指令，如图 2.122 所示。

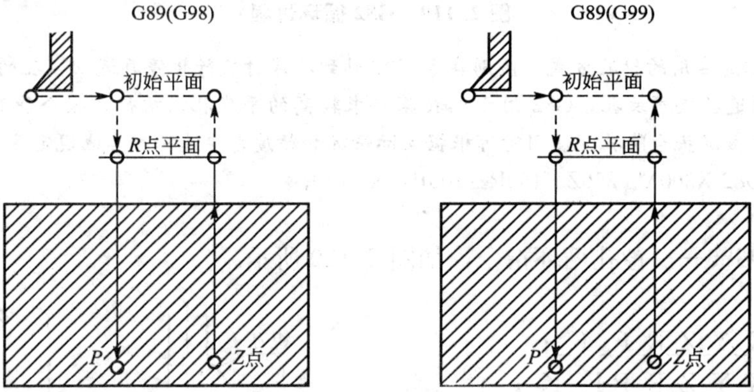

图 2.122 G89 循环过程

该循环用于镗孔。

指令格式：

G89 X_Y_Z_R_P_F_K_；

式中：X、Y——孔位数据；

Z——从 *R* 点到孔底的距离；

R——从初始平面到 *R* 点的距离；

P——在孔底的暂停时间；

F——切削进给速度；

K——重复次数。

如 G90 G99 G89 X300Y - 250Z - 150R - 120P1000 F120；定位，镗孔，在孔底暂停 1s，然后返回到 *R* 点。

特别提示

执行 G89 循环，如图 2.122 所示，机床在沿着 *X* 轴和 *Y* 轴定位后，快速移动到 *R* 点。从 *R* 点到 *Z* 点执行镗孔加工。当到达孔底时执行暂停，然后执行切削进给返回到 *R* 点。G89 循环几乎和 G85 循环相同，区别在于 G89 在孔底执行暂停，而 G85 在孔底切削进给返回到 *R* 点。

(9) G80——固定循环取消指令。

特别提示

取消所有固定循环，执行正常的操作，R点和Z点也被取消。这意味着在增量方式中，$R=0$和$Z=0$。其他钻孔数据也被取消(消除)。如G80 G28 G91 X0 Y0 Z0；取消循环，返回到参考点。

4) 使用循环指令注意事项

(1) 各固定循环指令均为模态指令。为了简化程序，若某些参数相同，则可不必重复。若为了程序看起来更清晰，不易出错，则每句指令的各项参数应写全。

(2) 固定循环中定位方式取决与上次是G00还是G01，因此如果希望快速定位，则在上一行或本语句开头加G00。

(3) 在固定循环指令前应使用M03或M04指令使主轴回转。

(4) 在固定循环程序段中，X，Y，Z，R数据应至少指令一个才能进行。

(5) 孔加工在使用控制主轴回转的固定循环(G74、G84、G76)中，如果连续加工一些孔间距比较小，或者初始平面到R点平面的距离比较短的孔时，会出现在进入孔的切削动作前时，主轴还没有达到正常转速的情况，遇到这种情况时，应在各孔的加工动作之间插入G04指令，以获得时间。

(6) 取消固定循环G80指令能取消固定循环，同时R点和Z点也被取消。此外，G00、G01、G02、G03等也起取消固定循环指令的作用。

应用实例2-8

任务描述：加工图2.123所示的工件，该工件上有13个孔，其中孔1～6是直径为ϕ10mm的通孔，孔7～10是直径为ϕ20mm的盲孔，其余孔的直径为ϕ95mm，各孔的深度如图所示。刀具T11为ϕ10mm钻头，T15为ϕ20mm钻头，T31为镗刀。偏置值+200.0被设置在偏置号11中，偏置值+190.0被设置在偏置号15中，偏置值+150.0被设置在偏置号31中，起始位置在参考点，试编写程序加工各孔。

程序如下：

```
O0008
N001 G92 X0 Y0 Z0;                          在参考点设置工件坐标系
N002 G90 G00 Z250 T11 M6;                   刀具交换
N003 G43 Z0 H11;                            初始位置,刀具长度偏置
N004 S30 M03;                               主轴启动
N005 G99 G81 X400 Y-350 Z-153 R-97 F120;    定位,钻孔 1
N006 Y-550;                                 定位,钻孔 2,并返回R点位置
N007 G98 Y-750;                             定位,钻孔 3,并返回R点位置
N008 G99 X1200;                             定位,钻孔 4,并返回R点位置
N009 Y-550;                                 定位,钻孔 5,并返回R点位置
N010 G98 Y-350;                             定位,钻孔 6,并返回R点位置
N011 G00 X0 Y0 M05;                         返回参考点,主轴停止
N012 G49 Z250 T15 M06;                      取消刀具长度偏置,换刀
```

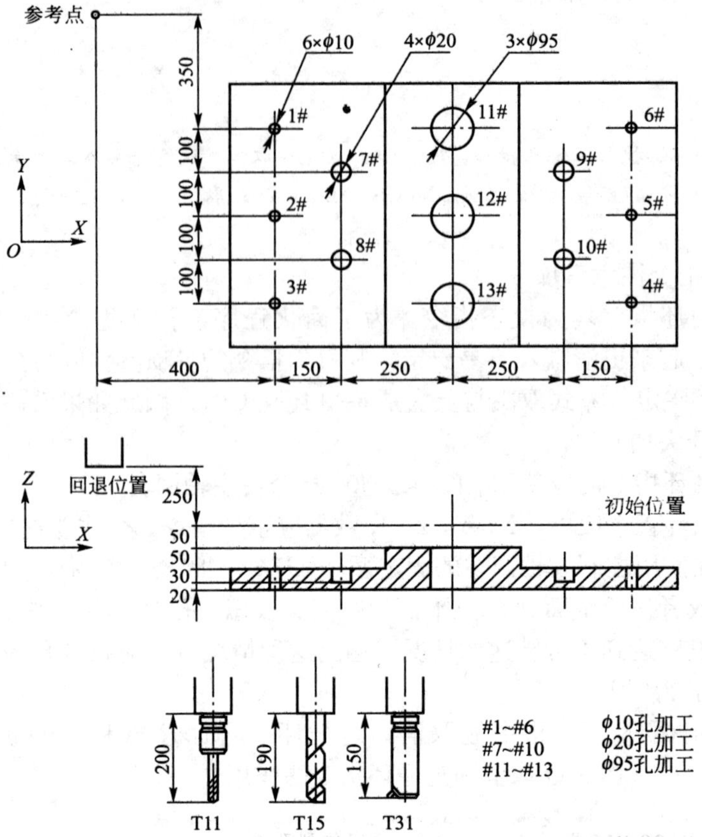

图 2.123 固定循环举例

```
N013 G43 Z0 H15;                               初始位置,刀具长度偏置
N014 S20 M03;                                  主轴启动
N015 G99 G82 X550 Y-450 Z-130 R-97 P300 F70;   定位,钻孔 7,并返回 R点位置
N016 G98 Y-650;                                定位,钻孔 8,并返回R点位置
N017 G99 X1050;                                定位,钻孔 9,并返回R点位置
N018 G98 Y-450;                                定位,钻孔 10,并返回R点位置
N019 G00 X0 Y0 M05;                            返回参考点,主轴停止
N020 G49 Z250 T31 M06;                         取消刀具长度偏置,换刀
N021 G43 Z0 H31;                               初始位置,刀具长度偏置
N022 S10 M03;                                  主轴启动
N023 G85 G99 X800 Y-350 Z-153 R47 F50;         定位,镗孔 11,并返回 R点位置
N024 G91 Y-200 K2;                             定位,镗孔 12、13,并返回R点位置
N025 G28 X0 Y0 M05;                            返回参考点,主轴停止
N026 G49 Z0;                                   取消刀具长度偏置
N027 M02;                                      程序结束
```

应用实例 2-9

任务描述：在图 2.124 所示的零件上钻削 16 个 φ10mm 的孔，试编写加工程序加工各孔。

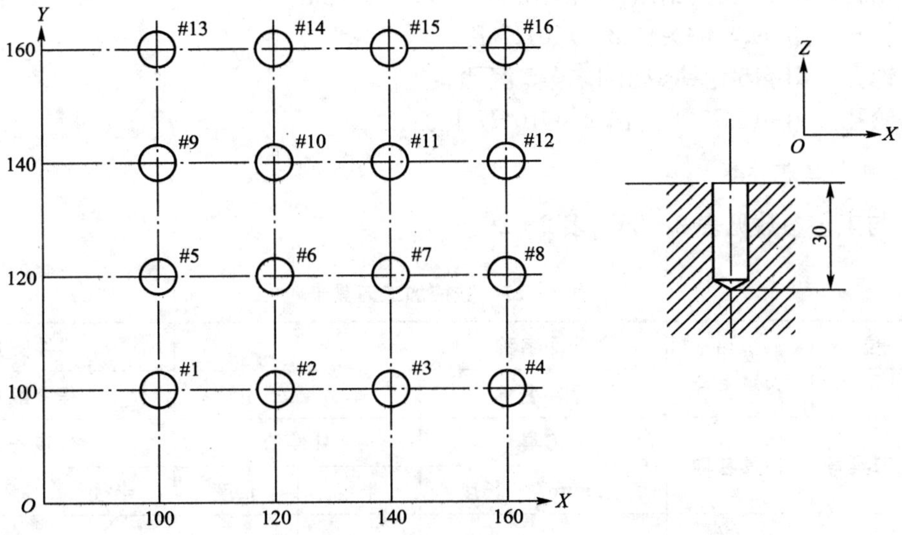

图 2.124 子程序编程

主程序如下：

```
O0001
N010 G43 Z20 H01;            至起始平面,刀具长度补偿
N020 S30 M03;                启动主轴
N030 G00 X100 Y100;          定位到孔 1
N040 M98 P1000;              调用子程序加工孔 1、2、3、4
N050 G90 G00 X100 Y120;      定位到孔 5
N060 M98 P1000;              调用子程序加工孔 5、6、7、8
N070 G90 G00 X100 Y140;      定位到孔 9
N080 M98 P1000;              调用子程序加工孔 9、10、11、12
N090 G90 G00 X100 Y160;      定位到孔 13
N100 M98 P1000;              调用子程序加工孔 13、14、15、16
N110 G90 G00 Z20 H00;        撤销刀具长度补偿
N120 X0 Y0;                  返回程序原点
N130 M05;                    主程停
N140 M30;                    主程序结束并返回
```

子程序(从左到右钻 4 个孔)如下：

```
O1000
N001 G99 G82 Z-35.0 R5 P2000 F100;    钻孔 1,返回 R 平面
N002 G91 X20 K3;                      钻孔 2、3、4,返回 R 平面
N003 M99;                             子程序结束
```

2.5.3 任务实施

1. 工艺过程

(1) 钻中心孔。所有孔都首先钻中心孔，以保证钻孔时，不会产生斜歪现象。

(2) 钻孔。用 $\phi 9$ 钻头钻出 4×$\phi 9$ 孔和 2×$\phi 10$H7 孔的底孔。

(3) 扩孔。用 $\phi 9.8$ 钻头扩 2×$\phi 10$H7 孔。

(4) 锪孔。用 $\phi 15$ 锪钻锪出 4×$\phi 15$ 沉孔。

(5) 铰孔。用 $\phi 10$H7 加工出 2×$\phi 10$H7 孔。

2. 刀具与工艺参数

刀具与工艺参数见表 2-25、表 2-26。

表 2-25 数控加工刀具卡

单 位		数控加工刀具卡片	产品名称			零件图号	
			零件名称			程序编号	
序号	刀具号	刀具名称	刀具		补偿值		序号	
			直径/mm	长度	半径	长度	半径	长度
1	T01	中心钻	$\phi 3$					
2	T02	麻花钻	$\phi 9$					
3	T03	麻花钻	$\phi 9.8$					
4	T04	锪钻	$\phi 15$					
5	T05	铰刀	$\phi 10$					

表 2-26 数控加工工序卡

单位	数控加工工序卡片		产品名称	零件名称	材 料	零件图号
工序号	程序编号	夹具名称	夹具编号	设备名称	编制	审核
工步号	工步内容	刀具号	刀具规格	主轴转速 $S/\mathrm{r\cdot min^{-1}}$	进给速度 $F/\mathrm{mm\cdot min^{-1}}$	背吃刀量 a_p/mm
1	钻所有孔的中心孔	T01	$\phi 3$mm 中心钻	2000	80	
2	4×$\phi 9$ 孔和 2×$\phi 10$H7 孔的底孔	T02	$\phi 9$mm 麻花钻	600	100	
3	扩 2×$\phi 10$H7 孔	T03	$\phi 9.8$mm 麻花钻	800	100	
4	锪 4×$\phi 15$ 沉孔	T04	$\phi 15$mm 锪钻	500	100	
5	铰 2×$\phi 10$H7 孔	T05	$\phi 10$mm 铰刀	200	50	

3. 装夹方案

由于该零件为中大批量生产，可利用专用夹具进行装夹。由于底面和 $\phi 40$H8 内腔已在前面工序加工完毕，本工序可以 $\phi 40$H8 内腔和底面为定位面，侧面加防转销限制六个自由度，用压板夹紧。

4. 程序编制

在 ϕ40H7 内孔中心建立零件坐标系，Z 轴原点设在端盖底面上。

程序如下：

```
O0001
N10 G17 G21 G40 G54 G80 G90 G94;                    程序初始化
N20 G00 Z80 M08;                                    刀具定位到安全平面,切削液打开
N30 M03 S2000;                                      启动主轴正转,设定转速为 2000r/min
N40 G98 G81 X28.28 Y28.28 R20 Z12 F100;             钻出六个孔的中心孔
N50 X0 Y40;
N60 X-28.28 Y28.28;
N70 Y-28.28;
N80 X0 Y-40;
N90 X28.28 Y-28.28;
N100 G00 Z180 M09;                                  刀具抬到手工换刀高度,关闭切削液
N110 M05;
N120 M00;                                           程序暂停,手工换 T02 刀,换转速
N130 M03 S600;
N140 G00 Z80 M08;                                   刀具定位到安全平面,切削液打开
N150 G98 G81 X28.28 Y28.28 R20 Z-5.0 F100;          钻出六个 φ9mm 孔
N160 X0 Y40;
N170 X-28.28 Y28.28;
N180 Y-28.28;
N190 X0 Y-40;
N200 X28.28 Y-28.28;
N210 G00 Z180 M09;                                  刀具抬到手工换刀高度,关闭切削液
N220 M05;
N230 M00;                                           程序暂停,手工换 T03 刀,换转速
N240 M03 S800;
N250 G00 Z80 M08;                                   刀具定位到安全平面,切削液打开
N260 G98 G81 X0 Y40 R20 Z-5 F100;                   扩 2×φ10H7mm 孔至 φ9.8mm
N270 Y-40;
N280 G00 Z180 M09;                                  刀具抬到手工换刀高度,关闭切削液
N290 M05;
N300 M00;                                           程序暂停,手工换 T04 刀,换转速
N310 M03 S500;
N320 G00 Z80 M08;                                   刀具定位到安全平面,切削液打开
N330 G98 G82 X28.28 Y28.28 R20 Z10 P2000 F100;      锪出四个 φ15mm 沉头孔
N340 X-28.28;
N350 Y-28.28;
N360 X28.28;
N370 G00 Z180 M09;                                  刀具抬到手工换刀高度,关闭切削液
```

```
N380 M05;
N390 M00;                              程序暂停,手工换 T05 刀,换转速
N400 M03 S200;
N410 G00 Z80 M08;                      刀具定位到安全平面,切削液打开
N420 G98 G85 X0 Y40 R20 Z-5 F50;       铰 2×ϕ10H7mm 孔
N430 Y-40;
N440 M05;                              主轴停
N450 M09 G00 Z200;                     关闭切削液,抬刀
N460 M30;                              程序结束并返回
```

2.5.4 拓展实训：支承座零件的孔加工

任务描述：支承座零件图如图 2.125 所示，上下表面、外轮廓已在前面工序加工完成。本工序完成零件上所有孔的加工，试编写其加工程序。零件材料为 HT150。

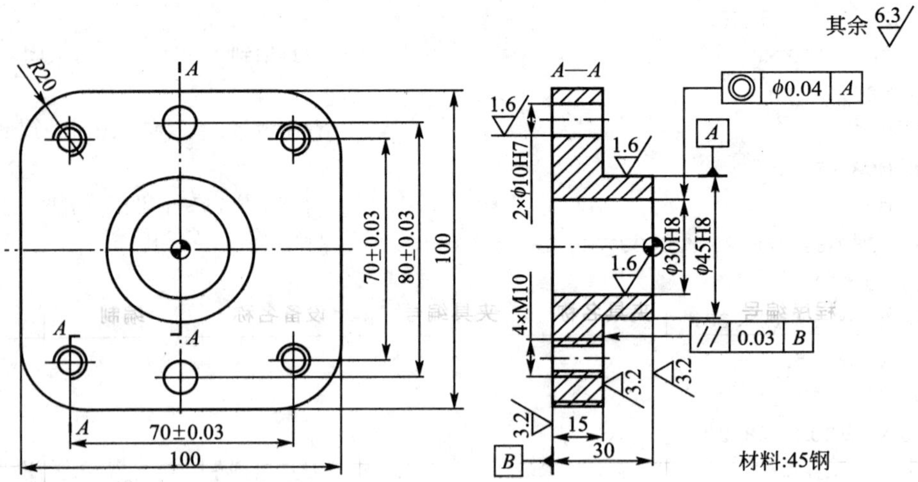

图 2.125　支承座零件图

1. 工艺过程

(1) 钻中心孔。所有孔都首先钻中心孔，以保证钻孔时，不会产生斜歪现象。

(2) 钻孔。用 ϕ8.5mm 麻花钻钻 4×M10 底孔。

(3) 钻孔。用 ϕ9.8mm 麻花钻钻 2×ϕ10H7 底孔。

(4) 钻孔。用 ϕ18mm 麻花钻钻 ϕ30H8 底孔。

(5) 扩孔。用 ϕ28 钻头扩 ϕ30H8 孔。

(6) 粗镗。用 ϕ29.8 粗镗刀粗镗 ϕ30H8 孔。

(7) 攻螺纹。攻 4×M10 螺纹。

(8) 铰孔。用 ϕ10H7 加工出 2×ϕ10H7 孔。

(9) 粗镗。用 ϕ30 精镗刀精镗 ϕ30H8 孔。

2. 刀具与工艺参数

刀具与工艺参数见表 2-27、表 2-28。

表 2-27　数控加工刀具卡

单　　位		数控加工刀具卡片	产品名称				零件图号	
			零件名称				程序编号	
序号	刀具号	刀具名称	刀具		补偿值		序号	
			直径/mm	长度	半径	长度	半径	长度
1	T01	中心钻	ϕ5					
2	T02	麻花钻	ϕ8.5					
3	T03	麻花钻	ϕ9.8					
4	T04	麻花钻	ϕ18					
5	T05	麻花钻	ϕ28					
6	T06	粗镗刀	ϕ29.8					
7	T07	机用丝锥	M10					
8	T08	铰刀	ϕ10					
9	T09	精镗刀	ϕ30					

表 2-28　数控加工工序卡

单位	数控加工工序卡片		产品名称	零件名称	材料	零件图号
工序号	程序编号	夹具名称	夹具编号	设备名称	编制	审核
工步号	工步内容	刀具号	刀具规格	主轴转速 S/r·min^{-1}	进给速度 F/mm·min^{-1}	背吃刀量 a_p/mm
1	钻中心孔	T01	ϕ5mm 中心钻	2000	80	
2	钻 4×M10 底孔	T02	ϕ8.5mm 麻花钻	800	100	
3	钻 2×ϕ10H7 底孔	T03	ϕ9.8mm 麻花钻	700	100	
4	钻 ϕ30H8 底孔	T04	ϕ18mm 麻花钻	500	60	
5	扩 ϕ30H8 底孔	T05	ϕ28mm 麻花钻	400	40	
6	粗镗 ϕ30H8 孔	T06	ϕ29.8 粗镗刀	600	60	
7	攻 4×M10 螺纹	T07	M10	80		
8	铰 2×ϕ10H7 孔	T08	ϕ10H7	250	60	20
9	精镗 ϕ30H8 孔	T09	ϕ30 精镗刀	1500	50	

3. 装夹方案

零件以定钳口和垫块为定位面，动钳口将零件夹紧。

4. 程序编制

在 ϕ45H8 外形轮廓中心建立零件坐标系，Z 轴原点设在零件顶面上。

程序如下：

```
O0001
N10 G17 G21 G40 G54 G80 G90 G94;                 程序初始化
N20 G00 Z50 M08;                                 刀具定位到安全平面，切削液打开
N30 M03 S2000;                                   启动主轴后转
N40 G99 G81 X35 Y35 R-10 Z-20 F80;               钻中心孔，深度以钻出锥面为好
N50 X0 Y40;
N60 X-35 Y35;
N70 Y-35;
N80 X0 Y-40;
N90 X35 Y-35;
N100 G00 Z180 M09;                               刀具抬到手工换刀高度，关闭切削液
N105 X150 Y150;                                  移到手工换刀位置
N110 M05;
N120 M00;                                        程序暂停，手工换 T02 刀，换转速
N130 M03 S800;
N140 G00 Z50 M08;                                刀具定位到安全平面，打开切削液
N150 G99 G81 X35 Y35 R-10 Z-34 F100;             钻 M10 螺纹孔底孔
N160 X-35;
N170 Y-35;
N180 X35;
N190 G00 Z180 M09;                               刀具抬到手工换刀高度，关闭切削液
N200 X150 Y150;                                  移到手工换刀位置
N210 M05;
N220 M00;                                        程序暂停，手工换 T03 刀，换转速
N230 M03 S700;
N240 G00 Z50 M08;                                刀具定位到安全平面，打开切削液
N250 G98 G81 X0 Y40 R-10 Z-35F100;               钻 2×φ10H7 孔底孔
N260 Y-40
N270 G00 Z180 M09;                               刀具抬到手工换刀高度，关闭切削液
N280 X150 Y150;                                  移到手工换刀位置
N290 M05;
N300 M00;                                        程序暂停，手工换 T04 刀，换转速
N310 M03 S500;
N320 G00 Z50 M08;                                刀具定位到安全平面，打开切削液
N330 G98 G81 X0 Y0 R5 Z-37 F60;                  钻 φ30H8mm 底孔
N340 G00 Z180 M09;                               刀具抬到手工换刀高度，关闭切削液
N350 X150 Y150                                   移到手工换刀位置
N360 M05;
N370 M00;                                        程序暂停，手工换 T05 刀，换转速
N380 M03 S400;
N390 G00 Z50 M08;                                刀具定位到安全平面，打开切削液
N400 G98 G81 X0 Y0 R5 Z-37 F40;                  扩 φ30H8mm 底孔
```

N410 G00 Z180 M09;	刀具抬到手工换刀高度,关闭切削液
N420 X150 Y150	移到手工换刀位置
N430 M05;	
N435 M00;	程序暂停,手工换 T06 刀,换转速
N440 M03 S600;	
N450 G00 Z50 M08;	刀具定位到安全平面,打开切削液
N460 G98 G86 X0 Y0 R5 Z-37 F60;	粗镗 ϕ30H8mm 孔
N470 G00 Z180 M09;	刀具抬到手工换刀高度,关闭切削液
N480 X150 Y150	移到手工换刀位置
N490 M05;	
N500 M00;	程序暂停,手工换 T07 刀,换转速
N510 M03 S80;	
N520 G00 Z50 M08;	刀具定位到安全平面,打开切削液
N530 G99 G84 X35 Y35 R-10 Z-37 F1.5;	攻 4×M10 螺纹孔
N540 X-35;	
N550 Y-35;	
N560 X35;	
N570 G00 Z180 M09;	刀具抬到手工换刀高度,关闭切削液
N580 X150 Y150;	移到手工换刀位置
N590 M05;	
N600 M00;	程序暂停,手工换 T08 刀,换转速
N620 G00 Z50.0 M08;N610 M03 S250;	刀具定位到安全平面,打开切削液
N630 G98 G85 X0 Y40 R-10 Z-35 F60;	铰 ϕ10H7 孔
N640 Y-40	
N650 G00 Z180 M09;	刀具抬到手工换刀高度,关闭切削液
N660 X150 Y150	移到手工换刀位置
N670 M05;	
N680 M00;	程序暂停,手工换 T09 刀,换转速
N690 M03 S1500;	
N700 G00 Z50 M08;	刀具定位到安全平面,打开切削液
N710 G98 G85 X0 Y0 R5 Z-32 F50;	精镗 ϕ30H8 孔
N720 G00 Z50 M09;	刀具定位到安全平面,关闭切削液
N670 M05;	主轴停
N660 M30;	程序结束并返回

习　　题

1. 任务描述：如图 2.126 所示，利用数控加工仿真软件，完成图 2.126 所示零件的定位销孔、螺栓孔的加工，并完成数控加工刀具卡、工序卡片(表 2－29、表 2－30)的填写。零件材料为 45 钢。

2. 任务描述：如图 2.127 所示，利用数控加工仿真软件，完成图 2.217 所示零件的定位销孔、螺栓孔的加工，并完成数控加工刀具卡、工序卡片(表 2－31、表 2－32)的填写。零件上下表面、ϕ100mm、ϕ60mm 外轮廓已在前面工序(步)完成，零件材料为 45 钢。

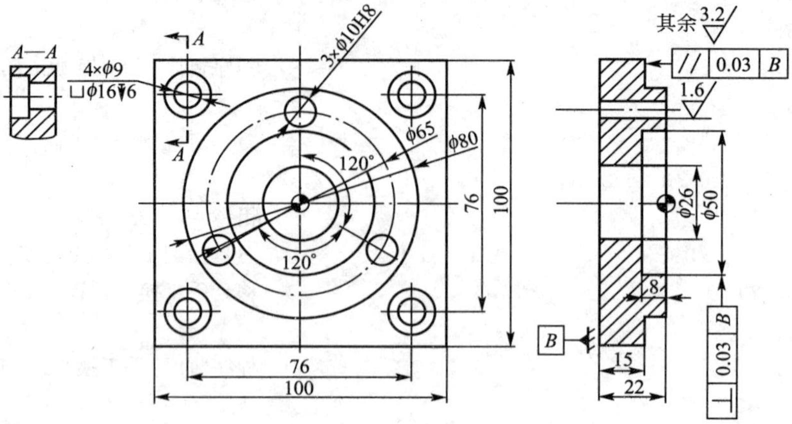

图 2.126　孔加工练习 1

表 2-29　数控加工刀具卡

单　　位		数控加工刀具卡片	产品名称				零件图号	
			零件名称				程序编号	
序号	刀具号	刀具名称	刀具		补偿值		序号	
			直径/mm	长度/mm	半径/mm	长度/mm	半径	长度
1	T01							
2	T02							
3	T03							
4	T04							
5	T05							

表 2-30　数控加工工序卡

单位	数控加工工序卡片		产品名称	零件名称	材料	零件图号
工序号	程序编号	夹具名称	夹具编号	设备名称	编制	审核
工步号	工步内容	刀具号	刀具规格	主轴转速 S/r·min^{-1}	进给速度 F/mm·min^{-1}	背吃刀量 a_p/mm
1		T01				
2		T02				
3		T03				
4		T04				
5		T05				

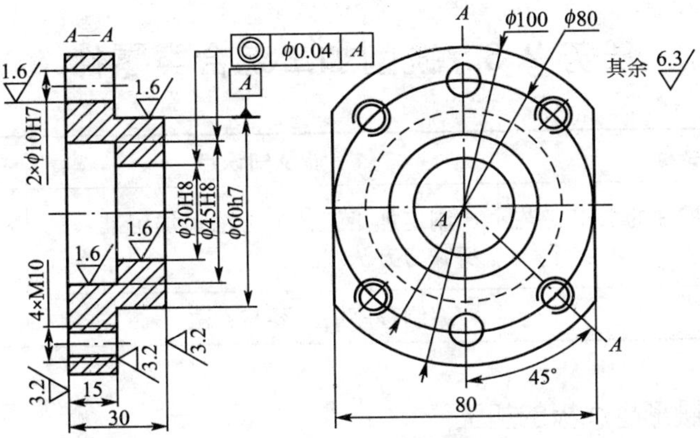

图 2.127　孔加工练习 2

表 2－31　数控加工刀具卡

单　　位		数控加工刀具卡片	产品名称				零件图号	
			零件名称				程序编号	
序号	刀具号	刀具名称	刀具		补偿值		序号	
			直径/mm	长度/mm	半径/mm	长度/mm	半径	长度
1	T01							
2	T02							
3	T03							
4	T04							
5	T05							
6	T06							
7	T07							
8	T08							
9	T09							

表 2－32　数控加工工序卡

单位	数控加工工序卡片		产品名称	零件名称	材料	零件图号
工序号	程序编号	夹具名称	夹具编号	设备名称	编制	审核
工步号	工步内容	刀具号	刀具规格	主轴转速 S/r·min^{-1}	进给速度 F/mm·min^{-1}	背吃刀量 a_p/mm
1		T01				
2		T02				
3		T03				
4		T04				
5		T05				
6		T06				
7		T07				
8		T08				
9		T09				

任务 2.6 铣削加工综合类零件

专项能力目标	涉及知识点	权重/(%)	建议学时
会中等复杂程度的零件的加工工艺规划	制定加工工艺的方法；加工准备的步骤与方法	40	6
会程序编制与调试	编制程序的步骤与方法	60	

2.6.1 任务导入：腰形槽底板的加工

任务描述：腰形槽底板如图 2.128 所示，按单件生产安排其数控铣削工艺，编写出加工程序。毛坯尺寸为(100±0.027)mm×(80±0.023)mm×20mm；长度方向侧面对宽度侧面及底面的垂直度公差为 0.03；零件材料为 45 钢，表面粗糙度为 $Ra3.2$。

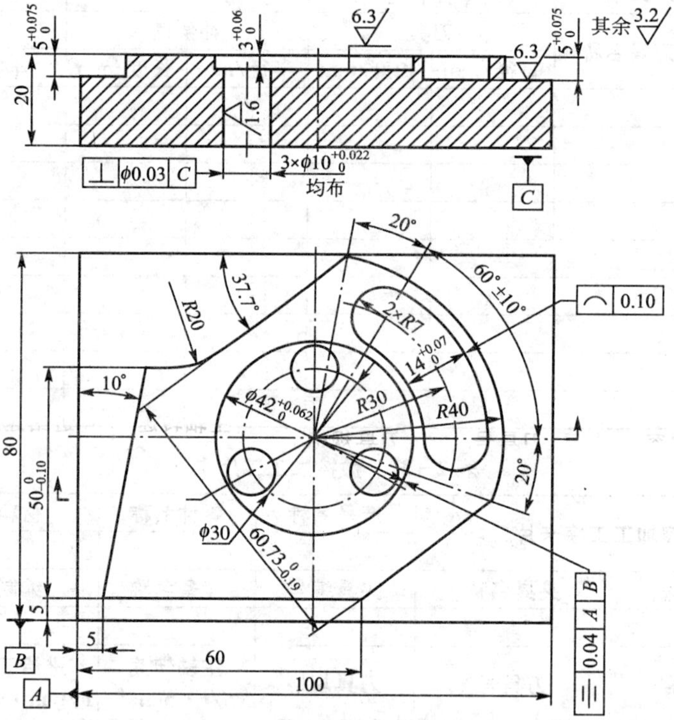

图 2.128 腰形槽底板零件图

2.6.2 任务实施

1. 工艺分析

加工过程如下：

(1) 外轮廓的粗、精铣削，批量生产时，粗精加工刀具要分开，本例采用同一把刀具进行。粗加工单边留 0.2mm 余量。

(2) 加工 3×ϕ10mm 孔和垂直进刀工艺孔。

(3) 圆形槽粗、精铣削，采用同一把刀具进行。

(4) 腰形槽粗、精铣削，采用同一把刀具进行。

2. 刀具与工艺参数选择

刀具与工艺参数选择见表 2－33、表 2－34。

表 2－33　数控加工刀具卡

单　　位		数控加工刀具卡片	产品名称				零件图号	
			零件名称				程序编号	
序号	刀具号	刀具名称	刀具		补偿值		序号	
			直径/mm	长度	半径	长度	半径	长度
1	T01	立铣刀	ϕ20		10.2(粗)/9.96(精)		01	
2	T02	中心钻	ϕ3					
3	T03	麻花钻	ϕ9.7					
4	T04	铰刀	ϕ10					
5	T05	立铣刀	ϕ16		8.2(半精)/7.98(精)		05	
6	T06	立铣刀	ϕ12		6.1(半精)/5.98(精)		06	

表 2－34　数控加工工序卡

单位	数控加工工序卡片		产品名称	零件名称	材料	零件图号
工序号	程序编号	夹具名称	夹具编号	设备名称	编制	审核
工步号	工步内容	刀具号	刀具规格	主轴转速 S/r·min^{-1}	进给速度 F/mm·min^{-1}	背吃刀量 a_p/mm
1	去除轮廓边角料	T01	ϕ20mm 立铣刀	400	80	
2	粗铣外轮廓	T01	ϕ20mm 立铣刀	500	100	
3	精铣外轮廓	T01	ϕ20mm 立铣刀	700	80	
4	钻中心孔	T02	ϕ3mm 中心钻	2000	80	
5	钻 3×ϕ10 底孔和垂直进刀工艺孔	T03	ϕ9.7mm 麻花钻	600	80	
6	铰 2×ϕ10H7 孔	T04	ϕ10mm 铰刀	200	50	

3. 装夹方案

用平口台虎钳装夹零件，零件上表面高出钳口 8mm 左右。校正固定钳口的平行度以及零件上表面的平行度，确保精度要求。

4. 程序编制

在零件中心建立零件坐标系，Z 轴原点设在零件上表面。

(1) 外形轮廓铣削。

① 去除轮廓边角料。安装 ϕ20mm 立铣刀(T01)并对刀，去除轮廓边角料程序如下：

```
O0001
N10 G17 G21 G40 G54 G80 G90 G94;        程序初始化
N20 G00 Z50 M08;                        刀具定位到安全平面,打开切削液
N30 M03 S400;                           启动主轴
N40 X-65 Y32;                           去除轮廓边角料
N50 Z-5;
N60 G01 X-24 F80;
N70 Y55;
N80 G00 Z50;
N90 X40 Y55;
N100 Z-5;
N110 G01 Y35;
N120 X52;
N130 Y-32;
N140 X40;
N150 Y-55
N160 G00 Z50 M09;                       抬刀,并闭切削液
N170 M05;                               主轴停
N180 M30;                               程序结束并返回
```

② 粗、精加工外形轮廓，如图 2.129 所示。

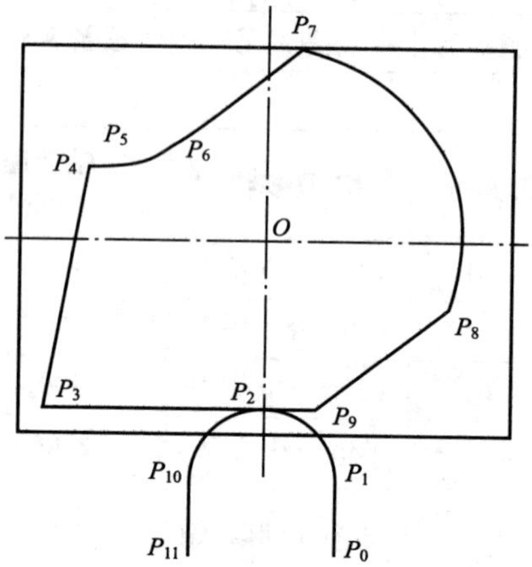

图 2.129　粗、精加工外形轮廓

(2) 圆形槽铣削。安装 ϕ16mm 立铣刀(T05)并对刀，圆形槽铣削程序如下：

① 粗铣圆形槽。

```
O0004
N10 G17 G21 G40 G54 G80 G90 G94;        程序初始化
N20 G00 Z50 M08;                        刀具定位到安全平面,打开切削液
N30 M03 S500;                           启动主轴
```

```
N40 X0 Y0;
N50 Z10;
N60 G01 Z-3 F40;                下刀
N70 X5 F80;                     去除圆形槽中材料
N80 G03 I-5;
N90 G01 X12;
100 G03 I-12;
N110 G00 Z50 M09;               抬刀,关闭切削液
N120 M05;                       主轴停
N130 M30;                       程序结束并返回
```

② 半精、精铣圆形槽边界。半精、精加工采用同一程序，通过设置刀补值控制加工余量和达到尺寸要求。

程序如下(程序中切削参数为半精加工参数)：

```
O0005
N10 G17 G21 G40 G54 G80 G90 G94;    程序初始化
N20 G00 Z50 M08;                    刀具定位到安全平面,打开切消液
N30 M03 S600;                       精加工时设为 750r/min
40 X0 Y0;
N50 Z10;
N60 G01 Z-3 F40;                    下刀
N70 G41 X-15 Y-6 D05 F80;           建立刀补,半精加工时刀补设为 8.2mm,精加工时刀
                                    补设为 7.98mm(根据实测尺寸调整);精加工时 F 设
                                    60mm/min
N80 G03 X0 Y-21 R15;                切向切入
N90 G03 J21;                        铣削圆形槽边界
N100 G03 X15 Y-6 R15;               切向切出
N110 G01 G40 X0 Y0;                 取消刀补
N120 G00 Z50 M09;                   抬刀,关闭切削液
N130 M05;                           主轴停
N140 M30;                           程序结束并返回
```

(3) 铣削腰形槽，如图 2.130 所示。

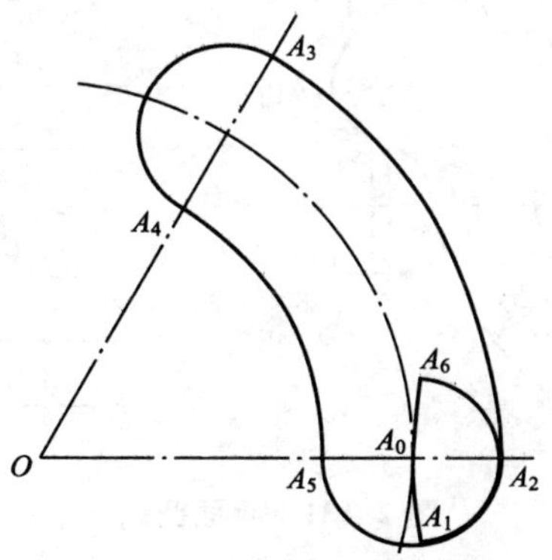

图 2.130 半精、精铣腰形槽

① 粗铣腰形槽。安装 ϕ12mm 立铣刀(T06)并对刀，粗铣腰形槽，参考程序(略)。

② 半精、精铣腰形槽。半精、精加工采用同一程序，通过设置刀补值控制加工余量和达到尺寸要求。程序如下(程序中切削参数为半精加工参数)：

```
O0007
N10 G17 G21 G40 G54 G80 G90 G94;          程序初始化
N20 G00 Z50 M08;                          刀具定位到安全平面,打开切削液
N30 M03 S600;                             精加工时设为 800r/min
N40 X30 Y0;
N50 Z10;
N60 G01 Z- 5 F40;                         下刀
N70 G41 X30.5 Y-6.5 D06 F80;              建立刀补,半精加工时刀补设为 6.1mm,精加工时
                                          刀补设为 5.98mm(根据实测尺寸调整);精加工时
                                          F 设 60mm/min
N80 G03 X37 Y0 R6.5;                      切向切入
N90 G03 X18.5 Y32.043 R37;                铣削腰形槽边界
N100 X11.5 Y19.919 R7;
N110 G02 X23 Y0 R23;
N120 G03 X37 R7;
N130 X30.5 Y6.5 R6.5;
N140 G01 G40 X30 Y0;                      取消刀补
N150 G00 Z50 M09;                         抬刀、关闭切削液
N160 M05;                                 主轴停
N170 M30;                                 程序结束并返回
```

2.6.3 拓展实训：半径补偿和圆弧插补程序

任务描述：编写平面凸轮的数控铣削加工程序。平面凸轮如图 2.131 所示，工件材质为 45 钢，已经调质处理。工件平面部分及两孔已经加工到尺寸，曲面轮廓经粗铣，留加工余量为 2mm，现要求数控铣精加工曲面轮廓。

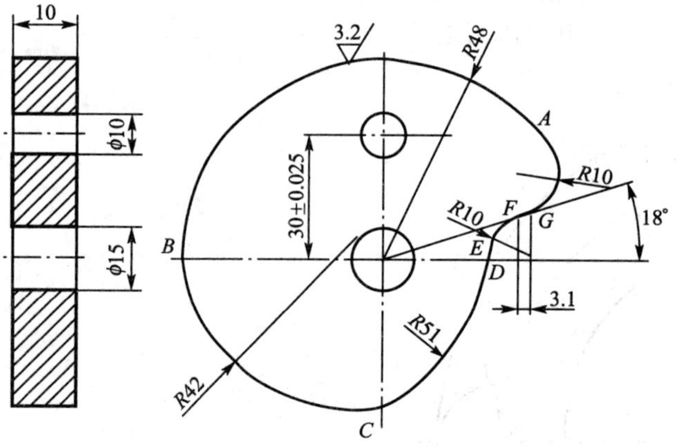

G	−34.866	−11.329
F	31.899	−10.365
F	−24.993	−0.61
D	−23.547	8.4
C	0	36.0
B	48.0	0
A	−40.38	−26.323
坐标点	X	Y

图 2.131 平面凸轮

1. 分析工艺

(1) 工件坐标系原点。凸轮设计基准在工件 $\phi15$ 孔中心，工件坐标系原点就定在 $\phi15$ 孔轴线和工件上表面交点。

(2) 工件装夹。用凸轮的 $\phi10$ 和 $\phi15$ 作为定位基准，凸轮的下表面为安装面，以一面两销的定位方式设计夹具。夹具安装在工作台时，以两定位销中心的连线找正机床 Y 轴方向，以 $\phi15$ 定位销中心找正零点，定位为编程原点。通过两个定位孔，用螺母把工件夹紧。

(3) 刀具选择。采用 $\phi15$ 高速钢立铣刀。

(4) 切削用量。主轴转速 S 为 1000r/min，进给速度 F 为 60mm/min。

(5) 刀补号为 D01。

(6) 确定工件加工方式及进给路线。由工件编程原点、坐标轴方向及图样尺寸进行数据转换。编程所需数据点位置及坐标值如图 2.131 所示。

2. 编写程序

程序如下：

```
O0001
N10 G90 G54 G00 Z60;                              设定工件坐标系,快速到初始平面
N20 S1000 M03;                                    启动主轴
N30 X-100 Y25 Z60;                                定位到下刀点
N40 Z2;                                           快速下刀,到慢速下刀高度
N50 G01 Z-12 F100;                                切削下刀
N60 G42 D01 X-60.908 Y-22.006 F60;                建立刀具半径右补偿
N70 G02 X-40.138 Y-26.323 I8.226 J-12.543;        以 1/4 圆弧轨迹进刀,切入
N80 G02 X48.0 Y0 I40.138 J26.323;                 切削圆弧 AB
N90 G03 X0 Y36.0 I-41.636 J-5.515;                切削圆弧 BC
N100 G03 X-25.547 Y8.4 I24.488 J-44.736;          切削圆弧 CD
N110 G03 X-24.993 Y-0.61 I23.547 J-8.4;           切削圆弧 DE
N120 G02 X-31.899 Y-10.365 I-9.997 J-0.244;       切削圆弧 EF
N130 G01 X-31.866 Y-11.329;                       切削圆弧 FG
N140 G03 X-40.138 Y-26.323 I3.090 J-9.511;        切削圆弧 GA
N150 G02 X-44.455 Y-47.093 I-12.543 J-8.226;      以 1/4 圆弧轨迹退刀,切出
N160 G40 G01 X-99.746 Y26.857;                    取消刀具半径右补偿
N170 Z2 F200;                                     退回到慢速下刀高度
N180 G00 X-100 Y25 Z60;                           快速回到起始点
N190 M05;                                         主轴停
N200 M30;                                         程序结束并返回到程序头
```

2.6.4　拓展实训：子程序和坐标旋转程序

任务描述：平底偏心圆弧槽的数控铣削加工。平底偏心圆弧槽如图 2.132 所示，工件材质为 45 钢，已经调质处理。加工部位为工件上表面两平底偏心槽，槽深 10mm。

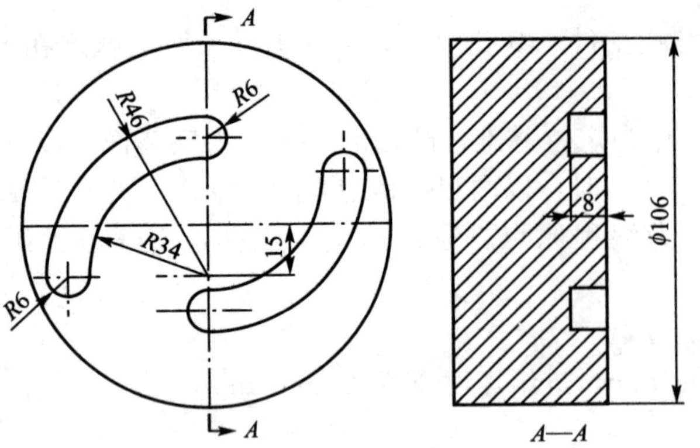

图 2.132　平底偏心圆弧槽加工

1. 分析工艺

(1) 工件坐标系原点。根据图示，两偏心槽设计基准在工件 ϕ106 外圆的中心，所以工件坐标系原点设为 ϕ106 外圆与工件上表面交点。

(2) 工件装夹。采用三爪自定心卡盘夹外圆的方式。

(3) 刀具选择。采用 ϕ12mm 高速钢键槽铣刀。

(4) 切削用量。每层切削 1mm，主轴转速 S 为 800r/min，进给速度 F 为 50mm/min。

(5) 确定工件加工方式和进给路线。采用内廓分层环切方式。

2. 编写程序

主程序如下：

```
O0002
N10 G54 G90 G17 G00 Z60;        设定工件坐标系,快速到初始平面
N20 S800 M03 T1 D1;             启动主轴,选 1 号刀及 1 号刀补
N30 G98 P0006;                  调用子程序 O0006,执行 1 次
N40 G90 G68 X0 Y0 R180;         坐标系旋转,旋转中心(0,0),角度位移 180°
N50 G98 P0006;                  调用子程序 O0006,执行 1 次
N60 G69 G00 X0 Y0 Z60;          取消坐标系旋转,快速回到起始点
N70 M05;                        主轴停
N80 M30;                        主程序结束
```

子程序如下：

```
O0006;                          子程序名
N10 G90 G00 X0 Y25;             在初始平面上快速定位于(0,25)
N20 Z2;                         快速下刀,到慢速下刀高度
N30 G01 Z-2 F50;                切入工件上表面
N40 G98 P40007;                 调用子程序 O0007,执行 4 次
N50 G90 Z60;                    退回初始平面
N60 X0 Y0;                      回到起始点
N70 M99;                        子程序结束,返回主程序
O0007;                          子程序,程序号为 O0007
N10 G91 G01 Z-2 F50;            增量值编程,切入工件 2mm,进给速度为 50mm/min
N20 G90 G03 X-39.686 Y-20 R40 F60;  切削轮廓
N30 G91 G01 Z2 F30;             切削轮廓
N40 G90 G02 X0 Y25 R40 F60;     切削轮廓
N50 M99;                        子程序结束
```

2.6.5 拓展实训：带槽凸版

任务描述：带槽凸版工件如图 2.133 所示，毛坯 70mm×60mm×18mm，六面已粗加工过，要求铣出图示凸台及槽，工件材料为 45 钢。

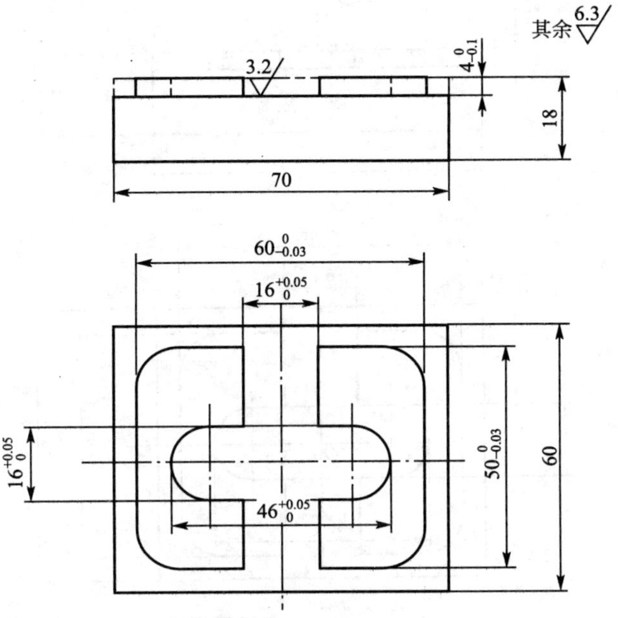

图 2.133 带槽凸版

1. 确定工艺方案及加工路线

根据图样要求、毛坯及前道工序加工情况，确定工艺方案及加工路线。

(1) 用已加工过的底面为定位基准，用通用台虎钳夹紧工件左右两侧面，台虎钳固定于铣床工作台上。

(2) 工序顺序：加工凸台(分粗、精铣)→加工槽(分粗、精铣)。

2. 选择机床设备

3. 选择刀具

采用直径 ϕ12mm 的平底立铣刀(高速钢)，并把刀具的半径输入刀具参数表中(粗加工 R=6.5、精加工取修正值)。

4. 确定切削用量

精加工余量 0.5mm、主轴转速为 500r/min、进给速度为 40mm/min。

5. 确定工件坐标系和对刀点

(1) 在 XOY 平面内确定以工件中心为工件原点，Z 方向经工件表面为工件原点，建立工件坐标系。如图 2.134 所示建立的工件坐标系。

(2) 采用手动对刀方法把 O 点作为对刀点。

6. 编写程序

安全平面设为5mm，加工路线如图2.134所示。

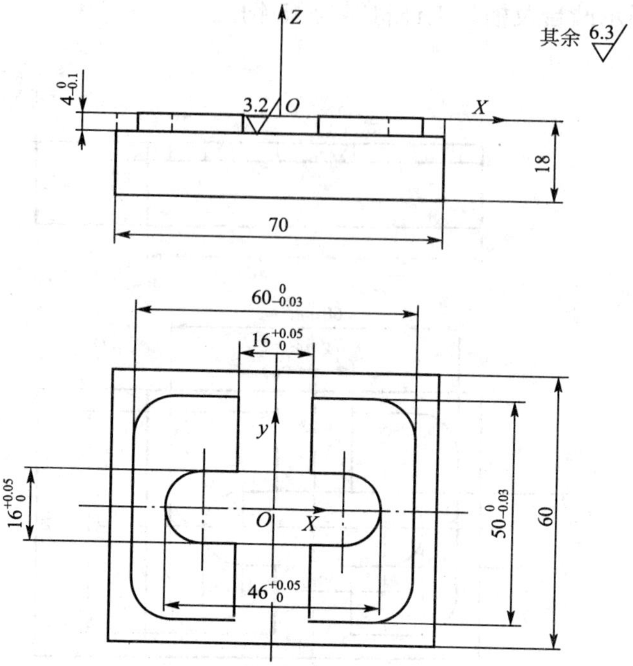

图2.134 工件坐标系

(1) 加工凸台。

程序如下：

```
O0041
G54G40G49G80;                 程序初始化
G0X-50Y-50S500M03;            启动主轴到达预定点
G43Z5H01;                     调用1号长度补偿
G1Z-4F40;
G41X-30Y-35D02M08;            左刀补进刀,同时打开切削液
Y15;
G02X-25Y25R10;
G01X20;
G02X30Y15R10;
G01Y-15;
G02X20Y-25R10;
G01X-20;
G02X-30Y-15R10;
G03X-40Y-5R10;
G40G01X-50Y-50M09;            返回开始点,取消刀具半径补偿,关闭切削液
G0Z5;
G49Z100;                      取消刀具长度补偿
```

```
M05;                              主轴停
M30;                              程序结束并返回
```

(2) 加工槽。

通过不同刀具半径补偿值可用同一加工程序完成粗、精加工，加工路线如图 2.136 所示。

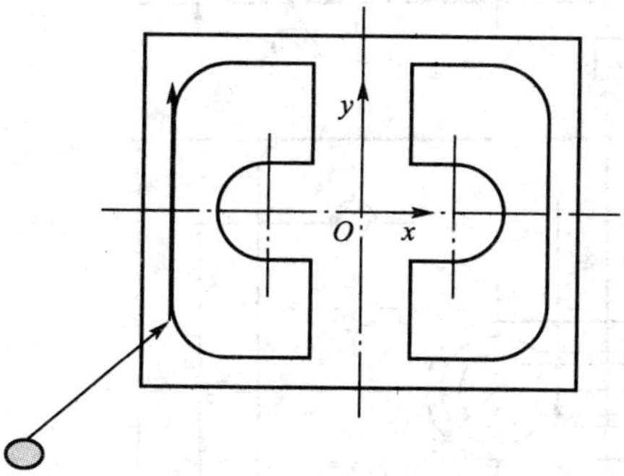

图 2.135 加工凸台路线

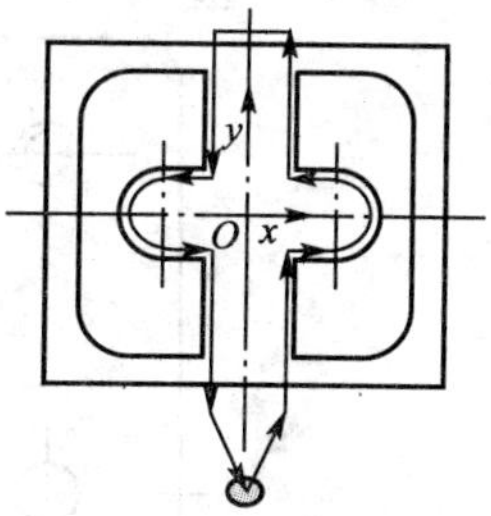

图 2.136 加工槽路线

程序如下：

```
O0042
G54G40G49G80;                     程序初始化
G0X0Y-50S500M03;                  启动主轴,到达预定点
G43Z5H01;                         调用刀具长度补偿
G1Z-4F40;
G41X8Y-35D02M08;                  左刀补进刀,打开切削液
Y-8;
X15;
G03Y8R10;
G1X8;
X-8;
Y8;
X-15;
G03Y-8R8;
G1X-8;
Y-35;
G40X0Y-50M09;                     返回开始点,关闭切消液
G0Z5;
G49Z100;                          抬刀,取消刀具长度补偿
M05;                              主轴停
M30;                              程序结速并返回
```

2.6.6 拓展实训：凹模

任务描述：工件如图 2.137 所示，材料为 45 钢，厚度为 25mm，长度×宽=126×92。

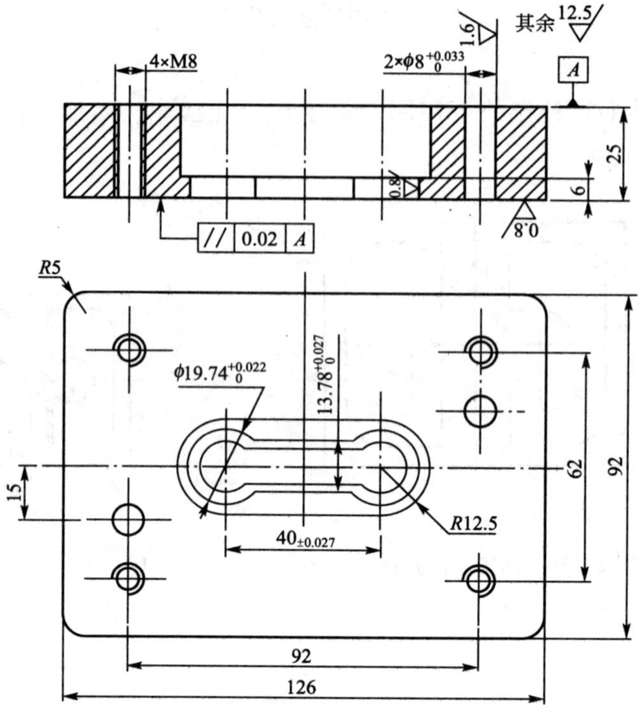

图 2.137 凹模

1. 分析工艺

凹模上有 4 个对称分布的螺孔，起连接作用，对称布置的销孔，起定位作用。该工件的上表面以及 2 个 ϕ19.74 的圆弧与 2 段直线所组成的型腔精度要求很高。内轮廓有平面、曲面组成，适合于数控铣床加工。其余表面要求较低，销孔在装配时配作。最后在磨床上对工件进行磨削精加工。

工件的中心是设计基准，下表面对上表面有平行度要求，加工定位时上表面为定位面，放于等高块上，找正后(通过拉表使坯料长边与机床 X 轴方向重合)用压板及螺钉压紧。装夹后对刀点选在上表面的中心，这样容易确定刀具中心与工件中心的相对位置。

2. 确定刀具与切削用量

1）铣削凹模型腔

选用 ϕ10mm 的整体硬质合金圆柱立铣刀。

粗加工：Ap=3mm，f=0.15mm/齿，n=1000r/min。

精加工：Ap=1mm，f=0.10mm/齿，n=1000r/min。

2）加工 M8 螺纹孔

中心钻：f=0.15mm/齿，n=1000r/min。

ϕ6.7mm 钻头：f=0.17mm/齿，n=600r/min。

M8 丝锥：f=1.25mm/齿，n=200r/min。

3）进给路线

由于立铣刀不能轴向进给，加工凹槽前应先用键槽铣刀在左侧圆弧中心钻一通孔，凹模型腔分粗精加工 2 次进行，留有 0.4mm 的精加工余量。采用逆时针还切法，进给路线如图 2.138、图 2.139 所示。

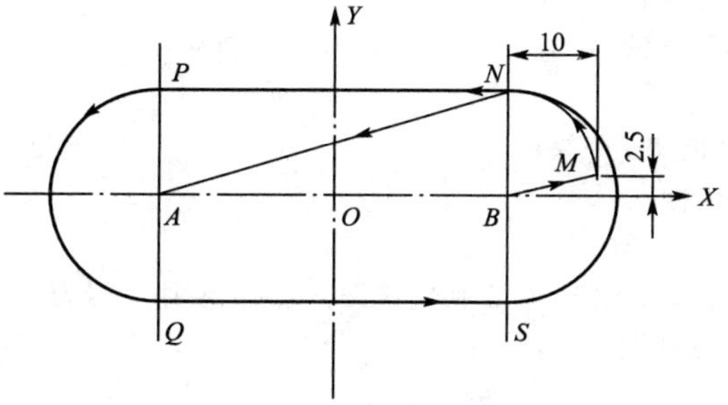

图 2.138　上型腔进给路线

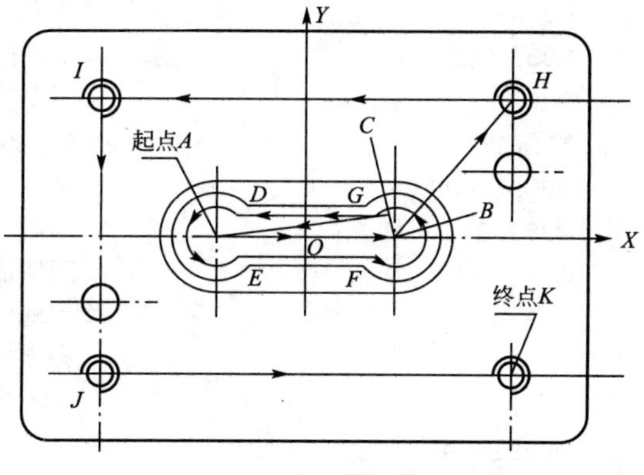

图 2.139　下型腔与螺纹孔进给路线

4）数值计算

利用软件绘图测知各点坐标如下：

$A(-20, 0)$；$B(20, 0)$；$C(15, 6.89)$；$D(-12.93, 6.89)$；$E(-12.93, -6.89)$；$F(12.93, -6.89)$；$G(12.93, 6.89)$；$H(46, 31)$；$I(-46, 31)$；$J(-46, -31)$；$K(46, -31)$；$M(30, 2.5)$；$N(20, 12.5)$；$P(-20, 12.5)$；$Q(-20, -12.5)$；$S(20, -12.5)$

5）编写程序

T1：ϕ12mm 钻头；T2：ϕ10mm 立铣刀；T3：ϕ6.7mm 钻头；T4：M7.8 头攻丝锥；T5：M8 二攻丝锥。D01=5.4，D02=5。

（1）主程序如下：

```
O0050                              主程序名
G54G90G00X 20Y0Z50;                建立工件坐标系
G43H01T1;                          1 号刀具长度补偿
M03S1500;                          启动主轴
Z10;                               下刀
G99G83X-20Y0Z-30R5Q2F100;          钻孔循环
G80G0Z50;                          返回,取消钻孔循环
X0Y0;                              返回
M05;                               主轴停
M00;                               程序暂停
T2D01;                             换 2 号刀具,1 号半径补偿
M03S1000;                          启动主轴
G43H02G00X-20Y0;                   2 号刀具长度补偿
Z2;                                下刀
M98P70051;                         调用子程序 O0051 粗加工上型腔
G00X-20Y0Z-16;                     回起始点,
M05;                               主轴停
```

```
M00;                          程序暂停,准备精加工,可以换精铣刀,本例仍使用2号刀
T2D02;                        2号刀具半径补偿
M03S1000;                     启动主轴
M98P0051;                     调用子程序精加工上型腔
G00Z-17;                      下刀
M05;                          主轴停
M00;                          程序暂停,准备粗加工
T2D01;                        1号刀具半径补偿
M03S1500
M98P30052;                    调用子程序粗加工下型腔
G00Z-23;                      回精加工起始点
M05;                          主轴停
M00;                          程序暂停,准备精加工,可以换精铣刀,本例仍使用2号刀
T2D02;                        2号刀具半径补偿
M03S1500
M98P0052;                     调用子程序精加工下型腔
G00G49Z50;                    取消刀具长度补偿
T2D00;                        取消刀具半径补偿
M05;                          主轴停
M00;                          程序暂停
G43T3H03;                     换3号刀具,3号刀具长度补偿
M03S1000;                     启动主轴
G99G83X46Y31Z-30R5Q2F100;     钻孔循环
M98P0053;                     钻孔子程序
G00G49Z50;                    取消长度补偿
M05;                          主轴停
M00;                          程序暂停
G43T4H04;                     换4号刀具,4号刀具长度补偿
M03S200;                      启动主轴
G99G84X46Y31Z-27R5F1.25;      头攻循环
M98P0053;                     攻螺纹子程序
G00G49Z50;                    取消长度补偿
M05;                          主轴停
M00;                          程序暂停
G43T5H05;                     换5号刀具,5号刀具长度补偿
M3S200;                       启动主轴
G99G84X46Y31Z-27R5F1.25;      二攻循环
M98P0053;                     攻螺纹子程序
G80G49G00Z50;                 取消长度补偿,取消循环
X0Y0;                         返回
T1;                           恢复1号刀具
M05;                          主轴停
M30;                          主程序结束返回
```

(2) 子程序如下:

```
O0051                         上型腔铣削子程序名
```

```
G91G01Z-3F100;              Z轴增量进给
G90X20;                     A→B
G41G01X30Y2.5;              B→M
G03X20Y12.5R10;             M→N
G01X-20;                    N→P
G03Y-12.5R12.5;             P→Q
G01X20;                     Q→S
G03Y12.5R12.5;              Q→N
G40G01X-20Y0;               N→A
M99;                        子程序结束
%

O0052                       下型腔铣削子程序名
G91G01Z-3F100;              Z轴增量进给
G90G01X20;                  A→B
G41G01X15Y6.89;             B→C
X-12.93;                    C→D
G03Y-6.89R-9.87;            D→E
G01X12.93;                  E→F
G03Y6.89R-9.87;             F→G
G40G01X-20Y0;               G→A
M99;                        子程序结束
%
O0053                       螺纹孔加工子程序名
X-46;                       H→I
Y-31;                       I→J
X46;                        J→K
M99;                        子程序结束
```

如图 2.140 所示为模拟加工完成后的加工视窗。

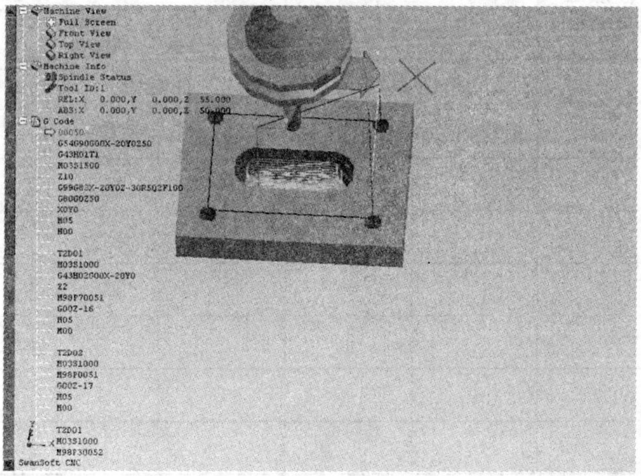

图 2.140 加工视窗

习　　题

1．任务描述：编写图2.141所示零件的数控铣削加工程序，并完成表2-35、表2-36的填写。

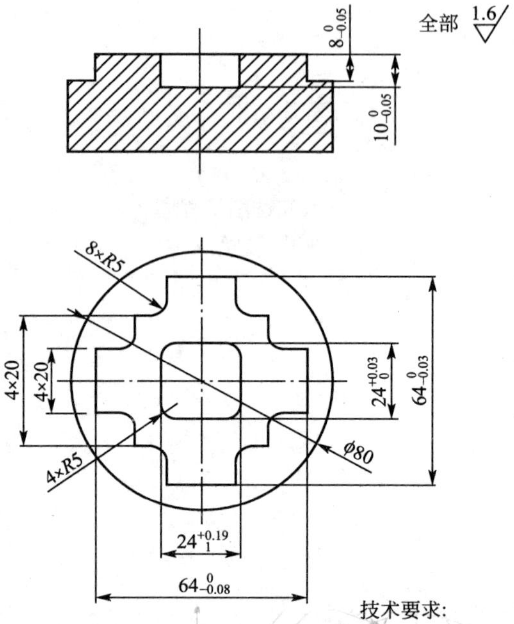

技术要求：
1. 未注公差等级按IT14级；
2. 锐角倒钝；
3. 清除毛刺和飞边。

图2.141　综合铣削巩固练习1

表2-35　数控加工刀具卡

单　位		数控加工刀具卡片	产品名称				零件图号	
			零件名称				程序编号	
序号	刀具号	刀具名称	刀具		补偿值		序号	
			直径/mm	长度/mm	半径/mm	长度/mm	半径	长度
1	T01							
2	T02							
3	T03							
4	T04							
5	T05							
6	T06							

表 2-36　数控加工工序卡

单位	数控加工工序卡片		产品名称	零件名称	材　料	零件图号
工序号	程序编号	夹具名称	夹具编号	设备名称	编制	审核
工步号	工步内容	刀具号	刀具规格	主轴转速 /r·min^{-1}	进给速度 /mm·min^{-1}	背吃刀量 /mm
1		T01				
2		T02				
3		T03				
4		T04				
5		T05				
6		T06				

2. 任务描述：编写图 2.142 所示零件的数控铣削加工程序，并完成表 2-37、表 2-38 的填写。

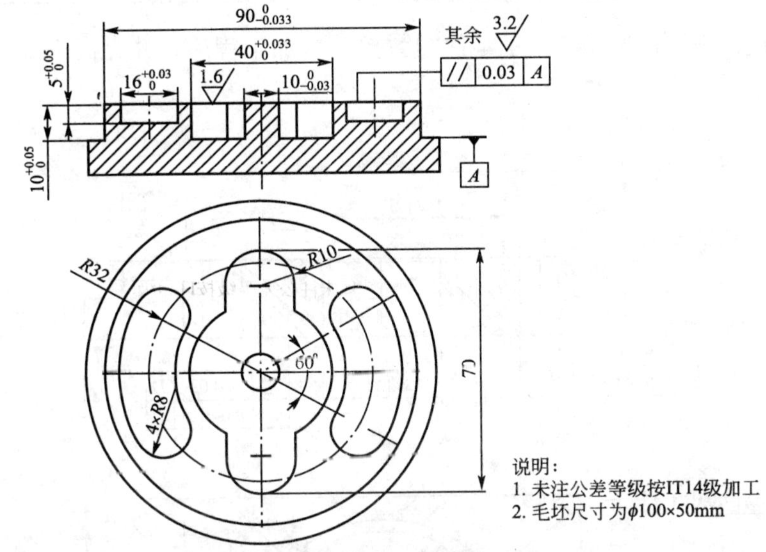

图 2.142　综合铣削巩固练习 2

表 2-37　数控加工刀具卡

单　位		数控加工刀具卡片	产品名称				零件图号	
			零件名称				程序编号	
序号	刀具号	刀具名称	刀具		补偿值		序号	
			直径/mm	长度/mm	半径/mm	长度/mm	半径	长度
1	T01							
2	T02							
3	T03							
4	T04							
5	T05							
6	T06							

表 2-38　数控加工工序卡

单位	数控加工工序卡片		产品名称	零件名称	材料	零件图号
工序号	程序编号	夹具名称	夹具编号	设备名称	编制	审核
工步号	工步内容	刀具号	刀具规格	主轴转速 /$r \cdot min^{-1}$	进给速度 /$mm \cdot min^{-1}$	背吃刀量 /mm
1		T01				
2		T02				
3		T03				
4		T04				
5		T05				
6		T06				

3. 任务描述：编写图 2.143 所示零件的数控铣削加工程序，并完成表 2-39、表 2-40 的填写。

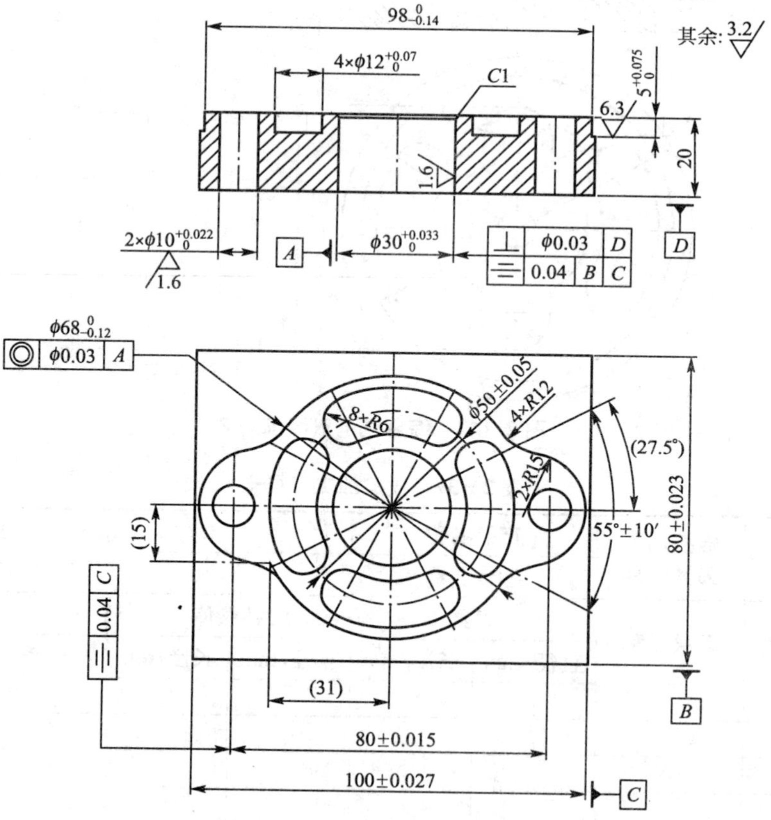

图 2.143　综合铣削巩固练习 3

表 2-39　数控加工刀具卡

<table>
<tr><td colspan="2">单　　位</td><td rowspan="2">数控加工刀具卡片</td><td colspan="2">产品名称</td><td colspan="2"></td><td colspan="2">零件图号</td></tr>
<tr><td colspan="2"></td><td colspan="2">零件名称</td><td colspan="2"></td><td colspan="2">程序编号</td></tr>
<tr><td rowspan="2">序号</td><td rowspan="2">刀具号</td><td rowspan="2">刀具名称</td><td colspan="2">刀具</td><td colspan="2">补偿值</td><td colspan="2">序号</td></tr>
<tr><td>直径</td><td>长度</td><td>半径</td><td>长度</td><td>半径</td><td>长度</td></tr>
<tr><td>1</td><td>T01</td><td></td><td></td><td></td><td></td><td></td><td></td><td></td></tr>
<tr><td>2</td><td>T02</td><td></td><td></td><td></td><td></td><td></td><td></td><td></td></tr>
<tr><td>3</td><td>T03</td><td></td><td></td><td></td><td></td><td></td><td></td><td></td></tr>
<tr><td>4</td><td>T04</td><td></td><td></td><td></td><td></td><td></td><td></td><td></td></tr>
<tr><td>5</td><td>T05</td><td></td><td></td><td></td><td></td><td></td><td></td><td></td></tr>
<tr><td>6</td><td>T06</td><td></td><td></td><td></td><td></td><td></td><td></td><td></td></tr>
</table>

表 2-40　数控加工工序卡

<table>
<tr><td>单位</td><td colspan="2" rowspan="2">数控加工工序卡片</td><td>产品名称</td><td>零件名称</td><td>材料</td><td>零件图号</td></tr>
<tr><td></td><td></td><td></td><td></td><td></td></tr>
<tr><td>工序号</td><td>程序编号</td><td>夹具名称</td><td>夹具编号</td><td>设备名称</td><td>编制</td><td>审核</td></tr>
<tr><td></td><td></td><td></td><td></td><td></td><td></td><td></td></tr>
<tr><td>工步号</td><td>工步内容</td><td>刀具号</td><td>刀具规格</td><td>主轴转速 /r·min⁻¹</td><td>进给速度 /mm·min⁻¹</td><td>背吃刀量 /mm</td></tr>
<tr><td>1</td><td></td><td>T01</td><td></td><td></td><td></td><td></td></tr>
<tr><td>2</td><td></td><td>T02</td><td></td><td></td><td></td><td></td></tr>
<tr><td>3</td><td></td><td>T03</td><td></td><td></td><td></td><td></td></tr>
<tr><td>4</td><td></td><td>T04</td><td></td><td></td><td></td><td></td></tr>
<tr><td>5</td><td></td><td>T05</td><td></td><td></td><td></td><td></td></tr>
<tr><td>6</td><td></td><td>T06</td><td></td><td></td><td></td><td></td></tr>
</table>

任务 2.7　操作数控铣床

<table>
<tr><td>专项能力目标</td><td>涉及知识点</td><td>权重/(%)</td><td>建议学时</td></tr>
<tr><td>操作数控铣床基本技能；测量工件技能；分析质量；</td><td>数控铣床操作步骤；磨耗补正</td><td>80</td><td rowspan="2">16</td></tr>
<tr><td>安全操作</td><td>安全文明操作规程；铣床维护保养</td><td>20</td></tr>
</table>

2.7.1　任务导入：十字凸台零件加工(1)

任务描述：如图 2.144 所示，加工十字凸台，中心 $\phi 20$mm 中心孔已经加工。试编写其轮廓加工程序并进行加工。毛坯为 ϕ100mm×20mm，材料为 45 钢。采用三爪卡盘进行装夹，定位基准面为外圆柱和下表面。

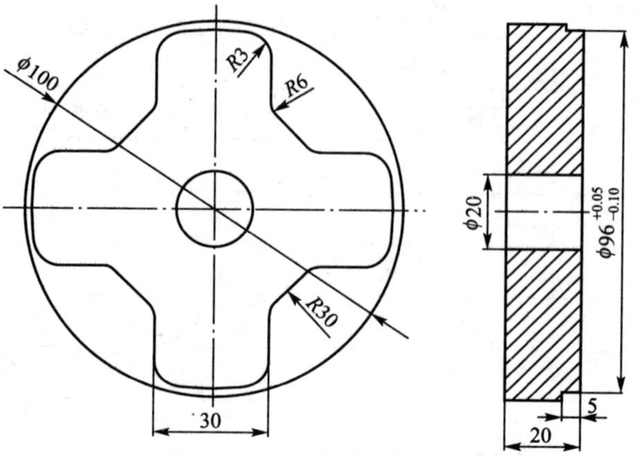

图 2.144　十字凸台零件

2.7.2　知识链接

1. 安全文明生产

1）实训要求及安全教育

（1）数控系统的编程、操作和维修人员必须经过专门的技术培训，熟悉所用数控铣床的使用环境、条件和工作参数，严格按机床和系统的使用说明书要求正确、合理地操作机床。

（2）上机单独操作，发现问题应立即停止生产，严格按照操作规程安全操作。

（3）强调学生爱惜公共财产，节约资源，避免浪费，培养良好的作风习惯。

2）实训过程参照企业 5S 标准进行管理和实施

实训过程参照企业 5S 标准进行管理和实施。5S 管理法即日文的 SEIRI（整理）、SEITON（整顿）、SEISO（清洁）、SEIKETSU（规范）、SHITSUKE（自律）又被称为“五常法则”，具体参考项目 1 任务 1.7。

3）数控铣床的安全操作规程

（1）安全操作基本注意事项。

① 工作时必须穿好工作服、安全鞋，戴好工作帽及防护镜等，不允许戴手套操作机床。

② 不要移动或损坏安装在机床上的警示牌。

③ 注意不要在机床周围放置障碍物，工作空间应足够大。

④ 某一项工作如需要两人或多人共同完成时，应注意相互间的协调一致。

⑤ 不允许采用压缩空气清洗机床、电器柜及 AC 单元。

（2）工作前的准备。

① 机床工作开始前要有预热，认真检查润滑系统工作是否正常，如机床长时间未开动，可先采用手动方式向各部分供油润滑。

② 使用的刀具应与机床允许的规格相符，有严重破损的刀具要及时更换。

③ 调整刀具所用工具不要遗忘在机床内。

④ 刀具安装好后应进行一、二次试切削。

⑤ 检查夹具夹紧工件的状态。

(3) 开机和工作过程中的安全注意事项。

① 按下数控铣床控制面板上的“ON”按钮，启动数控系统，等自检完毕后进行数控铣床的强电复位。

② 手动返回数控铣床参考点，首先返回$+Z$方向，然后返回$+X$和$+Y$方向。

③ 手动操作时，在X、Y移动前，必须使用Z轴处于较高位置，以免撞刀。

④ 数控铣床出现报警时，要根据报警号，查找原因，及时排除报警。

⑤ 更换刀具时应注意操作安全。在装入刀具时应将刀柄和刀具擦试干净。

⑥ 在自动运行程序前，必须认真检查程序，确保程序的正确性。在操作过程中必须集中注意力，谨慎操作。运行过程中，一旦发生问题，及时按下复位按钮或紧急停止按钮。

⑦ 实习学生在操作时，旁观的同学禁止按控制面板的任何按钮、旋钮，以免发生意外及事故。

⑧ 严禁任意修改、删除机床参数。

⑨ 禁止用手接触铁屑，铁屑必须要用钩子或毛刷来清理。

⑩ 禁止用手或其他任何方式接触正在旋转的主轴、工件或其他运动部位。

⑪ 禁止在加工过程中测量工件、变速，更不能用棉纱擦试工件和清扫机床。

⑫ 铣床运转中操作人员不能离开岗位。

⑬ 在加工过程中，不允许打开机床防护门。

⑭ 严格遵守岗位责任制。

(4) 工作完成后的注意事项。

① 清除切屑、擦试机床，使机床与环境保持清洁状态。

② 检查润滑油、冷却液的状态，及时添加或更换。

③ 依次关掉机床操作面板上的电源和总电源。

(5) 高速加工注意事项。

数控铣床高速加工时(S=8000r/min 以上，F=300～3000mm/min)刀柄与刀具形式对于主轴寿命与工件精度有极大影响，所需注意事项如下：

① 主轴运转前必须夹持刀具，以免损坏主轴。

② 高速切削时(S=8000r/min 以上)必须使用做过功率平衡校正 G2.5 级刀柄，因为离心力产生的振动会造成主轴轴承损坏和刀具的过早磨损。

③ 刀柄与刀具结合后的平衡公差与刀具转速、主轴平衡公差及刀柄的重量三个因素有关，所以高速切削时使用小直径刀具，长度较短的刀具对主轴温升、热变形都有益，也能提高加工精度。

④ 高速主轴刀具使用标准见表 2-41。

4) 保养数控铣床

为保证数控机床的寿命和正常运转，要求每天对机床进行保养，每天的保养项目必须确实执行，检查完毕后才可以开机。保养数控铣床见表 2-42。

表 2-41 高速主轴刀具使用标准

平衡等级	500～6000r/min	G6.3 级	DIN/ISO 1940
	6000～18000r/min	G2.5 级	DIN/ISO 1940

主轴转速/r·min^{-1}	刀具直径/mm	刀具长度/mm
2000～4000	160	350
4000～6000	160	250
6000～8000	125	250
8000～10000	100	250
10000～12000	80	250
12000～15000	65	200
15000～18000	50	200

表 2-42 保养数控铣床

检 查 项 目	检查时间
检查循环润滑油泵油箱的油是否在规定的范围内，当油箱内的油只剩下一半时，必须立即补充到一定的标准，否则当油位降到 1/4 时，在计算机屏幕上将出现“LUBE ERROR”的警告，不要等到出现警告后再补充	定期检查
确定滑道润滑油充足后再开机，并且随时观察是否有润滑油出来以保护滑道。当机床很久没有使用时，尤其要注意是否有润滑油	每日检查
从表中观察空气压力，而且必须严格执行	每日检查
防止空压气体漏出，当有气体漏出时，可听到“嘶嘶”的声音，必须加以维护	每日随时检查
油雾润滑器在 ATC 换刀装置内，空气气缸必须随时保证有油在润滑，油雾的大小在制造厂已调整完毕，必须随时保持润滑油量标准	每日检查
当冷却液不足时，必须适量加入冷却液，冷却液检查方式：可由冷却液槽前端底座的油位计观察	定期检查
主轴内端孔斜度和刀柄必须随时保持清洁以免灰尘或切屑附着影响精度，虽然主轴有自动清屑功能，但仍然必须随时用柔软的布料擦拭	每日擦拭
随时检察 *Y* 轴与 *Z* 轴的滑道面，是否有切屑和其他颗粒附着在上面，避免与滑道摩擦产生刮痕，维护滑道的寿命	随时检查
机床动作范围内必须没有障碍	随时检查
机床动作前，以低速运转，让三轴行程跑到极限，每日操作前先试运转 10～20min	每日检查
定期检查 CNC 记忆体备份用的电池，若电池电压过低，将影响程序、补正值、参数等资料的稳定性	每十二个月检查
定期检查绝对式马达放大器电池，电池电压过低将影响马达原点	每十二个月检查

2. 操作数控铣床

1) 数控铣床开机、关机

(1) 开机步骤：

打开强电开关→检查铣床风扇、机床导轨油及气压是否正常→开启铣床系统电源→(待铣床登录系统后)旋开铣床面板急停按钮→铣床回参考点操作。

(2) 关机步骤：

关闭铣床连接外围设备(计算机)→按下铣床面板急停按钮→关闭铣床系统电源→关闭铣床强电开关。

2) 装夹工件

工件的安装应当根据工件的定位基准的形状和位置合理选择装夹定位方式，选择简单实用但安全可靠的夹具，常用的平口台虎钳的调整如图 2.145 所示。

3) 安装刀具

刀具的安装如图 2.146 所示，常用的刀柄如图 2.147 所示。

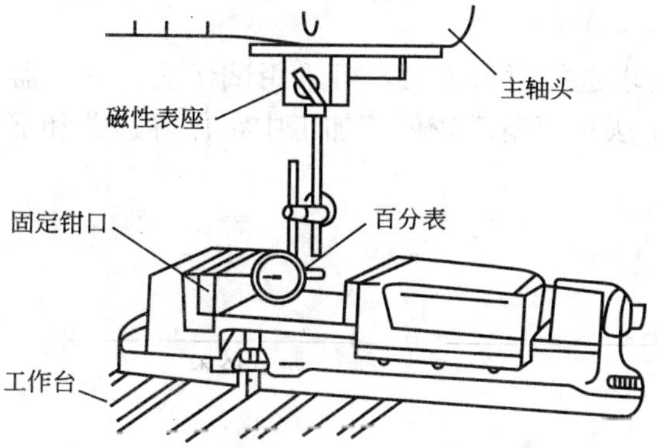

图 2.145　平口钳调整

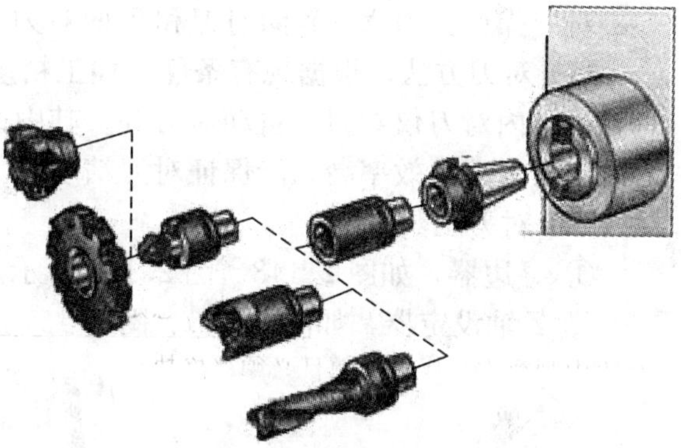

图 2.146　刀具的安装

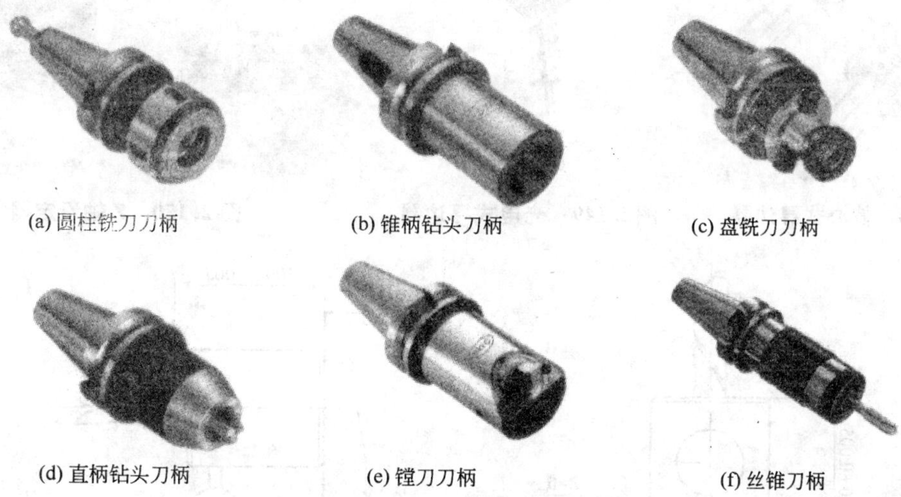

图 2.147　常用的刀柄

4）铣床操作界面功能键

铣床各工作方式以及铣床面板各操作键与数控仿真加工系统基本相同。应注意：铣床急停按钮按下后应重新进行回参考点操作。

5）传输程序

在实际加工过程中，铣床与计算机加工程序之间的传输可通过特定的加工或传输软件来实现。

(1) 打开系统传输软件，设置好传输参数，传送(注意：传输软件传输参数必须与铣床上对应的传输参数一一对应)。

(2) 铣床准备接收：数据方式下→程序→开始接收，输入程序名称，确定即可。

6）对刀

对刀的目的是通过刀具或对刀工具确定工件坐标系与铣床坐标系之间的空间位置关系，并将对刀数据输入到相应的存储位置，是数控加工中最重要的操作内容，其准确性将直接影响工件的加工精度。对刀可以采用铣刀接触工件或通过塞尺接触工件对刀，但精度较低。加工中常用寻边器和 Z 向设定器对刀，效率高，能保证对刀精度。

对刀操作分为 X、Y 向对刀和 Z 向对刀。

(1) 对刀方法。根据现有条件和加工精度要求选择对刀方法，可采用试切法、寻边器对刀、机内对刀仪对刀、自动对刀等。其中试切法对刀精度较低，加工中常用寻边器和 Z 向设定器对刀，效率高，能保证对刀精度。

(2) 对刀工具。

① 寻边器，如图 2.148、图 2.149 所示。

② Z 轴设定器，如图 2.150、图 2.151 所示。

图 2.148 偏心式寻边器

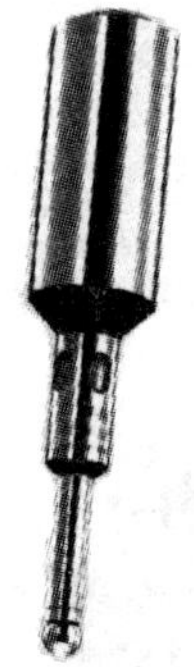

图 2.149 光电式寻边器

图 2.150 Z 轴设定器

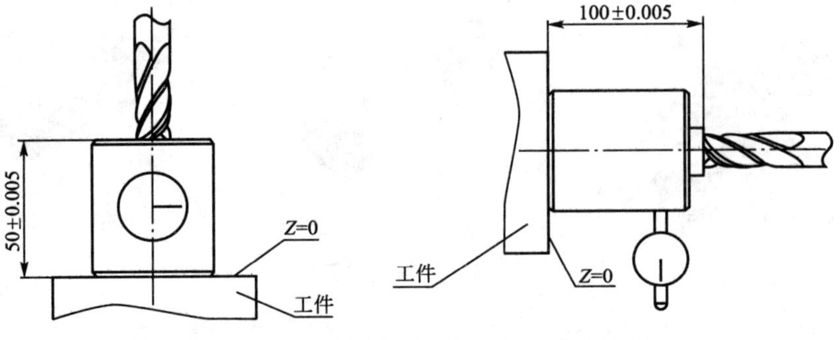

图 2.151 Z 轴设定器与刀具和工件的关系

3．工件质量控制

1）测量

当工件粗加工完成后，利用测量量具对粗加工尺寸进行测量，并与粗加工后理论尺寸进行对比，找出两者的差距即为加工过程中刀具的磨损量。

2）计算

磨耗补正＝理论加工尺寸－实际测得尺寸。

3）补正

在运行工件精加工程序时，将刀具的磨耗值输入到相应的半径补偿地址中，如图 2.152 所示，完成工件的整个加工。

工具补正　　　　O0008 N0000

番号	形状(H)	磨耗(H)	形状(D)	摩耗(D)
001	0.000	0.000	0.000	0.000
002	−215.600	0.000	0.000	0.000
003	−157.565	0.000	0.000	0.000
004	−215.632	0.000	0.000	0.000
005	−333.526	0.000	0.000	0.000

现在位置(相对坐标)

X　609.490　　Y　259.200

Z　270.000

>_　　OS 100% L 0%

JOG　····　···　···　13:23:46

(NO 检索)　(　　)　(　C.　输入　)　(　+输入　)　(　输入　)

图 2.152　工具补正数据设置界面

2.7.3　任务实施

1．分析工艺

加工过程如下：

(1) 根据零件形状，确定零件编程原点为零件的几何中心点(圆心)，满足编程原点与零件的设计原点重合。

(2) 外轮廓的粗、精铣削，批量生产时，粗精加工刀具要分开，本例采用同一把刀具进行。粗加工单边留 0.2mm 余量，一次性下刀，底面不精修。

2．选择刀具与工艺参数

刀具与工具参数见表 2－43、表 2－44。

表 2－43　数控加工刀具卡

单　位		数控加工刀具卡片	产品名称				零件图号	
			零件名称				程序编号	
序号	刀具号	刀具名称	刀具		补偿值		序号	
			直径/mm	长度/mm	半径/mm	长度/mm	半径	长度
1	T01	立铣刀	ϕ12		6.2(粗)/5.99(精)		01	

表 2-44　数控加工工序卡

单位	数控加工工序卡片		产品名称	零件名称	材料	零件图号
工序号	程序编号	夹具名称	夹具编号	设备名称	编制	审核
工步号	工步内容	刀具号	刀具规格	主轴转速/ $r \cdot min^{-1}$	进给速度/ $mm \cdot min^{-1}$	背吃刀量/ mm
1	去除轮廓边角料	T01	ϕ12mm 立铣刀	550	100	
2	粗铣外轮廓	T01	ϕ12mm 立铣刀	550	100	
3	精铣外轮廓	T01	ϕ12mm 立铣刀	750	80	

3. 装夹方案

用三爪卡盘装夹零件，三爪卡盘通过压板固定在铣床工作台上，校正三爪卡盘的表面平行度，安装零件时保证零件底面与垫块接触良好，确保零件加工精度。零件上表面高出钳口 8mm 左右。

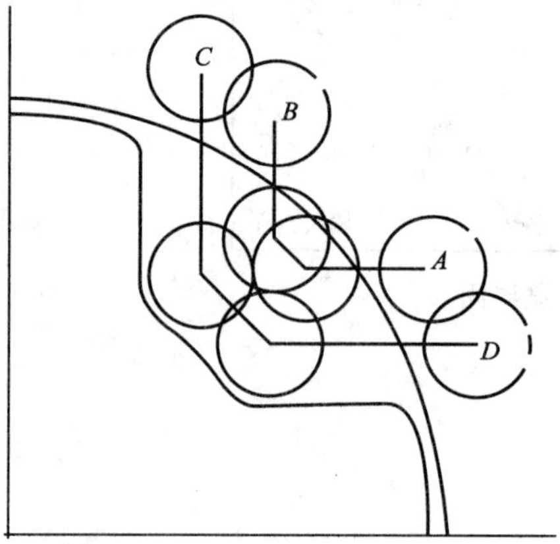

图 2.153　外轮廓去角料路线图

4. 编制程序

在工件中心建立零件坐标系，Z 轴原点设在零件上表面。

铣削外形轮廓：

(1) 去除轮廓边角料。安装 ϕ12mm 立铣刀(T01)并对刀，去除轮廓边角料刀具路径如图 2.153 所示。

加工程序如下：

```
O0001
N102G0G17G40G49G80G90;
N106G0G90G54X48.37Y30.5S550M3;        刀具快速定位,启动主轴
N108Z20;                              刀具抬至安全平面
N112G1Z-5.F100;                       下刀
N114X33.764;
N116G3X30.5Y33.764R45.5;
N118G1Y48.37;
N122X22.Y53.37;
N128Y29.749;
N130G2X29.749Y22.R37;
N132G1X53.37;
N134G0Z20;
N136X48.37Y-30.5;
```

```
N140G1Z-5;
N142X33.764;
N144G2X30.5Y-33.764R45.5;
N146G1Y-48.37;
N150X22.Y-53.37;
N156Y-29.749;
N158G3X29.749Y-22.R37;
N160G1X53.37;
N162G0Z20;
N164X-30.5Y-48.37;
N168G1Z-5;
N170Y-33.764;
N172G2X-33.764Y-30.5R45.5;
N174G1X-48.37;
N178X-53.37Y-22;
N184X-29.749;
N186G3X-22.Y-29.749R37;
N188G1Y-53.37;
N190G0Z20;
N192X-48.37Y30.5;
N196G1Z-5;
N198X-33.764;
N200G2X-30.5Y33.764R45.5;
N202G1Y48.37;
N206X-22.Y53.37;
N212Y29.749;
N214G3X-29.749Y22.R37;
N216G1X-53.37;
N218G0Z20;
N220M5;                                    主轴停止
N226M30;                                   程序结束
```

以进给路线最短原则，去除轮廓四个角落角料，最高效率地去除零件粗加工的余量。如图 2.154 所示，安排进给路线为：*A*—*B*—*C*—*D*。

(2) 零件的粗、精加工。采用同一把刀具，同一加工程序，通过改变刀具半径补偿值的方法来实现粗、精加工。外轮廓加工采取切向进刀、切向退刀，进退刀圆弧 *R*10。

进给路线如图 2.154 所示：*A*—*B*—*C*—*D*—*E*—*F*—*G*—*H*—*I*—*J*。

外轮廓加工程序如下：

```
O0002
```

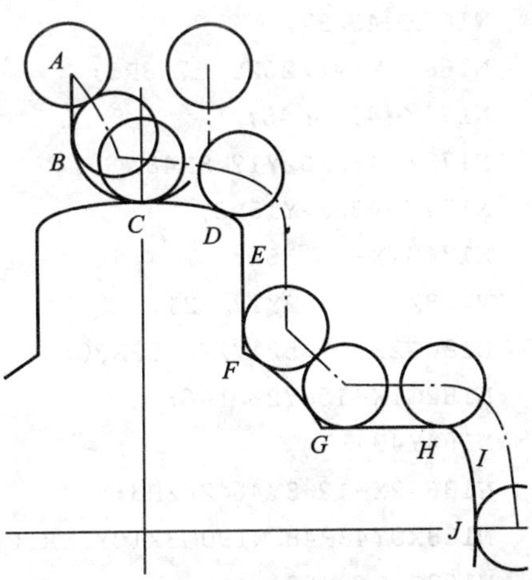

图 2.154 外轮廓粗、精加工路线图

```
N102G0G17G40G49G80G90;
N106G0G90G54X-10.Y68.S550M3;        刀具快速定位,主轴启动(精加工时调整主轴转速)
N108Z20;                            抬刀至安全高度
N112G1Z-5F100;                      下刀
N114G41D1Y58;                       建立刀具半径补偿,粗加工 D1=6.2;精加工时 D1=5.99。
N116G3X0Y48R10;                     切向切入
N118G2X12.8Y46.262R48;
N120X15Y43.37R3;
N122G1Y26.166;
N124X17.521Y24.352;
N126G2X24.352Y17.521R30;
N128G1X26.166Y15;
N130X43.37;
N132G2X46.262Y12.8R3;
N134X48.Y0.R48;
N136X46.262Y-12.8R48;
N138X43.37Y-15.R3;
N140G1X26.166;
N142X24.352Y-17.521;
N144G2X17.521Y-24.352R30;
N146G1X15.Y-26.166;
N148Y-43.37;
N150G2X12.8Y-46.262R3;
N152X0.Y-48.R48;
N154X-12.8Y-46.262R48;
N156X-15.Y-43.37R3;
N158G1Y-26.166;
N160X-17.521Y-24.352;
N162G2X-24.352Y-17.521R30;
N164G1X-26.166Y-15;
N166X-43.37;
N168G2X-46.262Y-12.8R3;
N170X-48Y0R48;
N172X-46.262Y12.8R48;
N174X-43.37Y15R3;
N176G1X-26.166;
N178X-24.352Y17.521;
N180G2X-17.521Y24.352R30;
N182G1X-15.Y26.166;
N184Y43.37;
N186G2X-12.8Y46.262R3;
N188X0Y48R48.N190G3X10Y58R10;       切向切出
N192G1G40Y68;                       取消刀具半径补偿
N194G0Z20;
```

```
N196M5;                           主轴停止
N202M30;                          程序结束
```

2.7.4 拓展实训：十字凹槽零件的加工(2)

任务描述：如图 2.155 所示，加工十字凹槽。试编写其加工程序并进行加工。毛坯为 ϕ100×20mm，材料为 45 钢。采用三爪卡盘进行装夹，定位基准面为外圆柱和下表面。

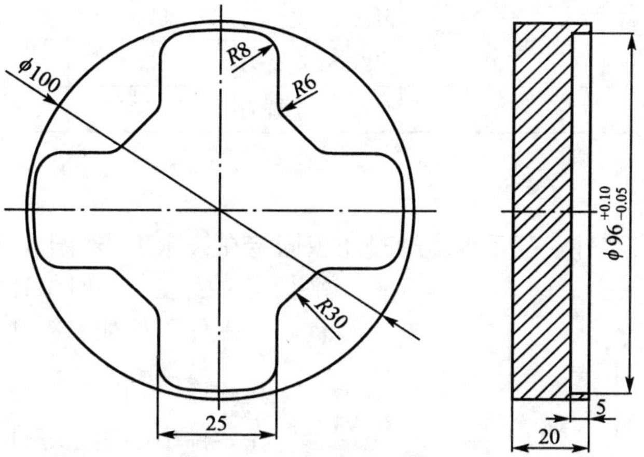

图 2.155 十字凹槽零件图

1. 分析工艺

加工过程如下：

(1) 根据零件形状，确定零件编程原点为零件的几何中心点(圆心)，满足编程原点与零件的设计原点重合。

(2) 凹槽的粗、精铣削，批量生产时，粗精加工刀具要分开，本例采用同一把刀具进行。粗加工单边留 0.2mm 余量，一次性下刀，底面不精修。由于该零件为内腔零件的加工，下刀时需要从零件表面进刀，且中心凹槽区域较开阔，在选择下刀方式时可选择普通立铣刀螺旋下刀的方式加工。

2. 选择刀具与工艺参数

刀具与工艺参数见表 2-45、表 2-46。

表 2-45 数控加工刀具卡

<table>
<tr><td colspan="2">单 位</td><td rowspan="2">数控加工刀具卡片</td><td colspan="2">产品名称</td><td colspan="2"></td><td colspan="2">零件图号</td></tr>
<tr><td colspan="2"></td><td colspan="2">零件名称</td><td colspan="2"></td><td colspan="2">程序编号</td></tr>
<tr><td rowspan="2">序号</td><td rowspan="2">刀具号</td><td rowspan="2">刀具名称</td><td colspan="2">刀具</td><td colspan="2">补偿值</td><td colspan="2">序号</td></tr>
<tr><td>直径/mm</td><td>长度/mm</td><td>半径/mm</td><td>长度/mm</td><td>半径</td><td>长度</td></tr>
<tr><td>1</td><td>T01</td><td>立铣刀</td><td>ϕ12</td><td></td><td>6.2(粗)/5.99(精)</td><td></td><td>01</td><td></td></tr>
</table>

表 2-46 数控加工工序卡

单位	数控加工工序卡片		产品名称	零件名称	材料	零件图号
工序号	程序编号	夹具名称	夹具编号	设备名称	编制	审核
工步号	工步内容	刀具号	刀具规格	主轴转速/ $r \cdot min^{-1}$	进给速度/ $mm \cdot min^{-1}$	背吃刀量/ mm
1	去除轮廓边角料	T01	ϕ12mm 立铣刀	550	100	
2	粗铣外轮廓	T01	ϕ12mm 立铣刀	550	100	
3	精铣外轮廓	T01	ϕ12mm 立铣刀	750	80	

3. 装夹方案

用三爪卡盘装夹零件，三爪卡盘通过压板固定在铣床工作台上，校正三爪卡盘的表面平行度，安装零件时保证零件底面与垫块接触良好，确保零件加工精度。

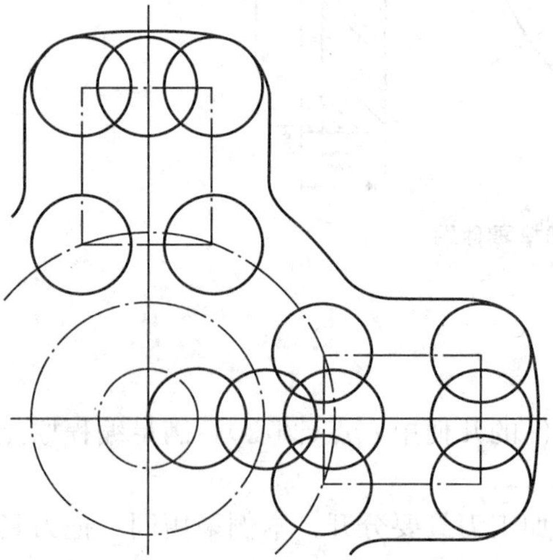

图 2.156 凹槽中心材料去除进给路线

4. 编制程序

在零件中心建立零件坐标系，Z 轴原点设在零件上表面。

1）去除凹槽中心余量

安装 ϕ12mm 立铣刀(T01)并对刀。首先去除凹槽中心材料，如图 2.156 所示。

采用 ϕ12 立铣刀从中心螺旋式下刀，以走圆的方式去除中心余量，然后以环切的方式去除四角落的材料，最后利用改变刀具半径补偿的方法来编写凹槽的粗、精加工程序；从而可以很大程度上提高零件的加工效率。

程序如下：

```
O0001
N10 G54 G40 G49 G80 G90;
N20 M03 S550;                主轴正转,启动主轴
N30 G00 X0 Y0 Z20;           快速定位至下刀点,抬刀至安全高度
N40 Z1                       下降到距离零件表面 1mm 处开始螺旋下刀
N50 X6 Y0;
N60 G03 X6 Y0 Z-1 I-6 F100;  螺旋下刀开始
N70 G03 X6 Y0 Z-3 I-6 F100;
N80 G03 X6 Y0 Z-5 I-6 F100;  螺旋下刀结束
N90 G01 X15;                 走全圆去除中心材料
N100 G03 I-15;
N110 G01 X23;
```

```
N120 G03 I-23;
N130 G01 X41 Y0;                  开始去除角落材料
N140 Y8;
N150 X20;
N160 Y-8;
N170 X41;
N180 Y0;
N190 X0;
N200 Y41;
N210 X-8;
N220 Y20;
N230 X8;
N240 Y41;
N250 X0;
N260 Y0;
N270 X-41;
N280 Y8;
N290 X-20;
N300 Y-8;
N310 X-41;
N320 Y0;
N330 X0;
N340 Y-41;
N350 X8;
N360 Y-20;
N370 X-8;
N380 Y-41;
N390 X0;
N400 Y0;                          四个角落材料清除完毕
N410 G00 Z20;                     抬刀至安全高度
N420 M05;                         主轴停止
N430 M30;                         程序结束
```

2）零件的粗、精加工

采用同一把刀具，同一加工程序，通过改变刀具半径补偿值的方法来实现粗精加工。轮廓的加工采用圆弧切向切入和切向切出进退刀方式，进退刀圆弧 $R10$。

进给路线如图 2.157：$A—B—C—D—E—F—G—H—I—J—K—L$。

加工程序如下：

```
O0002
N102G0G17G40G49G80G90;
N106G0G90G54X38Y0S550M3;          主轴启动,刀具快速定位至下刀点
N108Z20;                          刀具抬刀至安全高度
N110Z10;                          刀具下刀至参考高度
```

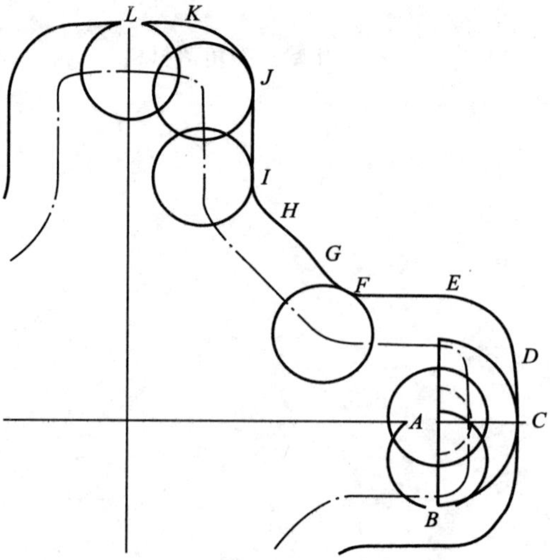

图 2.157 凹槽内轮廓粗、精加工刀具路线

```
N112G1Z-5 F100;                下刀至切削深度
N114G41D1Y-10;                 建立刀具半径补偿,粗加工 D1=6.2;
                               精加工时 D1=5.99。
N116G3X48Y0R10;                切向切入
N118X47.259Y8.4R48;
N120X39.383Y15R8;
N122G1X29.24;
N124G2X24.367Y17.5R6;
N126G3X175Y24.367R30;
N128G2X15Y29.24R6;
N130G1Y39.383;
N132G3X8.4Y47.259R8;
N134X0Y48R48;
N136X-8.4Y47.259R48;
N138X-15Y39.383R8;
N140G1Y29.24;
N142G2X-17.5Y24.367R6;
N144G3X-24.367Y17.5R30;
N146G2X-29.24Y15R6;
N148G1X-39.383;
N150G3X-47.259Y8.4R8;
N152X-48Y0R48;
N154X-47.259Y-8.4R48;
N156X-39.383Y-15R8;
N158G1X-29.24;
N160G2X-24.367Y-17.5R6;
N162G3X-17.5Y-24.367R30;
N164G2X-15Y-29.24R6;
```

```
N166G1Y-39.383;
N168G3X-8.4Y-47.259R8;
N170X0Y-48R48;
N172X8.4Y-47.259R48;
N174X15Y-39.383R8;
N176G1Y-29.24;
N178G2X17.5Y-24.367R6;
N180G3X24.367Y-175R30;
N182G2X29.24Y-15R6;
N184G1X39.383;
N186G3X47.259Y-8.4R8;
N188X48Y0R48;
N190X38Y10R10;          切向切出
N192G1G40Y0;            取消刀具半径补偿
N196G0Z20;              抬刀至安全高度
N198M5;                 主轴停止
N204M30;                程序结束
```

习　　题

1. 数控铣床基本操作练习。
2. 数控铣床编程加工操作练习。

任务描述：编写图 2.158 所示零件的数控铣削加工程序，加工出该零件，并完成表 2-47、表 2-48 的填写。

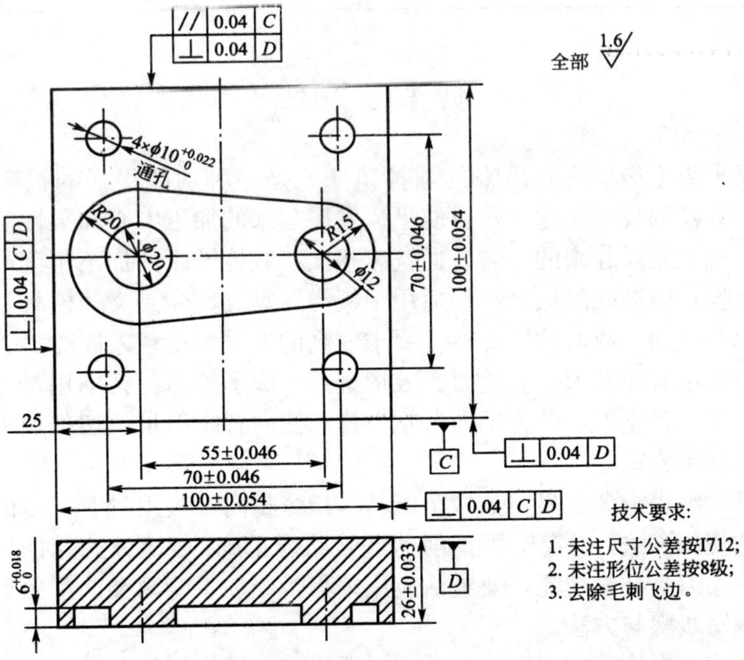

图 2.158　双圆形模板数控铣床编程加工操作

表 2-47　数控加工刀具卡

单　　位		数控加工刀具卡片	产品名称				零件图号	
			零件名称				程序编号	
序号	刀具号	刀具名称	刀具		补偿值		序号	
			直径/mm	长度/mm	半径/mm	长度/mm	半径	长度
1	T01							
2	T02							
3	T03							
4	T04							

表 2-48　数控加工工序卡

单位	数控加工工序卡片		产品名称	零件名称	材料	零件图号
工序号	程序编号	夹具名称	夹具编号	设备名称	编制	审核
工步号	工步内容	刀具号	刀具规格	主轴转速 $S/r \cdot min^{-1}$	进给速度 $F/mm \cdot min^{-1}$	背吃刀量 a_p/mm
1		T01				
2		T02				
3		T03				
4		T04				
5		T05				

项 目 小 结

数控铣床是世界上最早研制出来的数控机床，是一种功能很强的机床。它加工范围广，工艺复杂，涉及的技术问题多，目前迅速发展起来的加工中心和柔性制造单元等都是在数控铣床的基础上发展起来的。与普通铣床相比，数控铣床的加工精度高，精度稳定性好，适应性强，操作劳动强度低，特别适用于板类、盘类、壳具类、模具类等复杂形状的零件铣削加工以及孔加工或对精度保持性要求较高的中、小批量零件的加工。

常用的铣刀类型有面铣刀、立铣刀、鼓形铣刀、成形铣刀。铣削用量有铣削速度、进给速度、背吃刀量，背吃刀量分为轴向背吃刀量和侧向背吃刀量。切削加工时需根据具体情况采取不同的切削方式。

数控铣床基本编程指令含义与数控车床基本指令相同，应用时有一定的区别，同时要注意循环指令的使用方法，确定轮廓铣削的进给路线正确的刀轨是铣削加工零件的关键，编程时应正确应用刀具补偿功能，要灵活应用编程指令加工轮廓类、型腔类、孔类、综合类零件程序的编写步骤与方法。

操作数控铣床与操作数控车床过程类似，严格按照操作规程安全操作。

项目3

加工中心加工技术

能力目标

1. 分析加工中心加工工艺；
2. 编制加工中心程序；
3. 操作加工中心。

项目导读

本项目从认识加工中心加工开始，介绍加工十字型腔类等零件仿真编程加工，分析加工工艺、拟定加工路线，同时利用数控加工中心仿真软件同步体验，并且对实际加工中心操作进行了介绍，由浅入深分类介绍加工中心编程技术与仿真加工技术，直接体验加工中心加工的真实过程。

加工中心编程加工类似于数控铣床，主要功能是增加了刀库，具有自动换刀功能，本项目精选加工案例，借助数控仿真软件同步教学，强化实践性，遵循“做中学，学中做”，融理论实践为一体。学习过程按照：分析工艺→拟定加工路线→编写数控程序→仿真加工验证→检测工件。

任务 3.1　认识加工中心

专项能力目标	涉及知识点	权重/(%)	建议学时
编写加工中心程序；会换刀和长度补偿	加工中心编程指令；换刀编程指令；长度补偿指令	60	6
会用数控铣削加工中心仿真软件	使用加工中心仿真软件；加工中心加工仿真步骤	40	

3.1.1　任务导入：加工中心仿真加工

任务描述：完成图 3.1 所示零件的数控仿真加工，毛坯尺寸为 90mm×64mm×25mm。

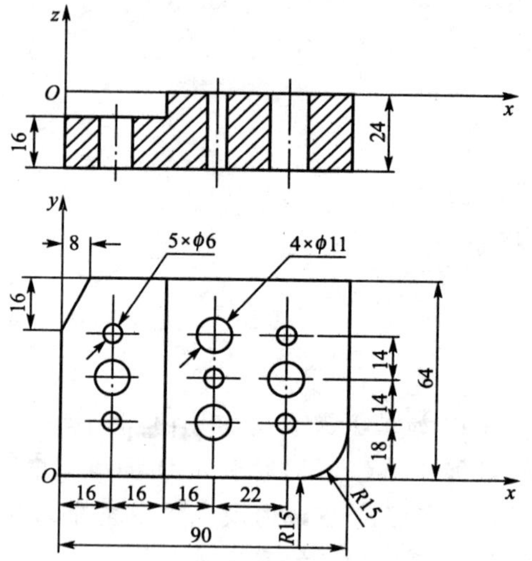

图 3.1　加工中心加工任务

3.1.2　知识链接

1. 加工中心简介

加工中心是高效、高精度数控机床，工件在一次装夹中便可完成多道工序的加工，同时还备有刀具库，并且有自动换刀功能。加工中心所具有的这些丰富的功能，决定了加工中心程序编制的复杂性。

1) 加工中心概述

加工中心(Machining Center)简称 MC，是带有刀库和自动换刀装置的数控机床，又称自动换刀数控机床或多工序数控机床。加工中心是目前世界上产量最高、应用最广泛的数控机床之一。它主要用于箱体类工件和复杂曲面工件的加工，能把铣削、镗削、钻削、攻螺纹和车螺纹等功能集中在一台设备上。因为它具有多种换刀或选刀功能及自动工作台交换装置(APC)，故工件经一次装夹后，可自动地完成或接近完成工件各面的所有加工工序，从而使生产效率和自动化程度大大提高。

加工中心适用于加工凸轮、箱体、支架、盖板、模具等各种复杂型面的工件。除换刀程序外，加工中心的编程方法与数控铣床的编程方法基本相同。

加工中心作为一种高效多功能的数控机床，在现代生产中扮演着重要角色。它除了具有数控机床的共同特点，还具有其独特的优点。

(1) 工序集中；

(2) 对加工对象的适应性强；

(3) 加工精度高；

(4) 加工生产率高；

(5) 操作者的劳动强度减轻；

(6) 经济效益高；

(7) 有利于生产管理的现代化。

2) 加工中心的主要功能

加工中心能实现三轴或三轴以上的联动控制，以保证刀具进行复杂表面的加工。加工中心除具有直线插补和圆弧插补功能外，还具有各种加工固定循环、刀具半径自动补偿、刀具长度自动补偿、加工过程图形显示、人机对话、故障自动诊断、离线编程等功能。

加工中心是从数控铣床发展而来的。与数控铣床的最大区别在于加工中心具有自动交换加工刀具的能力，通过在刀库上安装不同用途的刀具，可在一次装夹中通过自动换刀装置改变主轴上的加工刀具，实现多种加工功能。

加工中心从外观上可分为立式、卧式和复合加工中心等。立式加工中心的主轴垂直于工作台，主要适用于加工板材类、壳体类工件，也可用于模具加工。卧式加工中心的主轴轴线与工作台台面平行，它的工作台大多为由伺服电动机控制的数控回转台，在工件一次装夹中，通过工作台旋转可实现多个加工面的加工，适用于箱体类工件加工。复合加工中心主要是指在一台加工中心上有立、卧两个主轴或主轴可90°改变角度，因而可在工件一次装夹中实现五个面的加工。

3) 加工中心的工艺范围

加工中心是一种工艺范围较广的数控加工机床，能进行铣削、镗削、钻削和螺纹加工等多项工作。加工中心特别适合于箱体类工件和孔系的加工。加工工艺范围如图3.2～图3.5所示。

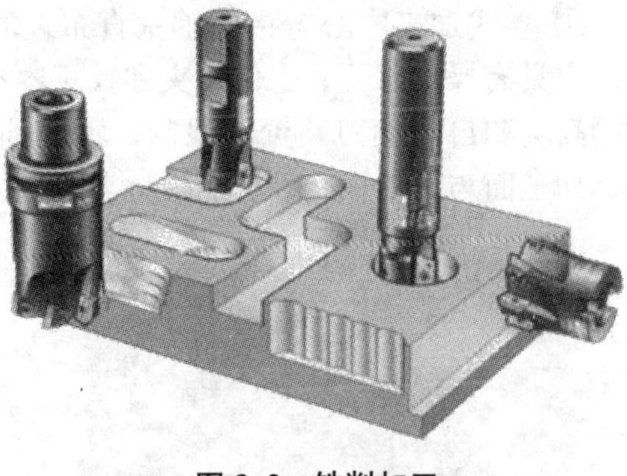

图3.2　铣削加工

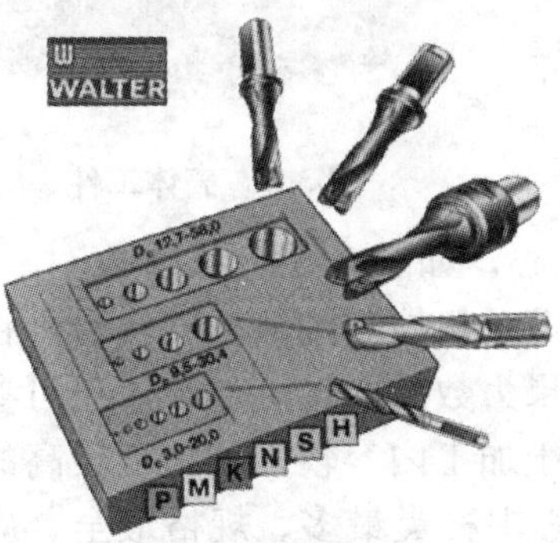

图3.3　钻削加工

图3.4　螺纹加工

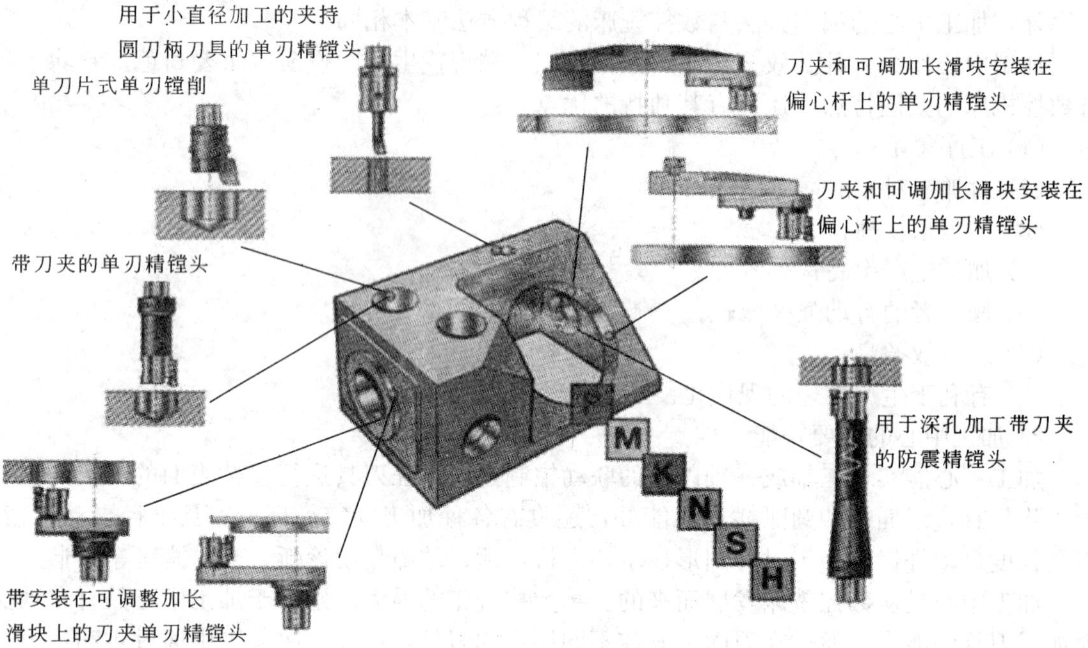

图 3.5　镗削加工

4）加工中心的分类

(1) 按主轴在加工时的空间位置分类。分为卧式、立式和万能加工中心，这是加工中心通常的分类方法。

① 立式加工中心。指主轴垂直布置的加工中心，如图 3.6 所示。

它具有操作方便、工件装夹和找正容易、占地面积小等优点，故应用较广。但由于受立柱的高度和自动换刀装置的限制，不能加工太高的工件。因此，主要适用于加工高度尺寸小、加工面与主轴轴线垂直的板材类、壳体类工件，如图 3.7 所示，也可用于模具加工。

图 3.6　立式加工中心

图 3.7　壳体工件

② 卧式加工中心。指主轴水平布置的加工中心，如图 3.8 所示。

它的工作台大多为可分度的回转台或由伺服电动机控制的数控回转台，在工件的一次装夹中通过旋转工作台可实现多加工面加工，如果为数控回转工作台，还可参与机床各坐标轴的联动，实现螺旋线的加工。因此，它适用于加工内容较多、精度较高的箱体类工件（见图 3.9）及小型模具型腔的加工。它是加工中心中种类最多、规格最全、应用范围最广的一种。

图 3.8　卧式加工中心

图 3.9　箱体工件

③ 万能加工中心。五轴加工中心是典型的万能加工中心，五轴加工中心与应用(加工叶轮)如图 3.10 所示，五轴加工机床与一般机床的最大区别在于它除了具有通常机床的三个直线坐标轴外，还有至少两个旋转坐标轴，而且可以五轴联动加工。五轴加工中心编程复杂、难度大，对数控及伺服控制系统要求高，五轴机床的机械结构设计和制造也比三轴机床更复杂和困难，因此五轴加工机床的价格比较昂贵。

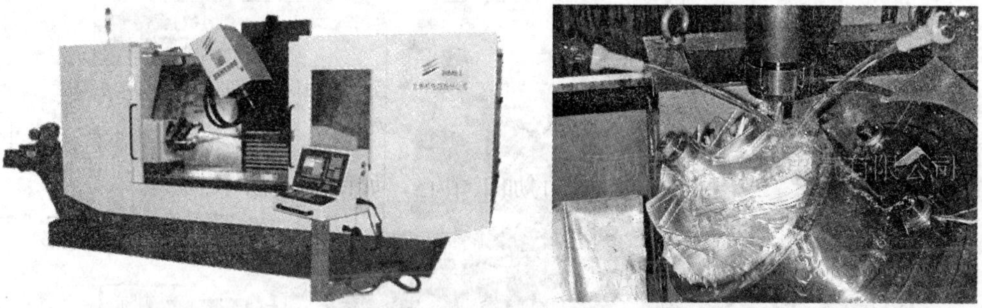

图 3.10　五轴加工中心与应用(加工叶轮)

近年来，由于科技的进步，特别是微电子技术的快速发展，使得五轴数控系统的性能/价格比大为提高(即相对便宜了)；大转矩电动机的成功开发并应用于摆动、回转工作台和主轴头部件，代替了这些部件原来采用的齿轮，蜗轮/蜗杆传动，从而使得这些部件的结构紧凑、性能质量提高，五轴机床的设计、制造也更方便容易了，价格也有较大下降，五轴加工机床正在快速发展。

(2) 按功能特征分类。

① 镗铣加工中心。镗铣加工中心和龙门式加工中心，以镗铣为主，适用于箱体、壳体加工以及各种复杂工件的特殊曲线和曲面轮廓的多工序加工，适用于多品种、小批量的生产方式。

② 钻削加工中心。以钻削为主，刀库形式以转塔头形式为主，适用于中、小批量工件的钻孔、扩孔、铰孔、攻螺纹及连续轮廓铣削等多工序加工。

③ 复合加工中心。复合加工中心主要指五面复合加工，可自动回转主轴头，进行立卧加工。主轴自动回转后，在水平和垂直面实现刀具自动交换。

(3) 按工作台种类分。加工中心工作台有各种结构，可分成单、双和多工作台。设置工作台的目的是为了缩短工件的辅助准备时间，提高生产效率和机床自动化程度。最常见的是单工作台和双工作台两种形式。

(4) 按主轴种类分类。根据主轴结构特征分类，可分为单轴、双轴、三轴及可换主轴箱的加工中心。

(5) 按自动换刀装置分类。

① 转塔头加工中心。主轴数一般为 6～12 个，这种结构换刀时间短、刀具数量少、主轴转塔头定位精度要求较高。

② 刀库＋主轴换刀加工中心。

③ 刀库＋机械手＋主轴换刀加工中心。

④ 刀库＋机械手＋双主轴转塔头加工中心。

5) 加工中心的组成

加工中心主要有床身、立柱、滑座、工作台、主轴箱、自动换刀装置、数控装置、伺服驱动装置、检测装置、液压系统和气压系统等组成。图 3.11 所示为立式加工中心的组成。

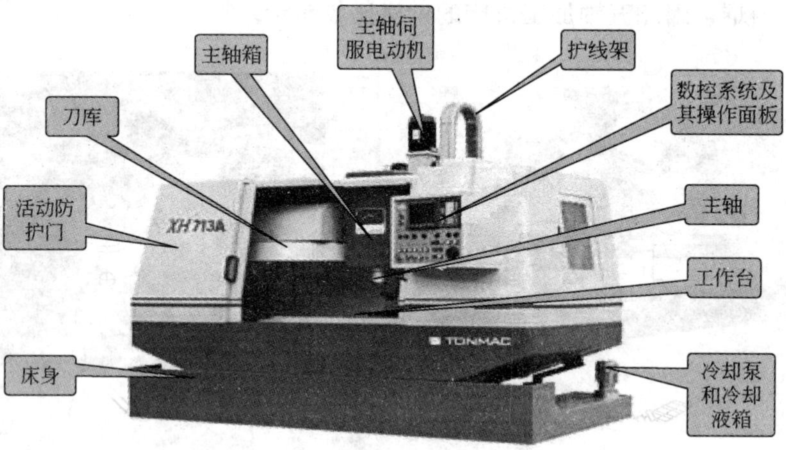

图 3.11　立式加工中心的组成

6) 自动换刀装置

换刀装置的用途是按照加工需要，自动地更换装在主轴上的刀具。自动换刀装置是一套独立、完整的部件。

(1) 自动换刀装置。

① 自动换刀装置的形式
- 回转刀架换刀装置：结构简单、装刀数量少，用于数控车床。
- 带刀库的自动换刀装置：结构较复杂、装刀数量多，广泛应用。

② 选刀方式
- 顺序选刀方式
- 任选方式
  - 刀具编码方式。
  - 刀座编码方式，如图 3.12 所示。
  - 计算机记忆方式，如图 3.13 所示。

③ 换刀方式
- 机械手换刀。
- 刀库-主轴运动换刀。

图 3.12　刀座编码方式

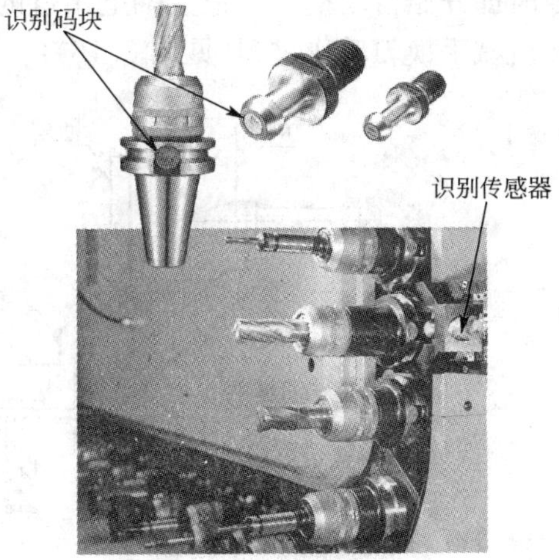

图 3.13　刀柄编码

（2）刀库的形式。

① 鼓轮式：如图 3.14 所示，结构简单，刀库容量相对较小，一般在 1～24 把刀具，主要适用于小型加工中心。

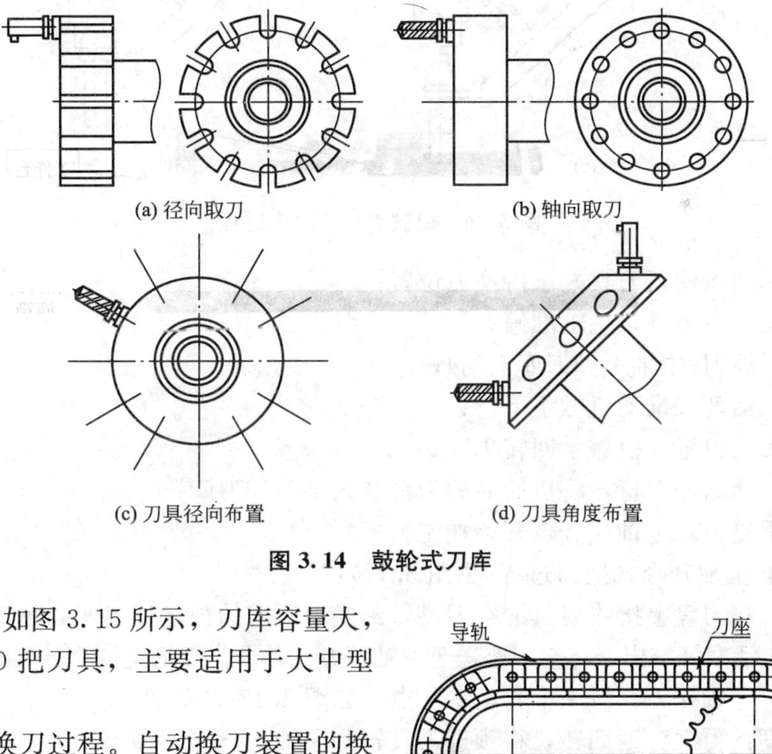

(a) 径向取刀　(b) 轴向取刀

(c) 刀具径向布置　(d) 刀具角度布置

图 3.14　鼓轮式刀库

② 链式：如图 3.15 所示，刀库容量大，一般在 1～100 把刀具，主要适用于大中型加工中心。

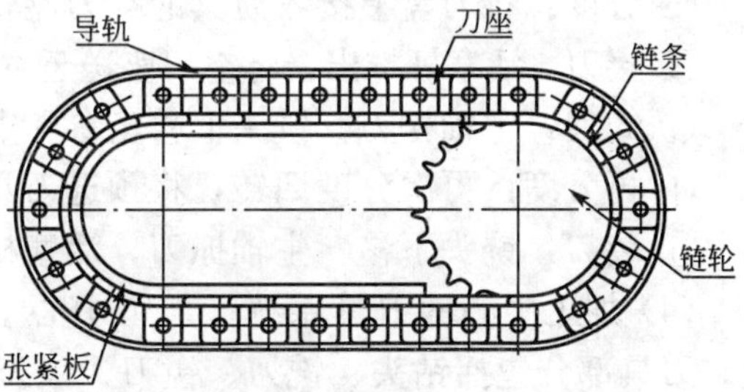

图 3.15　链式刀库

（3）自动换刀过程。自动换刀装置的换刀过程由选刀和换刀两部分组成。当执行到 T××指令即选刀指令后，刀库自动将要用的刀具移动到换刀位置，完成选刀过程，为下面的换刀做好准备；当执行到 M06

指令时即开始自动换刀，把主轴上用过的刀具取下，将选好的刀具安装在主轴上。

机械手换刀动作过程(见图 3.16)：

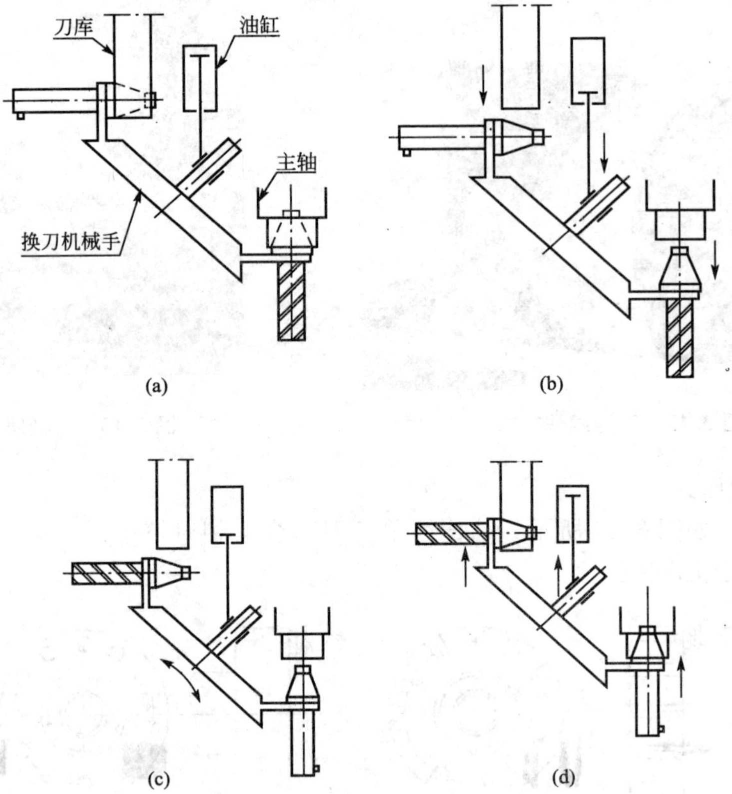

图 3.16　机械手换刀动作过程

① 刀库运动，使新刀具处于待换刀位置；

② 主轴箱回参考点，主轴准停；

③ 机械手抓刀(主轴上和刀库上的)；

④ 取刀：活塞杆推动机械手下行；

⑤ 交换刀具位置：机械手回转 180°；

⑥ 装刀：活塞杆上行，将更换后的刀具装入主轴和刀库；

⑦ 机械手复位，主轴移开，开始加工。

刀库移动-主轴升降式换刀过程(见图 3.17)：

① 分度：将刀盘上接收刀具的空刀座转到换刀所需的预定位置，如图 3.17(a)所示。

② 接刀：活塞杆推出，将空刀座送至主轴下方，并卡住刀柄定位槽，如图 3.17(b)所示。

③ 卸刀：主轴松刀，铣头上移至参考点，如图 3.17(c)所示。

④ 再分度：再次分度回转，将预选刀具转到主轴正下方，如图 3.17(d)所示。

⑤ 装刀：铣头下移，主轴抓刀，活塞杆缩回，刀盘复位，如图 3.17(e)、(f)所示。

(4) 加工中心的刀具系统。加工中心上使用的刀具由刃具部分和连接刀柄两部分组成。刃具部分包括钻头、铣刀、镗刀、铰刀，等等。连接刀柄部分基本已规范化，制定了一系列标准。刀具系统如图 3.18 所示。

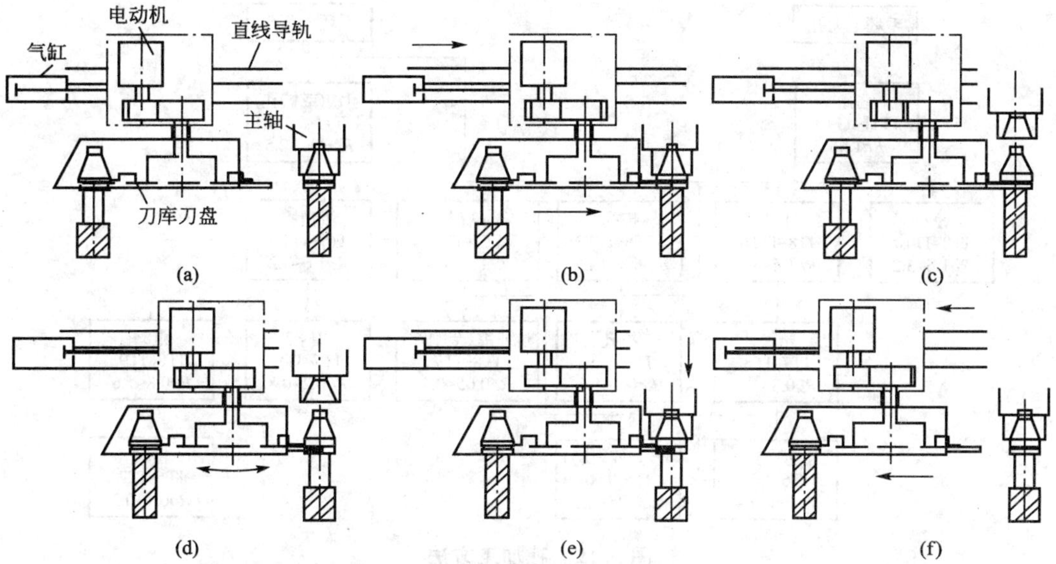

图 3.17　刀库移动-主轴升降式换刀过程

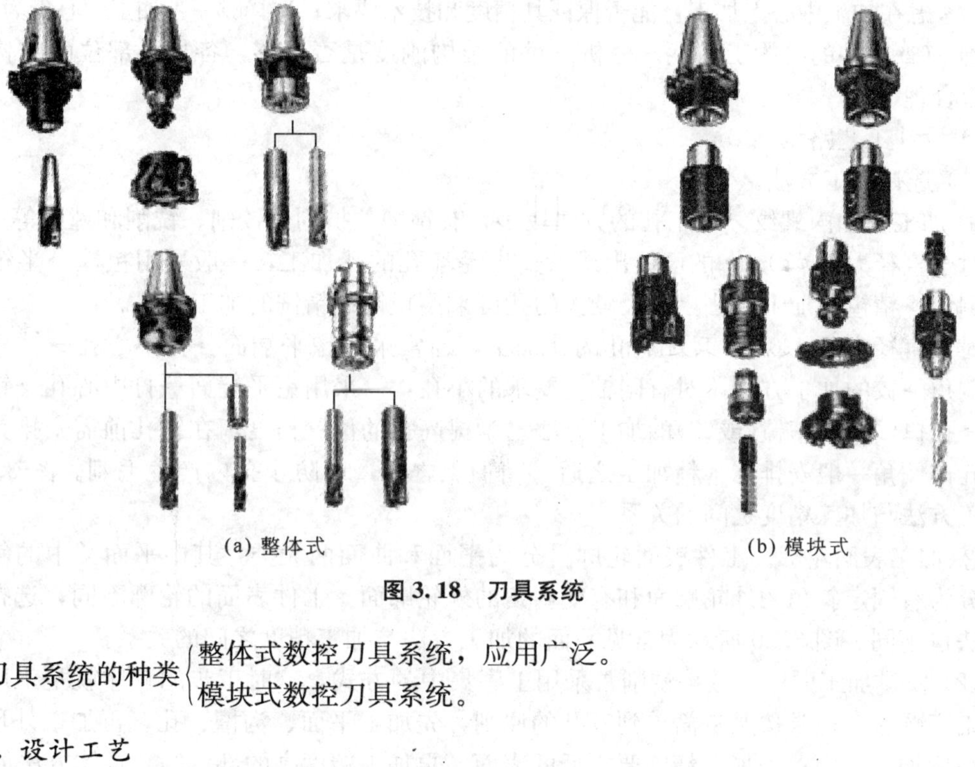

图 3.18　刀具系统

刀具系统的种类 { 整体式数控刀具系统，应用广泛。
模块式数控刀具系统。

2. 设计工艺

设计工艺一般主要考虑以下几个方面：

① 选择加工内容。加工中心最适合加工形状复杂、工序较多、要求较高的工件，这类工件常需使用多种类型的通用机床、刀具和夹具，经多次装夹和调整才能完成加工。

② 检查工件图样。工件图样应表达正确，标注齐全。同时要特别注意，图样上应尽量采用统一的设计基准，如图 3.19 所示，从而简化编程，保证工件的精度要求。

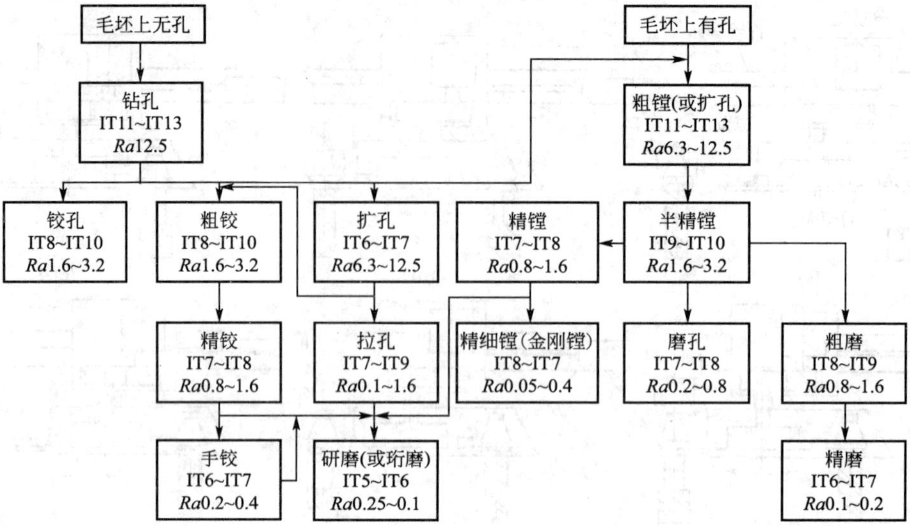

图 3.19　孔加工方法

③ 分析工件的技术要求。根据工件在产品中的功能，分析各项几何精度和技术要求是否合理；考虑在加工中心上加工，能否保证其精度和技术要求；选择哪一种加工中心最为合理。

④ 审查工件的结构工艺性。分析工件的结构刚度是否足够，各加工部位的结构工艺性是否合理等。

1）设计工艺路线

（1）选择加工方法。

① 加工孔和内螺纹。加工孔的方法较多，有钻削、扩削、铰削、铣削和镗削等。

对于直径大于 ϕ30mm 的已铸出或锻造出毛坯孔的孔加工，一般采用粗镗→半精镗→孔口倒角→精镗的加工方法，孔径较大的孔可采用粗铣→精铣的加工方法。

对于直径小于 ϕ30mm 且无底孔的孔加工，通常采用锪平端面→打中心孔→钻→扩→孔口倒角→铰的加工方法，对有同轴度要求的小孔，需采用锪平端面→打中心孔→钻→半精镗→孔口倒角→精镗(或铰)的加工方法。为提高孔的位置精度，在钻孔前需安排打中心孔。孔口倒角一般安排在半精加工之后、精加工之前，以防止孔内产生毛刺。图 3.19 为孔加工方法与加工精度之间的关系。

② 加工表面轮廓。工件表面轮廓可分为平面和曲面两大类，其中平面类中的斜面轮廓又分为有固定斜角的外轮廓面和有变斜角的外轮廓面。工件表面的轮廓不同，选择的加工方法也不同。图 3.20 所示为常见平面的加工方法与加工精度之间的关系。

（2）安排加工顺序。数控铣削常采用工序集中的方式，这时工步的顺序就是工序分散时的工序顺序。通常按照从简单到复杂的原则，先加工平面、沟槽、孔，再加工外形、内腔，最后加工曲面；先加工精度要求低的表面，再加工精度高的部位等。具体方法如下：

① 基面先行。

② 先粗后精。

③ 先主后次。

④ 先面后孔。

⑤ 刀具集中。

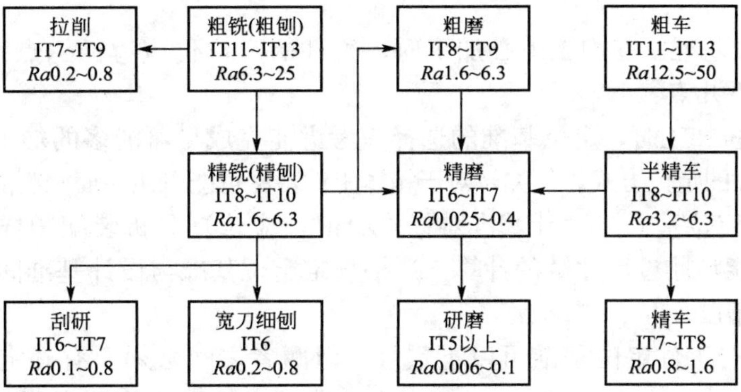

图 3.20　常见平面的加工方案

数控铣削加工中进给路线的确定对工件的加工精度和表面质量有直接的影响，因此，确定好进给路线是保证铣削加工精度和表面质量的工艺措施之一。进给路线的确定与工件表面状况、要求的工件表面质量、机床进给机构的间隙、刀具耐用度以及工件轮廓形状等有关。

选择铣削方式与确定进给路线在项目 2 任务 2.3 已介绍。

设计工艺时，主要考虑精度和效率两个方面，一般遵循先面后孔、先基准后其他、先粗后精的原则。加工中心在一次装夹中，尽可能完成所有能够加工表面的加工。对位置精度要求较高的孔系加工，要特别注意安排孔的加工顺序，安排不当，就有可能将传动副的反向间隙带入，直接影响位置精度。例如，安排图 3.21(a)所示工件的孔系加工顺序时，若按图 3.21(b)所示的路线加工，由于图 3.21(a)中 1、2、3、4 孔在 Y 向的定位方向相反，Y 向反向间隙会使误差增加，从而影响图 3.21 孔与其它孔的位置精度。按图 3.21(c)所示路线，可避免反向间隙的引入。

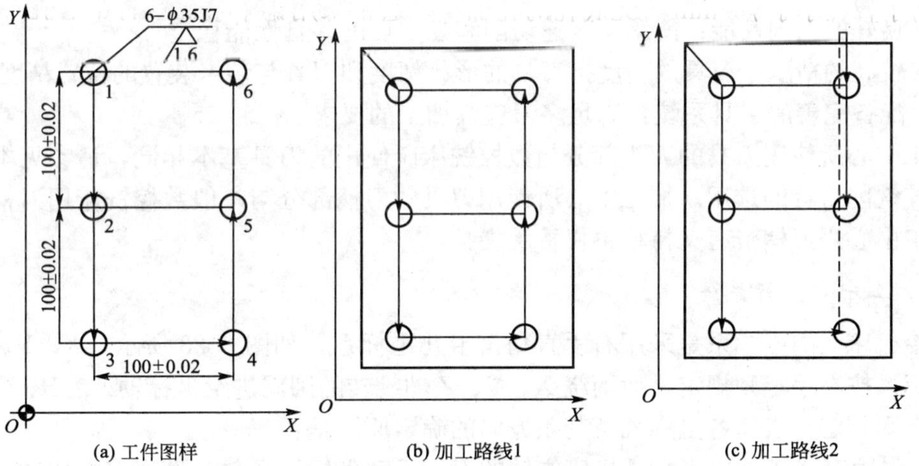

图 3.21　镗孔加工路线

加工过程中，为了减少换刀次数，可采用刀具集中工序，即用同一把刀具把工件上相应的部位都加工完，再换第二把刀具继续加工。但是，对于精度要求很高的孔系，若工件是通过工作台回转确定相应的加工部位时，因存在重复定位误差，不能采取这种方法。

2）装夹工件

（1）选择定位基准。在加工中心加工时，工件的定位仍应遵循六点定位原则。同时，还应特别注意以下几点：

① 进行多工位加工时，定位基准的选择应考虑能完成尽可能多的加工内容，即便于各个表面都能被加工的定位方式。例如，对于箱体工件，尽可能采用一面两削的组合定位方式。

② 当工件的定位基准与设计基准难以重合时，应认真分析装配图样，明确该工件设计基准的设计功能，通过尺寸链的计算，严格规定定位基准与设计基准间的尺寸位置精度要求，确保加工精度。

③ 编程原点与工件定位基准可以不重合，但两者之间必须要有确定的几何关系。编程原点的选择主要考虑便于编程和测量。例如，图 3.22 中的工件在加工中心上加工 ϕ80H7 孔和 4×ϕ25H7 孔，其中 4×ϕ25H7 都以 ϕ80H7 孔为基准，编程原点应选择在 ϕ80H7 孔的中心线上。当工件定位基准为 A、B 两面时，定位基准与编程原点不重合，但同样能保证加工精度。

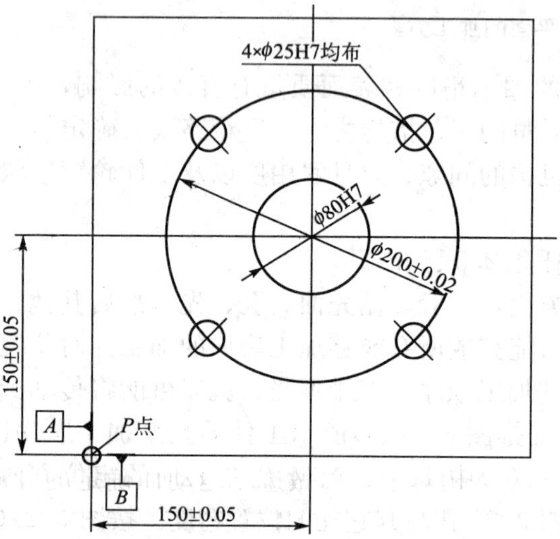

图 3.22　编程原点与定位基准

（2）选用夹具。在加工中心上，夹具的任务不仅是装夹工件，而且要以定位基准为参考基准，确定工件的加工原点。因此，定位基准要准确可靠。

（3）夹紧工件。在考虑夹紧方案时，应保证夹紧可靠，并尽量减少夹紧变形。

3）选择刀具

加工中心对刀具的基本要求是：

（1）良好的切削性能：能承受高速切削和强力切削并且性能稳定；

（2）较高的精度：刀具的精度指刀具的形状精度和刀具与装卡装置的位置精度；

（3）配备完善的工具系统：满足多刀连续加工的要求。

加工中心所使用刀具的刀头部分与数控铣床所使用的刀具基本相同，请参见本教程中关于数控铣削刀具的选用。加工中心所使用刀具的刀柄部分与一般数控铣床用刀柄部分不同，加工中心用刀柄带有夹持槽供机械手夹持。

3. 加工中心坐标系统

数控机床上的坐标系是采用右手直角笛卡儿坐标系。如图 3.23 所示，X、Y、Z 直线进给坐标系按右手定则规定，而围绕 X、Y、Z 轴旋转的圆周进给坐标轴 A、B、C 则按右手螺旋定则判定。机床各坐标轴及其正方向的确定原则是：

（1）先确定 Z 轴。以平行于机床主轴的刀具运动坐标为 Z 轴，若有多根主轴，则可选垂直于工件装夹面的主轴为主要主轴，Z 坐标则平行于该主轴轴线。若没有主轴，则规定垂直于工件装夹表面的坐标轴为 Z 轴。Z 轴正方向是使刀具远离工件的方向。如立式铣床，主轴箱的上、下或主轴本身的上、下即可定为 Z 轴，且是向上为正；若主轴不能上下动作，则工作台的上、下便为 Z 轴，此时工作台向下运动的方向定为正向。

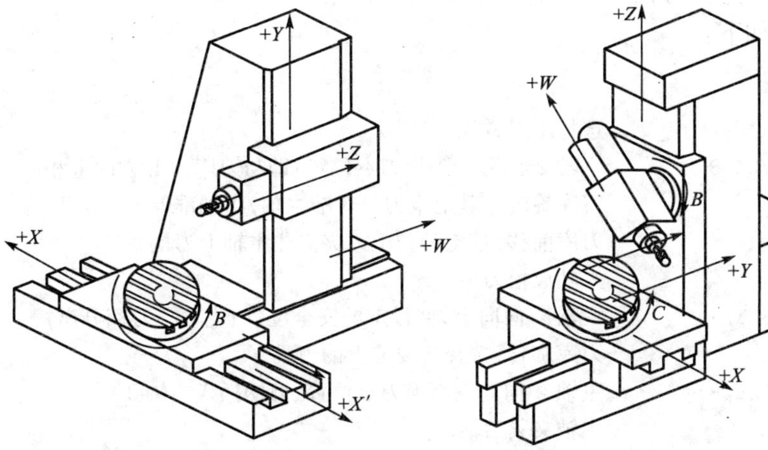

(a) 卧式镗铣床　　(b) 六轴加工中心

图 3.23　多轴数控机床坐标系

(2) 再确定 X 轴。X 轴为水平方向且垂直于 Z 轴并平行于工件的装夹面。在工件旋转的机床(如车床、外圆磨床)上，X 轴的运动方向是径向的，与横向导轨平行。刀具离开工件旋转中心的方向是正方向。对于刀具旋转的机床，若 Z 轴为水平(如卧式铣床、镗床)，则沿刀具主轴后端向工件方向看，右手平伸出方向为 X 轴正向，若 Z 轴为垂直(如立式铣、镗床，钻床)，则从刀具主轴向床身立柱方向看，右手平伸出方向为 X 轴正向。

(3) 最后确定 Y 轴。在确定了 X、Z 轴的正方向后，即可按右手定则定出 Y 轴正方向。

上述坐标轴正方向，均是假定工件不动，刀具相对于工件做进给运动而确定的方向，即刀具运动坐标系。但在实际机床加工时，有很多都是刀具相对不动，而工件相对于刀具移动实现进给运动的情况。此时，应在各轴字母后加上“′”表示工件运动坐标系。按相对运动关系，工件运动的正方向恰好与刀具运动的正方向相反，即有：

$$+X=-X'$$
$$+Y=-Y'$$
$$+Z=-Z'$$
$$+A=-A'$$
$$+B=-B'$$
$$+C=-C'$$

此外，如果在基本的直角坐标轴 X、Y、Z 之外，还有其他轴线平行于 X、Y、Z，则附加的直角坐标系指定为 U、V、W 和 P、Q、R。

4. 加工中心编程的特点

由于加工中心的加工特点，在编写加工程序前，首先要注意换刀程序的应用。

不同的加工中心，其换刀过程是不完全一样的，通常选刀和换刀可分开进行。换刀完毕启动主轴后，方可进行下面程序段的加工内容。选刀动作可与机床的加工重合起来，即利用切削时间进行选刀。多数加工中心都规定了固定的换刀点位置，各运动部件只有移动到这个位置，才能开始换刀动作。

XH714 加工中心装备有盘形刀库，通过主轴与刀库的相互运动，实现换刀。换刀过程用一个子程序描述，习惯上取程序号为 O9000。

换刀子程序如下：

```
O9000
N10 G90;                选择绝对方式
N20 G53 Z-124.8;        主轴 Z 向移动到换刀点位置(即与刀库在 Z 方向上相应)
N30 M06;                刀库旋转至其上空刀位对准主轴,主轴准停
N40 M28;                刀库前移,使空刀位上刀夹夹住主轴上刀柄
N50 M11;                主轴放松刀柄
N60 G53 Z-9.3;          主轴 Z 向向上,回设定的安全位置(主轴与刀柄分离)
N70 M32;                刀库旋转,选择将要换上的刀具
N80 G53 Z-124.8;        主轴 Z 向向下至换刀点位置(刀柄插入主轴孔)
N90 M10;                主轴夹紧刀柄
N100 M29;               刀库向后退回
N110 M99;               换刀子程序结束,返回主程序。
```

需要注意的是，为了使换刀子程序不被随意更改，以保证换刀安全，设备管理人员可将该程序隐含。当加工程序中需要换刀时，调用 O9000 号子程序即可。调用程序段可如下编写：

N_ T_ M98 P9000

其中：N 后为程序顺序号；T 后为刀具号，一般取 2 位；M98 为调用换刀子程序；P9000 为换刀子程序号。

加工中心的编程方法与数控铣床的编程方法基本相同，加工坐标系的设置方法也一样。因而，下面将主要介绍加工中心的加工固定循环功能、对刀方法等内容。

5. 加工中心的编程指令与应用

在前面介绍的常用加工指令中，每一个 G 指令一般都对应机床的一个动作，它需要用一个程序段来实现。为了进一步提高编程工作效率，FANUC-0i 系统设计有固定循环功能，它规定对于一些典型孔加工中的固定、连续的动作，用一个 G 指令表达，即用固定循环指令来选择孔加工方式。

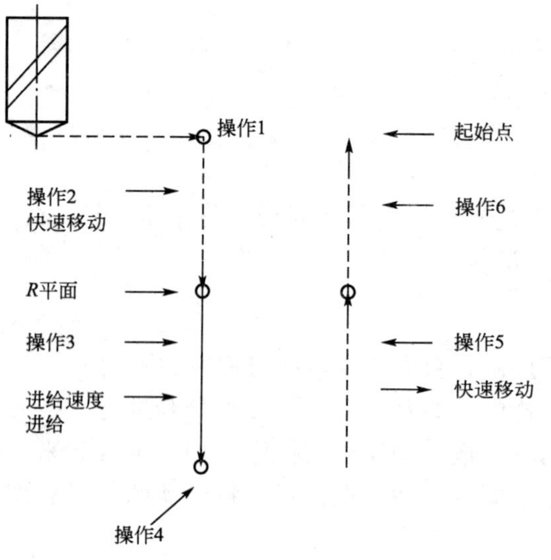

图 3.24　固定循环的基本动作

1) 固定循环基本动作

常用的固定循环指令能完成的工作有：钻孔、攻螺纹和镗孔等。这些循环通常包括下列六个基本操作动作：

(1) 在 XY 平面定位；

(2) 快速移动到 R 平面；

(3) 孔的切削加工；

(4) 孔底动作；

(5) 返回到 R 平面；

(6) 返回到起始点。

图 3.24 中实线表示切削进给，虚线表示快速运动。R 平面为在孔口时，快速运动与进给运动的转换位置。

2）固定循环编程格式

常用的固定循环有高速深孔钻循环、螺纹切削循环、精镗循环等。

编程格式：

G90/G91 G98/G99 G73～G89 X_ Y_ Z_ R_ Q_ P_ F_ K_

式中：G90/G91——绝对坐标编程或增量坐标编程；

G98——返回起始点；

G99——返回 R 平面。

G73～G89——孔加工方式，如钻孔加工、高速深孔钻加工、镗孔加工等；

X、Y——孔的位置坐标；

Z——孔底坐标；

R——安全面（R 面）的坐标。增量方式时，为起始点到 R 面的增量距离；在绝对方式时，为 R 面的绝对坐标；

Q——每次切削深度；

P——孔底的暂停时间；

F——切削进给速度；

K——规定重复加工次数。

固定循环由 G80 或 01 组 G 代码撤销。

(1) G43/G44/G49——刀具长度补偿指令。

指令格式：

G43/G44 G00/G01 Z_ H_；

G49 G00/G01 Z_；

式中：G43——刀具长度正补偿；

G44——刀具长度负补偿；

G49——取消刀长补偿；

Z——指令终点位置；

H——刀补号地址，用 H00～H99 来指定，它用来调用内存中刀具长度补偿的数值。

G43/G44 功能如图 3.25 所示。

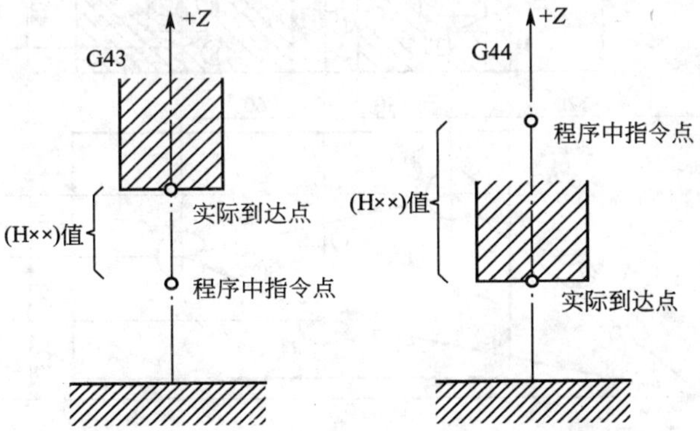

图 3.25　G43/G44 功能

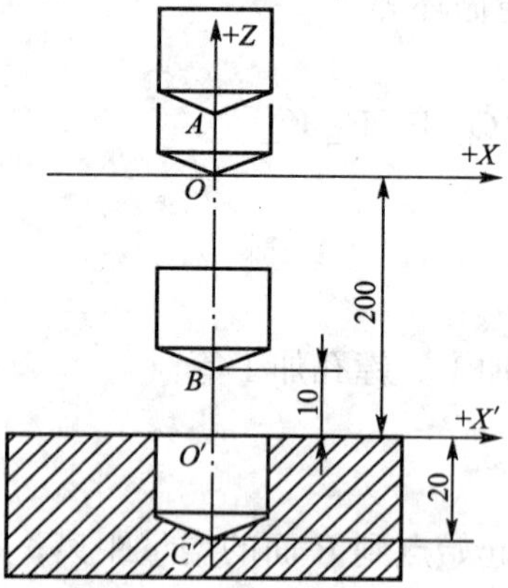

图 3.26　G43、G44 应用

特别提示

(1) G43、G44、G49 均为模态指令，可相互注销。

(2) 执行 G43 时，Z 实际值＝Z 指令值＋(H××)；执行 G44 时，Z 实际值＝Z 指令值－(H××)。其中(H××)是指××寄存器中的补偿量，其值可以是正值或者是负值。当刀长补偿量取负值时，G43 和 G44 的功效将互换。如图 3.26 所示。

设(H02)＝200mm 时

```
N1 G92 X0 Y0 Z0               设定当前点 O 为程序零点
N2 G90 G00 G44 Z10.0 H02      指定点 A,实到点 B
N3     G01 Z- 20.0            实到点 C
N4         Z10.0              实际返回点 B
N5     G00 G49 Z0             实际返回点 O
```

从上述程序例中可以看出，使用 G43、G44 相当于平移了 Z 轴原点，即将坐标原点 O 平移到了 O' 点处，后续程序中的 Z 坐标均相对于 O' 进行计算。使用 G49 时则又将 Z 轴原点平移回到了 O 点。

故在机床上有时可用提高 Z 轴位置的方法来校验运行程序。

应用案例 3－1

任务描述：对图 3.27 所示零件钻孔。按理想刀具进行的对刀编程，现测得实际刀具比理想刀具短 8mm，若设定(H01)＝－8mm，(H02)＝8mm。

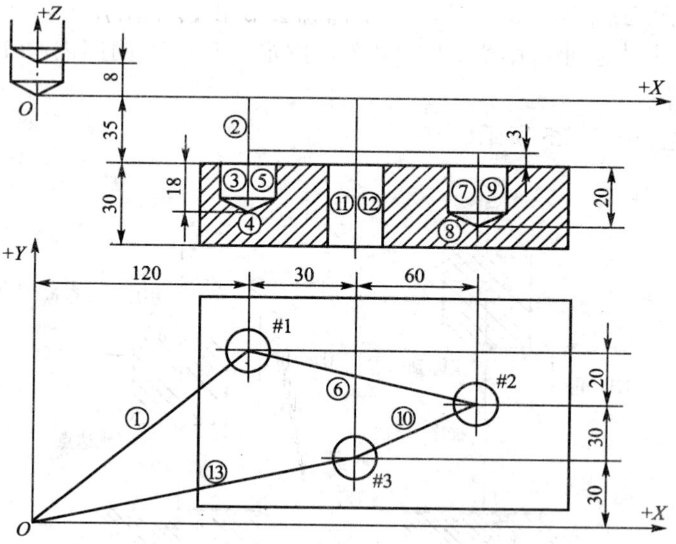

图 3.27　钻孔加工应用

程序如下：

```
O0005
N010 G54 G90 G00 X120 Y80;          快速移到孔#1 正上方
N020 G91 G43 Z-32 H01 S630 M03;     或 G44 Z-32.0 H02,理想刀具下移值 Z=-32,实际刀具下移
                                    值 Z=-40,下移到离零件上表面距离 3mm 的安全高度平面
N030 G01 Z-21 F120;                 以工进方式继续下移 21mm
N040 G04 P1000;                     孔底暂停 1s
N050 G00 Z21;                       快速提刀至安全面高度
N060 X90 Y-20;                      快移到孔#2 的正上方
N070 G01 Z-23 F120;                 向下进给 23mm,钻通孔#2
N080 G04 P1000;                     孔底暂停 1s
N090 G00 Z23;                       快速上移 23mm,提刀至安全平面
N100 X-60 Y-30;                     快移到孔#3 的正上方
N110 G01 Z-35 F120;                 向下进给 35mm,钻孔#3
N120 G49 G00 Z67;                   理想刀具快速上移 67mm,实际刀具上移 75mm,提刀至初始平面
N130 X-150Y-30;                     刀具返回初始位置处
N140 M05;                           主轴停
N150 M30;                           程序结束
```

(2) G28——自动返回参考点指令。

功能：使各轴自动返回参考点

指令格式：

G28 X_Y_Z_；

式中：X、Y、Z——中间点在工件坐标系中的坐标值，可用绝对值或增量值。

设置中间点的目的是避免刀具在快速返回参考点时与工件或夹具等发生碰撞。

如图 3.28 所示，执行过程：执行 G28 指令时，各轴以快速运动方式从当前点(x_1，y_1，z_1)，经指定的中间点(x_2，y_2，z_2)，返回到参考点 M 上定位。

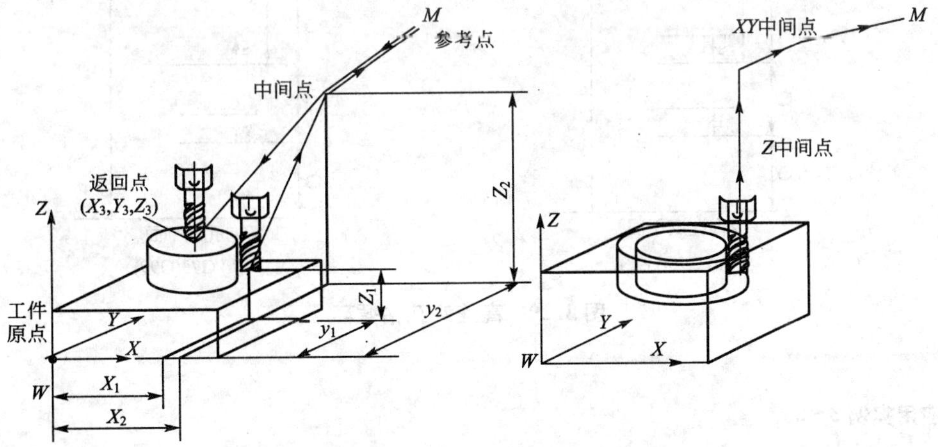

图 3.28　G28 和 G29 指令的运动轨迹

(3) G29——自动从参考点返回指令。

功能：使各轴自动地从参考点返回到返回点。

指令格式：

G29 X_Y_Z_；

式中：X、Y、Z——返回点在工件坐标系中的坐标值，可用绝对值或增量值，增量值是返回点相对于中间点的位移值。

执行过程：执行 G29 指令时，各轴以快速运动方式，从参考点经中间点移动到返回点，如图 3.28 所示。

特别提示

(1) 通常 G28 与 G29 指令配对使用；

(2) G28 和 G29 指令都是非模态指令；

(3) 使用 G28 指令时，必须先取消刀具半径补偿，而不必先取消刀具长度补偿，因为 G28 指令包含刀具长度补偿取消、主轴停止、切削液关闭等功能；

(4) 该指令一般用于自动换刀。

(5) 在使用上经常将 XY 和 Z 分开来用。先用 G28 Z_提刀并回 Z 轴参考点位置，然后再用 G28 X_Y_回到 XY 方向的参考点。

(4) G73——高速深孔钻循环指令。G73 用于深孔钻削，在钻孔时采取间断进给，有利于断屑和排屑，适合深孔加工。图 3.29 所示为高速深孔钻加工的工作过程。其中 Q 为增量值，指定每次切削深度。d 为排屑退刀量，由系统参数设定。

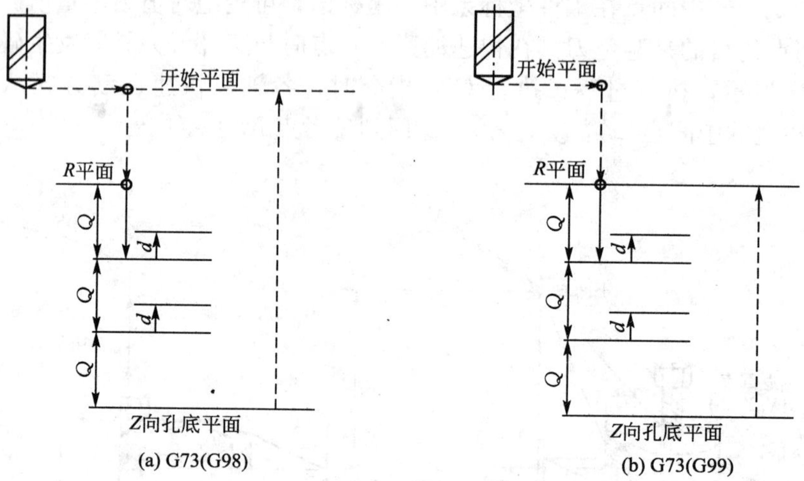

图 3.29　高速深孔钻循环

应用案例 3-2

任务描述：对图 3.30 所示的 5×ϕ8mm 深为 50mm 的孔进行加工。显然，这属于深孔加工。利用 G73 进行深孔钻加工的程序。

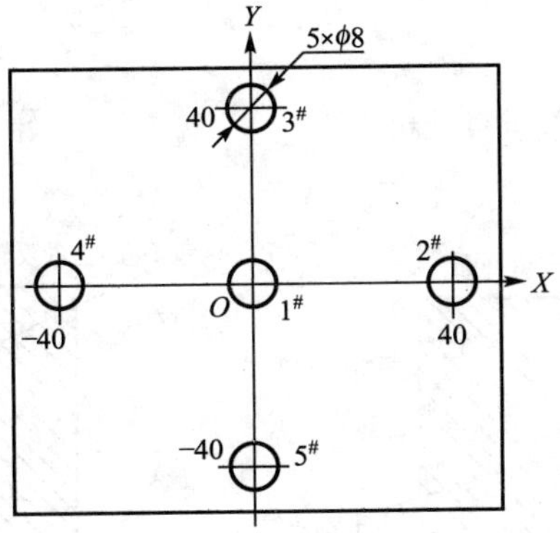

图 3.30 孔加工举例

程序如下：

```
O0040
N10 G56 G90 G1 Z60 F2000;              选择2号加工坐标系,到Z向起始点
N20 M03 S600;                          主轴启动
N30 G98 G73 X0 Y0 Z-50 R30 Q5 F50;     选择高速深孔钻方式加工1号孔
N40 G73 X40 Y0 Z-50 R30 Q5 F50;        选择高速深孔钻方式加工2号孔
N50 G73 X0 Y40 Z-50 R30 Q5 F50;        选择高速深孔钻方式加工3号孔
N60 G73 X-40 Y0 Z-50 R30 Q5 F50;       选择高速深孔钻方式加工4号孔
N70 G73 X0 Y-40 Z-50 R30 Q5 F50;       选择高速深孔钻方式加工5号孔
N80 G01 Z60 F2000;                     返回Z向起始点
N90 M05;                               主轴停
N100 M30;                              程序结束并返回起点
```

加工坐标系设置：G56 $X=-400$，$Y=-150$，$Z=-50$。

上述程序中，选择高速深孔钻加工方式进行孔加工，并以G98确定每一孔加工完后，回到R平面。设定孔口表面的Z向坐标为0，R平面的坐标为30，每次切深量Q为5，系统设定退刀排屑量d为2。

(5) 螺纹加工循环指令(攻螺纹加工)。

① G84——右旋螺纹加工循环指令。G84指令用于切削右旋螺纹孔。向下切削时主轴正转，孔底动作是变正转为反转，再退出。

F表示导程，在G84切削螺纹期间速率修正无效，移动将不会中途停顿，直到循环结束。G84右旋螺纹加工循环工作过程如图3.31所示。

② G74——左旋螺纹加工循环指令。G74指令用于切削左旋螺纹孔。主轴反转进刀，正转退刀，正好与G84指令中的主轴转向相反，其他运动均与G84指令相同。

(6) G76——精镗循环指令。G76指令用于精镗孔加工。镗削至孔底时，主轴停止在定向位置上，即准停，再使刀尖偏移离开加工表面，然后再退刀。这样可以高精度、高效率地完成孔加工而不损伤工件已加工表面。

程序格式中，Q表示刀尖的偏移量，一般为正数，移动方向由机床参数设定。

G76精镗循环的加工过程包括以下几个步骤：

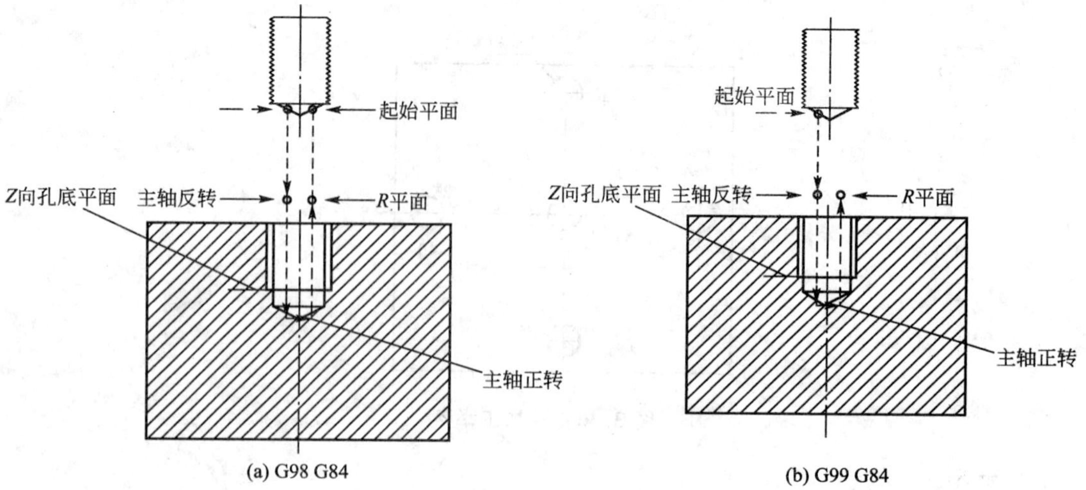

图 3.31 螺纹加工循环

① 在 X、Y 平面内快速定位；
② 快速运动到 R 平面；
③ 向下按指定的进给速度精镗孔；
④ 孔底主轴准停；
⑤ 镗刀偏移；
⑥ 从孔内快速退刀。

图 3.32 所示为 G76 精镗循环的工作过程示意图。

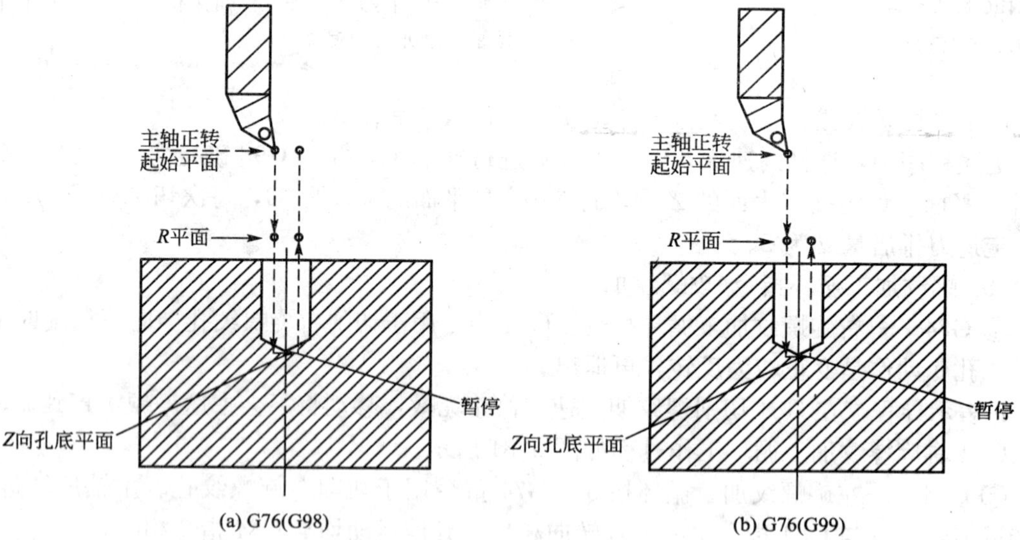

图 3.32 精镗循环的加工

应用案例 3-3

任务描述：使用刀具长度补偿功能和固定循环功能加工图 3.33 所示零件上的 12 个孔。

(1) 分析工艺。该零件孔加工中，有通孔、盲孔，需钻、扩和镗加工，故选择钻头T01、扩孔刀T02和镗刀T03，加工坐标系Z向原点在零件上表面处。由于有三种孔径尺寸的加工，按照先小孔后大孔加工的原则，确定加工路线为：从编程原点开始，先加工6个ϕ6mm的孔，再加工4个ϕ10mm的孔，最后加工2个ϕ40mm的孔。T01、T02的主轴转数S=600r/min，进给速度F=120mm/min；T03主轴转数S=300r/min，进给速度F=50mm/min。

(2) 加工调整。T01、T02和T03的刀具补偿号分别为H01、H02和H03。对刀时，以T01刀为基准，按图3.33中的方法确定零件上表面为Z向零点，则H01中刀具长度补偿值设置为零，该点在G53坐标系中的位置为Z - 35。对T02，因其刀具长度与T01相比为140mm－150mm＝－10mm，即缩短了10mm，所以将H02的补偿值设为－10。对T03同样计算，H03的补偿值设置为－50，如图3.34所示。换刀时，采用09000子程序实现换刀。

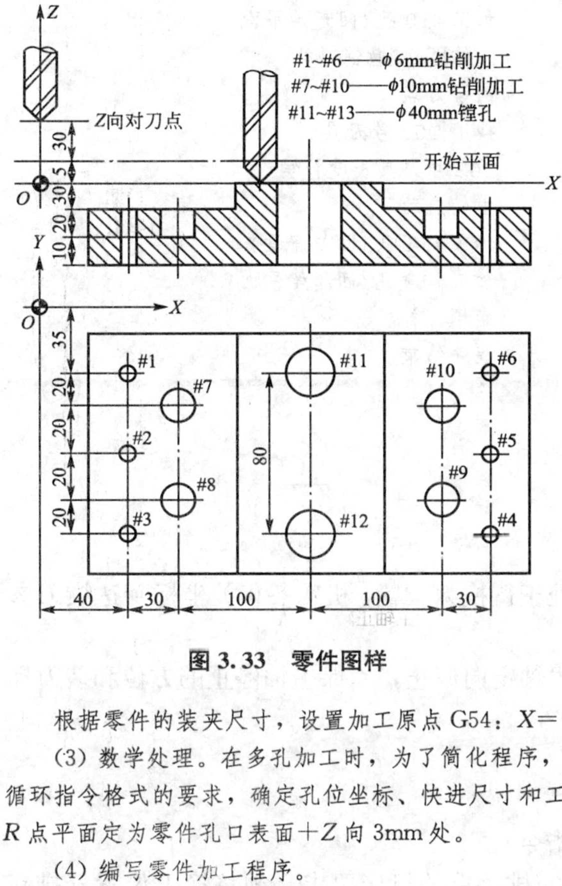

图3.33　零件图样

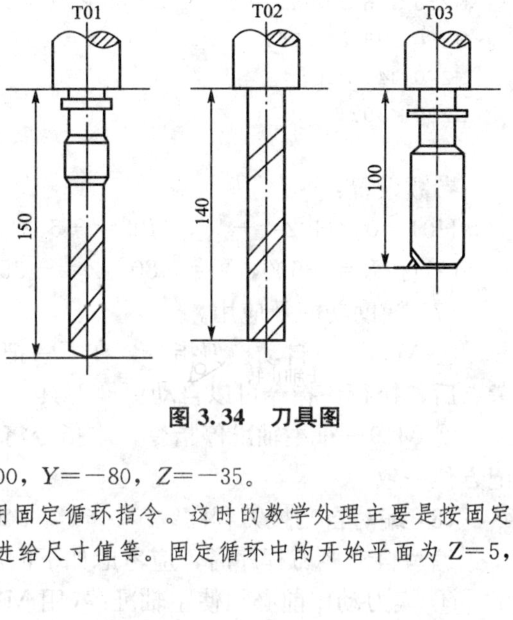

图3.34　刀具图

根据零件的装夹尺寸，设置加工原点G54：X=－600，Y=－80，Z=－35。

(3) 数学处理。在多孔加工时，为了简化程序，采用固定循环指令。这时的数学处理主要是按固定循环指令格式的要求，确定孔位坐标、快进尺寸和工作进给尺寸值等。固定循环中的开始平面为Z=5，R点平面定为零件孔口表面+Z向3mm处。

(4) 编写零件加工程序。

程序如下：

```
O0009
N10 G54 G90 G00 X0 Y0 Z30;              进入加工坐标系
N20 T01 M98 P9000;                      换用T01号刀具
N30 G43 G00 Z5 H01;                     T01号刀具长度补偿
N40 S600 M03;                           主轴启动
N50 G99 G81 X40 Y-35 Z-63 R-27 F120;    加工#1孔(回R平面)
N60 Y-75;                               加工#2孔(回R平面)
N70 G98 Y-115;                          加工#3孔(回起始平面)
```

```
N80 G99 X300;                              加工#4 孔(回 R 平面)
N90 Y-75;                                  加工#5 孔(回 R 平面)
N100 G98 Y-35;                             加工#6 孔(回起始平面)
N110 G49 Z20;                              Z 向抬刀,撤消刀补
N120 G00 X500 Y0;                          回换刀点,
N130 T02 M98 P9000;                        换用 T02 号刀
N140 G43 Z5 H02;                           T02 刀具长度补偿
N150 S600 M03;                             主轴启动
N160 G99 G81 X70 Y-55 Z-50 R-27 F120;      加工#7 孔(回 R 平面)
N170 G98 Y-95;                             加工#8 孔(回起始平面)
N180 G99 X270;                             加工#9 孔(回 R 平面)
N190 G98 Y-55;                             加工#10 孔(回起始平面)
N200 G49 Z20;                              Z 向抬刀,撤销刀补
N210 G00 X500 Y0;                          回换刀点
T220 M98 P9000;                            换用 T03 号刀具
N230 G43 Z5 H03;                           T03 号刀具长度补偿
N240 S300 M03;                             主轴启动
N250 G76 G99 X170 Y-35 Z-65 R3 F50;        加工#11 孔(回 R 平面)
N260 G98 Y-115;                            加工#12 孔(回起始平面)
N270 G49 Z30;                              撤销刀补
N280 M30;                                  程序结束
```

参数设置：

H01=0，H02=−10，H03=−50；

G54：$X=-600$，$Y=-80$，$Z=-35$。

(7) 辅助功能及应用。

① M06——自动换刀指令，在下一把刀处于待换刀位置，机床各相关坐标到达换刀参考点后，执行该指令可以自动更换刀具。

② M19——主轴准停指令，本指令将使主轴定向停止，确保主轴停止的方位和装刀标记方位一致。

(8) 编写自动换刀程序。

编写自动换刀程序时，应考虑如下问题：

① 换刀动作前必须使主轴准停(用 M19 指令)。

② 换刀点的位置应根据所用机床的要求安排，有的机床要求必须将换刀位置安排在参考点处或至少应让 Z 轴方向返回参考点(使用 G28)。

③ 换刀完毕后，可使用 G29 指令返回到下一道工序的加工起始位置。

④ 换刀完毕后，安排重新启动主轴的指令

⑤ 换刀过程由选刀和换刀两部分动作组成，通常选刀动作和换刀动作可分开进行。为了节省自动换刀时间，可考虑将选刀动作与机床加工动作在时间上重合起来。

自动换刀程序的编写方法：

① 方法 1：M19；

G28 G91 Z0；

```
G28 X0 Y0 T02;
M06;
G90 G29 X50 Y50;
G29 Z100;
```

② 方法 2：

```
G01 X_ T02;
……
M19;
G28 G91 Z0;
G28 X0 Y0;
M06;
G90 G29 X50.0 Y50.0;
G29 Z100.0;
```

特别提示

方法 2 的换刀方法，选刀动作和前一把刀具的加工动作相重合，换刀时间不受选刀时间长短的影响，因此换刀时间最短。

(9) 加工中心编程要点。

① 进行合理的工艺分析，安排加工工序。

② 加工中心程序的一般格式：加工中心由于配有刀库，可装很多把刀，因此可实现工序集中，在一次装夹中可对工件进行大部分甚至全部工序的加工。其工序的划分一般也是按刀具集中的原则来划分。故加工中心的程序格式一般为：

a. 程序号 O_ _ _ _；

b. 建立工件坐标系；

c. 刀库旋转，第一把刀到达换刀位置做准备；

d. 机床各轴移动到换刀位置；

e. 进行换刀动作，第一把刀换到机床主轴；

f. 机床各轴移动到指定的工件坐标系中；

g. 主轴按照指定的速度和方向旋转；

h. 建立刀具长度补偿，Z 轴到达加工起始点，若要打开切削液，指定 M08 功能；

i. 第一把刀相对于工件运动的轨迹描述指令集，若是加工外轮廓，要指定 G41 或 G42 功能。其长短由第一把刀加工内容的复杂程度决定；

j. 第一把刀加工完毕，取消刀具补偿功能和各项辅助功能；

k. 第二把刀准备；

l. 机床各轴移动到换刀位置；

m. 进行换刀动作，第二把刀换到机床主轴；

n. 重复 f～m 的过程，第二把刀相对于工件运动的轨迹描述指令集合；

o. 依此类推，进行其他刀具的加工内容描述；

p. 最后一把刀还回刀库，不再叫其他刀具做准备；

q. 程序结束，使用 M02 或 M30 指令。

③ 对于加工内容较多的工件也可按这种格式编写，把不同工序内容的程序分别做成子程序，主程序内容主要是完成换刀及子程序调用，以便于程序调试和调整。

④ 自动换刀要留出足够的换刀空间。

⑤ 尽可能地利用机床数控系统本身所提供的镜像、旋转、固定循环及宏指令编程处理的功能，以简化程序量。

⑥ 若要重复使用程序，注意第一把刀的编程处理。

6. 调整加工中心

加工中心是一种功能较多的数控加工机床，具有铣削、镗削、钻削、螺纹加工等多种工艺手段。使用多把刀具时，尤其要注意准确地确定各把刀具的基本尺寸，即正确的对刀。对有回转工作台的加工中心，还应特别注意工作台回转中心的调整，以确保加工质量。

1) 加工中心的对刀方法

项目 2 已介绍了通过对刀方式设置加工坐标系的方法，这一方法也适用于加工中心。由于加工中心具有多把刀具，并能实现自动换刀，因此需要测量所用各把刀具的基本尺寸，并存入数控系统，以便加工中调用，即进行加工中心的对刀。加工中心通常采用机外对刀仪实现对刀。

对刀仪的基本结构如图 3.35 所示。图中，对刀仪平台 7 上装有刀柄夹持轴 2，用于安装被测刀具，图 3.36 所示为钻削刀具。通过快速移动单键按钮 4 和微调旋钮 5 或 6，可调整刀柄夹持轴 2 在对刀仪平台 7 上的位置。当光源发射器 8 发光，将刀具刀刃放大投影到显示屏幕 1 上时，即可测得刀具在 X(径向尺寸)、Z(刀柄基准面到刀尖的长度尺寸)方向的尺寸。

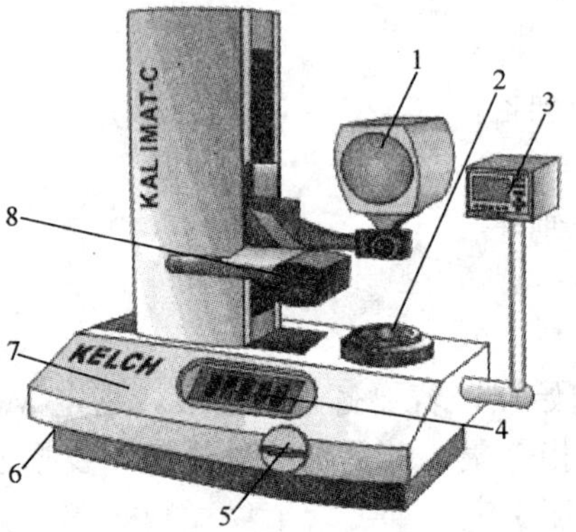

图 3.35　对刀仪的基本结构

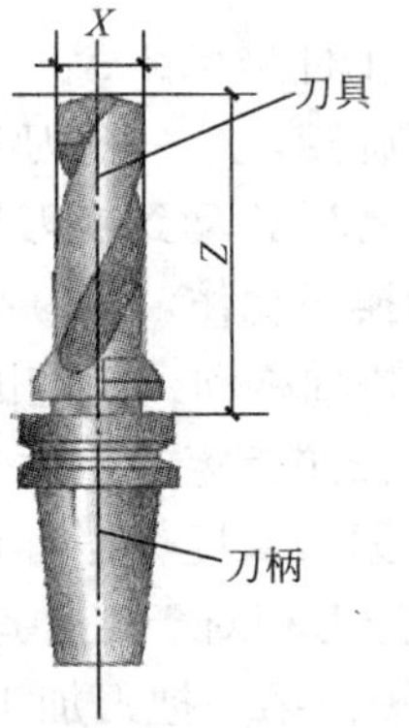

图3.36　钻削刀具

钻削刀具的对刀操作过程如下：

(1) 将被测刀具与刀柄连接安装为一体；

(2) 将刀柄插入对刀仪上的刀柄夹持轴 2，并紧固；

(3) 打开光源发射器 8，观察刀刃在显示屏幕 1 上的投影；

(4) 通过快速移动单键按钮 4 和微调旋钮 5 或 6，可调整刀刃在显示屏幕 1 上的投影位置，使刀具的刀尖对准显示屏幕 1 上的十字线中心，如图 3.37 所示；

(5) 测得 X 为 20，即刀具直径为 ϕ20mm，该尺寸可用作刀具半径补偿；

(6) 测得 Z 为 180.002，即刀具长度尺寸为 180.002mm，该尺寸可用作刀具长度补偿；

(7) 将测得尺寸输入加工中心的刀具补偿页面；

(8) 将被测刀具从对刀仪上取下后，即可装上加工中心使用。

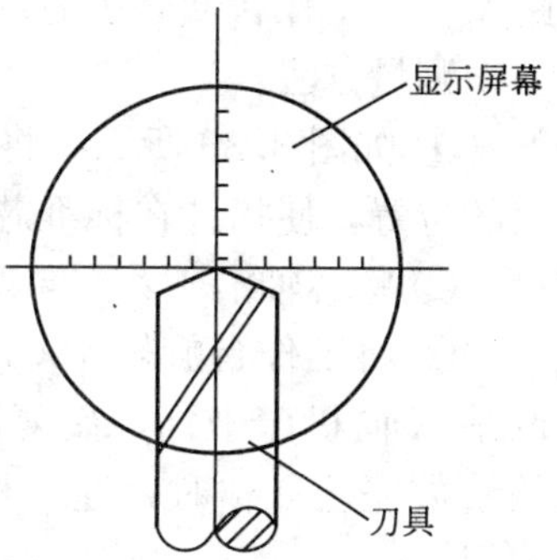

图 3.37　对刀

2) 调整加工中心回转工作台

多数加工中心都配有回转工作台，如图 3.38 所示，实现在工件一次安装中多个加工面的加工。如何准确测量加工中心回转工作台的回转中心，对被加工工件的质量有着重要的影响。下面以卧式加工中心为例，说明工作台回转中心的测量方法。

工作台回转中心在工作台上表面的中心点上，如图 3.38 所示。

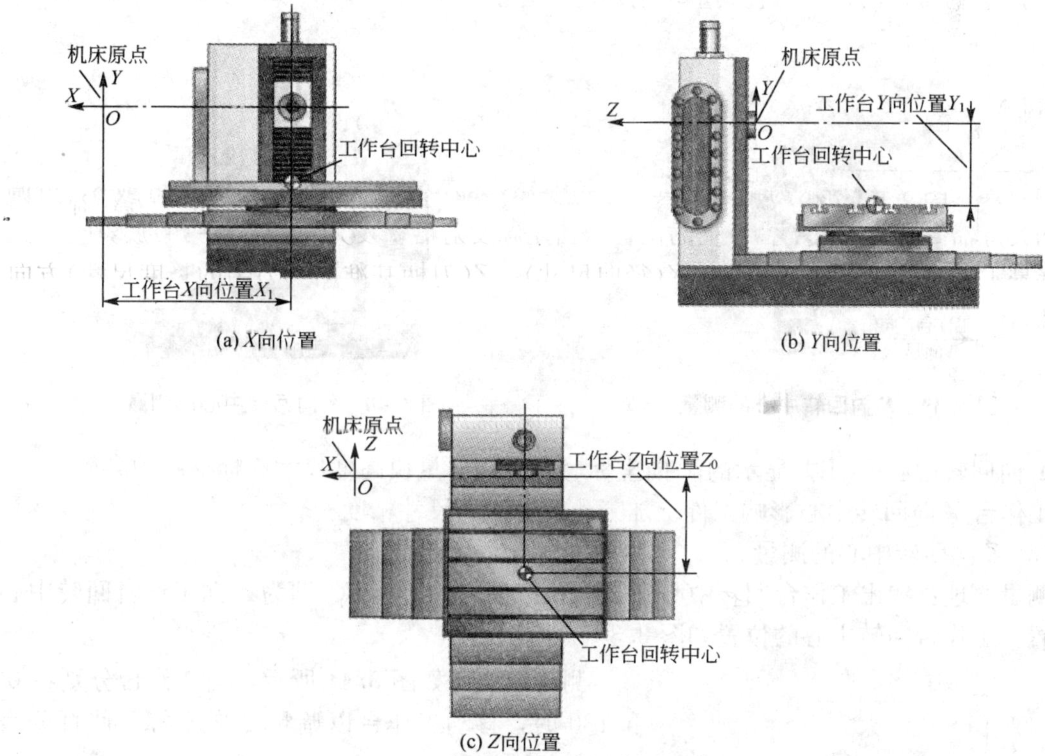

图 3.38　加工中心回转工作台回转中心的位置

工作台回转中心的测量方法有多种，这里介绍一种较常用的方法，所用的工具有：一根标准芯轴、百分表(千分表)、量块。

(1) X 向回转中心的测量。

测量的原理：将主轴中心线与工作台回转中心重合，这时主轴中心线所在的位置就是工作台回转中心的位置，则此时 X 坐标的显示值就是工作台回转中心到 X 向机床原点的距离 X。工作台回转中心 X 向的位置，如图 3.38(a)所示。

测量方法：

① 如图 3.39 所示，将标准芯轴装在机床主轴上，在工作台上固定百分表，调整百分表的位置，使指针在标准芯轴最高点处指向零位。

② 将芯轴沿 $+Z$ 方向退出 Z 轴。

③ 将工作台旋转 180°，再将芯轴沿 $-Z$ 方向移回原位。观察百分表指示的偏差然后调整 X 向机床坐标，反复测量，直到工作台旋转到 0°和 180°两个方向百分表指针指示的读数完全一样时，这时机床 CRT 上显示的 X 向坐标值即为工作台 X 向回转中心的位置。

工作台 X 向回转中心的准确性决定了调头加工工件上孔的 X 向同轴度精度。

(2) Y 向回转中心的测量。

测量原理：找出工作台上表面到 Y 向机床原点的距离 YO，即为 Y 向工作台回转中心的位置。工作台回转中心位置如图 3.38(b)所示。

测量方法：如图 3.40 所示，先将主轴沿 Y 向移到预定位置附近，用手拿着量块轻轻塞入，调整主轴 Y 向位置，直到量块刚好塞入为止。

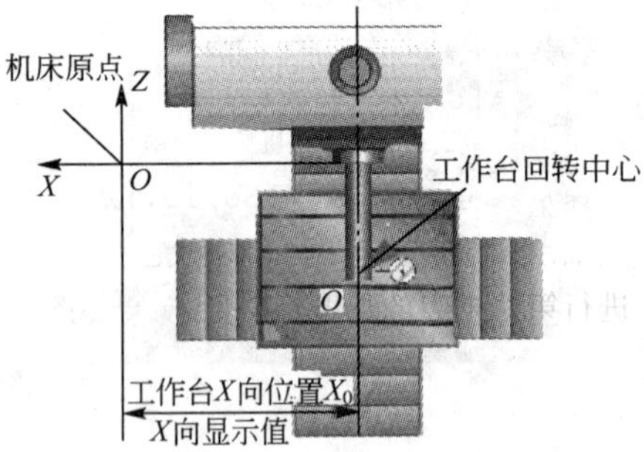

图 3.39　X 向回转中心的测量

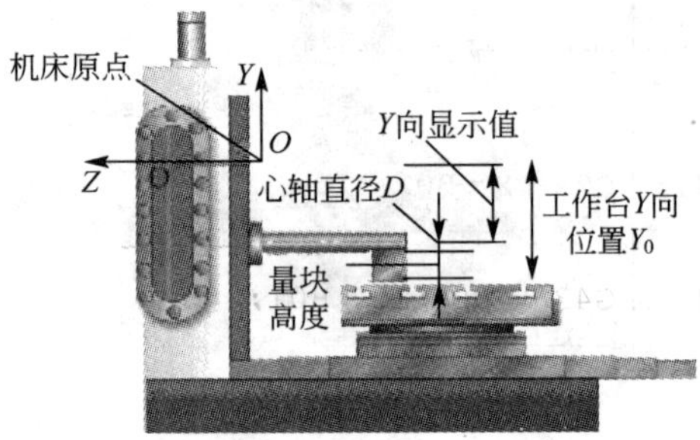

图 3.40　Y 向回转中心的测量

Y 向回转中心＝CRT 显示的 Y 向坐标(为负值)－量块高度尺寸－标准芯轴半径。

工作台 Y 向回转中心影响工件上加工孔的中心高尺寸精度。

(3) Z 向回转中心的测量。

测量原理：找出工作台回转中心到 Z 向机床原点的距离 ZO 即为 Z 向工作台回转中心的位置。工作台回转中心的位置如图 3.38(c)所示。

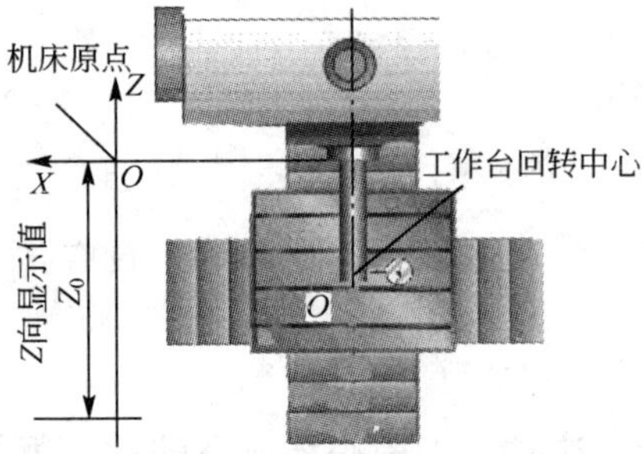

图 3.41　Z 向回转中心的测量

测量方法：如图 3.41 所示，当工作台分别在 0°和 180°时，移动工作台以调整 Z 向坐标，使百分表的读数相同，则

Z 向回转中心＝CRT 显示的 Z 向坐标值

Z 向回转中心的准确性，影响机床调头加工工件时两端面之间的距离尺寸精度(在刀具长度测量准确的前提下)。反之，它也可修正刀具长度测量偏差。

机床回转中心在一次测量得出准确值以后，可以在一段时间内作为基准。但是，随着机床的使用，特别是在机床相关部分出现机械故障时，都有可能使机床回转中心出现变化。例如，机床在加工过程中出现撞车事故、机床丝杠螺母松动时等。因此，机床回转中心必须定期测量，特别是在加工相对精度较高的工件之前应重新测量，以校对机床回转中心，从而保证工件加工的精度。

3.1.3　任务实施

(1) 工艺过程：

① 加工零件的顶面，选用 ϕ50mm 的端面铣刀分两刀铣；

② 加工零件的台阶面，选用 ϕ20mm 的立铣刀铣多次走刀来加工；

③ 加工零件的外轮廓，选用 ϕ20mm 的立铣刀铣右刀补(G42 指令)来加工；

④ 加工 5 个 ϕ6mm 的小孔，采用 ϕ6mm 的钻头加工；

⑤ 加工 4 个 ϕ11mm 的孔，采用 ϕ11mm 的钻头加工。

(2) 参考程序。

程序如下：

```
O0001
N01  G54  G90  G00  Z100;          选择1号加工坐标系,快速定位到Z100
N02  G28  Z100  T01;               Z轴返回参考点,第一把刀转到待换刀位置
N03  G28  X0  Y0;                  X、Y轴返回参考点
N04  M06;                          换刀,第一把刀装到主轴上
N05  G29  X-30  Y15;               快速从参考点返回到(-30,15,)点
N06  M03  S400  T02;               主轴以400r/min正转,第二把刀准备。
N07  G43  G00  Z5  H01;            进行第一把刀的长度补偿
N08  G01  Z0  F120;                加工零件的顶面
N09  X90;
N10  Y40;
N11  X-30;
N12  G49  G00  Z100;               抬刀,取消第一把刀的长度补偿
N13  M19;                          主轴准停
N14  G28  Z100;                    返回参考点,换第二把刀。
N15  G28  X0  Y0;
N16  M06;
N17  G29  X6  Y-15;
N18  G43  G00  Z5  H02;            进行第二把刀的长度补偿
N19  M03  S600  T03;               主轴以400r/min正转,第三把刀准备。
N20  G01  Z-8  F100;               加工零件的台阶面
N21  Y64;
N22  X16;
N23  Y-15;
N24  X22;
N25  Y75;
N26  G00  Z5;                      抬刀
N27  X-20.0Y-20;
```

```
N28  G01  Z-26  F100;                 加工零件的外轮廓
N29  G17  G42  G01  X0  Y0  H03;      进行第二把刀的半径补偿
N30  X75;
N31  G02  X90  Y15  R15;
N32  G01  Y64;
N33  G01  X8;
N34  X0  Y48;
N35  Y0;
N36  G40  X-20  Y-20;                 取消第二把刀的半径补偿
N37  G00  G49  Z100  M19;             抬刀,取消第二把刀的长度补偿,主轴定向停止
N38  G28  Z100;                       返回参考点,换第三把刀。
N39  G28  X0  Y0;
N40  M06                              换刀指令
N41  G29  X0  Y0;
N42  M03  S800  T04;                  主轴以800r/min正转,第四把刀准备。
N43  G00  G43  Z30  H04;              快速下刀到初始平面上,并进行第三把
                                      刀的长度补偿
N44  G99  G81  X16  Y18  Z27  R-5  F60;
N45  G98  Y46;
N46  G99  X48  Y32  R3;
N47  X70  Y46;
N48  G98  Y18;
N49  G80  G00  X0  Y0  M19;           取消固定循环功能
N50  G49  Z100;                       取消第三把刀的长度补偿
N51  G28  Z100;                       返回参考点,换第四把刀。
N52  G28  X0  Y0;
N53  M06;
N54  G29  X0  Y0;
N55  G43  G00  Z30  H05;              进行第四把刀的长度补偿
N56  M03  S600;
N57  G98  G81  X16  Y32  Z-28  R-50  F60;
N58  G99  X48  Y18  R3;
N59  X70  Y32;
N60  G98  X48  Y46;
N61  G49  G00  Z100;                  取消第三把刀的长度补偿
N62  G00  X0  Y0  M05;                主轴停转
N63  M30;                             程序结束
```

(3) 零件和刀具的选择、安装。

(4) 对刀。

(5) 程序的编辑、传输。

(6) 程序的校验、自动加工。

(7) 尺寸测量。

习　题

一、判断题

1. 机床原点是数控机床上的一个固定点。(　　)
2. 机床开机“回零”的目的是为了建立工件坐标系。(　　)
3. 同一组的 M 功能指令可以同时出现在同一个程序段内。(　　)
4. G92 确定刀具的起始点后，即使断电也一直有效。(　　)
5. 圆弧插补中，全圆的加工可以用 R _ 实现。(　　)
6. 合理应用刀具的半径补偿，可实现零件的粗、精加工。(　　)
7. 刀具的左刀补相当于逆铣加工。(　　)
8. 利用 G81 可实现中心孔和一般孔的加工。(　　)
9. 子程序的结束符为 M99。(　　)
10. G00 的运动轨迹为直线，但运行速度较快。(　　)
11. 固定循环功能中的 K 指重复加工次数，一般在增量方式下使用。(　　)
12. 固定循环只能由 G80 撤消。(　　)
13. 加工中心与数控铣床相比具有高精度的特点。(　　)
14. 立式加工中心与卧式加工中心相比，加工范围较宽。(　　)

二、选择题

1. 程序结束并复位的指令是(　　)。
   A. M02　　B. M30　　C. M00　　D. M17
2. 以下指令中，(　　)是主轴功能。
   A. M03　　B. G90　　C. X25.0　　D. S700
3. 主轴停转的指令是(　　)。
   A. M06　　B. M03　　C. M04　　D. M05
4. 下列哪一个指令不能设立工件坐标系(　　)。
   A. G54　　B. G92　　C. G55　　D. G91
5. *YZ* 平面选择指令为(　　)。
   A. G17　　B. G18　　C. G19　　D. G20
6. 直线插补 G 代码是(　　)。
   A. G00　　B. G01　　C. G02　　D. G03
7. 数控铣床执行程序段“G91 G01 X100.0 Y0 F50”后，刀具移动(　　)mm。
   A. 100　　B. 0　　C. 50　　D. 91
8. 顺时针圆弧加工指令是(　　)。
   A. G00　　B. G02　　C. G03　　D. G04
9. 数控编程时，应首先设定(　　)。
   A. 机床原点　　B. 固定参考点　　C. 机床坐标系　　D. 工件坐标系
10. 下列程序中指令书写完全正确的(　　)
    A. G00 X10.0 Y－2.0 F10　　B. G03 X20.0 Y50.0

C. G41 G02 X50.0 Y10.0 R8.0 D1　　D. G01 Z－10.0 F100

11. 下列指令中(　　)是刀具的右刀补。

A. G40　　B. G41　　C. G42　　D. G43

12. 数控铣床精加工轮廓时应采用(　　)。

A. 切向进刀　　B. 顺铣　　C. 逆铣　　D. 法向进刀

13. 铣削外形轮廓时，为获得较高的表面质量，应沿轮廓曲线(　　)。

A. 切向切入/切出　　B. 法向切入/切出

C. 垂直轮廓平面切入/切出　　D. 以上均可

14. 铣削型腔时一般选用(　　)。

A. 钻头　　B. 立铣刀　　C. 键槽铣刀　　D. 球头刀

15. 固定循环加工后返回初始平面用(　　)。

A. G98　　B. G99　　C. G80　　D. G40

16. 指令(　　)可实现钻孔循环。

A. G90　　B. G81　　C. M04　　D. M00

17. 精镗固定循环指令为(　　)。

A. G85　　B. G86　　C. G75　　D. G76

18. 在固定循环指令 G90 G98 G73 X_Y_Z_R_Q_F_；其中 *R* 表示(　　)。

A. *R* 点平面 *Z* 坐标　　B. 每次进刀深度

C. 孔深　　D. 孔位置

19. Fanuc 系统中 G80 是指(　　)。

A. 镗孔循环　　B. 反镗孔循环

C. 攻牙循环　　D. 取消固定循环

20. 深孔加工中，效率较高的为(　　)。

A. G73　　B. G83　　C. G81　　D. G82

21. 加工中心用刀具与数控铣床用刀具的区别(　　)。

A. 刀柄　　B. 刀具材料　　C. 刀具角度　　D. 拉钉

22. 加工中心编程与数控铣床编程的主要区别(　　)。

A. 指令格式　　B. 换刀程序　　C. 宏程序；　　D. 指令功能

23. 下列字符中，(　　)不适合用于 B 类宏程序中文字变量。

A. F　　B. G　　C. J　　D. Q

24. *Z* 轴方向尺寸相对较小的零件加工，最适合用(　　)加工。

A. 立式加工中心　　B. 卧式加工中心

C. 卧式数控铣床　　D. 车削加工中心

三、简答题

1. 加工中心可分为哪几类？其主要特点有哪些？
2. 加工中心的编程与数控铣床的编程主要有何区别？

四、编程题

1. 任务描述：如图 3.42 所示，用 $\phi4$ 的键槽铣刀完成图 3.42 所示的字母，深度为 2mm 的数控仿真加工。

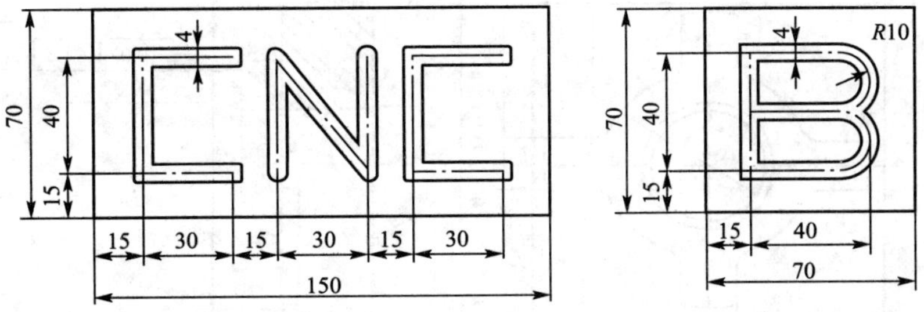

(a) “CNC” 图　　(b) “B” 图

图 3.42　编程题 1

2. 任务描述：如图 3.43 所示，编写凸台轮廓与 2×ϕ10 孔的加工程序并且在仿真软件上进行仿真加工。

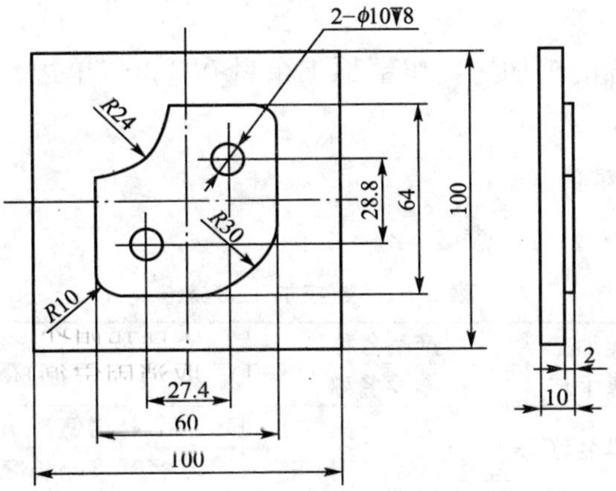

图 3.43　编程题 2

任务 3.2　加工十字型腔

专项能力目标	涉及知识点	权重/(%)	建议学时
能按照加工中心特点进行二维轮廓类零件的加工工艺规划	制定加工工艺；加工准备的步骤与方法	40	6
加工中心二维轮廓类零件的加工程序编制	编制加工中心程序	60	

3.2.1　任务导入：加工十字型腔

任务描述：加工图 3.44 所示十字型腔零件，试分析其工艺并编写加工程序。

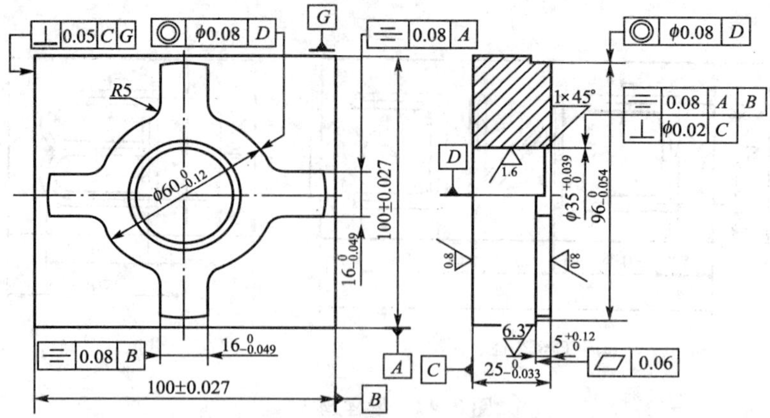

图 3.44　十字型腔零件图

3.2.2　任务实施

1. 工艺过程

工艺过程为：外轮廓的粗加工，留精加工余量 0.3mm(单边)→外轮廓的精加工→钻底孔→扩孔→精加工孔。

2. 选择刀具与工艺参数

刀具与工艺参数见表 3-1、表 3-2。

表 3-1　数控加工刀具卡

单　　位		数控加工刀具卡片	产品名称				零件图号	
			零件名称				程序编号	
序号	刀具号	刀具名称	刀　　具		补偿值		序　　号	
			直径/mm	长度	半径	长度	半径	长度
1	T01	立铣刀	φ20					
2	T02	立铣刀	φ8mm					
3	T03	麻花钻	φ28mm					

表 3-2　数控加工工序卡

单　位	数控加工工序卡片		产品名称	零件名称	材料	零件图号
工序号	程序编号	夹具名称	夹具编号	设备名称	编制	审核
工步号	工步内容	刀具号	刀具规格	主轴转速 $S/r \cdot min^{-1}$	进给速度 $F/mm \cdot min^{-1}$	背吃刀量 a_p/mm
1	粗铣外轮廓	T01	φ20mm 立铣刀	320	100	5
2	精铣外轮廓	T02	φ8mm 立铣刀	1000	120	5
3	钻 φ35mm 底孔	T03	φ28mm 麻花钻	170	15	14
4	粗铣 φ35mm 孔	T01	φ20mm 立铣刀	350	80	13
5	精铣 φ35mm 孔	T01	φ20mm 立铣刀	480	50	25

3. 装夹方案

用平口台虎钳装夹零件，零件上表面高出钳口 5mm 左右。校正固定钳口的平行度以及零件上表面的平行度，确保精度要求。

4. 编制程序

在零件中心建立零件坐标系，Z 轴原点设在零件上表面。

1) 外形轮廓铣削

(1) 去除轮廓边角料。安装 ϕ20mm 立铣刀(T01)并对刀，去除轮廓边角料，刀具路径如图 3.45 所示。

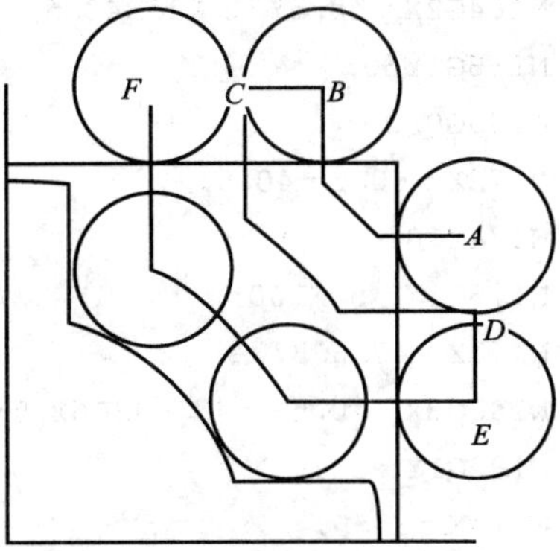

图 3.45　去角料路线图

以进给路线最短原则，去除轮廓四个角落角料，最快效率地去除零件粗加工的余量。安排进给路线为：$A—B—C—D—E—F$。

程序如下：

```
O0001
N102G0G17G40G49G80G90;
N106G0G90G54X60Y405S320M3;        刀具快速定位,启动主轴
N108Z50;                          刀具抬至安全平面
N110Z10;                          下刀至参考高度
N112G1Z-5F100;                    下刀
N114X47.603;
N116G3X40.5Y47.603R62.5;
N118G1Y60;
N120X30.5;
N122Y42.732;
N124G2X42.732Y30.5R52.5;
N126G1X60;
N128Y18.5;
N130X36.028;
N132G3X18.5Y36.028R40.5;
N134G1Y60;
N138G0Z50;
N140X-60.Y40.5;
N142Z10;
N144G1Z-5.F100;
N146X-47.603;
N148G2X-40.5Y47.603R62.5;
N150G1Y60;
N152X-30.5;
N154Y42.732;
N156G3X-42.732Y30.5R52.5;
```

```
N158G1X-60;
N160Y18.5;
N162X-36.028
N164G2X-18.5Y36.028R40.5;
N166G1Y60;
N170G0Z50;
N172X-60.Y-40.5;
N174Z10;
N176G1Z-5.F100;
N178X-47.603;
N180G3X-40.5Y-47.603R62.5;
N182G1Y-60;
N184X-30.5;
N186Y-42.732;
N188G2X-42.732Y-30.5R52.5;
N190G1X-60;
N192Y-18.5;
N194X-36.028;
N196G3X-18.5Y-36.028R40.5;
N198G1Y-60;
N202G0Z50;
N204X60.Y-40.5;
N206Z10;
N208G1Z-5F100;
N210X47.603;
N212G2X40.5Y-47.603R62.5;
N214G1Y-60;
N216X30.5;
N218Y-42.732;
N220G3X42.732Y-30.5R52.5;
N222G1X60;
N224Y-18.5;
N226X36.028;
N228G2X18.5Y-36.028R40.5;
N230G1Y-60;
N234G0Z50;                              刀具抬至安全平面
N236M5;                                 主轴停止
N242M30;                                程序结束
```

(2) 零件的精加工。通过刀具半径补偿值的方法来实现。加工路线如图 3.46 所示。

外轮廓加工采取切向进刀、切向退刀，进退刀圆弧 $R8$。进给路线如图 3.46 所示，即：$A—B—C—D—E—F—G—H—I—P$

程序如下：

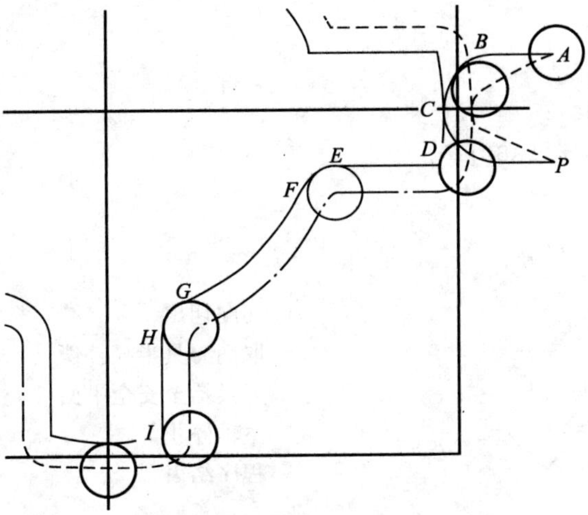

图 3.46　精加工刀具路线图

```
O0002
N102G0G17G40G49G80G90;
N106G0G90G54X64Y8S1000M3          刀具快速定位,启动主轴
N108Z50;                          刀具抬至安全平面
N110Z10;                          下刀至参考高度
N112G1Z-5F100;                    下刀
N114G41D2X56F120;                 建立刀具半径左补偿,D2=3.94
N116G3X48 Y0 R8;                  切向切入
N118G2X47.329Y-8R48;
N120G1X32.496;
N122G3X27.854Y-11.143R5;
N124G2X11.143Y-27.854R30;
N126G3X8.Y-32.496R5;
N128G1Y-47.329;
N130G2X0.Y-48R48;
N132X-8.Y-47.329R48;
N134G1Y-32.496;
N136G3X-11.143Y-27.854R5;
N138G2X-27.854Y-11.143R30;
N140G3X-32.496Y-8R5;
N142G1X-47.329;
N144G2X-48Y0R48;
N146X-47.329Y8R48;
N148G1X-32.496;
N150G3X-27.854Y11.143R5;
N152G2X-11.143Y27.854R30;
N154G3X-8.Y32.496R5;
N156G1Y47.329;
```

```
N158G2X0Y48R48;
N160X8Y47.329R48;
N162G1Y29.048;
N164X10.611Y28.061;
N166G2X28.061Y10.611R30;
N168G1X29.048Y8;
N170X47.329;
N172G2X48Y0R48;
N174G3X56Y-8R8;            切向切出
N176G1G40X64;              取消刀具半径补偿
N180G0Z50;                 刀具抬至安全平面
N182M5;                    主轴停止
N188M30;                   程序结束
```

2) 孔加工

利用加工中心机床自动换刀功能完成孔的粗、精加工。

加工程序如下：

```
O0003
N100G54G40G49G80G90;
N110G91G28Z0;              回换刀点
N120M06T03;                自动换(T03)刀
N130M03S170;               启动主轴,主轴正转
N140G43H03G00X0Y0Z50;      刀具快速定位,抬至安全平面
N150G98G83Z-35R5Q5F15;     钻孔
N160G80;
N170M05;                   主轴停止
N180G91G28Z0;              回换刀点
N190M06T01;                自动换(T01)刀
N200M03S350;               主轴正转
N210G43H01G00X0Y0Z50;      刀具快速定位,抬至安全平面
N220Z10;                   下刀至参考高度
N230G01F100Z-13;           下刀至第一层
N240X7.3Y0F80;
N250G03I-7.3;
N260G01X0;
N270Z-26;                  下刀至第二层
N280X7.3Y0;
N290G03I-7.3;
N300G00Z10;
N310X0Y0;
N320M03S480;               主轴正转
N330G01F100Z-25;           下刀
N340G41D1G01X17.5Y0F50;    建立刀具半径补偿,D1=9.98
N350G03I-10;
```

```
N360G40G01X0Y0;        取消刀具半径补偿
N370G00Z50;            刀具抬至安全平面
N380M05;               主轴停止
N390M30;               程序结束
```

习　题

1. 任务描述：完成图 3.47 所示零件的数控仿真加工，毛坯尺寸为 ϕ80×50mm。
2. 任务描述：完成图 3.48 所示零件的数控仿真加工，毛坯尺寸为 ϕ80×50mm。

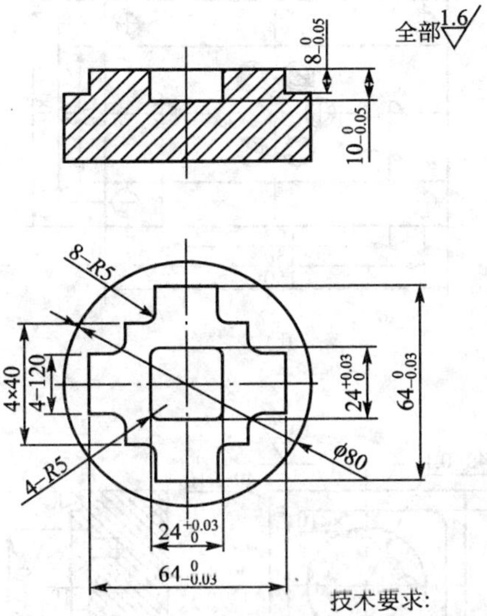

技术要求:
1. 未注公差等级按IT14级;
2. 锐角倒钝;
3. 清除毛刺和飞边。

图 3.47　习题 1

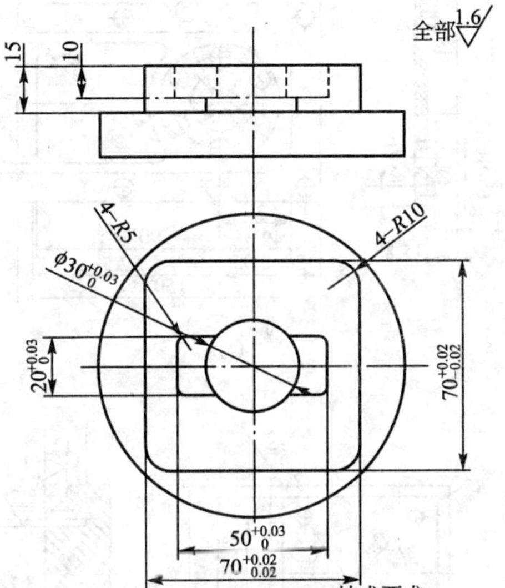

技术要求:
1. 未注公差等级按IT14级;
2. 锐角倒钝;
3. 清除毛刺和飞边。

图 3.48　习题 2

3. 任务描述：完成图 3.49 所示零件的数控仿真加工，毛坯尺寸为 100mm×100mm。

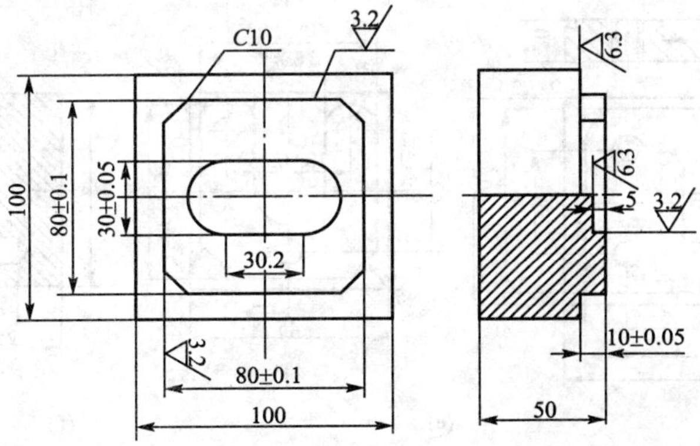

图 3.49　习题 3

4．任务描述：完成图 3.50(a)～(h)所示零件的数控仿真加工。

5．任务描述：完成图 3.51 所示零件的数控仿真加工，零件上要加工的部分是由 7 个正六边形与外轮廓边界之间所组成的宽 9.8mm、深 4mm 的窄槽，利用子程序功能编写程序。

6．任务描述：完成图 3.52 所示零件的数控仿真加工，要求制定加工方案，选择刀具、夹具、切削用量、工艺路线、计算刀具轨迹、用半径补偿、镜像加工、固定循环及子程序等功能。

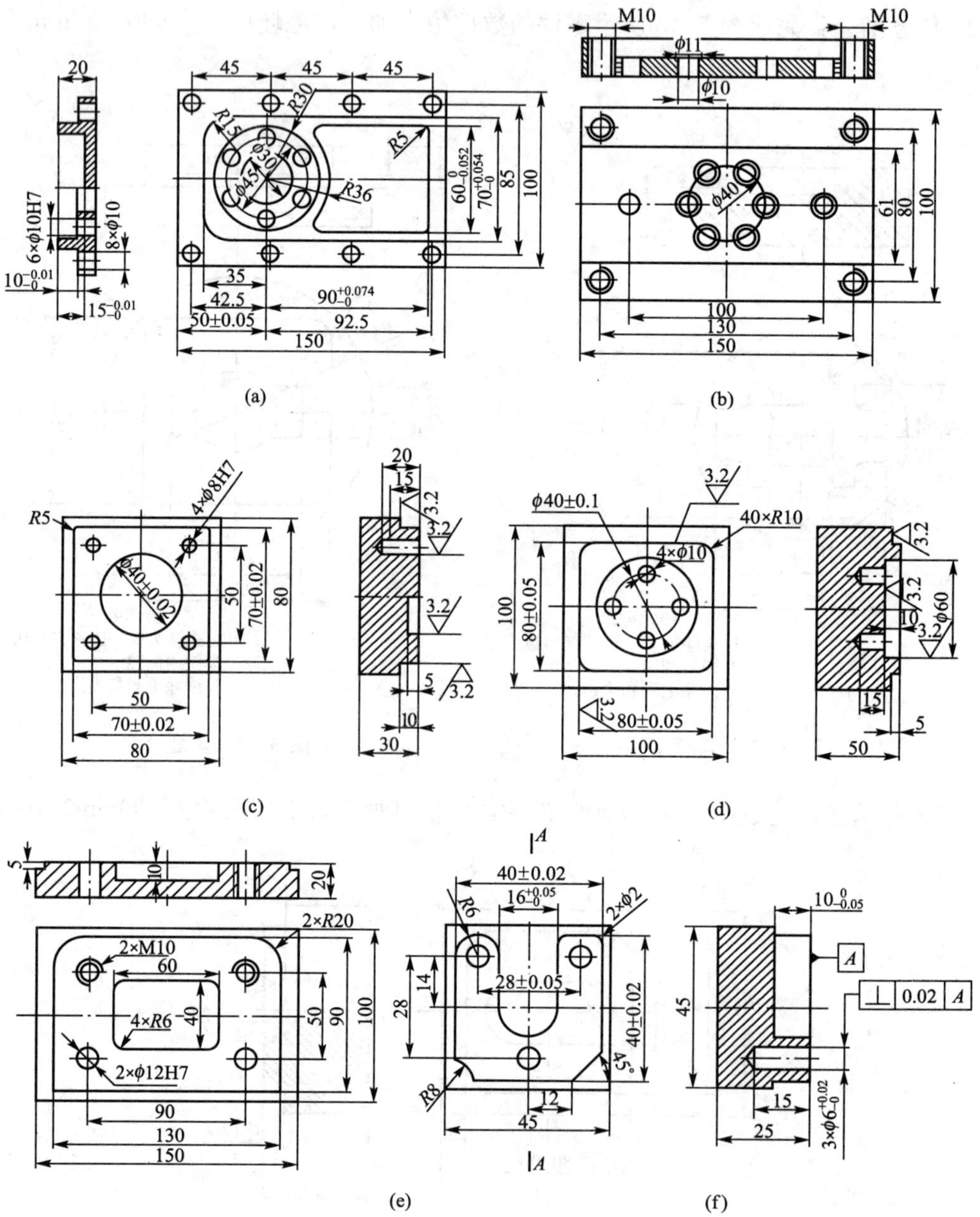

图 3.50　习题 4

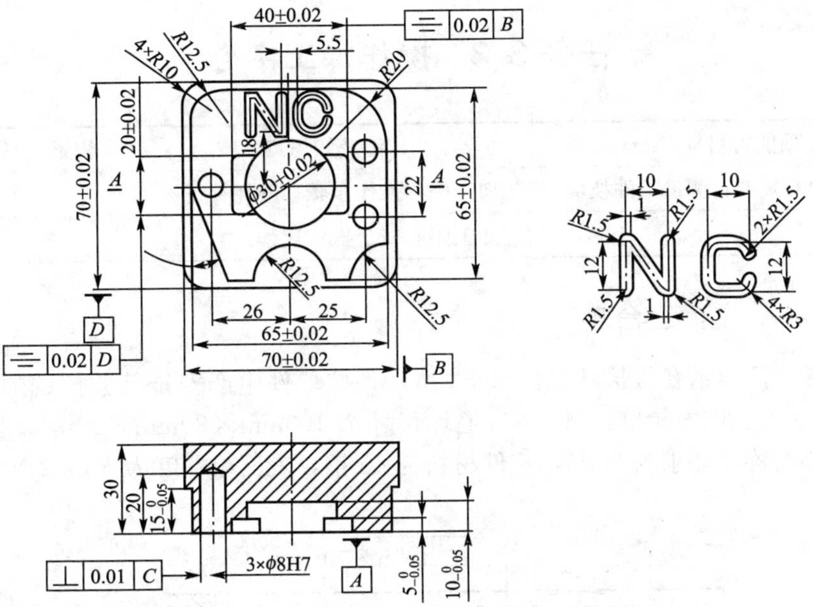

(g)

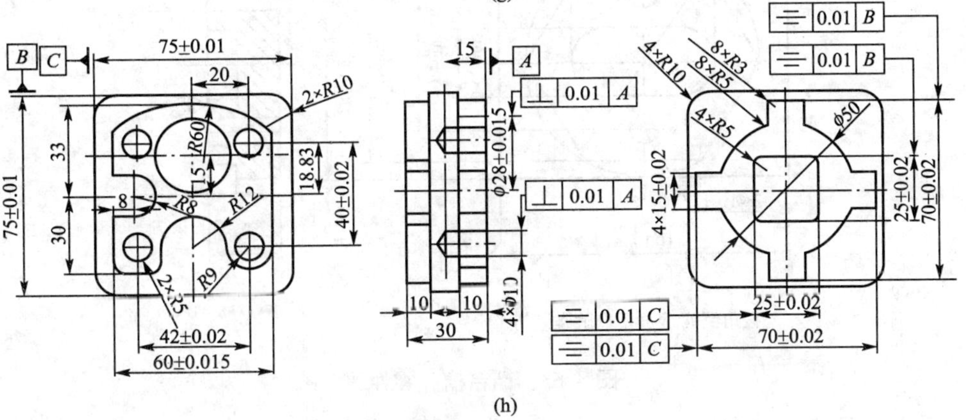

(h)

图 3.50(续)

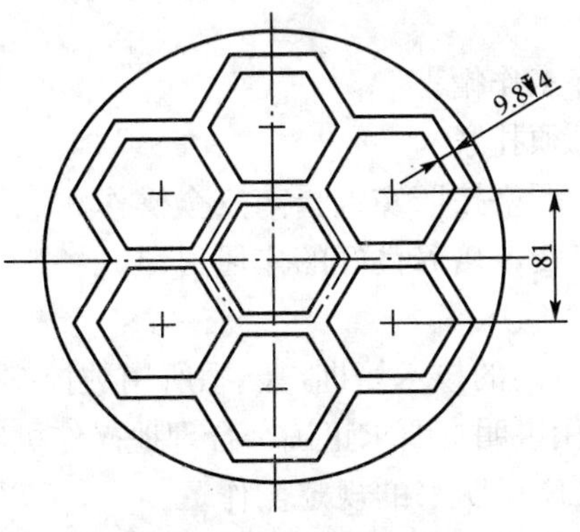

图 3.51　习题 5

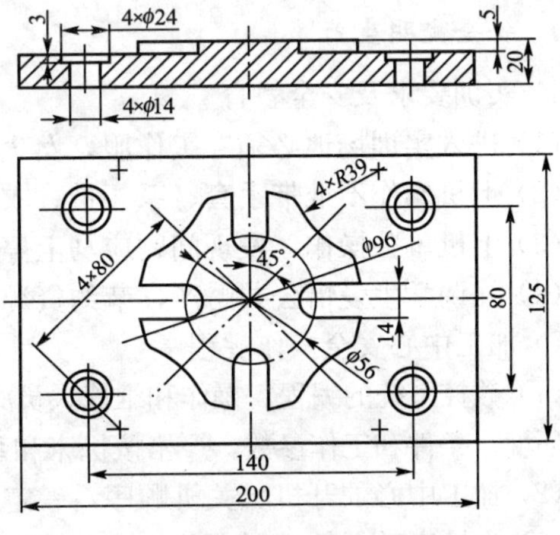

图 3.52　习题 6

任务 3.3 操作加工中心

专项能力目标	涉及知识点	权重/(%)	建议学时
操作加工中心技能；测量工件技能	加工中心操作步骤；磨耗补正	70	8
安全文明操作	加工中心安全操作规程	30	

3.3.1 任务导入：加工凸台槽孔

任务描述：凸台槽孔板形状如图 3.53 所示，按单件生产安排其数控铣削工艺，编写出加工程序(底面、四方轮廓已加工)。毛坯尺寸为 100mm×80mm×25mm。六边形凸台相对零件中心对称度要求为 0.04，零件材料为 45 钢，表面粗糙度为 *Ra*3.2。

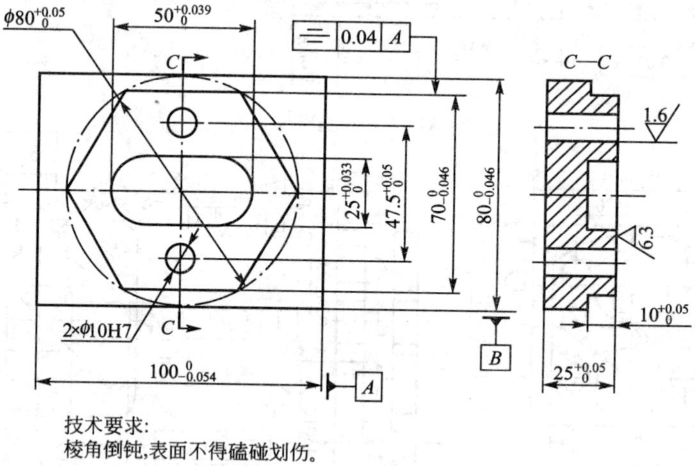

图 3.53 凸台槽孔零件图

3.3.2 知识链接

1. 安全文明生产

1) 实训要求及安全教育

(1) 进入实训场地必须穿工作服，女生必须戴好工作帽。

(2) 上机操作不准带手套、系领带、衣服袖口必须扎紧

(3) 上机单独操作，发现问题应马上停止生产。严格按照实训指南安全操作。

(4) 强调学生爱惜公共财产，节约资源，避免浪费，培养良好的作风习惯。

2) 加工中心安全操作规程

(1) 数控系统的编程、操作和维修人员必须经过专门的技术培训，熟悉所用数控铣床的使用环境、条件和工作参数，严格按机床和系统的使用说明书要求正确、合理地操作机床。

(2) 加工中心的开机、关机顺序，一定要按照机床说明书的规定操作。

(3) 主轴启动开始切削之前一定关好防护罩门，程序正常运行中严禁开启防护罩门。

(4) 机床在正常运行时不允许打开电气柜的门。

(5) 加工程序必须经过严格检验方可进行操作运行。

(6) 手动对刀时，应注意选择合适的进给速度；手动换刀时，主轴距工件要有足够的换刀距离不至于发生碰撞。

(7) 加工过程中，如出现异常现象，可按下“急停”按钮，以确保人身和设备的安全。

(8) 机床发生事故，操作者注意保留现场，并向指导老师如实说明情况。

(9) 经常润滑机床导轨，做好机床的清洁和保养工作。

3) 实训过程参照企业5S标准进行管理和实施。

实训过程参照企业5S标准进行管理和实施。

5S管理法即日文的SEIRI(整理)、SEITON(整顿)、SEISO(清洁)、SEIKETSU(规范)、SHITSUKE(自律)又被称为“五常法则”，具体参考项目1任务7。

2. 加工中心的基本操作

1) 加工中心开机、关机

(1) 开机步骤：打开强电开关—检查机床风扇、机床导轨油及气压是否正常—开启机床系统电源—(待机床登陆系统后)旋开机床面板急停按钮—机床回参考点操作。

(2) 关机步骤：关闭机床连接外围设备(计算机)—按下机床面板急停按钮—关闭机床系统电源—关闭机床强电开关。

2) 刀具装入刀库

直接往刀库中手动装入刀具。

3) 介绍加工中心操作界面功能键

机床各工作方式以及机床面板各操作键与数控仿真加工系统基本相同。应注意：机床急停按下后应重新进行回参考点操作。

4) 传输加工中心程序

在实际加工过程中，机床与计算机加工程序之间的传输可通过特定的加工或传输软件来实现。

5) 对刀

对刀的目的是通过刀具或对刀工具确定工件坐标系与机床坐标系之间的空间位置关系，并将对刀数据输入到相应的存储位置，是数控加工中最重要的操作内容，其准确性将直接影响工件的加工精度。对刀可以采用铣刀接触工件或通过塞尺接触工件对刀，但精度较低。加工中常用寻边器和Z向设定器对刀，效率高，能保证对刀精度，如图3.54～图3.57所示。

图3.54 偏心式寻边器

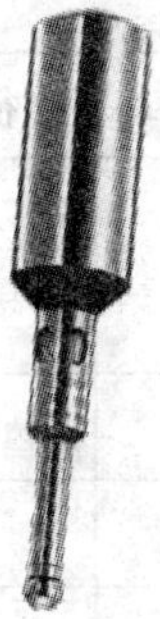

图3.55 光电式寻边器

图3.56 Z轴设定器

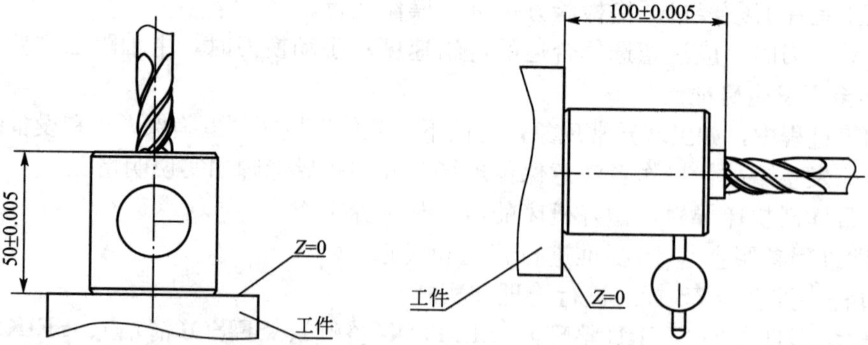

图 3.57　*Z* 轴设定器与刀具和工件的关系

对刀操作分为 X、Y 向对刀和 Z 向对刀。

3.3.3　任务实施

1. 分析工艺

加工过程如下：

(1) 外轮廓的粗、精铣削，批量生产时，粗精加工刀具要分开，本例采用同一把刀具进行。粗加工单边留 0.2mm 余量。

(2) 圆形槽粗、精铣削，采用与外形加工同一把刀具进行，减少换刀次数和零件深度的加工误差。

(3) 加工 2×ϕ10mm 通孔，根据孔的加工精度，确定孔的加工方法为先钻中心孔，然后钻孔，最后铰孔精加工。

2. 选择刀具与工艺参数

刀具与工艺参数见表 3-3、表 3-4。

表 3-3　数控加工刀具卡

单　位		数控加工刀具卡片	产品名称				零件图号	
			零件名称				程序编号	
序号	刀具号	刀具名称	刀　具		补偿值		序　号	
			直径/mm	长度/mm	半径/mm	长度/mm	半径	长度
1	T01	立铣刀	ϕ16		8.2(粗)/7.99(精)		01	
2	T02	中心钻	ϕ3					
3	T03	麻花钻	ϕ9.7					
4	T04	铰刀	ϕ10					

表 3-4　数控加工工序卡

单　位	数控加工工序卡片		产品名称	零件名称	材料	零件图号
工序号	程序编号	夹具名称	夹具编号	设备名称	编制	审核
工步号	工步内容	刀具号	刀具规格	主轴转速 S/r·min^{-1}	进给速度 F/mm·min^{-1}	背吃刀量 a_p/mm
1	去除轮廓边角料	T01	ϕ16mm 立铣刀	450	100	
2	粗铣外轮廓	T01	ϕ16mm 立铣刀	450	100	
3	精铣外轮廓	T01	ϕ16mm 立铣刀	700	80	
4	粗铣腰形槽	T01	ϕ16mm 立铣刀	450	100	
5	半精铣、精铣腰形槽	T01	ϕ16mm 立铣刀	700	80	
6	钻中心孔	T02	ϕ3mm 中心钻	2000	80	
7	钻 2×ϕ10 底孔	T03	ϕ9.7mm 麻花钻	600	80	
8	铰 2×ϕ10H7 孔	T04	ϕ10mm 铰刀	200	50	

3. 装夹零件

用平口台虎钳装夹零件，零件上表面高出钳口 12mm 左右。校正固定钳口的平行度以及零件上表面的平行度，确保精度要求。

4. 编制程序

在零件中心建立零件坐标系，Z 轴原点设在零件上表面。

1）铣削外形轮廓

（1）去除轮廓边角料。安装 ϕ16mm 立铣刀（T01）并对刀，去除轮廓边角料刀具路径如图 3.58 所示。

以进给路线最短原则，去除轮廓四个角落角料，最快效率地去除零件粗加工的余量。

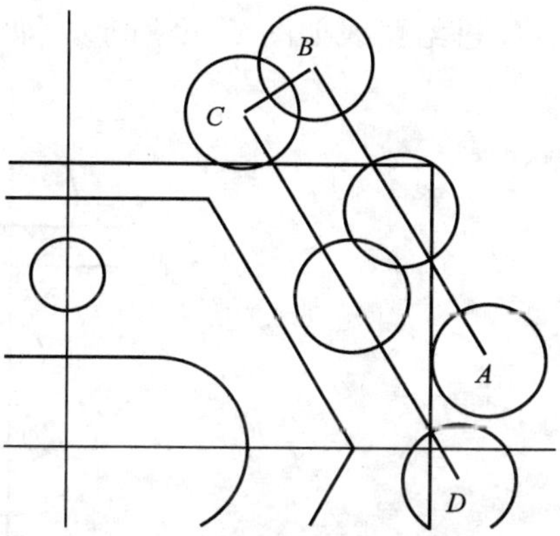

图 3.58　外轮廓去角料路线图

如图 3.58 所示：安排进给路线为 $A—B—C—D$。

程序如下：

```
O0001
N102G0G17G40G49G80G90;
N104T1M6;                          自动换刀 T1
N106G0G90G54X58.126Y12.573S450M3;  刀具快速定位,启动主轴
N108G43H1Z50;                      刀具抬至安全平面,长度补偿 H1
N110Z10;                           下刀至参考高度
N112G1Z-10F100;                    下刀至切削深度
N114X33.83Y53.783;
N116X23.963Y46.891;
N118X54.063Y-4.163;
N124X58.126Y-12.573;
N130X33.83Y-53.783;
N132X23.963Y-46.891;
```

```
N134X54.063Y4.163;
N138G0Z50;
N140X-58.126Y12.573;
N144G1Z-10F100;
N146X-33.83Y53.783;
N148X-23.963Y46.891;
N150X-54.063Y-4.163;
N156X-58.126Y-12.573;
N162X-33.83Y-53.783;
N164X-23.963Y-46.891;
N166X-54.063Y4.163;
N170G0Z50;                          抬刀至安全高度
N172M5;                             主轴停止
N174G91G28Z0;                       抬刀至换刀点
N178M30;                            程序结束
```

(2) 六边形外形轮廓的粗、精加工。采用同一把刀具，同一加工程序，通过改变刀具半径补偿值的方法来实现粗精加工。

外轮廓加工采取切向进刀、切向退刀，进退刀圆弧 $R10$。

进给路线如图 3.59 所示，即 $A—B—C—D—\cdots—I$

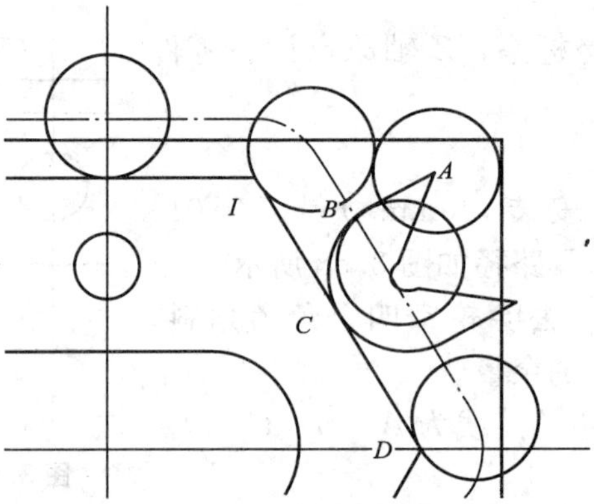

图 3.59　六边形凸台轮廓粗、精加工路线

程序如下：

```
O0002
N102G0G17G40G49G80G90;
N104T1M6;                           自动换刀 T1
N106G0G90G54X41.832Y36.272S450M3;   刀具快速定位,启动主轴
N108G43H1Z50;                       刀具抬至安全平面,长度补偿 H1
N110Z10;                            下刀至参考高度
N112G1Z-10F100;                     下刀至切削深度
N114G41D1X33.218Y31.193;            建立刀具半径补偿,粗加工 D1=8.2;精加工 时 D1=7.99。
N116G3X29.682Y17.5R10;              切向切入
N118G1X40Y0;
```

```
N120X19.365Y-35;
N122X-19.365;
N124X-40Y0;
N126X-19.365Y35;
N128X19.365
N130X29.682Y17.5;
N132G3X43.376Y13.964R10;                  切向切出
N134G1G40X51.99Y19.043;                   取消刀具半径补偿
N138G0Z50;                                抬刀至安全高度
N140M5;                                   主轴停止
N142G91G28Z0;                             抬刀至换刀点
N146M30;                                  程序结束并返回
```

2）铣削腰形槽

(1) 腰形槽铣削粗加工。安装 ϕ16mm 立铣刀(T01)并对刀，粗铣腰形槽。采用 Z 字形斜插式下刀方式，如图 3.60 所示。

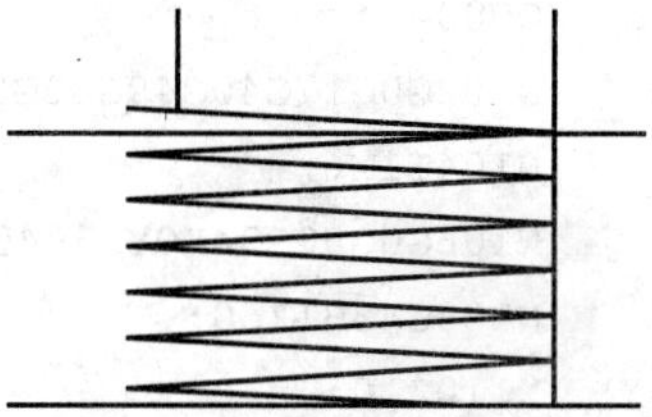

图 3.60　“Z”字形斜插式下刀

粗加工程序如下：

```
O0003
N102G0G17G40G49G80G90;
N104T1M6;
N106G0G90G54X-1.489Y3.498S450M3;
N108G43H1Z50;
N110Z10;
N112G1Z1F80;
N114X-3.382Z.901F100;
N116X12.618Z.062;
N118X-3.382Z-.776;
N120X12.618Z-1.615;
N122X-3.382Z-2.453;
N124X12.618Z-3.292;
N126X-3.382Z-4.13;
N128X12.618Z-4.969;
N130X-3.382Z-5.807;
N132X12.618Z-6.646;
N134X-3.382Z-7.484N136X12.618Z-8.323;
N138X-3.382Z-9.161;
N140X12.618Z-10;
N142X12.5Y4.5;
N144X0;
N146X-12.5;
N148G3Y-4.5R4.5;
N150G1X12.5;
N152G3Y4.5R4.5;
```

```
N156G0Z50;
N158M5;
N160G91G28Z0;
N164M30;                                     程序结束
```

(2) 半精、精铣腰形槽。半精、精加工采用同一程序，通过设置刀补值控制加工余量和达到尺寸要求。

腰形槽轮廓加工采取切向进刀、切向退刀，进退刀圆弧 $R12$。

进给路线如图 3.61 所示，即 O—A—B—C—D—E—F—B—G—O

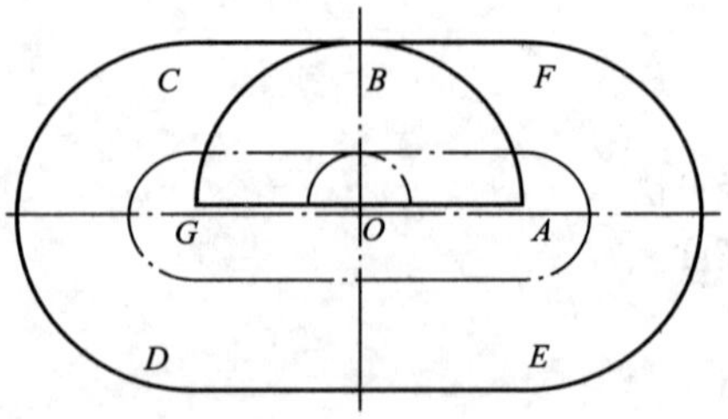

图 3.61　腰形槽精加工路线

程序如下：

```
O0004
N102G0G17G40G49G80G90;
N104T1M6;
N106G0G90G54X0Y.5S450M3;
N108G43H1Z50;
N110Z10;
N112G1Z-10F100;
N114G41D1X12;                建立刀具半径补偿,半精加工 D1=8.1;精加工时 D1=7.98。
N116G3X0Y12.5R12;
N118G1X-12.5;
120G3Y-12.5R12.5;
N122G1X12.5;
N124G3Y12.5R12.5;
N126G1X0;
N128G3X-12Y.5R12;
N130G1G40X0;
N134G0Z50;
N136M5;
N138G91G28Z0;
N142M30                      程序结束
```

(3) 2×ϕ10mm 通孔加工。通过自动换刀实现钻中心孔、钻底孔和铰孔的加工过程；完成孔的粗、精加工。

程序如下：

```
O0005
N102G0G17G40G49G80G90;
N104T2M6;                           自动换刀 T2(中心钻)
N106G0G90G54X0Y-23.75S2000M3;
N108G43H2Z20;                       抬刀至安全高度
N110G98G81X0Y-23.75Z-5R5F80;        钻第一个中心孔
N114X0Y23.75;                       钻第二个中心孔
```

```
N116G80;
N118M5;
N120G91G28Z0;                          回换刀点
N124M6T3;                              自动换刀 T3(钻头)
N128M3S600;
N130G00Z20;
N140G98G83X0Y-23.75Z-30R5Q5F80;        排屑钻孔
N150X0Y23.75;
N160G80;
N170M5;
N180G91G28Z0;                          回换刀点
N190M6T4;                              自动换刀 T4(铰刀)
N200M3S200;
N210G98G85X0Y-23.75Z-28R5F50;          铰孔
N220X0Y23.75;
N230G80;
N240M5;
N250G91G28Z0;                          回换刀点
N260M30;                               程序结束
```

习　　题

任务描述：完成图 3.62 所示零件的数控仿真加工，毛坯尺寸为 70mm×70mm×30mm。

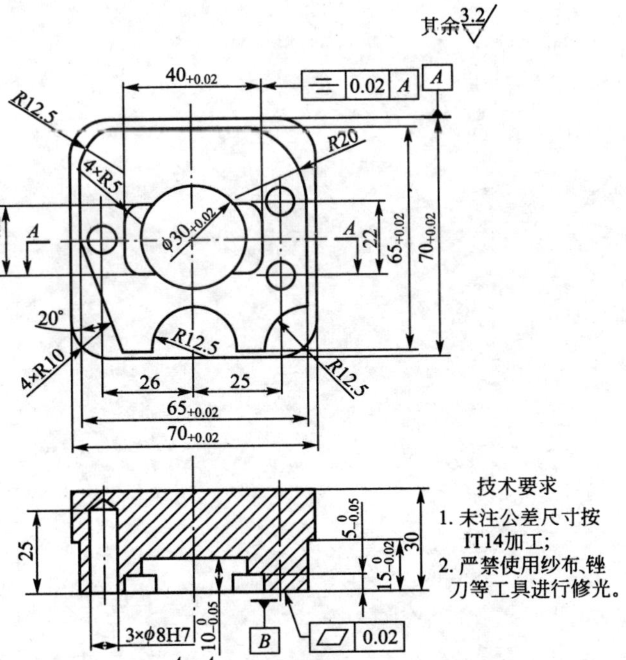

图 3.62　加工中心习题

项 目 小 结

加工中心是高效、高精度数控机床，零件在一次装夹中便可完成多道工序的加工，同时还备有刀具库，并且有自动换刀功能。加工中心所具有的这些丰富的功能，决定了加工中心程序编制的复杂性。

加工中心是一种功能较多的数控加工机床，具有铣削、镗削、钻削、螺纹加工等多种工艺手段。加工中心适用于加工凸轮、箱体、支架、盖板、模具等各种复杂型面的零件。除换刀程序外，加工中心的编程方法与数控铣床的编程方法基本相同。按主轴在加工时的空间位置分为卧式、立式和万能加工中心，这是加工中心通常的分类方法。按功能特征分镗铣加工中心、钻削加工中心、复合加工中心等。

项目4

数控电火花加工技术

能力目标

1. 分析数控电火花线切割与成形机床加工工艺；
2. 会操作数控电火花线切割与成形机床；
3. 能编写数控电火花线切割结构程序；
4. 会使用数控电火花线切割机床自动编程软件。

项目导读

本项目从认识数控电火花线切割与成形加工开始，详细介绍了电火花线切割与成形机床的基本操作，同时结合企业典型案例，详尽介绍数控电火花线切割机床自动化编程加工的操作操作过程，最后对在实际应用中较为广泛的小孔成形机也分析介绍了其操作过程，直接体验了电火花操作的真实过程。

本项目精选企业加工案例，突出实践性，遵循“做中学，学中做”，融理论实践为一体。学习过程按照：分析工艺→确定编程路线→确定编程工艺参数→操作自动编控软件→自动编写程序→实际操作加工，即

分析工艺　确定编程路线　确定编程工艺参数　操作自动编控软件　自动编写程序　实际操作加工

任务 4.1　数控电火花线切割加工技术

专项能力目标	涉及知识点	权重/(%)	建议学时
分析数控电火花线切割机床结构原理；分析数控电火花线切割加工工艺，确定数控线切割编程基本工艺参数；分析零件尺寸精度控制方法	数控电火花线切割机床原理与基本工艺；数控中走丝线切割机床结构、工艺特点、应用与维护	20	6
手工编写电火花线切割程序；会用自动编程软件进行编程加工	3B 格式、ISO 格式编程；数控中走丝线切割机床自动编控软件	40	
能操作维护中走丝数控线切割机床	数控中走丝线切割机床的操作应用	40	

4.1.1　任务导入：典型凸模零件的线切割自动编程与加工

任务描述：完成图 4.1 所示凸模零件的数控线切割自动编程与加工。

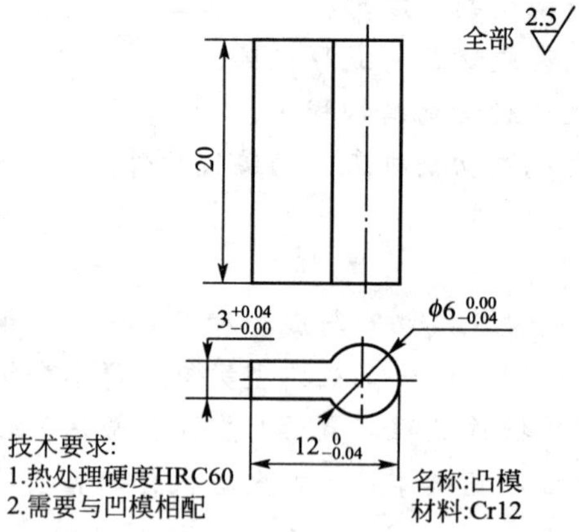

图 4.1　凸模零件

4.1.2　知识链接

1. 数控电火花线切割机床简介

1）电火花线切割机床分类

根据电极丝的运行速度，电火花线切割机床主要分为三大类：高速走丝(又称快走丝)电火花线切割机床(WEDM - HS)、低速走丝(又称慢走丝)电火花线切割机床(WEDM - LS)、中速走丝电火花线切割机床。

(1) 高速走丝电火花线切割机床，其电极丝作高速往复运动，一般走丝速度为 8～10m/s，电极丝可重复使用，加工速度较高，但快速走丝容易造成电极丝抖动和反向时停顿，使加工质量下降，是我国生产和使用的主要机种。

(2) 低速走丝电火花线切割机床，其电极丝作低速单向运动，一般走丝速度低于 0.2m/s，电极丝放电后不再使用，工作平稳、均匀、抖动小、加工质量较好，但加工速度较低，是国外生产和使用的主要机种。

(3) 中速走丝电火花线切割机床，中速走丝电火花线切割机床属往复高速走丝电火花线切割机床范畴，是在高速往复走丝电火花线切割机上吸收了低速走丝电火花线切割机床多次切割的特点，对数控柜、主机加工工艺进行较大改进，使成为性能趋近于慢走丝，又有快走丝特性的新型往复走丝电火花线切割机，被俗称为“中走丝线切割”。其原理是对工件作多次反复的切割，开头用较快丝筒速度、较强高频来切割，最后一刀则用较慢丝筒速度、较弱高频电流来修光，从而提高了加工粗糙度。

2) 电火花线切割加工原理

电火花线切割的基本工作原理是利用连续移动的细金属丝(称为线切割的电极丝，常用钼丝)作为电极，对工件进行脉冲火花放电蚀除金属，由计算机控制，配合一定的水基乳化液进行冷却排屑，将工件切割加工成形。线切割主要用于加工各种形状复杂和精密细小的工件，例如线切割可以加工冲裁模的凸模、凹模、凸凹模、固定板、卸料板等，成形刀具、样板，线切割还可以加工各种微细孔槽、窄缝、任意曲线等。线切割具有加工余量小、加工精度高、生产周期短、制造成本低等突出优点，线切割已在生产中获得广泛的应用。

图4.2(a)、(b)所示为高速走丝电火花线切割工艺及装置结构的示意图。是利用细钼丝4作为工具电极进行切割，钼丝穿过工件上预钻好的小孔，经导向轮5由储丝筒7带动钼丝作正反向交替移动，加工能源由脉冲电源3供给。工件安装在工作台上，由数控装置按加工要求发出指令，控制两台步进电动机带动工作台在水平 X、Y 两个坐标方向移动，从而合成各种曲线轨迹，把工件切割成形。在加工时，由喷嘴将工作液以一定的压力喷向加工区，当脉冲电压击穿电极丝和工件之间的放电间隙时，两极之间即产生火花放电而蚀除工件。

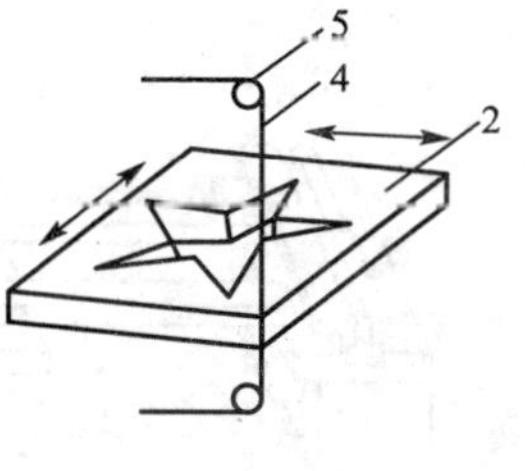

(a) 线切割工艺示意图

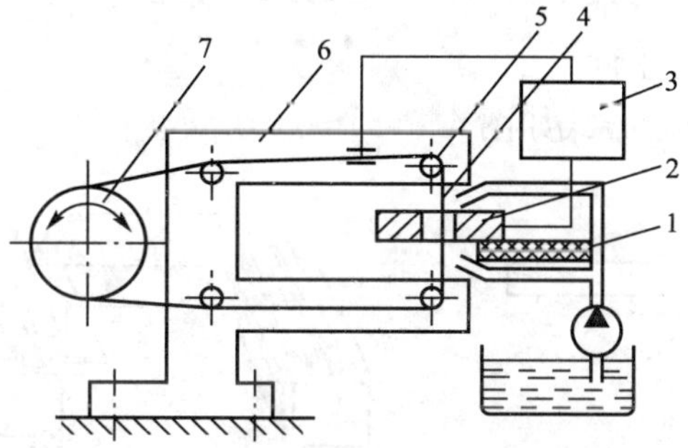

(b) 装置结构示意图

图4.2　高速走丝电火花线切割加工原理

1—绝缘底板；2—工件；3—脉冲电源；4—钼丝；5—导向轮；6—支架；7—储丝筒

这类机床的电极丝运行速度快，而且是双向往返循环地运行，即成千上万次的反复通过加工间隙，一直使用到断线为止。电极丝主要是钼丝(0.1～0.2mm)，工作液通常采用乳化液，也可采用矿物油(切割速度低，易产生火灾)、去离子水等。相对来说高速走丝电火花线切割机床结构比较简单，价格比低速走丝机床便宜。但是由于它的运丝速度快、机床的振动较大，电极丝的振动也大，导丝导轮损耗也大，给提高加工精度带来较大的困难。另外电极丝在加工反复运行中的放电损耗也是不能忽视的，目前能达到的精度为0.01mm，表面粗糙度 Ra 为0.63～1.25μm，但一般的加工精度为0.015～0.02mm，表

面粗糙度 Ra 为 1.25～2.5μm，可满足一般模具的要求。

低速走丝机床的运丝速度慢，可使用纯铜、黄铜、钨、钼和各种合金以及金属涂覆线作为电极丝，其直径为 0.03～0.35mm。这种机床电极丝只是单方向通过加工间隙，不重复使用，可避免电极丝损耗给加工精度带来的影响。工作液主要是去离子水和煤油。使用去离子水工作效率高，没有引起火灾的危险。这类机床的切割速度目前已达到 350～400mm²/min，最佳表面粗糙度 Ra 可达到 0.05μm，尺寸精度大为提高，加工精度能达到 ±0.001mm，但一般的加工精度为 0.002～0.005mm，表面粗糙度 Ra 为 0.03μm。低速走丝电火花线切割机床由于解决了能自动卸除加工废料、自动搬运工件、自动穿电极丝和自适应控制技术的应用，因而已能实现无人操作的加工。但低速走丝电火花线切割机床在目前的造价，以及加工成本均要比高速走丝数控电火花线切割机床高得多。

3) 电火花线切割加工的特点

(1) 加工范围宽，只要被加工工件是导体或半导体材料，无论其硬度如何，均可进行加工。

(2) 由于线切割加工线电极损耗极小，所以加工精度高。

(3) 除了电极丝直径决定的内侧角部的最小半径(电极丝半径＋放电间隙)的限制外，任何复杂形状的工件，只要能编制加工程序就可以进行加工。该方法特别适于小批量和试制品的加工。

(4) 能方便调节加工工件之间的间隙，如依靠线径自动偏移补偿功能，使冲模加工的凸凹模间隙得以保证。

(5) 采用四轴联动可加工上、下面异型体、扭曲曲面体、变锥度体等工件。

2. 数控电火花线切割加工的基本工艺

1) 装夹工件

工件支承方式如图 4.3(a)～(e)所示。

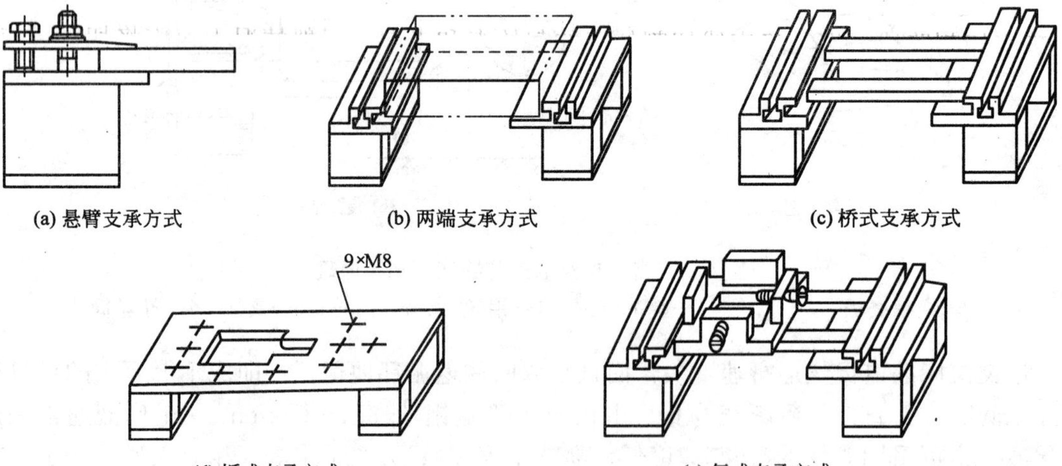

(a) 悬臂支承方式　(b) 两端支承方式　(c) 桥式支承方式

(d) 板式支承方式　(e) 复式支承方式

图 4.3　工件的支承方式

2) 选择电极丝

常用电极丝的种类及其特点见表 4－1。

表 4-1　常用电极丝种类及其特点

材料	线径/mm	特　点
纯铜	0.1～0.25	适合于切割速度要求不高或精加工时用，丝不易卷曲，抗拉强度低，容易断丝
黄铜	0.1～0.30	适合于高速加工，加工面的蚀屑附着少，表面粗糙度和加工面的平直度也比较好
专用黄铜	0.05～0.35	适合于高速、高精度和理想的表面粗糙度加工以及自动穿丝，但价格高
钼丝	0.06～0.25	由于它的抗拉强度高，一般用于快速走丝，在进行微细、窄缝加工时，也可用于慢速走丝
钨丝	0.03～0.10	由于抗拉强度高，可用于各种窄缝的微细加工，但价格昂贵

3）选择与配制工作液

线切割工作液的种类、特点及应用见表 4-2。

表 4-2　线切割工作液的种类、特点及应用

种　　类	特点及应用
水类工作液（自来水、蒸馏水、去离子水）	冷却性能好，但洗涤性能差，易断丝，切割表面易黑脏。适用于厚度较大的工件加工用
煤油工作液	介电强度高、润滑性能好，但切割速度低，易着火，只有在特殊情况下才采用
皂化液	洗涤性能好，切割速度较高，适用于加工精度及表面质量较低的工件
乳化型工作液	介电强度比水高，比煤油低；冷却能力比水弱，比煤油好；洗涤性比水和煤油都好。切割速度较高，是普通使用的工作液

4）确定切割路线

确定切割路线，即是确定线切割加工的起始点和走向。一般情况下，应将切割起点安排在靠近夹持端，然后转向远离夹具的方向进行加工，最后转向工件夹具的方向。如图 4.4 所示，图 4.4(b)所示切割路线正确，图 4.4(a)和(c)所示切割路线都不好。

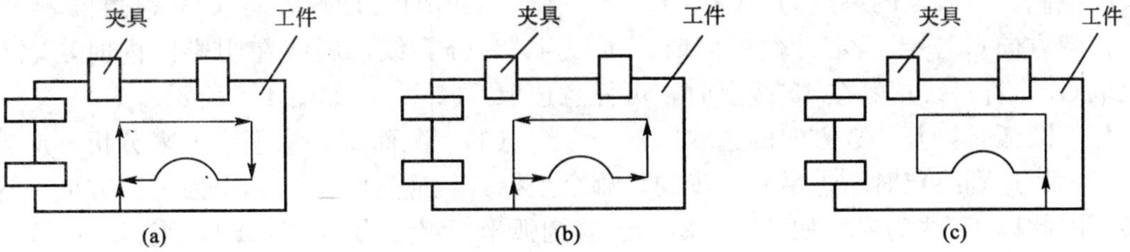

图 4.4　线切割加工路线的选择

5）确定间隙补偿量 t

加工凸模时，电极丝中心轨迹应在所加工图形的外面；加工凹模时，电极丝中心轨迹应在所加工图形的里面。所加工图形与电极丝中心轨迹间的距离，在圆弧的半径方向和线段的垂直方向都相等，此距离称为间隙补偿量，间隙补偿量 t 的计算如下：

(1) 加工冲孔模具。凸模的间隙补偿量 $t_{凸}=r_{丝}+\delta_{电}$；凹模的间隙补偿量 $t_{凹}=r_{丝}+\delta_{电}-\delta_{配}$

(2) 加工落料凹模。凸模的间隙补偿量 $t_{凸}=r_{丝}+\delta_{电}-\delta_{配}$；凹模的间隙补偿量 $t_{凹}=r_{丝}+\delta_{电}$

式中：$r_{丝}$——电极丝半径；

$\delta_{电}$——单边放电间隙；

$\delta_{配}$——凸模和凹模间的单边配合间隙。

3. 数控电火花线切割机床编程

数控线切割编程与数控车床、铣床、加工中心的编程过程一样，也是按要加工的工件编制出控制系统能接受的指令。

1) 3B格式编程

我国独创的3B格式只能用于快走丝线切割，功能少、兼容性差，只能用相对坐标编程而不能用绝对坐标编程，但其针对性强，通俗易懂，且被我国绝大多数快走丝线切割机床生产厂采用。

(1) 程序格式。3B格式的程序没有间隙补偿功能，其程序格式见表4-3。表中的B为分隔符号，它在程序单上起着把X、Y和J数值分隔开的作用。当程序输入控制器时，读入第一个B后的数值表示X坐标值，读入第二个B后的数值表示Y坐标值，读入第三个B后的数值表示计数长度J的值。

表4-3 3B程序格式

B	X	B	Y	B	J	G	Z
B	X坐标值	B	Y坐标值	B	计数长度	计数方向	加工指令

加工圆弧时，程序中的X、Y必须是圆弧起点对圆心的坐标值。加工斜线时，程序中的X、Y必须是该斜线段终点对其起点的坐标值，斜线段程序中的X、Y值允许把它们同时缩小相同的倍数，只要其比值保持不变即可，因为X、Y值只用来确定斜线的斜率，但J值不能缩小。对于与坐标轴重合的线段，在其程序中的X或Y值可不必写或全写为零。X、Y坐标值只取其数值，不管正负。X、Y坐标值都以μm为单位，1μm以下的按四舍五入计。

(2) 计数方向G和计数长度J。

① 计数方向G及其选择。加工斜线段时，必须用进给距离比较大的一个方向作为进给长度控制。若线段的终点为$A(X, Y)$，当$|Y|>|X|$时，计数方向取G_Y；当$|Y|<|X|$时，计数方向G_X。当确定计数方向时，可以45°为分界线，斜线在阴影区内时，取G_Y；反之取G_X。若斜线正好在45°线上时，可任意选取G_X、G_Y，如图4.5所示。

加工圆弧时，其计数方向的选取应视圆弧终点的情况而定，从理论上来分析，应该是当加工圆弧达到终点时，走最后一步的是哪个坐标，就应选哪个坐标作为计数方向，这很麻烦，因此以45°线为界，如图4.6所示。若圆弧坐标终点为$B(X, Y)$，当$|X|<|Y|$时，即终点在阴影区内，计数方向取G_X；当$|X|>|Y|$时，计数方向取G_Y；当终点在45°线上时，可任意取G_X、G_Y。

② 计数长度J的确定。对于斜线，如图4.7(a)所示取$J=X_e$，如图4.7(b)所示取$J=Y_e$即可。

对于圆弧，它可能跨越几个象限，图4.8所示的圆弧都是从A加工到B。在图4.8(a)中，计数方向为G_X，$J=J_{X1}+J_{X2}$；在图4.8(b)中，计数方向为G_Y，$J=J_{Y1}+J_{Y2}+J_{Y3}$。

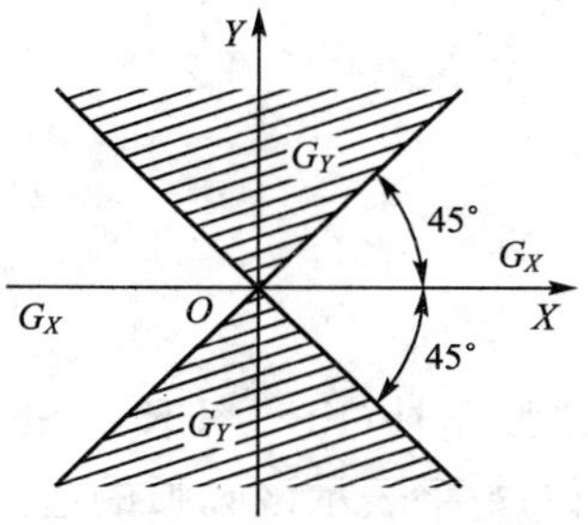

图 4.5　斜线段计数方向选择

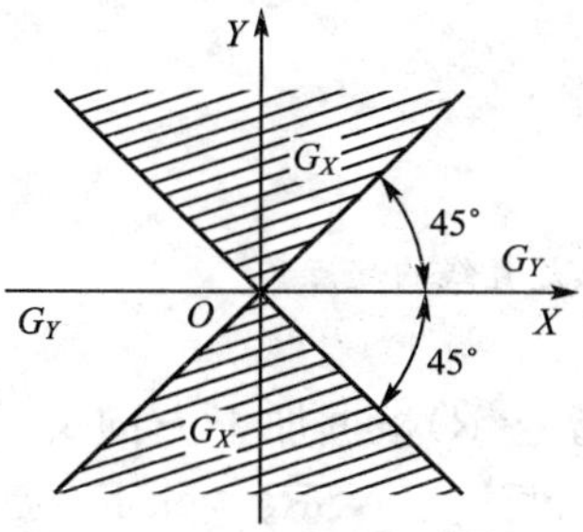

图 4.6　圆弧计数方向选择

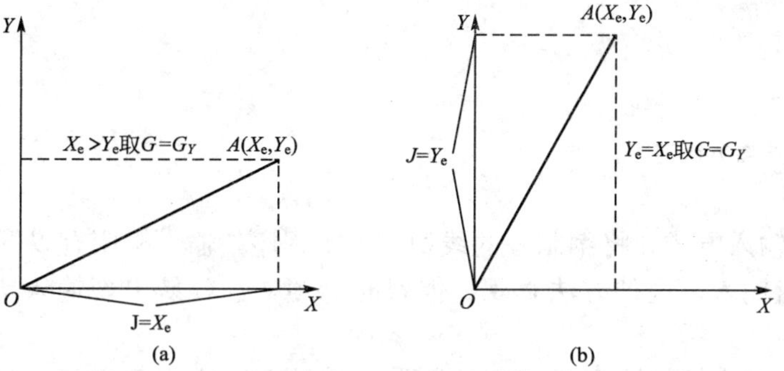

图 4.7　直线 J 的确定

(3) 加工指令 Z。加工指令 Z 包括直线插补指令(L)和圆弧插补指令(R)两类。

直线插补指令(L_1、L_2、L_3、L_4)表示加工的直线终点分别在坐标系的第一、第二、第三、第四象限。如果加工的直线与坐标轴重合，根据进给方向来确定指令(L_1、L_2、L_3、L_4)。如图 4.9(a)、(b)所示。

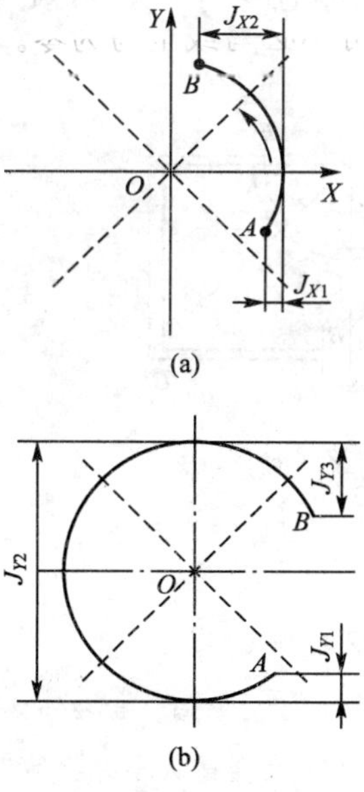

图 4.8　圆弧 J 的确定

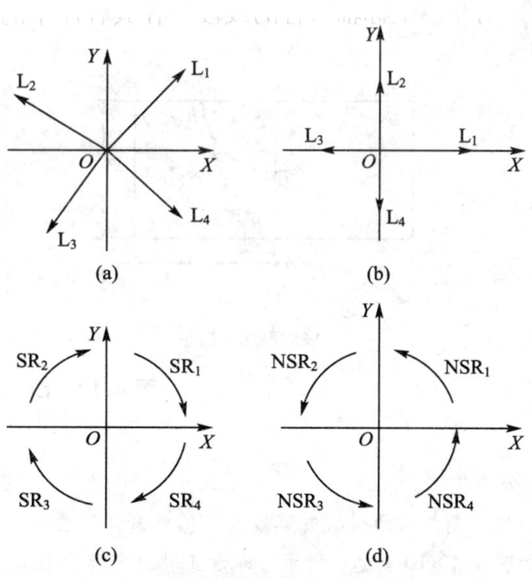

图 4.9　加工指令 Z

特别提示

坐标系的原点是直线的起点。

圆弧插补指令(R)根据加工方向又可分为顺圆弧插补(SR_1、SR_2、SR_3、SR_4)和逆圆弧插补(NSR_1、NSR_2、NSR_3、NSR_4)。字母后面的数字表示该圆弧的起点所在象限，SR表示顺圆弧插补，其起点在第一象限，如图4.9(c)所示，NSR表示逆圆弧插补，其起点在第一象限，如图4.9(d)所示。

特别提示

坐标系的原点是圆弧的圆心。

(4) 程序的输入方式。将编制好的线切割加工程序，输入机床有以下方式：

① 手工键盘输入，这种方法直观，但费时麻烦，且容易出现输入错误，适合简单程序的输入。

② 由通信接口直接传输到线切割控制器，这种方法应用更方便，且不容易出现输入错误，是最理想的输入方式。

应用实例 4-1

任务描述：用3B代码编制加工图4.10(a)凸模零件所示的线切割加工程序。已知线切割加工用的电极丝直径为0.18mm，单边放电间隙为0.01mm，图中A点为穿丝孔，加工方向沿A—B—C—D—E—F—G—H—B—A进行。

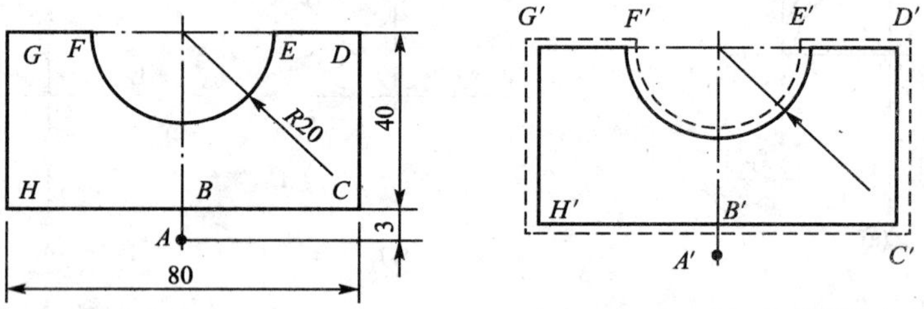

(a) 线切割加工程序　　(b) 钼丝中心运行的轨迹形状

图4.10　凸模零件

解：

(1) 分析工艺。

现用线切割加工凸模状的零件图，实际加工中由于钼丝半径和放电间隙的影响，钼丝中心运行的轨迹形状如图4.10(b)中虚线所示，即加工轨迹与零件图相差一个补偿量，补偿量的大小为钼丝半径r+单边放电间隔$\delta=0.09\text{mm}+0.01\text{mm}=0.1\text{mm}$，在加工中需要注意的是$E'F'$圆弧的编程，圆弧$EF$［见图4.10(a)］与圆弧$E'F'$［见图4.10(b)］有较多不同点，它们的特点比较见表4-4。

表 4-4　圆弧 EF 和 $E'F'$ 特点比较表

	起点	起点所在象限	圆弧首先进入象限	圆弧经历象限
圆弧 EF	E	X 轴上	第四象限	第二、三象限
圆弧 $E'F'$	E'	第一象限	第一象限	第一、二、三、四象限

(2) 计算并编制圆弧 $E'F'$ 的 3B 代码。在图 4.10(b)中，最难编制的是圆弧 $E'F'$，其具体计算过程如下：

以圆弧 $E'F'$ 的圆心为坐标原点，建立直角坐标系，则 E' 点的坐标为：$YE'=0.1\text{mm}$，$XE'=20-0.1=19.900\text{mm}$。根据对称原理可得 F' 的坐标为(−19.900，0.1)。

根据上述计算可知圆弧 $E'F'$ 的终点坐标的 Y 的绝对值小，所以计数方向为 Y。圆弧 $E'F'$ 在第一、二、三、四象限分别向 Y 轴投影得到长度的绝对值分别为 0.1mm、19.9mm、19.9mm、0.1mm，故 J=40000。

圆弧 $E'F'$ 首先在第一象限顺时针切割，故加工指令为 SR1。

由上可知，圆弧 $E'F'$ 的 3B 代码为：

E′F′	B	19900	B	100	B	40000	GY	SR1

(3) 经过上述分析计算，可得轨迹形状的 3B 程序，见表 4-5。

表 4-5　切割轨迹 3B 程序单

程序	B	X	B	Y	B	J	G	Z	备注
1	B	0	B	2900	B	2900	GY	L2	加工 $A'B'$ 线段
2	B	40100	B	0	B	40100	GX	L1	加工 $B'C'$ 线段
3	B	0	B	40200	B	40200	GY	L2	加工 $C'D'$ 线段
4	B	0	B	20200	B	20200	GX	L3	加工 $D'E'$ 线段
5	B	19900	B	100	B	40000	GY	SR1	加工 $E'F'$ 圆弧线段
6	B	20200	B	0	B	20200	GX	L3	加工 $F'G'$ 线段
7	B	0	B	40200	B	40200	GY	L4	加工 $G'H'$ 线段
8	B	40100	B	0	B	40100	GX	L1	加工 $H'B'$ 线段
9	B	0	B	2900	B	2900	GY	L4	加工 $B'A'$ 线段
10	停机代码							DD	

2) 4B 格式编程

4B 格式程序具有间隙补偿功能。补偿量(计算方法下面介绍)先输入计算机控制装置，加工程序按工件平均尺寸编制，计算机控制系统自动进行间隙补偿计算，然后去控制机床的运动，也就是说虽然按工件轮廓尺寸编程，但实际走的路线是电极丝中心轨迹，因此可保证加工出符合尺寸要求的工件。4B 程序格式见表 4-6。

表 4-6　4B 程序格式

B	X	B	Y	B	J	B	R	G	Z
B	X 坐标值	B	Y 坐标值	B	计数长度	B	圆弧半径	计数方向	加工指令

表中 R 为加工圆弧半径，对于加工图样各尖角一般取 R=0.1mm 的过渡圆弧来过渡，这样在加工直线时，程序不变；加工圆弧时，计算机控制系统自动做补偿计算。

3）ISO 格式编程

国际通用的 ISO(G)代码，其优点是功能齐全、通用性强，我国的数控线切割系统使用的指令代码与 ISO 基本一致。表 4－7 为数控线切割机床常用的指令代码。

表 4－7　数控线切割机床常用的指令代码

代码	功　能	代码	功　能
G00	快速点定位	G10	*Y* 轴镜像，*X*、*Y* 轴变换
G01	直线插补	G11	*Y* 轴镜像，*X* 轴镜像，*X*、*Y* 轴交换
G02	顺时针方向圆弧插补	G12	消除镜像
G03	逆时针方向圆弧插补	G40	取消间隙补偿
G05	*X* 轴镜像	G41	左偏间隙补偿，D 偏移量
G06	*Y* 轴镜像	G42	右偏间隙补偿，D 偏移量
G07	*X*、*Y* 轴交换	G50	消除锥度
G08	*X* 轴镜像，*Y* 轴镜像	G51	锥度左偏 A 角度值
G09	*X* 轴镜像，*X*、*Y* 轴交换	G52	锥度右偏 A 角度值
G54	加工坐标系 1	G91	相对坐标
G55	加工坐标系 2	G92	定起点
G56	加工坐标系 3	M00	程序暂停
G57	加工坐标系 4	M02	程序结束
G58	加工坐标系 5	M05	接触感知解除
G59	加工坐标系 6	M96	主程序调用文件程序
G80	接触感知	M97	主程序调用文件结束
G82	半程移动	W	下导轮中心到工作台面高度
G84	微弱放电找正	H	工件厚度
G90	绝对坐标	S	工作台面到上导轮中心高度

（1）G92——建立工件坐标系指令。

编程格式：

G92X _ Y _ ；

式中：X、Y——切割起点在工件坐标系中的坐标值。

（2）G00——快速点定位指令。

编程格式：

G00X _ Y _ ；

如 G00 X45000 Y75000；

（3）G01——直线插补指令。

编程格式：

G01X _ Y _ U _ V _ ；

式中：X、Y——直线的终点坐标值；

U、V——坐标轴在加工锥度时使用。

线切割机床一般有X、Y、U、V四轴联动功能，即四坐标，其加工速度由电参数决定。

(4) G02、G03——圆弧插补指令。

G02为顺时针圆弧插补指令，G03为逆时针圆弧插补指令。

编程格式：

G02(或G03)X _ Y _ I _ J _；

式中：X、Y——圆弧终点的坐标；

I、J——圆心坐标和圆心相对圆弧起点的增量值，I是X方向坐标值，J是Y方向坐标值，其值不得省略。与正方向相同，取正值；反之取负值。

(5) G41、G42、G40——间隙补偿指令。

编程格式：

G41/G42 D _；

G40；

特别提示

(1) 左偏间隙补偿(G41)沿着电极丝前进的方向看，电极丝在工件的左边；右偏间隙补偿(G42)沿着电极丝前进的方向看，电极丝在工件的右边，如图4.11所示。G40为取消间隙补偿指令。

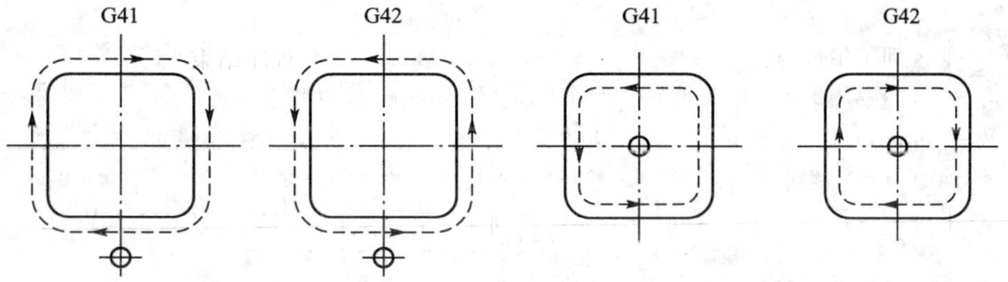

(a) 凸模加工　　(b) 凹模加工

图4.11　G41与G42的判别方法

(2) 左偏间隙补偿G41、右偏间隙补偿G42程序段必须放在进刀线之前。

(3) D为电极丝半径与放电间隙之和，单位为μm。

(4) 取消间隙补偿G40指令必须放在退刀线之前。

(6) G05、G06、G07、G08、G09、G10、G11、G12——镜像、交换加工指令。

镜像、交换加工指令单独成为一个程序段，在该程序段以下的程序段中，X、Y坐标按照指定的关系式发生变化，直到出现取消镜像加工指令为止。

G05为X轴镜像，关系式：X=－X。

G06为Y轴镜像，关系式：Y=－Y。

G08为X轴镜像，Y轴镜像，关系式：X=－X，Y=－Y，即G08=G05+G06。

G07为X、Y轴交换，关系式：X=Y，Y=X。

G09为X轴镜像，X、Y轴交换，即G09=G05+G07。

G10 为 Y 轴镜像，X、Y 轴交换，即 G10＝G06＋G07。

G11 为 X 轴镜像，Y 轴镜像，X、Y 轴交换，即 G11＝G05＋G06＋G07。

G12 为取消镜像，每个程序镜像后都要加上此指令，取消镜像后程序段的含义就与原程序相同了。

(7) G50、G51、G52——锥度加工指令。

G51 为锥度左偏，沿着电极丝前进的方向看，电极丝上段在底平面加工轨迹的左边。

指令格式：G51 A _；

G52 为锥度右偏，沿着电极丝前进的方向看，电极丝上段在底平面加工轨迹的右边。

指令格式：G52 A _；

G50 为取消锥度加工指令。

特别提示

(1) 锥度左偏(G51)、锥度右偏(G52)程序段都必须放在进刀线之前。

(2) A 为工件的锥度，用角度表示。

(3) 取消锥度加工指令(G50)必须放在退刀线之前。

(4) 下导轮中心到工作台面的高度 W、工件的厚度 H、工作台面到上导轮中心的高度 S 需在使用 G51、G52 之前输入。

应用实例 4-2

任务描述：如图 4.12 所示锥孔零件，工件厚度 H=8mm，刃口锥度 A=15°，下导轮中心到工作台面的高度 W=60mm，工作台面到上导轮中心的高度 S=100mm。用直径为 0.13mm 的电极丝加工，取单边放电间隙为 0.01mm。编制锥孔零件加工程序(图中标注尺寸为平均尺寸)。

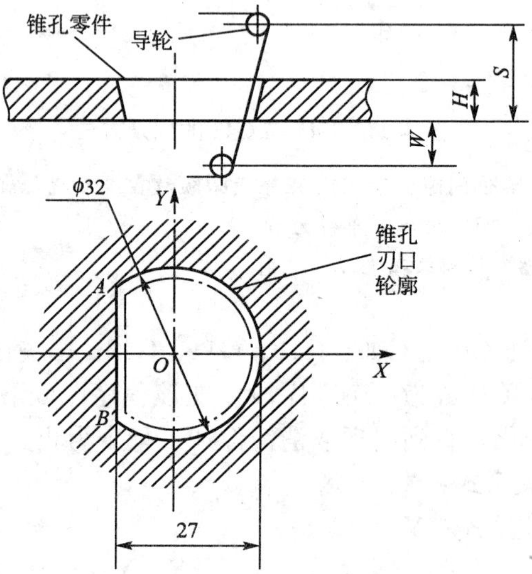

图 4.12　锥孔零件

建立如图 4.12 所示坐标系，各基点的坐标值 $A(-11.000, 11.619)$、$B(-11.000, -11.619)$；取 O 点为穿丝点，加工顺序为 $O \to A \to B \to A \to O$。若锥孔零件作为凹模使用，考虑凹模间隙补偿 $R=0.13/2\text{mm}+0.01\text{mm}=0.075\text{mm}$。同时要注意 G41 与 G42，G51 与 G52 之间的区别。加工程序如下：

```
O0002
N010  G90  G92  X0  Y0;
N020  W60000;
N030  H8000;
N040  S100000;
N050  G51  A0.150;
N060  G42  D75;
N070  G01  X-11000  Y11619;
N080  G02  X-11000  Y-11619  I11000  J-11619;
N090  G01  X-11000  Y11619;
N100  G50;
N110  G40;
N120  G01  X0  Y0;
N130  M02;
```

(8) G80、G82、G84——手工操作指令。

G80 为接触感知指令，使电极丝从现在的位置移动到接触工件，然后停止。

G82 为半程移动指令，使加工位置沿指定坐标轴返回一半的距离，即当前坐标系坐标值的一半。

G84 为微弱放电找正指令，通过微弱放电校正电极丝与工作台面垂直，在加工前一般要先进行校正。

4. 中走丝数控线切割机床应用操作

图 4.13 为 DK－M 系列中走丝线切割机床实体图与其机械部分平面图。

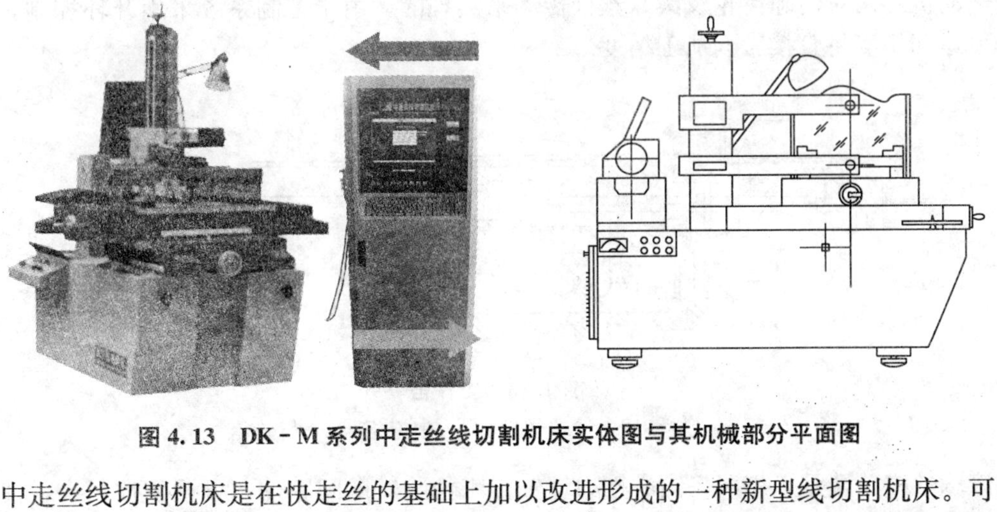

图 4.13　DK－M 系列中走丝线切割机床实体图与其机械部分平面图

中走丝线切割机床是在快走丝的基础上加以改进形成的一种新型线切割机床。可以进行多次切割，也可以根据需要调整丝的运行速度，使工件达到与慢走丝相近的加工精度及表面粗糙度。

1）中走丝线切割机床应用

① 广泛应用于加工各种冲模。

② 可以加工微细异形孔、窄缝和复杂形状的工件。

③ 加工样板和成形刀具。

④ 加工粉末冶金模、镶拼型腔模、拉丝模、波纹板成型模。

⑤ 加工硬质材料、切割薄片，切割贵重金属材料。

⑥ 加工凸轮，特殊的齿轮。

⑦ 适合于中小批量、多品种工件的加工，减少模具制作费用，缩短生产周期。

表 4－8 为中走丝线切割机床与慢走丝线切割机床主要特点进行比较。

表 4－8　不同线切割机床类型特点比较

比较项目	快(中)走丝线切割机床	慢走丝线切割机床
走丝速度 m/s	1～11	0.001～0.25
电极丝工作状态	往复供丝，反复使用	单向运行，一次性使用
运丝系统结构	简单	复杂
电极丝振动	较大	较小
加工精度/mm	0.01～0.04	0.002～0.01

2）数控中走丝线切割机床主要结构

中走丝线切割机床的机械部分由床身、工作台、运丝装置、线架、工作液装置、机床电器、夹具、防护罩及附件等部分组成。

(1) 床身。它是箱形结构的铸件，其上安装工作台、线架及贮丝筒、照明灯等，周边有流水槽，有较好的刚性，是保证机床精度的基础。

(2) 工作台。如图 4.14 所示，工作台主要由工作台上拖板(工作台面)、中拖板、滚珠丝杠及变速齿轮箱等组成。拖板的纵、横运动是采用“－V－平”滚动导轨结构，分别由步进电动机经两对消隙齿轮及滚珠丝杠传动来实现的。由于控制系统采用开环控制，因此工作台运动精度将直接影响加工精度。

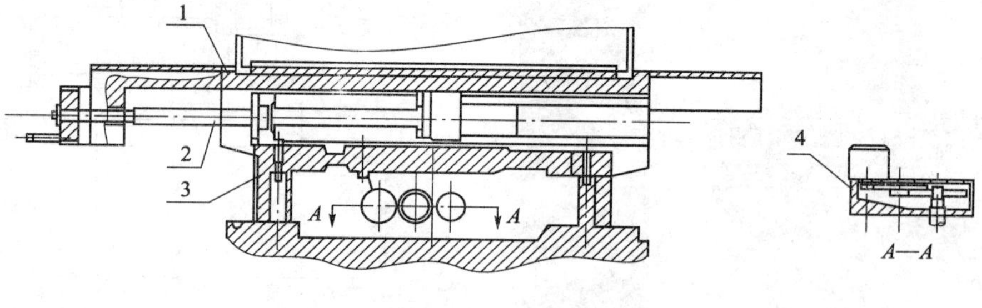

图 4.14　工作台

1—上拖板；2—滚珠丝杠；3—中拖板；4—齿轮箱

滚珠丝杠前端是采用两只向心推力球轴承来消除轴向间隙的，可调整预紧力，使间隙接近零，具有传动轻便灵活、精度高、寿命长等优点。

(3) 运丝装置。如图 4.15 所示，它是由贮丝筒、贮丝筒拖板、传动系统及拖板座组成。贮丝筒由薄壁不锈钢管制成，具有重量轻、惯性小、耐腐蚀等优点。

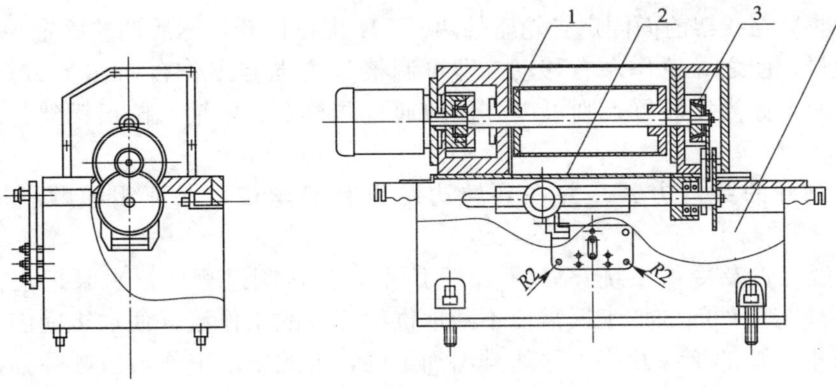

图 4.15　运丝装置

1—贮丝筒；2—贮丝筒拖板；3—传动系统；4—拖板座

贮丝筒左、右撞块间的距离可调节，一般根据钼丝的长短来确定，钼丝两端留有一定的余量，撞块上备有过载保护装置，当行程开关失灵时，可切断电动机电源，使马达停止运动，并蜂鸣报警(此功能开启时)。另有超行程保护装置，确保机床安全。排丝间距小于 0.2mm，故一般选用钼丝直径以 0.12～0.18mm 为佳。

(4) 线架。如图 4.16 所示，线架由立柱、上下悬臂构成，下悬臂为固定的。线架的刚性对加工精度有很大影响，故本线架采用铸件结构。线架被安装在贮丝筒与工作台之间，为了满足不同厚度工件的加工要求，本机床采用可变跨距结构的线架。松开上线架固定螺钉，用升降手轮旋转立柱、丝杠，可使上悬臂沿立柱导轨做上、下升降。确保上、下导轮与工件的最佳距离，减少钼丝的抖动，提高加工精度的目的。

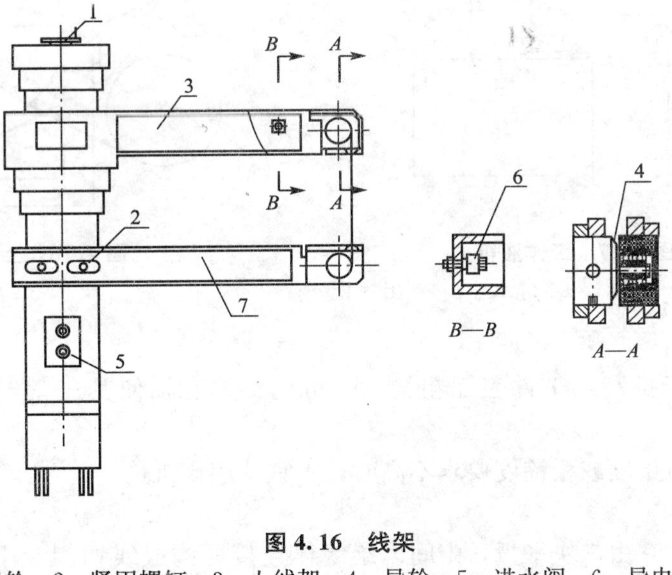

图 4.16　线架

1—上线架升降轮；2—紧固螺钉；3—上线架；4—导轮；5—进水阀；6—导电块；7—下线架

导轮置线架悬臂的前端，采用密封式结构，组装在悬臂上。

钼丝的垂直调整：在 X 方向上应调整下臂固定在立柱上的两只 M10 螺钉，调整好后再固紧这两只螺钉，X 方向即可与工作台面在 X 方向的垂直；在 Y 方向上应调整导轮座，调整时应首先将装在线架前面固定导轮座的两只 M4 螺钉松开，然后调整固定导轮座的左右两只调整螺母，使之导轮作左右移动，即可调整 Y 方向与工作台面在 Y 方向的垂直，若选用 U、V 两坐标锥度装置，则可以方便地通过调整 U、V 轴，校正钼丝与工件的垂直性。

采用完全敞开的穿丝方式，并在导轨边缘设有滑丝槽，保证钼丝顺利嵌入导轨槽内。

(5) 工作液装置及冷却系统。如图 4.17 所示，在切割过程中，水泵把工作液送至加工区域，钼丝与工件间的加工区需要不断地供给充分的工作液，便加工间隙不断地被冷却，恢复放电间隙的绝缘及将蚀除物排出加工区，为此要求工作液自喷嘴强而有力的沿着钼丝喷出，其流量可由线架上的进水阀旋钮控制，工作液将蚀除物带入箱内。为保证高效加工，工作液需定期更换，工作液可选用 DX－1、DX－2 乳化液或南光一号乳化皂。

(6) 恒涨紧力装置。

① 钼丝涨紧力因丝径不同而变，ϕ0.18mm 钼丝涨紧力宜为 1kg，用户在加工前可按不同重量的重锤来达到选不同涨紧力的目的。

② 涨紧钼丝时需将滑轮放在最左边以便有足够的涨丝余地，如图 4.18 所示。

③ 按图 4.18 顺序上钼丝。

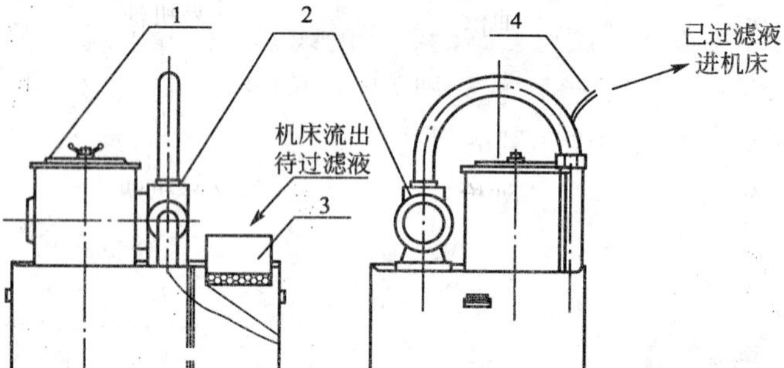

图 4.17　工作液箱

1—过滤器；2—水泵；3—进水斗；4—出水管

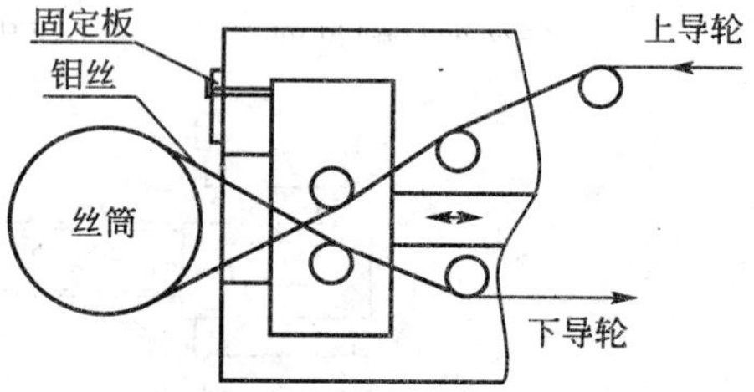

图 4.18　上钼丝示意图

(7) 挡丝机构。

① 挡丝有利于提高加工件表面粗糙度，可调整偏心轴使其压紧钼丝，压紧量建议为 0.05mm。

② 加工件如有锥度或粗糙度要求不高时，不宜使用该机构。

(8) 附件。

① 专用夹具：它由二块平板，中间以绝缘体连接而构成线切割专用夹具，工件置于夹具上表面，用压板螺钉紧固，此时工件与机床之间为绝缘状态。

② 摇把：贮丝筒转动手柄，用于手动绕丝或紧丝。

③ 上丝机构：首先将 M8 螺母、压簧、压紧套取下，将钼丝盘套在轴上，再装上压紧套、压簧及 M8 螺母。上钼丝时调整 M8 螺母，将钼丝盘压紧(松紧适度)，M8 螺母对钼丝盘压得越紧，钼丝涨紧力越大。如图 4.19 所示。

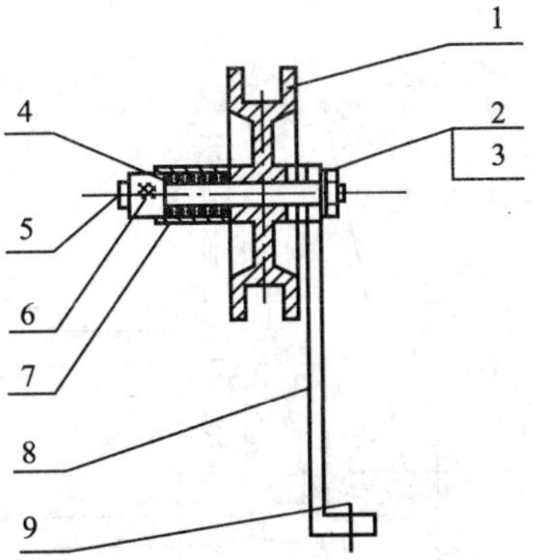

图 4.19　上丝机构

1—钼丝盘；2—六角螺母 M8；3—弹簧垫圈；4—压簧；5—锁紧螺栓；6—滚花螺母；7—弹簧套；8—支撑杆；9—固定螺栓

④ 电极丝垂直检具：将垂直检具置于工件表面上。打开高频电源，慢慢移动工作台，使钼丝接近垂直检具，当钼丝沿检具侧表面全部长度上放火花，说明钼丝已垂直。如上或下一端无火花，说明无火花端与检具表面距离较远，应调整钼丝位置，达到全部有火花为止。(或用垂直校正器，在 X、Y 方向上下透光一致即可)

⑤ 紧丝轮：用于手动张紧钼丝。

(9) 机床润滑系统。本机床各运动机构的润滑均采用人工定期润滑方式，见表 4－9。

表 4－9　机床润滑方式表

编号	加油部位	加油时间	加油方法	润滑油
1	X 向丝杠、导轨副	每班一次	油枪	32 号机油
2	Y 向丝杠、导轨副	每班一次	油枪	32 号机油
3	U 向丝杠、导轨副	每班一次	油枪	32 号机油
4	V 向丝杠、导轨副	每班一次	油枪	32 号机油
5	贮丝筒各传动齿轮	每班一次	油枪	32 号机油
6	运丝丝杠螺母副	每班一次	油枪	32 号机油
7	贮丝筒拖动油槽	每班一次	注满	32 号机油
8	线架导轮、排丝轮	每周一次	填充	高速润滑油

(10) 安装与调整。附件箱中有四只 M20 的起重栓，将其安装在床身上，起吊用的钢丝绳宜长不易短，绳与机床有可能接触处应加以防护，图 4.20 所示为机床吊装示意图。将机床安放在已准备好的地基上，再拆去压紧螺栓，角铁等。用水平仪校正机床水平，(机床调平要求为 0.04/1000)。通常使用钢质调整楔铁置于床身下进行调整，校正后用水泥封固。图 4.21 为机床平面放置示意图。

3) 操作使用线切割机床

(1) 正确使用线切割机床机床的必备条件：

① 人员要求。熟悉线切割机床的操作技术，设备润滑要求，切割加工工艺以及恰当的选取电加工参数，按顺序操作加工。

② 钼丝的保存条件。应放在不含酸碱性有害气体和相对湿度不高于 65%的室内，正常真空包装的产品保质期为 6 个月。

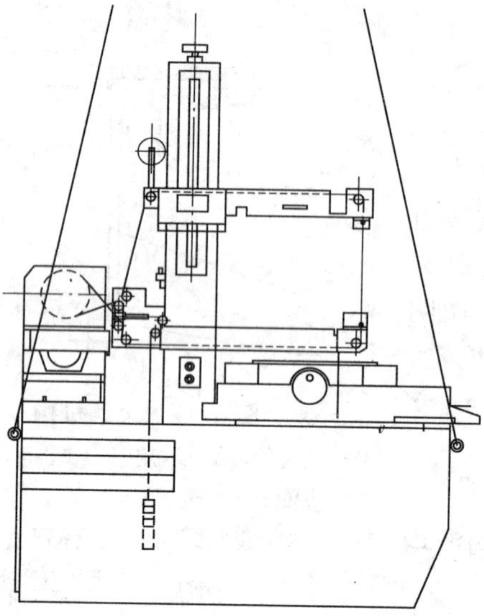

图 4.20 机床吊装图

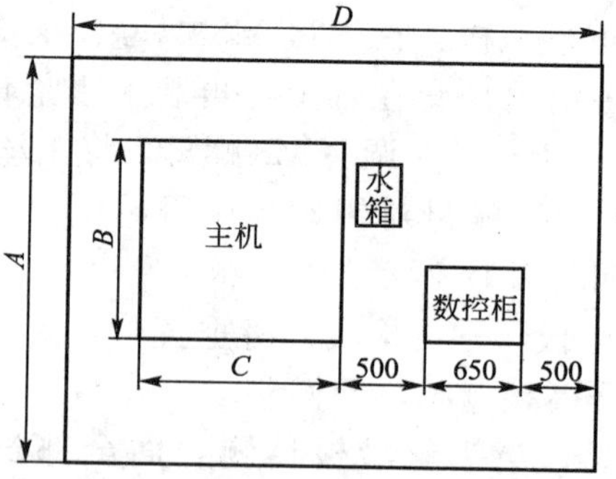

单位: mm

型号	A	B	C	D
DK7725	3200	1400	800	3220
DK7732	3400	1600	1000	4220
DK7740	3650	1850	1100	4320
DK7750	3800	2000	1400	4620
DK7763	4300	2500	2100	5320
DK77100				

图 4.21 机床平面放置示意图

③ 机床使用环境要求。机床运行的环境温度为 10～40℃，相对湿度为 30%～75%，机床周围无冲床、剪床、龙门刨等存在冲击震源的设备，不得有激光，焊接等存在磁场源的设备。

④ 电加工液的要求。线切割机床使用专用加工液，切勿使用磨床加工液。加工液配比比例根据加工工艺指标确定，一般在(5%～20%，水 95%～80%)范围内。

(2) 使用前的准备工作。启动电源开关，让机床空运行，观测其工作状态是否正常。

① 数控柜要运行 10min 以上。

② 机床各部件运动应正常工作。

③ 脉冲电源和机床电器工作正常无误。

④ 各个行程开关触点动作灵敏。

工作液各个进出管路、阀门畅通无阻，压力正常，扬程符合要求。

(3) 添加或更换工作液。一般每个星期换一次为宜。

(4) 调整线架跨距。根据工件的厚度不同来调整线架跨距，一般以上悬臂喷嘴到工件表面距离 10mm 左右为宜。

(5) 检查工作台。按下数控柜键盘控制步进电动机的键，手摇工作台纵横向手轮，检查步进电动机是否吸住。输入一定位移量，使刻度盘正转、反转各一次，检查刻度是否回零位。

(6) 装夹工件。将专用夹具固定在工作台面上，再将工件放在专用夹具上，根据加工范围确定工件恰当位置，用压板及螺钉固定工件。对加工余量较小或有特别要求的工件，必需精确调整工件与工作台纵横方向移动的平行性，记下纵横坐标值。

(7) 穿丝及涨丝。将涨紧的钼丝整齐的绕在贮丝筒上，因钼丝具有一定的涨力。使上下导轮间的钼丝具有良好的平直度，确保加工精度和粗糙度。所以加工前应检查钼丝的涨紧程度。

对加工内封闭型孔，如：凹模、卸料板、固定板等，选择合理的切入部位，工件上应预置穿丝控孔，钼丝应通过上导轮经过穿丝孔，再经过下导轮后固定在贮丝筒上。此时应记下工作台纵横向（X、Y 的坐标）起点的刻度值。

（8）校正钼丝的垂直度。

① 一般校正方法将校器与工作台面之间放一张平整的白纸将校直器在 X、Y 方向采用光透方法即可。如 X、Y 方向上下光透一致即垂直。

② 放电校正方法。将工件正极接至校直器上启动高频及运动丝，分别用手摇 X、Y 方向上的拖板，使之钼丝靠近校直器产生放电，如上下放电火花即可垂直。

（9）机床加工示意如下：

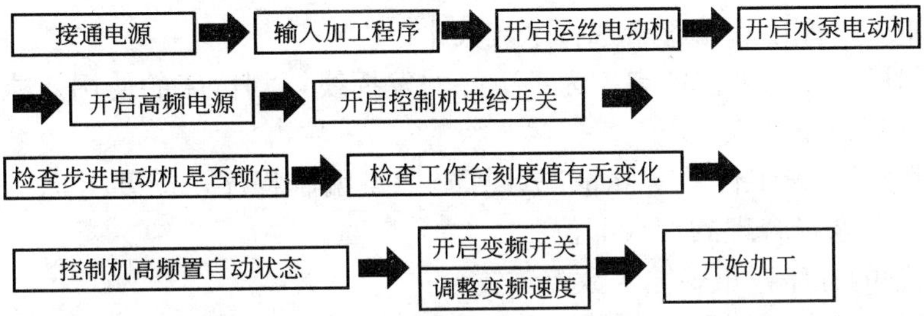

（10）机床加工结束顺序：

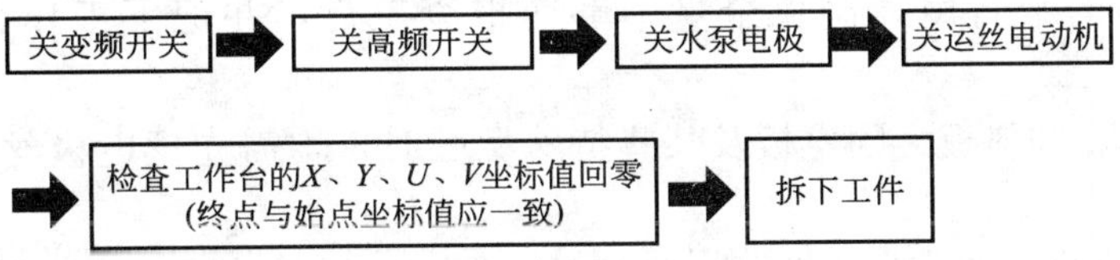

（11）锥度切割注意事项。

① 钼丝必须垂直工件。

② 上下导轮中心尺寸，下导轮与基准面尺寸，工件厚度尺寸必须正确设定。

③ 切割大锥度时必须使用导轮补偿功能。

④ 按工件厚薄尺寸正确选用导柱（四连杆机构中近立柱部分的连杆）。

⑤ U、V 坐标行程应在正负 15mm。

4）机床加工工艺特点

（1）电气部分加工工艺特点。

① 当矩形波加工时，脉宽一般为 5～80μs，脉间一般不小于脉宽的 4 倍，脉宽加大可以提高加工速度，但表面粗糙度会增加，减速小脉间，一般不影响加工表面的粗糙度，可以提高加工效率，但是过小的脉间，会使加工不稳定，严重时会烧断钼丝；对于大厚度工件一般采用大脉宽与大脉间加工；加工电流一般不大于 4A。

② 当采用分组脉冲加工时，一般脉宽为 2～10μs，脉间为 2～10μs，分组宽设为脉宽＋脉间值的 5～15 倍，分组间隔应使总脉间大于总脉宽的 4 倍；可以在提高效率的同时兼顾粗糙度，但不适合加工大厚度工件，同时钼丝损耗会有所增加，加工电流一般不大于 3A。

③ 加工电压一般采用第 1 挡或第 2 挡，当加工大厚度工件及导电性不好的材料时，加适当的提高加工电压。

④ 多次切割一般采用三次切割即可，第一次的偏移量一般为 0.06～0.08mm，第二次的偏移量一般为 0.05～0.015mm，最后一次必须为 0mm。

⑤ 采用前阶梯波可以降低钼丝损耗，一般选用 F 挡。

⑥ 多次切割功能：机床的电控柜采用了全数字化高频电源，是多次切割的理想电源。

本机床可以实切多次切割，多次切割基本工艺选择原则：

- 根据工件粗糙度要求来决定切割次数和电参数。
- 根据切割次数选择变频频率大小。
- 根据钼丝直径和放电间隙决定工件补偿量。
- 根据切割工件厚度和偏移量选择电流大小。

(2) 线切割机床加工工艺特点。为了更好的发挥线切割机床的使用效能，请操作者在使用本机床时注意以下几点：

① 根据图样尺寸及工件的实际情况计算坐标点编制程序，但要考虑工件的装夹方法和电极丝直径，并选择合理的切入部位。

② 按已编制的程序，正确输入数控装置。

③ 装夹工件时注意位置，工作台移动范围，使加工型腔与图样要相符。对于加工余量较小或有特殊要求的工件，调整工件在工作台中间的位置，并精确调整工件与工作台纵横移动方向的平行度，避免余量不够而报废工件，并记下工作台起始纵横向坐标值。

④ 加工凹模、卸料板、固定板及某些特殊型腔时，均需先把电极丝穿入工件的预钻孔中。

⑤ 必须熟悉线切割加工工艺中一些特性，影响电火花线切割加工精度的主要因素和提高加工精度的具体措施。在线切割加工中，除了机床的运动精度直接影响加工精度外，电极丝与工件间的火花间隙的变化和工件的变形对加工精度亦有不可忽视的影响。

⑥ 机床精度。在机床加工精密工件之前，须对机床进行必要的精度检查和调整。

检查导轮：加工前，应仔细检查导轮的 V 形槽是否损伤，并应除去堆积在 V 形槽中的电蚀物。

检查工作台纵横向丝杆副传动间隙。

电极丝与工件件间的火花间隙的大小随工件材质、切割厚度的不同而变化；由于材料的化学、物理、力学性能的不同以及切割时排屑，消电离能力的不同也会影响火花间隙大小。

火花间隙的大小与切割速度的关系：

在有效的加工范围内，绝不能超过电腐蚀速度，否则就会产生短路。在切割过程中保持一定的加工电流，那么工件与电极丝之间的电压也就一定，则火花间隙大小一定，因此，要想提高加工速度，在切割过程中应尽量做到变频均匀，加工电流也基本稳定，切割速度也就能保持匀速。

火花间隙的大小与冷却液的关系：

冷却液成分不同，其电阻率不同，排屑和消电离能力不同，从而影响火花间歇的大小。因此，在加工高精度工件时，一定要实测火花间隙而进行编程或选定间隙补偿量。

⑦ 减少工件材料变形的措施。

● 合理的工艺路线。以线切割加工为主要工序时，钢件的加工路线：下料→锻造→退火→机械粗加工→淬火与回火→磨加工→线切割加工→钳工修整。

● 工件材料的选择。工件的材料应选择变形量小，渗透性好，屈服极限高的材料，如用作凹凸模具的材料应尽量选用CrWMn、Cr12Mn、GCr15等合金工具钢。

● 提高锻造毛坯的质量。锻造时要严格按规范进行，掌握好始锻、终锻温度，特别是高合金工具钢还应该注意碳化物的偏析程度，锻造后需要进行球化退火，以细化晶粒。尽可能降低热处理的残余应力。

● 注意热处理的质量。

● 热处理淬火、回火时应合理选择工艺参数，严格控制规范，操作要正确，淬火加热温度尽可能采用下限，冷却要均匀，回火要及时，回火温度尽可能采用上限，时间要充分，尽量消除热处理后产生的残余应力。

● 合理的工艺措施。

● 正确安排冷热工艺顺序，以消除机加工产生的应力。

● 从坯料切割凸模时，不能从外部切割进去，要在离凸模轮廓较近处做穿丝孔，同时要注意到切割部位不能离毛坯周边的距离太近，要保证坯料还有足够的强度，否则会造成切割工件变形。

● 切割起点最好在图形重量平衡处，并处于二段轮廓的接交处，这样开口变形小。

● 切割较大工件时，应边切割边加夹板或用垫铁垫起，以便减少因已加工部分下垂引起的变形。

● 对于尺寸很小或细长的工件，影响变形的因素复杂，切割时采用试探法，边切边测量，边修正程序，直到满足图样要求为止。

5）机床的维护、保养

机床能正确和合理的调整、使用及维护保养，不但可以保证机床的精度，而且也延长机床的使用寿命。为此对机床的维护和保养提出要求如下：

（1）定期维修。当机床累计工作5000h以上(两年时间)，应进行检查和必要的维修一次。

（2）日常保养。

① 机床应保持清洁，飞溅出来的工作液应及时擦除。停机后，应将工作台面上的蚀物清理干净，特别是运丝系统的导轮、导电块、排丝轮等部位，应经常用煤油清理干净，保持良好的工作状态。

② 防锈：当停机8h以上时，除应将机床擦净外，加工区域的部分应涂油防护。

6）数控中走丝线切割机床电气操作

图4.22所示为电气部分整体结构组成。

（1）操作面板布局与说明。DK77－M系列精密数控中走丝线切割机床操作面板如图4.23所示。

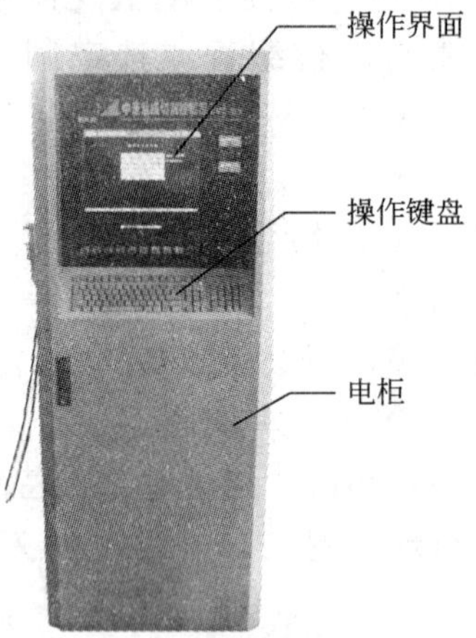

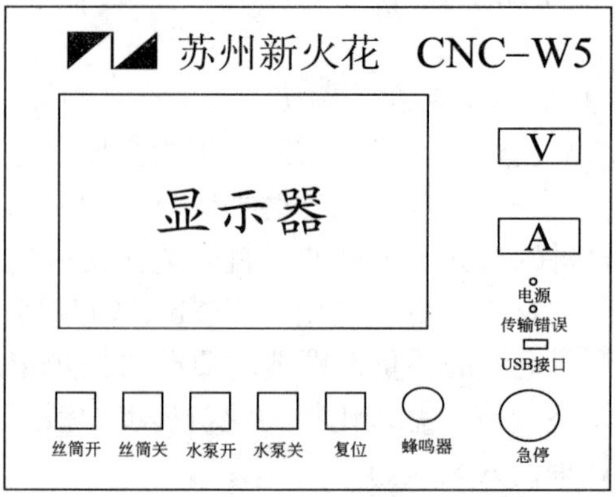

图 4.22 电气部分结构组成　　**图 4.23 DK77－M 系列精密数控中走丝线切割机床操作面板**

① 电压表(V)：指示整流直流电压。

② 电流表(A)：指示加工电流。

③ 传输错误指示灯：加工电参数传输指示灯，传输数据过程中及传输数据出错时，指示灯亮。

④ 电源指示灯：当电柜送上电时，指示灯亮。

⑤ USB 接口：外部文件从此输入计算机。

⑥ 急停按钮：压下此按钮，电柜总电源断电。

⑦ 蜂鸣器：当钼丝断丝、运丝机构冲程、加工结束时，蜂鸣器报警。

⑧ 丝筒开/关：控制运丝机构电动机的启动与停止。

⑨ 水泵开/关：控制水泵电动机的启动与停止。

⑩ 复位：当按水泵开/关与丝筒开/关及手控盒上的按键没反应，单片机可能死机，按下此键后，单片机复位。

(2) 开机说明。

① 在确定输入电源准确无误的情况下，关上电柜的前后门及弹出两急停按钮(否则会因电柜开门断电功能而合不上开关)，合上电柜左侧的断路器，电柜即通电，风机运转，面板上绿色电源指示灯亮。

② 启动计算机主机：本电柜计算机可通过键盘软开机，当电柜接通电源后，按下键盘上的 P 键或是按下计算机电源开关，计算机主机开启。

③ 本电柜所有的工作软件出厂时，均安装在 C 盘，并在 E 盘作有备份，以便于计算机数据的恢复，在 D 盘装有本说明书的电子文件与培训教材等。

④ 本电柜的采用 HF 编控一体化软件，具有类似慢丝的多次切割功能，每次切割的加工参数可以在编程时设定，使用前请仔细认真的阅读该软件的使用说明书及本说明书。

(3) 安装 HF 软件。由于一些不知明的原因，当高频打开后，钼丝与工件相碰有火花，CMOS 设置也正常，但是加工时，软件不切割，总是提示短路，重新读取加工的图形后，仍不能切割，这种情况下就需要重新安装 HF 软件，安装方法如下：

① 打开安装 HF 软件的文件夹，双击可执行文件“FHGD－C(重庆华明)”，然后输入

A 再按 Enter 键，执行完后关闭。双击此文件夹中的“install”文件，当计算机提示 install ok 后软件即安装好了。

② 在安装好的文件中找到 FHGD 可执行文件，创建快捷方式于桌面，运行此文件进入 HF 软件主界面，单击“系统参数”按钮后，如图 4.24 所示，将“手控盒通信口”改为串口 2；单击“不可随意改变的参数”检查其中的“内置卡跳线”项的“ISA 跳线”是否与 CMOS 设置的 IRQ 号相一致(一般为 10)，设好后返回主菜单，记下软件序列号。

③ 单击“加工”进入加工界面，再单击“参数”，进入到以下界面，如图 4.25 所示，将其中的“回退步数”设为 1000～2000 步，“回退速度”设为 20～100 步，“移轴时最快速度”设为 300 步及一般方式，“导轮参数”请根据实际情况设定，这在锥度加工时必须正确，单击“其他参数”→“高频组号与参数(多次切割用)”→“送组号或参数“后，输入软件主界面右上角序列号的后四位数。到此软件就能正常工作了。

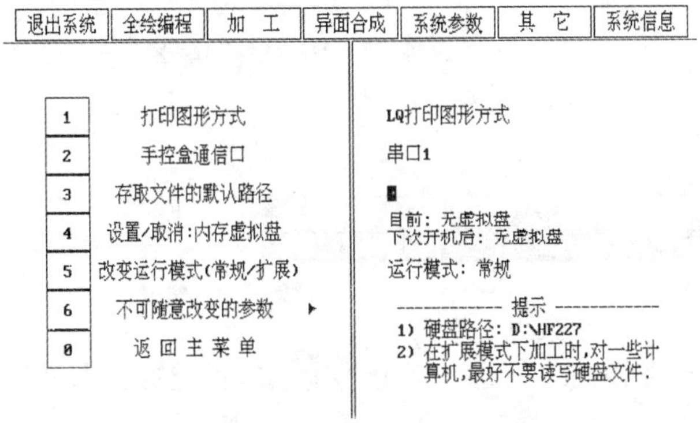

图 4.24　运行 HF 软件

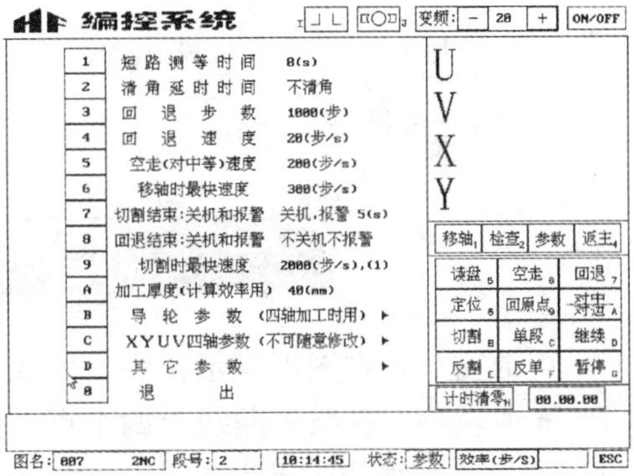

图 4.25　加工界面

(4) HF 软件操作使用。

① HF 软件概述。HF 线切割数控自动编程软件系统，是一个高智能化的图形交互式软件系统。通过简单、直观的绘图工具，将所要进行切割的工件形状描绘出来，再通过系统处理成一定格式的加工程序。

② HF 软件的基本术语。为了更好的学习和应用此软件，我们先来了解一下该软件中的一些基本述语：

● 辅助线：用于求解和产生轨迹线(又称切割线)几何元素。它包括辅助点、辅助直线、辅助圆——统称辅助线，在软件中点用红色表示，直线用白色表示，圆用高亮度白色表示。

● 轨迹线：具有起点和中点的曲线段，它包括轨迹线、轨迹圆弧(包含圆)——统称轨迹线。在软件中，直线段用淡蓝色表示，圆弧用绿色表示。

● 切割线方向：切割线的起点到终点方向。

● 引入线和引出线：是一种特殊的切割线，用黄色表示，它们应该是成对出现的。

③ 界面及功能模块的介绍。在主菜单下，单击“全绘编程”按钮，就出现下列显示框，界面的主要组成如图 4.26 所示。

图 4.27 所示的界面是随着功能选择框、功能的不同所显示的内容不同。

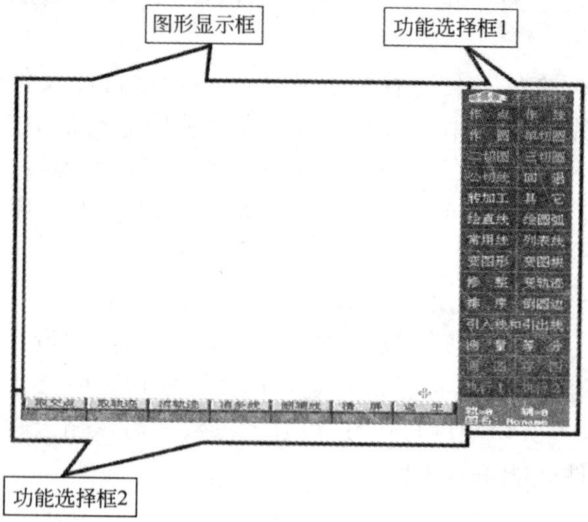

图 4.26　HF 软件界面组成

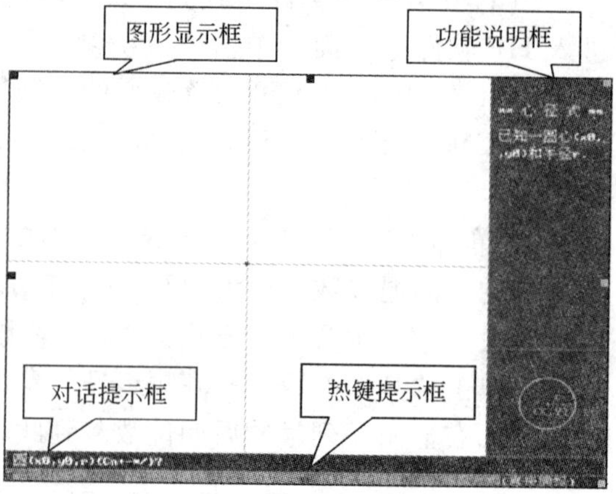

图 4.27　HF 软件功能区

④ 功能选择框功能介绍。

- 取交点：在图形显示区内，定义两条线的相交点。
- 取轨迹：在某一曲线上两个点之间选取该曲线的这一部分作为切割的路径：取轨迹时这两个点必须同时出现在绘图区域内。
- 消轨迹：是上一步的反操作；也就是删除轨迹线。
- 消多线：是对首尾相接的多条轨迹线的删除。
- 删辅线：删除辅助的点、线、圆功能。
- 清屏：是对图形显示区域的所有集合元素的清除。
- 返主：是返回主菜单的操作。
- 显轨迹：在图形显示区域内只显示轨迹线，将辅助自动线隐藏起来。
- 全显：显示全部几何元素(辅助线、轨迹线)。
- 显向：预览轨迹线的方向。
- 移图：移动图形显示区域内的图形。
- 满屏：将图形自动充满整个屏幕。
- 缩放：将图形的某一部分进行放大或缩小。

特别提示

(1) HF 控制软件的有关参数已由厂方设置好，用户切记不要随意设置，以免造成机床无法正常工作；当计算机有 COMS 掉电后，可能会造成 HF 无法正常工作，此时要按照 HF 说明书中的说明重新设置 COMS，并保存。

(2) 加工对中对边时，必需将工件表面清理干净，无锈、无油污、无毛刺等，多对几次，减小误差。

(3) 本电柜所有的工作软件出厂时，均安装在C盘，并在E盘作有备份；HF控制软件的安装方法请见其使用说明书，安装完成后，需要进行相关的参数设置，设置方法请与厂家联系。

(4) 移机或换外电源开关时，请注意检查水泵电动机与丝筒电动机的运转方向是否正确。

(5) 机床与电柜一定要接地。电柜要注意防尘，防潮；电柜机床必需按时由专业人员进行保养、维护。

(6) 电柜断电后，电柜前后板上的大电容上留有残余高压，警防电击，必要时需对其进行放电。

(5) 设置加工电参数。进入HF编控一体化软件，可通过按键命令，进入高频电源参数编辑页面(具体操作方法，详见后面内容)；表中共有13项参数，各项参数可通过键盘选择设置和修改，见表4-10。

表4-10　高频电源参数表

代码	A	B	C	D	E	F	G	H	I	J	K	L	M
组号	脉宽	脉间	分组宽	分组间隔	短路电流	分组状态	高压状态	等宽状态	梳状波状态	前阶梯波代码	后阶梯波代码	走丝速度	电源电压
M10	××	××	××	××	××	××	××	××	××	××	××	×	××
M11	××	××	××	××	××	××	××	××	××	××	××	×	××
M12	××	××	××	××	××	××	××	××	××	××	××	×	××
M13	××	××	××	××	××	××	××	××	××	××	××	×	××
M14	××	××	××	××	××	××	××	××	××	××	××	×	××
M15	××	××	××	××	××	××	××	××	××	××	××	×	××
M16	××	××	××	××	××	××	××	××	××	××	××	×	××
M17	××	××	××	××	××	××	××	××	××	××	××	×	××

特别提示

A、脉宽：设置范围1～250(单位为μs)，通过键盘设置。

B、脉间：设置范围1～2000(单位为μs)，通过键盘设置。

C、分组宽：设置范围1～250(脉冲个数)，通过键盘设置。

D、分组间隔：设置范围1～250(脉冲个数)，通过键盘设置。

E、短路电流：固定为3.7、7.5、11、15、22.5、30、37.5、45、52.5、56档(单位A)。

F、分组状态：ON/OFF，当为ON时，加工波形为分组脉冲，此时A、B两项设置的是小脉宽小脉间值，C、D两项设置的是大脉宽大脉间值，都为A、B两项值产生的脉冲个数。

G、高压状态：ON/OFF，当为ON时，加工波形的脉间自适应保持设定值或拉宽。

H、等宽状态：ON/OFF，当为ON时，加工波形为等宽脉冲。

I、梳状脉冲状况：ON/OFF；当为ON且高压状态为ON时，加工波形的脉间自适应拉宽或缩窄。

J、前阶梯波：0H，8H，9H，AH，BH，CH，DH，EH，FH共9档。

K、后阶梯波：0H，8H，9H，AH，BH，CH，DH，EH，FH共9档。

L、走丝速度：0H，1H，2H，3H，4H，5H，6H，7H。

0H：不定值设定走丝速度，走丝速度通手控盒上电位器调整，范围 0Hz～50Hz。

1H：设定的丝速 3Hz(可通过变频器的参数 Pr—16 进行修改)。

2H：设定的丝速 5Hz(可通过变频器的参数 Pr—17 进行修改)。

3H：设定的丝速 10Hz(可通过变频器的参数 Pr—18 进行修改)。

4H：设定的丝速 20Hz(可通过变频器的参数 Pr—19 进行修改)。

5H：设定的丝速 30Hz(可通过变频器的参数 Pr—20 进行修改)。

6H：设定的丝速 40Hz(可通过变频器的参数 Pr—21 进行修改)。

7H：设定的丝速 50Hz(可通过变频器的参数 Pr—22 进行修改)。

M、电源电压：01H，02H，04H，08H，10H。

01H：交流电压 50V(相当于直流约为 70V)。

02H：交流电压 60V(相当于直流约为 85V)。

04H：交流电压 70V(相当于直流约为 100V)。

08H：为厂家预留，不可使用。

10H：为厂家预留，不可使用。

① 调用方式。

● 手动方式：编辑好当前加工的高频电源的各项参数后返回，选择好参数的文件名，单击送高频组号，输入组号后按 Enter 键，当前组的十三个参数即从端口送出。

● 自动方式：对于多次切割，可以根据加工图形的电参数组号代码，在加工过程自动调用，在调用该组号的参数时，这组号内的十三个参数值通过端口送出。

② 编辑、存储和调用参数。

● 在桌面单击 FHGD 快捷方式，进入到 HF 编控软件的主界面，如图 4.28 所示。

● 单击“加工”按钮，进入加工界面，如图 4.29 所示。

图 4.28 HF 编控软件

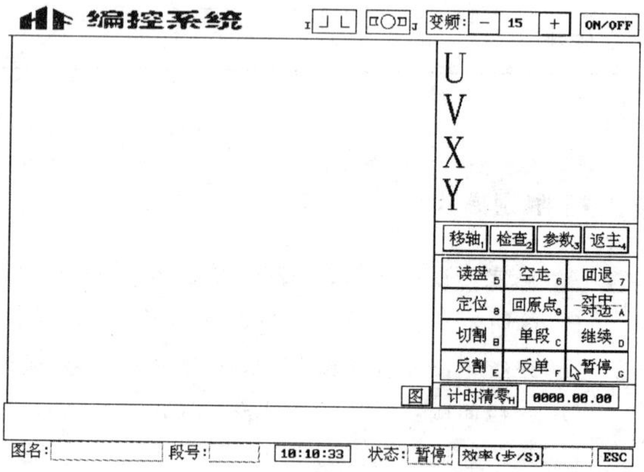

图 4.29 HF 加工界面

● 单击“参数”按钮，进入以下界面，如图 4.30 所示。

● 单击“其他参数”按钮，进入以下界面，如图 4.31 所示。

● 单击“高频组号和参数”按钮，进入以下界面，如图 4.32 所示。

● 单击“编辑高频参数”按钮，输入密码(主界面右上角 HF 软件的序列号后四位反输)，按提示输入一个文件名(如：007)按 Enter 键(或是直接按 Enter 键，选择一个已有的高频频数文件名)，进入高频参数的编辑界面，如图 4.33 所示。

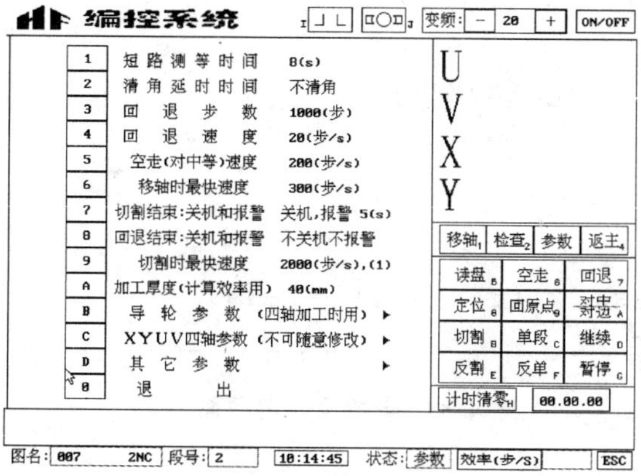

图 4.30　参数界面

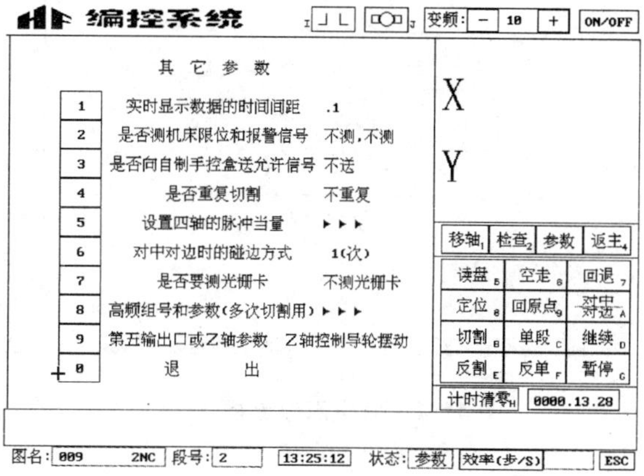

图 4.31　其他参数界面

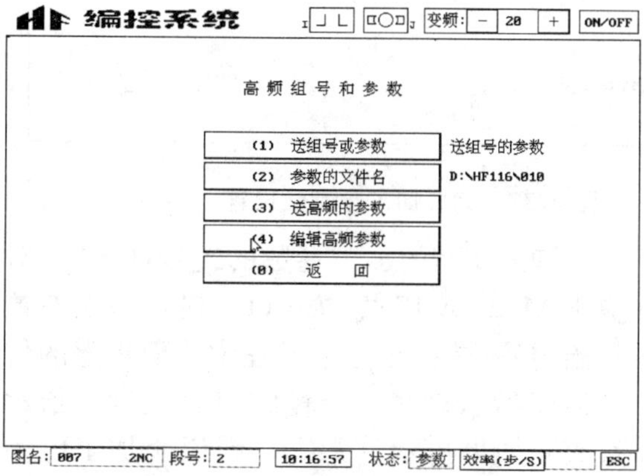

图 4.32　高频组号和参数界面

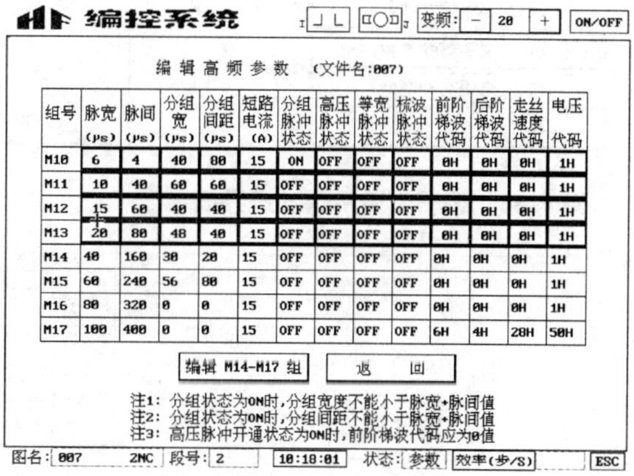

图 4.33　编辑高频参数界面

● 在此页面可以编辑所需加工参数，在此种状态下，只能编辑组号为 M10－M13 的参数，单击“编辑 M14－M17 组”按钮可编辑余下的 4 组参数(新建文件时，系统默认的知路电流 56 需重新设定，否则短路电流参数将按 0 送出)；编好后，单击“返回”按钮，进入到第五步的界面，将编好的高频参数发送到电柜的控制芯片中，如图 4.34 所示。

● 单击上图 3.34 中“参数的文件名”按钮，进入以下界面，如图 4.35 所示。选择加工参数的文件名(如：007)，每次修改文件名中的参数后，均需要重新选择参数的文件名，即使是同一参数文件名也需如此。

● 单击“007.HˆF”后，自动返回到参数文件编辑、调用、发送界面，如图 4.36 所示，此时参数文件名变为”007.HˆF”，如下：

● 如果是多次切割，则加工电参数的设置完成，单击“返回”按钮回到加工界面；如果是一次切割，单击“送高频的参数”按钮，出现以下界面，如图 4.37 所示。

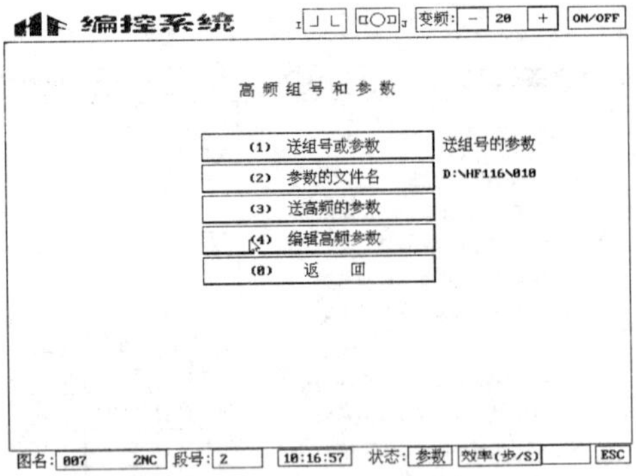

图 4.34 编辑高频参数

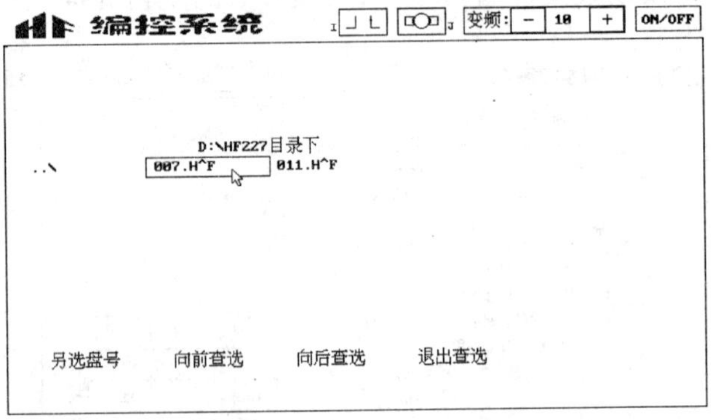

图 4.35 参数文件名界面

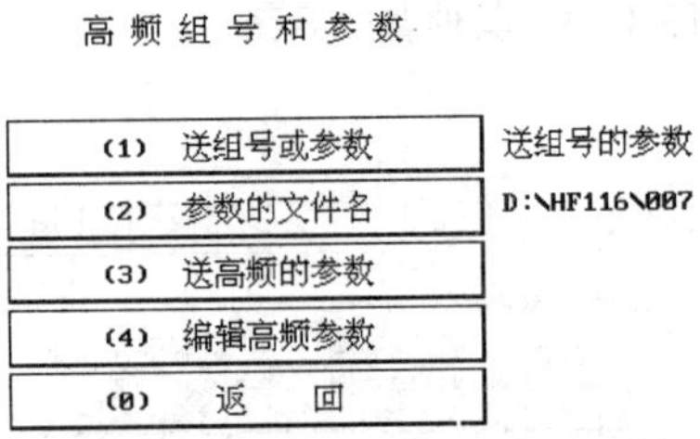

图 4.36 编辑、调用、发送界面

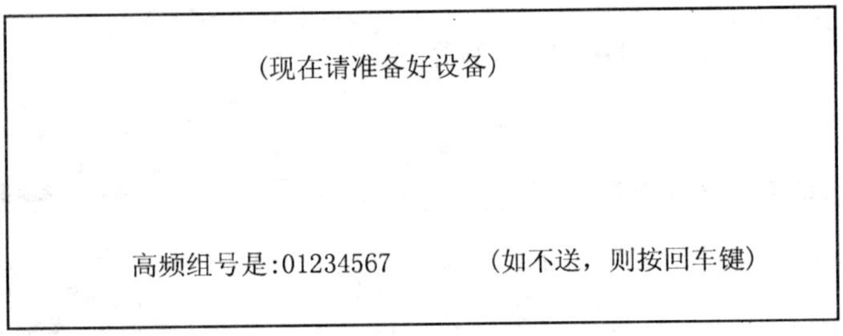

图 4.37 完成加工电参数设置

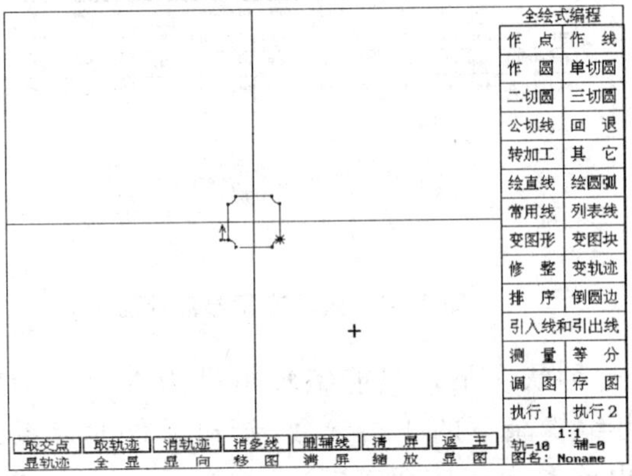

图 4.38 HF 编控软件主界面

键入所需的加工参数的组号(0－7，对应于 M10－M17)后按 Enter 键，高频参数开始向外传输(在传输过程中，面板上的传输错误指示灯亮，传输结束且正确，指示灯灭；如果指示灯常亮，则说明加工电参数传输不成功，需重新传送，直到成功为止)，单击“返回”按钮回到到加工界面。

(6) 编制、存储和调用加工图形。

① HF 编控软件的主界面，单击“全绘编程”按钮，进入以下界面，如图 4.38 所示。

② 绘制出所需加工的工件图形(例为圆角四方形)，绘好引入引出线，选加工方向，具体绘制方法见 HF 编控软件的说明书，然后单击“执行 1”或“执行 2”按钮，进入以下界面，如图 4.39 所示。

③ 输入补偿值(补偿值＝钼丝半径＋单边放电间隙)，然后按 Enter 键，进入以下界面，如图 4.40 所示。

④ 单击“后置”按钮，进入以下界面，如图 4.41 所示。

⑤ 单击“切割次数”按钮，进入以下界面，如图 4.42 所示。

⑥ 单击“过切量”按钮，可输入过切量值，以消除工件接缝，单击“切割次数”按钮，输入切割次数，按 Enter 键，如果切割次数为 1，则单击确定，返回到上一界

面；否则进入以下界面，如图 4.43 所示为 3 次切割的界面，过切量为 0.3mm。

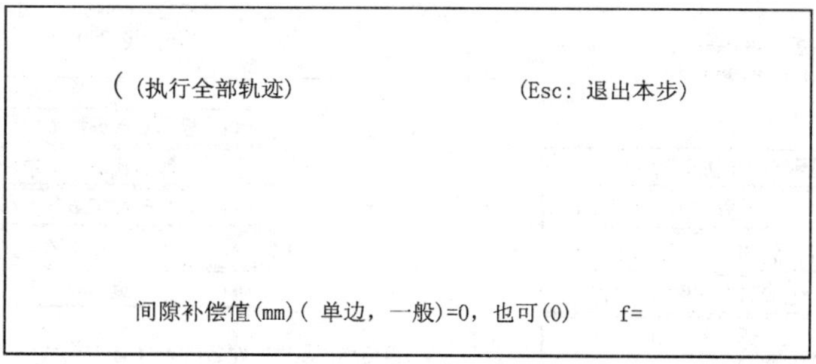

图 4.39 输入补偿值

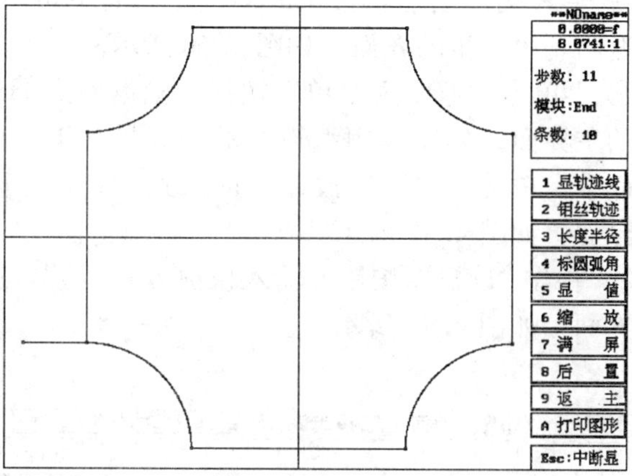

图 4.40 绘图界面

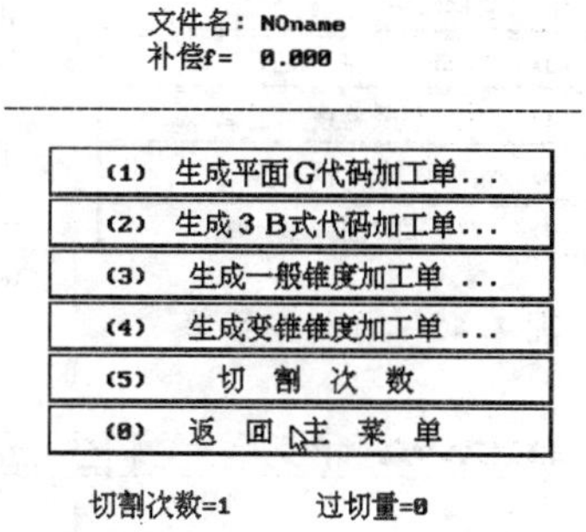

图 4.41 后置界面

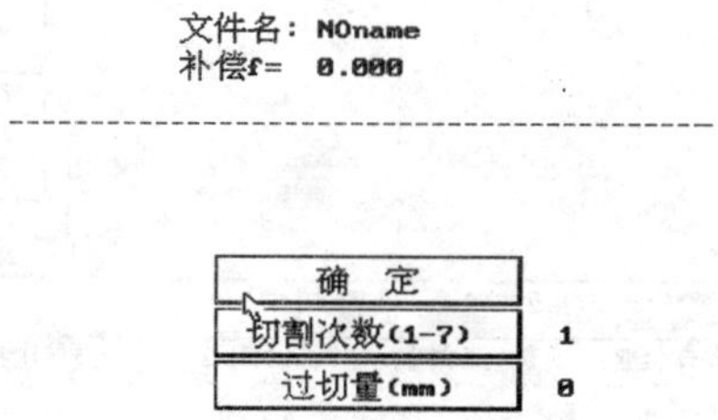

图 4.42 设置切割次数

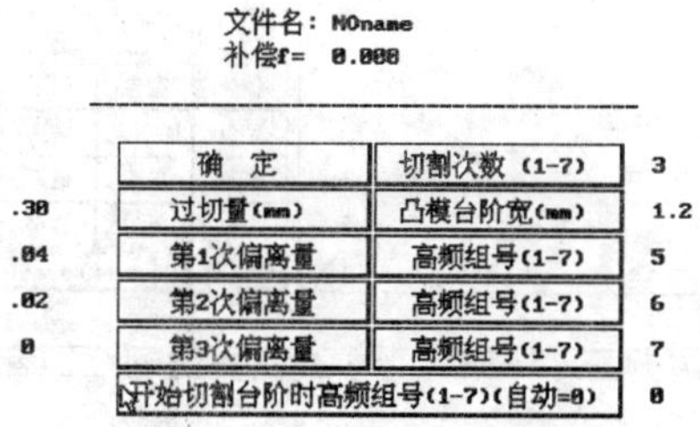

图 4.43 输入过切量值

⑦ 图 4.43 中，“凸模台阶宽”为加工凸模时，为防止工件脱落，将工件分为两段加工，此值为第二段加工的长度，大小以防止第一段加工完成时，加工缝隙不变形为准；“偏离量”为每次切割出的工件实际尺寸与目标尺寸的差值，大小与放电参数有关，太大则影响下次切割的效率，太小又不能消除前次放电的凹痕；“高频组号”的 1－7 对应于电参数文件中的组号 M10－M17；“开始切割台阶时高频组号”指的是工件引入引出线的加工参数组号。根据加工工艺，设定好相应的值，单击“确定”按钮返回到第四步的界面，根据加工需要，可选择单击 1～4 选项，例如单击(1)，则进入下面的界面，如图 4.44 所示。

⑧ 单击“G 代码加工单存盘”，提示输入文件名(如 002)，如图 4.45 所示。

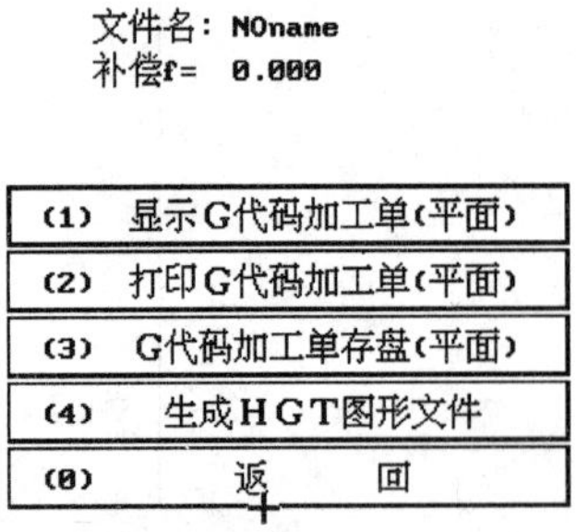

图 4.44 显示 G 代码加工单界面

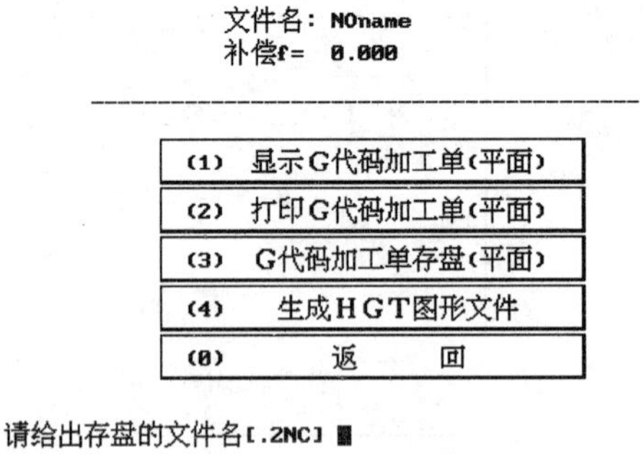

图 4.45 输入文件名

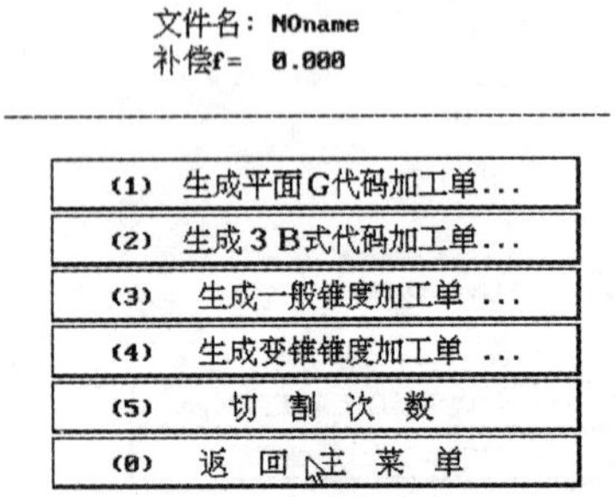

图 4.46 返回主菜单

⑨ 输入文件名后，按 Enter 键，然后单击“返回”按钮返回到第 4 步的界面，如图 4.46 所示。

⑩ 再单击“返回主菜单”按钮，则返回到 HF 编控软件的主界面。如要调用编辑好的 002 号加工工件，在主界面中，单击“加工”按钮，进入到 HF 编控软件的加工界面，如图 4.47 所示。

⑪ 单击“读盘”按钮或输入快捷方式“5”，进入到以下界面，如图 4.48 所示。

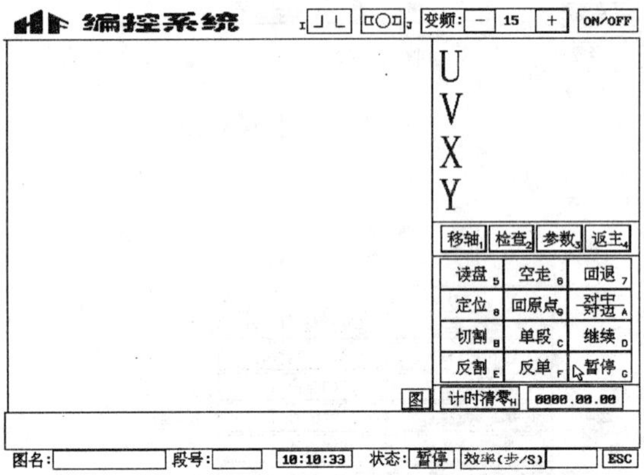

图 4.47 HF 编控软件的加工界面

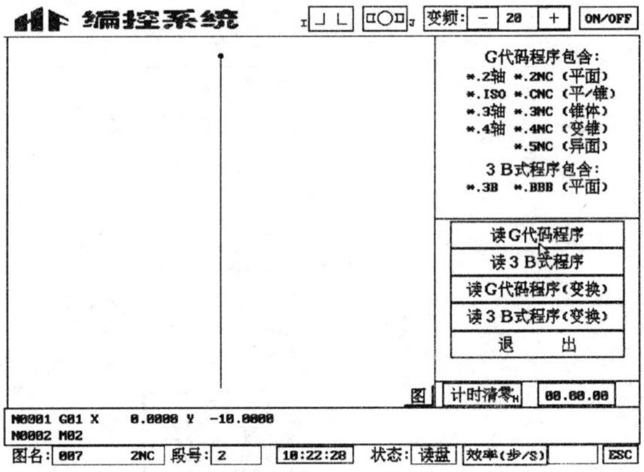

图 4.48 读盘

⑫ 单击“读G代码程序”或“读 G 代码程序(变换)”按钮，进入以下界面，如图 4.49 所示。

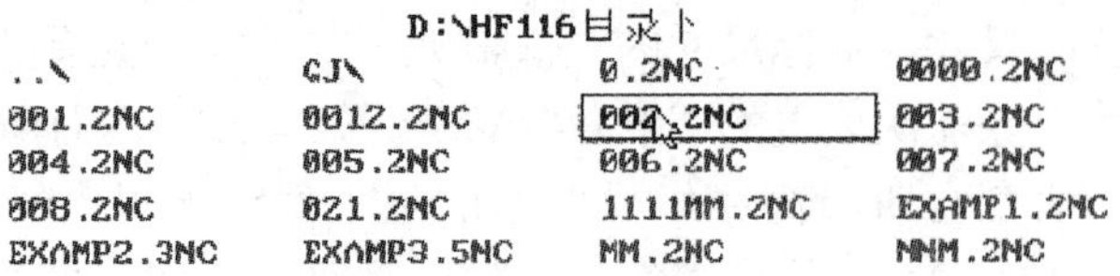

图 4.49 读 G 代码程序

⑬ 选择“002.2NC”选项，如果单击“读G代码程序(变换)”按钮则可以为加工的图形进行旋转，选好后程序自动将图形调入加工界面，如图4.50所示。

⑭ 加工参数文件与加工工件文件存储路径的修改(系统默认为HF软件安装路径)：先在计算机硬盘中建立相应的文件夹，然后单击“系统参数”按钮，进入到以下界面，如图4.51所示，单击“3”按钮输入路径后按Enter键即可，再单击“0”按钮，返回到主菜单。

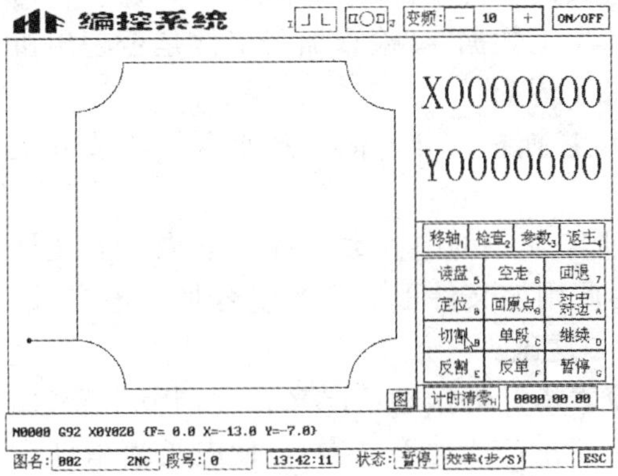

图4.50　调入加工界面

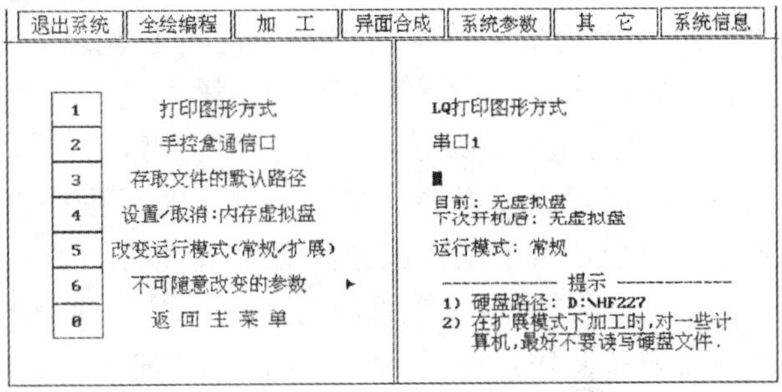

图4.51　修改存储路径

特别提示

本软件里面的其他所有参数不得任意更改，否则可能会导致软件不能正常工作。

(7) 手控盒。

① 本机手控盒分两部分，一部分可以直接使用的水泵、丝筒开与关及断丝保护；其余功能必须在HF软件“手控盒移轴”状态下才有效，同时需将手控盒的传输线插在计算机的串口COM2(COM1为HF系统默认，但易造成HF软件不能正常工作，故图4.51中“手控盒通信口”都应设为串口2)上，手控盒向计算机发送数据时，W508板上的SEND发光管会闪亮发光。

② 使用手控盒移轴，需在加工界面的参数设置中，设定移轴时的最大速度，以保证步进电动机不掉步，一般XYUV四轴移动速度不得大于300步/s，同时，在加工界面的“移轴”设置中选择“手控盒移轴”，将移轴方式设为手控盒移轴。

③“XY/UV”键为移轴切换键，指示灯不亮为XY轴，指示灯亮为UV轴。“速度”键为移轴速度切换键，指示灯不亮为慢速，指示灯亮为快速。“断丝”键为断丝保护键，当钼丝断时丝筒自动停，指示灯不亮；当钼丝断时丝筒不停，灯亮。正常工作时此灯应不亮。

(8) 工件加工流程。

① 水箱内准备好工作液，配比浓度以工作液的说明为准，一般有加工精度及粗糙度要求时，配比浓度需适当大一些，大的加工效率及加工大厚度工件(200mm以上)，配比浓度需适当小一些。

② 除去工件表面的油污或氧化层，装夹好工件，调整好上丝架的高度，一般上下水嘴到工件的距离为10mm左右。

③ 机床穿好钼丝，将钼丝放在导电块与导轮上，调好钼丝涨紧力，X、Y两个方向校正垂直。

④ 进入到HF编控软件，按图样要求编制加工程序；按工件的材质、厚度和精度要求，编辑加工电参数。

⑤ 进入到HF加工界面，调入所要加工工件的文件，再单击加工界面中“检查”，可进行“轨迹模拟”，检查加工轨迹是否正确，显示“加工数据”，检查加工工件是否超出机床行程，等等，正确无误后单击“退出”，返回到加工界面。

⑥ 移动拖板，钼丝调整到工件的起割点，电锁紧拖板；开丝筒，开水泵，调节好上下水嘴的出水，以上下水包裹住钼丝为佳。

⑦ 调用加工电参数：对于多次切割，只需将所需加工的电参数文件名设为当前文件名即可，在切割过程中，软件会根把加工程序自动调用该文件下对应的组号加工电参数；而一次切割，需手动将该文件所需组号的加工电参数送出。

⑧ 单击“切割”按钮进行加工，根据面板电流表指针的摆动情况来合理调节变频(加工界面的右上角，“－”表示进给速度加快，“＋”表示进给速度减慢)，使电流表指针摆动相对最小，稳定地进行加工。

⑨ 如在加工过程中，发现加工电参数不适合，可以在加工态下，单击“参数”→“其他参数”→“高频组号和参数”→“送高频参数”按钮进到以下界面，如图4.52所示，可以对当前加工的电参数进行修改、存储。

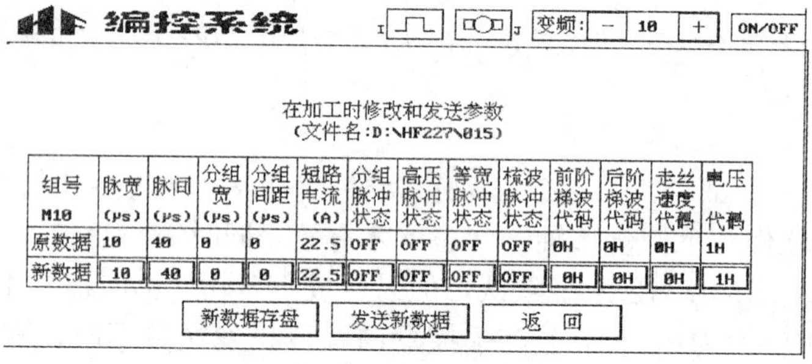

图4.52　修改电参数

特别提示

(1) HF控制软件的有关参数已由厂方设置好，用户切记不要随意设置，以免造成机床无法正常工作；当计算机CMOS掉电后，可能会造成HF无法正常工作，此时要按照HF说明书中的说明或是本说明书的第十一项重新设置CMOS，并保存。

(2) 加工对中对边时，必需将工件表面清理干净，无锈、无油污、无毛刺等，不能开丝筒，至少对中对边两次以减小误差。

(3) 本电柜所有的工作软件在出厂时，均安装在C盘，并在E盘作有备份；HF控制软件的安装方法请见其使用说明书，安装完成后，需要进行相关的参数设置，设置方法请与厂家联系。

(4) 移机或换外电源开关时，请注意检查水泵电动机与丝筒电动机的运转方向是否正确。

(5) 机床与电柜一定要接地。电柜要注意防尘，防潮；电柜机床必需按时由专业人员进行保养、维护。

(6) 电柜断电后，电柜前后板上的大电容上留有残余高压，警防电击，必要时需对其进行放电。

(9) 电气部分。

① 步进部分。

● *X*、*Y* 轴采用五相十拍反应式步进电动机，最大步进速度不得大于 300 步/s。W503B 号板为这两轴电动机的驱动电路板，POWER 为主电源的指示灯，XA、XB、XC、XD、XE 为 *X* 轴电动机每相的指示灯，YA、YB、YC、YD、YE 为 *Y* 轴电动机每相的指示灯，这十只指示灯用于指示驱动电路的好坏及步进指示，在不锁电动机的情况下，有灯亮则说明此电路有故障，需更换；

● *U*、*V* 轴采用三相六拍反应式步进电动机，最大步进速度不得大于 300 步/s。W503A 号板为这两轴电动机的驱动电路板，该板提供 4 轴电动机的 12VDC 驱动电源及 HF 软件接口电路板的 12VDC 隔离电源，12V 为此电源的指示灯，PW 为主电源的指示灯；U1、U2、U3 为 *U* 轴电动机每相的指示灯，V1、V2、V3 为 V 轴电动机每相的指示灯，这六只指示灯用于指示驱动电路的好坏及步进指示，在不锁电动机的情况下，有灯亮则说明此电路有故障，需更换。

② 脉中电源部分。

● W506 板信号发生板：产生脉冲信号、电压控制信号、运丝速度控制信号，其中 CLK 为晶振信号灯，此灯不亮，脉冲信号将不能产生；D0、D1、STB 三指示灯为 HF 软件的电参数数据传输指示灯，在传送数据过程中，这三只指示灯将闪烁。

● W505 板光电隔离板：对 06 板的输出信号及外部输入信号进行隔离，24V、VCC1、+12V、−12V、VCC、+5 为电源指示灯，KGJ 为脉冲信号允许输出信号，灯亮才会有脉冲信号输出，换向时该灯应灭，脉冲信号输出指示如下图，如图 4.53 所示。

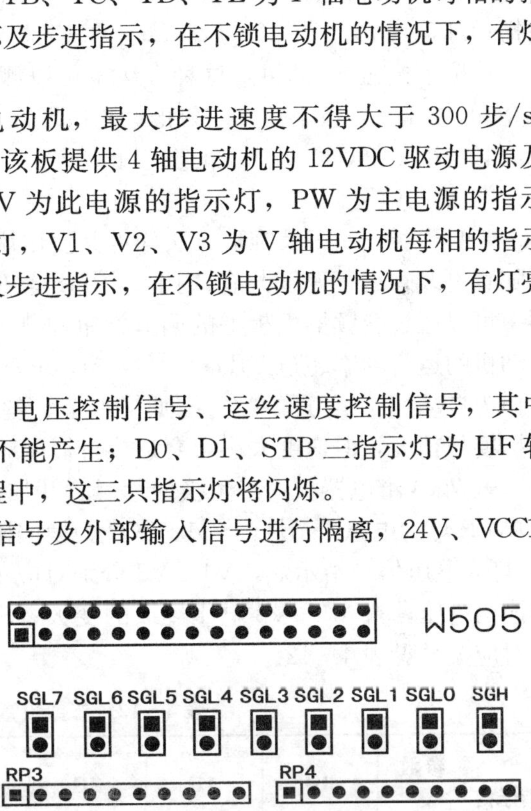

图 4.53　W505 板光电隔离板

共有 9 路脉冲信号输出，用于去选通 W501 板的功放管，灯亮表示有脉冲信号输出，其于指示灯与短路电流的对应关系见表 4－11。

表 4－11　指示灯与短路电流的对应关系表

电流/A 指示灯	3.7	7.5	11	15	22.5	30	37.5	45	52.5	56
SGL0				亮	亮	亮	亮	亮	亮	亮
SGL1				亮	亮	亮	亮	亮	亮	亮
SGL2					亮	亮	亮	亮	亮	亮
SGL3	亮		亮							亮
SGL4		亮	亮			亮	亮	亮	亮	亮

（续）

电流/A 指示灯	3.7	7.5	11	15	22.5	30	37.5	45	52.5	56
SGL5							亮	亮	亮	亮
SGL6								亮	亮	亮
SGL7									亮	亮

● W501 脉冲电源功放板：12V、5V 为电源指示灯，PL0－PL7 指示灯为功放管的开关指示灯，其 PL0－PL7 与 SGL0－SGL7 相对应，测试时需将板上接插件 J3 与 J6 的接线拔下，按下按钮 S1 即可，这种方法也可以测试功放电路的好坏，在不开脉冲(即 KJG 灯不亮)的情况下，按下这 S1 按钮，如果 PL0－PL7 有灯亮，对应的 P0－P7 功放电路有故障，必需维修好，否则加工时会引起烧丝。

③ 辅助电路。

● 变频器：使用及维护方法详见其使用说明书，有关参数，工厂出厂前已设定好，不要随意更改；运行速度共有八挡，由 HF 软件进行控制，其中“0”挡，为手动挡，运行频率可以通过变频器面板上的调节旋钮调节，从 50Hz 到 0Hz，严禁修改变频器的参数将电动机的运行频率超过 50Hz，1～7 挡，电动机的运行频率逐渐变大，丝速逐渐变快，这七挡为自动挡，不可像“0”挡那样调节；丝速小可以减小钼丝的振动，有利于提高切割粗糙度与精度，但速度太小，会造成排屑困难，影响加工速度或是烧断钼丝。

● W504 继电器板：产生换向信号、开加工信号、最终电压控制信号及速度控制信号；POWER 灯为电源指示灯，SQ1、SQ2 为换向限位开关压下指示、HX 为运丝方向灯，V1～V3 灯为电压信号指示灯，V1～V3 分别对应于电压参数的 01H、02H、04H，灯亮表示设为该档电压，自 V1～V3 电压逐级的变大；S1～S3 灯为速度信号指示灯，参数设置与灯的对应关系见表 4－12。

表 4－12　参数设置与灯的对应关系表

参数 指示灯	0H	1H	2H	3H	4H	5H	6H	7H
S1		亮		亮		亮		亮
S2			亮	亮			亮	亮
S3					亮	亮	亮	亮

(10) 加工工艺。

当矩形波加工时，脉宽一般为 5～80μs，脉间一般不小于脉宽的 4 倍，脉宽加大可以提高加工速度，但表面粗糙度会增加，减速小脉间，一般不影响加工表面的粗糙度，可以提高加工效率，但是过小的脉间，会使加工不稳定，严重时会烧断钼丝；对于大厚度工件一般采用大脉宽(60～80μs)与大脉间(脉宽的 8～12 倍)，短路电流为 45A 以上，电压最好为 2H，平均加工电流一般不大于 3.5A。

当采用分组脉冲加工时，一般脉宽为 2～10μs，脉间为 2～10μs，分组宽设为脉宽＋脉间值的5～15个，分组间隔应使总脉间大于总脉宽的4倍；可以在提高效率的同时兼顾粗糙度，但不适合加工大厚度工件，同时钼丝损耗会有所增加，加工电流一般不大于3A。

加工电压一般采用1H或2H，当加工大厚度工件及导电性不好的材料时，可适当的提高加工电压。多次切割一般采用三次切割即可，第一次的偏移量一般为0.05～0.08mm，第二次的偏移量一般为0.05～0.015mm，最后一次必需为0mm。

采用前阶梯波可以降低钼丝损耗，一般选用B、C、D挡。

(11) CMOS的设置。

当CMOS掉电时，应重设计算机的CMOS的用户中断(一般为中断10，有时可能是中断9，由HF软件接口卡左下方跳线帽位置决定)，否则HF软件将无法进行切割，设置方法如下(不同的计算机可能有所不同，设置时请灵活运用)：

① 开机后按键盘上的Del键进入到BIOS设置界面。

② 用方向键选中“PNP/PCI CONFIGURATION”选项后按Enter键。

③ 将光标移到“RESOURCE CONTROLLED BY [ ]”选项改为MANUAL，然后移到“IRQ RESOURCES”选项后按Enter键，在出现的界面中将“IRQ－10 assigned to”按提示改为“Legacy ISA”(有时为IRQ－9)。

④ 然后按Esc键返回到BIOS设置界面，按F10键，保存CMOS设置，重启计算机后即可。

应用实例4－3

任务描述：切割图4.54所示一个正八方零件，对边尺寸为28mm，厚度为20～40mm，纵剖面上的尺寸精度公差为0.012mm，横剖面上的尺寸精度公差为0.015mm。

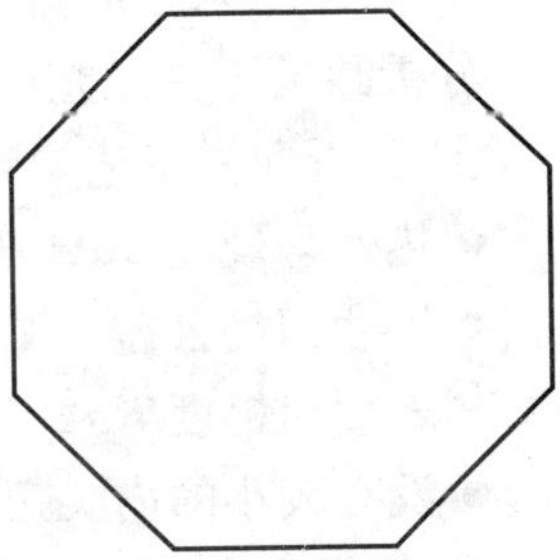

图4.54 正八方零件

操作步骤：

(1) 单击“全绘编程”按钮，进入绘图界面。

(2) 单击“绘直线”按钮。

(3) 单击“多边形”按钮，系统提示三种方式：①外切多边形；②内接多边形；③一般多边形，选择“外切多边形”选项。

(4) 按提示，输入已知圆(X0，Y0，R)(0，0，14)，按Enter键。

(5) 提示几边形，N输入8按Enter键，八方在图形显示框中自动绘出，按Esc键退出，单击“退出”按钮，按Enter键。

(6) 单击“引入线、引出线”按钮，选择作引线(长度法)输入引线长度3mm，按Enter键输入终点，在八方的交点处确认。

(7) 确定钼丝的补偿方向和加工方向，单击“退出”按钮。

(8) 单击“执行”按钮，输入钼丝的补偿值，单击“后置”按钮。

(9) 确认切割次数，并生成平面G代码加工单。

(10) G代码加工单存盘，输入存盘文件名，例“KK”，按Enter键。

(11) 在加工界面上单击“读盘”按钮，再单击“读G代码程序”按钮，选择“kk..2NC”选项。

4.1.3 任务实施

1. 线切割加工基本步骤

线切割加工的基本步骤如图 4.55 所示。

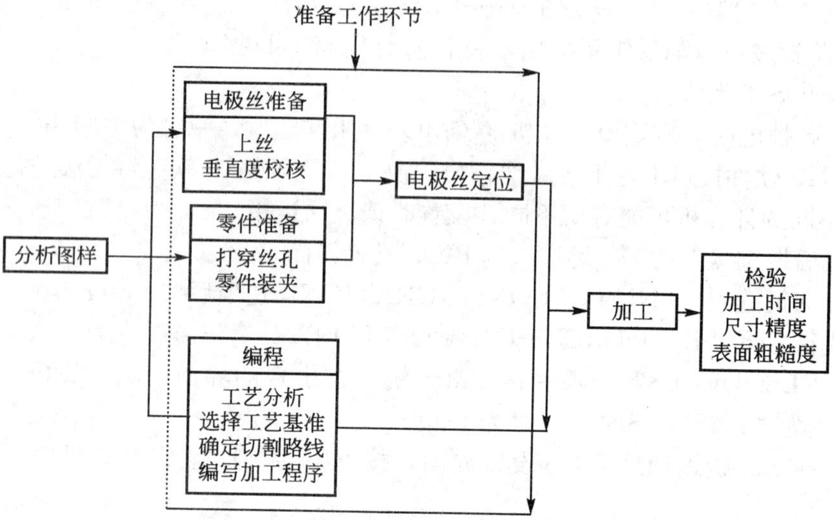

图 4.55 线切割加工基本步骤

2. 分析图样工艺→编程工艺准备

1）图样工艺分析确定设备类型

分析凸模零件工艺如下：

① 分析图样工艺参数。

- 热处理硬度 60HRC。
- 尺寸精度公差 0.04mm。
- 表面粗糙度 $Ra2.5$。
- 没有较小的内尖角及圆角。

② 选择设备、加工次数。

- 中走丝线切割机床；使用钼丝直径为 $\phi0.18$mm。
- 3 次切割(一修二)。

2）分析图样选择工艺基准

选择零件的左端面为工艺基准面，以左端面 B 点处为零件编程的起点，如图 4.56 所示。

3）确定编程路线

如图 4.57 所示，A 点为穿丝孔(起丝点)的位置，加工方向沿 $A—B—C—D—E—B—A$ 进行。切记不要沿 $A—B—E—D—C—B—A$ 进行切割(零件与坯料的主要连接部位被过早地割离，余下的材料被夹持部分少，零件刚性大大降低，容易产生变形，从而影响加工精度)

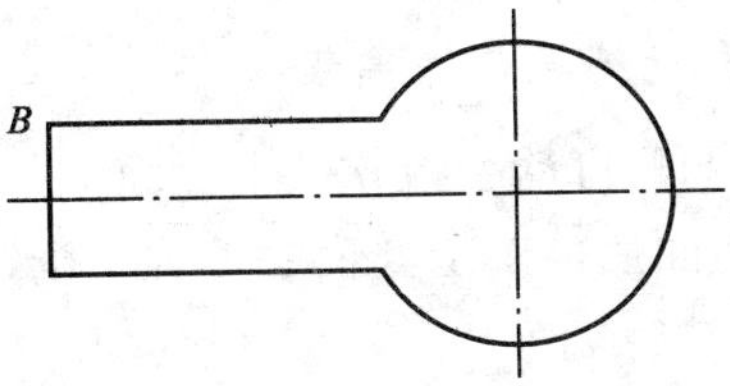

图 4.56　选择凸模工艺基准

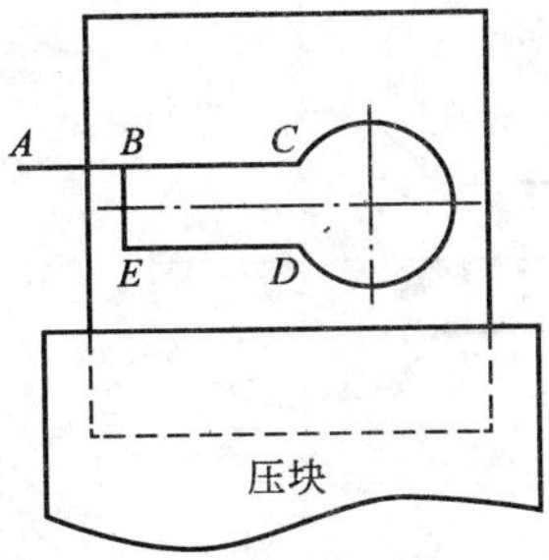

图 4.57　确定凸模编程路线

4）确定编程工艺参数

（1）间隙补偿值确定。

一刀进行切割：间隙补偿值＝0.09mm＋0.01mm＝0.1mm；

多刀进行切割，间隙补偿值略小：经验值一般为 0.075～0.08mm。

（2）主要高频参数的选择，见表 4－13。

表 4－13　选择高频参数

	脉冲宽度	脉冲间隔	短路电流
引导段程序	40	200	45
第一刀切割	30	150	37.5
第二刀切割	8	48	15
第三刀切割	3	21	11

选择原则：根据零件厚度和偏移量、选择短路电流；根据切割零件粗糙度和切割次数选择脉冲宽度和脉冲间隙。

（3）选择偏离量(加工余量)，如图 4.58 所示。

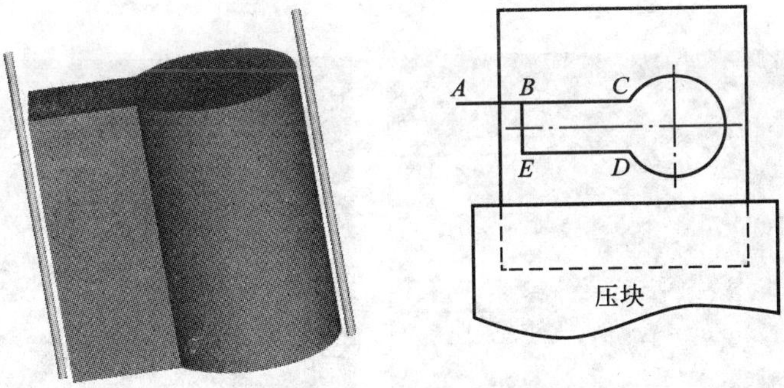

图 4.58　选择偏离量

第一刀切割：0.065mm

第二刀切割：0.003mm

第三刀切割：0mm

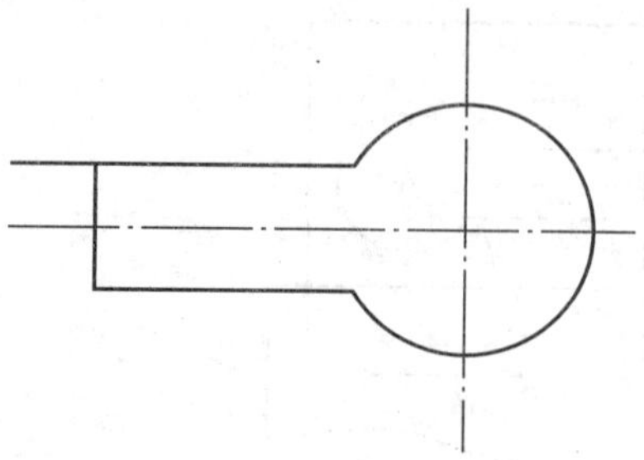

图 4.59 设置凸模台阶宽

(4) 设置凸模台阶宽(残留宽)。如图 4.59 所示，选择左侧面为凸模台阶宽。凸模台阶宽 $=3\text{mm}+2\times 0.078\text{mm}=3.156\text{mm}$。

3. HF 自动编控软件编程

1) 进入 HF 自动编控软件主界面

进入主界面后，单击“全绘编程”按钮，如图 4.60 所示。

2) 绘制零件图形

绘制凸模零件图形，如图 4.61 所示。

3) 确定引入和引出线段的绘制及加工方向

确定引入和引出线段的绘制及加工方向，如图 4.62 所示。

4) 输入间隙补偿值

在全绘图系统中单击“执行 1”按钮，进入补偿值输入界面，输入间隙补偿值，如图 4.63 所示。

图 4.60 HF 自动编控软件主界面

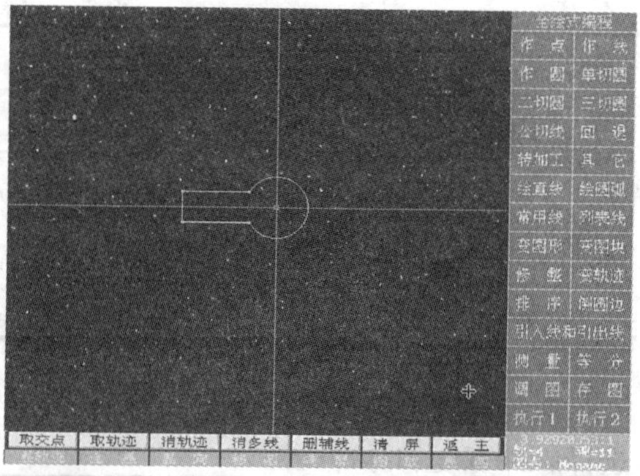

图 4.61 绘制凸模零件图形

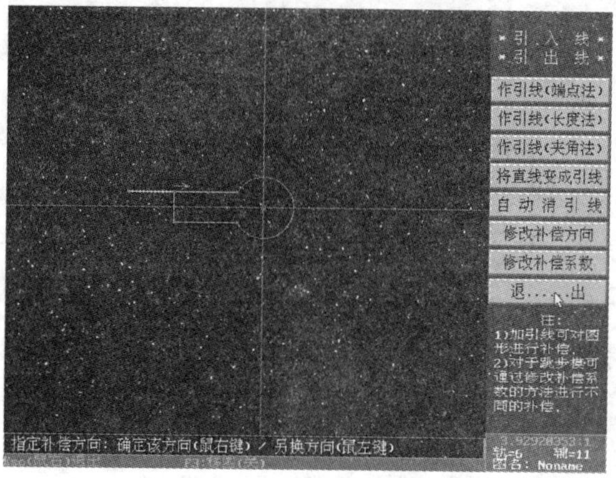

图 4.62 确定引入和引出线段的绘制及加工方向

图 4.63 输入间隙补偿值

5）显示钼丝轨迹

单击该界面“2 钼丝轨迹”按钮，单击“8 显示钼丝轨迹”，如图 4.64 所示。

6）确定切割次数

单击“(5)切割次数”按钮，确定切割次数界面，如图 4.65 所示。

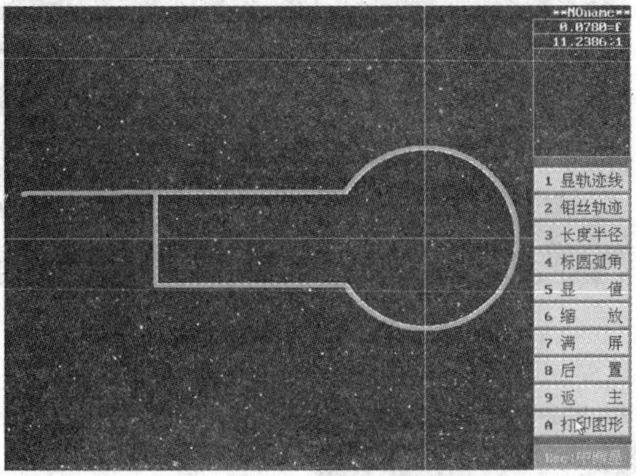

图 4.64 显示钼丝轨迹

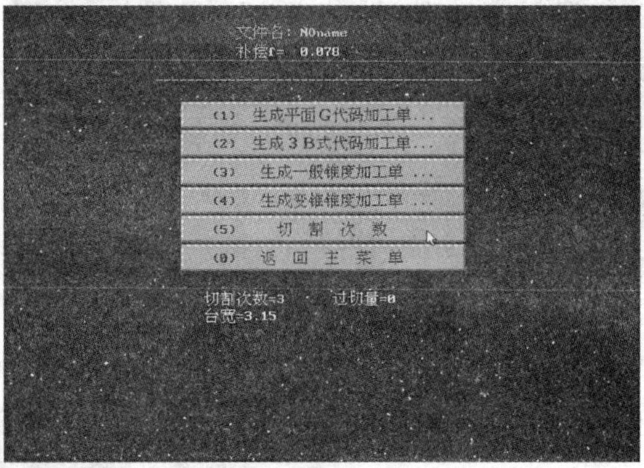

图 4.65 切割次数

7）设定切割次数

设定切割次数，如图 4.66 所示。

8）生成平面 G 代码加工单

单击“(1)生成平面 G 代码加工单”按钮，如图 4.67 所示。

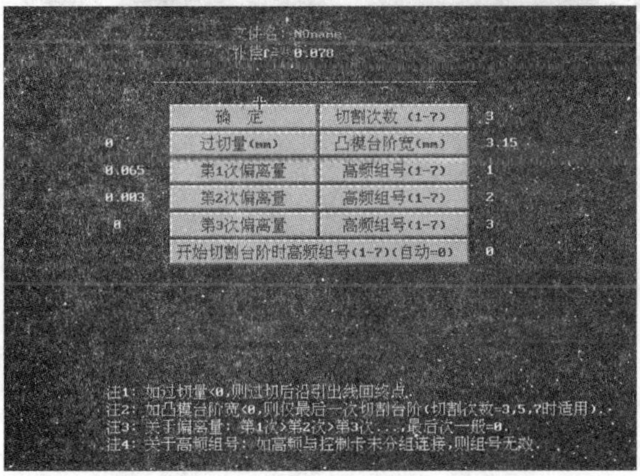

图 4.66 设定切割次数

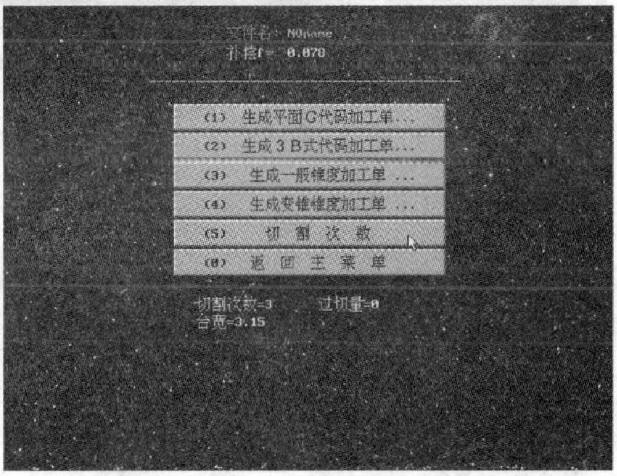

图 4.67 生成平面 G 代码加工单

9）生成 G 代码存盘

生成 G 代码，如图 4.68 所示。

10）调出保存的 G 代码图形文件

进入加工界面，单击“读盘”按钮，调出保存的 G 代码图形文件，如图 4.69 所示。

11）显示 G 代码加工程序

单击“检查”按钮，进行 G 代码加工程序的显示，如图 4.70 所示。

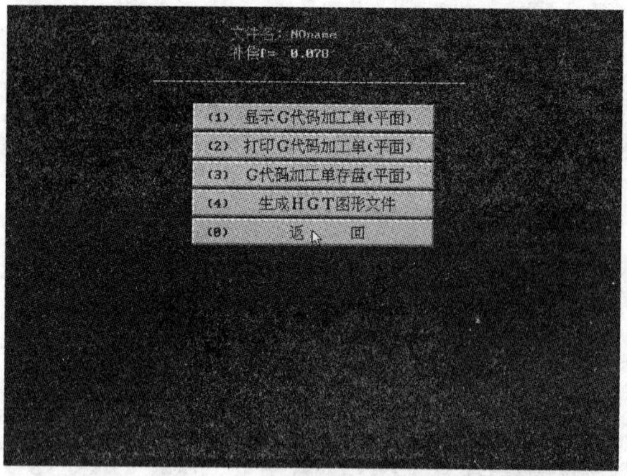

图 4.68 生成 G 代码

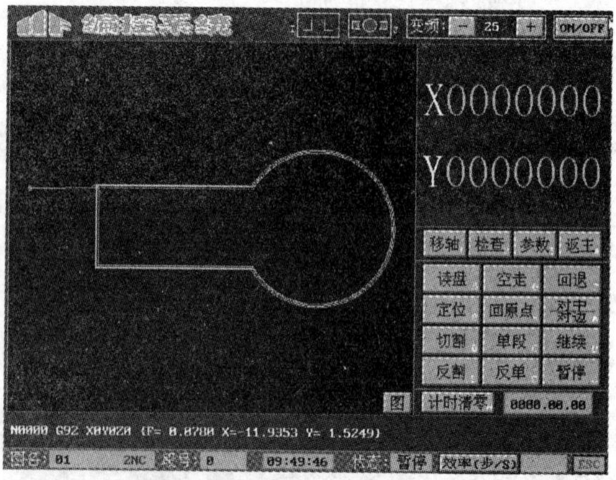

图 4.69 调出图形文件

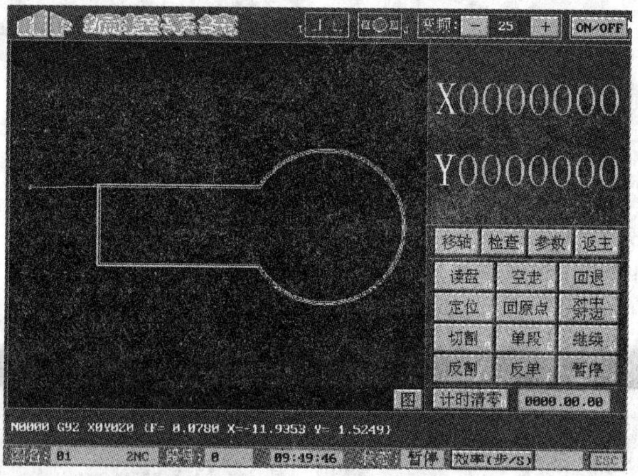

图 4.70 显示 G 代码加工程序

G 代码加工程序：

N0000 G92 X0Y0Z0{f=0.0780 x=-13.5435 Y=1.5315}	定义电极丝初始位置为原点
N0001 G01 X4.1656 Y 0.0433{LEAD IN }	引线加工
N0002 G01 X4.4005 Y0.1115	
N0003 M11	第一次切割参数
N0004 G01 X 10.8642Y0.1115	除凸模台阶宽外零件的第一次切割
N0005 G02 X10.8642 Y-3.1745 I13.5435 J-1.5315	
N0006 G01 X4.4005 Y-3.1745	
N0007 G01 X4.4625 Y-3.1125	
N0008 M12	第二次切割参数
N0009 X10.8991Y-3.1125	除凸模台阶宽外零件的第二次切割
N0010 G03 X10.8991Y0.0495 I 13.5435 J-1.5315	
N0011 G01 X 4.4625 Y0.0495	
N0012 G01 X4.4655 Y0.0465	
N0013 M13	第三次切割参数

```
N0014  G01 X10.9008 Y0.0465                            除凸模台阶宽外零件的第三次切割
N0015  G02 X10.9008 Y-3.1095I13.5435 J-1.5315
N0016  G01 X4.4655 Y-3.1095
N0017  G01 X4.4005 Y-3.1745
N0018  M11                                               第一次切割参数
N0019  G01 X4.4005 Y0.1115                               凸模台阶宽加工
N0020  G01 X4.4625 Y0.0495
N0021  M12                                               第二次切割参数
N0022  G01 X4.4625 Y-3.1125                              凸模台阶宽加工
N0023  G01 X4.4655 Y-3.1095
N0024  M13                                               第三次切割参数
N0025  G01 X4.4655 Y0.0465                               凸模台阶宽加工
N0026  G01 X4.1656 Y0.0433
N0027  M10                                               引线切割参数
N0028  G01 X0.0000 Y0.0000{LEAD OUT}                     引线退出
N0029  M02                                               程序结束
```

12）加工界面的定位

单击加工界面的定位按钮，如图 4.71 所示。

13）设置凸模台阶宽

单击“设置结束点”按钮，设置凸模台阶宽，如图 4.72 所示。

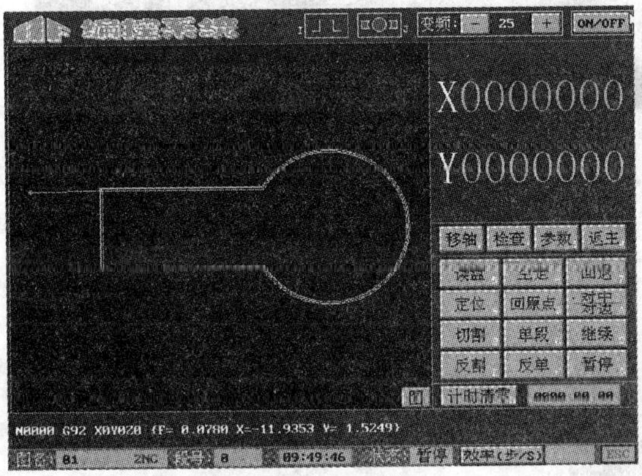

图 4.71　加工界面的定位

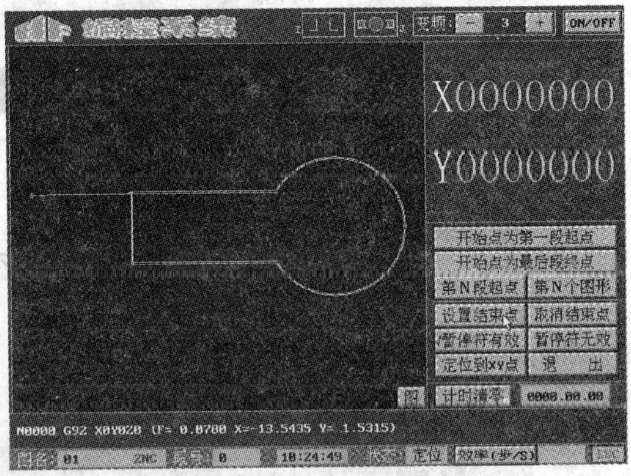

图 4.72　设置凸模台阶宽

14）其他参数设置

在加工界面下单击“参数”按钮，然后在进入的界面下单击其他参数设置，如图 4.73 所示。

15）设置高频参数参数

设置高频参数等，如图 4.74 所示。

16）高频参数的存盘

单击编辑高频参数的“返回”按钮，进行高频参数的存盘，如图 4.75 所示。

17）发送高频参数

发送高频参数，如图 4.76 所示。

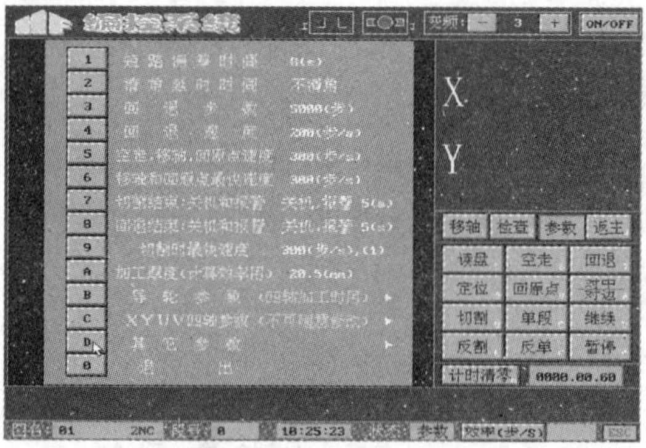

图 4.73　设置其他参数

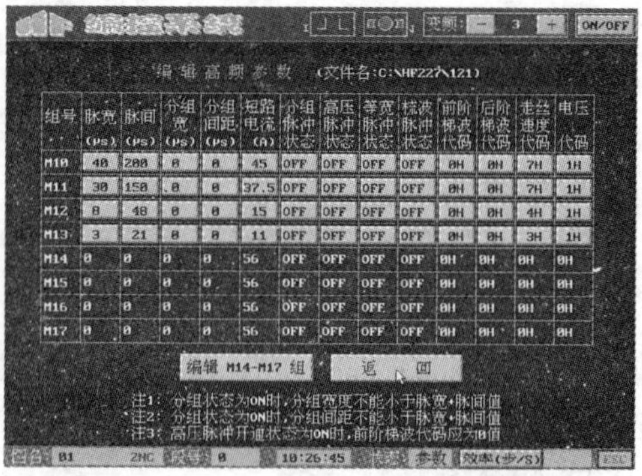

图 4.74　设置高频参数

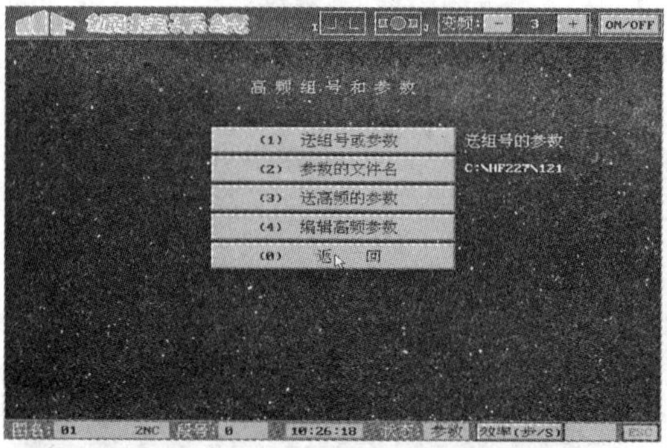

图 4.75　高频参数的存盘

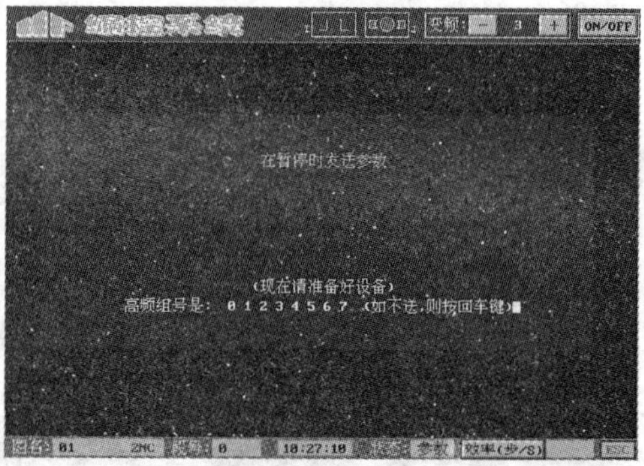

图 4.76　发送高频参数

18）机床准备，开始加工

机床准备，开始加工，如图 4.77 所示。

4. 解析零件加工过程

加工路径如图 4.78 所示。

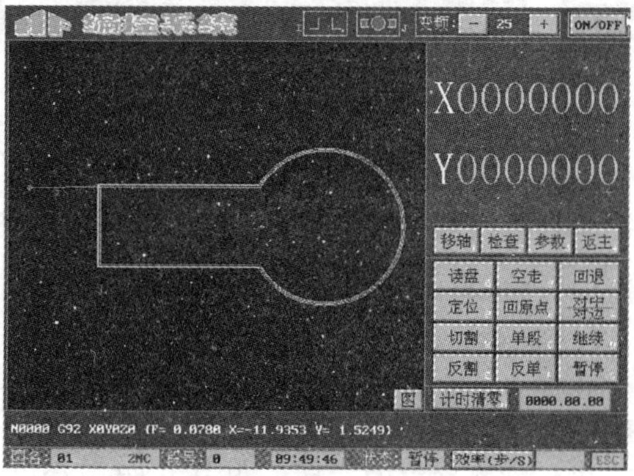

图 4.77　开始加工

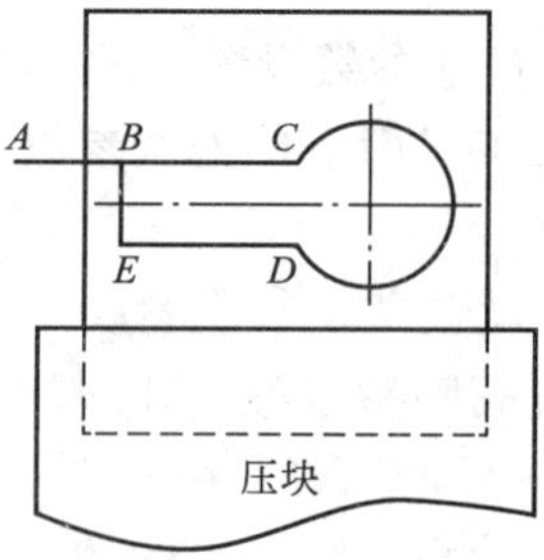

图 4.78　加工路径

(1) 首先引入段 $A \to B$ 的切割；
(2) 零件轮廓 $B \to C \to D \to E$ 的第一次切割；
(3) 零件轮廓 $E \to D \to C \to B$ 的第二次切割；
(4) 零件轮廓 $B \to C \to D \to E$ 的第三次切割；
(5) 机床暂停，发出蜂鸣报警声；
(6) 进行凸模台阶宽的切割准备；
① 一刀切割，磨床进行修磨；
② 使用磁铁吸附；
③ 插钼丝，黏胶水；
(7) 进行凸模台阶宽 $E \to B$ 的第一次切割；
(8) 进行凸模台阶宽 $B \to E$ 的第二次切割；
(9) 进行凸模台阶宽 $E \to B$ 的第三次切割；
(10) 进行引出段程序 $B \to A$ 的切割。

习 题

一、判断题

1. 中速走丝电火花线切割机床，是在高速往复走丝电火花线切割机上吸收了慢走丝机床多次切割的特点，因此属于往复高速走丝电火花线切割机床范畴。( )

2. 高速走丝电火花线切割机床，其电极丝作高速往复运动，一般走丝速度为8～10m/s。( )

3. 钼丝的保存条件应放在不含酸碱性有害气体和相对湿度不高于65%的室内。( )

4. 线切割机床加工液可以使用磨床加工液。( )

二、填空题

1. 根据电极丝的运行速度，电火花线切割机床主要分为________、________、________三大类。

2. 线切割机床的机械部分由________、________、________、________、________、________、________、防护罩及附件等部分组成。

3. 线切割工作液种类有________、________、________、________等。

4. 线切割机床的日常保养主要包括________、________等。

三、选择题

1. 快走丝电火花线切割电极丝主要选用( )。
A. 铜丝　B. 钼丝　C. 铝丝　D. 铁丝

2. 快走丝电火花线切割工作液不能采用的是( )。
A. 乳化液　B. 矿物油　C. 汽油　D. 去离子水

3. 低速走丝机床的运丝速度慢，可使用( )作为电极丝。
A. 纯铜或黄铜丝　B. 铝丝　C. 钨丝　D. 钼丝

4. 线切割不能加工的材料是(　　)。

A. 导体材料　　B. 塑料板　　C. 超硬材料　　D. 半导体材料

四、简答题

1. 介绍高速走丝电火花线切割机床、低速走丝电火花线切割机床和中速走丝电火花线切割机床主要特点。

2. 叙述电火花线切割的基本工作原理。

3. 电火花线切割加工的特点。

4. 中走丝线切割机床应用范围。

5. 电火花线切割机床操作步骤。

6. 介绍电火花线切割机床的保养。

五、编程

1. 任务描述：请分别编制加工图 4.79 所示的线切割加工 3B 代码和 ISO 代码，已知线切割加工用的电极丝直径为 ϕ0.18mm，单边放电间隙为 0.01mm，*O* 点为穿丝孔，加工方向为 *O*—*A*—*B*—⋯—。

2. 任务描述：完成图 4.80 所示连接件零件的数控线切割自动编程与加工，零件材料 45 钢，经淬火处理，厚度为 40mm。零件毛坯长宽尺寸为 120mm× 50mm。选用钼丝直径为 ϕ0.2mm，单边放电间隙为 0.01mm。

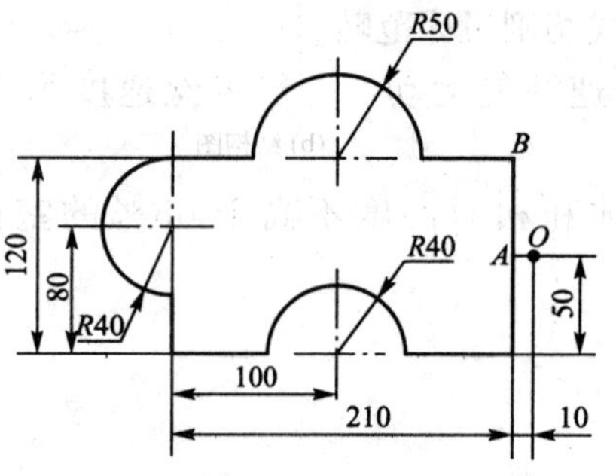

图 4.79　题 1 图

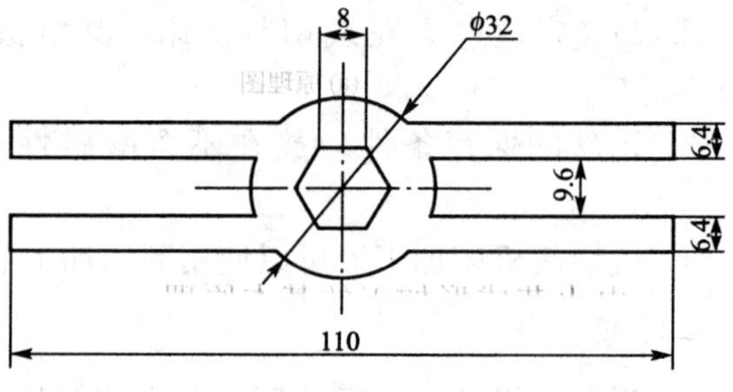

图 4.80　连接件

任务 4.2　数控电火花成形加工技术

专项能力目标	涉及知识点	权重/(%)	建议学时
分析数控电火花成形加工原理；分析数电火花成形加工基本工艺	数控电火花成形加工原理与基本工艺；电火花成形机床结构、工艺特点	30	4
能操作维护电火花成形机床	电火花成形机床的操作应用与维护	70	

4.2.1　任务导入

任务描述：正确操作数控电火花成形机床。

4.2.2　知识链接

1. 数控电火花成形加工简介

电火花成形加工又称放电加工(EDM)，是一种电、热能加工方法。加工时，工件与加工所用的工具为极性不同的电极对，电极对之间多充满工作液，主要起恢复电极间的绝缘状态及带走放电时产生的热量的作用，以维持电火花成形加工的持续放电。故称为电火花成形加工。日本、美国、英国等国家通常称为放电加工。

电火花成形加工机床主要由机床主体、脉冲电源、自动进给调节系统和工作液过滤和循环系统几部分组成。图 4.81 所示为立柱式数控电火花成形加工机床，图 4.81(a)所示为原理图，图 4.81(b)所示为结构图。

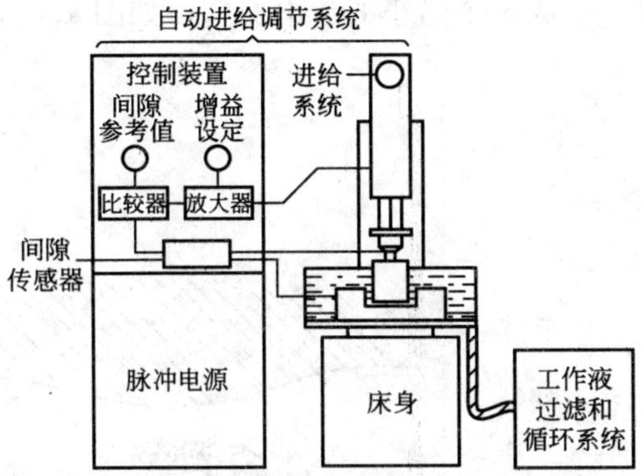

(a) 原理图

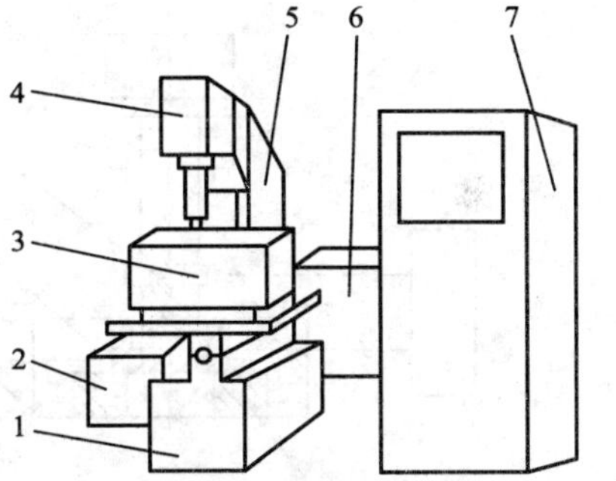

(b) 结构图

图 4.81　立柱式数控电火花成形加工机床结构图及原理图

1—床身；2—液压油箱；3—工作液槽；4—主轴头；5—立柱；6—工作液箱；7—控制柜

1）电火花成形加工的基本原理

要想利用火花放电产生的电蚀现象对工件进行加工，必须具备以下基本条件。

(1) 保证有合理的放电间隙。放电间隙是指利用火花放电进行加工时，工具表面和工件表面之间的距离。放电间隙一般在几微米到几百微米之间合理选用。放电间隙过大，会使工作电压不能击穿绝缘介质；而放电间隙过小，则形成短路，都将导致电极间电流为零，不能产生火花放电，从而不能对工件进行加工。

(2) 火花放电必须是瞬时的脉冲性放电，放电延续一段时间后(1～1000μs)，需停歇一段时间(50～100μs)。这样才能使放电所产生的热量来不及传导扩散到其余部分，把每一次的放电蚀除点分别局限在很小的范围内；否则，会形成电弧放电，使工件表面烧伤而无法用作尺寸加工。为此，电火花成形加工必须采用脉冲电源。

(3) 火花放电必须在具有一定绝缘性能的液体介质中进行。绝缘介质的作用有：一是绝缘作用；二是在达到击穿电压后，绝缘介质要尽可能地压缩放电通道的横截面积，从而提高单位面积上的电流强度；三是在放电完成后，迅速熄灭火花，使放电间隙消除电离从而恢复绝缘；四是对电极和工件表面具有较好的冷却作用，并能将电蚀产物从放电间隙中带走。

对导电材料进行加工时，两极间为液体介质；进行材料表面强化时，两极间为气体介质。目前大多数电火花成形加工机床均采用煤油作为工作液。但是对大型复杂工件进行加工时，由于功率较大，可能会引起煤油着火，这时可以采用燃点较高的机油或者是煤油与机油的混合物等作为工作液。另外，新开发的水基工作液也逐渐应用在电火花成形加工中，这种工作液可使粗加工效率大幅度提高，并且降低了因加工功率大而引起着火的隐患。

(4) 脉冲放电要有足够的能量。也就是说放电通道要有很大的电流密度(一般为 105～106A/cm^2)。这样可以保证在火花放电时产生较高的温度，将工件表面的金属熔化或气化，以达到加工的目的。

综合以上的基本条件，电火花成形加工原理(见图 4.82)如下：

(1) 脉冲电源 1 的两个输出端分别与工件 2 和工具 4 连接。自动进给调节装置 3(此处为液压缸及活塞)使工件与工具之间经常保持一个很小的放电间隙。微观下两极表面是粗糙的，距离最近点处液体介质被电离、击穿，形成一个微小的放电通道，如图 4.83 所示。

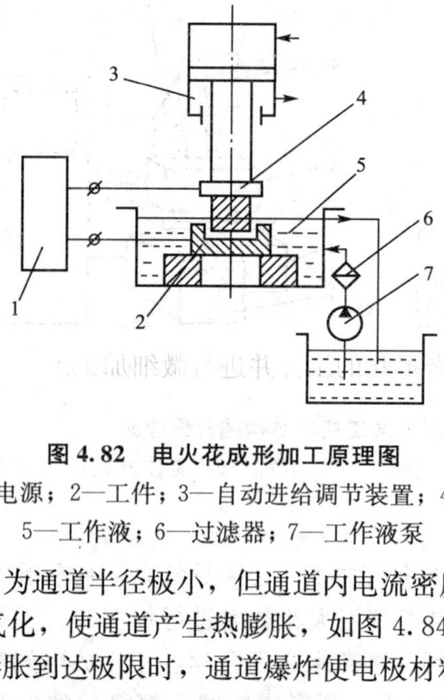

图 4.82　电火花成形加工原理图

1—脉冲电源；2—工件；3—自动进给调节装置；4—工具；
5—工作液；6—过滤器；7—工作液泵

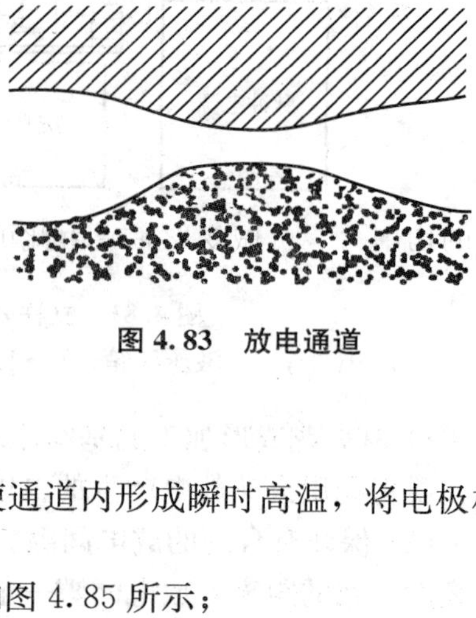

图 4.83　放电通道

(2) 因为通道半径极小，但通道内电流密度极大，使通道内形成瞬时高温，将电极材料熔化、气化，使通道产生热膨胀，如图 4.84 所示。

(3) 膨胀到达极限时，通道爆炸使电极材料抛出，如图 4.85 所示；

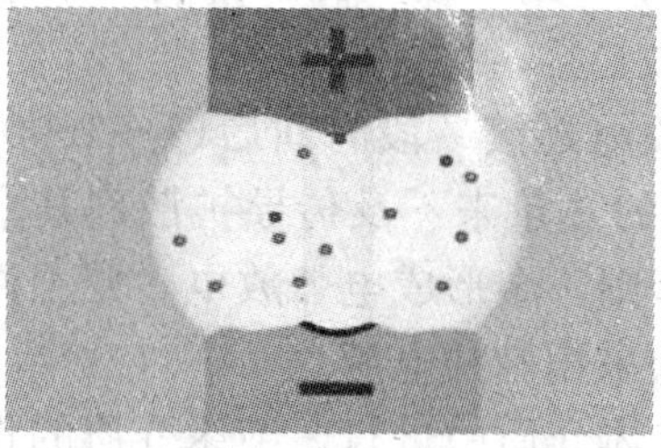

图 4.84　放电通道产生热膨胀

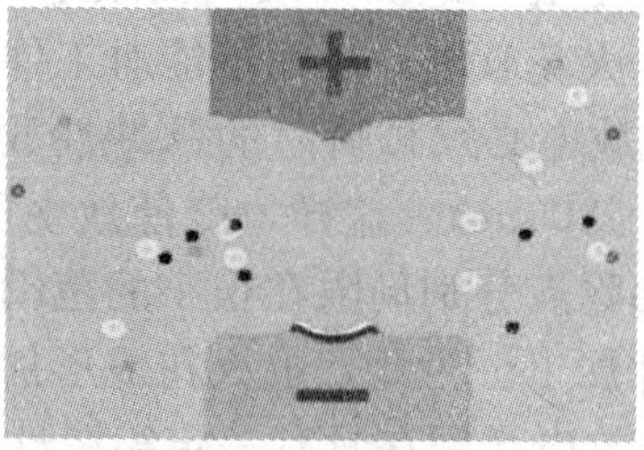

图 4.85　放电通道爆炸

(4) 当加在两极间的脉冲电压足够大时，便使两极放电间隙最小处或绝缘强度最低处的介质被击穿，在该处形成火花放电，瞬时达到高温使工具和工件表面都蚀掉一小部分金属，脉冲放电结束后，经过一段时间间隔(即脉冲间隔)，液体介质消除电离状态，恢复绝缘，通道消失，电极表面各自形成一个小凹坑，如图 4.86(a)所示，表示单个脉冲放电后的电极表面。

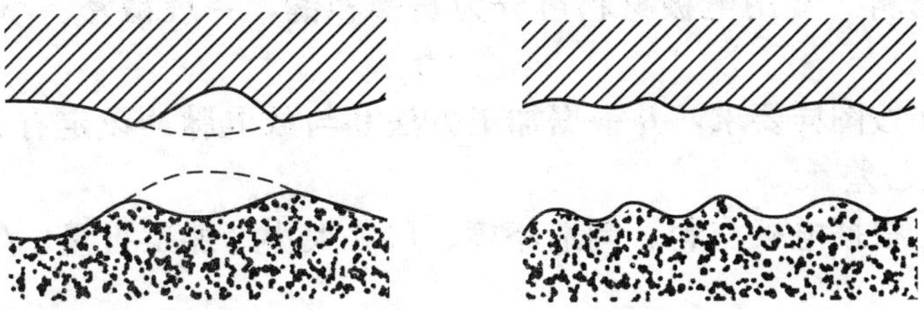

(a) 单脉冲放电痕 (b) 多脉冲放电痕

图 4.86 脉冲放电痕

(5) 下一个脉冲到来，放电在另一些高点上再次进行，这样随着相当高的频率，连续不断地重复放电，在伺服系统控制下，工具电极不断地向工件进给，从而保持一定的放电间隙，就可将工具端面和横截面的形状复制在工件上，加工出具有所需形状的工件，整个加工表面将由无数个小凹坑所形成。如图 4.86(b)所示为多次脉冲放电后的电极表面。

2) 电火花成形加工的特点

(1) 电火花成形加工的优点。

① 能加工用切削的方法难以加工或无法加工的高硬度导电材料。工件的加工不受工具硬度、强度的限制，实现了用软质的材料(如石墨、铜等)加工硬质的材料(如淬火钢、硬质合金和超硬材料等)。

② 便于加工细长、薄、脆性的工件和形状复杂的工件。工具与工件之间没有机械加工的切削力，机械变形小，因此可以加工复杂形状的工件并进行微细加工。

③ 工件变形小，加工精度高。电火花成形加工的精度可达 0.01～0.05mm，在精密光整加工时可小于 0.005mm。

④ 易于实现加工过程的自动化。

(2) 电火花成形加工的缺点。

① 只能对导电材料进行加工。

② 加工精度受到电极损耗的限制。

③ 加工速度慢。

④ 最小圆角半径受到放电间隙的限制。

目前已广泛应用于机械(特别是模具制造)、航空航天、电子、电器和仪器仪表等行业，用来解决难加工材料及复杂形状工件的加工问题。

3) 分析数控电火花成型加工工艺

(1) 电火花成形加工过程。由于数控电火花成形加工过程中，须综合考虑各方面的因素对加工的影响，针对不同的加工对象，其工艺过程有一定差异。现以常用的型腔加工工艺为例说明。

① 工艺分析。对工件图进行分析，了解工件的结构特点、材料，明确加工要求。

② 选择加工方法。根据加工对象、精度及表面粗糙度等要求和机床功能选择采用单电极加工、多电极加工、单电极平动加工、分解电极加工、二次电极法加工或是单电极轨迹加工。

③ 选择与放电脉冲有关的参数。根据加工的表面粗糙度及精度要求确定选择与放电脉冲有关的参数。

④ 选择电极材料。常用电极材料可分为石墨和铜，一般精密、小电极用铜来加工，而大的电极用石墨。

⑤ 设计电极。按图样要求，并根据加工方法和与放电脉冲设定有关的参数等设计电极纵横切面尺寸及公差。

⑥ 制造电极。根据电极材料、制造精度、尺寸大小、加工批量、生产周期等选择电极制造方法。

⑦ 加工前的准备。对工件进行电火花成形加工前钻孔、攻螺纹加工、磨平面、去磁、去锈等。

⑧ 热处理安排。对需要淬火处理的型腔，根据精度要求安排热处理工序。

⑨ 编制、输入加工程序。一般采用国际标准 ISO 代码。

⑩ 装夹与定位。

- 根据工件的尺寸和外形选择制造的定位基准。
- 准备电极装夹夹具。
- 装夹和校正电极。
- 调整电极的角度和轴心线
- 工件定位和夹紧。

⑪ 开机加工。选择加工极性，调整机床，保持适当液面高度，调节加工参数、保持适当电流、调节进给速度、充油压力等。随时检查工件稳定情况、正确操作。

⑫ 加工结束。检查工件是否符合加工要求，进行清理。

(2) 电火花成形机床安全操作规程。

① 检查机床各部位的润滑，显示液面是否正确，行程限位开关是否可靠。

② 检查过滤器是否良好可靠。

③ 工作液面高于工件 40cm 才能加工。

④ 操作人员随时观察加工情况，以免出现短路、

⑤ 若机床出现故障应停机，及时维修。

2. 数控电火花成形加工

数控电火花成形加工是用工具电极对工件进行复制加工的工艺方法，主要分为穿孔加工和型腔加工两大类。

1) 电火花穿孔加工

随着电火花成形加工工艺和机床的发展，电火花成形穿孔加工应用也日趋广泛，主要应用于冲压模具零件(包括凸凹模、卸料板和固定板等)、粉末冶金模具零件、挤压模具零件和各种型腔模具(包括锻模、压铸模和塑料模等)零件的制造上。

用电火花方法加工通孔称为电火花穿孔加工，主要应用于加工那些用机械方法难以加工或无法加工的工件，例如硬质合金、淬火钢等硬度较大的金属材料和具有复杂形状的零件的通孔加工等。

冲裁模具在生产中应用较为广泛，但是由于冲裁模具具有形状复杂、硬度高和尺寸精度要求高等特点，所以用一般的机械加工方法加工是非常困难的，有时甚至无法用通用机

床进行加工，而只能靠钳工进行加工，这样将增大劳动量，加工精度难以保证。采用电火花成形加工就能很好地解决上述困难。

(1) 分析电火花穿孔加工工艺。对于冲裁模具来说，冲裁凸模与凹模配合间隙的大小和均匀性，直接影响到冲裁产品的质量和模具的寿命。在电火花成形加工过程中，为了满足这一要求，常用的加工工艺方法有：直接电极法、混合电极法、修配凸模法和二次电极法。

由于电火花线切割加工技术的发展，加工冲模已主要采用线切割加工，但用电火花穿孔加工冲模比用电火花线切割更容易达到好的配合间隙、表面粗糙度和刃口斜度，因此，一些要求较高的冲模仍采用电火花穿孔加工工艺。

(2) 设计电极。电极的精度直接影响电火花穿孔加工的精度，所以合理选择电极材料和确定电极尺寸就显得尤为重要了。

① 电极材料的选择。电极材料必须具有导电性能好、损耗小、造型容易、加工过程稳定、生产效率高、来源丰富和价格低廉等特点。生产中常用的电极材料(石墨、黄铜、紫铜、铸铁、铜和铜钨合金)的性能见表 4-14。选择时应根据加工对象、工艺方法和脉冲电源的类型等因素综合考虑。

表 4-14　常用电极材料的性能

电极材料	电火花成形加工性能	机械加工性能	说　　明
石墨	加工稳定性较好，电极损耗较小，抗高温、变形小、质量轻；但精加工时电极损耗大，加工粗糙度低于紫铜电极，并且容易脱落、掉渣，易拉弧烧伤	机械强度差，制造电极时粉尘较大，易崩	适用于穿孔加工和大型型腔模具加工
黄铜	加工稳定性较好，加工速度低于紫铜，电极损耗大	难以采用磨削加工，很少用机械方法加工	适用于简单形状的穿孔加工
紫铜	加工性能优异，电极损耗小，但密度大，所以不易做大、中型电极	因材质软，易产生瑕疵，所以磨削加工困难	适用于穿孔加工和小型型腔模具加工
铜	加工稳定性差，电极损耗一般	机械加工性能优异	适用于穿孔加工
铸铁	加工稳定性一般，电极损耗中等	机械加工性能优异	适用于穿孔加工
铜钨合金	加工精度稳定性好，电极损耗小	切削或磨削时工具磨损较大，有一定的弯曲变形，价格昂贵	适用于精密穿孔加工和精密型腔模具加工
银钨合金	加工精度稳定性好，电极损耗小	切削或磨削时工具磨损较大，但弯曲变形较小，价格昂贵	适用于精密穿孔加工和精密型腔模具加工

② 电极结构。电火花成形加工用的工具电极一般可以分为整体式电极、镶拼式电极

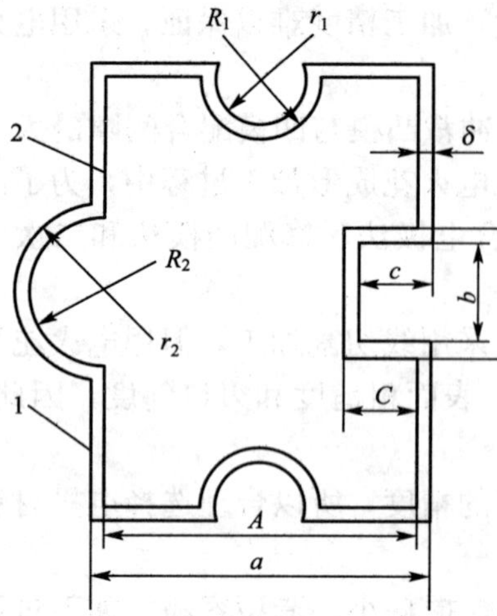

图 4.87　电极横截面尺寸的计算

和组合式电极三种类型。

③电极尺寸。电极的尺寸包括电极横截面尺寸和电极长度尺寸。

● 电极横截面尺寸的计算。在加工凹模型孔时，电极横截面的轮廓 2 一般应比型孔 1 均匀地缩小一个放电间隙值，如图 4.87 所示。

图 4.87 中，A、B、C、R_1、R_2 为电极横截面基本尺寸；a、b、c、r_1、r_2 为型孔基本尺寸；δ 为单边放电间隙。

由图 4.87 可知，存在以下三类尺寸：

尺寸增大的有：$R_1=r+2\delta$，$B=r+2\delta$；

尺寸减小的有：$R_2=r-2\delta$，$A=r-2\delta$；

尺寸不变的有：$C=c$。

● 电极长度尺寸的计算。工具电极的长度 L 一般与加工深度、电极材料、加工方式和型孔复杂程度等因素有关，一般可以用下面的公式进行估算：

$$L=KH+H_1+H_2+(0.4\sim0.8)(n-1)KH$$

式中：H——电火花成形加工深度，mm；

H_1——当凹模下部挖空时，电极需要加长的长度，mm；

H_2——电极夹持部分长度，mm；

n——电极的使用次数；

K——与电极材料、加工方式和型孔复杂程度等因素有关的系数。对于不同材料 K 值的经验数据为：紫铜为 2～2.5、黄铜为 3～3.5、石墨为 1.7～2、铸铁为 2.5～3、钢为 3～3.5。电极材料损耗小、型孔简单、电极轮廓无尖角时，K 取小值；反之取大值。

当电极损耗较大时，如加工硬质合金时，电极长度可以适当加长。

(3) 制造电极。电火花穿孔加工用电极的长度尺寸一般无严格要求，而对其横截面尺寸要求则较高。对这类电极，一般先经过普通机械加工，然后再进行成形磨削。不易用磨削加工的材料，可在机械加工后，采用钳工精修的方法达到要求。

对于整体式电极(一般采用钢作为电极)，如果模具的配合间隙较小，可用化学溶液侵蚀作为电极的部分，使电极部分的端面轮廓均匀地缩小，在加工时就可以选用较大的放电间隙了；如果模具的配合间隙较大，可用镀铜或镀锌的方法，均匀地增大作为电极部分的尺寸。

对于镶拼式电极一般采用环氧树脂或聚乙烯醇缩醛胶黏结，当黏合面积小不易粘牢时，可采用钎焊的方法进行固定。

随着电火花线切割技术的发展，目前，电火花成形加工用的电极一般都采用数控电火花线切割的方法制造。

(4) 选择电参数。数控电火花成形加工中的电参数主要包括电流峰值、脉冲宽度和脉冲间隔等，这些参数大小选择的好坏，不仅影响电火花成形加工精度，还直接影响加工的生产率和经济性。电参数的确定，主要取决于工件的加工精度要求、加工表面要求、工件和工具电极材料以及生产率等因素。由于影响电参数的因素较多，实际判断困难，所以在生产中主要是通过工艺实验的方法来确定的。

加工速度与加工精度和表面质量是相互制约的，即提高加工速度的同时，必然会降低加工精度和表面质量。为了解决这一矛盾，电火花成形加工过程一般分为粗加工、半精加工和精加工三个阶段，每一个阶段电参数选择的原则都不同。三个阶段的加工电参数见表4-15。

表4-15　加工电参数

工序名称	脉冲宽度	电流峰值	加工精度	表面质量	生产率
粗加工	长(一般取20～60μs)	大	低	差(一般 Ra=6.3～3.2μm)	高
半精加工	较长(一般取6～20μs)	较大	较高	较好(一般 Ra=3.2～1.6μm)	较低
精加工	短(一般取2～6μs)	小	高	好(一般 Ra≤1.6μm)	低

由表4-15可知，粗加工时在留有一定加工余量的前提下，尽量加大单个脉冲能量，来提高生产率；在半精加工和精加工时，则以保证精度和表面质量为目的，采用小的电流峰值、高的频率和短的脉冲宽度。这样既加快了加工速度、提高了生产率，又能获得较好的精度。

特别提示

在整个加工过程中，工具电极损耗对加工精度有影响。特别是粗加工时，脉冲能量大，工具电极损耗同样也会较大。这时就应该在加工之前很好地利用极性效应，或者在精加工时更换工具电极来提高加工精度。

2）数控电火花加工型腔

用数控电火花成形加工方法加工型腔与用机械加工法加工相比，具有加工质量好、粗糙度小、操作简单、劳动强度低、生产周期短，适合各种硬质材料和复杂形状型腔的加工的优点。随着电火花成形加工机床和工艺的日趋完善，电火花成形加工已经成为型腔加工的主要方法之一。

数控电火花型腔加工要比型孔加工困难得多，主要表现在：型腔加工属于盲孔加工，金属蚀除量大，工作液循环困难，生成的电蚀产物不易排除，较易产生二次放电；电极损耗不能像型孔加工一样，用增加电极长度和进给来补偿；加工面积大，加工过程中要求电参数的调节范围大、型腔形状复杂、电极损耗不均匀等。因此，在实际生产中，我们在保证加工表面质量的前提下，提高工件电极的蚀除量，从而提高生产率。通过降低工件电极的损耗和改善工作液的循环条件来提高加工精度。

(1) 分析电火花型腔加工工艺。型腔模电火花成形加工主要有单电极平动法、多电极更换法和分解电极加工法等。

① 单电极加工法。单电极加工法是指在电火花成形加工过程中，不更换电极，用一个电极完成整个型腔加工的一种工艺方法。单电极加工法只需要制造一个电极，进行一次装夹定位，适用于加工形状简单、精度要求不高的型腔；对于加工量较大的型腔模具，可

以先用其他加工方法(例如机械加工方法)去除大量的加工余量，再用电火花的加工方法加工到精度要求，这样可以大大提高加工效率。为了解决工具电极损耗对加工精度的影响以及提高加工效率，在生产中通常采用下面几种单电极加工法。

单电极平动法。单电极平动法在型腔模电火花成形加工中应用最广泛。它是采用一个电极完成型腔的粗、中、精加工。如图 4.88 所示，其中每个质点运动轨迹的半径就称为平动量，其大小可以由零逐渐调大，以补偿粗、中、精加工的电火花放电间隙之差，从而达到修光型腔的目的。

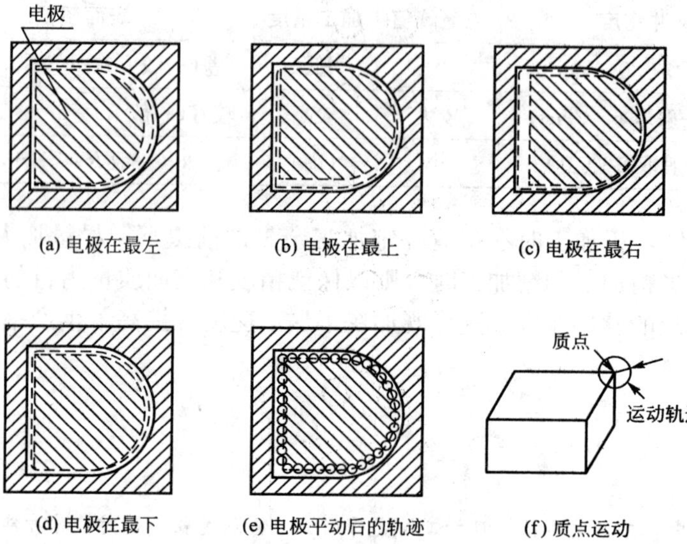

图 4.88　平动头扩大间隙原理图

单电极平动法的最大优点是只需一个电极、一次装夹定位，便可达到±0.05mm 的加工精度，并利于排除电蚀产物。它的缺点是难以获得高精度的型腔模，特别是难以加工出清棱、清角的型腔。

单电极摇动法。采用三轴联动的数控电火花成形加工机床时，可以利用工作台按一定轨迹做微量移动来修光侧面，这种方法被称为单电极摇动法。由于摇动是靠数控系统产生的，所以具有灵活多样的模式，除了可以做圆形平动外，还可以做方形平动、十字形平动等，因此更能适应复杂形状的侧面修光的需要，尤其可以做到尖角处的“清根”，这是平动头所无法做到的。图 4.89 所示为方形平动加工原理图。

② 多电极更换法。多电极更换法是指在整个电火花成形加工过程中，采用多个形状相同、尺寸不同的电极依次更换加工同一个型腔，通过调节不同的电参数来实现型腔的粗、半精、精加工的一种加工方法。每一个电极都要对型腔的整个被加工表面进行加工，这样就可以将上一个电极的放电痕迹去掉。电极的多少主要取决于加工精度和表面质量的要求，如采用粗、半精、精加工工序，就可以选用三个电极进行加工。多电极加工原理图如图 4.90 所示，三个电极分别负责工件的粗、半精、精加工，其使用的电参数不同，放电间隙也不同，故电极的尺寸亦不同。

这种方法的优点是仿形精度高，特别适合带有尖角、窄缝多的型腔模具的加工。缺点是需要制造多个电极，并且对各个电极的一致性和制造精度都有很高的要求。另外，因为

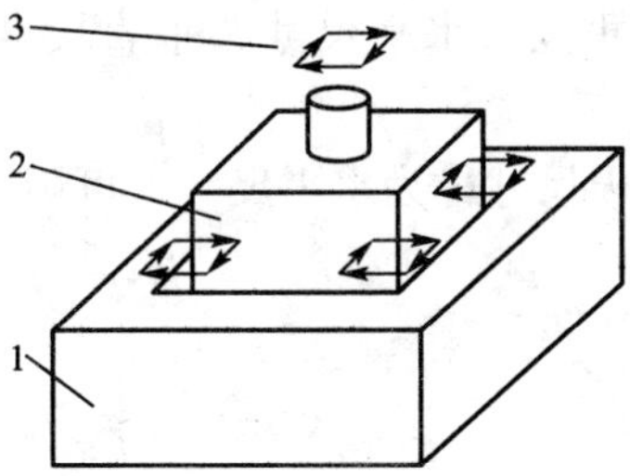

图 4.89 方形平动加工原理图

1—工件电极；2—工具电极；3—平动轨迹

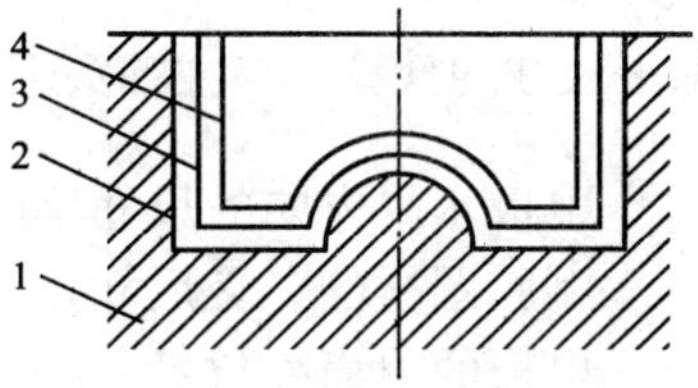

图 4.90 多电极加工原理图

1—工件；2—精加工后的型腔；3—半精加工后的型腔；4—粗加工后的型腔

需要更换电极，所以必须确保更换工具电极时的重复定位精度，对机床和操作人员装夹、定位精度要求较高。因此主要适用于没有平动和摇动加工条件或多型腔模具和相同工件的加工场合。一般用两个电极进行粗、精加工就可满足要求，而当型腔模具的精度和表面质量要求很高时，采用三个或更多个工具电极进行加工。

因此一般只用于精密型腔的加工，例如盒式磁带、收录机、电视机等机壳的模具，都是用多个电极加工出来的。

③ 分解电极法。分解电极法是根据型腔的几何形状，把工具电极分解为主型腔电极和副型腔电极，主、副型腔电极要分别制造和使用，是单电极平动法和多电极加工法的综合应用。如图 4.91 所示即为分解电极法加工示意图。

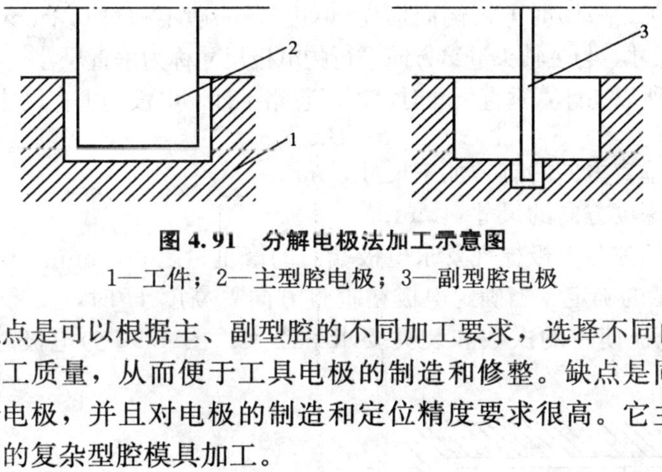

图 4.91 分解电极法加工示意图

1—工件；2—主型腔电极；3—副型腔电极

这种方法的优点是可以根据主、副型腔的不同加工要求，选择不同的电参数，有利于提高加工速度和加工质量，从而便于工具电极的制造和修整。缺点是同多电极加工法一样，需要制造多个电极，并且对电极的制造和定位精度要求很高。它主要适用于尖角窄缝、沉孔、深槽多的复杂型腔模具加工。

(2) 设计型腔模工具电极。

① 选择电极材料。用于型腔加工的电极材料有紫铜、石墨、铜钨合金和银钨合金。其性能和应用见表 4 - 14。由于铜钨合金和银钨合金价格昂贵，电极成形加工比较困难，所以只用在精密模具的制造上。生产中广泛应用的是紫铜电极和石墨电极，这两种材料的共同特点是在宽脉冲粗加工时都能实现低损耗。

② 电极结构。电火花型腔加工的电极与穿孔加工一样，也分为整体式、镶拼式和组合式三种类型。其中整体式适用于尺寸不大和复杂程度一般的型腔加工；镶拼式适用于型腔尺寸较大、单块电极坯料尺寸不够，或型腔形状复杂、电极易分块制作的型腔加工条件；组合式适用于一模多腔的条件，可简化型腔的定位工序、提高定位精度。

③ 电极尺寸的确定。电火花型腔加工的电极尺寸包括水平尺寸、垂直尺寸和电极总高度尺寸。

a. 水平尺寸的计算。与主轴头进给方向垂直的电极尺寸称为水平尺寸，可用下式确定：

$$a=A\pm K\delta$$

式中：a——电极水平方向的尺寸，mm；

A——型腔图样的名义尺寸，mm；

δ——电极的单面缩放量，mm；

K——与型腔尺寸注法有关的系数。

在公式中，型腔凸出部分较相对应的电极凹入部分的尺寸应放大，如图 4.92 中的 r_1、a_1 计算时应取“+”号；反之型腔凹入部分较电极凸出部分的尺寸应缩小，如图 4.92 中的 r_2、a_2 计算时应取“－”号。

K 值的选取原则是：当型腔尺寸以两加工表面为尺寸界限标注时，若蚀除方向相反，取 $K=2$(如图 4.92 中的 A_2)；若蚀除方向相同，取 $K=0$(如图 4.92 中的 C)。当型腔尺寸以中心或非加工面为基准标注时，取 $K=1$(如图 4.92 中的 A_1)；凡与型腔中心线之间的位置尺寸及角度尺寸相对应的电极尺寸不缩不放，取 $K=0$。电极的单面缩放量 δ 与电极的平动量、精加工最后一挡的单边放电间隙和精加工时电极侧面损耗有关，一般取 0.7～0.9mm。也可用下式估算：

$$\delta=e+\delta_d-\delta_s$$

式中：e——工具电极平动量，一般取 0.5～0.6mm。

δ_d——精加工最后一挡的单边放电间隙。一般取 0.02～0.03mm。

δ_s——精加工(平动)时电极侧面损耗(单边)，一般不超过 0.1mm，通常忽略不计。

b. 计算垂直尺寸。与主轴头进给方向平行的电极尺寸称为垂直尺寸。一般情况下，型腔底部的抛光量很小，所以在计算垂直尺寸时，可以忽略不计。电极的垂直尺寸可用下式确定：

$$b=B\pm KS$$

式中：b——电极垂直方向的有效加工尺寸，mm；

B——型腔深度方向的尺寸，mm；

KS——放电间隙与电极损耗要求电极端面的修正量之和，mm。

c. 电极总高度的确定。当确定电极在垂直方向总高度 H 时，要考虑电火花成形加工工艺需要、同一电极使用的次数和装夹要求等因素。图 4.93 为电极总高度确定示意图。一般用下式确定：

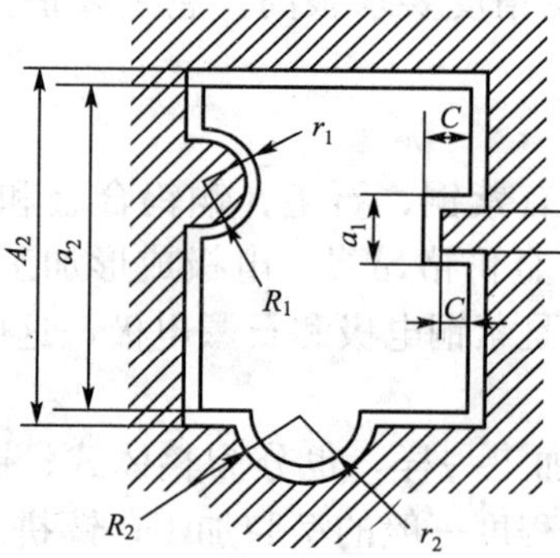

图 4.92　电极水平尺寸缩放示意图

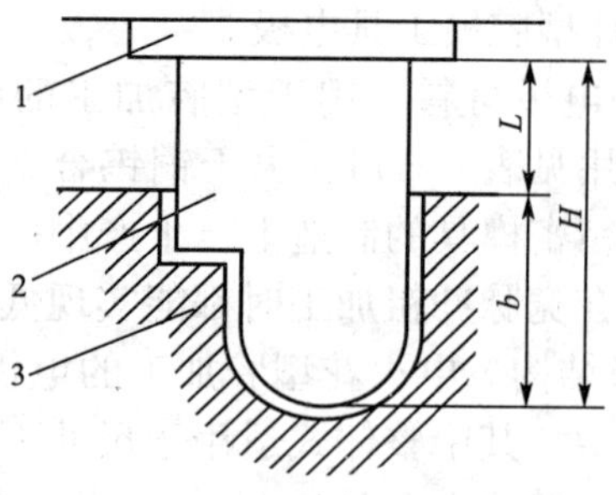

图 4.93　电极总高度确定示意图

1—夹具；2—工具电极；3—工件电极

$$H=b+L$$

式中：H——电极在垂直方向的总高度，mm；

b——电极在垂直方向的有效加工尺寸，mm；

L——考虑加工结束时，为避免电极固定板和工件电极相碰，同一电极能多次使用等因素而增加的高度，一般取 5～20mm。

④ 冲油孔和排气孔。由于电火花型腔加工属于盲孔加工，不易排气、排屑，将直接影响加工速度、加工稳定性和加工质量，所以在一般情况下，要在不易排气、排屑的拐角、窄缝处开冲油孔；在蚀除面积较大和电极端部有凹入的位置设置排气孔。

采用的冲油压力一般为 20kPa 左右，可随深度的增加而有所增加。冲油孔和排气孔的直径，应不大于缩放量的两倍，一般设计为 $\phi1\sim\phi2$mm。孔径不宜过大，太大则加工后残留的凸起太大，不易清除。孔的数量一般以蚀除产物不产生堆积为宜。各孔间距离一般取 20～40mm。孔的位置尽量错开，这样可以减少"波纹"的形成。常用形式为图 4.94 所示的冲油孔的电极和图 4.95 所示的排气孔的电极。

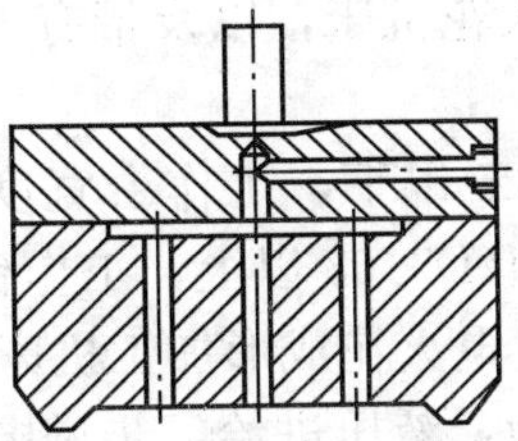

图 4.94　冲油孔的电极

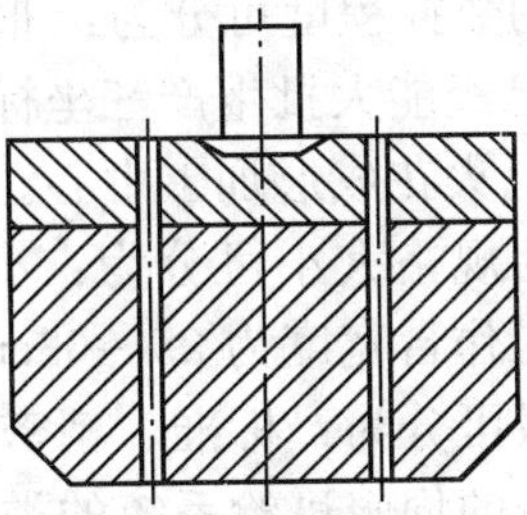

图 4.95　排气孔的电极

3）选择电规准的、分配平动量

在粗加工时，要求生产率高和工具电极损耗小，应优先选择较宽的脉冲宽度(例如在 400μm 以上)，然后选择较大的脉冲峰值电流，并应注意加工面积和加工电流之间的配合关系。加工初期接触面积小，电流不宜过大，随着加工面积增大，可逐步加大电流。通常，石墨电极加工钢时，最高电流密度为 3～5A/cm²，纯铜电极加工钢时可稍大些。

中规准与粗规准之间并没有明显的界限，应按具体加工对象划分。一般选用脉冲宽度 t_i 为 20～400μs、电流峰值 $\hat{i}_e$ 为 10～25A 进行中加工。

精加工通常是指表面粗糙度 Ra 应优于 2.5μm 的加工，一般选择窄脉宽($t_i=2\sim20\mu s$)、小峰值电流 $\hat{i}_e<10A$)进行加工。此时，电极损耗率较大，一般为 10%～20%，因加工预留量很小，单边不超过 0.1～0.2mm，故绝对损耗量不大。

加工规准转换的挡数，应根据所加工型腔的精度，形状复杂程度和尺寸大小等具体条件确定。每次规准转换后的进给深度，应等于或稍大于上档规准形成的表面粗糙度值 Ra 的一半，或当加工表面恰好达到本档规准对应的表面粗糙度时，就应及时转换规准，这样既达到修光的目的，又可使各档的金属蚀除量最少，得到尽可能高的加工速度和低电极损耗。

分配平动量是单电极平动加工法的一个关键问题，主要取决于被加工表面由粗变细的修光量，此外还和电极损耗、平动头原始偏心量、主轴进给运动的精度等有关。一般，中规准加工平动量为总平动量的 75%～80%，中规准加工后，型腔基本成形，只留很少余量用于精规准修光。原则上每次平动或摇动的扩大量，应等于或稍小于上次加工后遗留下来的最大表面粗糙度值 Ra_{max}，至少应修去上次留下 Ra_{max} 值的 1/2。本次平动(摇动)修光后，又残留下一个新的表面粗糙度值 Ra_{max}，有待于下次平动(摇动)修去其 1/2～1/3。具体电规准、参数的选择，可查阅相关资料。

3. 数控电火花成型机床

1) 电火花成形加工机床型号

我国国家标准规定，电火花成形机床均用 D71 加上机床工作台面宽度的 1/10 表示。例如 D7132 中，D 表示电加工成形机床(若该机床为数控电加工机床，则在 D 后加 K，即 DK)；71 表示电火花成形机床；32 表示机床工作台的宽度为 320mm。

2) 电火花成形加工机床分类

数控电火花成形加工机床和其他加工机床一样，有很多分类方法，具体介绍如下：

(1) 按照机床的数控程度可分为：非数控(手动型)、单轴数控及多轴数控型等，随着科学技术的进步，已经能大批生产三坐标数控电火花机床，以及带有工具电极库、能按程序自动更换电极的电火花成形加工中心。

(2) 按照机床的规格大小可分为：小型(D7125 以下，工作台宽度小于 25cm)、中型(D7125～D7163，工作台宽度为 25～63cm)和大型(D7163 以上，工作台宽度大于 63cm)。

(3) 按精度等级可分为：标准、精密和高精度电火花成形加工机床。

(4) 按工具电极的伺服进给系统的类型可分为：液压进给、步进电动机进给、直流或交流伺服电动机进给驱动等类型。

(5) 按应用范围可分为：通用机床、专用机床。

(6) 根据机床结构可分为：龙门式、滑枕式、悬臂式、框形立柱式和台式电火花成形加工机床，其中框形立柱式应用最为广泛。

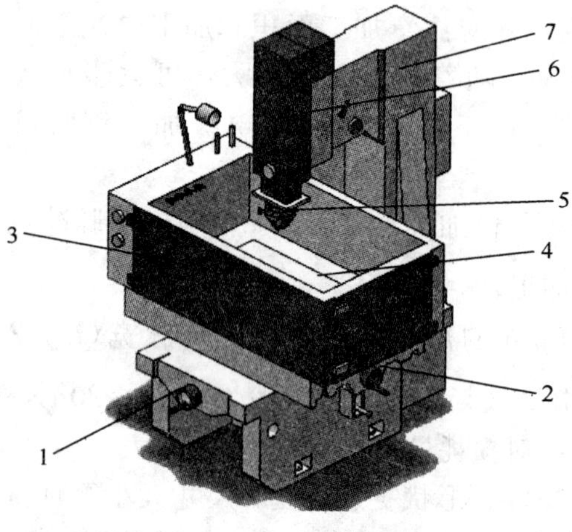

图 4.96 成形机主要结构示意图

1—工作台横向(X 轴)移动手柄；2—工作台纵向(Y 轴)移动手柄；3—油槽；4—加工台；5—电极头；6—主轴箱(W 轴运动)；7—立柱

随着机床工业的发展，模具行业对电火花成形加工机床的需求不断增加，电火花成形加工机床将朝着高精度、高稳定性和高自动化程度等方向发展。国外已经研制出带工具电极库能按程序自动更换电极的电火花成形加工中心。

3) 电火花成形加工机床主要结构

数控电火花成形机主要结构如图 4.96 所示。

X 轴运动：实现工作台横向移动(手动)。

Y 轴运动：实现工作台纵向移动(手动)。

Z 轴运动：实现主轴(电极)上下移动(伺服电动机驱动)。

油槽：作为工作液的存储容器。

加工台：加工工件放置台。

电极头：能实现电极固定和位置调整。

主轴箱(W 轴)运动(二次行程)：实现主轴箱进给运动(电动机驱动)。

立柱：起支承主轴箱作用等。

(1) 主轴箱立柱部分。该部分由主轴箱体、主轴、滑板等组成。主轴的运动由直流伺服电动机驱动，采用精密丝杠副传动方式。主轴移动导轨采用直线滚动导轨。主轴箱装在滑板上。通过交流电动机驱动，经链轮传动，带动丝杆转动，从而实现滑板的移动(二次行程)。仅一些规格机床有此配置。主轴箱体的正面装有百分表，可以观察加工状态是否稳定及正常。

(2) x、y 轴工作台部分。该部分由托板和工作台组成。导轨采用 V-平精密刮研导轨，稳定性、直线性好。导轨表面采用耐磨贴塑材料，它具有耐磨、负载能力强和摩擦因数小的优点。采用滚珠丝杠传动实现工作台的水平移动，能保证较高的定位精度。丝杠螺距为 5mm，手轮刻盘为 250 等分，每等分(刻度)为 0.02mm。

扳动锁紧手把到相应位置，可实现对工作台的锁紧。锁紧后，手轮将不能使工作台移动。该锁紧机构，具有结构简单，夹紧可靠，易于维修等优点。

特别提示

机床在 x、y、z 三轴上，均留有安装数显尺的位置，用户可根据需要进行配置。

(3) 工作液循环过滤系统。

① 工作液循环过滤系统组成。工作液循环过滤系统主要由工作油槽(包括液面保护、液面调节、冲抽油调节等)和工作液油箱(包括供油、滤油等)组成。

工作油槽采用钢板焊接结构，油正面和右侧面门可开合，采用耐油橡胶密封。油槽内左侧液位调节机构、泄油拉杆、冲抽油快换接头等。

工作液油箱即储油箱，其工作液采用工业煤油或专业油。液压泵为蜗流泵。油路中设有特制纸质过滤芯，径向过滤，采用两个过滤器分两路同时过滤，以满足过滤要求。工作液泵采用涡流泵。

② 工作液循环过滤系统油路图。工作液循环过滤系统油路图，如图 4.97 所示，它既能实现冲油，又实现抽油。其工作过程是：储油箱的工作液首先经过铜过滤网进行粗过滤 1，经单向阀 2 吸入油泵 3，这时高压油经过精过滤器 7 输向机床工作液。6 为快速进油用，能以最快的速度为油槽注入工作液。待油注满油箱时，可及时调节冲油选择阀 7，通过喷油管 8 给油槽喷油，其冲油压力可从冲油压力表 9 中读得。当阀 7 在冲油位置时，这时油杯中油的压力由阀 13 控制；当阀 10 在抽油位置时，补油和抽油两路都通，这时压力工作液穿过抽油管 11，利用流体速度产生负压，达到实现抽油的目的，压力可由阀 13 控制，抽油真空度可从 12 中读得。

(4) 电极头部分。主轴头下面装夹的电极是自动调节系统的执行机构，其质量的好坏将影响到进给系统的灵敏度及加工过程的稳定性，进而影响工件的加工精度。如图 4.98 所示。

(5) 油箱。油箱外观结构示意图(单泵系统)，如图 4.99 所示。

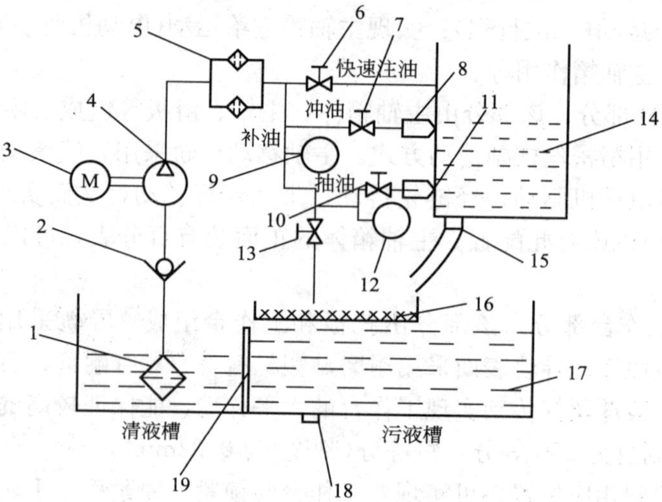

图 4.97 工作液循环过滤系统油路图

1—粗过滤器；2—单向阀；3—电动机；4—液压泵；5—精过滤器(两并联)；6—快速进油阀；7—冲油选择阀；8—喷油管；9—冲油压力表；10—抽油选择阀；11—抽油管；12—抽油真空表；13—压力调节阀；14—油槽；15—回油口；16—过滤网；17—油箱；18—油箱泄油口；19—隔板

图 4.98 电极头

1—电极角度旋转调整螺栓；2—左右水平调整螺栓；3—前后水平调整螺栓；4—电极夹头与机体支架的结缘板；5—电极夹紧螺栓

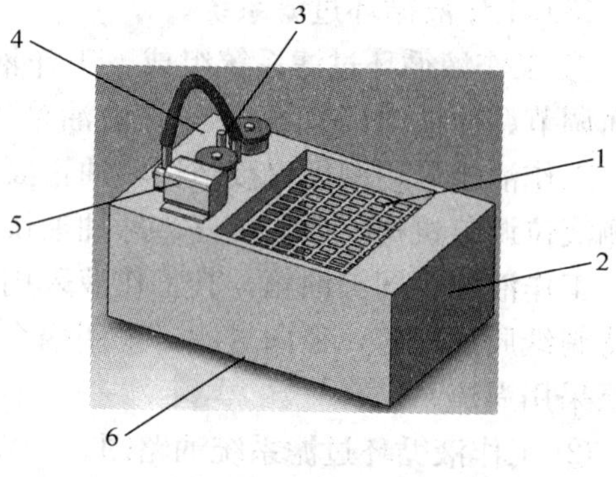

图 4.99 油箱外观结构示意图(单泵系统)

1—储油箱过滤网；2—储油箱；3—过滤器(含滤芯)；4—加工液注入接头；5—抽油泵；6—油箱泄油口

① 外观部件，油槽外观结构示意图，如图 4.100 所示。

储油箱过滤网：油槽回流的加工液从此处进入油箱。

储油箱：工作液储存容器。

过滤器(含滤芯)：通过两过滤器并联实现精过滤。

加工液注入接头：此接头通过管子与工作液油槽连接。

抽油泵。

油箱泄油口：(在油箱下部)去到泄油塞，可将油箱中的工作液泄掉。

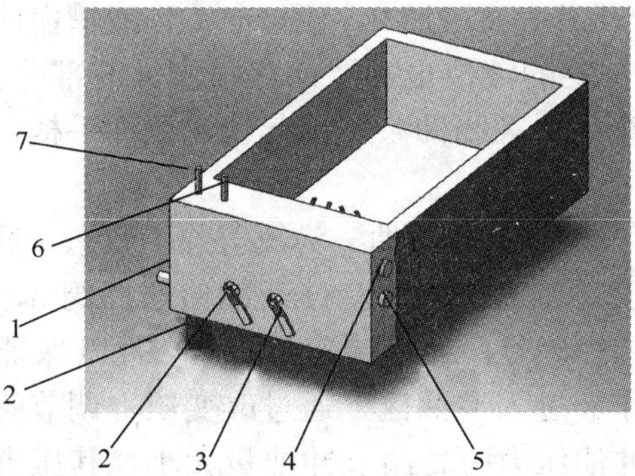

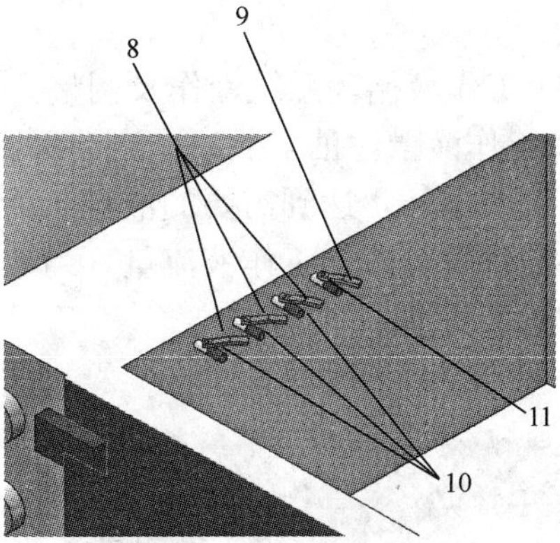

图 4.100　油槽外观结构示意图

1—油箱进油接头；2—快速进油阀；3—压力调节阀；4—冲油压力表；5—抽油真空表；6—液面调节手柄；7—快速泄油手柄；8—冲油选择阀；9—抽油选择阀；10—喷油管；11—抽油管；12—回油口

② 内部部件。

单向阀：以防工作液回流。

铜过滤网：达到粗过滤的目的。

4) 操作与调整电火花成形机床

(1) x、y 横向、纵向移动操作及调整。纵横向移动前，首先松开纵横向锁紧手柄、插入手轮上插销，然后摇动手轮。手轮刻度每格为 0.02mm，手轮每转使工作台移动 5mm。根据工作台需要移动的距离，计算手轮需要摇动的转数。工作台到位后，并扳动锁紧手柄将工作台锁紧，同时拉出手轮上的插销，使手轮摇动无效。图 4.101 所示为手轮结构。

(2) 主轴箱滑板操作及调整(有二次行程的机床适用)。立柱侧面有滑板电动开关，如图 4.102 所示。将它打到 UP 位置，滑板上升；达到 DOWN 位置，滑板下架。放开

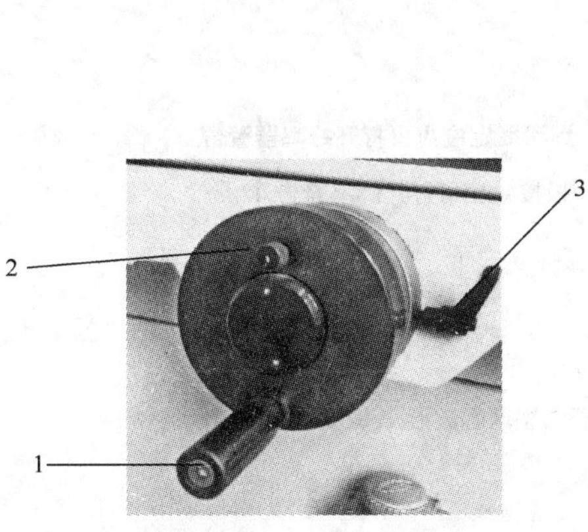

图 4.101　手轮结构

1—手轮摇把；2—插销；3—锁紧手柄

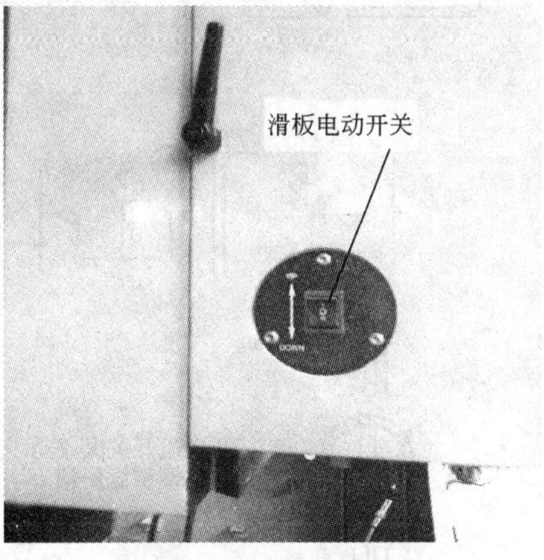

图 4.102　滑板电动开关

即停止。

(3) 工作液循环系统操作及调整。

① 工作液槽注油、泄油。启动涡流泵，开启快速进油 2，便可向工作液槽内注油。提起液面调节手柄，达到需要的液位。为保持一定的液位也需要向液槽中补充部分工作液，调整 2 的位置可控制工作液流量。当加工结束后，关闭油泵，拉起快速泄油手柄，即可泄完槽中的工作液。

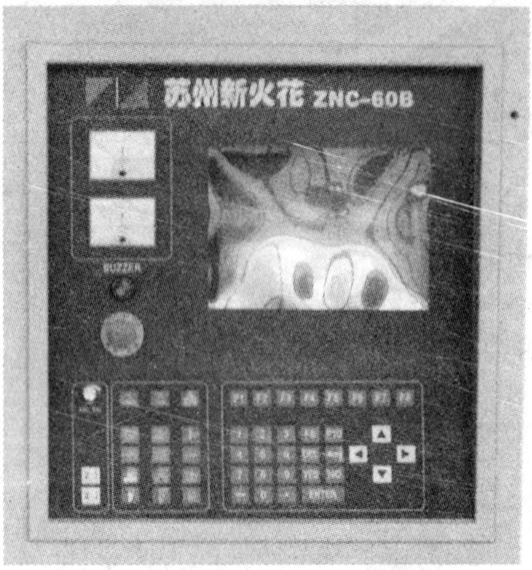

图 4.103　电柜操作面板

② 加工区冲油。为改善加工状态，通常需要直接向加工区冲油。打开冲油选择阀 8，关闭抽油选择阀 9。旋小快速进油阀 2，以保证充足的工作液进入冲油区。通过改变压力调节阀 3 可调节冲油压力同时调节冲油量大小，其压力值可通过冲油压力表读出。

③ 加工区抽油。改善加工状态的另一种方法就是将加工区的电蚀物抽走。打开抽油选择阀 9 和压力调节阀 3，关闭冲油选择阀 8 和快速进油阀 2，抽油量大小可通过调整各阀开合角度。其抽油真空度可通过表读取。

5) 电气操作使用

(1) 电柜面板按钮功能。电柜操作面板如图 4.103 所示。

① 主要按键开关。

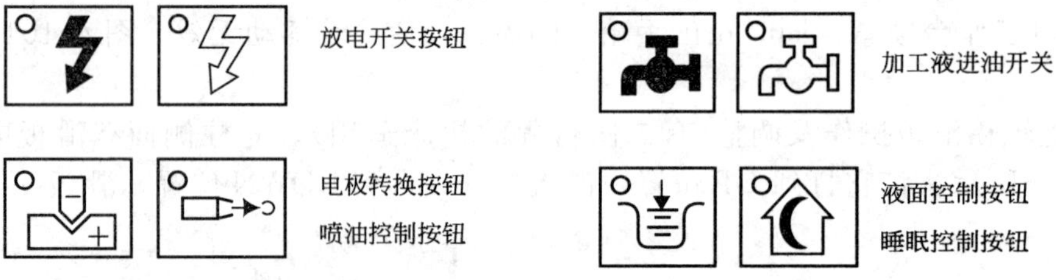

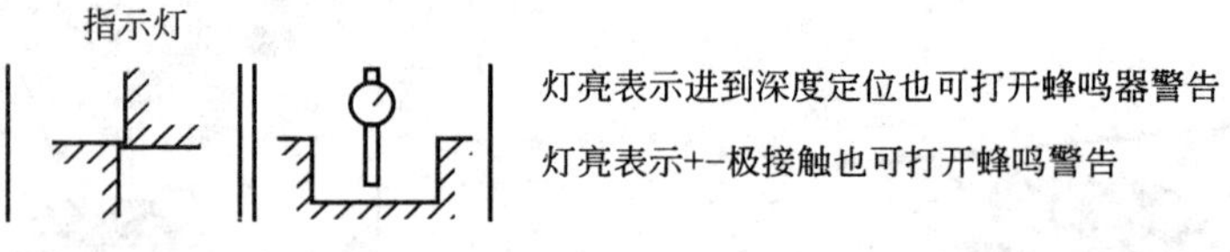

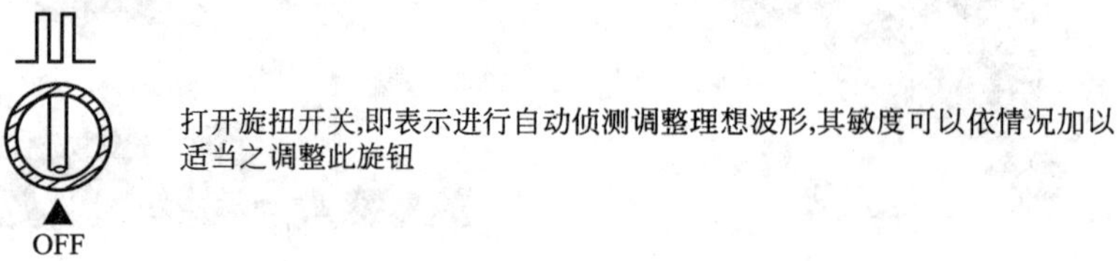

② 紧急停止开关、电源开关。

紧急停止开关

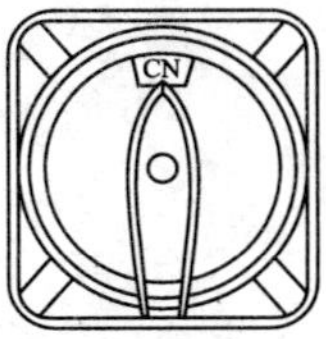

电源开关

③ 蜂鸣器、放电计时器。

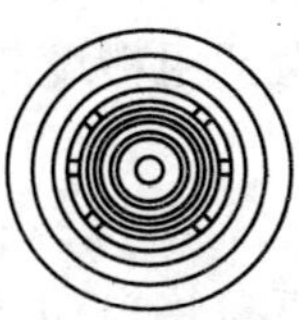

紧告用蜂鸣器

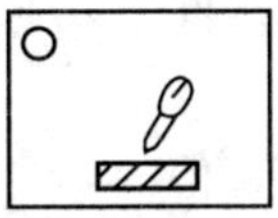

电极测垂直

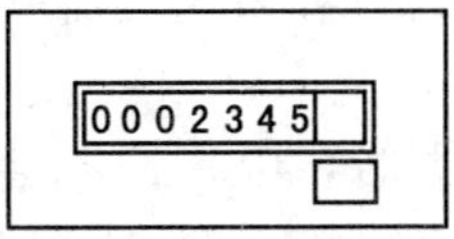

放电计时器

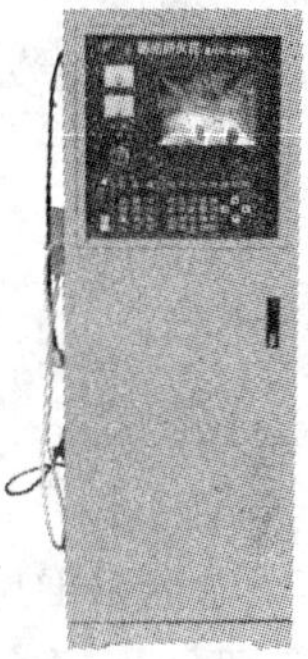

(2) 计算机操作界面功能。

如图 4.104 所示计算机操作界面，本 ZNC 使用按键如下：

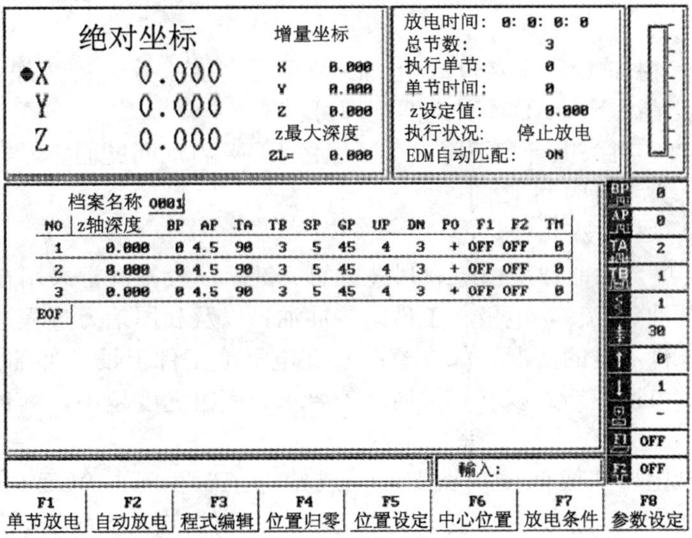

图 4.104　计算机操作界面

F1：手动放电设定

F2：自动放电设定

F3：程式编辑

F4：位置归零

F5：位置设定

F6：找中心点

F7：EDM 参数

F8：机械参数

F9：放电计时归零

F10：放电参数自动匹配移动游标指向轴向

(3) 电火花成形加工电参数选择的一般规律。在电火花成形加工中，电参数的选择对加工的工艺指标起着重要作用，只有正确的选择电参数才能加工出品质优良的产品。影响电参数选择的因素主要有：电极材料、工件材料、电极体积、表面粗糙度、放电间隙、电极损耗、加工速度等。

(4) 电参数选择的一般规律。

① 脉宽(TA)：一般来说，在峰值电流一定的条件下，脉宽越大，粗糙度越差，但电极损耗越小。

② 脉间(TB)：脉间增大时，电极损耗会增大，但有利于排渣。而本机设有 EDM 自动匹配功，一般情况下，脉间由自动匹配而定，若发现积碳严重时可自将自动匹配后的脉间再加大一档。

③ 高压电流(BP)：高压脉冲的主要作用是形成先导擎穿，有利于加工稳定和提高加工效率。一般加工时高压电流选为 0～2，在加工大面积或深孔时可适当加大高压电流，以利于防积碳。

④ 低压电流(AP)：在脉宽和脉间一定时，低压电流增大，加工速度提高，电极损耗增大。低压电流的选择应根据电极放电面积而确定，若电流密度过大，则容易产生拉弧烧伤。

⑤ 间隙电压：粗加工时选取较低值，以利于提高加工效率；精加工时选取较高值，以利于排渣，一般情况下由 EDM 自动匹配即可。

⑥ 伺服敏感度：机头上升、下降时间一般由 EDM 自动匹配而定，在积碳严重时，可减少下降时间或加大上升时间来解决。

6) 电火花成形加工技巧

(1) 适宜的排屑是保证加工稳定顺利进行的关键。一般排屑常采用在电极或工件上进行冲油(喷流)、抽油(吸流)，电极与工件间侧冲油，以及利用抬刀过程进行挤压排屑等方式进行。对排屑条件不良的情况，如在盲孔和在电极或工件上没有冲油孔的型腔加工中，应采用定时抬刀或自适应抬刀以利于排屑。若要求表面粗糙度越小，则每分钟抬刀次数也应越多。

(2) 实现无损耗加工或低损耗加工，在启始加工时由于接触面积较小，应设定小电流进行加工，以保护电极不致受损，待电极与工件完全接触后，再逐步增加加工电流。

(3) 以降低表面粗糙度为目标时，应采用分段加工的方法，即每一段一组加工参数，后一段的加工参数使得粗糙度比前一段降低 1/2，直达最终要求。

(4) 加工极性一般采用负极性加工，即工件接负极。

7) 维护保养电火花成形机

(1) 机床的润滑。机床主轴丝杠副润滑采用 40 号机油。每班一次。

x、y向导轨用40号机械油润滑，使用润滑手泵(在机床右下侧)，全行程压十次，每班一次。

机床内轴承采用锂基润滑脂，每1～2年更新涂一次。

机床主轴导轨和x、y、w轴滚珠丝杠采用锂基润滑。每年更换一次。

(2) 工作场地安全。工作场地严禁烟火，必须有妥善的防火、通风设施。经常检查外露接头，防止渗漏。

(3)检查过滤器。在正常使用下，过滤器纸芯使用寿命为3～6个月。如果开泵后2h，喷嘴冲出的油很黑或者冲油压力不足，过滤器必须更换。

更换纸质过滤芯程序如下：打开上盖→取出脏滤芯→清洗内壁→上盖→换上新滤芯→拧紧上盖

(4) 主轴头维护保养。主轴头是保证机床具有较高的几何精度、加工精度及加工灵敏度的主要部件，因此在使用时必须注意维护和保养。

主轴头正常使用时，其齿形带应松紧合适，如果出现主轴进给动作不均匀或放电加工时，主轴反应不灵敏，此时可将主轴头罩取下，检查齿形带的松紧程度，是否出现爬齿现象或轮与带的齿间出现间隙，通过调整支架调节螺钉，移动电动机座，保证齿形带适当的松紧。主轴带轮传动机构和齿形带轮传动机构图如图4.105、图4.106所示。

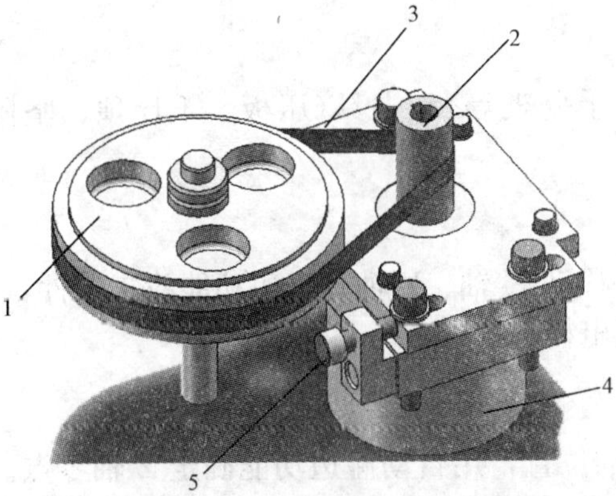

图4.105 主轴皮带轮传动机构

1—Z轴丝杠带轮；2—电动机带轮；3—传动带；
4—电动机；5—传动带松紧调节螺钉

图4.106 齿形带轮传动机构拆卸图

(5) 维护保养工作台、托板。工作台是机床几何精度的基准面，对加工质量影响很大。每次工作完毕后工作台面应清洗干净，并涂润滑油。

(6) 检查工作液槽。工作液槽在出厂前已检查渗漏，如发现工作液槽与工作台面的结合处渗漏，可将压紧螺钉均匀的紧一遍，如果还有渗漏，可松开螺钉，更换厚度为3mm耐油橡胶密封垫及涂硅铜耐油封胶。如果正门密封渗漏，可换密封条，密封条的材料为12x16软耐油橡胶。

(7) 检查工作液质量。如果加工性能下降，应更换工作液，如图4.107所示。

更换程序如下：

拆卸工作液槽上油管→拉起油槽泄油手柄，卸掉油槽中的工作液→接好工作液槽上油管→拧开油箱下部的放油塞将油箱完全放空→清理油箱内残渣→拧紧放油塞→灌上清洁的

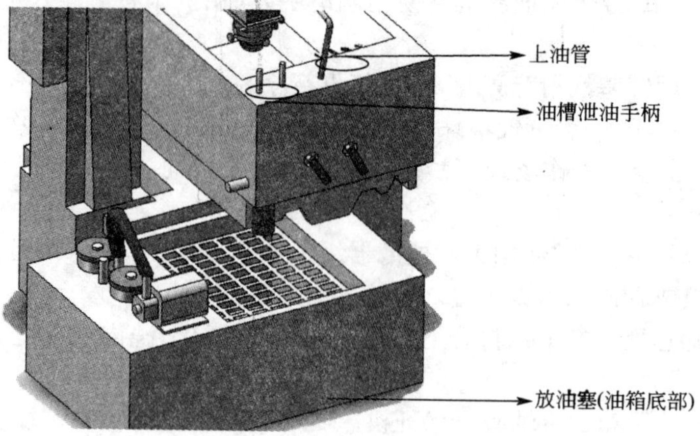

图 4.107　更换工作液

工作液。

4.2.3　任务实施

成形机的基本操作如下：

1. 准备工作

依据要求选择量具(直角尺、百分表、千分表等)和夹具(压板、千斤顶、坚固螺钉、电极极柄、钻夹头、磁力表座等)。

2. 找正

包括工件的找正和电极的找正。方法：移动 X 轴、Y 轴及碰边功能找正工件，用主轴头上下移动调节电夹头看百分表的读数找正电极。

3. 定位

用碰边功能及 F4 位置清零定下 X、Y 轴位置，用自动碰边功能确定 Z 轴零点。

4. 选择放电方式

根据工艺要求选择 F1 单节放电(手动放电)，F2 自动放电(多节放电)。

5. 设定放电参数

根据要求效率，电极损耗，粗糙度设定放电参数。BP 高压电流、AP 低压电流、TA 脉宽、TB 脉间、SP 伺服速度、GP 间隙电压、UP 抬刀时间、DN 加工时间、PO 极性以及 F1 大面积加工，F2 深孔加工，依据由电极正面放电面积和效率设定电流，依据电极损耗的大小，以及其他辅助参数(BP、SP、GP、UP、DN、F1、F2)设定脉宽、脉间。

6. 开油泵(DN)

依据工件的高低设定液面高度(液面安全高度为 50～100mm)，上升油面设定高度。

7. 放电加工

开高频(ON)开始放电，直到加工完毕。在加工过程中经常看：看火花的颜色(蓝白、大红色)且放电点细小，经常转移、分散为正常，冒白烟、大气泡不正常；听：听火花清脆而连续者正常，火花发闷沉者为不正常等方法观察机床的运转情况，发现问题及时修改参数直至正常，或停机清洗积碳调整参数，重新放电直到完成。

8. 加工完毕

关掉油泵(OFF)卸掉电极、工件，清理油槽，关掉电源，收拾好工、夹、测、卡等。

知识拓展

1. 数控电火花小孔加工概述

电火花穿孔加工中的小孔加工，由于孔径小，所以采用的加工工艺与其他穿孔加工有很多不同之处，一般单列出来。电火花小孔加工与型腔加工相比，工具电极的横截面积小，容易变形，不易排屑和散热，电极损耗大。为了解决上述问题，小孔加工应选用刚性好、不易变形、加工稳定性好和损耗小的材料做电极，如钨丝、钼丝、黄铜丝和铜钨合金等。加工时还可以设置导向装置来防止工具电极弯曲变形。生产中常用的电火花小孔加工主要是高速电火花小孔加工和电火花小孔磨削。

2. D703 型高速电火花小孔加工机床简介

D703 型高速电火花小孔加工机床，主轴采用直流伺服电动机，在 X、Y 拖板上装有二轴光栅数显可以准确的找到所需的坐标位置，还可根据用户需求，加装 Z 轴数显。脉冲电源系统内置 25 组典型加工参数，操作简单方便，加工稳定。

1) D703 型高速电火花小孔机的组成

如图 4.108 所示，高速电火花小孔机主要由底座、工作台、立柱、主轴、旋转头(D703B 型)、工作

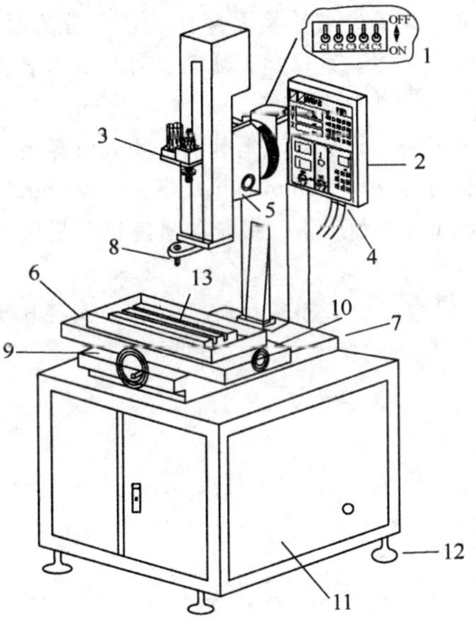

(a) 小孔成形机结构示意图

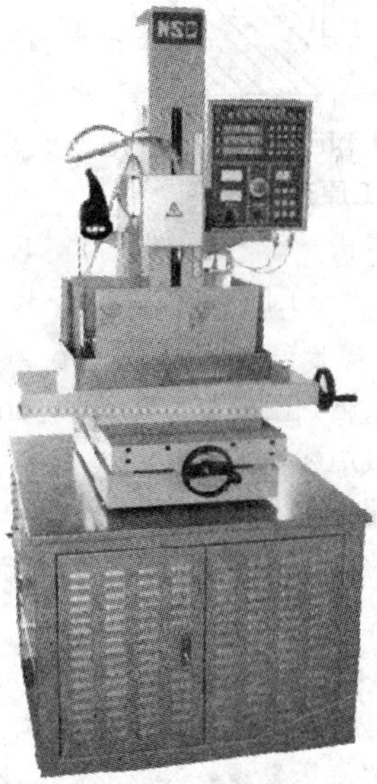

(b) 小孔成形机实物图

图 4.108　D703 型小孔成形机

1—电容盒；2—操作盒；3—旋转头；4—光栅尺；5—二次行程手柄；6—X 轴拖板；7—Y 轴拖板；8—导向器；9—Y 轴导轨注油孔(2 个)；10—X 轴导轨注油孔(4 个)；11—水泵区域(水泵＋过滤器)；12—水平螺钉(可调节)；13—大理石工作平台

液系统、电气箱。整机完成时除工作液系统可以单独拉出外，其余部分都装配成一体。

2) D703型小孔机工作原理

电火花高速小孔加工工艺是近年来新发展起来的。其工作原理如下：

(1) 采用中空的管状黄铜或紫铜电极。

(2) 电极管中通入高压工作液冲走加工屑。

(3) 加工时电极作回转运动，可使端面损耗均匀，不致受高压高速工作液的反作用力而偏斜，可加工出直线度和圆柱度很好的小深孔。

(4) 备有X、Y、Z三轴光栅尺，定位精确，也可实现定深盲孔加工功能，主轴机械摆动±45°可加工斜孔。

用一般空心管状电极加工小孔，容易在工件上留下毛刺料心，阻碍工作液的高速流通，且电极过长过细时会歪斜，以致引起短路。为此电火花高速加工小深孔时采用专业厂特殊冷拔的双孔管状电极，其截面上有两个半月形的孔，如图4.109中A—A放大断面图形所示，加工中电极转动时，工件孔中不会留下毛刺料芯。加工时工具电极作轴向进给运动，管电极中通入1～6MPa的高压工作液(自来水、去离子水、蒸馏水、乳化液或煤油)，如图4.109所示。由于高压工作液能迅速将电极产物排除，且能强化火花放电的蚀除作用，因此这一加工方法的最大特点是加工速度高，一般小孔加工速度可达20～60mm/min，比普通钻削小孔的速度还要快。这种加工方法最适合加工直径为0.3～3mm的小孔。

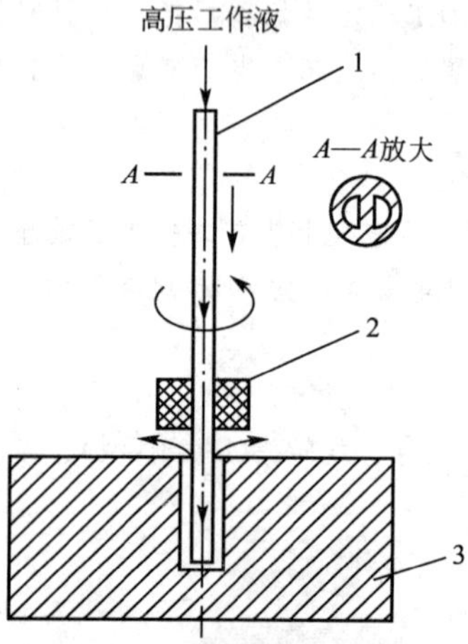

图4.109　电火花高速小孔加工原理示意图

1—管电极；2—导向器；3—工件

3) 小孔机的工艺特性

(1) 加工范围。直径从ϕ0.2～ϕ3mm，常用电极品种有黄铜和紫铜两种。通常电极规格每隔0.1mm一档，被加工工件材料可以是任何导电材料，例如：铝、不锈钢、模具钢、淬火钢、磁钢、硬质合金等。

(2) 应用领域。加工线切割模具穿丝孔、各种滤板、筛网小孔、喷嘴、气孔化纤喷丝板等。可以加工通孔也可以加工盲孔。

(3) 加工速度。加工速度与孔径、加工材质、工件厚度、电参数、电解液等因素有关。以ϕ1mm铜管加工40mm厚度工件为例，其加工速度对一般钢材为20～40mm/min，铝大于60mm/min，YG8硬质合金为3～5mm/min。加工钢、铝等材质建议采用黄铜电极，加工硬质合金以紫铜电极为宜。

(4) 加工深度。在电极直径ϕ0.3～ϕ0.5mm的范围内，加工普通材料可以达到深径比大于100∶1，用ϕ1mm的电极加工的深度可大于200mm。

3. 操作D703型高速电火花小孔机

1) 小孔机的操作界面

小孔机的操作面板如图4.110所示。

功能键及参数显示如下：

2) 小孔机的加工液

(1) 机床可以采用清洁的自来水、纯净水、高纯水、蒸馏水、去离子水以及专用加工液。区别在于：自来水杂质比较多，容易形成二次放电，因此孔径很难保证；用专用加工液或者其他加工液对孔径、效率、损耗等都有一定改善，但成本很高。视情况考虑。

(2) 加工时必须要有加工液，否则将产生拉弧现象或者是短路回退，ϕ0.3mm以下的电极可能会烧电极。因此加工前必须确保有加工液体流出。并保持一定的压力。

(3) 工作液系统所使用的工作压力为6MPa或8MPa两种规格的泵，在开始加工前应检查其压力是否正确，不应过高或过低。压力阀4可以调节工作压力，顺时针方向旋动工作压力升高，反之则工作压力减小。

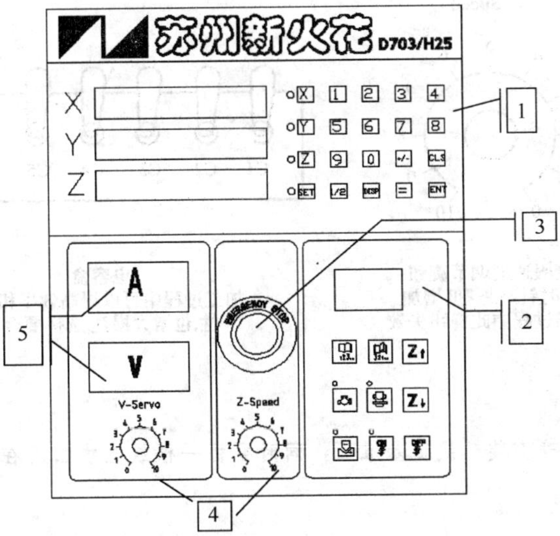

(a) 操作面板示意图

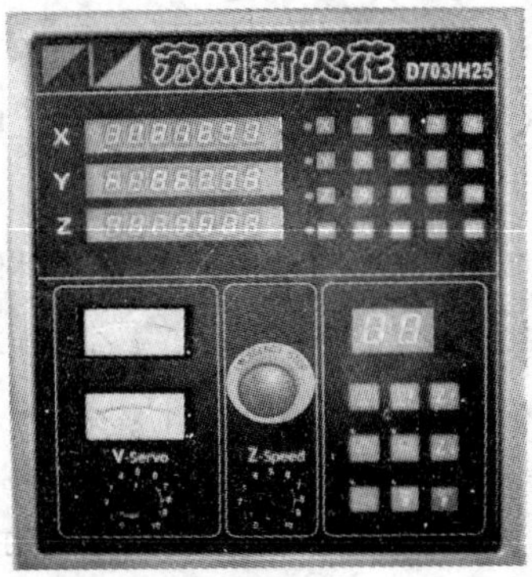

(b) 操作面板实物图

图 4.110　小孔机操作面板

1—光栅数显设定及显示区域；2—急停；3—功能键及参数显示区域；4—调节按钮；5—电流电压显示

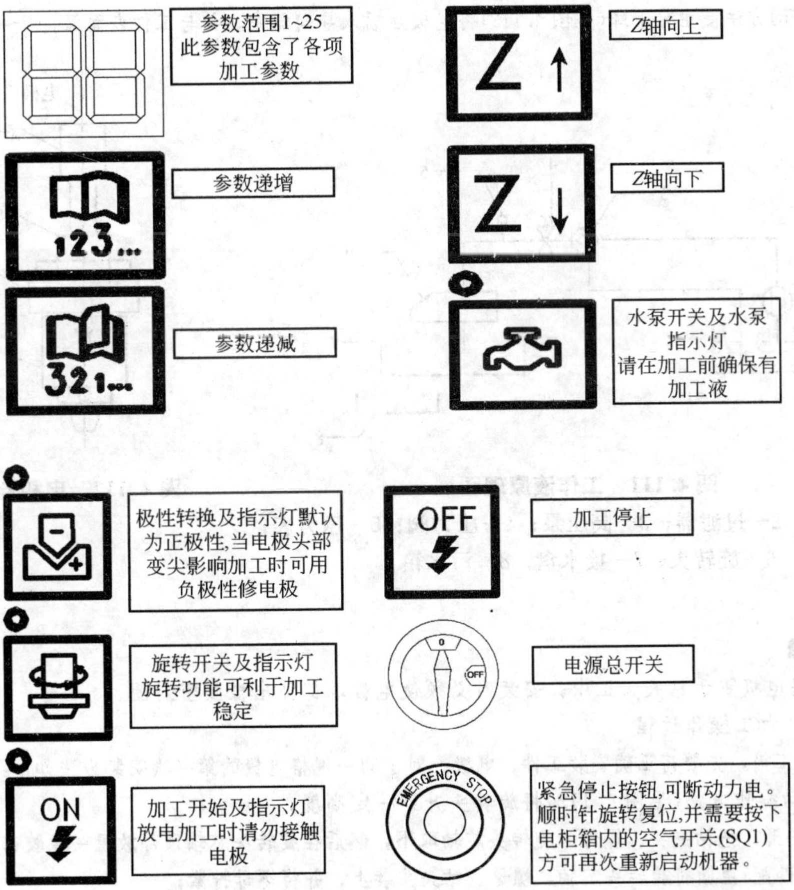

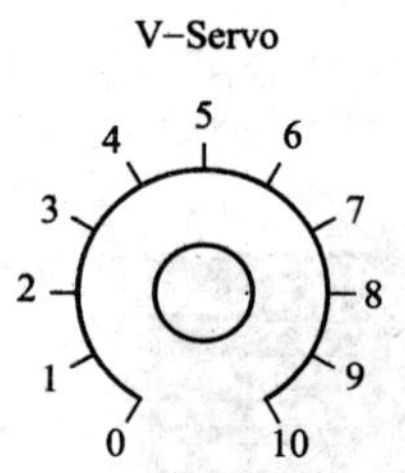

伺服电压调节旋纽钮
顺时针电压减少,电流增大
电压太大容易开路,太小容易短路

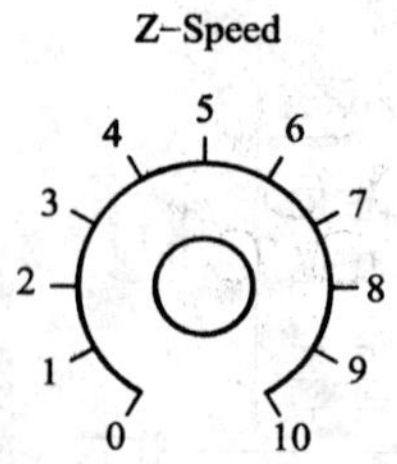

伺服速度调节旋钮
顺时针Z轴速度增加
加工过程中此旋钮失效

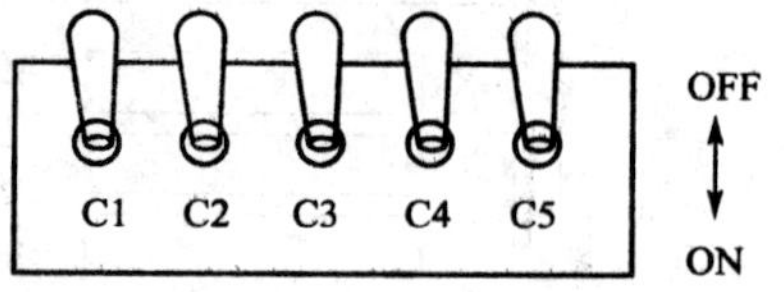

电容盒
加工过程中可以提高效率和稳定性,也增大损耗,选择要合适

(4) 工作液原理图如图 4.111 所示：

3) 安装电极

在开始加工之前首先要将工件、电极正确安装。找正基准面，同时要将一根放电线固定在夹具上预先开好的固定孔上。电极的安装方法如下：

(1) 将旋转头升到一定高度。

(2) 将螺母松开，把钻夹头、螺母、旋转头芯轴取下，然后在旋转头芯轴顶部放置一橡胶密封圈(圈内小孔应与电极尺寸相匹配)重新将旋转头芯轴、螺母、钻夹头装上，并将螺母拧紧。

(3) 将电极丝一端从钻夹头下部往上推，然后将钻夹头三个夹爪慢慢拧紧，上紧电极。熟练后也可以松开钻夹头后，直接凭手感向上推。

(4) 利用手动方法使主轴下降(见图 4.112)将电极丝插入导向器中。并与工件表面保持 2～3mm 的间距。

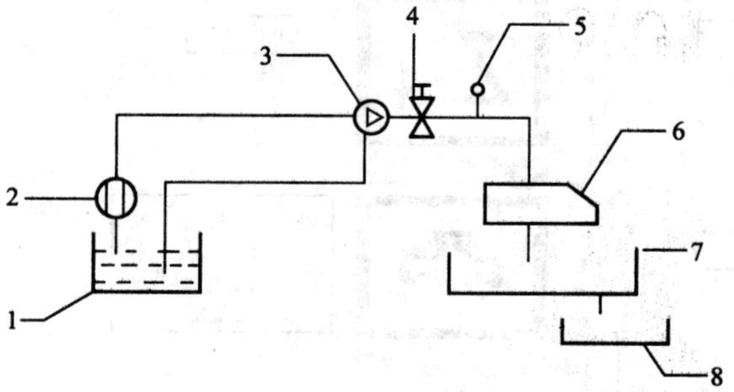

图 4.111 工作液原理图

1—净水箱；2—过滤器；3—高压泵；4—压力阀；5—压力表；
6—旋转头；7—接水盘；8—污水箱

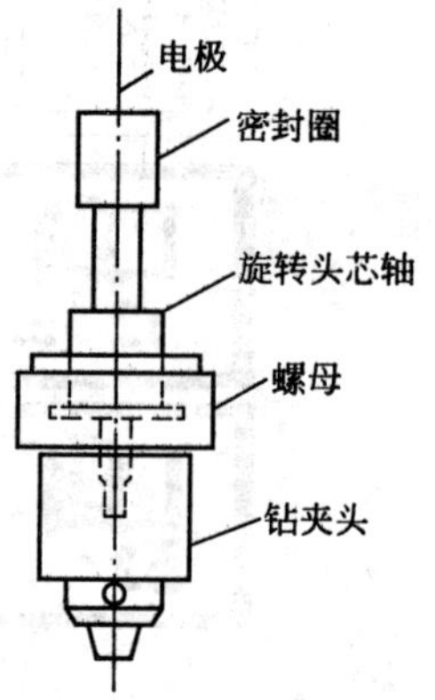

图 4.112 电极丝装夹示意图

【特别提示】

安装时请将电极置于钻夹头正中；安装时必须使电极端部伸出橡胶密封圈。

4) 小孔机的加工操作过程

(1) 开始加工前，先要将正确安装工件、电极。对于同一规格电极的第一次安装方法如下：

① 利用手动操作方法(见图 4.112)将旋转头升到一定高度；

② 将螺母松开，把钻夹头、螺母、旋转头芯轴取下，然后在旋转头芯轴顶部放置一橡胶密封圈(圈内小孔应与电极尺寸相匹配)重新将旋转头芯轴、螺母、钻夹头装上，并将螺母拧紧；

③ 将电极丝一端从钻夹头下部往上推，然后将钻夹头三个夹爪慢慢拧紧，上紧电极。

④ 利用手动方法使主轴下降(见图4.112)将电极丝插入导向器中。

(2) 利用Z轴手柄将主轴头向下摇，使导向器底部与工件之间保持2～3mm间隙。摇手柄之前要先将主轴定位螺钉松开，摇到指定位置之后再将定位螺钉拧紧。

(3) 采用清洁的自来水或纯净水为加工工作液(用特种皂化液可改善孔径误差)。

(4) 根据所用的电极及加工材料选择适当的参数，先开泵，再开加工，即开始自动进行。

(5) 调节适当伺服参数，使间隙电压在加工其间基本保持稳定。

(6) 对电极快要穿透工件时出现的工件底部出水、冒火花现象，采取工件底部加垫块等方法使电极顺利穿出加工工件。

(7) 加工结束后按下关闭键，停止加工；按下泵键，关水泵；按住向上键，主轴回升，此时蜂鸣报警，当电极拉出工件后，报警停止，释放向上键将主轴锁定。

5) 维修、保养小孔机

小孔机的维修、保养见表4-16。

表4-16　小孔机的维修、保养

维护类型	维护内容
日常维护	1. 通电前：查工作液装置中高压泵油箱内的油是否充足，污水盘内污水是否已处理干净 2. 通电后：检查操作板面上各指示灯是否正常，显示屏是否能正确显示，高压泵的压力表指示是否在范围之内，各控制按键启动后是否能正常实现控制功能，风扇是否正常运转。机床在运转过程中主轴，拖板是否有异常现象，如声音、温度、裂纹、气味等 3. 操作过程中，对电箱面板上的操作按键、旋钮，操作时应小心，如遇扭不动，应检查是否已扭到头或有其他故障，以免损坏操作器件 4. 每班后须擦净工作台面，清理水槽污物。X、Y、Z丝杆、Z轴导轨应擦净并放上32号机油
月维护	1. 检查X、Y轴滚珠丝杆，Z轴导轨和主轴丝杆。若有污垢，应清理干净，若表面干燥，应涂润滑脂 2. 电柜内部用干燥压缩空气将灰尘清理干净。(具体清理时间由车间环境决定) 3. 电柜内部的电器接头应重新紧固一次 4. 检查工作液装置、管路及接头，确保无松动、无磨损。高压泵油箱内的油是否充足 5. 检查过滤器滤芯是否干净，否则应清洗或更换 6. 检查机床各有关精度，校准工作台及床身基准的水平 7. 检查各部分功能是否能完全正常工作，各开关和继电器以及按钮能否正常，有无其他异常的噪声 8. 检查一个程序的完整运转情况(即完整的加工一个过程)
其他维护	1. 电箱内部的电器元器件应防尘、防潮、防烟雾、防电磁波干扰 2. 电网应稳定，不出现经常突然断电。确保电源输入电压在波动范围之内，必要时加稳压器 3. 在潮湿的季节每天至少开机3～4h，以免因潮湿使器件表面氧化，造成故障 4. 不宜经常打开电柜门，防止车间空气中漂浮的灰尘、油物、金属粉末落在印制电路板上和电子部件上，容易引起元器件绝缘性能下降，从而出现故障

习　　题

一、填空题

1. 火花放电必须在____________________中进行。

2. 电火花成形加工又称__________，是一种______、________能加工方法。

3. 电火花成形加工机床主要由________、________、________和________和循环系统几部分组成。

4. 型腔模电火花成形加工主要有________法、________法和________法等。

5. 电火花成形机床 D7132 型号，D 表示______，71 表示______；32 表示______。

6. 电火花成形机床工作液循环过滤系统主要由________和________组成。

二、简答题

1. 电火花放电加工须具备的基本条件。

2. 电火花成形加工的特点。

3. 电火花成形加工过程。

4. 电火花成形机床维护保养的主要内容。

项 目 小 结

数控电火花线切割与成形加工技术对难加工材料及模具制造中极为广泛，本项目结合企业实践，以典型工作任务为突破口，突出实践技能操作，主要介绍数控电火花线切割与成形机的种类、结构、工作原理及应用范围，数控线切割的程序三种编写方式，分析了电火花线切割加工工艺、电火花穿孔加工与成形加工的工艺过程，以中走丝线切割机床为例详细分析了线切割机床操作应用，同时根据典型案例详细介绍了数控电火花线切割机床自动化编程加工操作全过程，对电火花成形机的操作和应用也做了详尽的介绍，小孔成形机在实际应用中比较广泛，可加工线切割模具穿丝孔、各种滤板、筛网小孔、喷嘴、气孔化纤喷丝板等，最后对小孔机的加工操作做拓展介绍，拓宽学生的知识视野。

项目5

数控机床考证强化

能力目标

1. 中级数控机床加工工艺分析、程序编制和调试；
2. 中级数控机床操作技能；
3. 测量零件和控制质量。

项目导读

本项目在熟练操作数控车铣床/加工中心仿真软件及会操作实际数控机床的基础上，针对中级数控机床国家职业技能标准进行强化训练，学生可以根据自己的兴趣选择数控车床、铣床或加工中心其中的一种，数控车床针对典型的轴类与套类零件等进行加工强化训练约2周，数控铣床/加工中心主要针对典型的十字形底板、凹盘、凸台等零件进行强化考证训练，时间约2周，并在2周后举行数控机床中级技能鉴定。

本项目精选企业加工案例，参照国家职业技能鉴定标准，借助数控仿真软件、数控机床同步教学，针对性极强，突出技能训练，达到中级及以上技能操作水平。学习过程按照：分析工艺→编写数控程序→仿真加工验证→实际机床加工→考证。

任务 5.1 数控车床操作考证强化——加工轴类零件

专项能力目标	涉及知识点	权重/(%)	建议学时
测量外形和槽尺寸和设置刀具补偿；分析零件质量	外圆、槽和螺纹的加工工艺；制定刀具卡和工序卡；装夹刀具和零件；应用游标卡尺、外径千分尺测量零件	20	30
编制和调试外圆、槽和螺纹加工程序	应用外圆、槽和螺纹的加工编程指令	20	
中级数控车床操作技能；养成安全文明生产的好习惯	数控车床中级国家职业技能标准	60	

5.1.1 任务导入：加工轴类零件

任务描述：加工图 5.1 所示零件，中心 B2.5 中心孔已经加工。试编写其轮廓加工程序并进行加工。毛坯为 $\phi52\times100$mm，材料为 45 钢。

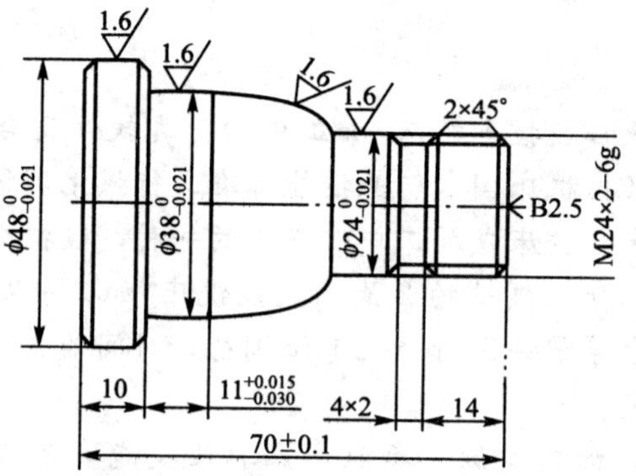

图 5.1 轴类零件加工

5.1.2 知识链接

1. 数控车工国家职业标准

1）基本要求

(1) 职业道德。

① 职业道德基本知识。

② 职业守则：

- 遵守国家法律、法规和有关规定。
- 具有高度的责任心，爱岗敬业、团结合作。
- 严格执行相关标准、工作程序与规范、工艺文件和安全操作规程。

● 学习新知识新技能，勇于开拓和创新。
● 爱护设备、系统及工具、夹具、量具。
● 着装整洁，符合规定；保持工作环境清洁有文明生产。
（2）基础知识。
① 基础理论知识：
● 机械制图。
● 工程材料及金属热处理知识。
● 机电控制知识。
● 计算机基础知识。
● 专业英语基础。
② 机械加工基础知识：
● 机械原理。
● 常用设备知识(分类、用途、基本结构及维护保养方法)。
● 常用金属切削刀具知识。
● 典型零件加工工艺。
● 设备润滑和冷却液的使用方法。
● 工具、夹具、量具的使用与维护知识。
● 普通车床、钳工基本操作知识。
③ 安全文明生产与环境保护知识：
● 安全操作与劳动保护知识。
● 文明生产知识。
● 环境保护知识。
④ 质量管理知识：
● 企业的质量方针。
● 岗位质量要求。
● 岗位质量保证措施与责任。
⑤ 相关法律、法规知识：
● 劳动法相关知识。
● 环境保护法相关知识。
● 知识产权保护法相关知识。
2）工作要求
中级数控车工国家职业标准的工作要求见表5－1。

表5－1　中级数控车工国家职业标准的工作要求

职业功能	工作内容	技能要求	相关知识
1. 加工准备	（1）读图与绘图	① 能读懂中等复杂程度(如：曲轴)的零件图 ② 能绘制简单的轴、盘类零件图 ③ 能读懂进给机构、主轴系统的装配图	① 复杂零件的表达方法 ② 简单零件图的画法 ③ 零件三视图、局部视图和剖视图的画法 ④ 装配图的画法

（续）

职业功能	工作内容	技能要求	相关知识
1. 加工准备	(2) 制定加工工艺	① 能读懂复杂零件的数控车床加工工艺文件 ② 能编制简单(轴、盘)零件的数控车床加工工艺文件	数控车床加工工艺文件的制定
	(3) 零件定位与装夹	能使用通用夹具(如三爪自定心卡盘、四爪单动卡盘)进行零件装夹与定位	① 数控车床常用夹具的使用方法 ② 零件定位、装夹的原理和方法
	(4) 刀具准备	① 能根据数控车床加工工艺文件选择、安装和调整数控车床常用刀具 ② 能刃磨常用车削刀具	① 金属切削与刀具磨损知识 ② 数控车床常用刀具的种类、结构和特点 ③ 数控车床、零件材料、加工精度和工作效率对刀具的要求
2. 数控编程	(1) 手工编程	① 能编制由直线、圆弧组成的二维轮廓数控加工程序 ② 能编制螺纹加工程序 ③ 能运用固定循环、子程序进行零件的加工程序编制	① 数控编程知识 ② 直线插补和圆弧插补的原理 ③ 坐标点的计算方法
	(2) 计算机辅助编程	① 能使用计算机绘图设计软件绘制简单(轴、盘、套)零件图 ② 能利用计算机绘图软件计算节点	计算机绘图软件(二维)的使用方法
3. 数控车床操作	(1) 操作面板	① 能按照操作规程启动及停止机床 ② 能使用操作面板上的常用功能键(如回零、手动、MDI、修调等)	① 熟悉数控车床操作说明书 ② 数控车床操作面板的使用方法
	(2) 程序输入与编辑	① 能通过各种途径(如DNC、网络等)输入加工程序 ② 能通过操作面板编辑加工程序	① 数控加工程序的输入方法 ② 数控加工程序的编辑方法 ③ 网络知识
	(3) 对刀	① 能进行对刀并确定相关坐标系 ② 能设置刀具参数	① 对刀的方法 ② 坐标系的知识 ③ 刀具偏置补偿、半径补偿与刀具参数的输入方法
	(4) 程序调试与运行	能够对程序进行校验、单步执行、空运行并完成零件试切	程序调试的方法

（续）

职业功能	工作内容	技能要求	相关知识
4. 零件加工	（1）轮廓加工	1）能进行轴、套类零件加工，并达到以下要求： ① 尺寸公差等级：IT6 ② 形位公差等级：IT8 ③ 表面粗糙度：$Ra1.6\mu m$ 2）能进行盘类、支架类零件加工，并达到以下要求： ① 轴径公差等级：IT6 ② 孔径公差等级：1T7 ③ 形位公差等级：IT8 ④ 表面粗糙度：$Ra1.6\mu m$	① 内外径的车削加工方法、测量方法 ② 形位公差的测量方法 ③ 表面粗糙度的测量方法
	（2）螺纹加工	能进行单线等节距的普通三角螺纹、锥螺纹的加工，并达到以下要求： ① 尺寸公差等级：IT6－IT7 ② 形位公差等级：IT8 ③ 表面粗糙度：$Ra1.6\mu m$	① 常用螺纹的车削加工方法 ② 螺纹加工中的参数计算
	（3）槽类加工	能进行内径槽、外径槽和端面槽的加工，并达到以下要求： ① 尺寸公差等级：IT8 ② 形位公差等级：IT8 ③ 表面粗糙度：$Ra3.2\mu m$	内径槽、外径槽和端槽的加工方法
	（4）孔加工	能进行孔加工，并达到以下要求： ① 尺寸公差等级：IT7 ② 形位公差等级：IT8 ③ 表面粗糙度：$Ra3.2\mu m$	孔的加工方法
	（5）零件精度检验	能进行零件的长度、内径、外径、螺纹、角度精度检验	① 通用量具的使用方法 ② 零件精度检验及测量方法
5. 数控车床维护和故障诊断	（1）数控车床日常维护	能根据说明书完成数控车床的定期及不定期维护保养，包括：机械、电、气、液压、冷却数控系统检查和日常保养等	① 数控车床说明书 ② 数控车床日常保养方法 ③ 数控车床操作规程 ④ 数控系统(进口与国产数控系统)使用说明书
	（2）数控车床故障诊断	① 能读懂数控系统的报警信息 ② 能发现并排除由数控程序引起的数控车床的一般故障	① 使用数控系统报警信息表的方法 ② 数控机床的编程和操作故障诊断方法
	（3）数控车床精度检查	能进行数控车床水平的检查	① 水平仪的使用方法 ② 机床垫铁的调整方法

3）比重表

（1）理论知识。中级数控车工国家职业标准理论知识比重见表 5-2。

表 5-2　中级数控车工国家职业标准理论知识比重表

项　　目		中级/(%)	高级/(%)	技师/(%)	高级技师/(%)
基本要求	职业道德	5	5	5	5
	基础知识	20	20	15	15
相关知识	加工准备	15	15	30	—
	数控编程	20	20	10	—
	数控车床操作	5	5	—	—
	零件加工	30	30	20	15
	数控车床维护与精度检验	5	5	10	10
	培训与管理	—	—	10	15
	工艺分析与设计	—	—	—	40
合　　计		100	100	100	100

（2）技能操作。中级数控车工国家职业标准技能操作比重见表 5-3。

表 5-3　中级数控车工国家职业标准技能操作比重表

项　　目		中级/(%)	高级/(%)	技师/(%)	高级技师/(%)
技能要求	加工准备	10	10	20	—
	数控编程	20	20	30	—
	数控车床操作	5	5	—	—
	零件加工	60	60	40	45
	数控车床维护与精度检验	5	5	5	10
	培训与管理	—	—	5	10
	工艺分析与设计	—	—	—	35
合　　计		100	100	100	100

2. 数控车床的常见的操作故障

数控车床的故障种类较多，有电气、电路、机械、数控系统、液压、气动等部件的故障，产生的原因也比较复杂，但大部分故障是由于操作人员操作机床不当引起的，数控车床常见的操作故障有：

（1）防护门未关，机床不能运转。

（2）有回零要求的机床开机后未回零。

（3）主轴转速 S 超过最高转速限定值。

(4) 加工程序内没有设置 F 或 S 值。
(5) 进给修调 F%或主轴修调 S%开关设为空挡。
(6) 回零时离零点太近或回零速度太快，引起超程。
(7) 程序中 G00 位置超过限定值。
(8) 刀具补偿测量设置错误。
(9) 刀具换刀位置不正确(换刀点离工件太近)。
(10) G40 撤销不当，引起刀具切入已加工表面。
(11) 程序中使用了非法代码。
(12) 刀具半径补偿方向搞错。
(13) 切入、切出方式不当。
(14) 切削用量太大。
(15) 刀具安装不正确或刀具钝化。
(16) 工件材质不均匀，引起振动。
(17) 机床被机械锁定未解除(工作台不动)。
(18) 工件未夹紧或伸出量不符合要求。
(19) 对刀位置不正确，工件坐标系设置错误。
(20) 使用了不合理的 G 功能指令。
(21) 机床处于报警状态。
(22) 断电后或报过警的机床，没有重新回零。
(23) 加工程序不正确；传输程序时乱码或中断。

应用实例 5-1

任务描述：轴类零件如图 5.2 所示。

(1) 编程与加工步骤。如图 5.2 所示，该零件为简单的轴类零件，只有外形轮廓和长度的尺寸要求，所以控制零件的外圆尺寸和长度尺寸是关键，未注倒角为 C0.5。编程零点设置在零件右端面的轴心线上。

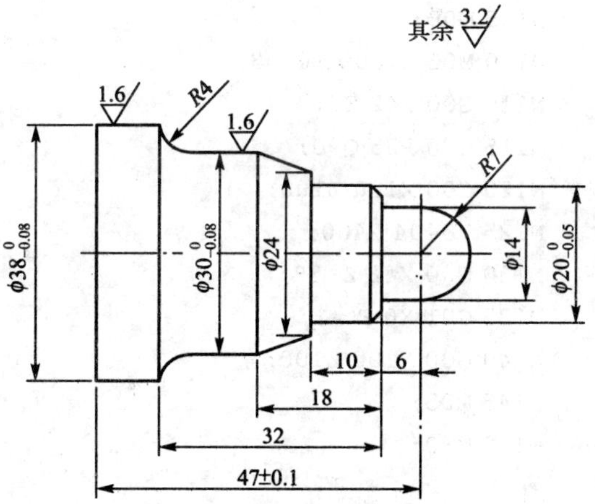

图 5.2　轴类零件实例

(2) 加工步骤：

① 夹持零件毛坯，伸出卡爪 75mm；

② 车右端面；

③ 粗、精车零件外轮廓至图样要求；

④ 切断零件，总长留 0.5mm 余量；

⑤ 调头，夹持零件外圆 $\phi30$ 处(校正)；

⑥ 车零件左端面，保证总长至尺寸要求(程序略)；

⑦ 回换刀点，程序结束。

(3) 操作注意事项：

① 检查机床运行是否正常；

② 检查零件与刀具装夹是否牢靠；

③ 检查程序是否正确，确认车刀与程序中的刀号一致；
④ 对刀后，可在 MDI 方式下，检查对刀的精度；
⑤ 开始加工时，按下“单步运行”按钮，待运行正常后，再取消单步运行。
(4) 工量具准备清单。
(5) 加工参考程序如下：

```
O0001
N05 T0101 M03 S600 G00 X100 Z100;          主轴正转、换 1 号刀
N10 G00 X42 Z0;
N15 G01 X-1 F0.2;                          车端面
N20 G00 X42 Z2;                            循环起点
N25 G71 U1 R1;
N30 G71 P35 Q90 U0.5 W0.1 F0.3 T0202;      轮廓粗加工循环
N35 G00 X0;
N40 G01 Z0 F0.1;
N45 G03 X14 Z-7 R7;
N50 G01 Z-13;
N55 X17;
N60 X20 Z-14.5;
N65 Z-23;
N70 X24;
N75 X30 Z-31;
N80 Z-41;
N85 G02 X38 Z-45 R4;
N90 G01 Z-58;
N95 G00 X100 Z100;                         返回换刀点
N100 M05;
N105 M00;                                  暂停、测量、补偿
N110 M03 S1000 T0303;                      换 3 号刀、主轴正转
N110 G00 X42 Z2;
N115 G70 P35 Q90;                          轮廓精加工循环
N120 G00 X100 Z100;                        返回换刀点
N125 T0404 S400;                           换 4 号刀切断
N130 G00 X42 Z-58;
N135 G01 X0 F0.1;
N140 G00 X100 Z100;                        返回换刀点
N145 M05;
N150 M30;                                  程序结束、机床复位
```

5.1.3 任务实施

1. 工艺分析

加工过程如下：
(1) 粗车右端端面和外圆，留精加工余量 0.3mm；

(2) 精车右端各表面，达到图样要求，重点保证外圆尺寸；
(3) 车螺纹退刀槽并完成槽口倒角；
(4) 螺纹粗、精加工达到图样要求；
(5) 切断，保证零件长度；
(6) 去毛刺，检测零件各项尺寸要求。

2. 刀具与工艺参数选择

刀具与工艺参数选择见表 5-4、表 5-5。

表 5-4 数控加工刀具卡

单　位			零件名称		零件图号	
序号	刀具号	刀具名称及规格	刀尖半径/mm	数量	加工表面	备注
1	T0101	93°粗、精车右偏外圆刀	0.8	1	外轮廓、端面	55°菱形刀片
2	T0202	切槽刀	0.4	1	螺纹退刀槽	刀宽 4mm
3	T0303	螺纹车刀		1	螺纹	

表 5-5 数控加工工序卡

材料	45	零件图号		系统	FANUC	工序号
操作序号	工步内容(进给路线)	G 功能	T 刀具	切削用量		
				转速 S/r·min^{-1}	进给速度 F/mm·r^{-1}	背吃刀量 a_p/mm
程序	夹住圆钢料一头，留出长度大约 75mm(手动操作)，车端面，对刀，调用程序					
1	粗车外轮廓	G71	T0101	300	0.2	0.7
2	精车外轮廓	G71	T0101	1000	0.1	0.3
3	切螺纹退刀槽	G01	T0202	350	0.2	4
4	螺纹加工	G82	T0303	800		
5	切断	G01	T0202	350	0.2	4
6	检测、校核					

3. 装夹工件

用三爪自定心卡盘夹紧定位。

4. 编制程序

程序如下：

```
O0001
N10 T0101 G40 G95;                    调用 1 号刀，建立刀补
```

```
N20 M03 S300;                               主轴正转 300r/min
N30 G00 X60 Z10;
N40 X53 Z0;                                 快速定位至 X53 Z0 点
N50 G71 U1 R1 P60 Q200 X0.3 Z0 F0.2 S300;   复合循环粗加工外形
N60 G00 X20 Z0 S1000;                       精加工轮廓
N70 G01 X23.8 Z-1.9 F0.1;
N80 Z-18;
N90 X24;
N100 Z-19.2;
N110 X25;
N120 G03 X34.94 Z-33.7 R5;
N130 G01 X38 Z-49;
N140 Z-60;
N150 X46;
N160 X48 Z-61;
N170 Z-69;
N180 X46 Z-70;
N190 Z-75;
N200 X53;
N210 G00 X100 Z100;
N220 T0100;                                 取消刀补
N230 T0202 S350;                            调用 2 号刀,建立刀补
N240 G00 X60 Z10;
N250 X30 Z-18;                              切螺纹退刀槽
N260 G01 X20 F0.1;
N270 X30 F2;
N280 Z-16;
N290 X24;
N300 X20 Z-18;
N310 X24;
N320 Z-20;
N330 X20 Z-18;
N340 G00 X100;
N350 Z100;
N360 T0200;                                 取消刀补
N370 T0303 S800;                            调用 3 号刀,建立刀补
N380 G00 X60 Z10;
N390 X30 Z2;                                快速定位至 X30 Z2 点
N400 G82 X23.3 Z-16 F2;                     螺纹加工
N410 X22.6 Z-16;                            螺纹加工
N420 X22 Z-16;                              螺纹加工
N430 X21.6 Z-16;                            螺纹加工
N440 X21.4 Z-16;                            螺纹加工
N450 G00 X100 Z100;
```

```
N460 T0300;                    取消刀补
N470 T0202 S350;               调用 2 号刀,建立刀补
N480 G00 X60 Z10;
N490 Z-74;                     切断,保证长度 70mm
N500 G01 X0 F0.1;
N510 G00 X100;
N520 T0200;                    取消刀补
N530 M05;                      主轴停
N540 M30;                      程序结束
```

任务 5.2　数控车床操作考证强化——加工套类零件

专项能力目标	涉及知识点	权重/(%)	建议学时
分析套类零件车削工艺；测量内孔尺寸和设置刀具补偿	外圆、槽、螺纹和内孔的加工工艺；制定刀具卡和工序卡；装夹刀具和零件；应用游标卡尺、内径千分尺测量零件	20	30
编制和调试外圆、槽、螺纹和内孔加工程序	应用内孔编程指令	30	
中级数控车床操作技能和零件调头装夹找正技能	数控车床中级国家职业技能标准	50	

5.2.1　任务导入：加工套类零件

任务描述：加工图 5.3 所示零件，试编写其轮廓加工程序并进行加工。毛坯为 $\phi50\times100$mm，材料为 45 钢。

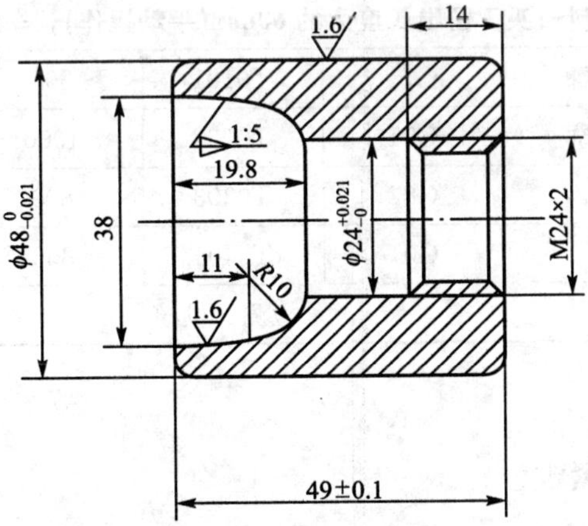

图 5.3　套类零件加工

5.2.2 任务实施

1. 分析工艺

加工过程如下：

(1) 粗、精加工 ϕ48 外圆面，留精加工余量 0.2～0.5mm；

(2) 粗、精车内孔的锥度和圆弧表面，螺纹底径车到 ϕ22mm，其余加工达到图样尺寸和形位公差要求；

(3) 螺纹粗、精加工达到图样要求；

(4) 切断保证长度；

(5) 去毛刺，检测零件各项尺寸要求。

2. 选择刀具与工艺参数

刀具与工艺参数见表 5-6、表 5-7。

表 5-6 数控加工刀具卡

单位			零件名称		零件图号	
序号	刀具号	刀具名称及规格	刀尖半径/mm	数量	加工表面	备注
1	T0101	93°粗、精车右偏外圆刀	0.8	1	外轮廓、端面	55°菱形刀片
2	T0202	内镗孔刀(粗、精)	0.4	1	内孔轮廓	
3	T0303	内螺纹车刀		1	螺纹	
4	T0404	切断刀		1	切断	刀宽 4mm

表 5-7 数控加工工序卡

材料	45	零件图号		系统	FANUC	工序号
操作序号	工步内容(进给路线)	G 功能	T 刀具	切削用量		
				转速 $S/r\cdot min^{-1}$	进给速度 $F/mm\cdot r^{-1}$	背吃刀量 a_p/mm
程序	夹住圆钢料一头，留出长度大约 60mm(手动操作)，车端面，对刀，调用程序					
(1)	粗、精车外轮廓	G71	T0101	300	0.2	1
(2)	粗、精车内轮廓	G71	T0202	1000	0.1	1
(3)	螺纹加工	G82	T0303	800		
(4)	切断	G01	T0404	350	0.2	4
(5)	检测、校核					

3. 装夹工件

用三爪自定心卡盘夹紧定位。

4. 编制程序

程序如下：

```
O0001
N10 T0101 G40 G95;                              调用1号刀,建立刀补
N20 M03 S300;                                   主轴正转300r/min
N30 G00 X60 Z10;
N40 X53 Z0;                                     快速定位至X53 Z0点
N50 G71 U1 R1 P60 Q110 X0.3 Z0 F0.2 S300;       复合循环粗加工
N60 G00 X46 Z0 S1000;                           精加工轮廓
N70 G01 X48 Z-1 F0.1;
N80 Z-48;
N90 X46 Z-49;
N100 Z-54;
N110 X53;
N120 G00 X100 Z100;
N130 T0100;                                     取消刀补
N140 T0202 S300;                                调用2号刀,建立刀补
N150 G00 X20 Z10;
N160 Z0;                                        快速定位至X20 Z0点
N170 G71 U1 R1 P180 Q260 X-0.3 Z0 F0.2 S300;    复合循环粗加工内孔
N180 G00 X38 Z0 S1000                           内孔精加工轮廓
N190 G01 X34.94 Z-15.3 F0.1
N200 G03 X24.99 Z-19.8 R5;
N210 G01 X24;
N220 Z-35;
N230 X22 Z-36;
N240 Z-48;
N250 X24 Z-49;
N260 X20;
N270 G00 Z100;
N280 X100;
N290 T0200;                                     取消刀补
N300 T0303 S800;                                调用3号刀,建立刀补
N310 G00 X20 Z10;
N320 X20 Z-32;                                  快速定位至X20 Z-32点
N330 G82 X22.1 Z-50 F2;                         内螺纹加工
N340 X22.8 Z-50;                                内螺纹加工
N350 X23.4 Z-50;                                内螺纹加工
N360 X23.8 Z-50;                                内螺纹加工
N370 X24 Z-50;                                  内螺纹加工
N380 G00 Z100;
N390 X100;
N400 T0300;                                     取消刀补
N410 T0404 S350;                                调用4号刀,建立刀补
N420 G00 X60 Z10;
N430 Z-53;                                      切断,保证长度49mm
```

```
N440 G01 X0 F0.1;
N450 G00 X100;
N460 T0200;                                   取消刀补
N470 M05;                                     主轴停
N480 M30;                                     程序结束
```

习　　题

1. 任务描述：加工图 5.4 所示阶梯轴零件，试编写其轮廓加工程序并进行加工。毛坯为 $\phi35\times125$mm，材料为 45 钢。

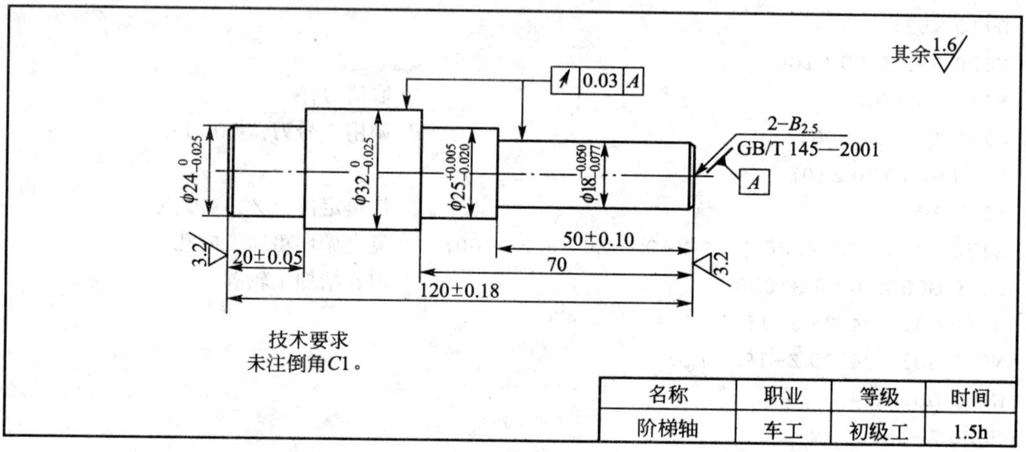

图 5.4　阶梯轴

数控车工初级工工、量、刃具及毛坯准备清单

序号	名称	规格	精度	数量	序号	名称	规格	精度	数量
1	游标卡尺	0～200	0.02	1	11	薄铜皮			若干
2	外径千分尺	0～25	0.01	1	12				
3	外径千分尺	25～50	0.01	1	13				
4	中心钻	$B_{2.5}$		1	14				
5	带柄钻夹头			1	15				
6	活顶尖			1	16				
7	鸡心夹头			1	17				
8	外圆车刀	90°		1	18				
9	外圆车刀	45°		1	19				
10	活扳手			1	20				
毛坯尺寸		$\phi35\times125$			材料	45 钢			

数控车工初级工操作考件评分表

考件编号：________　　总分：________

考核项目	考核要求	配分	评分标准	检测结果		扣分	得分
				尺寸精度	粗糙度		
外圆	$\phi18^{-0.50}_{-0.077}$	22	超差无分				
	$\phi24^{\ 0}_{-0.025}$	7	超差无分				
	$\phi25^{+0.005}_{-0.020}$	11	超差无分				
	$\phi32^{\ 0}_{-0.025}$	6	超差无分				
长度	20±0.05	8	超差无分				
	50±0.10	10	超差无分				
	120±0.18	8	超差无分				
其他	70(IT12)	2	超差无分				
表面	*Ra*1.6(七处)	10	*Ra* 值大 1 级扣 2 分				
形位公差	↗ | 0.03 | *A*（二处）	16	超差 0.01 扣 3 分				
安全文明	安全文明有关规定		违反有关规定，酌情扣总分 1～50 分				
备注	每处尺寸超差≥1mm 酌情扣考件总分 5～10 分						

2. 任务描述：加工图 5.5 所示锥度芯棒零件，试编写其轮廓加工程序并进行加工。毛坯为 $\phi35\times85$mm，材料为 45 钢。

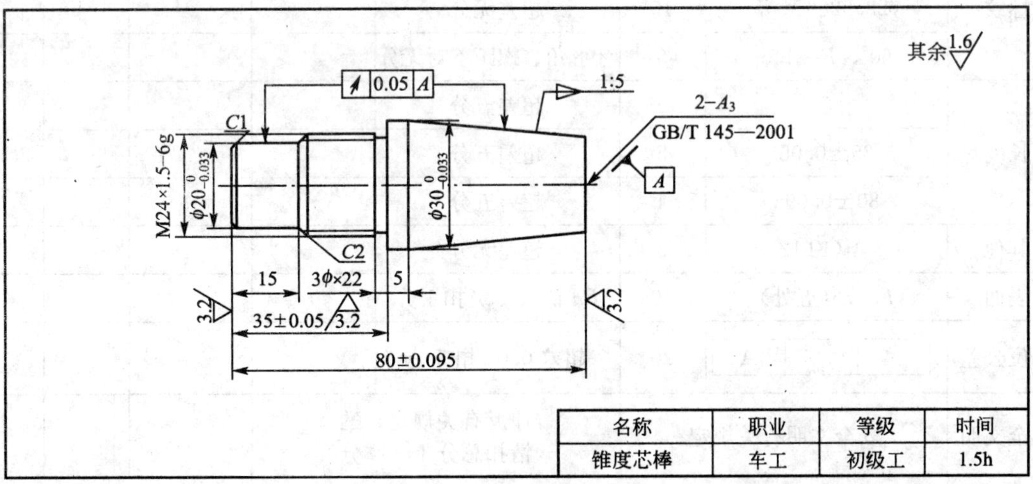

图 5.5　锥度芯棒

数控车工初级工工，量、刃具及毛坯准备清单

序号	名称	规格	精度	数量	序号	名称	规格	精度	数量
1	游标卡尺	0～150	0.02	1	11	切断刀	$t=3$		1
2	外径千分尺	0～25、25～50	0.01	各 1	12	螺纹车刀	60°		1
3	螺纹千分尺	0～25	0.01	1	13	中心钻	A_3		1
4	深度游标卡尺	0～200	0.02	1	14	带柄钻夹头			1
5	螺距规	米制		1	15	鸡心夹头			1
6	中心规	60°		1	16	活扳手			1
7	万能角度尺	0°～320°	2′	1	17	薄铜皮			若干
8	活顶尖			1	18				
9	外圆车刀	90°		1	19				
10	外圆车刀	45°		1	20				
毛坯尺寸		$\phi35\times85$			材料	45 钢			

数控车工初级工操作考件评分表

考件编号：________总分：________

考核项目	考核要求	配分	评分标准	检测结果		扣分	得分
				尺寸精度	粗糙度		
外圆	$\phi20_{-0.033}^{0}$	9.5	超差 0.01 扣 3 分				
	$\phi30_{-0.033}^{0}$	6.5	超差 0.01 扣 3 分				
锥度	锥度 1∶5、$\alpha\pm15'$	12	超差无分				
螺纹	$\phi24_{-0.268}^{-0.032}$	5	超差五分				
	$\phi23.0266_{-0.268}^{-0.032}$	15	超差无分				
	60°、$P=1.5$	5	牙形角、螺距不对无分				
长度	5	5	超差五分				
	35±0.05	5	超差五分				
	80±0.095	4	超差五分				
其他	3 项(1T12)	3	超差无分				
表面	$Ra1.6$(五处)	10	Ra 值大 1 级扣 1 分				
形位公差	↗ 0.05 A	20	超差 0.01 扣 5 分				
安全文明	安全文明有关规定		违反有关规定，酌情扣总分 1～50 分				
备注	每处尺寸超差≥1mm 酌情扣考件总分 5～10 分						

3. 任务描述：加工图 5.6 所示锁紧套零件，试编写其轮廓加工程序并进行加工。毛坯为 $\phi45\times65$mm，材料为 45 钢。

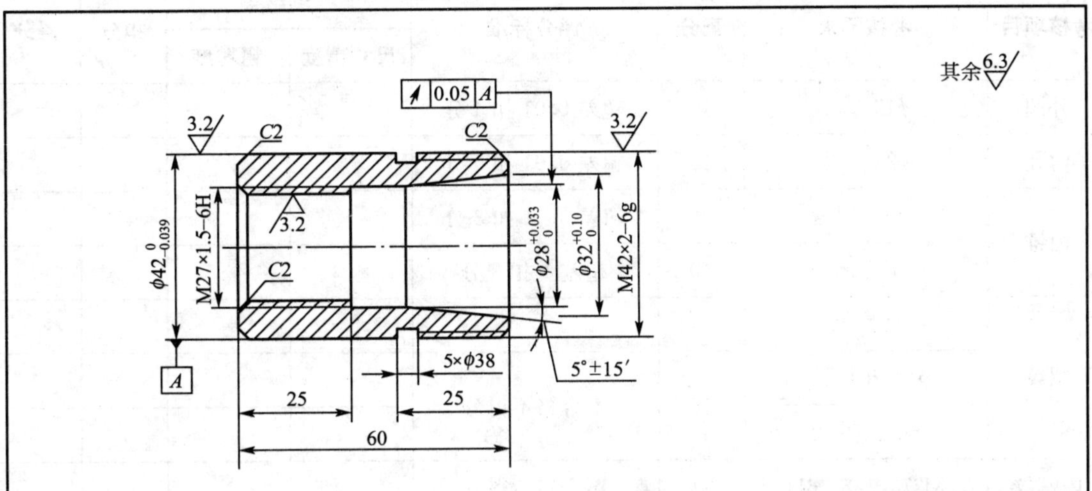

名称	职业	等级	时间
锁紧套	车工	初级工	2h

图 5.6 锁紧套

数控车工初级工工、量、刃具及毛坯准备清单

序号	名称	规格	精度/mm	数量	序号	名称	规格	精度/mm	数量
1	游标卡尺	0～150mm	0.02	1	11	内螺纹车刀	60°		1
2	外径千分尺	25～50mm	0.01	1	12	内孔车刀	45°、90°		各 1
3	螺纹千分尺	25～50mm	0.01	1	13	切断刀			1
4	内径百分表	18～35mm	0.01	1	14	中心钻			1
5	螺纹塞规	M27×1.5-6H		1	15	带柄钻夹头			1
6	万能角度尺	0°～320°	2	1	16	麻花钻	$\phi3$		1
7	中心规、螺距规	60°、米制		各 1	17	莫氏变径套	3 号、4 号		各 1
8	螺纹样扳	60°		1	18	薄铜皮			若干
9	外圆车刀	45°、90°		各 1	19				
10	螺纹车刀	60°		1	20				
毛坯尺寸		$\phi45\times65$			材料	45 钢			

数控车工初级工操作考件评分表

考件编号：________总分：________

考核项目	考核要求	配分	评分标准	检测结果		扣分	得分
				尺寸精度	粗糙度		
外圆	$\phi42_{-0.039}^{\ 0}$	10	超差 0.01 扣 4 分				
内孔	$\phi28_{\ 0}^{+0.033}$	12	超差 0.01 扣 5 分				
内锥	$\phi32_{\ 0}^{+0.10}$	9	超差 0.01 扣 3 分				
	$5°\pm15'$	10	超差 1′扣 2 分				
螺纹	$\phi42_{-0.18}^{\ 0}$						
	$\phi40.701_{-0.41}^{-0.11}$	16	不合格不得分				
	60°、$P=2$						
内螺纹	M27×1.5－6H	21	不合格不得分				
其他	5 项(IT12)	5	超差无分				
表面	*Ra*3.2(七处)	7	*Ra* 值大 1 级扣 1 分				
形位公差	↗ | 0.05 | *A*	10	超差无分				
安全文明	安全文明有关规定		违反有关规定，酌情扣总分 1～50 分				
备注	每处尺寸超差≥1mm 酌情扣考件总分 5～10 分						

4. 任务描述：加工图 5.7 所示定心轴零件，试编写其轮廓加工程序并进行加工。毛坯为 $\phi35\times130$mm，材料为 45 钢。

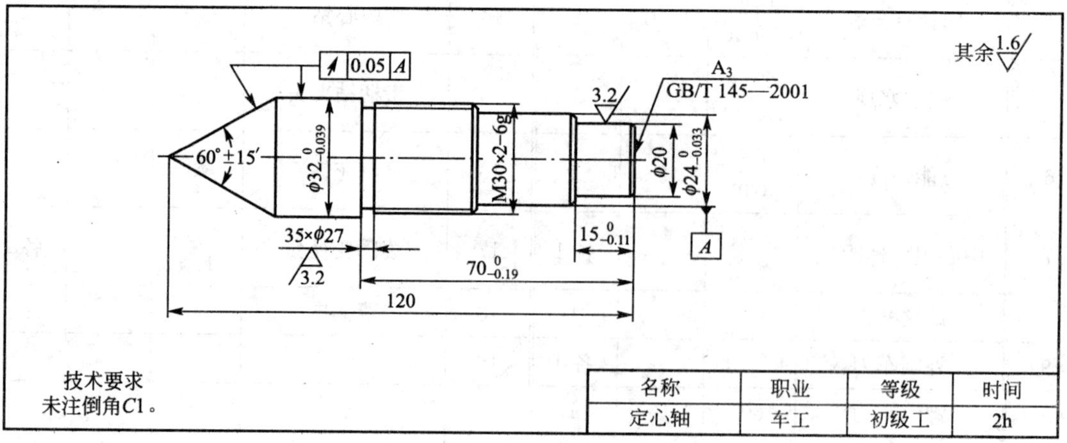

图 5.7 定心轴

数控车工初级工工、量，刃具及毛坯准备清单

序号	名称	规格	精度	数量	序号	名称	规格	精度	数量
1	游标卡尺	0～150	0.02	1	11	带柄钻夹头			1
2	外径千分尺	0～25、25～50	0.01	各1	12	活顶尖			1
3	万能角度尺	0°～320°	2′	1	13	鸡心夹头			1
4	螺纹千分尺	25～50	0.01	1	14	活扳手			1
5	中心规、螺距规	60°、米制		各1	15	薄铜皮			若干
6	外圆车刀	45°、90°		各1	16	磁性表座			1
7	切断刀	$T=3.5$		1	17				
8	中心钻	A_3		1	18				
9	螺纹车刀	60°		1	19				
10	百分表	0～10	0.01	1	20				
毛坯尺寸		$\phi 35\times 130$			材料	45钢			

数控车工初级工操作考件评分表

考件编号：________　　总分：________

考核项目	考核要求	配分	评分标准	检测结果		扣分	得分
				尺寸精度	粗糙度		
外圆	$\phi 24_{-0.033}^{0}$	10	超差0.01扣3分				
	$\phi 32_{-0.039}^{0}$	8	超差0.01扣3分				
角度	$60°\pm 15'$	17	超差1′扣4分				
螺纹	$\phi 30_{-0.318}^{-0.038}$	30	不合格不得分				
	$\phi 28.7_{-0.318}^{-0.038}$						
	60°、$P=2$						
长度	$15_{-0.11}^{0}$	5	超差无分				
	$7_{-0.19}^{0}$	5	超差无分				
其他	5项(IT12)	5	超差无分				
表面	$Ra1.6$(五处)	10	Ra值大1级扣1分				
形位公差	↗ 0.05 A	10	超差无分				
安全文明	安全文明有关规定		违反有关规定，酌情扣总分1～50分				
备注	每处尺寸超差≥1mm酌情扣考件总分5～10分						

4. 任务描述：加工图 5.8 所示锁紧螺母零件，试编写其轮廓加工程序并进行加工。毛坯为 $\phi50\times65$mm，材料为 45 钢。

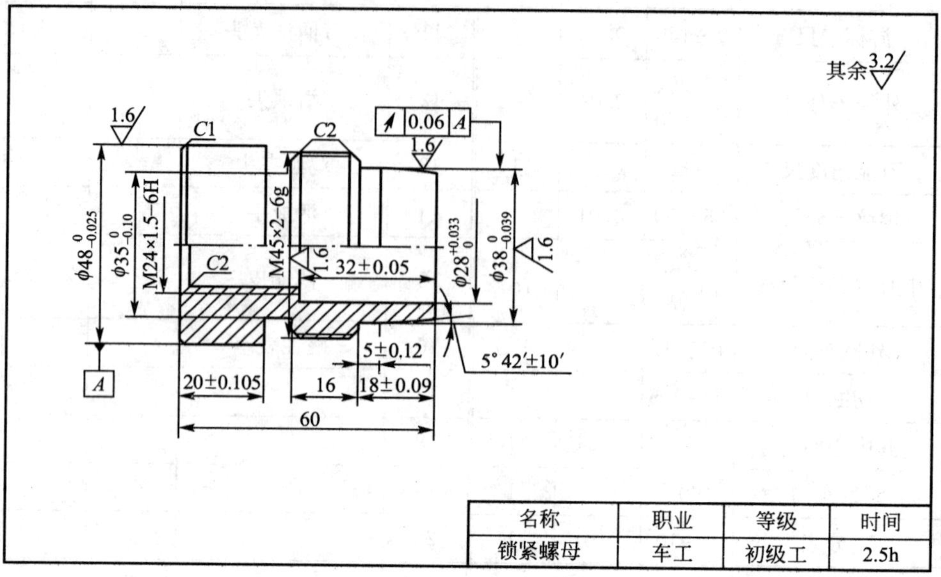

图 5.8 锁紧螺母

数控车工初级工，量、刃具及毛坯准备清单									
序号	名称	规格	精度/mm	数量	序号	名称	规格	精度/mm	数量
1	游标卡尺	0～150mm	0.02	1	11	内、外螺纹车刀	60°		，
2	外径千分尺	25～50mm	0.01	1	12	切断刀			1
3	深度游标尺	0～200mm	0.02	1	13	中心钻及钻夹头			各 1
4	螺纹千分尺	25～50mm	0.01	1	14	麻花钻	$\phi20$		1
5	百分表及磁性表座	0～5mm	0.01	各 1	15	莫氏变径套			1 套
6	螺纹塞规	M24×1.5-6H		1	16	薄铜皮			若干
7	万能角度尺	0°～320°	2′	1	17	活扳手			1
8	中心规、螺距规	60°、米制		各 1	18				
9	外圆车刀	45°、90°		各 1	19				
10	内孔车刀	45°、90°		各 1	20				
毛坯尺寸		$\phi50\times65$			材料	45 钢			

数控车工初级工操作考件评分表

考件编号：________　　总分：________

考核项目	考核要求	配分	评分标准	检测结果		扣分	得分
				尺寸精度	粗糙度		
外圆	$\phi48_{-0.025}^{0}$、$\phi38_{-0.039}^{0}$	6	超差无分				
	$\phi35_{-0.10}^{0}$	3	超差无分				
内孔	$\phi28_{0}^{+0.033}$	6	超差无分				
角度	$5°42'\pm10'$	10	超差1，扣2分				
螺纹	$\phi45_{-0.18}^{0}$、$\phi44.026_{-0.41}^{-0.11}$	13	不合格不得分				
	60°、$P=2$						
内螺纹	M24×1.5-6H	28	不合格不得分				
长度	20±0.105、18±0.09	8	超差无分				
	32±0.05、5±0.12	12	超差无分				
其他	2项(IT12)	2	超差无分				
表面	*Ra*1.6(四处)	4	*Ra*值大1级扣1分				
形位公差	↗ | 0.06 | *A*	8	超差0.01扣2分				
安全文明	安全文明有关规定		违反有关规定，酌情扣总分1～50分				
备注	每处尺寸超差≥1mm酌情扣考件总分5～10分						

5. 中级数控车工加工习题，任务描述：加工图5.9(a)～(r)所示零件，试编写其加工程序并进行加工。

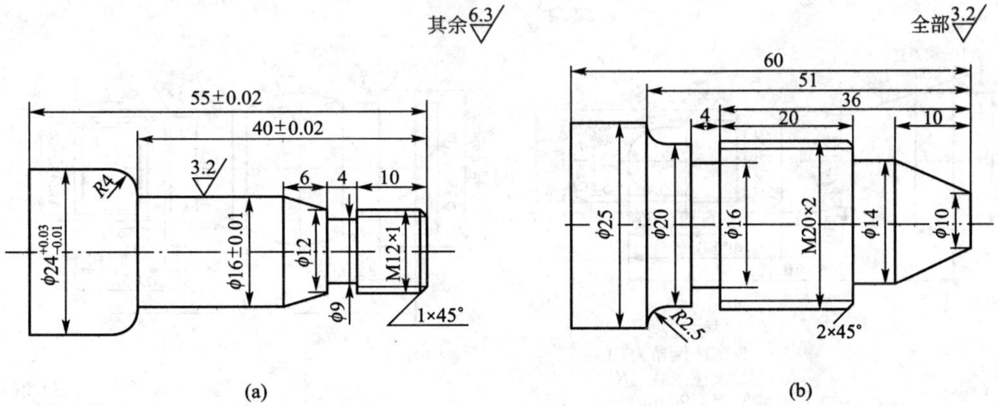

图5.9　习题5图

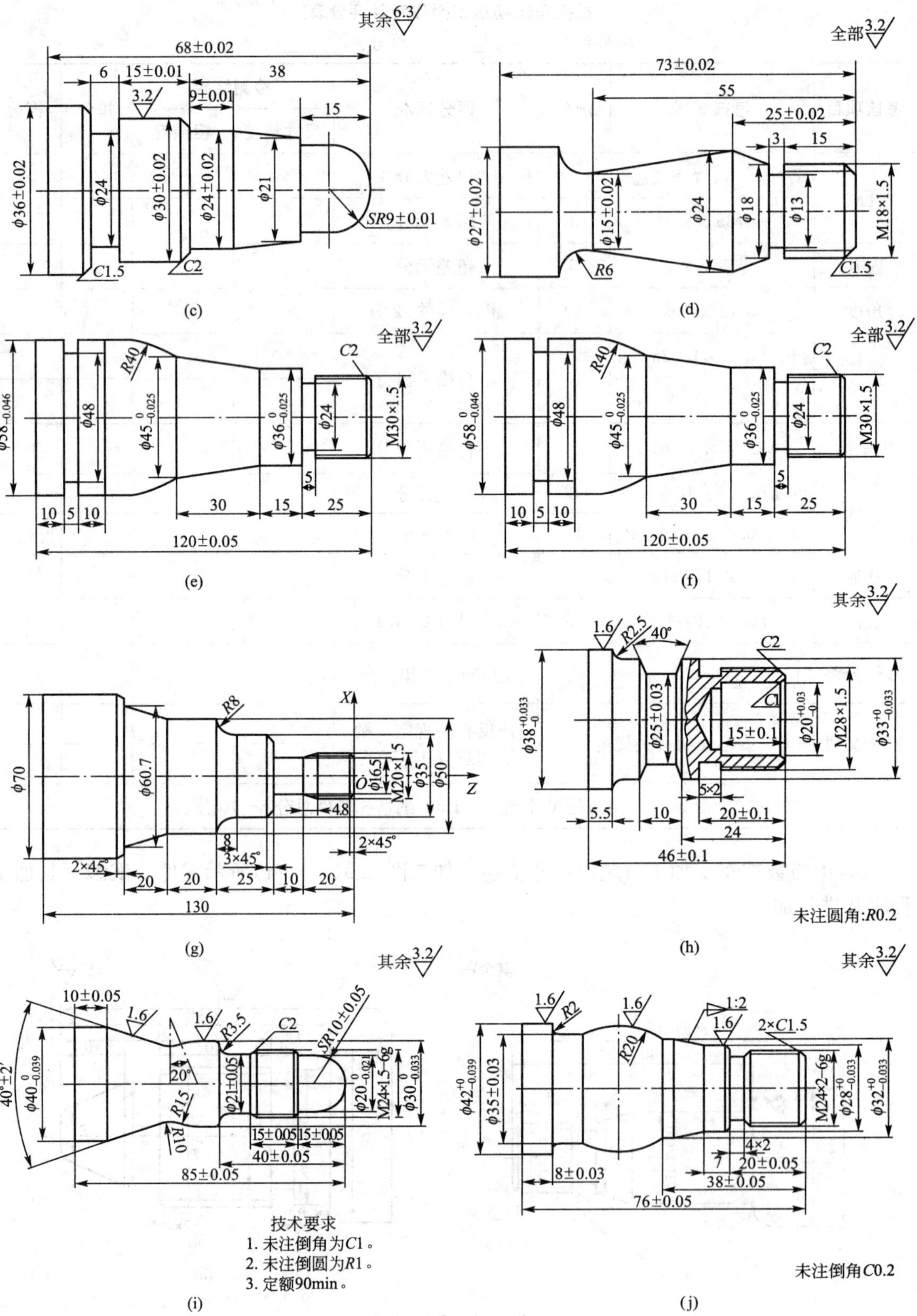
其余 6.3
68±0.02
6
15±0.01
38
3.2
9±0.01
15
φ36±0.02
φ24
φ30±0.02
φ24±0.02
φ21
SR9±0.01
C1.5
C2
(c)
全部 3.2
73±0.02
55
25±0.02
3
15
φ27±0.02
φ15±0.02
φ24
φ18
φ13
M18×1.5
R6
C1.5
(d)
全部 3.2
R40
C2
φ58 0 −0.046
φ48
φ45 0 −0.025
φ36 0 −0.025
φ24
M30×1.5
5
10 5 10
30
15
25
120±0.05
(e)
全部 3.2
R40
C2
φ58 0 −0.046
φ48
φ45 0 −0.025
φ36 0 −0.025
φ24
M30×1.5
5
10 5 10
30
15
25
120±0.05
(f)
X
R8
φ70
φ60.7
φ16.5
M20×1.5
φ35
φ50
O
Z
4.8
8
3×45°
2×45°
2×45°
20 20 25 10 20
130
(g)
其余 3.2
1.6
R2.5
40°
C2
C1
φ38 +0.033 −0
φ25±0.03
15±0.1
φ20 +0.03 −0
M28×1.5
φ33 +0 −0.033
5×2
5.5
10
20±0.1
24
46±0.1
未注圆角:R0.2
(h)
其余 3.2
10±0.05
1.6
1.6
R3.5
C2
SR10±0.05
40°±2′
φ40 0 −0.039
20°
R15
R10
φ21±0.05
φ20 0 −0.021
M24×1.5−6g
φ30 0 −0.033
15±0.05
15±0.05
40±0.05
85±0.05
技术要求
1. 未注倒角为C1。
2. 未注倒圆为R1。
3. 定额90min。
(i)
其余 3.2
1.6
R2
1.6
1:2
1.6
2×C1.5
R20
φ42 +0 −0.039
φ35±0.03
M24×2−6g
φ28 +0 −0.033
φ32 +0 −0.033
4×2
7
20±0.05
8±0.03
38±0.05
76±0.05
未注倒角C0.2
(j)

图 5.9(续)

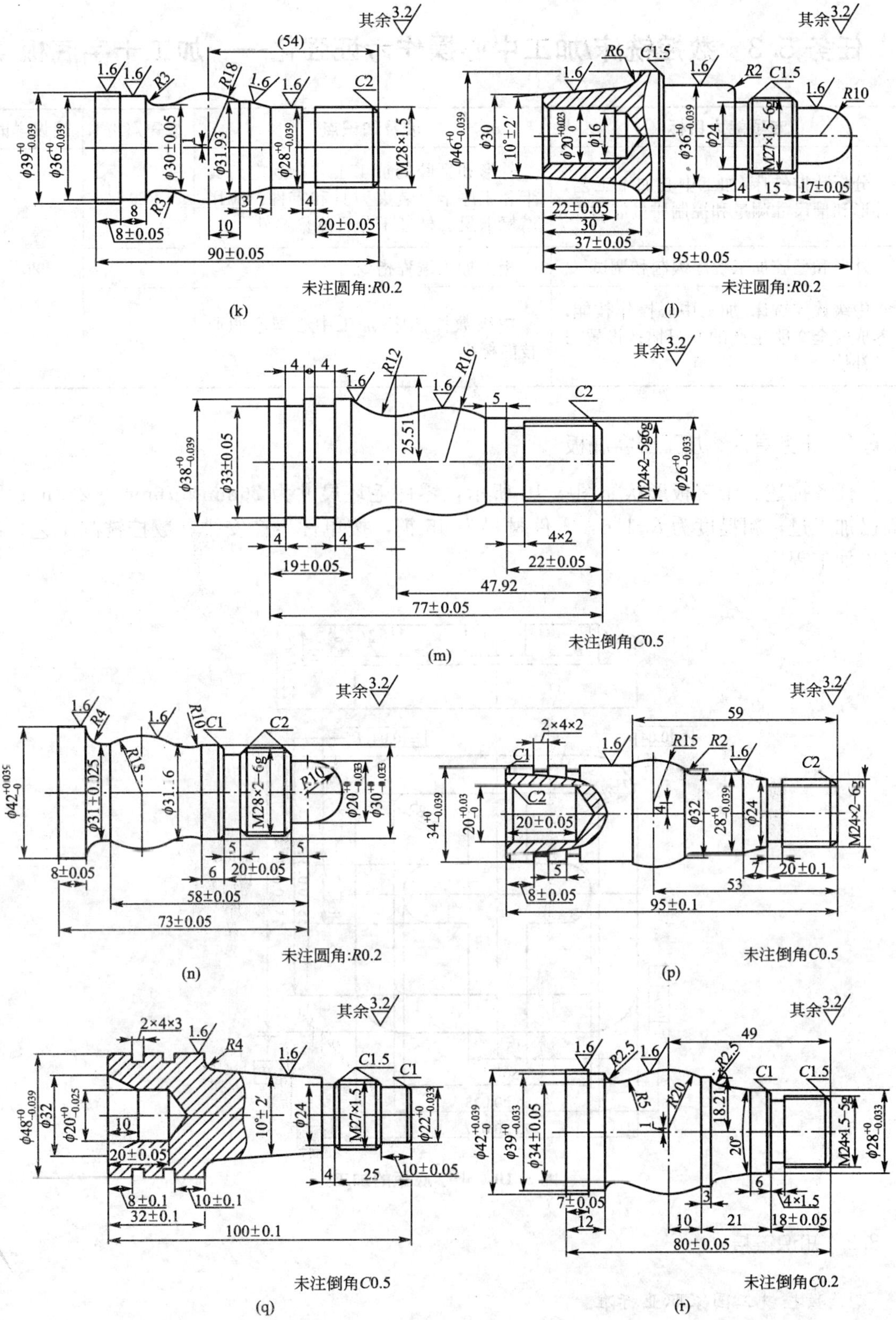
其余3.2
未注圆角:R0.2
(k)
其余3.2
未注圆角:R0.2
(l)
其余3.2
未注倒角C0.5
(m)
其余3.2
未注圆角:R0.2
(n)
其余3.2
未注倒角C0.5
(p)
其余3.2
未注倒角C0.5
(q)
其余3.2
未注倒角C0.2
(r)

图 5. 9(续)

任务 5.3 数控铣床/加工中心操作考证强化——加工十字底板

专项能力目标	涉及知识点	权重/(%)	建议学时
分析数控铣床/加工中心加工工艺；外形和槽尺寸测量和控制质量能力	外形和型腔的加工工艺；制定刀具卡和工序卡；装夹刀具和零件；应用游标卡尺、外径千分尺测量零件	20	
外形和型腔加工程序编制和调试	相关加工编程指令	30	20
中级数控铣床/加工中心操作技能；养成安全文明生产的好习惯；设置刀具补偿	中级数控铣床/加工中心国家职业技能标准	50	

5.3.1 任务导入：加工十字底板

任务描述：十字板形状如图 5.10 所示，零件毛坯尺寸为 76mm×76mm×23mm；六面已加工过，粗糙度为 $Ra1.6$，零件材料为 45 钢，按单件生产安排其数控铣削工艺，编写出加工程序。

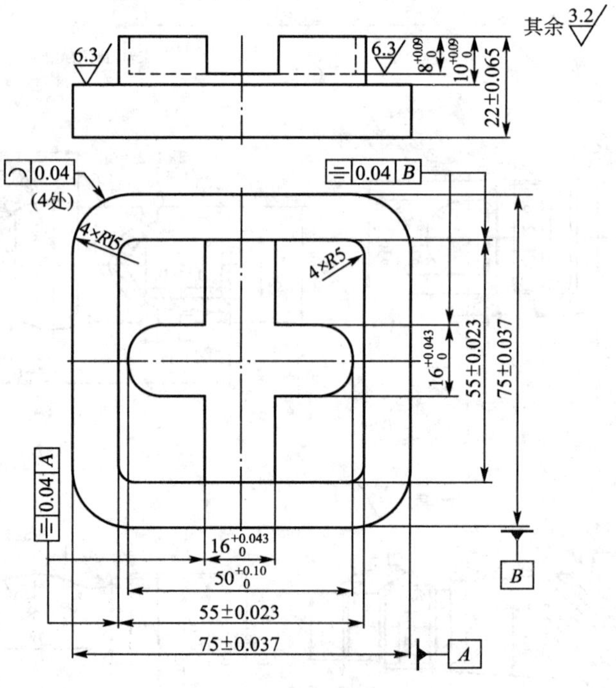

图 5.10 十字底板的加工

5.3.2 知识链接

1. 数控铣工国家职业标准

1) 基本要求

(1) 职业道德。
① 职业道德基本知识。
② 职业守则:
- 遵守国家法律、法规和有关规定;
- 具有高度的责任心、爱岗敬业、团结合作;
- 严格执行相关标准、工作程序与规范、工艺文件和安全操作规程;
- 学习新知识新技能、勇于开拓和创新;
- 爱护设备、系统及工具、夹具、量具;
- 着装整洁，符合规定;保持工作环境清洁有序，文明生产。

(2) 基础知识。
① 基础理论知识:
- 机械制图;
- 工程材料及金属热处理知识;
- 机电控制知识;
- 计算机基础知识;
- 专业英语基础。

② 机械加工基础知识:
- 机械原理;
- 常用设备知识(分类、用途、基本结构及维护保养方法);
- 常用金属切削刀具知识;
- 典型零件加工工艺;
- 设备润滑和冷却液的使用方法;
- 工具、夹具、量具的使用与维护知识;
- 铣工、镗工基本操作知识。

③ 安全文明生产与环境保护知识:
- 安全操作与劳动保护知识;
- 文明生产知识;
- 环境保护知识。

④ 质量管理知识:
- 企业的质量方针;
- 岗位质量要求;
- 岗位质量保证措施与责任。

⑤ 相关法律、法规知识:
- 劳动法的相关知识;
- 环境保护法的相关知识;
- 知识产权保护法的相关知识。

2) 工作要求
中级数控铣工国家职业标准的工作要求见表5-8。
3) 比重表
(1) 理论知识。中级数控铣工国家职业标准理论知识比重见表5-9。

表 5-8 中级数控铣工国家职业标准的工作要求

职业功能	工作内容	技能要求	相关知识
1. 加工准备	(1) 读图与绘图	① 能读懂中等复杂程度(如:凸轮、壳体、板状、支架)的零件图 ② 能绘制有沟槽、台阶、斜面、曲面的简单零件图 ③ 能读懂分度头尾架、弹簧夹头套筒、可转位铣刀结构等简单机构装配图	① 复杂零件的表达方法 ② 简单零件图的画法 ③ 零件三视图、局部视图和剖视图的画法
	(2) 制定加工工艺	① 能读懂复杂零件的铣削加工工艺文件 ② 能编制由直线、圆弧等构成的二维轮廓零件的铣削加工工艺文件	① 数控加工工艺知识 ② 数控加工工艺文件的制定方法
	(3) 零件定位与装夹	① 能使用铣削加工常用夹具(如压板、台虎钳、平口钳等)装夹零件 ② 能够选择定位基准,并找正零件	① 常用夹具的使用方法 ② 定位与夹紧的原理和方法 ③ 零件找正的方法
	(4) 刀具准备	① 能够根据数控加工工艺文件选择、安装和调整数控铣床常用刀具 ② 能根据数控铣床特性、零件材料、加工精度、工作效率等选择刀具和刀具几何参数,并确定数控加工需要的切削参数和切削用量 ③ 能够利用数控铣床的功能,借助通用量具或对刀仪测量刀具的半径及长度 ④ 能选择、安装和使用刀柄 ⑤ 能够刃磨常用刀具	① 金属切削与刀具磨损知识 ② 数控铣床常用刀具的种类、结构、材料和特点 ③ 数控铣床、零件材料、加工精度和工作效率对刀具的要求 ④ 刀具长度补偿、半径补偿等刀具参数的设置知识 ⑤ 刀柄的分类和使用方法 ⑥ 刀具刃磨的方法
2. 数控编程	(1) 手工编程	① 能编制由直线、圆弧组成的二维轮廓数控加工程序 ② 能够运用固定循环、子程序进行零件的加工程序编制	① 数控编程知识 ② 直线插补和圆弧插补的原理 ③ 节点的计算方法
	(2) 计算机辅助编程	① 能够使用 CAD/CAM 软件绘制简单零件图 ② 能够利用 CAD/CAM 软件完成简单平面轮廓的铣削程序	① CAD/CAM 软件的使用方法 ② 平面轮廓的绘图与加工代码生成方法

（续）

职业功能	工作内容	技能要求	相关知识
3. 数控铣床操作	（1）操作面板	① 能够按照操作规程启动及停止机床 ② 能使用操作面板上的常用功能键（如回零、手动、MDI、修调等）	① 数控铣床操作说明书 ② 数控铣床操作面板的使用方法
	（2）程序输入与编辑	① 能够通过各种途径（如DNC、网络）输入加工程序 ② 能够通过操作面板输入和编辑加工程序	① 数控加工程序的输入方法 ② 数控加工程序的编辑方法
	（3）对刀	① 能进行对刀并确定相关坐标系 ② 能设置刀具参数	① 对刀的方法 ② 坐标系的知识 ③ 建立刀具参数表或文件的方法
	（4）程序调试与运行	能够进行程序检验、单步执行、空运行并完成零件试切	程序调试的方法
	（5）参数设置	能够通过操作面板输入有关参数	数控系统中相关参数的输入方法
4. 零件加工	（1）平面加工	能够运用数控加工程序进行平面、垂直面、斜面、阶梯面等的铣削加工，并达到如下要求： ① 尺寸公差等级达IT7级 ② 形位公差等级达IT8级 ③ 表面粗糙度达$Ra3.2\mu m$	① 平面铣削的基本知识 ② 刀具端刃的切削特点
	（2）轮廓加工	能够运用数控加工程序进行由直线、圆弧组成的平面轮廓铣削加工，并达到如下要求： ① 尺寸公差等级达IT8 ② 形位公差等级达IT8级 ③ 表面粗糙度达$Ra3.2\mu m$	① 平面轮廓铣削的基本知识 ② 刀具侧刃的切削特点
	（3）曲面加工	能够运用数控加工程序进行圆锥面、圆柱面等简单曲面的铣削加工，并达到如下要求： ① 尺寸公差等级达IT8 ② 形位公差等级达IT8级 ③ 表面粗糙度达$Ra3.2\mu m$	① 曲面铣削的基本知识 ② 球头刀具的切削特点
	（4）孔类加工	能够运用数控加工程序进行孔加工，并达到如下要求： ① 尺寸公差等级达IT7 ② 形位公差等级达IT8级 ③ 表面粗糙度达$Ra3.2\mu m$	麻花钻、扩孔钻、丝锥、镗刀及铰刀的加工方法

（续）

职业功能	工作内容	技能要求	相关知识
4. 零件加工	（5）槽类加工	能够运用数控加工程序进行槽、键槽的加工，并达到如下要求： ① 尺寸公差等级达 IT8 ② 形位公差等级达 IT8 级 ③ 表面粗糙度达 $Ra3.2\mu m$	槽、键槽的加工方法
	（6）精度检验	能够使用常用量具进行零件的精度检验	① 常用量具的使用方法 ② 零件精度检验及测量方法
5. 维护与故障诊断	（1）机床日常维护	能够根据说明书完成数控铣床的定期及不定期维护保养，包括：机械、电、气、液压、数控系统检查和日常保养等	① 数控铣床说明书 ② 数控铣床日常保养方法 ③ 数控铣床操作规程 ④ 数控系统(进口、国产数控系统)说明书
	（2）机床故障诊断	① 能读懂数控系统的报警信息 ② 能发现数控铣床的一般故障	① 数控系统的报警信息 ② 机床的故障诊断方法
	（3）机床精度检查	能进行机床水平的检查	① 水平仪的使用方法 ② 机床垫铁的调整方法

表 5-9　中级数控铣工国家职业标准理论知识比重表

项　　目		中级/(%)	高级/(%)	技师/(%)	高级技师/(%)
基本要求	职业道德	5	5	5	5
	基础知识	20	20	15	15
相关知识	加工准备	15	15	25	—
	数控编程	20	20	10	—
	数控铣床操作	5	5	5	—
	零件加工	30	30	20	15
	数控铣床维护与精度检验	5	5	10	10
	培训与管理	—	—	10	15
	工艺分析与设计	—	—	—	40
合　　计		100	100	100	100

（2）技能操作。中级数控铣工国家职业标准技能操作比重见表 5-10。

表 5-10　中级数控铣工国家职业标准技能操作比重表

项　目		中级/(%)	高级/(%)	技师/(%)	高级技师/(%)
技能要求	加工准备	10	10	10	—
	数控编程	30	30	30	—
	数控铣床操作	5	5	5	—
	零件加工	50	50	45	45
	数控铣床维护与精度检验	5	5	5	10
	培训与管理	—	—	5	10
	工艺分析与设计	—	—	—	35
合　计		100	100	100	100

2. 中级加工中心操作工国家职业标准

1）基本要求

(1) 职业道德。

加工中心操作工应具有良好的思想道德和业务素质。

① 爱岗敬业，忠于职守。

② 努力钻研业务，刻苦学习，勤于思考，善于观察。

③ 具有工作细心、一丝不苟、踏踏实实的良好工作作风。

④ 严格按照操作规程进行工作，树立安全第一的思想，确保人身及设备安全。

⑤ 团结同志，互相帮助，积极协同工作。

⑥ 着装整洁、爱护设备、保持工作环境的清洁有序，做到文明生产。

(2) 基础知识。

① 数控应用技术基础：包括数控机床工作原理(组成结构、插补原理、控制原理、伺服系统)；编程方法(常用指令代码、程序格式、子程序、固定循环)。

② 安全卫生、文明生产：包括安全操作规程；事故防范、应变措施及记录；环境保护(车间粉尘、噪声、强光、有害气体的防范)。

2）工作要求

中级加工中心中级操作工国家职业标准工作要求见表 5-11。

表 5-11　中级加工中心中级操作工国家职业标准工作要求

职业功能	工作内容	技能要求	相关知识
1. 工艺准备	(1) 读图	① 能够读懂机械制图中的各种线型和标注尺寸 ② 能够读懂标准件和常用件的表示法 ③ 能够读懂一般零件的三视图、局部视图和剖视图 ④ 能够读懂零件的材料、加工部位、尺寸公差及技术要求	① 机械制图国家标准 ② 标准件和常用件的规定画法 ③ 零件三视图、局部视图和剖视图的表达方法 ④ 公差配合的基本概念 ⑤ 形状、位置公差与表面粗糙度的基本概念 ⑥ 金属材料的性质

（续）

职业功能	工作内容	技能要求	相关知识
1. 工艺准备	（2）编制简单加工工艺	① 能够制定简单的加工工艺 ② 能够合理选择切削用量	① 加工工艺的基本概念 ② 钻、铣、扩、铰、镗、攻螺纹等工艺特点 ③ 切削用量的选择原则 ④ 加工余量的选择方法
	（3）工件的定位和装夹	① 能够正确使用台虎钳、压板等通用夹具 ② 能够正确选择工件的定位基准 ③ 能够用量表找正工件 ④ 能够正确夹紧工件	① 定位夹紧原理 ② 台钳、压板等通用夹具的调整及使用方法 ③ 量表的使用方法
	（4）刀具准备	① 能够依据加工工艺卡选取刀具 ② 能够在主轴或刀库上正确装卸刀具 ③ 能够用刀具预调仪或在机内测量刀具的半径及长度 ④ 能够准确输入刀具有关参数	① 刀具的种类及用途 ② 刀具系统的种类及结构 ③ 刀具预调仪的使用方法 ④ 自动换刀装置及刀库的使用方法 ⑤ 刀具长度补偿值、半径补偿值及刀号等参数的输入方法
2. 编制程序	（1）编制孔类加工程序	① 能够手工编制钻、扩、铰(镗)等孔类加工程序 ② 能够使用固定循环及子程序	① 常用数控指令(G代码、M代码)的含义 ② S指令、T指令和F指令的含义 ③ 数控指令的结构与格式 ④ 固定循环指令的含义 ⑤ 子程序的嵌套
	（2）编制二维轮廓程序	① 能够手工编制平面铣削程序 ② 能够手工编制含直线插补、圆弧插补二维轮廓的加工程序	① 几何图形中直线与直线、直线与圆弧、圆弧与圆弧交点的计算方法 ② 刀具半径补偿的作用
3. 基本操作及日常维护	（1）基本操作	① 能够按照操作规程启动及停止机床 ② 正确使用操作面板上的各种功能键 ③ 能够通过操作面板手动输入加工程序及有关参数 ④ 能够通过纸带阅读机、磁带机及计算机等输入加工程序 ⑤ 能够进行程序的编辑、修改 ⑥ 能够设定工件坐标系 ⑦ 能够正确调入调出所选刀具 ⑧ 能够正确进行机内对刀 ⑨ 能够进行程序单步运行、空运行 ⑩ 能够进行加工程序试切削并做出正确判断 ⑪ 能够正确使用交换工作台	① 加工中心机床操作手册 ② 操作面板的使用方法 ③ 各种输入装置的使用方法 ④ 机床坐标系与工件坐标系的含义及其关系 ⑤ 相对坐标系、绝对坐标的含义 ⑥ 找正器（寻边器）的使用方法 ⑦ 机内对刀方法 ⑧ 程序试运行的操作方法

（续）

职业功能	工作内容	技能要求	相关知识
3. 基本操作及日常维护	（2）日常维护	① 能够做到加工前电、气、液、开关等的常规检查 ② 能够做到加工完毕后，清理机床及周围环境	① 加工中心操作规程 ② 日常保养的内容加工中心机床操作手册
4. 工件加工	（1）孔加工	能够对单孔进行钻、扩、铰切削加工	麻花钻、扩孔钻及铰刀的功用
	（2）平面铣削	能够铣削平面、垂直面、斜面、阶梯面等，尺寸公差等级达 IT9，表面粗糙度达 $Ra6.3\mu m$	① 铣刀的种类及功用 ② 加工精度的影响因素 ③ 常用金属材料的切削性能
	（3）平面内、外轮廓铣削	能够铣削二维直线、圆弧轮廓的工件，且尺寸公差等级达 IT9，表面粗糙度达 $Ra6.3\mu m$	
	（4）运行给定程序	能够检查及运行给定的三维加工程序	① 三维坐标的概念 ② 程序检查方法与
5. 精度检验	（1）内、外径检验	① 能够使用游标卡尺测量工件内、外径 ② 能够使用内径百（千）分表测量工件内径 ③ 能够使用外径千分尺测量工件外径	① 游标卡尺的使用方法 ② 内径百（千）分表的使用方法 ③ 外径千分尺的使用方法
	（2）长度检验	① 能够使用游标卡尺测量工件长度 ② 能够使用外径千分尺测量工件长度	
	（3）深（高）度检验	能够使用游标卡尺或深（高）度尺测量深（高）度	① 深度尺的使用方法 ② 高度尺的使用方法
	（4）角度检验	能够使用角度尺检验工件角度	角度尺的使用方法
	（5）机内检测	能够利用机床的位置显示功能自检工件的有关尺寸	机床坐标的位置显示功能

3）中级加工中心国家职业标准比重表

（1）理论知识考试配分比重。中级加工中心国家职业标准理论比重见表 5－12。

表 5－12　中级加工中心国家职业标准理论比重表

项　目		中　级	高　级	技　师
基本要求	1. 职业道德	5	5	5
	2. 基础知识	25	15	10

（续）

项　目		中　级	高　级	技　师
相关知识	1. 工艺准备	20	25	25
	2. 编制程序	20	25	20
	3. 机床操作及维护	5	5	10
	4. 工件加工	15	15	10
	5. 精度检验	10	10	10
	6. 培训指导			5
	7. 管理工作			5
总　计		100	100	100

（2）技能操作考试配分比重表。中级加工中心国家职业标准技能操作比重见表5－13。

表5－13　中级加工中心国家职业标准技能操作比重表

项　目		中　级	高　级	技　师
技能要求	1. 工艺准备	10	10	10
	2. 编制程序	15	20	25
	3. 机床操作及维护	10	5	
	4. 工件加工	60	60	60
	5. 精度检验	5	5	5
总　计		100	100	100

5.3.3　任务实施

1. 工分析艺

具体加工过程如下：

（1）粗铣55mm×55mm外轮廓。

① 用平口台虎钳装夹零件，零件上表面高出钳口12mm左右，用百分表找正。

② 安装寻边器，确定零件零点为坯料上表面的中心，设定零点偏置。

③ 安装ϕ20mm立铣刀并对刀，选择程序，粗铣55mm×55mm轮廓至60mm×60mm，深10.5mm。

（2）粗、精铣75mm×75mm及4个R15圆角。

① 调头装夹，钳口夹持9mm左右，用百分表找正。

② 安装寻边器，确定零件零点为坯料上表面的中心，设定零点偏置。

③ 安装ϕ20mm立铣刀并对刀，选择程序，粗、精铣75mm×75mm及4个R5圆角至要求尺寸。

（3）精铣55mm×55mm外轮廓。

① 调头装夹，钳口夹持10mm左右，用百分表找正。

② 安装寻边器，以 75mm×75mm 轮廓侧面为对刀基准，确定零件零点为 75mm×75mm 轮廓的中心，设定零点偏置。

③ 安装 ϕ80mm 面铣刀，手动完成面的粗、精铣削，确保零件厚度尺寸要求。

④ 安装 ϕ20mm 立铣刀并对刀，将 Z 轴零点建立在精铣后的上表面。

选择程序，精铣 55mm×55mm 外轮廓。

(4) 粗、精铣十字槽。安装 ϕ12mm 立铣刀并对刀，粗、精铣十字槽。

2. 选择刀具与工艺参数

刀具与工艺参数见表 5-14、表 5-15。

表 5-14　数控加工刀具卡

单　位		数控加工刀具卡片	产品名称				零件图号	
			零件名称				程序编号	
序号	刀具号	刀具名称	刀　具		补偿值		刀 补 号	
			直径/mm	长度	半径	长度	半径	长度
1	T01	立铣刀	ϕ20				D01	
2	T02	面铣刀	ϕ80					
3	T03	立铣刀	ϕ12				D03	

表 5-15　数控加工工序卡

单　位	数控加工工序卡片		产品名称	零件名称	材料	零件图号
工序号	程序编号	夹具名称	夹具编号	设备名称	编制	审核
工步号	工步内容	刀具号	刀具规格	主轴转速 $S/\mathrm{m\cdot min^{-1}}$	进给速度 $F/\mathrm{m\cdot min^{-1}}$	背吃刀量 a_p/mm
1	粗铣 55mm×55mm 外轮廓	T01	ϕ20mm 立铣刀	400	100	
2	调头装夹，粗铣 75mm×75mm 外轮廓及其 4 个 R15 圆角	T01	ϕ20mm 立铣刀	400	100	
3	精铣 75mm×75mm 外轮廓及其 4 个 R15 圆角	T01	ϕ20mm 立铣刀	600	80	
4	调头装夹，粗铣上表面	T02	ϕ80mm 面铣刀	500	100	
5	精铣上表面	T02	ϕ80mm 面铣刀	600	80	
6	精铣 55mm×55mm 外轮廓及其 4 个 R5 圆角	T01	ϕ20mm 立铣刀	600	80	
7	粗铣十字槽	T03	ϕ12mm 立铣刀	600	100	
8	精铣十字槽	T03	ϕ12mm 立铣刀	800	80	

3. 装夹工件

用平口台虎钳装夹零件，由于零件需掉头加工，在安装零件时必须底面垫实、夹紧，校正固定钳口的平行度以及零件上表面的平行度，确保形位公差要求。

4. 编制程序

在零件中心建立零件坐标系，Z 轴原点设在零件上表面。

1）粗铣 55mm×55mm 外轮廓

程序如下：

```
O0001
N10 G17 G21 G40 G54 G80 G90 G94;         程序初始化
N20 G00 Z50.0;                           刀具定位到安全平面,启动主轴
N30 M03 S400;
N40 X50.0 Y-50.0;                        移动到下刀点
N50 Z5.0
N55 G01 Z-10.5 F60;                      下刀至-10.5mm 处
N60 G41 G01 X39.0 Y-30.0 D01 F100;       建立刀补(D01=10), 开始粗铣轮廓
N70 X-30.0;
N80 Y30.0;
N90 X30.0;
N100 Y-50.0;
N110 G40 G01 X50.0;
N120 G00 Z100.0;
N130 M05;
N140 M30;                                程序结束
```

2）粗、精铣 75mm×75mm 及 4 个 $R15$ 圆角

程序如下：

```
O0002
N10 G17 G21 G40 G54 G80 G90 G94;         程序初始化
N20 G00 Z50.0;                           刀具定位到安全平面,启动主轴
N30 M03 S400;                            精铣时 S=600r/min
N40 X50.0 Y-50.0;                        移动到下刀点
N50 Z5.0
N55 G01 Z-12.5 F60;                      下刀至-12.5mm 处
N60 G41 G01 X38.0 Y-37.5 D01 F100;       建立刀补,开始铣削轮廓,粗加工时刀补设为 10.2mm,
                                         精加工时刀补设为 10mm(根据实测尺寸调整); 精加
                                         工时 F 设 80mm/min
N70 X-22.5;
N80 G02 X-37.5 Y-22.5 R15.0;
N90 G01 Y22.5;
N100 G02 X-22.5 Y37.5 R15.0;
N110 G01 X22.5;
```

```
N120 G02 X37.5 Y22.5 R15.0;
N130 G01 Y-22.5;
N140 G02 X22.5 Y-37.5 R15.0;
N150 G01 X22.0;
N160 G40 G01 Y-50.0;
N170 G00 Z100.0;
N180 M05;
N190 M30;                              程序结束
```

3）精铣 55mm×55mm 外轮廓及其 4 个 $R5$ 圆角

程序如下：

```
O0003
N10 G17 G21 G40 G54 G80 G90 G94;       程序初始化
N20 G00 Z50.0;                         刀具定位到安全平面,启动主轴
N30 M03 S600;
N40 42.0 Y-42.0;                       移动到下刀点 N50 Z5.0
N55 G01 Z-10.0 F60;                    下刀至-10.0mm 处
N60 G41 G01 X30.0 Y-27.5 D01 F80;      建立刀补,D01=10(根据实测尺寸调整), 开始加工轮廓
N70 X-22.5;
N80 G02 X-27.5 Y-22.5 R5;
N90 G01 Y22.5;
N100 G02 X-22.5 Y27.5 R5;
N110 G01 X22.5;
N120 G02 X27.5 Y22.5 R5;
N130 G01 Y-22.5;
N140 G02 X22.5 Y-27.5 R5;
N150 G01 X22.0;
N160 G40 G01 Y-42.0;
N120 G00 Z100.0;
N130 M05;
N140 M30;                              程序结束
```

4）粗、精铣十字槽

程序如下：

```
O0004;
N10 G17 G21 G40 G54 G80 G90 G94;       程序初始化
N20 G00 Z50.0;                         刀具定位到安全平面,启动主轴 N30 M03 S600;
                                       精加工时 S=800r/min
N40 X0 Y-36.0;                         移动到下刀点
N50 Z5.0;
N55 G01 Z-8.0 F60;                     下刀至-8.0mm 处
N60 G41 G01 X8.0 Y-28.0 D01 F100;      建立刀补,开始铣削轮廓,粗加工时刀补设为 6.2mm,精
                                       加时刀补设为 6mm(根据实测尺寸调整);精加工时 F 设
                                       80mm/min
```

```
N70 Y-8.0;
N80 X17.0;
N90 G03 Y8.0 R8.0;
N100 G01 X8.0;
N110 Y36.0;
N120 X-8.0;
N130 Y8.0;
N140 X-17.0;
N150 G03 Y-8.0 R8.0;
N160 G01 X-8.0;
N170 G01 Y-36.0;
N180 G40 G01 X0;
N120 G00 Z100.0;
N130 M05;
N140 M30;                         程序结束
```

任务 5.4 数控铣床/加工中心操作考证强化——加工凹盘

专项能力目标	涉及知识点	权重/(%)	建议学时
分析数控铣床/加工中心加工工艺；测量零件和控制质量能力；	相关加工工艺；制定刀具卡和工序卡；装夹刀具和零件；应用游标卡尺、外径千分尺测量零件	20	20
编制和调试加工程序	相关加工编程指令	20	
中级数控铣床/加工中心操作技能；养成安全文明生产的好习惯；设置刀具补偿	中级数控铣床/加工中心国家职业技能标准	60	

5.4.1 任务导入：加工凹盘零件

任务描述：凹盘零件如图 5.11 所示，按单件生产安排其数控铣削工艺，编写出加工

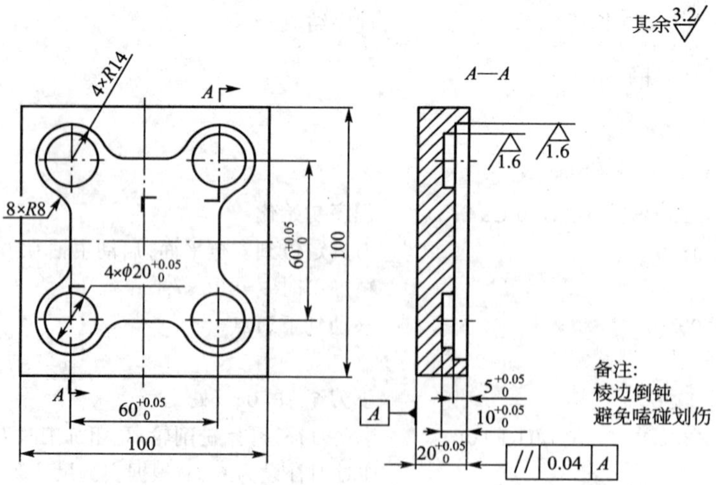

图 5.11 凹盘

程序(底面、四方轮廓已加工)。毛坯尺寸为100mm×100mm×22mm。上下两平面的平行度要求为0.04mm，零件材料45钢，表面粗糙度为$Ra3.2\mu m$。

5.4.2　任务实施

1. 工艺分析

加工过程如下：

(1) 平面面铣削，采用直径较大面铣刀对零件进行铣面加工，保证零件的总体高度。

(2) 槽轮廓的粗铣削，由于该零件主要切削为槽加工，且加工部位要求相同，加工部位表面粗糙度要求较高，可采用不同的粗加工刀具分别对其进行粗加工，然后采用同一把精加工刀具对轮廓进行精加工。粗加工单边留0.2mm余量。

2. 刀具与工艺参数选择

刀具与工艺参数见表5-16、表5-17。

表5-16　数控加工刀具卡

单　　位		数控加工刀具卡片	产品名称				零件图号	
			零件名称				程序编号	
序号	刀具号	刀具名称	刀具		补偿值		刀补号	
			直径/mm	长度/mm	半径/mm	长度/mm	半径	长度
1	T01	面铣刀	$\phi40$					
2	T02	$\phi16$立铣刀	$\phi16$		8.2(粗)		01	
3	T03	$\phi10$键槽铣刀	$\phi10$		5.2(粗)		02	
4	T04	$\phi12$立铣刀	$\phi12$				03	

表5-17　数控加工工序卡

单位	数控加工工序卡片		产品名称	零件名称	材料	零件图号
工序号	程序编号	夹具名称	夹具编号	设备名称	编制	审核
工步号	工步内容	刀具号	刀具规格	主轴转速 $S/r\cdot min^{-1}$	进给速度 $F/mm\cdot min^{-1}$	背吃刀量 a_p/mm
1	面铣削	T01	$\phi40mm$面铣刀	1000	100	1
2	粗铣大槽轮廓	T02	$\phi16mm$立铣刀	450	100	
3	粗铣小槽轮廓	T03	$\phi10mm$键槽铣刀	800	60	
4	精铣所有槽轮廓	T04	$\phi12mm$立铣刀	2000	100	

3. 装夹零件

用平口台虎钳装夹零件，零件上表面高出钳口 10mm 左右。零件安装必须地面垫实、夹紧，校正固定钳口的平行度以及零件上表面的平行度，确保形位公差要求。

4. 编制程序

在零件中心建立零件坐标系，Z 轴原点设在零件上表面。

1）铣削面

采用行切法进行平面铣削，保证零件的总体高度。

主程序如下：

```
O0001
N100 G54 G40 G49 G80 G90;
N110 M03 S100;                主轴正传,启动主轴
N120 G00 X0 Y0 Z50;           抬刀至安全高度
N130 X-75 Y-50;               刀具快速定位
N135 Z10;                     下降至参考高度
N140 G01 Z-1 F100;            下刀切削 Z 平面第一层
N150 M98 P0011;               调用子程序 O0011 一次
N160 G90 G01 Z-2 F100;        下刀切削 Z 平面第二层
N170 M98 P0011;               调用子程序 O0011 一次
N180 G90 G00 Z50;             抬刀至安全高度
N190 M05;                     主轴停止
N200 M30;                     程序结束
```

子程序如下：

```
O0011                         子程序名
N10 G91 G01 F100 X125;
N20 Y30;
N30 X-100;
N40 Y30;
N50 X100;
N60 Y30;
N70 X-125;
N80 Z20;
N90 M99;子程序结束
```

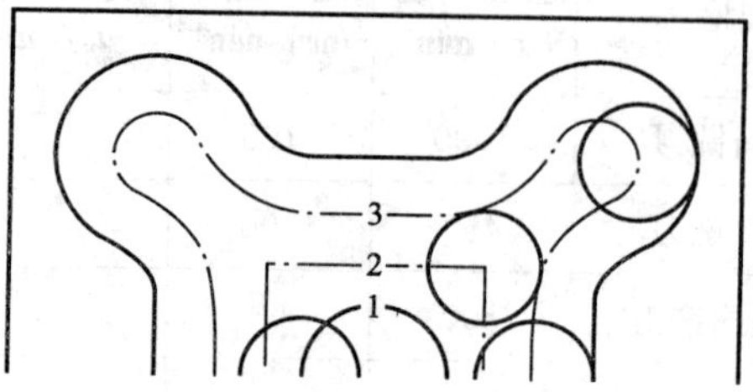

图 5.12 槽粗加工进给路线

2）加工槽外轮廓

（1）粗加工槽。采用不同刀具通过自动换刀分别对大、小槽进行粗加工。粗加工以最大效率去除零件材料为原则，大槽采用普通立铣刀螺旋下刀（如路线 1），然后走正方形路线去除角料（如路线 2），最后利用刀具半径补偿沿轮廓轨迹去除其余材料（如路线 3），具体加工路线如图 5.12 所示；四个小槽可换键槽铣刀直接下刀粗加工。

程序如下：

```
O0002
N100 G54 G40 G49 G80 G90 G21;
N110 M03 S450;                          启动主轴
N120 G00 X0 Y0 Z50;                     刀具快速定位,抬刀至安全高度
N130 Z10;                               下降至参考高度
N140 X-10 Y0;
N150 G01 F100 Z0;
N160 G03 Z-1 I10;                       螺旋下刀,螺旋半径 R10,每次切深 1mm
N170 G03 Z-2 I10;
N180 G03 Z-3 I10;
N190 G03 Z-4 I10;
N200 G03 Z-5 I10;                       螺旋下刀完毕
N210 G01 X15 Y0;                        开始走正方形路线去除角料
N220 Y15;
N230 X-15;
N240 Y-15;
N250 X15;
N260 Y0;
N270 G41 D1 X30;                        建立刀具半径左补偿,D1=8.2;走槽轮廓去除余量
N280 Y9.506;
N290 G2 X35.091 Y16.958 R8;
N300 G3 X44.Y30.R14;
N310 X16.958 Y35.091 R14;
N320 G2 X9.506 Y30. R8;
N330 G1 X-9.506;
N340 G2 X-16.958 Y35.091 R8;
N350 G3 X-43.042 Y24.909 R14;
N360 X-35.091 Y16.958 R14;
N370 G2 X-30. Y9.506 R8;
N380 G1 Y-9.506
N390 G2 X-35.091 Y-16.958 R8;
N400 G3 X-24.909 Y-43.042 R14;
N410 X-16.958 Y-35.091 R14;
N420 G2 X-9.506 Y-30. R8;
N430 G1 X9.506;
N440 G2 X16.958 Y-35.091 R8;
N450 G3 X44. Y-30. R14;
N460 X35.091 Y-16.958 R14;
N470 G2 X30. Y-9.506 R8;
N480 G01 Y0;
N490 G40 X0;                            取消刀具半径补偿
N500 G00 Z50;                           抬刀至安全高度
```

```
N510 M05;                          主轴停止
N520 G91 G28 Z0;                   回换刀点
N530 M06 T03;                      自动换(T3)刀
N540 M03 S800;                     重新启动主轴
N550 G00 G43 H3 X30 Y30 Z50;       建立长度补偿，抬刀
N560 Z10;
N570 G01 Z-5 F60;                  下刀至切削深度
N580 X34.8;
N590 G03 I-4.8;
N600 G00 Z10;
N610 X-30 Y30;
N620 G01 Z-5;
N630 X-34.8;
N640 G03 I4.8;
N650 G00 Z10;
N660 X-30 Y-30;
N670 G01 Z-5;
N680 X-34.8;
N690 G03 I4.8;
N700 G00 Z10;
N710 X30 Y-30;
N720 G01 Z-5;
N730 X34.8;
N740 G03 I-4.8;
N750 G00 Z50;                      抬刀至安全高度
N760 M05;                          主轴停止
N770 M30;                          程序结束
```

(2) 精加工槽。换取专用精加工刀具 T4(硬质合金材料)，利用刀具半径补偿分别精加工大槽轮廓和小槽轮廓，具体进给路线如图 5.13 所示。

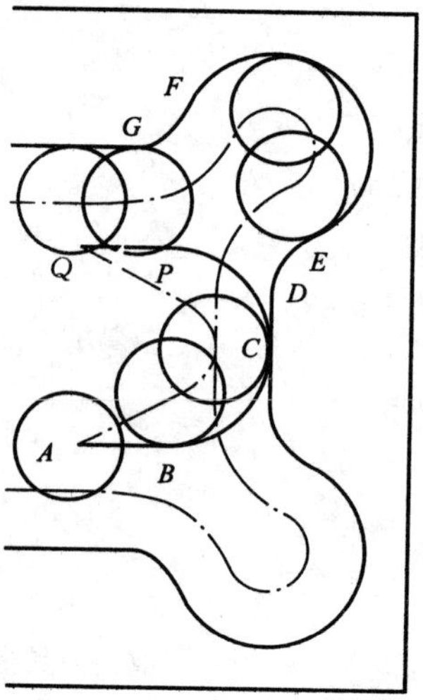

图 5.13　轮廓精加工路线

大槽内轮廓精加工利用刀具半径补偿的方法，加工时采取切向进刀、切向退刀，进退刀圆弧 $R15$。

进给路线为：$A—B—C—D—E—F—G—\cdots—P—Q$

程序如下：

```
O0003
N110G0G17G40G49G80G90;
N130G0G90G54X0.Y-15.S2000M3;            启动主轴,刀具快速定位
N140Z50;                                抬刀至安全高度
N150Z10;                                下降至参考高度
N160G1Z-5 F100;                         下刀至切削深度
N170G41D4X15;                           建立刀具半径左补偿,D4=5.975
N180G3X30.Y0.R15;                       切向切入
N190G1Y9.506;
N200G2X35.091Y16.958R8;
N210G3X44.Y30.R14;
N220X16.958Y35.091R14;
N230G2X9.506Y30.R8;
N240G1X-9.506;
N250G2X-16.958Y35.091R8;
N260G3X-43.042Y24.909R14;
N270X-35.091Y16.958R14;
N280G2X-30.Y9.506R8;
N290G1Y-9.506;
N300G2X-35.091Y-16.958R8;
N310G3X-24.909Y-43.042R14;
N320X-16.958Y-35.091R14;
N330G2X-9.506Y-30.R8;
N340G1X9.506;
N350G2X16.958Y-35.091R8;
N360G3X44.Y-30.R14;
N370X35.091Y-16.958R14;
N380G2X30.Y-9.506R8;
N390G1Y0;
N400G3X15.Y15.R15;                      切向切出
N410G1G40X0;                            取消刀具半径补偿
N430G0Z50;                              抬刀至安全高度
N440G00X30Y30;                          精加工小槽轮廓
N450Z10;                                下降至参考高度
N460G01Z-5F100;                         下刀至切削深度
N470G41D4X40;
N480G03I-10;
N490G40G01X30;
N500G00Z10;
```

```
N510X-30Y30;
N520G01Z-5F100;
N530G41D4X-20;
N540G03I-10;
N550G40G01X-30;
N560G00Z10;
N570X-30Y-30;
N580G01Z-5F100;
N590G41D4X-20;
N600G03I-10;
N610G40G01X-30
N620G00Z10
N630X30Y-30
N640G01Z-5F100;
N650G41D4X40;
N660G03I-10;
N670G40G01X30;
N680G00Z50;                    抬刀至安全高度
N440M5;                        主轴停止
N470M30;                       程序结束
```

任务 5.5 数控铣床/加工中心操作考证强化——加工凸台孔板

专项能力目标	涉及知识点	权重/(%)	建议学时
分析数控铣床/加工中心加工工艺；测量零件和控制质量能力	相关加工工艺；制定刀具卡和工序卡；装夹刀具和零件；应用游标卡尺、外径千分尺测量零件	20	20
编制和调试加工程序	相关加工编程指令	40	
中级数控铣床/加工中心操作技能；养成安全文明生产的好习惯；设置刀具补偿	中级数控铣床/加工中心国家职业技能标准	40	

5.5.1 任务导入：加工凸台孔板

任务描述：凸台孔板形状如图 5.14 所示，按单件生产安排其数控铣削工艺，编写出加工程序(底面、四方轮廓已加工)。毛坯尺寸为 80mm×80mm×30mm。六边形凸台和半圆凹槽相对圆孔中心对称度要求为 0.05mm，凸台底面相对零件底面平行度要求为 0.05mm，零件材料 45 钢，表面粗糙度为 $Ra3.2\mu m$。

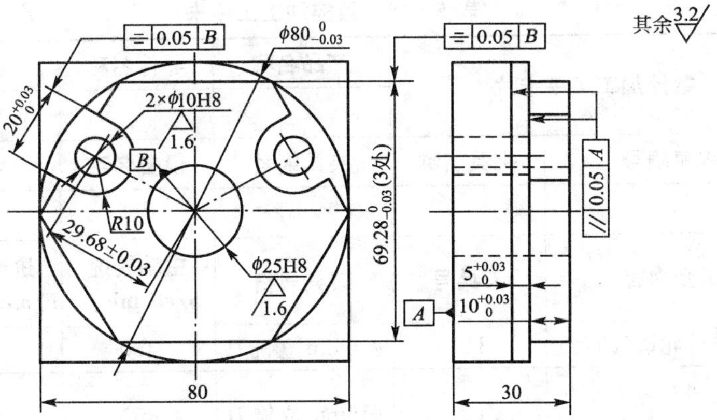

技术要求:
零件表面去毛倒棱

图 5.14　凸台孔板加工

5.5.2　任务实施

1. 分析工艺

加工过程如下:

(1) 外轮廓的粗、精铣削，批量生产时，粗精加工刀具要分开，本例根据图形形状，由于六边形凸台轮廓上有凹槽，为了减少换刀次数和零件深度的加工误差，圆形凸台和六边形凸台加工采用同一把刀具进行，外轮廓的加工统一采用 ϕ16 普通立铣刀。粗加工单边留 0.2mm 余量。

(2) 加工 ϕ10 通孔，根据孔的加工精度，确定 2×ϕ10 通孔的加工方法为先钻中心孔，然后钻孔，最后铰孔精加工。

(3) 加工 ϕ25 中心大孔，根据孔的尺寸和加工精度，确定孔的加工方法为钻孔→扩孔→镗孔。

2. 选择刀具与工艺参数

刀具与工艺参数见表 5-18、表 5-19。

表 5-18　数控加工刀具卡

单　位		数控加工刀具卡片	产品名称				零件图号	
			零件名称				程序编号	
序号	刀具号	刀具名称	刀　具		补偿值		刀 补 号	
			直径/mm	长度/mm	半径/mm	长度/mm	半径	长度
1	T01	立铣刀	ϕ16		8.2(粗)/7.985(精)		01	
2	T02	中心钻	ϕ3					
3	T03	麻花钻	ϕ9.7					
4	T04	铰刀	ϕ10					
5	T05	麻花钻	ϕ24.5					
6	T06	镗刀	ϕ25					

表 5-19　数控加工工序卡

单位	数控加工工序卡片		产品名称	零件名称	材料	零件图号
工序号	程序编号	夹具名称	夹具编号	设备名称	编制	审核
工步号	工步内容	刀具号	刀具规格	主轴转速 $S/r \cdot min^{-1}$	进给速度 $F/mm \cdot min^{-1}$	背吃刀量 a_p/mm
1	粗铣外轮廓(圆台)	T01	ϕ16mm 立铣刀	450	100	
2	粗铣外轮廓(六边形凸台)	T01	ϕ16mm 立铣刀	450	100	
3	精铣外轮廓(圆台)	T01	ϕ16mm 立铣刀	700	80	
4	精铣外轮廓(六边形凸台)	T01	ϕ16mm 立铣刀	700	80	
5	钻中心孔	T02	ϕ3mm 中心钻	2000	80	
6	钻 2×ϕ10 底孔和中心预钻孔	T03	ϕ9.7mm 麻花钻	600	80	
7	铰 2×ϕ10H7 孔	T04	ϕ10mm 铰刀	200	50	
8	扩孔	T05	ϕ24.5mm 麻花钻	300	50	
9	镗孔(粗镗)	T06	ϕ25 镗刀	800	60	
10	镗孔(精镗)	T06	ϕ25 镗刀	1500	40	

3. 装夹工件

用平口台虎钳装夹零件，零件上表面高出钳口 17mm 左右。零件安装必须地面垫实、夹紧，校正固定钳口的平行度以及零件上表面的平行度，确保形位公差要求。

4. 编制程序

在零件中心建立零件坐标系，Z 轴原点设在零件上表面。

1) 铣削外形轮廓

(1) 粗、精加工圆台。装 ϕ16 立铣刀(T01)并对刀，因为轮廓无凹槽，可采用同一把刀具，同一加工程序，通过改变刀具半径补偿值的方法来实现粗精加工。加工路线如图 5.15 所示。

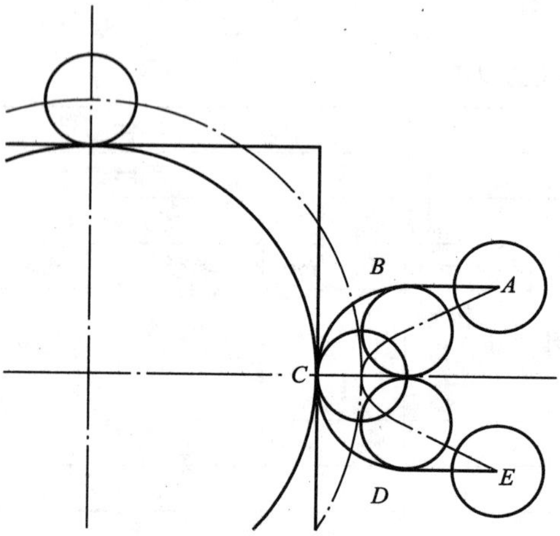

图 5.15　圆台的外轮廓加工路线

外轮廓的粗加工需要 XY 平面分层铣削，同时 Z 平面也必须分层下刀，粗精加工路线相同，可采用同一加工程序通过改变半径补偿值来实现粗加工的 XY 方向分层铣削，同样也可以利用同样的方法实现零件的粗、精加工。

加工路线为：A—B—C—C—D—E

程序如下：

```
O0001
N100 G54 G40 G49 G80 G90 G21;
N110 M03 S450;                  主轴正转,启动主轴
N120 G00 X72 Y16 Z20;           刀具快速定位,抬刀至安全高度
N130 Z5;                        下降至参考高度
N140 G01 Z-7.5 F100;            下刀切削 Z 平面第一层
N150 G41 D01 X56 Y16;           建立刀具半径补偿,粗加工 XY 平面内第一刀 D1=10;粗
                                加工 XY 平内第二刀 D1=8.2;精加工时 D1=7.985。
N160 G03 X40 R16;               切向切入
N170 G02 I-40;
N180 G03 X56 Y-16 R16;
N190 G40 G01 X72;
N200 G01 X72 Y16;
N210 G01 Z-15;                  下刀切削 Z 平面第二层
N220 G41 D01 X56 Y16;
N230 G03 X40 R16;
N240 G02 I-40;
N250 G03 X56 Y-16 R16;          切向切出
N260 G40 G01 X72;               取消刀具半径补偿
N270 G00 Z20;                   抬刀至安全高度
N280 M05;                       主轴停止
N290 M30;                       程序结束
```

(2) 加工六边形凸台外轮廓。同理，六边形凸台的外轮廓加工可参照圆台的铣削方法。加工路线如图 5.16 所示。

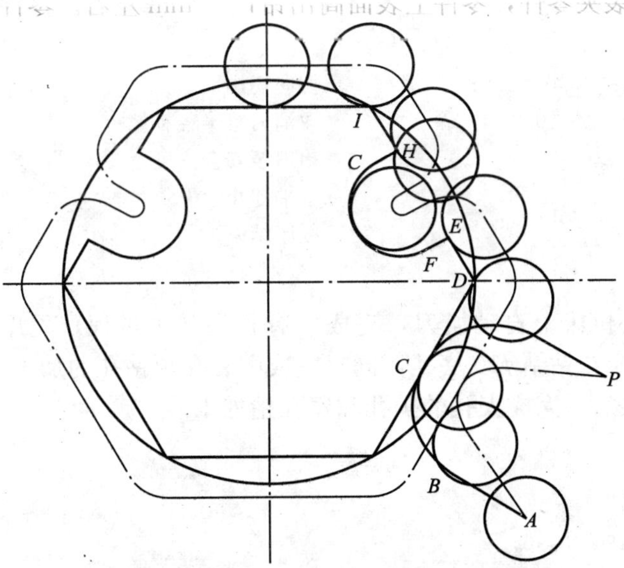

图 5.16　六边形凸台外轮廓加工路线

外轮廓加工采取切向进刀、切向退刀，进退刀圆弧 $R16$。

进给路线为：$A—B—C—D—E—F—G—H—I—P$

程序如下：

```
O0002
N102G0G17G40G49G80G90;
N104T1M6;                              自动换刀
N106G0G90G54X49.713Y-47.177S450M3;     启动主轴,刀具快速定位,
N108G43H1Z20;                          抬刀至安全高度
N110Z5;                                下降至参考高度
N112G1Z-10.F100;                       下刀至切削平面
N114G42D1X35.856Y-39.177;              建立刀具半径右补偿;粗加工 XY 平面内第二刀D1=8.2;
加工时 D1=7.985
N116G2X30.Y-17.321R16;                 切向切入
N118G1X40.Y0;
N120X35.Y8.66;
N122X30.704Y6.18;
N124G2X20.704Y23.5R10;
N126G1X25.Y25.981;
N128X20.Y34.641;
N130X-20;
N132X-25.Y25.981;
N134X-20.704Y23.5;
N136G2X-30.704Y6.18R10;
N138G1X-35.Y8.66;
N140X-40.Y0;
N142X-20.Y-34.641;
N144X20;
N146X30.Y-17.321;
N148G2X51.856Y-11.464R16;              切向切出
N150G1G40X65.713Y-19.464;              取消刀具半径补偿
N154G0Z20;                             抬刀至安全高度
N156M5;                                主轴停止
N162M30;                               程序结束
```

2) 加工孔

通过在加工中心机床上自动换刀，完成所有孔的加工过程。先用中心钻钻 3 个中心孔，然后用 $\phi9.7$ 的麻花钻钻 $\phi10$ 底孔，同时完成中心孔预钻孔的加工；接着，可先完成 2 个小孔的精加工；最后，完成大孔的扩孔和镗孔精加工。

程序如下：

```
O0003
N102G0G17G40G49G80G90;
N104T2M6;                              自动换刀 T2(中心钻)
N106G0G90G54X25.704Y14.84S2000M3;      启动主轴,刀具快速定位
```

N108G43H2Z50;	抬刀至安全高度
N110G98G81X25.704Y14.84Z-5.R5.F80;	钻第一个中心孔
N112X0.Y0;	钻第二个中心孔
N114X-25.704Y14.84;	钻第三个中心孔
N116G80;	
N118M5;	
N120G91G28Z0;	回换刀点
N130M6T3;	自动换刀 T3(麻花钻)
N140M03S600;	
N150G98G83X25.704Y14.84Z-35.R5.Q5F80;	排屑钻孔
N160X0.Y0;	
N170X-25.704Y14.84;	
N180G80;	
N190M05;	
N200G91G28Z0;	回换刀点
N210M6T4;	自动换刀 T4(铰刀)
N220M03S200;	
N230G98G85X25.704Y14.84Z-35.R5.F50;	铰孔
N240X-25.704Y14.84;	
N250G80;	
N260M05;	
N270G91G28Z0;	回换刀点
N280M6T5;	自动换刀 T5(扩孔钻)
N290M03S300;	
N300G98G83X0Y0Z-38.R5.Q5F50;	扩孔
N310G80;	
O0003	
N320M05;	
N330G91G28Z0;	回换刀点
N340M6T6;	自动换刀 T6(镗刀)
N350M03S800;	
N360G98G85X0Y0Z-32.R5.F60;	粗镗孔
N370G80;	
N380M05;	
N390M00;	程序暂停，调节镗刀尺寸
N400M03S1500;	
N410G98G86X0Y0Z-32.R5.P1000F60;	精镗孔
N420G80;	
N430M05;	
N440M30;	程序结束

习　　题

1. 任务描述：零件形状如图 5.17 所示，零件毛坯尺寸为 ϕ100mm×50mm，零件材料为 45 钢，按单件生产安排其数控铣削工艺，编写出加工程序。

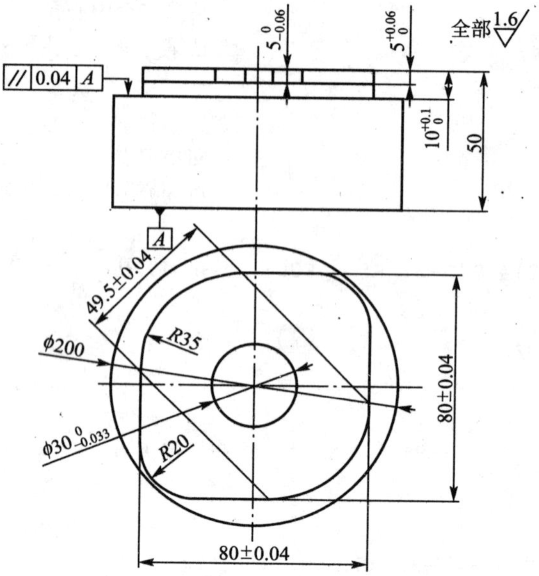

技术要求:

1. 未注公差等级按IT14级;
2. 锐角倒钝;
3. 清除毛刺和飞边。

图 5.17　习题 1

件号	序号	项目及技术要求		配分	评分标准	检测结果	实得分
	1	型腔	$\phi30_{-0.033}^{0}$	10	每超差 0.01 扣 1 分		
	2		周边 $Ra1.6$	3	每降一级扣 1 分		
	3		深 $5_{-0.06}^{0}$	8	每超差 0.01 扣 1 分		
	4	外轮廓	80±0.04	8	每超差 0.01 扣 1 分		
	5		49.5±0.04	8	每降一级扣 1 分		
	6		$R20$	5	超差不得分		
	7		$R35$	5	每超差 0.01 扣 1 分		
	8		深 $5_{0}^{+0.06}$	6	每超差 0.01 扣 1 分		
	9		深 $10_{0}^{+0.1}$	4	每超差 0.01 扣 1 分		
	10		周边 $Ra1.6$	6	每降一级扣 1 分		
	11	平行度	0.04	8	每超差 0.01 扣 1 分		
	12	其他	$Ra1.6$	4	每降一级扣 1 分		
	13		全部清角	5	每处扣 0.5 分		
总　分				80			

2. 任务描述：零件形状如图 5.18 所示，零件毛坯尺寸为 $\phi100\text{mm}\times50\text{mm}$，零件材料为 45 钢，按单件生产安排其数控铣削工艺，编写出加工程序。

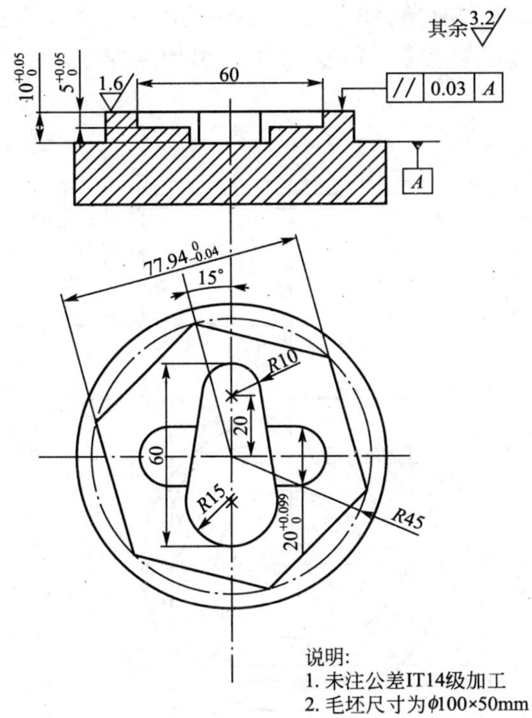

图 5.18　习题 2

件号	序号	项目及技术要求		配分	评分标准	检测结果	实得分
	1	正六边形	$77.94^{0}_{-0.04}$	8	每超差 0.01 扣 1 分		
	2		周边 $Ra3.2$	6	每降一级扣 1 分		
	3		深 $10^{+0.05}_{0}$	4	每超差 0.01 扣 1 分		
	4	十字槽	$R15$	6	超差不得分		
	5		$R10$(3 处)	6	超差不得分		
	6		$20^{+0.033}_{0}$	6	每超差 0.01 扣 1 分		
	7		20	6	超差不得分		
	8		长 60(两处)	4	超差不得分		
	9		深 $5^{+0.05}_{0}$	5	每超差 0.01 扣 1 分		
	10		深 $10^{+0.05}_{0}$	5	每超差 0.01 扣 1 分		
	11		周边 $Ra3.2$	6	每降一级扣 1 分		
	12	其他	$Ra3.2$	4	每降一级扣 1 分		
	13		全部清角	6	每处扣 0.5 分		
	14		15°	4	超差不得分		
	15		平行度 0.03	4	每超差 0.01 扣 1 分		
总　分				80			

3. 任务描述：零件形状如图 5.19 所示，零件毛坯尺寸为 ϕ100mm×50mm，零件材料为 45 钢，按单件生产安排其数控铣削工艺，编写出加工程序。

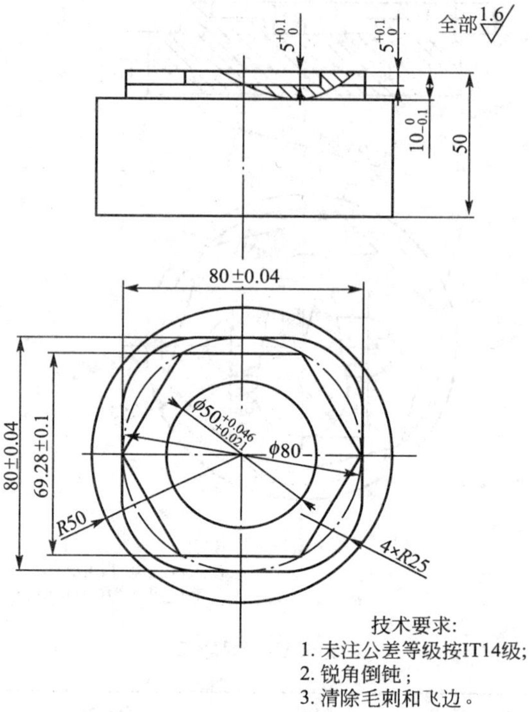

图 5.19　习题 3

件号	序号	项目及技术要求		配分	评分标准	检测结果	实得分
	1	型腔	$\phi50^{0}_{-0.04}$	10	每超差 0.01 扣 1 分		
	2		$Ra1.6$	3	每降一级扣 1 分		
	3		深 $5^{+0.1}_{0}$	5	每超差 0.01 扣 1 分		
	4	正四方形	80±0.04	8	每超差 0.01 扣 1 分		
	5		周边 $Ra1.6$	6	每降一级扣 1 分		
	6		$R25$	5	超差不得分		
	7	正六边形	69.28±0.1	8	每超差 0.01 扣 1 分		
	8		深 $5^{+0.1}_{0}$	4	每超差 0.01 扣 1 分		
	9		周边 $Ra1.6$	6	每降一级扣 1 分		
	10	总深	$10^{+0.1}_{0}$	6	每超差 0.01 扣 1 分		
	11	平行度	0.04	10	每超差 0.01 扣 1 分		
	12	其他	$Ra1.6$	4	每降一级扣 1 分		
	13		全部清角	5	每处扣 0.5 分		
总　　分				80			

4. 任务描述：零件形状如图 5.20 所示，零件毛坯尺寸为 ϕ100mm×50mm，零件材料为 45 钢，按单件生产安排其数控铣削工艺，编写出加工程序。

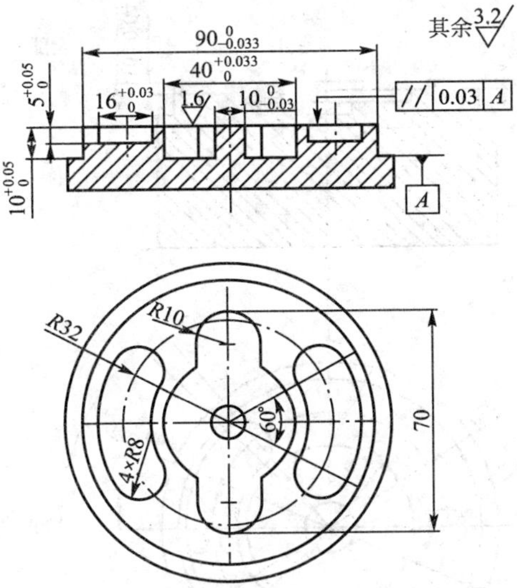

技术要求
1. 未注公差尺寸按IT14加工；
2. 严禁使用纱布、锉刀等工具进行修光。

图 5.20　习题 4

件号	序号	项目及技术要求		配分	评分标准	检测结果	实得分
	1	圆	$90^{\ 0}_{-0.033}$	6	每超差 0.01 扣 1 分		
	2		周边 $Ra3.2$	4	每降一级扣 1 分		
	3		深 $10^{+0.05}_{\ 0}$	5	每超差 0.01 扣 1 分		
	4	内轮廓	$40^{+0.033}_{\ 0}$	6	每超差 0.01 扣 1 分		
	5		R10(2 处)	4	超差不得分		
	6		$10^{\ 0}_{-0.03}$	6	每超差 0.01 扣 1 分		
	7		长 70	4	超差不得分		
	8		深 $10^{+0.05}_{\ 0}$	5	每超差 0.01 扣 1 分		
	9		周边 $Ra3.2$	4	每降一级扣 1 分		
	10	槽	R8(4 处)	4	超差不得分		
	11		深 $5^{+0.05}_{\ 0}$	5	每超差 0.01 扣 1 分		
	12		R32	4	超差不得分		
	13		周边 $Ra3.2$	4	每降一级扣 1 分		
	14	其他	60°(两处)	4	超差不得分		
	15		$Ra3.2$	4	每降一级扣 1 分		
	16		平行度 0.03	5	每超差 0.01 扣 1 分		
	17		$Ra1.6$	6	每降一级扣 1 分		
总　分				80			

5. 任务描述：零件形状如图 5.21 所示，零件毛坯尺寸为 ϕ100mm×50mm，零件材料为 45 钢，按单件生产安排其数控铣削工艺，编写出加工程序。

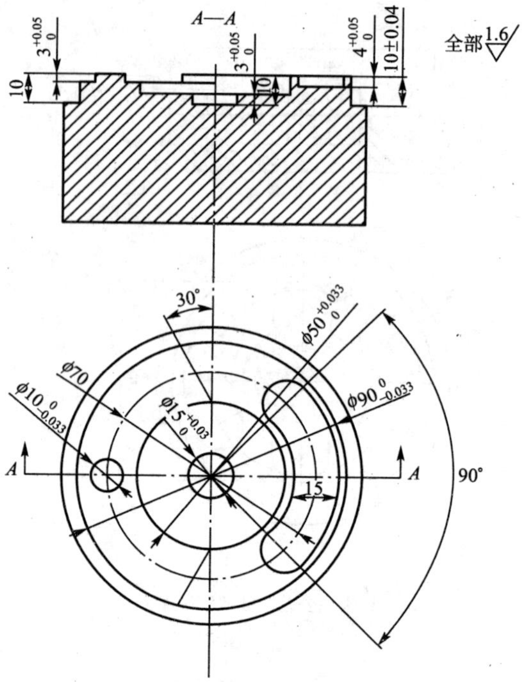

技术要求
1. 未注公差尺寸按IT14加工;
2. 严禁使用纱布、锉刀等工具进行修光。

图 5.21　习题 5

件号	序号	项目及技术要求		配分	评分标准	检测结果	实得分
	1	尺寸	$\phi90_{-0.033}^{0}$	10	每超差 0.01 扣 1 分		
	2		周边 Ra1.6	4	每降一级扣 1 分		
	3		深 10±0.04	6	每超差 0.01 扣 1 分		
	4		$\phi50_{0}^{+0.033}$	8	每超差 0.01 扣 1 分		
	5		$\phi15_{0}^{+0.033}$	8	每超差 0.01 扣 1 分		
	6		深 $3_{0}^{+0.05}$	4	每超差 0.01 扣 1 分		
	7		$\phi10_{-0.033}^{0}$	8	每超差 0.01 扣 1 分		
	8		深 $3_{0}^{+0.05}$	4	每超差 0.01 扣 1 分		
	9		15	5	超差不得分		
	10		深 $4_{0}^{+0.05}$	5	每超差 0.01 扣 1 分		
	11		周边 Ra1.6	4	每降一级扣 1 分		
	12	其他	Ra1.6	10	每降一级扣 1 分		
	13		全部清角	4	每处扣 0.5 分		
总　分				80			

项目小结

本项目按照分析工艺、数控仿真编程加工、实际数控机床操作顺序，精选企业典型加工案例，充分结合国家职业技能鉴定标准，借助数控仿真软件、数控机床同步分组教学，针对性极强，突出技能训练，达到中级及以上技能操作水平。

学生可以根据自己的兴趣选择数控车床、铣床或加工中心其中的一种，训练时间2周，其中数控车床针对典型的轴类与套类零件等进行编程加工强化考证训练，数控铣床或加工中心主要针对典型的十字形底板、凹盘、凸台等零件进行强化考证训练，并在2周训练结束后的最后一天举行数控机床中级技能鉴定。

参考文献

[1] 钱东东. 实用数控编程与操作 [M]. 北京：北京大学出版社，2009.
[2] 刘宏军. 模具数控加工技术 [M]. 大连：大连理工大学出版社，2007.
[3] 曹凤，等. 数控机床与数控编程技术 [M]. 重庆：重庆大学出版社，2004.
[4] 周晓宏. 数控铣床操作与编程培训教程 [M]. 北京：中国劳动社会保障出版社，2004.
[5] 宋小春，等. 数控车床编程与操作 [M]. 广州：广东经济出版社，2003.
[6] 罗良玲，刘旭波. 数控技术及应用 [M]. 北京：清华大学出版社，2005.
[7] 毕敏杰. 机床数控技术 [M]. 北京：机械工业出版社，1997.
[8] 马立克，张丽华. 数控编程与加工技术 [M]. 大连：大连理工大学出版社，2004.
[9] 严文良，等. 数控机床编程 [M]. 北京：机械工业出版社，2002.
[10] 胡育辉，等. 数控加工中心 [M]. 北京：化学工业出版社，2005.
[11] 单岩，夏天. 数控铣加工 [M]. 北京：机械工业出版社，2004.
[12] 王洪. 数控加工程序编制 [M]. 北京：机械工业出版社，2006.
[13] 宋放之. 数控工艺培训教程 [M]. 北京：清华大学出版社，2003.
[14] 夏凤芳. 数控机床 [M]. 北京：高等教育出版社，2005.
[15] 韩鸿鸾，宋维芝. 数控机床加工程序的编制 [M]. 北京：机械工业出版社，2004.
[16] 韩鸿鸾，等. 数控编程 [M]. 北京：中国劳动社会保障出版社，2004.
[17] 蒋建强，等. 数控加工技术与实训 [M]. 北京：电子工业出版社，2003.
[18] 尤光涛. 数控铣削编程与考级 [M]. 北京：化学工业出版社，2007.
[19] 陈志雄. 数控机床与数控编程技术 [M]. 北京：电子工业出版社，2007.
[20] 任玉田，等. 新编机床数控技术 [M]. 北京：北京理工大学出版社，2005.
[21] 周旭. 数控机床实用技术 [M]. 北京：国防工业出版社，2006.
[22] 顾京. 数控机床加工程序编制 [M]. 北京：机械工业出版社，2003.
[23] 熊熙. 数控加工实训教程 [M]. 北京：化学工业出版社，2003.
[24] 陈洪涛. 数控加工工艺与编程 [M]. 北京：高等教育出版社，2003.
[25] 尹玉珍. 数控车削编程与考级 [M]. 北京：化学工业出版社，2007.
[26] 何亚飞. 数控机床编程与操作 [M]. 北京：北京希望电子出版社，2006.
[27] 徐宏海，等. 数控加工工艺 [M]. 北京：化学工业出版社，2003.
[28] 陈蔚芳，等. 机床数控技术及应用 [M]. 北京：科学出版社，2005.
[29] 李善术. 数控机床及应用 [M]. 北京：机械工业出版社，2006.
[30] 张超英. 数控加工综合实训 [M]. 北京：化学工业出版社，2003.
[31] 陈云卿. 数控车床编程与技能训练 [M]. 北京：化学工业出版社，2006.
[32] 李晓晖. 数控铣床及加工中心的编程与操作 [M]. 北京：机械工业出版社，2005.
[33] 王爱玲，等. 现代数控机床技术系列 [M]. 北京：国防工业出版社，2005.
[34] 眭润舟. 数控编程与加工技术 [M]. 北京：机械工业出版社，2001.
[35] 张超英，罗学科. 数控机床加工工艺、编程及操作实训 [M]. 北京：高等教育出版社，2003.
[36] 周虹. 数控加工工艺与编程 [M]. 北京：人民邮电出版社，2004.
[37] 王平. 数控机床与编程实用教程 [M]. 北京：化学工业出版社，2004.

北京大学出版社高职高专机电系列规划教材

序号	书号	书名	编著者	定价	出版日期
1	978-7-301-12181-8	自动控制原理与应用	梁南丁	23.00	2012.1 第3次印刷
2	978-7-5038-4861-2	公差配合与测量技术	南秀蓉	23.00	2011.12 第4次印刷
3	978-7-5038-4865-0	CAD/CAM 数控编程与实训(CAXA 版)	刘玉春	27.00	2011.2 第3次印刷
4	978-7-5038-4869-8	设备状态监测与故障诊断技术	林英志	22.00	2011.8 第3次印刷
5	978-7-301-13262-3	实用数控编程与操作	钱东东	32.00	2011.8 第3次印刷
6	978-7-301-13383-5	机械专业英语图解教程	朱派龙	22.00	2012.2 第4次印刷
7	978-7-301-13582-2	液压与气压传动技术	袁 广	24.00	2011.3 第3次印刷
8	978-7-301-13662-1	机械制造技术	宁广庆	42.00	2010.11 第2次印刷
9	978-7-301-13574-7	机械制造基础	徐从清	32.00	2012.7 第3次印刷
10	978-7-301-13653-9	工程力学	武昭晖	25.00	2011.2 第3次印刷
11	978-7-301-13652-2	金工实训	柴增田	22.00	2011.11 第3次印刷
12	978-7-301-14470-1	数控编程与操作	刘瑞已	29.00	2011.2 第2次印刷
13	978-7-301-13651-5	金属工艺学	柴增田	27.00	2011.6 第2次印刷
14	978-7-301-12389-8	电机与拖动	梁南丁	32.00	2011.12 第2次印刷
15	978-7-301-13659-1	CAD/CAM 实体造型教程与实训(Pro/ENGINEER 版)	诸小丽	38.00	2012.1 第3次印刷
16	978-7-301-13656-0	机械设计基础	时忠明	25.00	2012.7 第3次印刷
17	978-7-301-17122-6	AutoCAD 机械绘图项目教程	张海鹏	36.00	2011.10 第2次印刷
18	978-7-301-17148-6	普通机床零件加工	杨雪青	26.00	2010.6
19	978-7-301-17398-5	数控加工技术项目教程	李东君	48.00	2010.8
20	978-7-301-17573-6	AutoCAD 机械绘图基础教程	王长忠	32.00	2010.8
21	978-7-301-17557-6	CAD/CAM 数控编程项目教程(UG 版)	慕 灿	45.00	2012.4 第2次印刷
22	978-7-301-17609-2	液压传动	龚肖新	22.00	2010.8
23	978-7-301-17679-5	机械零件数控加工	李 文	38.00	2010.8
24	978-7-301-17608-5	机械加工工艺编制	于爱武	45.00	2012.2 第2次印刷
25	978-7-301-17707-5	零件加工信息分析	谢 蕾	46.00	2010.8
26	978-7-301-18357-1	机械制图	徐连孝	27.00	2012.9 第2次印刷
27	978-7-301-18143-0	机械制图习题集	徐连孝	20.00	2011.1
28	978-7-301-18470-7	传感器检测技术及应用	王晓敏	35.00	2012.7 第2次印刷
29	978-7-301-18471-4	冲压工艺与模具设计	张 芳	39.00	2011.3
30	978-7-301-18852-1	机电专业英语	戴正阳	28.00	2011.5
31	978-7-301-19272-6	电气控制与 PLC 程序设计(松下系列)	姜秀玲	36.00	2011.8
32	978-7-301-19297-9	机械制造工艺及夹具设计	徐 勇	28.00	2011.8
33	978-7-301-19319-8	电力系统自动装置	王 伟	24.00	2011.8
34	978-7-301-19374-7	公差配合与技术测量	庄佃霞	26.00	2011.8
35	978-7-301-19436-2	公差与测量技术	余 键	25.00	2011.9
36	978-7-301-19010-4	AutoCAD 机械绘图基础教程与实训(第2版)	欧阳全会	36.00	2013.1 第2次印刷
37	978-7-301-19638-0	电气控制与 PLC 应用技术	郭 燕	24.00	2012.1
38	978-7-301-19933-6	冷冲压工艺与模具设计	刘洪贤	32.00	2012.1
39	978-7-301-20002-5	数控机床故障诊断与维修	陈学军	38.00	2012.1
40	978-7-301-20312-5	数控编程与加工项目教程	周晓宏	42.00	2012.3
41	978-7-301-20414-6	Pro/ENGINEER Wildfire 产品设计项目教程	罗 武	31.00	2012.5
42	978-7-301-15692-6	机械制图	吴百中	26.00	2012.7 第2次印刷
43	978-7-301-20945-5	数控铣削技术	陈晓罗	42.00	2012.7
44	978-7-301-21053-6	数控车削技术	王军红	28.00	2012.8
45	978-7-301-21119-9	数控机床及其维护	黄应勇	38.00	2012.8
46	978-7-301-20752-9	液压传动与气动技术(第2版)	曹建东	40.00	2012.8
47	978-7-301-18630-5	电机与电力拖动	孙英伟	33.00	2011.3
48	978-7-301-16448-8	Pro/ENGINEER Wildfire 设计实训教程	吴志清	38.00	2012.8
49	978-7-301-21239-4	自动生产线安装与调试实训教程	周 洋	30.00	2012.9
50	978-7-301-21269-1	电机控制与实践	徐 锋	34.00	2012.9
51	978-7-301-16770-0	电机拖动与应用实训教程	任娟平	36.00	2012.11
52	9978-7-301-20654-6	自动生产线调试与维护	吴有明	28.00	2013.1

北京大学出版社高职高专电子信息系列规划教材

序号	书号	书名	编著者	定价	出版日期
1	978-7-301-12180-1	单片机开发应用技术	李国兴	21.00	2010.9 第 2 次印刷
2	978-7-301-12386-7	高频电子线路	李福勤	20.00	2010.3 第 2 次印刷
3	978-7-301-12384-3	电路分析基础	徐　锋	22.00	2010.3 第 2 次印刷
4	978-7-301-13572-3	模拟电子技术及应用	刁修睦	28.00	2012.8 第 3 次印刷
5	978-7-301-12390-4	电力电子技术	梁南丁	29.00	2010.7 第 2 次印刷
6	978-7-301-12383-6	电气控制与 PLC(西门子系列)	李　伟	26.00	2012.3 第 2 次印刷
7	978-7-301-12387-4	电子线路 CAD	殷庆纵	28.00	2012.7 第 4 次印刷
8	978-7-301-12382-9	电气控制及 PLC 应用(三菱系列)	华满香	24.00	2012.5 第 2 次印刷
9	978-7-301-16898-1	单片机设计应用与仿真	陆旭明	26.00	2012.4 第 2 次印刷
10	978-7-301-16830-1	维修电工技能与实训	陈学平	37.00	2010.7
11	978-7-301-17324-4	电机控制与应用	魏润仙	34.00	2010.8
12	978-7-301-17569-9	电工电子技术项目教程	杨德明	32.00	2012.4 第 2 次印刷
13	978-7-301-17696-2	模拟电子技术	蒋　然	35.00	2010.8
14	978-7-301-17712-9	电子技术应用项目式教程	王志伟	32.00	2012.7 第 2 次印刷
15	978-7-301-17730-3	电力电子技术	崔　红	23.00	2010.9
16	978-7-301-17877-5	电子信息专业英语	高金玉	26.00	2011.11 第 2 次印刷
17	978-7-301-17958-1	单片机开发入门及应用实例	熊华波	30.00	2011.1
18	978-7-301-18188-1	可编程控制器应用技术项目教程(西门子)	崔维群	38.00	2011.1
19	978-7-301-18322-9	电子 EDA 技术(Multisim)	刘训非	30.00	2012.7 第 2 次印刷
20	978-7-301-18144-7	数字电子技术项目教程	冯泽虎	28.00	2011.1
21	978-7-301-18519-3	电工技术应用	孙建领	26.00	2011.3
22	978-7-301-18770-8	电机应用技术	郭宝宁	33.00	2011.5
23	978-7-301-18520-9	电子线路分析与应用	梁玉国	34.00	2011.7
24	978-7-301-18622-0	PLC 与变频器控制系统设计与调试	姜永华	34.00	2011.6
25	978-7-301-19310-5	PCB 板的设计与制作	夏淑丽	33.00	2011.8
26	978-7-301-19326-6	综合电子设计与实践	钱卫钧	25.00	2011.8
27	978-7-301-19302-0	基于汇编语言的单片机仿真教程与实训	张秀国	32.00	2011.8
28	978-7-301-19153-8	数字电子技术与应用	宋雪臣	33.00	2011.9
29	978-7-301-19525-3	电工电子技术	倪　涛	38.00	2011.9
30	978-7-301-19953-4	电子技术项目教程	徐超明	38.00	2012.1
31	978-7-301-20000-1	单片机应用技术教程	罗国荣	40.00	2012.2
32	978-7-301-20009-4	数字逻辑与微机原理	宋振辉	49.00	2012.1
33	978-7-301-20706-2	高频电子技术	朱小样	32.00	2012.6
34	978-7-301-21055-0	单片机应用项目化教程	顾亚文	32.00	2012.8
35	978-7-301-17489-0	单片机原理及应用	陈高锋	32.00	2012.9
36	978-7-301-21147-2	Protel 99 SE 印制电路板设计案例教程	王　静	35.00	2012.8
37	978-7-301-19639-7	电路分析基础(第 2 版)	张丽萍	25.00	2012.9